实时荧光 PCR 技术

（第 2 版）

主　编　李金明

编　者　（以姓氏笔画为序）

王　静　　王国婧　　李金明

李禹龙　　李建英　　汪　维

宋利琼　　张　栋　　张　括

张　瑞　　张　蕾　　林贵高

韩彦熙　　霍　虹

科学出版社

北　京

内 容 简 介

本书在第 1 版基础上修订而成,分 34 章,系统阐述了实时荧光 PCR 技术的基础理论和临床检测方法,包括临床 PCR 技术的发展历史及趋势,实时荧光 PCR 技术的基本原理和方法,临床 PCR 实验室的设计及质量管理体系的建立,临床 PCR 检验标本的采集、运送、保存及核酸提取,实时荧光 PCR 测定的数据处理,实时荧光 PCR 仪及其发展,临床 PCR 检验仪器设备的使用、维护和校准,临床 PCR 检验的质量保证,病毒核酸检测的标准物质及其应用,以及各型肝炎病毒、人免疫缺陷病毒-1、人乳头瘤病毒、巨细胞病毒、严重急性呼吸综合征冠状病毒、EB 病毒、流感病毒、风疹病毒、麻疹病毒、手足口病病原体、埃博拉病毒、中东呼吸综合征冠状病毒、沙眼衣原体、结核杆菌、淋病奈瑟菌、幽门螺杆菌、肺炎支原体、刚地弓形虫、解脲支原体等实时荧光 PCR 检测及临床意义、EGFR 基因、KRAS 基因、BRAF 基因、PIK3CA 基因等实时荧光 PCR 检测及临床意义。

本书资料翔实、新颖,实用性、指导性强,是从事临床疫病研究、诊治的重要参考书,适合临床检验专业技术人员、各级临床医师和医学院校师生阅读参考,也可作为推广应用此项技术的培训教材。

图书在版编目(CIP)数据

实时荧光 PCR 技术/李金明主编. —2 版. —北京:科学出版社,2016.9
ISBN 978-7-03-049827-4

Ⅰ. 实… Ⅱ. 李… Ⅲ. 聚合酶链式反应 Ⅳ. Q555

中国版本图书馆 CIP 数据核字(2016)第 214922 号

责任编辑:杨磊石 车宜平 / 责任校对:张怡君
责任印制:赵 博 / 封面设计:龙 岩

科学出版社 出版
北京东黄城根北街 16 号
邮政编码:100717
http://www.sciencep.com
三河市春园印刷有限公司印刷
科学出版社发行 各地新华书店经销
*
2007 年 11 月第 一 版 由人民军医出版社出版
2016 年 9 月第 二 版 开本:787×1092 1/16
2025 年 5 月第三十四次印刷 印张:32
字数:742 000
定价:118.00 元
(如有印装质量问题,我社负责调换)

主编简介

李金明，医学博士。国家卫生计生委(原卫生部)临床检验中心副主任，兼临床免疫室主任，研究员，中国医学科学院北京协和医学院和北京大学医学部博士研究生导师。2006年获国务院政府特殊津贴，获2009—2010年度国家卫生部"有突出贡献中青年专家"称号。自20世纪90年代中期以来，在国内较为系统地提出了临床分子诊断实验室质量管理、检测质量保证及标准化的概念和方法，推动了全国临床基因扩增检验实验室及人员培训的规范化，率先在国内开展临床核酸检验的质量控制和标准化工作，于2005年和2006年分别获得了我国第一个病毒核酸检验国家二级和一级标准物质。研究方向为临床分子诊断方法及标准化。以项目负责人先后承担国家自然科学基金课题5项，"863"课题1项，传染病重大专项课题1项，首都医学发展科研基金课题2项。以分课题负责人参与国家及国际合作研究课题10多项。在学术期刊上以第一作者和通讯作者发表论文160多篇，其中SCI论文90余篇。个人编著出版了《临床酶免疫测定技术》(人民军医出版社，2005)，主编《临床基因扩增检验技术》(人民卫生出版社，2002，共同主编)、《全国临床检验操作规程》(第3版)(东南大学出版社，2006，临床基因和核酸检验篇主编)、《个体化医疗中的临床分子诊断》(人民卫生出版社，2013)、《临床免疫学检验技术》(全国高等院校本科教材，人民卫生出版社，2015)、《全国临床检验操作规程》(第4版)(人民卫生出版社，2015，临床免疫检验共同主编)，参编其他专著和教材十余部。所主持和主参的项目分获北京市科技进步二等奖1次，三等奖2次。

再版前言

《实时荧光 PCR 技术》自 2007 年由人民军医出版社出版以来,承蒙全国在临床一线从事基因扩增检验及试剂研发的同道的青睐,已 16 次印刷共 21 000 册。近 10 年来,实时荧光 PCR 技术因为其检测快速、灵敏,以及不易出现产物污染,作为准确的核酸定量检测方法自不必说,也是很好的核酸和基因突变定性检测方法,因此其临床应用越来越广,从病原体的核酸定量检测、基因分型,扩展到肿瘤基因突变、遗传病等人的基因检测,而且,基于荧光共振能量转移原理的实时荧光 PCR 技术,其有多种多样的探针及引物的设计模式来实现靶标的精准检测。为适应新的发展需要,第 2 版在第 1 版的基础上,对原有的一些章节内容进行了更新,同时增加了手足口、麻疹、风疹、登革热、埃博拉、MERS 等病毒核酸检测,以及 EGFR、KRAS、BRAF、PIK3CA 基因突变检测等章。此外,更正了第 1 版中的一些印刷错误内容,但因为能力所限,缺点错误仍然难免,敬请同道们批评指正,以便第 3 版时更正。

李金明

2016 年 3 月 8 日

第 1 版前言

聚合酶链反应(polymerase chain reaction,PCR)技术自 1983 年问世以来,因为其对基因或特定核酸序列在短时间内的极大的扩增效率,已在感染性疾病、肿瘤、遗传病、寄生虫病、法医学、动植物和考古等的诊断和研究中得到了广泛的应用,并在某些方面几乎是难以替代。PCR 用于疾病的临床诊断,使人们拥有了从对蛋白分子的表型的认识进一步深入到了遗传物质——核酸分子的探索的有力工具,也使临床检验诊断学科中的临床分子诊断这一分支得到了飞速发展。但像任何一件自然界的事物一样,PCR 有其无可比拟的优点,但也有因其优点而来的一定的弱点,如果在临床实际应用中,不遵循一定的规则,也很容易造成并非 PCR 技术本身问题所致的错误的检验结果。因为临床检验跟科研不一样,科研实验可以在 500 次实验中,即使是出现 499 次失败,只要第 500 次成功了,该项科研就是成功的,研究者就可以因此发表一篇极有影响力的论文,提出一个崭新的假说,甚至获得诺贝尔奖。而临床检验,则是应用一种成熟的方法、成熟的技术,通常是一个商品试剂盒,去检测患者的临床标本,要求每一次临床检测,乃至对每一份标本的检测都要是准确和及时的。要做到这一点,就必须要有严格的质量保证程序。临床 PCR 检验相对于其他临床检验技术,因其极高的检测灵敏度,影响因素很多。如标本或核酸纯化过程中出现的扩增反应抑制物、扩增仪孔间温度的差异,以及核酸提取中的随机误差,可造成假阴性结果的出现。又如,以前扩增产物的污染和核酸提取中标本间的交叉污染,也很容易出现假阳性结果。因此,PCR 临床应用必须围绕怎样防止假阳性和假阴性结果的出现而采取相应的质量保证措施。

为防止假阳性结果,实验室首先要有严格的分区,可根据所采用的具体 PCR 技术而分为试剂准备区、标本制备区、扩增区和产物分析区等三至四个区,同时,各区的物品如工作服、试管架、加样器、记号笔乃至实验记录本等都不得混用。为监测实验过程中标本之间交叉污染的发现,除了在移液时使用带滤芯的吸头外,还应有一定数量的阴性质控样本,这些阴性质控样本应与临床标本一起同时处理,并适当散在分布于不同的标本之间,从而最大限度地监测出操作过程中污染的发生。

假阴性结果通常是由于临床标本核酸提取过程中靶核酸的丢失和提取试剂如有机溶剂等的残留、标本中抑制物的去除不彻底、扩增仪孔间温度的差异等所致。避免假阴性结果最有效的措施是设立"内标"(internal control,IC)。用于假阴性质控的内标一般为竞争性内标,即所用引物序列、扩增片段长短、片段的 G% + C% 等均与待扩增检测靶序列相同或尽可能相近,所不同的是,在片段内通过突变、缺失或插入等方式使内标与靶序列之间可使用电泳、层析或探针杂交的方法加以区分。如果一加有内标的反应管内,内标没有出现扩增,标本检测亦为阴性,则很可能为假阴性,此时,需要采取进一步的措施如重新进行核酸提取、重新校准仪器孔内温度或稀释标本等重新扩增检测标本。反之,则为真阴性。

由于 PCR 方法扩增检测的是核酸,在临床病原体检测中,还要注意"临床假阳性"问题。

"临床假阳性"就是患者临床症状已消失，但 PCR 检测仍为阳性的现象。如淋球菌感染患者用抗生素治疗后，尽管淋菌球已被杀死，患者症状消失，但由于泌尿生殖道分泌物仍有死的细菌存在，故 PCR 仍可为阳性，此为"临床假阳性"，即细菌已杀死，但 PCR 仍为阳性，与临床症状不符。因此，在采用 PCR 方法检测细菌感染时，为避免临床上的假阳性，应在应用抗生素治疗一个疗程结束 2 周后，才能使用 PCR 方法检测。

此外，在使用 PCR 方法定量检测病毒核酸监测患者抗病毒治疗效果时，不能以两三次检测结果为依据，要考虑到 PCR 方法得到的结果有一定的正常波动范围，目前国内应用最广的实时荧光 PCR 方法，结果的波动在一个数量级属于没有改变。正确的做法是，在一个较长时间的治疗周期，定期(每月或两个月一次)检测，动态观察其变化趋势，从较高浓度如 10^8 拷贝/毫升降至较低浓度 10^4 拷贝/毫升，并持续稳定在低水平，则说明治疗有效。

综上所述，PCR 方法在临床分子诊断中已展现了巨大的应用价值，但临床实验室必须在充分了解 PCR 测定的不确定性的基础上，采取相应质控措施，才能确保实验结果的准确性，而不致出现重大判断失误。因为 PCR 扩增，其得到极大的检测灵敏度，但同时其对检测中的错误也有极大的放大作用。因此，对于 PCR 检测结果的报告必须慎重，尤其是在该结果会产生重大后果的时候，如重大感染性疾病、遗传病、法医物证鉴定、亲子鉴定等，必须在有相应严格质控措施如内质控、阴性和阳性质控的情况下重复测定，才可以报告结果并做出实事求是的解释。

本书主要针对在国内外临床实验室最具使用前景及目前使用最广泛的实时荧光 PCR 技术，从 PCR 技术的历史、发展和趋势，实时荧光 PCR 技术的特点，临床 PCR 实验室的设计及质量管理体系的建立，用于 PCR 检验的临床标本的采集运送和保存，临床 PCR 实验室的仪器设备的使用、维护和校准，临床 PCR 检验的数据处理和质量保证，以及主要临床 PCR 检验项目的特点、临床意义及注意细节等进行了论述，以期为从事临床 PCR 检验的实验室技术人员提供参考性建议。当然，从事科研的实验室技术人员也可从本书得到相应的启发，因为一个成功的科研与实验过程中的质控(科研中通常称为对照)是分不开的，尤其是科研中要用到 PCR 方法的，有大量的证据表明，如果没有严格的质量控制，科学研究人员就会将在实验室中所得到"假阳性"或"假阴性"结果，当作一个重大发现去发表，从而造成难以挽回的后果。有些涉及仲裁、具有重大影响的检测的部门，则会因为"假阳性"或"假阴性"结果，对国家、部门和公民个人造成严重的损失，最严重的甚至会影响社会稳定。本书的部分内容是在《临床基因扩增检验技术》(人民卫生出版社，2002)基础上的进一步细化。

在本书的完成过程中，全国在临床 PCR 检验第一线工作的同道，给了我很好的启发，也是大家的敬业精神和保证临床 PCR 检验工作的认真态度，促使我努力去完成本书的撰写。感谢本室同事们的鼓励和支持，感谢研究生们在一些资料的收集和序列的查阅比对。

由于本人水平有限，书中肯定存在不足或错误，敬请全国同道提出批评指正，以便于本书再版时更正。

李金明

2007 年 8 月

目 录

第1章　临床PCR技术的发展历史及趋势

PCR是英文polymerase chain reaction的缩写,翻译过来,称为聚合酶链反应。最早也有人将其翻译为多聚酶链反应,但现已统一起来。PCR自1983年发明至今,虽只短短的30多年,但其在生命科学研究中的作用以"支点"来形容却一点不为过。现在从事生命科学研究的人们一谈到PCR时,总喜欢用"革命"一词来形容,认为其对生命科学的研究来说,是一项革命性的技术,尽管发明人Mullis本人认为,PCR只是一个简单的不起眼玩意。事实却是,如果没有PCR,人类基因组计划不可能在如此短的时间得已初步完成,就是2003年的严重急性呼吸综合征(SARS)病原体的发现,也很难在那么短的时间内实现。涉及基因操作的几乎所有研究将比现在花费更多的时间和财力。那么,这项"革命"性的生物技术又是如何成为我们手中有力的基因研究工具的呢?也许,简单地回顾一下PCR的发明史,可以带给我们一些启示。

第一节　PCR的起源和耐热DNA聚合酶的应用

一、PCR的起源

应该说,最早的关于核酸体外扩增的设想可以回溯到20世纪70年代初,发现DNA聚合酶的科学家Khorana及其同事于1971年提出:"经过DNA变性,与合适引物杂交,用DNA聚合酶延伸引物,并不断重复该过程便可克隆tRNA基因。"但由于当时很难进行测序和合成寡核苷酸引物,且1970年Smith等发现了DNA限制性内切酶,使体外克隆和扩增基因成为可能,于是有了相应的手段,人们寻找更好,但在当时很难做到的方法的热情就少了许多,所以,Khorana等的早期设想被人们遗忘。

PCR的出现可以说与DNA聚合酶的发现是分不开的。DNA聚合酶 I 最早发现于1955年,但直到20世纪70年代Klenow等才发现较具有实验价值及易于得到的大肠埃希菌的Klenow片段。随着后来DNA限制性内切酶的发现,人们找到了一种可以按自己的意愿,克隆表达某一特定基因(如编码干扰素的基因)的办法,因此在20世纪70年代初以表达特定功能蛋白质为目标的基因工程技术在全世界风行开来,成立于70年代初的位于美国加利福尼亚的Cetus公司,就是这样一个生物技术公司。由于其在以基因工程技术进行生物药物开发中,需要大量的寡核苷酸探针,于是1972年毕业于加利福尼亚大学伯克利分校的Mullis博士于1979年应聘到该公司,担任寡核苷酸合成部门负责人。但到了80年代初,由于核酸合成仪的发明,寡核苷酸的人工合成逐步由机器所取代,此时,Mullis博士及其部门的工作则主要为核酸测序,即证明所合成的寡核苷酸或克隆的序列的正确性。当时所用的核酸测序方法为后来曾获得过诺贝尔奖的Sanger发明的双脱氧测序法,亦即Sanger法。这种方法是在将待测序单链DNA模板与合成的寡核苷酸引物退火后,分成四管反应,每管中的四种核苷酸合成原料dATP、dTTP、dCTP和dGTP中分别有一种为放射性核素标记的双脱氧核苷酸即ddATP,或ddTTP,或ddCTP,或

ddGTP,在 DNA 聚合酶的存在下,引物延伸,如遇到相应的 ddNTP(N 代表 A、T、C、G 的任一种)结合上去,延伸反应即会立即终止,电泳后经放射自显影即可从相应的 ddNTP 推测模板 DNA 的序列。Mullis 博士是一个思维非常活跃的人,常有各种奇思妙想,尽管后来的事实证明绝大多数是不现实的。Mullis 在应用双脱氧方法测序时,他就想能不能有一个更简单的方法,他想如果在反应体系中只是加入一种 ddNTP,而不加入其他三种 dNTP,如在引物 3′端所对应的核苷酸正好是与所加入的 ddNTP 互补,则反应就会立即终止,可以减少反应时间。他又想如果再设计一条与 DNA 模板另一条链互补的引物,同时对 DNA 两条链进行测序,就可达到对测序结果相互验证的目的。但前一点很难做到,因为在核酸模板制备时,由于振荡混匀、离心等操作,在所制备的模板溶液中,常有脱落的游离 dNTP 存在。于是,Mullis 想如果在加入 ddNTP 之前,先加入引物和聚合酶进行聚合延伸,将游离的 dNTP 消耗掉,不就可以了吗?但这时,他突然意识到,经过这样的一个聚合延伸后,原来的 DNA 不就增加了一倍了吗,如果再来一次,又会增加一倍,循环往复,而有一种指数增加过程。这就是 PCR 最原始的"概念"。这种意识是其在 1983 年春天的一个周末驾车在加利福尼亚山间公路上时,突然产生的。

今天回过头去看,PCR 确实是非常简单的一个"概念",所发生的奇迹是,其变成了一个成熟的可操作的实验系统,后者又上升为新的"概念"——基因扩增。其实在 PCR 发明前的十多年时间里,发明 PCR 的条件即均已具备,但由于人们对于基因扩增有分子克隆的方法,因而在 Mullis 之前就没有人去想过要寻找更为迅捷的途径。有哲人说过,机遇偏爱有准备的头脑。如果 Mullis 博士不是在从事 DNA 测序方面的工作,如果他不是一个总爱动脑想问题的人,如果他不是对

迭代计算及计算机有浓厚的兴趣,也许 PCR 的发明不知会等到哪一天。Mullis 在思考更简便的双脱氧核酸测序方法中,PCR 这个概念突然在其脑海里迸发了出来,从而使后来从事生命科学研究的科研人员得到了一个最有力的工具。可以说,PCR 不是为解决某一个难题而诞生的,很有意思的是,在 PCR 发明后,各种各样需要用 PCR 来解决的难题才一个接一个地出现在人们面前。

二、耐热 DNA 聚合酶的应用

在 PCR 的发展史上,另外值得一提的是,耐热 DNA 聚合酶的纯化获得。PCR 在 1983 年发明后,由于 PCR 的操作过程中,需要反复加热变性与降温复性的步骤,而前一次扩增循环所使用的大肠埃希菌 DNA 聚合酶在下一个扩增循环的高温下就变性了,因此在每一次冷热循环之后,都要加入新鲜的 DNA 聚合酶——大肠埃希菌 DNA 聚合酶Ⅰ的 Klenow 片段。其缺点是:①Klenow 酶不耐高温,90℃会变性失活。②引物链在模板上的延伸反应是在 37℃下进行的,模板和引物之间容易发生碱基错配,因而特异性较差,合成的 DNA 片段不均一。因此,原始的 PCR 不但烦琐,而且价格昂贵。因此,那时 PCR 并没有显示出太大的商业应用价值,也没有引起生物医学界的足够重视。

1985 年春,Mullis 首次提出应该使用能够耐受 PCR 过程中 DNA 变性时的高温而不会导致 DNA 酶活性丧失的热稳定的聚合酶的想法,当时在全球主要有两个实验室从事嗜热菌的研究,一个在美国,一个在俄罗斯。后来他们在美国的那个研究所得到分离自黄石国家公园温泉的嗜热菌(Thermus aquaticus)株。Mullis 虽然提出将 Taq DNA 聚合酶应用到 PCR 的建议,但并没有现成的商品制剂可用,必须自己分离纯化。但当时 Cetus 公司蛋白质化学研究人员都在忙于自己的工作,没有人帮他纯化,他自己又不愿意

干。后来,公司不得不让其他人进行该项工作,他们按着先前研究人员发表于 1976 年的《细菌学杂志》(*Journal of Bacteriology*)的步骤,三周就分离出纯化的 Taq DNA 聚合酶。1986 年 6 月,Saiki 首次将其应用于 PCR,效果就好得惊人,可说是一战成功。Taq DNA 聚合酶具有以下特点:①耐高温。70℃以下 2h 后,其仍会保留大于原来的 90% 的酶活性。93℃以下 2h 后,残留活性是原来的60%。95℃以下 2h 后,残留活性是原来的40%。因此,在通常的 PCR 中,不必每次扩增后加入新的酶。②由于延伸温度较高(通常为72℃),因而大大提高了扩增特异性、灵敏度和扩增效率,增加了扩增长度(2.0kb)。Taq DNA 聚合酶不但大大简化了 PCR 工作,同时其专一性及活性都比之前使用的酶更强,至此,有关 PCR 应用的最大的瓶颈问题迎刃而解。再加上 PCR 仪的成功研制,此时的 PCR 展现了巨大的商业应用价值。

在有关 TaqDNA 聚合酶的论文 1988 年在 *Science* 上发表后,1989 年 12 月 *Science* 杂志将 PCR 所使用的耐热的 DNA 聚合酶命名为第一个"年度分子",该刊编辑 Koshland Jr. 和 Guyer 对 PCR 作了一个简明扼要的解释:PCR 的起始材料"靶序列"是DNA 上的一个基因或片段。在几个小时内,该目标序列能被扩增超过 100 万倍。双链DNA 分子的互补链经加热后解开。所谓引物就是两条很短的合成 DNA,它们分别与目标序列两端的特定序列互补。每个引物都与它的互补序列相结合,于是,聚合酶就能从引物处开始复制它的互补链,在非常短的时间内产生与靶序列完全相同的复制品。在后续的循环中,无论是起始 DNA 还是其复本的双链分子都被分开成单链,引物再次与其互补序列结合,聚合酶也再度复制模板 DNA。多次循环以后,样品中靶 DNA 序列的含量大大增加,经扩增后的遗传物质就能被用于进一步的分析研究。在完全用分子生物学技术术语描述了 PCR 以后,他们断言:第一批有关 PCR 技术的论文发表于 1985 年。自那以后,PCR 已经发展成为日益强大和用途广泛的技术。1989 年的PCR"爆炸",可以看作是方法论上的改良与优化,在 PCR 基本要素基础上的技术革新不断出现,越来越多科学家掌握了 PCR 技术。有了PCR,极少量嵌入的或者遮蔽的遗传物质也能被扩增产生大量一般实验室都能得到的、可用于鉴定和分析的材料。

第二节　PCR 的基本原理

下面我们来简单叙述一下 PCR 的基本原理:PCR 的基本过程类似于 DNA 的天然复制,特异性依赖于与靶序列两端互补的寡核苷酸引物。整个过程由变性—退火—延伸三个基本反应步骤构成。①模板 DNA 变性:模板或经 PCR 扩增形成的 DNA 经加热至 94℃左右一定时间后,双链之间氢键断裂,双股螺旋解链,变成两条单链,以便它与引物结合,为下一轮反应做准备。②模板DNA 与引物的退火(复性):DNA 加热变性成单链后,当温度降至一定程度(55℃左右)时,引物即与模板 DNA 单链的互补序列配对结合。③引物的延伸:在 TaqDNA 聚合酶的作用下,DNA 模板上的引物以 dNTP 为原料,按 A-T、C-G 碱基配对与半保留复制原则,合成一条新的与模板 DNA 链互补的链。重复上述变性—退火—延伸的循环过程,每一循环获得的"半保留复制链"都可成为下次循环的模板。通常,每完成一个循环需时2~4min,2~3h 就能将靶核酸扩增放大几百万倍。从图中可知,在 PCR 的第一和第二个循环,并没有短的目的片段,只是在第三个循环后才有,并且部分双链的长片段将始终伴随整个扩增过程(图1-1)。

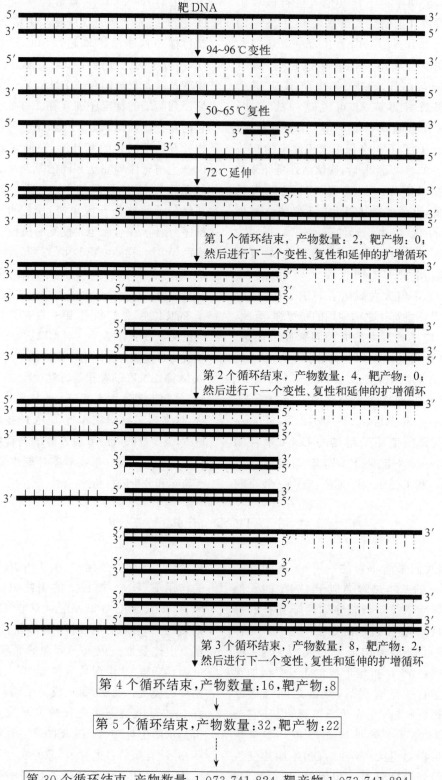

靶DNA

94~96℃变性

50~65℃复性

72℃延伸

第1个循环结束，产物数量：2，靶产物：0；
然后进行下一个变性、复性和延伸的扩增循环

第2个循环结束，产物数量：4，靶产物：0；
然后进行下一个变性、复性和延伸的扩增循环

第3个循环结束，产物数量：8，靶产物：2；
然后进行下一个变性、复性和延伸的扩增循环

第4个循环结束，产物数量：16，靶产物：8

第5个循环结束，产物数量：32，靶产物：22

第30个循环结束，产物数量：1 073 741 824，靶产物 1 073 741 824

图 1-1　PCR 的基本原理

第三节　PCR 的反应动力学

上述 PCR 的三个反应步骤循环往复,使得特定长度的靶 DNA 数量呈指数上升。在理论上,终产物 DNA 的量可用 $Y_n = X \cdot 2^n$ 计算。其中 X 为原始模板的数量,Y_n 为 n 循环后 DNA 片段终产物的拷贝数,n 为扩增循环数。但在实际扩增过程中,不可能达到理想状况下的 100%扩增效率,因此,公式 $Y_n = X \cdot 2^n$ 中 2 可以$(1+E)$来代替,而得到 $Y_n = X \cdot (1+E)^n$,E 为平均扩增效率,理论值为 100%,亦即为 1,但在实际反应中平均效率达不到理论值。

扩增起始期,靶序列 DNA 片段的增加呈指数形式,但随着扩增产物的逐渐累积,其对扩增过程出现负作用,再加上酶的消耗疲劳,整个扩增将进入线性增长期或平台期,此时,扩增产物不再呈指数增加,出现"停滞"(图 1-2)。

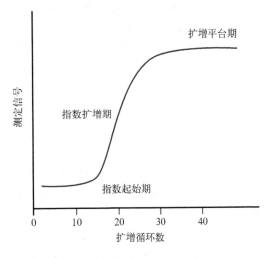

图 1-2　PCR 的反应动力学

第四节　PCR 的扩增体系和扩增条件

一、PCR 扩增体系的基本要素

一个完整的 PCR 扩增体系主要由引物、酶、dNTP、模板和 Mg^{2+} 等基本要素所组成。

(一)引物设计的原则

引物不但决定了 PCR 扩增片段的长短,而且也是 PCR 扩增特异性的关键,要保证 PCR 扩增的特异性,引物一定要与模板 DNA 具有完全的互补性。理论上,任何模板 DNA,只要其核苷酸序列是已知的,就能按其序列设计合成一定长度的互补寡核苷酸链做引物,从而将特定长短的靶 DNA 在体外大量扩增。

1. 引物设计的一般原则　引物长度以 18～30bp 为宜,以 20bp 左右最为常用。引物过短,易导致非特异扩增。较长的引物虽特异性好,但在引物内易形成二级结构,如发夹环(hairpin loop)。

(1)引物扩增跨度(扩增片段长短):扩增片段在普通的 PCR 以 200～500bp 为宜,特定条件下可扩增长至 10kb 的片段。而实时荧光 PCR 则为 70～150bp。

(2)引物 G＋C 比例及碱基:G＋C 含量以 40%～60% 为宜,G＋C 比例太低扩增效果不佳,G＋C 比例过高易出现非特异条带。此外,ATGC 最好随机分布,避免出现重复的基序(repeat motif)。重复的基序通常包括简单重复如 4 个以上核苷酸的重复序列(--CCAGCT---CCAGCT--)、倒装重复如 4 个或 4 个以上核苷酸自我互补列基序(--TTACCG---CGGTAA--)和均一的多聚核苷酸的成串排列如 4 个或 4 个以上的相同的核苷酸(---TTTTT---)。

(3)引物的熔解温度(Tm):引物的 Tm

与其长度、序列组成（G+C 比例）和浓度有关，通常，理想引物的 Tm 应在 $55\sim60℃$。引物的 Tm 对 PCR 扩增的特异性影响较大。引物对之间的 Tm 的差异应不超过 $2\sim3℃$，如差异过大，扩增效率将大大降低，甚至不出现扩增，因为如果引物 Tm 较高，当在低于理想的退火温度时，将出现错误的扩增引导。如果 Tm 较低，则引物只在于高于理想的退火温度时以低浓度结合。引物的 Tm 可按下式计算，即 $Tm = 2℃(A+T)+4℃(G+C)$，退火温度的选择通常是低于 Tm 约 $5℃$。

（4）引物内部的二级结构：引物内部应避免出现二级结构，避免两条引物间互补，特别是 $3'$ 端的互补，否则，由于在 PCR 中，相对扩增靶核酸，其浓度较高，而很容易出现引物间的退火，形成引物二聚体，在琼脂糖凝胶电泳时，可出现非特异的扩增条带。避免引物二级结构出现的简单方法是，选择 50% G+C 和无 4 个连续相同碱基的引物。

（5）引物的 $3'$ 端碱基：引物的 $3'$ 端碱基，尤其是最末及倒数第二个碱基，应严格配对。末端碱基不配对易导致 PCR 失败。在引物的 $3'$ 端碱基，最好为 G 或 C，而形成所谓的"GC 夹子（GC clamp）"，提高引发效率。"GC 夹子"由于 G—C 间的三个氢键，而有助于引物 $3'$ 端的正确结合，使得扩增的特异性增强。

（6）引物的特异性：引物初步设计好后，应与核酸序列数据库（Gene bank）的已知序列进行比对，应与已知序列无明显同源性。

（7）引物量：每条引物的浓度不宜过高，如能得到理想的扩增，则引物浓度越低越好。引物浓度偏高易导致错配和非特异性扩增，且可增加引物之间形成二聚体的机会。

（8）酶切位点的考虑：如是为分子克隆或限制性酶切的目的进行扩增，则引物中通常要加上合适的酶切位点。

（9）对于 GC 含量高的靶核酸的扩增引物：扩增 GC 含量高的靶 DNA，建议使用具

有较高 Tm 的引物，如 $75\sim80℃$。这样在进行 PCR 扩增时，可采用较高的退火温度，以利于引物的退火，从而提高扩增效率。

2. 用于多重 PCR 的引物设计原则　多重 PCR 即是在一个 PCR 扩增体系中，含有数对引物，同时扩增数个靶核酸。通常，由于在一个扩增体系中，PCR 引物对越多，越容易出现引物二聚体，以及出现非特异的扩增，因此，多重 PCR 通常也只能限于 $5\sim10$ 靶核酸。多重 PCR 中，如果不同的引物对均能以相同的扩增效率进行扩增，则较为理想。通常很难预知一对引物的扩增效率，但在同一反应条件下，退火温度相近的话，将是较好的选择。

多重 PCR 引物的设计除了要考虑上述引物设计的一般原则外，还应考虑以下内容。

（1）引物的长度：每对引物的长度应控制在 $18\sim24bp$。引物越长，越容易导致引物二聚体的形成。

（2）引物的 Tm：每对引物的 Tm 应该接近。

（3）引物的 $3'$ 端：避免引物对 $3'$ 端的碱基互补。

（4）退火温度和循环数：这两个方面对多重 PCR 非常重要。引物的退火温度越高越好，首先确定每对引物的退火温度，在多重 PCR 中，使用引物对中最低的温度作为退火温度，同样，使用最少的扩增循环数。

（5）延伸时间：由于多重 PCR 同时扩增多个模板，因而较扩增单一靶核酸的 PCR 方法需要较长的延伸时间。

总而言之，所设计好的每对引物，在组装成多重 PCR 前，都应单独进行实验，以确定最佳的扩增条件。

3. "巢式（nested）"PCR 引物的设计原则　"巢式"PCR 即是针对同一靶核酸设计一对外引物和一对内引物，先用外引物进行扩增，再用内引物扩增，以提高 PCR 检测的敏感性。但这种方法通常需要在第一轮扩增

后,打开反应管,取出第一次扩增的反应物,再用加有内引物的新的扩增反应混合液进行第二轮扩增,因此,很容易造成标本之间的扩增产物"污染",而出现假阳性结果。"半巢式"PCR 则是在第二轮扩增时,第二对引物对之一为内引物,另一个来自第一轮扩增的外引物对。半"巢式"PCR 可在前述"全巢式"PCR 无法进行时采用。

"巢式"PCR 引物的设计除了要遵循上述引物设计的一般原则外,还可以考虑:①由于涉及两对引物,要充分考虑引物间的相互作用。②由于"巢式"PCR 很容易造成产物"污染",因此可以考虑在单管内进行。如此,则外引物和内引物的 Tm 应不一样,内引物的 Tm 应明显低于外引物的 Tm,一个简单的办法就是降低内引物的长度,如外引物长度采用 25～28bp,内引物则可为 18～20bp。外引物的 Tm 应足够高,以防止在第一轮 PCR 时内引物出现与靶核酸的退火,这样在第一轮 PCR 中就只会有较长的扩增片段产生。内引物的浓度应过量,可为外引物浓度的 40 倍以上。在第二轮 PCR 中,采用较短的退火和延伸时间有利于较短引物的退火,以及较小扩增片段的产生。

4. 引物设计软件

(1)Primer Premier 5:PREMIER Biosoft International 的 Primer Premier 5 将引物设计与多序列组合整合在一起,加快了种间交叉引物的设计,程序使用其专用的计算方法计算每一个细节的一致性,在序列的高度保守区域内设计引物,可通过图形设计等位基因特异的引物。

Primer Premier 5 在引物设计上具有多种特点,可自动或手动设计引物,可用于多重/巢式引物设计,以保证没有种间交叉,搜索结果可保存在软件的数据库中,可提供合成预订表供引物合成用。

(2)Primer Designer 4.1:Primer Designer 4.1 用于测序和 PCR 的引物,以及寡核苷酸探针的设计,Primer Designer 以简单的 ASCII 文本文件阅读 GenBank、EMBL、FASTA 或 Clone Manager 文件格式中的文件,其可在软件的数据库中保存引物搜索信息。

(二)酶及其浓度

用于 PCR 的耐热 DNA 聚合酶可分为两类,一类是从水生嗜热菌中纯化的 Taq DNA 聚合酶,一类为通过基因工程在大肠埃希菌中表达的酶。一个典型的 PCR 扩增约需酶的浓度为 1.25U(总反应体积为 $50\mu l$ 时),浓度过高可导致非特异性扩增,浓度过低则扩增效率低,产物量减少。

(三)dNTP 的质量与浓度

dNTP 的质量与浓度影响 PCR 的扩增效率。原料 dNTP 为颗粒状粉末,应在适当的条件下保存,否则易变性失去生物学活性。dNTP 溶液呈酸性,通常,使用 dNTP 粉配成高浓度后,以 1mol/L NaOH 或 1mol/L Tris-HCl 的缓冲液将其 pH 调节到 7.0～7.5,小量分装,-20℃冰冻保存。应避免反复多次冻融,否则会使 dNTP 降解。在 PCR 主反应混合液中,dNTP 的浓度应为 50～$200\mu mol/L$,4 种 dNTP 的浓度必须是等摩尔的,其中任何一种 dNTP 的浓度不同于其他几种,即偏高或偏低时,就会引起错配。dNTP 浓度过低会降低 PCR 产物的产量。浓度过高,则因为 dNTP 能与 Mg^{2+} 结合,使游离的 Mg^{2+} 浓度降低,从而影响 TaqDNA 聚合酶的活性。

(四)模板

扩增主反应混合液中所加入的模板核酸的量与纯度,也是 PCR 成败与否的关键环节之一。一个反应管内至少要有一分子模板才会出现扩增,因此,加入制备的核酸溶液,要考虑靶模板的最少加入量。靶模板核酸通常是提取于体液和组织标本中的细胞内或是呈游离状态,标本中含有大量对 PCR 有抑制作用的蛋白和脂类物质,传统的核酸纯化方法如酚-氯仿方法,通常采用 SDS 和蛋白酶 K 来消化处理标本。SDS 的主要作用是:溶解细胞膜上的脂类与蛋白质,进而破坏细胞膜,并解离细胞中的核蛋白,SDS 还能与蛋白质结合而沉淀;蛋白酶 K 能水解消化蛋白质,特别是与 DNA 结合的组蛋白。核酸从细胞内释放出来后,仍与样本中的蛋白质及其他细胞组分在一起,根据蛋白质、脂类等溶于酚和氯仿等有机溶剂,核酸溶于水的特点,再使用有机溶剂如酚和氯仿反复抽提掉蛋白质和其他细胞组分,最后存在于水溶液中的核酸用乙醇或异丙醇沉淀出来,烘干去掉残留的醇溶剂后,再用水溶解沉淀,这样纯化的核酸水溶液即可作为模板用于 PCR 扩增。

通常在临床常规检验中,一些商品试剂盒中的核酸提取方法采取简化步骤的方法,如采用在去垢剂或碱存在下加温溶解细胞或裂解病原体,消化除去染色体的蛋白质使靶基因游离,而使核酸释放至标本溶液中后,直接用于 PCR 扩增。这种方法通常采取加样量少的方法以减少标本蛋白质等 PCR 抑制物的干扰,但当特定抑制物浓度较高时,则可能会造成 PCR 扩增的抑制。因此,最好是采用核酸纯化方法。RNA 模板提取一般采用异硫氰酸胍或蛋白酶 K 法,以防止 RNase 降解 RNA。

(五)Mg^{2+}浓度

Mg^{2+}是 TaqDNA 聚合酶的不可少的辅助因子,不但影响 PCR 扩增的效率,而且也影响扩增的特异性。通常,在一个 PCR 扩增中,在各种 dNTP 浓度为 200μmol/L 时,Mg^{2+}浓度以 1.5~2.0mmol/L 为宜。Mg^{2+}浓度过高,酶活性过强,易出现非特异扩增,反应特异性降低,浓度过低,则会降低酶的活性,使反应产物减少。为使 PCR 反应体系的 Mg^{2+}理想化,可采用下述的两步方法,即首先在 0.5~5.0 mmol/L,按 0.5mmol/L 梯度增加,在确定一个窄的范围后,再按 0.2 或 0.3mmol/L 梯度增加以确定最佳的 Mg^{2+}浓度。

二、PCR 的标准扩增体系

(一)通常的 PCR 扩增体系试剂组成

一个通常的 PCR 扩增体系由下述试剂组成。

10×扩增缓冲液 5μl

引物各 10~100pmol/L

4 种 dNTP(dATP、dTTP 或 dUTP、dCTP 和 dGTP)混合物各 200μmol/L

TaqDNA 聚合酶 1~2U

Mg^{2+} 1.5~2.0mmol/L

模板 DNA 0.1~2μg

加双或三蒸水至 50μl

(二)PCR 扩增参数

PCR 扩增参数涉及温度、时间和循环次数。

1. 温度与时间参数　根据 PCR 扩增的原理,通常的 PCR 的温度变化涉及变性、退火和延伸等三个温度,分别为 90~95℃(变性),40~60℃(退火)和 70~75℃(延伸)。如待扩增靶核酸片段较短(100~300bp),如实时荧光 PCR 的扩增,可采用两个温度,即变性温度和退火与延伸温度。一般采用 94℃变性,65℃左右退火与延伸,在 65℃下,Taq DNA 聚合酶仍具有较高的催化活性。

(1)变性温度与时间:变性温度不够,靶 DNA 解链不完全是 PCR 失败的最主要原因。通常,93~94℃下 1min 足以使模板 DNA 变性。温度不能过高且时间不能过长,否则对 TaqDNA 聚合酶的活性有影响,并且可能会损害反应混合物中的 dNTP。

(2)退火温度与时间:合适的退火温度是保证 PCR 特异性的重要前提。PCR 中,反应温度从变性温度快速下降至 40~60℃,变性的 DNA 又可复性,重新形成双链,由于模板 DNA 比引物长而复杂,因此,反应溶液中,引物和模板之间的结合机会远远高于原始模板互补链本身之间的结合机会,所以,退火过程中,模板双链间的自退火的可能性较之与引物之间的退火要小得多。退火温度与时间,取决于引物的长度、碱基(G+C)组成及其浓度和靶核酸序列的长度。如果引物长度为 20bp 左右,G+C 含量约 50%,则可选择 55℃为最适退火温度的起点。引物与靶核酸的合适复性温度可按以下程序进行选择,首先按公式 Tm(解链温度) = 4(G+C)+2(A+T)计算引物的 Tm,单个碱基的错配则会降低 Tm 值约 5℃,复性温度=Tm-(5～10℃)。虽然退火温度的选择通常是低于 Tm 约 5℃,但较好的方法是采用梯度 PCR 仪进行实验,以选择合适的退火温度。理想的退火温度的计算公式如下,即

$$Ta(理想) = 0.3×引物\ Tm+0.7×扩增产物\ Tm-25 \qquad (1-1)$$

产物的 Tm 值可按下式计算:

$$产物\ Tm = 81.5 + 16.6(log10[K^+]) + 0.41(\%G+C)-675/扩增产物长度 \qquad (1-2)$$

此外,为提高 PCR 的特异性,可在允许的 Tm 范围内,选择较高的复性温度,以减少引物和模板间的非特异复性。复性时间一般为 30～60s,以使引物与模板之间充分退火。

(3)延伸温度与时间:TaqDNA 聚合酶在不同的延伸温度下,其使四种 dNTP 聚合的生物学活性有所差异(表 1-1)。

表 1-1　不同温度下 TaqDNA 聚合酶的生物学活性

温度(℃)	核苷酸/S/酶分子
70～80	150
70	60
55	24
高于 90 时	DNA 合成几乎不能进行

从表中可见,PCR 的延伸温度一般可选择在 70～75℃,通常为 72℃。延伸温度过高不利于引物和模板的结合。延伸反应时间,依待扩增片段的长度来定,1kb 以内的 DNA

片段,1min 的延伸时间即足够。3～4kb,需 3～4min;10kb 则需 15min。延伸时间过长,易致非特异性扩增带的出现。低浓度模板的扩增,应适当延长延伸时间。

2. 循环次数　PCR 循环次数由模板 DNA 的浓度所决定。一般循环次数在 30～40 次,次数越多,非特异性产物的量亦多。

三、PCR 扩增的增强剂

PCR 扩增的增强剂包括 1%～10%二甲基亚砜(dimethyl sulfoxide,DMSO)、5%～15%聚乙二醇(PEG)6000、5%～20%甘油、非离子去垢剂、1.25%～10%甲酰胺和 10～100μg/ml 牛血清白蛋白(BSA)等,这些增强剂可增强 PCR 扩增的特异性和产率。

四、降落 PCR

在对 PCR 条件进行理想化时,降落(touchdown,TD)PCR 是一个很有用的方法。降落 PCR 通常是使用单一扩增反应管或几支扩增管,在可排除引物二聚体和非特异扩增子的条件下进行扩增,与普通 PCR 的最大区别是,在对扩增循环编程时,逐步降低退火温度,起始的退火温度在所选择的 Tm 以上,逐步降低至所选择的 Tm 以下。这种方法有助于保证在首先的引物-模板杂交中,因退火温度较高,只有具有较大互补性的引物-模板容易出现杂交,亦即只产生靶扩增子的引物-模板出现互补,即使最终退火温度降至非特异杂交的 Tm,此时,靶扩增子已进入指数扩增,因此,在其后的扩增中,因特异的靶扩增子数量多,可有效地与非特异的扩增进行竞争,从而不影响特异的扩增。降落 PCR 目的是避免在较早的扩增循环中低 Tm 引发(priming),所以有必要在降落 PCR 中采用热启动(hot-start)。

降落 PCR 的操作:降落 PCR 基本操作是在设置扩增循环参数时,每隔两个循环降低退火温度,最高的退火温度在所估计的

Tm 以上几度,最低的退火温度则在估计的 Tm 以下 10℃左右。例如,一个引物－模板的计算 Tm 为 62℃,则在扩增编程时,可在从 65℃→50℃,每两个循环降低退火温度 1℃,亦即每个温度进行 2 个循环。最后在 50℃下进行其余的 15 个循环扩增。

降落 PCR 产物的电泳结果出现连续的模糊带,说明起始的退火温度太低,使得在靶核酸和非目的扩增子(非特异扩增)之间的 Tm 的差值相对较小,或者是非目的扩增子的扩增效率更高,将每 1℃递减步骤的扩增循环数提高至 3～4 个,则可将靶扩增子的数量提高,以便与后续的非特异扩增进行有效的竞争。相应地,在最后的固定温度扩增循环,要将相应的循环数减去,以免循环数过多,扩增子的伴随降解和高分子量模糊带的出现。

五、热启动 PCR

在 PCR 过程中,在明显低于 Tm 的温度下,即使是一个短暂的温育,也会导致引物二聚体的形成和非特异引发,为避免出现此类问题,可采用热启动(hot-start)PCR 方法。热启动 PCR 的基本方法是在第一循环的温度升至高于扩增反应混合物的 Tm 之前,将 PCR 扩增的一个关键成分如 TaqDNA 聚合酶或 Mg^{2+} 与其余反应成分隔离开来。将 Taq DNA 聚合酶或 Mg^{2+} 与其余反应成分隔离开来的方法有:①蜡珠包裹上述 PCR 的关键成分。可采用蜡将 TaqDNA 聚合酶先包裹起来,将其余的 PCR 混合液加在蜡珠上,当温度升至较高温度时,蜡即发生融化,其中的 TaqDNA 聚合酶即可释放出来参与扩增反应。这种包裹有 TaqDNA 聚合酶的蜡珠既可在实验室内自我制备得到,也可以购买商品。② 在 PCR 混合液中加入抗 TaqDNA 聚合酶抗体。加入抗 TaqDNA 聚合酶抗体,其即可与 TaqDNA 聚合酶结合,从而阻止 TaqDNA 聚合酶发挥活性,而当温度升至一定高度时,抗体变性,TaqDNA 聚合酶活性即恢复。

六、COLD-PCR

COLD-PCR 是一种可从既含野生型又含突变型 DNA 的混合物中富集突变 DNA 的 PCR 方法,其基本原理是,双链 DNA 中任一位置出现碱基错配,均会改变该双链 DNA 的 Tm。一个≥200bp 的 DNA,如出现错配,其 Tm 会下降 0.2～1.5℃,下降幅度依序列差异或发生错配的位置不同而异。任一 DNA 序列,都有其关键变性温度(critical temperature,Tc),通常低于 Tm,如果变性温度设置低于 Tc,PCR 扩增效率会明显降低。Tc 同样取决于 DNA 序列,如果 PCR 变性温度设为 Tc,则仅有一个或两个核苷酸错配的两个模板 DNA,扩增效率也会不同。因此,可通过设置不同的 Tc 从含大量野生型 DNA 混合物中选择性富集低浓度突变 DNA。

COLD-PCR 通用模式如下。①变性:较高温度(通常 94℃)下 DNA 变性;②即刻退火:设置一个即刻退火温度,使得突变和野生型 DNA 相互杂交,由于 DNA 样本中,突变 DNA 含量少,因而其更可能与野生型 DNA 错配而得到非均一双链 DNA;③熔解(melting):上述非均一双链 DNA 更容易在较低温度下解链,因此可选择性让其在 Tc 下变性;④引物退火:Tc 下解链的 DNA 可与引物退火,而均一的双链 DNA 在此温度下仍保持双链,不会与引物退火;⑤延伸:因为模板为非均一双链 DNA,因此,变异 DNA 将得到扩增。以上 5 个阶段循环往复。

COLD-PCR 可有完全(full COLD-PCR)和快速(fast COLD-PCR)之分,完全 COLD-PCR 与前述通用测定模式相同,快速 COLD-PCR 省去了即刻退火环节,直接在 Tc 下变性。但完全 COLD-PCR 可检测出所有可能的突变,而快速 COLD-PCR 只能富集到 Tm 降低突变。两轮（two-round）COLD-PCR 为快速 COLD-PCR 的改良版本，即在第二轮快速 COLD-PCR 时，使用巢式引物，可提高突变检测的敏感性。

七、PCR 扩增结果分析

优化 PCR 方法的一般途径是首先要对引物进行精细的设计，引物对的 Tm 尽可能相同。其次就是尝试进行上述的降落 PCR 和热启动 PCR，并使用不同的 Mg^{2+} 浓度，模板浓度可为 $10^4 \sim 10^5$ 拷贝，扩增时应用相应的阳性和阴性对照。对于一个 PCR 是否达到了优化，可通过对扩增产物进行琼脂糖凝胶电泳和聚丙烯酰胺凝胶电泳观察产物的电泳特点来判断（表 1-2）。

表 1-2 PCR 产物的电泳特性与反应条件的优化

观察到的电泳特性	原因	解决办法
扩增失败或条带很弱或产物的分子量较预期低且为成片模糊状	含有 PCR 反应抑制物	对样本稀释（1:100 和 1:1000）后再扩增，并通过在已知阳性模板中加入原始 PCR 混合物进行扩增，验证抑制物的存在
	模板浓度低，扩增循环数不够	尽可能降低退火温度，在降落 PCR 的最低温度增加 10 个扩增循环
	非特异扩增	增加起始模板的变性温度（通常为 95℃ 5min），采用降落 PCR 和热启动 PCR
	扩增反应混合液中各成分浓度不对	改变 TaqDNA 聚合酶、dNTPs、引物、Mg^{2+} 等的浓度及缓冲液的 pH，考虑用 N-三甲基甘氨酸、N,N-二羟乙基甘氨酸或 EPP 等具有更低温度变异系数的化学物质替代 Tris
	原始模板浓度太低	使用巢式引物对第一次扩增产物进行稀释（1:100 和 1:1000）后扩增
	扩增需要增强剂	加入 BSA（$10 \sim 100\mu g/ml$）、二甲基亚砜（DMSO）（$1\% \sim 10\%$）、聚乙二醇（PEG）6000（$5\% \sim 15\%$）、甘油（$5\% \sim 20\%$）、非离子去垢剂、甲酰胺（$1.25\% \sim 10\%$）
	引物设计存在问题	重新设计引物
出现多个扩增产物或高分子量模糊拖带	存在有非特异扩增	在降落 PCR 中增大退火温度的范围
		减少降落 PCR 中最低温度的循环数
		在降落 PCR 中每一温度的循环数增加 1 个，即 3 个/每 1 温度
		改变 TaqDNA 聚合酶、dNTPs、引物、Mg^{2+} 等的浓度及缓冲液的 pH
		从凝胶上切下大的扩增产物，纯化后再扩增
		对扩增产物进行 $1:10^4$ 和 $1:10^5$ 稀释后进行巢式扩增
		重新设计引物

第五节　PCR 的特点

一说到 PCR 的特点，人们通常习惯于使高特异性和高灵敏度这两个词，那么，其高特异性和高灵敏度的基础是什么呢？

一、高特异性

一个单纯的 PCR 扩增的特异性的影响因素通常有：①引物的特异性。这是保证一个 PCR 特异性的首要条件，也是 PCR 特异性的决定性因素。②引物延伸时，碱基配对的正确性。引物与模板的结合及引物链的延伸遵循碱基配对原则，如发生错配则会影响扩增的特异性。③TaqDNA 聚合酶合成反应的忠实性。TaqDNA 聚合酶合成反应的忠实性及其耐高温性，使得扩增循环中模板与引物的退火可以在较高的温度下进行，大大增加了引物与模板结合的特异性。④靶基因的特异性与保守性。选择扩增特异性和保守性高的靶基因区域，扩增产物的特异性程度就更高。

作为临床测定的 PCR 方法，还有一个影响特异性的决定性因素是寡核苷酸杂交探针。

二、高灵敏度

如前所述，PCR 扩增产物的量以指数方式增加，从理论上，其能在 2～3h 内，将 1 个分子靶 DNA，扩增至 10 亿个分子。而就特定的扩增反应来说，从理论上，只要反应管中有 1 个分子，就能将其扩增至能检出的水平。如将一些干扰因素考虑在内，一个反应体系中，如有 2～3 个以上的靶分子，即可成功地通过 PCR 扩增，将其检测出来。

三、简便快速

除了高特异和高灵敏外，PCR 的另一特点是简便快速。整个 PCR 的扩增在一个小小的离心管中完成，过程也只是简单的温度变化，耐高温的 TaqDNA 聚合酶的应用，避免了 DNA 聚合酶的反复加入。整个扩增反应可在 2～4h 完成。研究用的 PCR，产物的初步分析，通常采用电泳观察，然而再进一步处理。而临床检测及特定的科研中，实时荧光 PCR 的应用，无须产物的分析过程，大大简化了 PCR 的测定操作。

四、特定的低纯度标本也可使用

某些靶基因含量高的标本，如人的组织、细胞、毛发、血液、培养后的细菌和病毒等病原体等，DNA 粗制品及总 RNA 即可作为扩增模板，但在具体的扩增时，可对标本进行适当的稀释，在不影响靶基因模板的扩增浓度下，降低标本中 PCR 抑制物的浓度，以利于靶基因的扩增。

第六节　PCR 的发展

最初的 PCR 是在变性、复性和延伸三个温度下 30～40 个循环后，将扩增产物进行电泳，在扩增时，特定的 dNTP 用放射性核素标记，电泳分离的产物进行放射自显影观察。后来，又根据双链 DNA 结合溴乙锭并可在紫外光下发出荧光的原理，电泳后直接观察相应条带。但由于电泳后观察片段长短判断结果的方法，缺乏特异性，故而又出现电泳后，将条带转移至硝酸纤维素膜上，再用特异探针（放射性核素或非放射性核素标记）进行膜上杂交检测的 DNA 印迹（southern blotting）试验。也可对 PCR 产物用特定的限制性内切酶进行酶切分析，即限制性片段长度多态性分析（RFLP），以保证检测的特异性。

这些都属于定性 PCR 的范畴。

　　采取上述模式,进行定性 PCR 测定非常简便,但进行定量 PCR 测定则较为困难。主要是因为:①很难确定特定 PCR 的指数扩增期,而定量 PCR 的测定点必须在扩增的指数期,只有处于指数扩增期内的 PCR 产物的测定信号才与起始模板的拷贝数成正比。②指示扩增产物的测定信号难于选择,颇为烦琐。通常在凝胶电泳后,通过荧光染料、放射活性或非放射活性标记探针进行检测。③扩增检测线性范围确定以后,需有一个合适的检测方法,为保证在测定的线性范围内,需扩增一系列梯度稀释的 cDNA,或对每个特定的 PCR 寻找适当的扩增循环数。如通过竞争性和非竞争性内标的定量方法等。20 世纪 90 年代中期出现的实时荧光 PCR,使得通过 PCR 方法的定量测定变得简便易行,由于仪器能对整个扩增循环进行实时监测,不再需要额外的产物检测过程,因而不但操作简便,而且扩增产物污染的可能性大大降低。此外,实时荧光 PCR 的测定范围和检测灵敏度也明显优于以前的检测方法。实时荧光 PCR 的具体原理和方法将在后面章节叙述。

　　除了上述的测定应用外,PCR 还是一个很重要的工具,可用来扩增获得特定的靶核酸,以便其后的诸如克隆、构建表达载体等特定用途。正如有人提到的,最初 PCR 的出现,并不是为了解决某一个特定的难题,PCR 出现后,各种各样的需要采用 PCR 方法才能解决的问题,就不断出现了。

(李金明)

参 考 文 献

[1]　Chen A,Edgar EB,Treia JM.Deoxyribonucleic acid polymerase from the extreme thermophile thermos aquaticus.J Bacteriol,1976,127:1550-1557

[2]　Guyer RL,Koshland Jr.The molecular of the year.Science,1989,22:1543

[3]　Mullis K.The unusual origin of the polymerase chain reaction.Scientific American,1990:56-65

[4]　Saiki RK,Scharf S,Faloona F,et al.Enzymatic amplification of beta-globin genomic sequences and restriction site analysis for diagnosis of sickle cell anemia. Science, 1985, 230: 1350-1354

[5]　朱玉贤,译.Paul Rabinow,著.PCR 传奇——一个生物技术的传奇.上海:上海科技教育出版社,1998

[6]　Mullis K. Dancing naked in the mind field. New York:A division of random house,Inc,1998

[7]　Dieffenbach CW,Dveksler GS.PCR primer:A laboratory manual.2nd.New York:Cold Spring Harbor laboratory Press,2003:35-74

[8]　中华人民共和国医政司(叶应妩,王毓三,申子瑜).全国临床检验操作规程.3 版.南京:东南大学出版社,2006:946-951

[9]　Li J,Wang L,Mamon H,et al.Replacing PCR with COLD-PCR enriches variant DNA sequences and redefines the sensitivity of genetic testing.Nature Medicine,2008,14 (5):579-584

[10]　Zuo Z,Chen SS,Chandra PK,et al.Application of COLD-PCR for improved detection of KRAS mutations in clinical samples. Modern Pathology,2009,22 (8):1023-1031

[11]　Li J,Makrigiorgos GM.COLD-PCR:a new platform for highly improved mutation detection in cancer and genetic testing.Biochemical Society Transactions,2009,37 (2):427-432

[12]　Li J,Milbury CA,Li C,et al.Two-round COLD-PCR-based Sanger sequencing identifies a novel spectrum of low-level mutations in lung adenocarcinoma. Human Mutation,2009,30 (11):1583-1590

第2章　实时荧光PCR技术的基本原理和方法

自从1993年Higuchi等报道实时PCR（real-time PCR）以来，因其具有全封闭单管扩增、简便快速、重复性好、无扩增后处理步骤从而大大减少了扩增产物污染的可能性和易于自动化等优点，其应用范围越来越广，如mRNA表达研究、基因组和病毒核酸的定量测定、等位基因的差异分析、基因特异剪接变体的表达分析、液状石蜡包埋组织的基因表达、微解剖细胞的激光捕获等。由于实时PCR对实验室空间和人员操作的要求相对要低，且易于定量，尤为适用于核酸分子的临床检测。

第一节　发展历程

1986年末，Russ Higuchi来到PCR的诞生地Cetus公司工作。在找到耐热的DNA聚合酶（TaqDNA聚合酶）以前，PCR扩增的每一个循环，均需要加入热不稳定的DNA聚合酶。1986年，Cetus公司在从温泉中分离的嗜热菌中纯化出耐热的DNA聚合酶以后，最后的扩增产物分析仍需要打开反应管，这种操作常常会因为气溶胶的产生，而引起实验室严重的扩增产物污染。因此，当时Cetus公司负责研发的公司副总裁Tom White让新加入公司的Russ Higuchi探讨在不打开反应管的情况下看见扩增产物，即"闭管PCR"的可能性。后来，他们在进行另一项研究时，为确定PCR扩增后沉淀中是否有DNA存在，在完成PCR的试管内加入溴乙啶，然后在紫外灯下观察试管，发现沉淀出现荧光，但荧光对双链DNA不特异。在其让助手Bob Griffith试验不同的条件时，他在PCR的起始就加入了溴乙啶，结果表明，尽管溴乙啶是PCR扩增的抑制剂，但在较低的浓度下，PCR仍能进行，所产生的荧光可以在不开管的情况下进行测定。当将其放在紫外光下时，含扩增靶核酸的反应管与阴性对照管相比，有明亮的荧光。虽然这种PCR"终点"荧光检测对其本身来说非常有用，但他们想如果每一个循环检测一次荧光也许可以提供一个具有宽的测定范围的定量方法，测定荧光信号增加到一定程度所需的PCR循环数越少，则起始靶DNA越多，为证明这种PCR的"实时"检测，他们将双向光纤的一个末端与热循环仪内PCR反应管的开放顶部相接，另一个末端与荧光分光光度计相接，在500nm激发光下，600nm荧光被记录下来，与温度高低相关的荧光的强弱可在热循环仪上见到，以及在低温下dsDNA PCR产物的累积得到的荧光的纯增加。

为评价PCR这种模式的定量特性，需要一种阅读多个平行扩增的方法，在第一代商品实时荧光PCR仪中普遍采用的一个方法是，使用多个光导纤维（一个光导纤维针对一个反应管）和一个用来顺序激发和阅读每一个试管荧光的快速多重系统。Russ Higuchi认为一个较为简单的方法是使用数字成像系统，因此，Russ Higuchi和Bob Watson采用来自一个内装的使用电荷耦合器件（charge-coupled device，CCD）照相机凝胶成像系统，相机安装在一个暗室中，下对在热循环仪加热模块中密闭PCR扩增试管的顶部，使用紫外光激发加热模块上试管。于是，在每一个PCR的退火/延伸期，都能获得一次成像，对每个孔位的成像的像值进行累积,于是,得到的这些累积值为每个 PCR 产生了"生长曲线"。没有经过处理的原始生长曲线显然是没有用的,因为每一反应管的起始内在荧光是相同的,所以根据其早期循环荧光读数对相对于其相互间 PCR 进行归一化,这样使得复孔间的 PCR 生长曲线几乎能达到一致,然后,就可以设定一个总阈值荧光值,穿过该阈值所需的循环数与起始靶分子的数量的对数成线性反比相关。通过比较这些循环数[通常称为循环对阈值(Cts)]与具有已知起始靶分子数的标准系列进行比较(如一个校准曲线),即可得到每个未知样本的起始靶数量。

1991 年 Cetus 公司的 Holland 等在 *Proc Natl Acad Sci USA* 上发表了 Taq-Man® probes 技术。1993 年美国 Applied Biosystems,Division of Perkin-Elmer 的 Lee 等在 *Nucleic Acids Research* 上发表了使用双荧光标记的实时荧光 PCR 方法。1996 年美国纽约公共卫生研究所(Public Health Research Institute)的 Tyagi 和 Kramer 在 *Nat Biotechnol* 上发表了分子导标(molecular beacon)方法。

第二节　基本原理

一、PCR 扩增的理论模式

在 PCR 中,随着扩增周期的增加,模板以指数方式进行扩增。每一扩增周期后产物的量可以下式表达

$$Y_n = Y_{n-1} \cdot (1 + E) \qquad 0 \leqslant E \leqslant 1$$
$$(2-1)$$

其中 E 表示扩增效率,Y_n 表示在 n 个周期后 PCR 产物的数量,Y_{n-1} 为 $n-1$ 个周期后 PCR 产物的数量。而扩增一定的周期后,扩增产物的总数量可以下式表示

$$Y_n = X \cdot (1 + E)^n \qquad (2-2)$$

其中 Y 为 PCR 产物的分子数量,X 为原始模板的数量,n 为周期数,E 为扩增效率,位于 0 至 1 之间。公式(2-2)仅在限定的扩增周期数即指数扩增期(通常为 20~30 个循环)内成立,超过此周期数,扩增过程即由指数扩增降低至稳定的扩增速率,最终达到平台,不再扩增。此时,公式(2-1)中的 E 逐步降低,直至 0。影响扩增效率的因素较多,如引物/靶核酸的退火情况、参与扩增反应试剂的相对量尤其是 TaqDNA 聚合酶/靶核酸、扩增仪孔中温度的不均一性、临床标本中 TaqDNA 聚合酶抑制物的去除不完全、扩增

试剂的有限和扩增中焦亚磷酸盐累积等。因此,PCR 扩增最后不再以指数方式进行。要定量 PCR 扩增产物很容易,但从上述扩增产物与模板之间的关系来看,由于 E 和扩增周期数(n)的变化,扩增产物的量与最初 PCR 模板的量之间没有一个确定的比例关系。只有在 PCR 的指数扩增期的扩增产物量才与起始模板的量有正比例相关。因此,定量 PCR 必须在 PCR 扩增的指数期进行测定,而以前的非实时 PCR 方法很难确定特定的 PCR 的扩增指数期,通常需要大量的实验论证。实时 PCR 的出现,则使得整个 PCR 的扩增过程测定信号的变化处于动态监测之中,很容易判断指数扩增期的出现,从而避免了传统 PCR 反应中产物量的可变性。

实时 PCR,就是检测 PCR 扩增周期每个时间点上扩增产物的量,通常是检测每个循环结束后的产物量,从而实现 PCR 扩增的动力学监测。要达到这一点,就需要有实时检测产物量的方法和仪器,也就是如何实时检测到 PCR 产物的量或信号,这也是实时定量 PCR 区别于传统 PCR 的主要之处。1993 年,Higuchi 等首次报道了他设计的实时 PCR:改造 PCR 扩增仪以使紫外线照射

PCR 产物,在 PCR 反应体系中,加入溴乙啶(EB)染色,然后用电荷耦合器件检测荧光信号。这种方法最大的缺陷是致癌剂溴乙啶参与全过程且能够嵌入所有 DNA 双链中,包括非特异性的扩增产物 DNA,而且采集信号的手段并不敏感。随着荧光化学和探针杂交技术在实时 PCR 中的应用,信号标记和采集已经有了很大的发展,从而使荧光定量 PCR 有了很快的发展。

二、实时荧光 PCR 的理论基础

目前的实时荧光 PCR 无一例外的均是基于荧光共振能量转移(fluorescence resonance energy transfer,FRET)的原理。也就是说,当一个荧光基团与一个荧光淬灭基团(可以淬灭前者的发射光谱)距离邻近至一定范围时,就会发生荧光能量转移,淬灭基团会吸收荧光基团在激发光作用下的激发荧光,从而使其发不出荧光。但如果荧光基团一旦与淬灭基团分开,淬灭作用即消失。因此,可以利用 FRET,选择合适的荧光基团和淬灭基团对对核酸探针或引物进行标记,再利用核酸杂交和核酸水解所致荧光基团和淬灭基团结合或分开的原理,建立各种实时荧光 PCR 方法。

(一)FRET 的基本原理

FRET 首先是由 Föster 于 1948 年提出的,他描述了一对荧光物质在相距比较近的时候,它们之间由于偶极与偶极的相互作用,激发光的能量能够以非发光的形式在两者之间转移。这样的一对荧光物质称为一对能量供体(donor,D)和能量受体(acceptor,A)对,以适当的激发光激发供体产生荧光,当供体与受体的距离在 10Å~100Å 时,供体的荧光光子能量能够被转移至受体分子,从而使受体的荧光强度增加,供体的荧光强度相应地减弱,同时伴随着他们荧光寿命的增加或缩短。要在 10Å~100Å 发生有效的能量转移必须满足以下的条件:供体的荧光发射光谱和受体的吸收光谱必须充分重叠;供体的量子产率(ΦD)和受体的光吸收系数(εA)应该足够高。另外,由于涉及偶极-偶极矢量反应的发生,所以供体与受体的转移偶极在方向上应该相互适应,或者其中一个(或两个)具有一定的快速旋转自由度。FRET 中所谓的能量转移是以非发光形式实现的,也就是说,供体没有真正地发射出光子,而受体亦没有真正地接受任何光子。FRET 的基本原理见图 2-1。

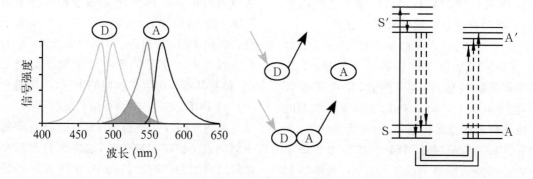

图 2-1 FRET 的基本原理
FRET 发生的基本条件为:①供体(D)和受体(A)都能发荧光;②D 的发射光谱和 A 的激发(或吸收)光谱需有效重叠;③D 和 A 之间的距离应足够近(<10nm)

(二)FRET 的效率

通常用能量传递的效率 E 来衡量 FRET 的发生强度,用公式表达为 $E = R_0^6 \cdot (r^6 + R_0^6)$,其中 R_0 称为 Föster 半径,是能量传递效率为

50％时供体和受体之间的距离,对于特定的体系和能量供受体对,R_0 可看作常量;r 为供体与受体之间的距离。在实际应用中,通常分别测定在受体存在和不存在的情况下,供体的荧光强度或荧光寿命的变化而得到能量传递的效率 E,用公式表达为 $E=1-F_{DA}/F_D=1-\tau_{DA}/\tau_D$,$F_{DA}$ 和 τ_{DA} 分别为受体存在时供体的荧光强度和荧光寿命;F_D 和 τ_D 为没有受体存在时供体的荧光强度和荧光寿命。利用 R_0 和荧光效率 E 则可以计算出供受体之间的距离 r,获得相关分子结构及分子之间相互作用的信息。在实时荧光 PCR 分析中,将合适的能量供体和受体对标记于相应核酸序列(引物或探针)上,当扩增没有发生时或杂交反应没有出现时,能量供体和受体可能因此足够靠近,它们之间发生了荧光共振能量转移,仪器测不到明显的荧光信号,而当扩增或杂交反应发生时,则因为供体与受体的分开,无法实现荧光共振能量转移,从而可以通过检测相应的荧光强度或荧光寿命的变化来判断反应的发生与否,进而对待测靶核酸进行定量。

三、TaqMan 实时荧光 PCR 的基本原理

以 TaqMan 荧光标记探针为基础的实时荧光 PCR 技术,在目前国内的临床诊断中应用最为广泛。Holland 及其同事最早提出了 TaqMan 原理。在他们的研究中,发现热稳定 DNA 聚合酶 Taq 在具有 $5'→3'$ 方向的聚合酶活性的同时,还具有对聚合延伸过程中遇到的与靶序列结合的核苷酸序列的 $5'→3'$ 核酸外切酶活性。于是在 PCR 过程中,TaqDNA 聚合酶可利用其 $5'$ 核酸外切酶活性切割与靶序列结合的寡核苷酸探针。利用 TaqDNA 聚合酶的这一特性,可以检测靶序列的扩增。其最初设计的寡核苷酸探针是用 ^{32}P 标记探针的 $5'$ 端,探针的 $3'$ 末端设计为不能延伸以防其成为 PCR 扩增的引物。扩增中,当引物通过 TaqDNA 聚合酶的聚合

反应延伸至接近已与靶核酸序列结合的探针时,TaqDNA 聚合酶的 $5'→3'$ 外切酶活性即能将探针降解成小片段,然后通过薄层层析将这些小片段与未降解探针分开,探针降解的越多,扩增的产物也越多,从而指示靶核酸的存在及量。使用荧光基团和淬灭剂代替 ^{32}P 双标记上述特异寡核苷酸荧光探针即可免去 PCR 后再分析降解探针这一步骤,即实时荧光 PCR 技术。TaqMan 荧光探针即在其 $5'$ 端标记一个荧光报告基团,如 6-羧基荧光素(6-carboxyfluorescein,FAM)、四氯 6-羧基荧光素(Tetrachloro-6-carboxyfluorescein,TET)、六氯 6-羧基荧光素(Hexachloro-6-carboxyfluorescein,HEX)等,$3'$ 端有一个淬灭剂,如 6-羧基-四甲基罗丹明(6-carboxy-tetramethylrhodamine,TAMRA)。根据荧光共振能量传递(FRET)原理,完整探针因荧光基团和淬灭剂距离很近而使荧光基团发射的荧光被淬灭,只有当探针降解时,荧光报告基团和淬灭剂分离,这时荧光才能发射出来(图 2-2)。

基于上述荧光 PCR 的原理,使用实时荧光 PCR 仪实时检测荧光信号,根据荧光信号与扩增循环数之间的关系,扩增仪软件系统可自动计算得到图 2-3 的实时扩增曲线。图中基线(baseline)是指荧光信号积累但低于仪器的测定限之下的 PCR 循环。仪器软件通常将基线设为 3～15 循环时的荧光信号,但通常需要人工设置。阈值(threshold)是计算机根据基线的变化所任意选择的,是指 3～15 个循环的基线荧光信号均值标准差的 10 倍。高于阈值的荧光信号被认为是真实信号,用于定义样本阈值循环数(threshold cycle,Ct)。如果需要,每次实验的荧光阈值可人为改变,使其在所在扩增曲线的指数扩增期内。Ct 是指荧光强度大于最小检测水平(即荧光阈值)时的 PCR 循环数。它是实时 PCR 的基本参数,也是获得准确且重现性好的数据的基础。起始模板量越多,荧光信

号在统计学上显著高于背景信号所需的 PCR 循环数越少,反之则越多。Ct 值总是出现于靶序列扩增的指数期,指数扩增期处于 PCR 循环的早期。当 PCR 反应成分成为 PCR 的限制性因素(减少或疲劳等)时,靶序列扩增速率降低,直到 PCR 反应不再以指数速度扩增模板,进而很少或不产生模板。这就是用 Ct 来定量起始拷贝数比用 PCR 反应终点时所测得的 PCR 产物量推断的起始拷贝数更可信的主要原因。在指数扩增期,反应成分不会成为限制性因素,因此,扩增相同拷贝数时,Ct 值具有很好的重现性。

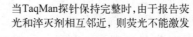
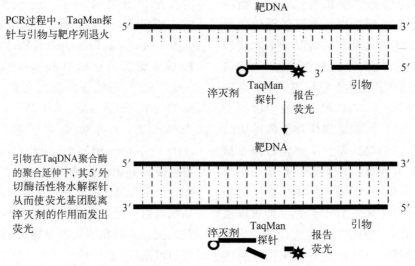

图 2-2　TaqMan 荧光 PCR 测定的基本原理

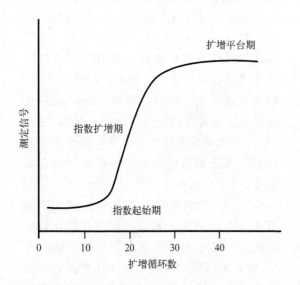

图 2-3　实时荧光定量 PCR 扩增曲线

在 TaqMan 探针的基础上,进一步发展了 MGB 探针(minor groove binding probe,MGB probe)。在它的 3′端连接的不是通常的 TAMRA 淬灭基因,而是一种非荧光淬灭剂(nonfluorescence quencher,NFQ),其 3′端还有一种小沟结合分子,即 MGB 探针,该分子折叠进入 dsDNA 小沟,从而使探针和模板紧紧结合。NFQ 因是非荧光基团,所以相对于 TaqMan 探针来讲,大大降低了测定中荧光的本底值,又提高了淬灭效率。MGB 结合在探针与靶基因杂交形成双螺旋的小沟(minor groove)中,既促进了探针与靶基因杂交的稳定性和特异性,又使探针的 Tm 大大提高,一般一个长 12~17bp 的探针在小沟结合的作用下,会提高 15~30℃,从而使杂交温度的选择余地更大。MGB 探针在检测单核苷酸多态性和定量分析甲基化等位基因方面具有优势。

四、双链 DNA 交联荧光染料实时荧光 PCR 的基本原理

SYBR® Green Ⅰ是一种可以非特异的结合双链 DNA（dsDNA）小沟的荧光染料，它嵌合进 DNA 双链，但不结合单链。当 SYBR® Green Ⅰ在溶液中而未结合 dsDNA 时，仅产生很少的荧光，当它结合 dsDNA 时，就发射出很强的荧光信号。在 PCR 反应体系中，加入过量 SYBR® green Ⅰ荧光染料，在 PCR 扩增过程中，进行 DNA 聚合反应时，由于双链 DNA 的增加，荧光信号也增加，当 DNA 变性时，则荧光信号降低。因此，在每个 PCR 循环结束时，检测荧光强度的变化，就可知道 DNA 增加的量（图 2-4）。由于任何引物对扩增的产物都可用 SYBR® Green Ⅰ检测，因此，该方法的优点是能监测任何双链 DNA 序列的扩增，不需要探针的设计，使检测方法变得简便，同时也降低了检测的成本。然而由于荧光染料能和任何 ds-DNA 结合，因此它也能与非特异的双链如引物二聚体和非特异性扩增产物等结合，使实验产生假阳性信号。引物二聚体和非特异性扩增产物等所致非特异荧光信号的问题目前可以用带有熔解曲线（melting curve）分析的软件加以解决。扩增子在熔解温度产生的典型熔解峰可和非特异扩增产物在更低温度下产生的侧峰区分开，因此可创建一个软件来收集高于引物二聚体熔解温度而低于模板熔解温度时的荧光。另一个解决方案是利用长扩增子产生更强的荧光。SYBR® Green Ⅰ通常用于单个反应，但当它和熔解曲线分析联合时，可用于多重 PCR 反应。以 SYBR® Green Ⅰ为基础的实时荧光 PCR 方法在许多方面已有应用，如病毒载量检测和细胞因子定量等。

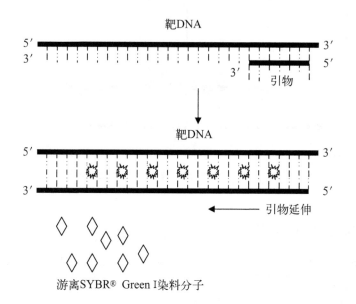

图 2-4　双链 DNA（dsDNA）交联荧光染料实时荧光 PCR 的基本原理

五、双杂交探针实时荧光 PCR 的基本原理

双杂交探针（dual hybridization probe）实时荧光 PCR 就是在两条寡核苷酸杂交探针上分别标记荧光供体基团和荧光受体基团，两基团的激发光光谱有一定程度的重叠。对两条探针的要求是，其与靶核酸的杂交位置应相互邻近。当两条探针与靶基因同时杂交时，两个探针以一头一尾方式杂交于靶序列，这样两个荧光基团靠得很近，其间的距离在 1～10nm（通常为 1～5 个碱基），依据 FRET 原理，在供体基团一定波长（如395nm）的激发光作用下，发生能量传递，从而激发受体基团发射另一种荧光（如510nm），见图 2-5。仪器可检测出此时的荧光信号，荧光强度和 PCR 反应中 DNA 合成量成正比。由于两个不同的探针必须杂交到正确的靶序列时，才能检测到荧光，因此，该方法的特异性增强。该方法尤为适用 Light-Cycler 实时荧光 PCR 仪。

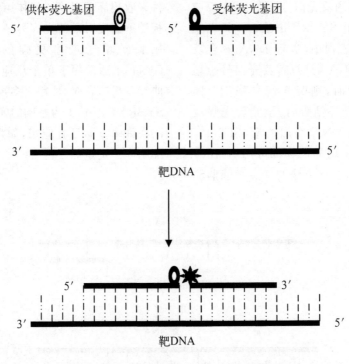

图 2-5 双杂交探针实时荧光 PCR 的基本原理

六、分子信标实时荧光 PCR 的基本原理

分子信标（molecular beacon，MB）探针由两端分别共价标记有荧光染料和淬灭剂的单链 DNA 分子组成，在反应溶液中，它们呈发夹型或茎环结构，这样荧光染料和淬灭基团距离很近而发生 FRET（图 2-6）。分子信标的环部分和靶核酸互补，而探针的两头由于互补而成为茎。当分子信标为茎环结构时，淬灭基团和荧光基团距离很近，报告基团的荧光信号被淬灭基团吸收，从而抑制报告基团产生荧光。在 PCR 变性阶段，该探针的茎部打开形成一条单链，当溶液中存在特异性模板时，在复性阶段该探针即可与模板杂交，使得 5′端和 3′端分离以使淬灭基团对报告基团失去抑制作用，后者的荧光信号得以

释放,其荧光强度也与被扩增的模板量相对应,显示前一循环积累的扩增产物量。PCR 反应时,分子信标要保持完整并且每个循环都必须杂交到靶序列,这样才能产生荧光。分子信标探针与线性的 TaqMan 探针相比,因其发夹结构的打开需要一定的力,因而测定的特异要好于线性探针。因此,分子信标探针可用于鉴定点突变。

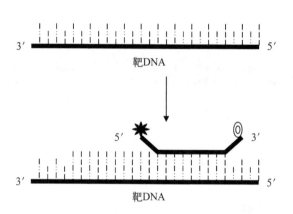

图 2-6　分子信标实时荧光 PCR 的基本原理

后来有人发展了一种三分子组成的三联分子信标(tripartite molecular beacon, TMB),见图 2-7。一分子的寡核苷酸呈发夹结构,环部能与靶基因杂交,双长臂不做荧光标记;另外两分子的寡核苷酸分别能与发夹的两臂杂交,且两分子分别标记荧光淬灭基团和荧光报告基团。这种三分子构成的分子信标,易于高通量的标记。

分子信标探针尽管其对探针与靶核酸的错配检测非常敏感,但其各含 4～5nt 的侧臂序列,有随机参与 DNA-靶核酸之间的结合的趋向,从而可能出现假阳性结果。近来有

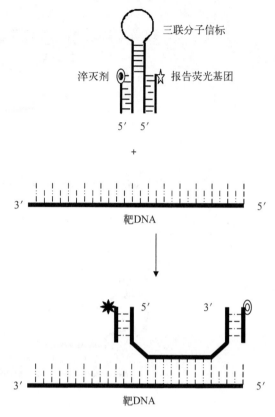

图 2-7　三联分子信标(TMB)实时荧光 PCR 的基本原理

人采用不与天然 DNA 和 RNA 交叉配对的正交寡核苷酸对如 homo-DNA 构建分子信标的茎,即可避免上述问题。

七、蝎形探针实时荧光 PCR 的基本原理

蝎形(Scorpion)探针因其形状类似于蝎子而得名,其基本组成如下:①一个特异的荧光标记探针序列。探针部分和分子信标相似,也是 5′端有一个荧光报告基团,3′端有一个淬灭基团,并且呈茎环结构(图 2-8)。②一个 PCR 引物。与分子信标所不同的是,蝎形探针带有一段特异引物,可与相应的靶核酸结合,在 TaqDNA 聚合酶的作用下聚合延伸,得到扩增产物,而所带探针部分正好可以与延伸端的特异产物中互补序列杂交结

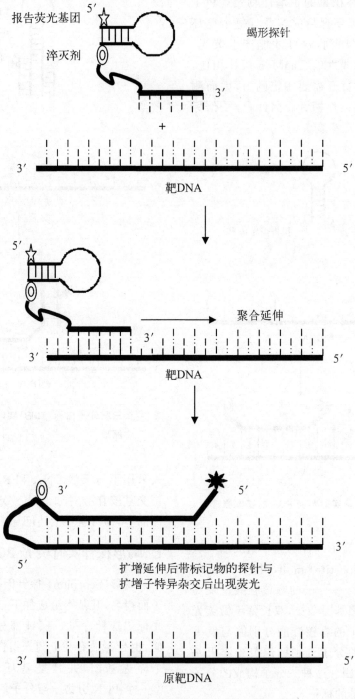

图 2-8　蝎形探针实时荧光 PCR 的基本原理

合,因此,如有扩增存在,在不断变性复性过程中,蝎形探针即可不断与扩增子杂交,茎环结构打开,报告荧光不再被淬灭而被发射出来,荧光强度与扩增产物的含量呈正比。③一个 PCR 终止子以防止探针部分的扩增。蝎形探针中特异探针序列呈环状结构,由一个不可扩增的单体即 PCR 终止子连接于 PCR 引物的 5′端,PCR 终止子可防止扩增蝎形探针的茎环部分。由于蝎形探针的尾和扩增子在同一条 DNA 链上,因此,其相互杂交是一种分子内相互作用。这一点与其他技术

如 TaqMan 或分子信标不同,后者需要双分子相互作用,并且 TaqMan 探针技术还依赖于 TaqDNA 聚合酶和外切酶活性。蝎形探针单分子重排的优点是反应迅速,荧光信号更强,而且具更好的区分性和特异性。蝎形探针已用于病原体核酸检测、等位基因区分、SNP 和突变检测。

复式蝎形(duplex scorpions)探针为蝎形探针的改良方法。所不同的是,荧光报告基团和淬灭剂分别标记在不同但互补的寡核苷酸序列上(图2-9)。其优点是报告荧光基

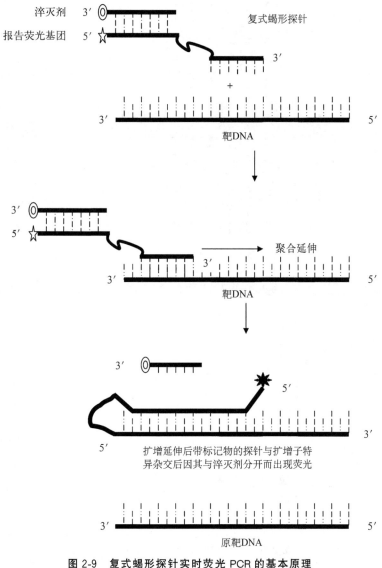

图 2-9 复式蝎形探针实时荧光 PCR 的基本原理

团与淬灭剂在杂交结合后能完全分离开来，从而改善了荧光信号强度。

八、数字实时荧光 PCR 的基本原理

数字（digital）PCR 由 Vogeslstein 和 Kinzler 于 1999 年报道，该项技术是使用理想的 PCR 条件扩增单一模板，然后测定序列特异的 PCR 产物（等位基因），从而进行等位基因计数。实验过程主要由两部组成：①待测 DNA 在微孔聚丙烯板孔内稀释至每两孔平均含约一个模板分子，在所设计的理想条件下进行 PCR，以扩增一单拷贝 PCR 模板；②然后将扩增产物与荧光探针如分子信标杂交，使用不同的荧光基团标记的探针可测定序列特异的扩增产物。因此，应用数字 PCR 逐个直接计算样本中两个等位基因（父系对母系或野生型对突变型）的每个的数目（图 2-10）。

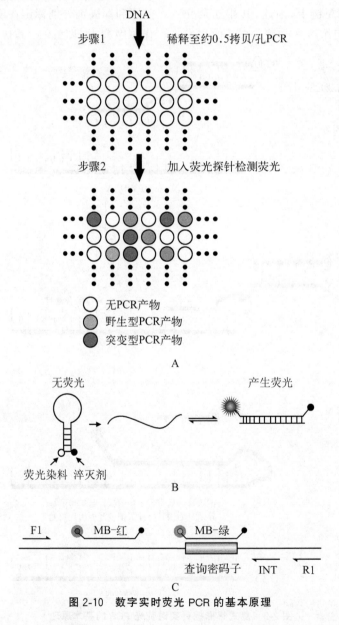

图 2-10　数字实时荧光 PCR 的基本原理

在数字 PCR 反应中,反应体系需要被均匀分配到多个单独的 PCR 反应单元中,纳米和微流体技术的发展实现了数字 PCR 的自动化和微型化,自 2006 年,两种反应体系的分配方式发展起来,既基于芯片的分配方式和基于油包水液滴的分配方式,相应的,数字 PCR 可分为芯片数字 PCR(chip dPCR)和微滴数字 PCR(droplet dPCR)两种类型,两种分配方式的检测流程见图 2-11。每个反应单元使用序列特异的引物和荧光探针进行平行的 PCR 反应,反应结束后,通过对阳性和阴性 PCR 反应的数目进行计数并对结果进行 *Poisson* 统计校正,实现对原始样本中的核酸浓度的绝对定量,得到以拷贝数为单位的目标序列浓度,此种绝对定量方法完全不依赖于 Ct 或参照已知浓度的标准品,因此该项技术是一种直接的核酸扩增检测技术。

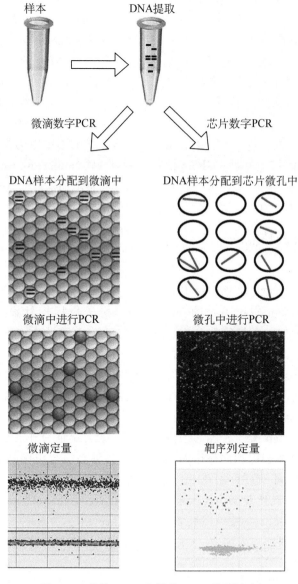

样本　　　　DNA提取

微滴数字PCR　　　　芯片数字PCR

DNA样本分配到微滴中　　　DNA样本分配到芯片微孔中

微滴中进行PCR　　　　微孔中进行PCR

微滴定量　　　　靶序列定量

图 2-11　芯片 dPCR 和微滴 dPCR 检测流程

第三节　引物、探针的特点及设计软件

实时荧光 PCR 的实验体系的设计对整个检测的成功非常重要。引物、探针和扩增产物的大小都是实验设计的关键，应对其特性进行仔细设计以适应相应要求。

一、引物的特点

在实时荧光 PCR 中，单链引物的最适长度为 15～20bp，G/C 含量为 20%～80%。TaqMan 引物的 Tm 应在 68～70℃，分子信标和与杂交探针有关的引物其 Tm 变化可大一些，但同一对引物的 Tm 应相似，差异不要超过 1～2℃。为了尽量减少非特异扩增，引物 3′ 端最后 5 个核苷酸应只有 1～2 个 G/C。如果用 SYBR Green Ⅰ 方法，PCR 引物不能形成明显的引物二聚体带。每种 PCR 产物都要作熔解曲线分析，以保证观察到的荧光信号是由目的 PCR 产物产生的。

二、探针的特点

(一)TaqMan 探针

在设计 TaqMan 探针时，须考虑以下几点：①TaqMan 探针的 Tm 应比引物的 Tm 高 10℃，以保证引物延伸时探针完全杂交于模板上。Tm 通常应为 65～72℃，此时，TaqDNA 聚合酶具有理想的外切酶活性。②TaqMan 探针 5′ 端不要有 G，因为即使探针被酶切降解，5′ 端所含的 G 仍具有淬灭报告荧光的作用。③TaqMan 探针 3′ 端必须进行封闭，以防止在 PCR 中起引物的作用而进行延伸。封闭 3′ 端可使用虫草菌素（cordycepin）、2′,3′ 二脱氧核苷酸、inverse T 或淬灭剂本身。使用一个 3′ 氨基交联剂，TAMRA 或其他淬灭剂即可标记在 3′ 端。④探针中的 G 不能多于 C。⑤避免单一核苷酸成串，尤其是 G。⑥要扩增富含 AT 的靶序列，则引物和探针序列均须较长，以达到

符合要求的 Tm，但探针不能大于 40bp，否则，淬灭效率低。⑦探针退火时，应尽可能接近引物，同时又不重叠，离引物的 3′ 端至少相差一个碱基。⑧如果 TaqMan 探针是用于检测等位基因差异或突变位点，则应将错配核苷酸放在探针中间，不能放在末端。探针应尽可能短，使其具有最大的检测能力。⑨用杂交探针做 mRNA 表达分析时，探针序列应尽可能包括外含子/外含子边界。

(二)TaqMan MGB 探针

TaqMan MGB 探针的特点如下：①与 TaqMan 探针不一样，其 3′ 端标记的是非荧光淬灭剂。由于这种淬灭剂不会产生荧光，报告荧光的测定更为准确。②3′ 端有一个小沟结合物（minor groove binder，MGB）。小沟结合物将增加探针的 Tm，从而探针可以设计成较短的序列，这样，当与有突变位点的靶核酸结合时，在完全配对和错配的探针之间，TaqMan MGB 探针在 Tm 上显示有较大的差异，从而可以更为准确地测定突变的存在。

(三)分子信标探针

分子信标探针设计的一般原则如下：①探针的长度为 15～33 核苷酸，环的部分为针对靶核酸的特异探针部分，应与靶核酸序列互补。②探针区域的 Tm 应较 PCR 退火温度高 7～10℃。计算探针序列的 Tm 时，应只考虑探针环序列，不需考虑茎（stem）序列。③为保证分子信标探针与靶序列的杂交，探针必须与靶序列上的小的二级结构互补。可采用折叠（folding）软件如 Mfold（Michael Zuker，Rensselaer Polytechnic Institute，http://www.bioinfo.rpi.edu/applications/mfold）对靶序列进行二级结构的分析。④分子信标探针应与扩增子的中心或接近中心的区域结合，在上游引物的 3′ 端和分子信标探针的 5′ 端之间的距离应大于 6 个碱

基。⑤分子信标探针的茎区域应长 5～7bp，GC 含量为 70%～80%。如茎序列较长，则使得探针与靶序列结合时缓慢而松弛。⑥应对茎的长度、序列和 GC 含量进行选择，使其熔解温度较 PCR 引物的退火温度高 7～10℃。⑦茎的熔解温度常用 Mfold 发夹折叠公式计算，这个公式为 Mfold 软件的一部分。使用这个公式计算茎杂交形成的自由能，由其可知其熔解温度，假定 GC 含量为100%，5bp 茎将在 55～60℃、6bp 茎将在60～65℃和 7bp 茎将在 65～70℃熔解。⑧一个序列的自由能越为负数，则结构越稳定，使用 Mfold 公式得到的茎-环（step-loop）自由能值应在－3～0.5 kcal/mol。⑨由于G 残基可作为淬灭分子，因此在设计分子信标探针时，避免将 G 直接邻近荧光染料。荧光染料通常在茎的 5′端，所以在 5′端倾向于为胞嘧啶（C）。⑩应对所设计的分子信标探针进行检查，看其是否存在非目的茎-环以外的改变的二级结构，因这种改变的二级结构可改变荧光素相对于淬灭剂的位置，从而引起背景荧光的增加。⑪应避免分子信标探针与 PCR 引物之间的互补，否则，会由于探针与引物之间的结合，而引起背景信号增加。⑫设计引物时，扩增产物的长度应相对较短，应少于 150bp。分子信标探针为内探针，必须与扩增子的反向链竞争与其互补靶核酸链结合，扩增子较短，更可能完成全部的 DNA合成，确保靶序列的扩增，从而保证结果的重复性。⑬荧光素及淬灭剂的选择对于分子信标探针也很重要，Dabcyl-[4-(4-dimethyl-aminophenylazo)benzonic acid]为分子信标探针中淬灭剂的理想选择，Dabcyl 是一个中性的疏水分子，是各种荧光素的理想的配对淬灭剂，与分子信标探针的总长度相比，Dab-cyl 淬灭范围小，因此，其必须与荧光素邻近，从而产生有效的能量转移，使淬灭充分。

此外，实时荧光 PCR 中，PCR 扩增产物应尽可能小。用杂交探针作实时定量 PCR

时，扩增产物长度通常为 50～150bp，不能超过 400bp。而用 SYBR Green Ⅰ分析时，扩增产物长度通常小于 300bp。扩增产物分子越小，则越易扩增，越容易得到一致的扩增产物，同时反应条件对它的影响更小。

三、引物和探针设计软件

（一）Primer Express

TaqMan 系统提供它自己的引物/探针设计软件，即来自于 ABI 的 Primer Express 2.0，这一软件可能是实时定量 PCR 实验中应用最广泛的寡核苷酸设计程序，其可用于以 TaqMan 为探针标准的 DNA PCR、RT-PCR、巢式 PCR、等位基因特异的 PCR、多重PCR 的寡核苷酸设计。该软件有一个引物检验文件，可根据其 Tm、二级结构和形成引物二聚体的可能性，来评价预先设计的引物。该软件除了适用于 TaqMan 探针外，也适用于 TaqMan MGB 探针。可为单个及多个（至 48）序列设计探针。

（二）Primer 3

Primer 3 是麻省理工学院（Massachu-setts Institute of Technology）免费提供的设计软件，用于实时定量 PCR 分析时，它也能得到很好的结果，该软件还能设计内杂交探针（internal hybridization probe）。

（三）Beacon Designer 2.0

PREMIER Biosoft International 的Beacon Designer 2.0 是一个完全的实时荧光 PCR 引物和探针设计软件，适用于分子信标和 TaqMan 探针，可设计多重 PCR 和等位基因鉴定试验等的探针。该软件可用来设计具有适当长度的主干的分子信标探针，自动调节至理想的 Tm，检查与扩增引物对是否会形成交叉二聚体，因此，防止了多重反应中的竞争。该程序检查二级结构序列和交叉杂交，以确保高信号强度，使用高准确的 Mfold 计算方法计算发夹的 Tm。在基因定型，野生型和突变型的分子信标探针均可进行设计。

第四节 多重实时荧光 PCR

多重实时 PCR 指在一个 PCR 管中用多个荧光探针来区分多个扩增子。其优点是：①可在一个反应管中，同时检测多个靶核酸，提高检测效率；②如果将多重 PCR 扩增的靶核酸之一设为内质控（internal control，IC），则可为实时荧光 PCR 检测提供假阴性的内部质控，以判断检测有阴性结果的有效性。但由于可使用的荧光基团数量有限，淬灭染料亦可发射荧光，以及通常使用的实时荧光 PCR 仪是单光源的，这些都限制了多重 PCR 的使用。随着不发射荧光的非荧光淬灭剂的发现，每个 PCR 反应中，可使用的荧光探针逐渐增多。最初的实时荧光 PCR 仪含有一个优化滤器，它可降低荧光基团发射光谱的重叠。新的实时仪器系统或使用包含整个可见光谱的多重光发射二极管，或使用覆盖大范围波长的钨灯作光源，尽管有这些改进，一个 PCR 反应中也只能有 4 个颜色的多重实时 PCR 反应，其中一个颜色可作为内部质控。最近发展的一种联合荧光能量转移标签将有助于发展多重实时 PCR。

综上所述，实时荧光 PCR 技术对于临床分子诊断来说，可以说是划时代的，大大简化了临床分子诊断的操作，为临床分子诊断走向高通量、自动化铺平了道路。总的来说，实时荧光 PCR 具有以下优点：①由于其对整个 PCR 测定过程的实时监控，明确了指数扩增期，使得对起始模板的定量测定变得相对容易，而且定量测定范围大，达到 $10^{7\sim8}$。②测定敏感性高。实时荧光 PCR 较通常的 PCR 后电泳方法的灵敏度要高 2~3 个数量级。③测定准确度和重复性好。根据实时荧光 PCR 的 Ct 与起始模板数量的对数值之间的函数关系，对靶核酸进行定量，由于针对同一浓度的靶核酸检测的 Ct 具有很好的重现性，因此，实时荧光 PCR 用于定量测定具有很好的准确度和重复性。④大大降低了实验室"污染"的可能性。实时荧光 PCR 不需 PCR 反应后的处理过程，而且使得临床 PCR 实验室的分区只需要三个区，以及由于整个过程均为"闭管"操作，大为减少了扩增产物发生"重叠污染"（carry-over）的可能性。和传统 PCR 相比，实时荧光 PCR 也有一些局限性，包括：①由于始终是"闭管"扩增及检测，无法检测扩增子大小。②目前的实时荧光 PCR 仪都只有有限的荧光测定通道，使得多重实时 PCR 受到限制。③特定的实时荧光 PCR 仪，可能只适用于特定的荧光染料。④实时荧光 PCR 分析中，有时会得到非特异的扩增曲线，必须加以分析甄别，否则，会因此而得到假阳性结果。此外，在临床实际应用中，应对每一次检测的标准曲线与以前的标准曲线进行分析比较，以确定每次测定的有效性。否则，实时荧光 PCR 也难以得到准确的结果。

（张　瑞　李金明）

参 考 文 献

[1] Higuchi R，Fockler C，Dollinger G，et al.Kinetic PCR analysis：real-time monitoring of DNA amplification reactions. Biotechnology，1993，11：1026-1030

[2] Gingeras T R，Higuchi R，Kricka L J，et al.Fifty years of Molecular（DNA/RNA）diagnostics. Clinical Chemistry，2005，51：661-671

[3] Holland PM，Abramson RD，Watson R，et al. Detection of specific polymerase chain reaction product by utilizing the 5′-3′ exonuclease ac-

tivity of Thermus aquaticus DNA polymerase. Proc Natl Acad Sci USA,1991,88:7276-7280

[4] Arya M, Shergill, Williamson M, et al. Basic principles of real-time quantitative PCR. Expert Rev Med Diagn,2005,5:209-219

[5] Föster T. Intramolecular energy migration and fluorescence. Ann Phys,1948,2:55-75

[6] Clegg RM. Fluorescence resonance energy transfer. Curr Opin Biotechnol,1995,6:103-110

[7] Wu P, Brand L. Resonance energy transfer: methods and applications. Anal Biochem,1994, 218:1-13

[8] Sonev M, Landsmann P, Sineta E, et al. Design consideration and probes for fluorescence resonance energy transfer studies. Bioconjug Chem,2000,11:352

[9] Afonina IA, Reed MW, Lusby E, et al. Minor groove binder-conjugated DNA probes for quantitative DNA detection by hybridization-triggered fluorescence. Biotechniques,2002,32 (4):940-944,946-949

[10] Yin JL, Shackel NA, Zekry A, et al. Real-time reverse transcriptase-polymerase chain reaction (RT2PCR) for measurement of cytokine and growth factor mRNA expression with fluorogenic probes or SYBR Green Ⅰ. Immunol Cell Biol,2001,79(3):213-222

[11] Didenko VV. DNA probes using fluorescence resonance energy transfer (FRET): designs and applications. Biotechniques,2001,31(5): 1106-1116,1118,1120-1121

[12] Tyagi S, Kramer FR. Molecular beacons: Probes that fluoresce upon hybridization. Nature Biotechnol,1996,14:303-308

[13] Nutiu R, Li Y. Tripartite molecular beacons. Nucleic Acids Res,2002,30(18):e94

[14] Crey-Desbiolles C, Ahn D-R, Leumann CJ. Molecular beacons with a homo-DNA stem: improving target selectivity. Nucleic Acids Res, 2005,33(8):e77

[15] Whitcombe D, Theaker J, Guy SP, et al. Detection of PCR products using self-probing ampli-

cons and fluorescence. Nat Biotechnol,1999, 17:804-807

[16] Whitcombe D, Kelly S, Mann J, et al. Scorpions (TM) primers-a novel method for use in single tube genotyping. Am J Hum Genet,1999, 65:2333

[17] Thelwell N, Millington S, Solinas A, et al. Mode of action and application of Scorpion primers to mutation detection. Nucleic Acids Res,2000,28(19):3752-3761

[18] Solinas A, Brown LJ, McKeen C, et al. Duplex Scorpion primers in SNP analysis and FRET applications. Nucleic Acids Res,2001,29(20):e96

[19] Ng CT, Gilchrist C, ALane A, et al. Multiplex real-time PCR assay using Scorpion probes and DNA capture for genotype-specific detection of Giardia lamblia on fecal samples. J Clin Microbiol,2005,43(3):1256-1260

[20] Vogelstein B, Kinzler KW. Digital PCR. Proc Natl Acad Sci USA,1999,96:9236-9241

[21] Pohl G, Shih I-M. Principle and application of digital PCR. Expert Rev Mol Diagn,2004,4:41-47

[22] Dieffenbach CW, Dveksler GS. PCR primer: A laboratory manual. 2nd. New York: Cold Spring Harbor laboratory Press, Cold Spring Harbor, 2003:67-73

[23] 中华人民共和国医政司(叶应妩,王毓三,申子瑜). 全国临床检验操作规程. 3 版. 南京: 东南大学出版社,2006:952-956

[24] Buchan BW, Ledeboer NA. Emerging technologies for the clinical microbiology laboratory. Clin Microbiol Rev,2014,27:783-822

[25] Baker M. Digital PCR hits its stride. Nat Methods,2012,9:541-544

[26] Hall Sedlak R, Jerome KR. The potential advantages of digital PCR for clinical virologydiagnostics. Expert Rev Mol Diagn,2014,14:501-507

[27] Dong L, Meng Y, Sui Z, et al. Comparison of four digital PCR platforms for accurate quantification of DNA copy number of a certified plasmid DNA reference material. Sci Rep, 2015,25(5):13174

第3章 临床 PCR 实验室的设计及质量管理体系的建立

核酸(DNA 和 RNA)是生命现象的基础。小到病毒、细菌等微生物,大到动植物和人类,都无一例外。因为主导生命活动的受体、细胞因子、酶、激素等均不过是核酸发挥功能作用的表型,均由核酸决定,在核苷酸序列上哪怕是单个碱基的变异,都会引起表型的完全改变,并进而影响生命功能的发挥,导致疾病的发生。因此,在核酸或称为基因水平上检测,对临床疾病本质的揭示就要更深一步。也正因为核酸是生物体生命活动之源,对于感染性病原体的检测,从核酸着手,最能反映病原体在机体内的出现和消长。

自从美国 Cetus 公司 Mullis 博士在1983 年发明聚合酶链反应(PCR)这种核酸扩增技术以来,由于其极高的检测灵敏度和特异性,因而在临床感染性疾病、遗传病、肿瘤等的诊断和疗效观察上得到了广泛的应用,在器官移植的基因配型上也是难以替代的技术。其应用大大提高了上述疾病诊断的准确性和快速性。但临床 PCR 检验必须按规范要求进行,并有严格的实验室质量管理,否则,因其极高的检测灵敏度,实验室稍有以前扩增产物的污染,或在标本核酸提取过程中标本间的交叉污染,均可导致假阳性结果的出现。同时,也会因为试剂和实验消耗品的质量不过关、仪器设备的维护校准不到位,或操作的不规范等,很容易出现假阴性结果。

第一节 实验室的分区规划设计

如何规划设计一个合格的实验室,是每一个临床 PCR 实验室首先要遇到的问题,因为一个实验室一旦经过设计并完成装修,如不符合要求,则会出现很大的麻烦,甚至不得不拆了重来。那么怎样才能设计一个合格的实验室呢? 简单地说,就是十六个字,"各区独立、注意风向、因地制宜、方便工作"。同时要注意临床标本的接收问题。

对于临床 PCR 实验室的分区及其设备配置,卫生部先后颁发的《临床基因扩增检验实验室管理暂行办法》(卫医发[2002]10 号)、《医疗机构临床基因扩增检验实验室管理办法》(卫办医政发[2010]194 号)及其附件《医疗机构临床基因扩增检验实验室工作导则》中作了明确规定,并且卫生部临床检验中心发出的配套文件《临床基因扩增检验实验室工作规范》(卫检字[2002]8 号)又对各区的功能及注意事项作了阐述。但具体到某一个实验室,如何根据其实际情况和环境设计一个符合要求、可保证检测质量及方便工作的 PCR 实验室,实验室技术人员仍时常感到心里没底,因此,本章拟对临床 PCR 实验室分区规划设计和工作流程的一般原则再作一些具体的阐述,并尽可能举出一些实例加以说明。

一、标本的接收

一个临床 PCR 实验室,究竟应在何处进行诸如血清(浆)、分泌物、痰液、尿液、脑脊液等临床标本的接收、分离血清、编号乃至保存较为合适? 这是一个非常实际的问题,也是作为一个临床实验室首先要解决的问题,经常有同道提出来。

要回答这个问题,首先让我们来看一下临床标本送到实验室以后,我们所要做的是什么? 一般来说,当临床标本如血液、分泌物和其他体液等送到实验室后,按照临床基因扩增检验质量保证对标本采集、运送和保存的要求,对标本接收编号后,即应尽快对其分离血清(浆)或预处理后保存待测,并且根据对临床标本较长期保存的要求,最好是在分离血清(浆)时,分出两管来,一管用于测定,一管长期保存备查。因此,最好是在 PCR 实验室的四个独立测定区域之外的地方接收临床标本,有一台分离血清(浆)用离心机、一台生物安全柜、一台冰箱、加样器及相应一次性经高压处理的消耗品,如带滤芯吸头、标本接收编号记录本及记号笔等即可。如果不在标本接收区分离血清(浆)标本,只是简单的接收,则就不需要分离血清(浆)用离心机、生物安全柜、加样器及其消耗品。

通常,有许多实验室将临床标本的接收处放在标本制备区,而一个医院临床标本的运送至实验室往往不会在同一个时间,标本来了就应该进行接收登记、交接签字和对标本进行编号,并尽快分离血清(浆)或相应处理,因此,如将标本接收处放在标本制备区,就会因为临床标本的接收而使实验室工作人员频繁出入标本制备区,从而增加实验室污染的机会。而且由于条件所限,有相当一部分临床基因扩增检验实验室的设置为一个区套一个区的模式,要进入标本制备区就必须先进入试剂准备区,最后还只能经扩增区从产物分析区出实验室。这种情况下就必须将临床标本的接收处放在四个区之外的地方,可以与其他临床标本的接收、编号和保存处放在一起。如在标本接收处对血液标本进行血清(浆)分离,则要注意防污染,所用器具符合要求并在生物安全柜中进行。

所接收的用于 PCR 检验的标本应收集在原始密闭的一次性无菌容器中,不能接收从其他检测如生化、免疫检验等分出来的标本,因其有较大的发生标本间污染的可能性。接收临床标本时,操作者应穿工作服及戴手套,每份标本应放在适当的架子中,防止泄漏,并给出一个唯一性编号。标本的保存按要求进行,冰冻通常在 $-70 \sim -20^\circ\text{C}$ 条件下,避免反复冻融。在核酸提取时,由 PCR 实验室人员将标本带入至标本制备区。

二、实验室分区设计的一般原则及工作流程

(一)临床 PCR 实验室的分区设计的一般原则

前面说到,要设计一个合格的 PCR 实验室,简单地说,就是要做到十六个字,"各区独立、注意风向、因地制宜、方便工作"。

各区独立,其含义就是 PCR 实验室的四个区(如使用实时荧光 PCR,则只需三个区,因其扩增和产物分析同时完成,不需要产物分析区)即试剂准备区、标本制备区、扩增区和产物分析区,应该是在物理上完全分开的各自独立的区域,并且不能有通过连通各区的中央空调、分区装修隔断不密封、传递窗不密封等发生空气直通的现象。有的实验室在分区设计时,只是考虑实验室在形式上的分区,如实验室各区的分隔不完全,有相通之处;或一个区套一个区的实验室各区间无缓冲间(图 3-1A 和 B),或此类实验室有缓冲间,却在装修时,采用家庭装修模式,即上吊推拉门或平开门,门的下面留有门缝;或实验室中央空调相通;或试剂物品传递窗闭封不严等。

在此想着重强调一点的是有关传递窗的设置。传递窗的设置是一把"双刃剑",一方面其方便了试剂物品在不同实验区间的传递,但另一方面也增加了交叉污染的危险。因此,一个合格的传递窗应是双开门密封严实的,并且两边的门最好是连锁装置,即当传递窗一侧的门没有关好时,另一侧门不能打开。此外,传递窗内应有紫外照射装置,并在使用后即进行照射。

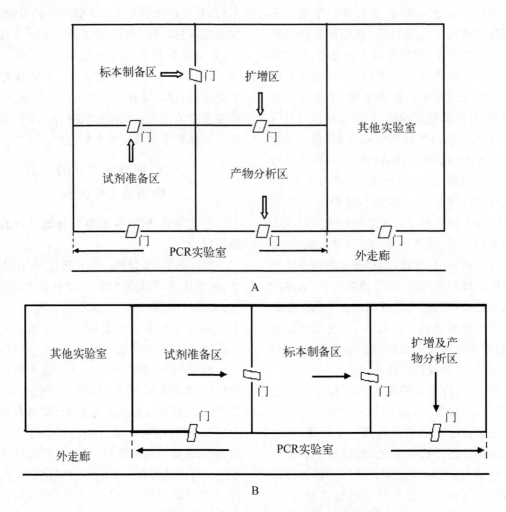

图 3-1　不合要求的一个区套一个区的实验室分区模式

中央空调如造成了实验室各区间的互通,则其不能使用,需在各区内,另行安装分体式空调。

第二是注意风向。由于 PCR 对原始靶核酸有一个指数扩增过程,因此,每次检测后,均有大量由阳性标本扩增而来的"产物"存在,这种扩增产物如为开放式存在,以及在检测中的吸取,就会因为"产物气溶胶"的形成及扩散,而极易对以后新的扩增反应产生"污染"。为防止这种污染的发生,就需要在对基因扩增检验实验室进行严格分区的同时,还要注意实验室内空气在不同区的流向。关于这一点实验室通常会有什么样的误解

呢? 曾有同道说,准备将自己的 PCR 实验室装修成超净的实验室。这是没有必要的,因为基因扩增检验中的产物,只是病原体如细菌或病毒核酸中一极小部分,通常也就一二百个核苷酸,实时荧光 PCR 的扩增产物更小,有的只有几十个核苷酸,这么小的分子可以说几乎是无孔不入,通常的超净装修设计对其来说是没有用的。因此,最关键是要注意空气流向,防止扩增产物顺空气气流进入上游扩增前的"洁净"区域。PCR 实验室的空气流向,可以通过实验室的相对正压(通常可通过安装新风进气系统)或负压(可通过排风装置)来达到目的,如图 3-2A 和 B 及图 3-

3、图 3-4 所示。因为在实验室安装正压或负压系统通常比较困难,所以也可以按照从试剂准备区→标本制备区→扩增(及产物分析)区方向空气压力递减的方式进行(图 3-2C),

最简单的做法就是在试剂准备区不装负压排风装置,在标本制备区安装负压排风装置或一个排风扇,在扩增(及产物分析)区安装功率强于标本制备区的负压排风装置或两个排风扇。

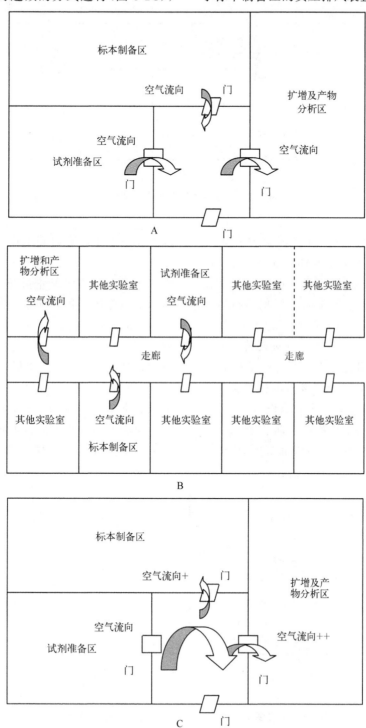

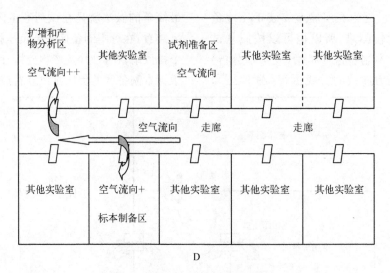

图 3-2　因地制宜的实验室设置模式

第三是因地制宜。PCR 实验室不可能是千篇一律的，必须要具体情况具体分析。实验室各区既可是相互邻近，也可以分散在同楼层的不同处，甚至不同的楼层。新建实验室可以做得尽可能合理和规范，并且易于实验室的管理。旧的实验室则只要符合标准即可，不必强求理想状态。图 3-2A 和 B 的实验室都是属于满足基本要求的模式。

最后是方便工作。规范地设计 PCR 实验室的目的，是为了在物理上防止"污染"的发生，但在实验室各区设计及布局时，应最大限度地考虑在日常检测工作中，工作起来是否方便，像设计图 3-3 的实验室，如在各区间设一个缓冲间及在缓冲间安装进气系统（正压），虽然符合了各区独立（各区间处于永久的物理隔离状态）、注意风向和因地制宜的原则，但并不便于日常工作，违背了方便工作的原则，主要有以下几点：①标本制备区和扩增区等中间区域，进入不便和无法重复进入，要进入此类中间区域，就必须经各区域一圈；②不便于工作服和工作鞋的换穿，试想当工作人员要进入一个区域时，属于正在工作区

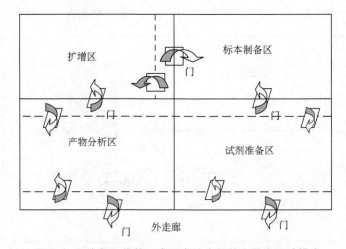

图 3-3　不方便工作的一个区套一个区的实验室设计模式

域的工作服和工作鞋如何脱换,于是不得不准备多套工作服和工作鞋。③不利于实验室的管理。因为工作上的极度不便,按规范管理实验室在实际上就很难做到,这样无形中增加实验室"污染"的机会。

此外,在实验室的设计中,还应考虑大型仪器设备如生物安全柜等的进出方便。

(二)较为理想的 PCR 实验室的分区设计

那么,什么样的 PCR 实验室是最标准的? 这通常很难界定,图 3-4A 和图 3-4B 所给出的实验室设置图应是一个较为理想的设计模式。其有一个专用走廊,试剂准备区、标本制备区、扩增区和产物分析区很规范地排列在一起,前三个区各有一个缓冲间,工作人员可在此区间内更换工作服和工作鞋,顶上可装一紫外灯。但缓冲间的最主要的作用,不是为了工作人员更换工作服和工作鞋,而是为维持空气流向,即通常在缓冲间顶上安设一排风或进风装置,如为排风装置,可通过通风管道通向大气外,当排风装置处于运行中时,缓冲间内即为负压状态(图 3-4A),一旦有实验区外的风进入,其在缓冲间内即被抽走,从而实验室外的空气不会大量进入到实验区域内。如为进风装置,则有通风管道进行送风,运行时,缓冲间可为正压状态(图

3-4B),使这三个区的空气流向为由实验区域内向实验室外,以防止产物分析区内扩增产物随空气流动的进入。缓冲间内通向内实验室和走廊的门可安装一种磁性连锁装置,当一扇门打开时,另一扇门必须处于关闭状态,否则即打不开,不会出现两个门同时打开的情况。此外,门应处于密闭状态,可安装有门槛的平推门。产物分析区可不设缓冲间(也可设,图 3-4C),直接设为负压状态,可通过在房间内安装排风装置来做到这一点,比较好的做法是设置一个抽风橱,可将电泳系统或其他扩增产物检测系统,置放于抽风橱内。在没有实验室通风系统的情况下,最为简单的做法,就是在对外的窗户上,装一个排风扇,使空气流向由实验室外向实验室内,以防止扩增产物的随空气流出。产物分析区也可设在远离上述三个区域的地方。对于 PCR 实验室各区的空气流向,如不能做到上述理想状态,也可通过不同区内安装不同功率或数量的排风扇来满足基本要求,即尽可能使实验室内空气在 PCR 实验室专用走廊内,按试剂准备区门口→标本制备区门口→扩增区门口→产物分析区门口的方向流动,避免空气的反向流动,将 PCR 后区的扩增产物带向 PCR 前区的洁净区域。

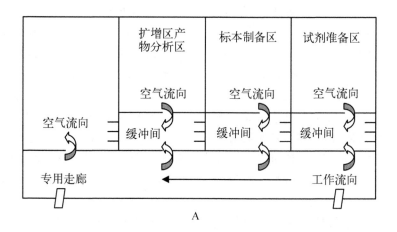

A

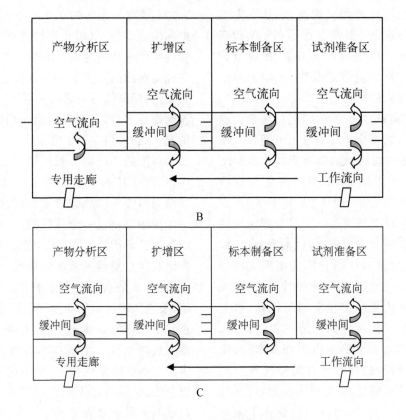

图 3-4　较为理想的 PCR 实验室设置模式

　　PCR 实验室的每一区域都须有明确的标记,工作按试剂准备区、标本制备区、扩增区至产物分析区单一流向进行,各区的仪器设备包括工作服、鞋、实验记录本和笔等都必须专用,不得混淆。此外,上述四个工作区域内还应有固定于房顶的紫外灯,以便于工作后区域内的空气照射。

　　这些年来,经常有人咨询 PCR 实验室每个区域至少需要多大的面积和到底要分多少个区域的问题。这是一个需要具体情况具体分析,一般意义无法回答的问题,在此提出针对此问题的补充"十六字"原则,即"工作有序、互不干扰、防止污染、报告及时"。因为实验室到底要分多少个区,每个区域需要多大面积,与实验室所采用的检测技术平台及检测项目的多与少、工作量的大与小有关系,例如,实验室只做实时荧光 PCR 检测,则只需要三个区即可,如果既有实时荧光 PCR,还做 PCR-杂交(膜上,芯片、乳胶颗粒上等),则需要增加产物分析区,如果还做 Sanger 测序,则需要 5 或 6 个区(测序前的扩增产物电泳与纯化不要与芯片杂交等放在同一区域内)。又如,如果实验室既做病原体核酸检测,又做遗传病基因检测,还做染色体非整倍体无创产前高通量测序检测,则为了避免工作相互干扰及高浓度组织样本核酸提取对低浓度游离 DNA 样本的交叉污染,可能需要设置多个标本制备区。当然,区域的设置也与每天的工作量及检测过程的自动化程度有关,工作量大,为避免相互干扰,保证及时发出报告,可能需要的区域就多,而自动化,则可能有助于在一定程度上减少区域。至于区域面积的大小,道理同上。

　　PCR 实验室的标本制备区要求配备生

物安全柜,生物安全柜应为外排式,须有外接管道排风,可采用 30％外排的 A2 二级生物安全柜,不宜使用 100％外排的 B2 生物安全柜,因其对实验室进风量要求高,此外,也无必要。外排式生物安全柜有助于防止提取核酸时产生的含靶核酸的气溶胶在实验室内蓄积存留。标本制备区内有生物安全柜,在建设实验室时,一定要充分考虑实验室内进风的量和速度,并且所要安装的分体空调和进风口要避免干扰生物安全柜的使用。

从防止实验室间交叉污染看,图 3-4B 的模式要优于图 3-4A,考虑实验室装修设计的方便性,图 3-4C 最好,但相应会减少产物分析区的面积。通常正压进风可能对实验室的建设要求会更高一些。

上述理想情况下的临床 PCR 实验室的分区设计,绝大部分临床实验室在没有新楼建设计划时,很难做到,在实际上,也不一定非得要达到这种理想状态。有的临床实验室在 PCR 实验室的装修上,追求豪华和高档次,并无必要,因为 PCR 实验室进行规范化分区,其根本目的是为防止实验室交叉污染,提供一个物理上阻隔基础,但要达到防止交叉污染的目的,光有实验室的规范分区并不充分,实验室日常工作的严格管理和工作人员对规程的遵守,更是核心之所在。

综上所述,一个符合基本要求的临床 PCR 实验室,在实验室分区上至少要满足以下几个方面的要求:①试剂准备区、标本制备区和扩增及产物分析区等三个、四个或更多的区域在物理空间上,必须是完全相互独立的,各区域无论是在空闲还是在使用中,应始终处于完全的分隔状态,不能有空气的直接流通。②各区的可移动的仪器设备及各种物品包括实验记录本、记号笔、试管架及清洁用具等必须专用。③应在标本制备区、扩增及产物分析区等相对有可能出现"污染物"的区域安装排风扇或其他排风和有效的通风设施,控制可能会存在污染的实验区域内的空气流出至实验室外,同时控制外部可能污染的空气进入相应的实验区域内;或使空气按试剂准备区→标本制备区→扩增(及产物分析)区方向流动。如有实验室通风系统,则通风换气建议大于 10 次/小时,一般的二级生物安全实验室通风换气是 3～4 次/小时。

(三)临床 PCR 实验室各区的主要功能及工作流程

1. 试剂准备区　关于试剂准备区也有同道提出这样的问题,即使用所有试剂都已准备好的商品试剂盒时,还需要试剂准备区吗?回答是,当然不需要。但需注意的是,并非所有的商品试剂盒都是如此,有些尚需要实验室配备一些简单的试剂,如 75％乙醇、焦碳酸二乙酯(DEPC)处理水、NaOH 溶液等。再有就是临床 PCR 实验室在某些情况下,也会从事或帮助其他科室从事一些与基因扩增有关的研究工作,或者是随着实验室技术人员的能力的发展,可能以后会有越来越多的实验室,在从事临床分子诊断时将更多的使用实验室自制(home-bred)试剂,因而试剂准备区有必要设置,只不过是在空间上可以做经济合理的考虑。

试剂准备区的仪器设备主要有加样器、天平和离心机等,最好配备超净工作台。加样器、天平和离心机等除了要专用外,还应有定期校准。制备扩增反应混合溶液用的化学试剂应使用分子生物学级的,试剂配制好以后应有质检,质检包括两个方面,一是看是否有污染,即是否有假阳性存在;二是使用弱阳性质控物检测试剂的扩增检测效果。总而言之,实验室应建立一套适合于自身的试剂质检标准操作程序(SOP)。此外,试剂准备区是 PCR 实验室中最为"洁净"的区域,不应有任何核酸的存在,包括试剂中所带的标准品和阳性对照,这些试剂及核酸提取试剂均应直接放在标本制备区。在自己配制试剂时,最好是一次较大量配制,然后分装成小瓶保存,每次检测时,取出一小瓶使用,未用完的即弃掉,不再使用,因为试剂在使用过程中,即有可能发生"污染",下次再使用,就有可能造成试剂原因的假阳性结果。

2. **标本制备区** 对于临床基因扩增检验来说,标本制备区往往是首先进入的工作区域。该区域应限定只有本区的工作人员才能进入,同样仪器设备、工作服及各种物品都必须专用。进行核酸提取时,将标本从指定的标本接收及保存处拿至标本制备区,并进行有关记录。标本的制备应在生物安全柜内进行,可防止标本气溶胶的扩散。生物安全柜不应放在实验室门口等易受人员走动影响的地方,也不应直对分离式空调。在标本制备的全过程中都应戴一次性手套,并经常更换,主要是因为在实验操作过程中,手套的污染很容易导致标本间的交叉污染。当处理可能具有传染危险性的标本时,最好是戴两副手套,当手套与标本有接触时即可弃掉外层手套。实验时所使用的加样器吸头必须带滤芯,并且要注意的是,滤芯不能是后插入的,而应是结合在吸头内壁上的疏水性膜滤芯,这样才能有效和可靠地防止气溶胶对加样器的污染。

在标本制备过程中,通常会有温育步骤。温育既可在加热模块也可在水浴中进行。当使用加热模块时,如在模块孔中填入二氧化硅细砂,然后将标本管置于细砂中温育,可得到较为一致的温育温度。而当使用水浴时,则应使用可漂浮在水面上的试管架如有孔海绵等。加热模块应定期进行孔间温度差异的检验并校准,水浴应在每次使用时,都要对所设置的温度使用已经过校准的温度计进行校准。经高温温育后的标本,应冷至室温后再离心,使得由于加热回流的标本液体能离心至离心管底部。

标本制备区内的生物安全柜、超净台、加样器、离心机及其他设备都应定期或在有明显已知污染后,使用中性消毒剂如异丙醇、戊二醇等或 10%次氯酸钠溶液消毒,使用 10%

次氯酸钠溶液消毒后,应再用 70%乙醇洗涤去除残留的次氯酸钠,因为其对金属表面有氧化作用。在 PCR 实验室各区中,标本制备区是唯一直接与临床标本接触的区域,因此要注意生物安全问题,应有洗眼器,并配备一个急救箱,箱内可放置 75%酒精、络合碘、棉签、创可贴等必要的急用药具。

3. **扩增区** 扩增反应体系的配制和提取核酸的加入,可在标本制备区也可在本区内进行,关键是要防止产物的污染。如果空间允许的话,也可在一个独立的区域内进行。整个过程可在一密闭的带有紫外灯的防污染罩内操作,核酸模板样本加入时应使用带滤芯吸头,在打开及盖装有核酸模板样本的离心管盖时,要注意防止样本对手套指尖的污染。加样时,先加提取的核酸模板样本,每加完一个即盖好盖子,然后加阳性质控核酸模板,再就是标本制备阴性质控和仅含按样本一样稀释的主反应混合液的扩增阴性质控,这样做的目的是,最大可能地测出以前扩增产物的交叉污染。采用"巢式"PCR 方法的第二轮扩增的加样,必须在本区进行。

扩增区的主要仪器就是核酸扩增热循环仪。热循环仪的电源应专用,并配备一个不间断电源(UPS)或稳压电源,以防止由于电压的波动对扩增测定的影响。此外,还应定期对热循环仪孔内的温度进行校准。每次扩增后,可使用可移动紫外灯对扩增热循环仪进行照射。对扩增孔内的消毒清洁,可首先用浸泡 10%次氯酸钠的棉签逐孔消毒,再用浸泡 70%乙醇的棉签清洁。次氯酸钠的使用有助于污染的扩增产物的降解。

4. **产物分析区** 产物分析区是临床基因扩增检验的最后一个工作区域,也是需要打开扩增后反应管进行扩增产物分析检测的地方。由于本工作区应设置为负压状态,空气流向为由外向内,以防止扩增产物气溶胶流出,故本区可无缓冲间。

扩增产物的分析方法在目前国内已有国

家食品药品监督管理总局(CFDA)批准文号的试剂盒中现有多种方式,如早期的使用聚苯乙烯微孔板条作为杂交固相的微孔板上杂交,目前有使用硝酸纤维素膜作为杂交固相的膜上杂交,基因芯片杂交和乳胶颗粒上杂交等。使用微孔板上杂交模式,测定中严禁将孔内反应液或洗液倒入实验室水池内,而必须采取手工吸加或用洗板机洗板。如使用膜、芯片、乳胶颗粒上杂交,同样不能将反应后的液体倒入池内,而应集中倒至 1mol/L HCl 溶液中,浸泡半小时以上后至远离基因扩增检验实验室处弃掉。如实验室自制试剂,可能还要用到产物酶切和电泳的方法,对于电泳液的处理也一样,不能随意倒入实验室水池内,处理同上。

本区所使用的仪器设备可能有电泳仪、酶标仪、洗板机、杂交仪、芯片扫描仪、加样器和水浴箱等,酶标仪、杂交仪、芯片扫描仪等应定期校准,洗板机每次使用完都应进行清洗,其他如加样器和水浴箱可按有关方法进行校准。

第二节　实验室质量管理体系的建立

《临床基因扩增检验实验室管理暂行办法》(卫医发[2002]10 号)是卫生部针对一项检验技术的临床应用管理下发的第一个法规性文件,要求临床 PCR 实验室,不但在实验室分区设计及仪器设备等硬件上,要满足开展临床检验的条件,而且要求实验室,在日常工作要有文件化的工作程序。对于临床实验室来说,这是从来没有过的。我们的临床实验室多少年来遵循的都是一种固定的"经验管理"模式,对日常检验工作,通常缺乏一个文件化的程序,只是购买到商品试剂盒以后,按照试剂盒的说明书去进行检验,对试剂盒本身也缺乏相应的性能验证和质检,日常检验基本上是完成即可,至于完成的质量怎么样,心中无数,只能从临床大夫和患者投诉的多少来做判断。做得好一点的临床实验室,还多少有一点室内质控,或是参加了室间质评,做得差的,很多检验项目根本就没有室内质控,也不参加室间质评或进行实验室比对。但自 20 世纪 90 年代中期以来,随着临床基因扩增检验实验室对质量管理的具体软件要求的实施,以及 2005 年以后国内临床实验室 ISO15189 认可,临床实验室质量保证的概念,逐步地进入我们的临床检验实践,我国临床检验正开始进入到一个规范化和标准化的时代,尤其是临床 PCR 实验室,起到了一个很好的领头和示范作用。在全国,一大批从事临床基因扩增检验的专家和同道,在他们的日常工作和申请实验室验收过程中,总结经验,建立了不但在形式上而且在实质上均符合当今实验室质量管理模式的临床基因扩增检测实验室。本处的许多叙述,有本人的一些体会和理解,但很多的概念,应该说是来自于我们全国各实验室的同行们实际工作经验的启发。

一、实验室质量管理概述

实验室质量管理是说起来容易,做起来难。要说吧,其基本内容也就四句话,就是写你所应做的,做你所写的,记录你做的和分析你已做的。所谓写你所应做的,就是将在实验室检测中要做的事,按照所依据的管理标准以文件化的形式表述出来,形成一个实验室的质量管理文件,通常包括质量手册、质量体系程序文件和标准操作程序(SOP)等。质量手册的基本定义是:阐明一个实验室的质量方针,并描述其质量体系的文件。其主要内容包括目录、批准页、前言、质量方针、组织结构、人员职责、实验室设施环境、仪器设备、溯源性、检验方法、标本管理、记录、报告等,是对上述各方面质量管理的一般性描述。程序文件则是对通用于整个实验室的某些方面工作的文件化描述,主要包括实验室文件和档案等的管理、内审、管理评审、合同评审、预防措施、纠正措施、人员培训、投诉处理、保密、计算机安全、新项目开展、量值溯源、试剂仪器及实验用品的购买、标本管理、废物处理等方面。而 SOP 最为具体,最具有可操作性,也是使用频率最高的文件,与实验室的日常工作密切相关,如某个具体项目临床标本的收集、处理、保存、检测等,具体仪器的操作使用、校准及维护等。SOP 与程序文件之间的区别在于后者的原则性要强一些,针对的是一个系列或一个方面的工作,但在有些方面如可操作性上也没有根本的区别,一个原则是,如果程序文件已明确叙述并很清晰的,则不必再起草重复性的 SOP,如果特定程序文件尚包括不了的,则可再在其涵括范围内,补充一个或数个 SOP。临床基因扩增检验实验室的技术验收申请表后提出来的实验室所必须具有的程序文件,大部分是 SOP,少部分是程序文件,对实验室的质量手册没做要求。那么怎样来编写 SOP 文件呢?这一点以前有很大一部分实验室都觉得不知从何写起,希望有一个标准模式。近些年来,经过学习、思考、实践、再学习、再思考和再实践这样一个过程,全国已涌现出一批无论是在形式上还是在实质上,其 SOP 都具有实用性的实验室。对于 SOP 的编写,其实细细思考一下,你某一项检验应该怎样做才能保证质量,然后就将这些过程写下来就可以了。SOP写的具不具备可操作性的一个判断标准是,在写好后,让本实验室一个尚没有从事过 SOP 所述方面工作的人去实际运行,如其能按你所预想的去完成操作,并得到满意的检验结果,则该 SOP 就是合格的,如其在使用过程中,还要就某些细节问题来问你,则该 SOP 尚需完善。

其实这些 SOP 文件究竟采用何种格式编写并不重要,关键的是要具体,要具有可操作性,要让即使是第一次接触该 SOP 的人也能按其完成相关操作。一定要有这样一种观念,即 SOP 文件不是拿来给别人看的,而是拿来给自己实验室技术人员用的,一定要从实际出发,做得到的才写进去,做不到的就不要写进去。水不在深,有龙则灵,质量管理的"灵魂"是什么?个人认为,有可操作性的 SOP 就是质量管理的"灵魂"。一个实验室的 SOP,外在形式做得不管是多么精美,如果没有可操作性,则该实验室的质量管理只是一句空话,无从谈起。在一个实验室中,SOP 应涵盖日常检验中各个方面,比如说每台仪器操作和校准的 SOP,每个项目的标本收集、保存、运送、检测程序等。可以将每一项目特定标本的收集、保存、运送等放在一个程序里来写。

从上述来看,"写你所做的"还是很容易做到的。那么难的是什么呢?难的是后面两项,即"做你所写的"和"记录你所做的"。SOP 文件有了,但能不能按照其去进行每天的常规工作,除了要有严格的实验室管理制度外,关键是实验室负责人和实验室技术人员的观念和意识,要认识到 SOP 文件对保证检验质量的重要性,而不只是为了应付技术验收检查。质量管理不是表面文章,其实质就是所有与实验室检验质量有关的环节全部要有章可循,并按章进行。这不但是对实验室实际操作技术人员的约束,更是对实验室负责人的约束,不能随心所欲,比如说仪器、试剂、消耗品的购买,都必须按程序进行。这是与我们传统的平常只查考勤、查卫生等到出现问题时再处罚个人的经验管理模式所完全不同的,这个观念和意识的转变首先应是实验室负责人,然后才是具体的实验操作人员。如果编制 SOP 或其他质量管理文件只是为了应付验收检查,那么从一开始就会觉得很麻烦,不知从何做起,在心里产生一种抵触情绪,这样的话,即使是有了装订精美的

SOP 文件,也只不过是供人参观的一个摆设而已。

"记录你所做的",简单地说就是将常规工作中所做的记录下来。一般来说,临床基因扩增检验实验室需要记录的有,临床标本接收中的患者个人有关资料(如姓名、性别、年龄等)、标本接收日期、标本特性、标本的状态、标本的编号等;检测前的仪器设备和试剂的准备等;检测中的试剂生产厂家、试剂批号、检测日期、检测结果、质控结果及分析、检测人(签字)、质检人(签字)等、检测后的实验台面、仪器设备等的消毒和清洁、紫外线照射等。一次两次的记录并不难,难的是持之以恒。上述的各个方面看起来很多很麻烦,但在具体的工作中,可采用表格的方式就一些具体的常见的情况列出来,记录时实验技术人员只要在相应的条款上打"√"即可。

至于质控结果和分析的记录,可根据实验室所采用的室内质控方法,直接在相应的质控图上记录。

分析你已做的简单讲就是,对你得到的患者测定结果进行分析后再报告,其实质也就是对检验结果的解释。应有具备一定资质和临床知识的人员,负责对测定结果做出合理的解释,当发现明显有异常结果时,应积极与临床"对话",必要时,进行补充实验,从而找到出现异常的依据,报出正确结果。

有了管理制度,有了标准操作程序,接下来的就是要让实验室的每一个实验操作人员都知道,并遵照执行。在实验室验收时,还有一个内容就是对实验操作人员就其日常工作的有关质量管理进行口试和(或)笔试,如果一个实验室操作人员对其应该遵循的管理制度和 SOP 一无所知或知之甚少,这样其肯定是做不好日常检验的。

二、实验室质量管理的特点

(一)"无基因或无核酸"概念

众所周知,细菌、病毒、细胞都是很微小

的生物颗粒,看不见摸不着,当我们在进行细菌或细胞培养时,如果没有"无菌"概念,不严格按细菌培养的无菌操作程序进行操作,就会造成杂菌污染,致使培养失败。一个外科医生,如果没有无菌概念,在对患者手术时,也会造成其细菌感染。在此,本人提出在临床 PCR 检验及使用基因扩增技术的科学研究中,一定要有一个"无基因或无核酸"概念。也就是说,要有防止以前扩增的"基因或核酸"对现有实验的污染的概念。因为细菌、病毒和细胞虽小,基因更小,PCR 扩增的只是细菌、病毒或人基因组序列的一小部分,大到几百个碱基对,小到数十个,这么小的分子,可以说是无孔不入,很容易因为人员及实验物品的流动、操作的不规范而造成实验污染,出现假阳性结果。因此,在临床 PCR 检验工作中,工作人员必须要有这个概念,并针对其采取严格的实验室管理和程序化的室内质量控制措施,从而减少或避免假阳性结果的出现,即使出现,也能监测到,进而避免错误结果的报出。

(二)实验室要有严格的人员进入限制和程序

人员进入的无序和随意进入,是临床 PCR 实验室"污染"的主要原因。有了好的符合要求的实验室设置,如果没有严格的实验室管理,良好的实验室分区设计就完全失去了意义。因此,与临床 PCR 实验室无关的人员,在未经许可并要求准备的情况下,是不能进入实验室的,实验室应在门口显眼的位置标识"非本实验室工作人员未经许可不得入内"的提示,人员进出可进行相应的记录。也可在实验室地面上标识不同区域的进入流向,从而清楚提示实验室技术人员在 PCR 实验室的工作流向。

(三)使用合格的试剂和消耗品

试剂质量是临床 PCR 检验质量的重要一环,商品试剂在正式常规检测应用前,应进行性能验证,同时,每批试剂在购入后都应有最基本的质量检验。在选用某一品牌试剂时,要注重试剂盒的核酸提取方法的有效性,评价其对不同程度溶血、脂血和黄疸标本的抗干扰能力,从而确定对这些标本是否要拒收。基因扩增检验中使用的消耗品最主要的是离心管和带滤芯吸头,离心管要注意其是否含有扩增反应的抑制物,带滤芯吸头则是其密封性如何,对其质检均应有相应的具有可操作性的质检程序。这些都是为了避免出现假阴性结果。

三、质量体系文件的编写

实验室"质量体系"是指实验室实施质量管理所需的组织结构、程序和资源。所有技术和管理程序以文件化的形式列出,这些文件都必须完全与实际工作相符,从而使其能以最有效最切合实际的方式,来指导整个实验室的工作人员、仪器设备及信息的协调活动,保证能为患者和临床医生提供高质量的检验结果,并降低检验的经济成本。质量体系的基础是质量体系文件,是对质量体系的描述。设计质量体系和编写质量体系文件的基本原则就是"最有效和符合实际"。

(一)质量体系文件的特性

质量体系文件主要有三大特性,即法规性、唯一性和适用性。法规性是指文件一旦制定完成并批准实施,就必须认真执行,按照相应的文件去完成日常检验工作,也就是前面所说的做你所写的。并且文件的修改不能随意,只能按规定的程序进行。唯一性则是指:①一个实验室只能有一个质量体系文件系统;②一项检验活动只能有唯一的操作程序;③一项规定只能有唯一的理解,不产生歧义;④只能使用文件的有效版本,无效版本在实验室的任何地方都不能使用。适用性是指质量体系文件无统一格式;无标准文本;怎么做怎么写,切合实际,具有可操作性,不拘一格。所有文件的规定均应保证在临床实际检测工作中能完全做到。当发现文件有不适合

情况时,则应立即按规定程序对文件进行修改。

(二)质量体系文件的作用

质量体系文件的作用主要有以下几个方面。

1. 为达到质量目标提供了一条捷径 一个实验室的质量体系文件,为该实验室实现其质量目标提供了最有效和最切实可行的办法,并且人员的职责和权限以文件形式得到了确认界定,避免了扯皮,处理好了工作间的接口,使整个实验室质量体系成为职责分明、协调一致的有机整体;"该以文件表述的一定要写出来,写出来的一定要做到",文件即为质量法规,通过认真执行文件来达到预定的质量目的。

2. 可作为审核的依据 文件可以证明整个检验过程是确定的,并得到了认可和实施。此外亦证明文件的更改必须遵循一定的程序进行。

3. 作为质量改进的保障 有了文件,实验室技术人员就知道如何进行日常检验工作,管理人员也可依据相应的文件来评价工作业绩;依据文件改进检验质量后,自然就增加了测定结果的可比性和可信度;如果将改进质量所采取的措施再变成 SOP 文件后,可使这种改进持续有效。

4. 人员培训 实验室的质量体系文件可作为实验室全体技术人员的培训教材,不但可以作为管理方面的培训,也可以作为实验技能的培训之用,文件是否能有效切实地用于临床标本的检验,从某种意义上说取决于这种培训的有效性。

(三)质量体系文件的层次

质量体系文件的层次可用图 3-5 来表示。可见质量体系文件主要是由质量手册、质量体系程序文件和 SOP、表格和报告等质量文件所组成的。各层次文件既可以分开,也可以合并,当各层次文件分开时,应有相互引用的内容,在相应的文件后附上引用内容

的条目。低一个层次的文件在内容上不应与高一个层次的文件在内容上相矛盾。文件的层次越低,则其应比高一层次的文件更具体、更详细及更具有可操作性。此外,也可将表格、报告、记录等作为第四层次文件,与 SOP 分开。

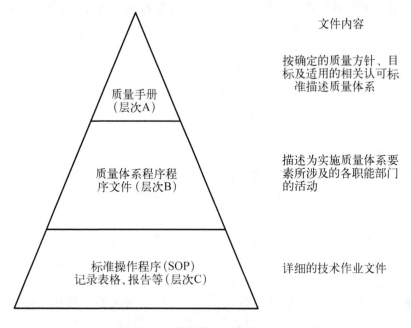

图 3-5 质量体系文件的层次

(四)质量体系文件的编写

如何编写质量体系文件通常是临床实验室颇感头痛的问题,因为以前从来没有接触过这些东西,也没想过日常的检验工作还需要那么多的条条框框来规范,故而感到没有头绪。这里先简要介绍一下质量体系文件的编写原则和方法,后面的有关章节再针对实验室 SOP 做具体介绍。

1. 质量体系文件的编写原则

(1)系统性:实验室在编写质量体系文件时,必须具有系统性,要将《临床基因扩增检验实验室技术验收表》中的全部要素、要求和规定,有系统和有条理地编制成各项制度和程序。所有文件应根据其应用分类编辑成册,以便于应用。各层次文件要分布合理、数量充分,不但是相互独立的,而且要相互协调和相互印证,承上启下。

(2)协调性:质量体系文件之间应相互协调,具有一致性。各项程序文件应与有关检验的技术标准和规范相一致。认真处理好各种接口,避免职责不清及出现不协调的情况。

(3)唯一性:质量体系文件对于一个实验室来说,应该是唯一的,这种唯一性表现在如下几个方面,一是一个实验室只能有一套质量体系文件;二是一项技术工作只能有一个程序文件;三是对特定文件的解释理解只能有一个,这就要求编写文件时,表述要清楚、准确和全面。

(4)适用性:这一点前面在叙述质量体系文件的特性时已谈到。再重复一下其基本内涵,就是实事求是,以最佳和最符合实际工作的方式编写文件,要确保文件的规定在实际工作中能完全做到,这就要求在编写文件时,不但要依据《临床基因扩增检验实验室工作规范》和《临床基因扩增检验实验室技术验收表》中的要求,而且要根据实验室的实际情况来进行。一旦在实际日常检验工作中,发现文件与实际工作的要求有不符合之处,则应立即对文件按规定程序进行修改完善。

2. 质量体系文件的编写方法

(1)自上而下编写法:按照图 3-5 的文件层次,采取自上而下即质量手册、程序文件、标准操作程序、表格、记录等顺序编写。这种编写方法可使上一层次文件与下一层次文件有较好的衔接。这种编写方法对文件编写者,不但要求有较好的实验室质量管理方面的知识,而且要求其还要有较高的临床实验室专业知识水平。由于具有这两方面知识的人员较少,因而需要边学习边进行文件的编写,文件编写的时间可能要长一些,并且通常会有反复的修改。

(2)自下而上编写法:按照图 3-5 的文件层次,采取自下而上即标准操作程序、程序文件、质量手册等顺序编写。这种方法适用于原管理基础较好的实验室,但应设计有一个文件总体方案,以指导文件的编写,否则易出现混乱。

(3)上下延伸编写法:按照图 3-5 的文件层次,采取先编写程序文件,再编写质量手册和标准操作程序、表格、记录等的方式进行。这种编写方法是通过先分析实验室的各项管理和技术工作,确定如何进行这些工作后的一种较好的编写模式,有利于将《工作规范》和《临床基因扩增检验实验室技术验收表》中的要求与实验室的实际工作相结合。

(五)质量体系文件的编写要点

1. 质量方针 质量方针的编写要点简单说,就是个性化、易于理解和执行。个性化就是其要体现特定实验室的质量目标,以及患者和医生的期望和要求,其所表达的是实验室对检验质量的态度和对质量的承诺。易于理解就是要求描述质量方针的文字精练、准确、易记和通俗易懂。质量方针尽管文字很少,但内涵应是丰富的。如卫生部临床检

验中心(以下简称部中心)的质量方针是"科学、公正、准确、及时、有效",这十个字既是部中心的质量目标、质量态度和对质量的承诺,也是被检个人和单位的期望和要求。但要做到这十个字,则需要采取一系列的有计划的和系统的措施。

2. 质量手册 质量手册包括质量方针、组织结构、人员职责,以及质量体系要素的描述。质量方针的编写前面已有叙述。组织结构可以一个结构图来表示,表明各部门之间、上下之间的关系,所有与质量有关的职责都要有相应的部门或人员来承担,各部门和各类人员的职责和权限应清楚明了,职责的界定无漏项、无重复。文字编写要求准确、精练和通顺,并注意逻辑性和活动顺序。质量手册的编写格式要考虑文件的修改、改版和使用。

3. 程序文件 程序文件的内容包括责任、完成活动及验证的方法和有关的记录等。编写应遵循如下几个原则:一是"最佳和最符合实际的原则",编写的实验程序方法应是最佳、最符合实际的和可行的,一定要注意文件的可操作性。二是"5W+1H 原则",5W 即 What(做什么);Who(谁做,即责任人),Where(做的地方),When(做的时间)和 Why(为什么做)。1H 即 How(怎样做,依据什么,用什么方法)。也就是在一个程序文件里,所应表述的基本方面。已确定的人员职责在相应的检验活动中都要有相应的体现,活动中的每个环节都应有人承担责任。工作活动的交叉部分也应有明确的表述,相关的职责应予明确。此外,与质量手册一样,文字编写也要准确、精练和通顺,并注意逻辑性和活动顺序。编写格式要考虑文件的修改、改版和使用。

4. 标准操作程序(SOP) SOP 的基本内容与程序文件类似,只不过要求更详尽更具体,对工作的覆盖面相对较窄,下面会有一些详细介绍。

（六）如何编写 SOP 和设计实验记录表格

从图 3-5 可见，如果将实验室质量管理文件比作一座山，质量手册就是这座山的山峰，可以登高望远，从某种意义讲，质量手册主要是给实验室以外的人看的，它彰示这个实验室的法律地位、质量方针、质量目标、组织结构及相互关系。质量体系程序文件则是这座山的山腰，具有承上启下的作用，其依据质量手册对各种与质量有关的活动的规定和关系，对实验室的共性的和一个方面的工作做出程序规定，为下面的 SOP 的编写，提供了一个原则框架和指南。而 SOP 和实验记录表格等则是这座山的山脚，它的量是最大的也最具体，从临床实验室的具体工作来看，也最容易把握，"千里之行，始于足下"，那么我们就从山脚下开始走起。临床 PCR 实验室验收对实验室质量体系的要求，最主要的也就是 SOP 和实验记录表格的编写和实施。

那么，到底 SOP 和实验记录表格应该如何编写？前面说了，就是怎么做怎么写，怎么做怎么记。下面会针对临床 PCR 实验室的特点及一些实例进行具体解释。图 3-6 所示是一个实验室 SOP 编写的格式及基本内容。

1. SOP 的编写　SOP 的编写格式并不重要，重要的是它的内容，首先是要目的明确，即为什么要编写该 SOP，其是为了规范一项什么样的工作程序，保证一个什么样的结果，如仪器设备的正确操作、良好运行，标本采集、运送和保存对检测的有效性等。第二个就是要确定其适用范围，也就是说，该 SOP 适用于哪些工作内容，以保证其不用于不适当的地方。SOP 还有一个非常重要的地方，是必须要确定责任人，即在这个实验室里会有哪些工作人员在其日常检验工作中会用到这个 SOP，在该处可以让每个责任人签字确认。操作步骤是整个 SOP 的核心和灵魂，在编写时，应越具体越好，通俗地讲，就是在编好一个 SOP 后，让另一个人按照进行操作，应可以在保证得到一个好的结果的条件

下完成。如果其在操作过程中，有不清楚的地方，仍需要问你，则该 SOP 就不是一个好的 SOP，就需要重写。反复这样几次，相信就可以得到一个具有实际可操作性的 SOP。最后就是关于 SOP 的改动。SOP 一旦形成以后，是不能随意改动，在工作中必须严格按照相应的 SOP 去做，即使你认为 SOP 有问题，在改动之前，也必须按照你所认为的"错"的去做。只有经过有组织的讨论确认以后，才能按讨论结果予以改动。在这里，通常可以下述方式进行叙述：当该 SOP 具体使用者在实际工作中，发现该程序有不正确或不完善处，则应向×××（通常为该 SOP 的批准人）提出，由其召集与该 SOP 有关的所有责任人讨论，确认后再决定是否改动，如有改动，则形成新的一版 SOP，有关责任人重新签字确认后实施。在临床实验室见到的 SOP，经常是装订在一起，像一本书一样，有几十页或数百页。需要指出的是，每个 SOP 均应视作为一个独立的文件，如放在一起，应为活页，如打孔的活页夹。而且，每个 SOP 的版本亦应是独立的，每一个 SOP 的改版，均应是在实际工作过程中，因为差错、有效投诉分析、失控原因分析、评审的不符合项等发现 SOP 存在不适用的问题后而进行的。因此，一个 SOP，如果没有因为上述原因有修改需要，则不需要改版，一直是第一版，而有的，则可能会改至第二、第三、甚至第十版，因此，一个实验室的 SOP，不同的 SOP 可有不同的版本及各自的页码（图 3-6）。

2. 临床 PCR 实验室有关具体 SOP 的编写要点　临床 PCR 实验室的日常工作通常要涉及：①实验室的清洁；②生物安全防护；③仪器设备的维护和校准；④仪器设备的操作；⑤临床标本的采集、运送、接收和保存；⑥试剂和消耗品的质检；⑦项目检测、结果判断解释和报告；⑧实验记录及其管理；⑨室内质量控制；⑩室间质量评价；⑪投诉处理。下面分别就其编写的基本要点进行讨论。

×××医院 临床 PCR 实验室	××× 标准操作程序	编号： 启用日期： 版本： 第　页　共　页

（一）目的：

（二）适用范围：

（三）责任人：

（四）操作步骤：

1.

2.

3.

·

·

·

（五）本操作程序变动程序：

编写人	审核人	批准人

图 3-6　SOP 编写的格式

（1）实验室清洁：实验室清洁的 SOP 编写的目的无非是，为了使实验室台面、地面和仪器设备在使用后，处于洁净和无感染性状态，以防止出现因仪器设备不洁影响检测或仪器使用寿命；防止因实验室台面、地面和仪器设备的生物传染危险性，造成实验室人员感染，以及防止实验室交叉污染而出现假阳性结果等。其适用范围应包括实验室地面、台面和仪器设备等的清洁。责任人应包括可能会从事地面清洁的临时工在内的所有会用到该 SOP 的实验室人员。具体的操作步骤至少应包括下述基本点：①按实验室台面、地面和仪器设备分开来写各自的具体清洁方法，要具体而又有可操作性，实验室台面、地面和仪器设备的清洁程序包括用品应该是不

一样的，各有其独特性，所以应分条目单独编写，并且仪器设备也各有不同，如扩增仪、加样器、离心机、恒温器、生物安全柜等，清洁又各有其特点，所以仪器设备的清洁应根据具体仪器设备来写。当然如果仪器设备的日常清洁程序放在他处如仪器设备的维护程序内，则可指明特定仪器设备的清洁见哪一个特定的程序即可，不必重复叙述。②应规定工作人员在清洁时，必须按试剂准备区→标本制备区→扩增（及产物分析）区方向进行，不得逆行。③规定每一工作区域的清洁必须使用专用的清洁用具，不得混用。④规定有潜在生物传染危险性材料溅出时的消毒清洁方法。

该程序编写普遍存在的问题是：①没有

规定具体的责任人。实验室的操作台面、地面和仪器设备可能是由不同的人员负责，应明确责任人，并在实际工作中，对有关责任人进行实验室管理方面的培训。②清洁只是对实验室台面和地面，仪器设备要么只有加样器、离心机等一到两种，要么根本就没有涉及。③清洁操作步骤过于原则，不具体。如清毒剂的消毒没有规定时间，清洁的各步骤之间没有连贯性，紫外照射没有时间，可移动紫外灯在使用时没说明调到多高的距离等。④没有规定工作人员清洁时的工作流向。⑤没有规定清洁各实验区域必须使用其专用的清洁用具。⑥没有考虑有潜在生物传染危险性材料溅出时的消毒清洁。

（2）生物安全防护：实验室生物安全防护应该包括两个大的方面的内容，即实验室工作人员的生物安全防护和对环境的生物安全防护。实验室生物安全防护 SOP 编写的目的是，通过确定工作中生物安全个体防护设备和用具的正确使用，保证实验室工作人员在日常检验工作中，尽可能不受具生物危险性实验用品的感染，以及确定意外情况下的处理程序，保证出现意外的实验室工作人员，能得到及时有效的咨询和处理。通过确定实验室有潜在生物传染危险性废弃物的处理程序，保证实验室外环境，不受实验室内具潜在生物传染危险性的物品的威胁。其适用范围应包括，实验室内所有涉及有潜在生物传染性物品和材料的区域和操作步骤。责任人应包括指定的实验室生物安全负责人和可能会接触到有潜在生物传染性物品和材料的实验室工作人员。具体的内容应有：①明确规定实验室工作人员在进行哪一类接触到有潜在生物传染危险性的物品和材料时，应使用哪类个体生物安全防护设备和用具，如生物安全柜的使用、穿什么样的隔离衣、戴什么样的帽子和什么样的手套、使用什么样的口罩，还有眼罩和面罩等。②制定实验室内锐器物品的使用规则。③制定发生意外如手

指划破、血清溅入眼内等情况下的处理程序，包括初步处理、所接触临床标本的生物传染性确认（生物危险的评估）、进一步的措施（疫苗免疫、药物阻断、定期监测等）。④明确有潜在生物传染危险性的废弃物（包括废弃临床标本）拿出实验室前的消毒方法如高压或化学消毒。

该程序编写普遍存在的问题是：①没有指定实验室生物安全负责人。②对实验室工作人员在处理有潜在生物传染危险性物品时，个人防护设备的使用规定不具体，通常只是简单地叙述：要穿隔离衣、戴手套和口罩等。至于穿什么样的隔离衣（前开还是后开？如何与通常的工作服区分等）、戴什么样的手套（乳胶还是塑料？）和口罩（纱布、纸的还是 N-95？）则没有规定，显然不具备可操作性。③没有制定锐器的使用规则。④对出现意外情况下的处理措施不彻底，比如，实验中手的意外划破，处理方法通常只是叙述：先挤压，再用碘酒和 75% 酒精消毒。血清溅入眼内，也只是简单地用生理盐水冲洗。至于，是否要确认所接触标本的传染性，如何确认，以及进一步措施的采取，如向谁咨询、疫苗免疫、药物阻断等，则没有说明。⑤没有规定有潜在生物传染危险性的废弃物（包括废弃临床标本）拿出实验室前的消毒方法，或是方法不具体，如是高压消毒，还是化学灭活。

（3）仪器设备的维护和校准：仪器设备的维护和校准的 SOP 应包括一大类，维护的 SOP 会涉及几乎所有实验室的仪器设备，如扩增仪、杂交仪、扫描仪、测序仪、核酸提取仪、加样器、恒温仪、冰箱、生物安全柜、离心机、振荡器、超净工作台、可移动紫外灯、酶标仪、洗板机等。校准的 SOP 则只涉及扩增仪、加样器、温度计、杂交仪、扫描仪、测序仪、核酸提取仪和酶标仪（如用到），这些仪器可将校准和维护的 SOP 写在一起。要注意的是，最好是每种仪器设备单独写一个 SOP。编写仪器设备的维护和校准的 SOP 的目的

是,通过定期对特定仪器设备的维护和校准,保证仪器设备处于运行良好的状态,从而保证检验结果的准确性。其适用范围如为一个仪器一个 SOP,则单指该仪器,如为多个仪器一个 SOP,则将所有涉及仪器列出。如果是维护的内容,责任人则包括所有会用到该仪器设备的实验室工作人员,如果是校准,则要看校准的实施者是谁,如仪器设备的生产或销售商、国家计量部门、实验室工作人员自己等。一个符合要求的仪器设备维护和校准 SOP 具体操作步骤至少要包括下述基本点:①维护和校准的基本方面,如光路、滤光片、波长、加热模块的清洁、具体的校准点选择(如加样器的校准体积点选择、温度计的校准温度点选择等)、维护和校准的具体方法包括用具和试剂等。②校准合格的判断标准。③维护和校准的间隔时间,如一周、一个月、三个月、半年等。

该程序编写普遍存在的问题是:①责任人没有明确。这一点在校准程序上尤为明显。有同道说:校准是由计量部门或是厂家进行,所以没写。如果是由厂家或计量部门进行,责任人即为他们,在 SOP 里面同样需要明确。同时,实验室工作人员亦应为责任人,其职责是监督和确认仪器设备是否按程序进行了校准,并确认其是否达到了合格的标准。②没有具体的校准方法或步骤。通常大家都认为,仪器设备由厂家或计量部门校准,不知道校准的方法和内容。其实,尽管校准不是由实验室进行,但实验室之所以要校准,其根本目的不是为了通过某种认可或验收,目的只有一个,那就是保证临床 PCR 检验的质量。因此,对于校准的内容和具体方法,实验室有必要了解和明确。校准的具体方法和内容,可通过由有关厂家提供、咨询计量部门或查阅有关标准获得。通常国家计量部门的校准方法,是根据相应的国家或行业标准进行的。③没有相关仪器设备校准合格的判断标准。此类标准通常可通过查阅仪器

设备的说明书解决,也可咨询相关厂家或查阅有关国家或行业标准。④没有维护和校准周期。

(4)仪器设备的操作:仪器设备的操作的 SOP 同样应包括一大类,亦应涉及几乎所有实验室的仪器设备。编写仪器设备操作 SOP 的目的是,保证仪器设备的正确操作和使用。每台仪器设备的操作 SOP 的适用范围就是其本身的操作。责任人包括所有会用到该仪器设备的实验室工作人员。编写仪器设备操作 SOP 的要点就是按照每台仪器设备的使用说明书,将其详细操作步骤包括开机关机次序、编程、调试、运行、计算等按实际使用中的先后顺序逐项列出,最后还应有使用的注意事项。

该程序编写可能普遍存在的问题是:①责任人没有明确。②仪器操作各步骤出现逻辑混乱,步骤都有,但与实际操作先后有差异。③关键的注意事项说明不够。

(5)临床标本的采集、运送、接收和保存:临床标本的采集、运送、接收和保存的 SOP 也包括一大类,每类标本乃至每个项目的特定标本如血清、血浆、分泌物、尿液、痰、脑脊液、胸腔积液、腹水、组织等,都应有一个采集、运送、接收和保存的 SOP。编写该项 SOP 的目的是,通过规范相应临床标本的采集方法、所用容器、运送方式、保存条件及接收规则,保证相应临床标本的正确采集、运送和保存,从而确保所采集的标本在检测前的有效性。适用范围则根据其所适用的特定的检测项目确定。责任人包括所有涉及标本采集、运送、接收和保存的人员,如医生、护士、护工、实验室技术人员等。临床标本的采集、运送、接收和保存的 SOP 应包括如下基本内容:①特定标本采集的具体方法步骤。②明确规定标本的采集容器要求。③明确标本的采集量。④明确标本采集后送到实验室检测所能容许的最大时间间隔,亦即标本采集后,应在多长时间内送至实验室。⑤明确标本采

集后,在送至实验室检测前的处理、保存方式和条件。⑥明确标本从采集处运送至实验室过程中所要求的运送条件。⑦明确标本接收时,签收的程序、拒收的标准和标本唯一编号的规则。⑧规定标本在实验室内的短期(应有具体时间)和长期(应有具体时间)保存条件和要求。⑨制定保证标本安全,即如何防止标本丢失、调换、变质的措施。

该程序编写可能普遍存在的问题是:①责任人没有明确。通常,临床实验室认为,标本不是由本室采集,因而也就没有明确。不管标本是不是由本室采集,都必须明确责任人。②标本采集方法不具体,尤其是分泌物、痰、组织等标本的采集。尽管标本大都不是由实验室本身采集,而是由护士或医生采集,在 SOP 里面也必须写出标本采集的具体方法,并作为培训有关标本采集人的依据。至于培训的方式则可多种多样,面对面继续教育、发放小册子等均可。③对标本的采集容器规定不明确。如只说是真空采血管,但真空采血管有好多种,到底是哪一种应该明确。④没有指明标本采集的量。⑤没有明确规定标本采集后,送到实验室的时间,而只是说尽快送到。⑥没有规定标本采集后在送到实验室之前的保存条件和要求。⑦没有规定标本的运送条件和要求。⑧标本拒收的标准过于原则,如有的实验室规定标本在下述情况下应拒收:未使用正确容器的、抗凝剂不正确的、标本量不够的、标本采集后送到实验室超出规定的时间的、溶血、脂血等。这样的规定就太过原则,如改为下述就较好:未使用无菌的不含任何添加剂的真空采血管、使用肝素抗凝的、标本量少于 2ml 的、标本采集后送到实验室时超出 2h 的、重度或中度溶血的、脂血的。⑨标本的唯一编号方法中,无检验项目的区别。通常,可以采用英文字母来解决,如 B05090101 可表示为 HBV DNA 在 2005 年 9 月 1 日的第一号标本,相应的可用 C 表示 HCV RNA,I 表示 HIV RNA 等。

⑩没有保证标本安全的措施。绝大部分实验室很少想到这一点,其实具体的措施也不复杂,无非就是标本由专人负责保管和取放、保存标本的冰箱本身带锁或放在有锁的房间内等。

(6)试剂和消耗品的质检:在临床 PCR 实验室,需要质检的试剂和消耗品主要也就是特定的商品或自制 PCR 试剂、提取用 eppendorf 离心管、带滤芯或不带滤芯吸头等。编写试剂和消耗品质检的 SOP 的目的是,通过对试剂和消耗品的质量检验,发现所存在的问题,避免将有问题的试剂和消耗品用于日常检验工作,从而保证用于日常检验的试剂和消耗品的质量。其适用范围可将特定的试剂和消耗品的名称如 HBV DNA 实时荧光 PCR 试剂盒、HCV RNA 实时荧光 RT-PCR 试剂盒、本室使用的 eppendorf 离心管、带滤芯或不带滤芯吸头等列出。责任人则为可能会使用到这些消耗品的所有实验室工作人员。试剂和消耗品质检 SOP 中质检的具体操作步骤应包括如下基本内容:①试剂质检的基本方面,如试剂的抗干扰能力(主要是针对提取试剂),即对溶血、脂血标本扩增抑制作用的了解。可通过自行制备含已知量病毒核酸的不同程度溶血或脂血的标本进行质检。如为定量检测试剂,还应包括检测的重复性、线性范围等的质检,通常使用 2～3 份样本进行检测即可。如为定性检测试剂,则应重点考察测定下限,可用系列稀释的含已知量靶核酸的标本进行。②核酸提取用离心管质检的基本方面:离心管在内含水溶液加热时,管盖的密封性;高速离心时,离心管的完整性和扩增抑制物的质检。最核心的是离心管的扩增抑制物的质检(尤其是使用国产离心管时),应说明抽取多少支,用什么浓度的样本,合格的判断标准等。因为目前国内 HBV DNA 的检测,在核酸提取时,多采用煮沸裂解法,因此,还应考察离心管在加热时的密封性。核酸提取通常会涉及高速离心,应抽取一定数量离心管,在其内含一定量液体时,进行高速离心,从而判断离心管在高速转动下的完整性保持情况。③带滤芯吸头的质检主要是滤芯的密封性,可采用含 $1\%\sim2\%$ 甘油的有色溶液来进行质检,具体的质检方法参考有关章节。④吸头的抑制物的质检可参考离心管抑制物质检方法。要说明一点的是,如果购买的是不含任何 DNase 和 RNase 的离心管和盒装带滤芯吸头,则无须进行抑制物质检,可直接使用。

该程序编写普遍存在的问题是:①对试剂的质检方法过于烦琐。②无对离心管所含抑制物的质检方法,只是关注密封性和离心耐受性的质检。③对消耗品如离心管等数量的选取过多。④带滤芯吸头质检的方法不具体等。

(7)项目检测、结果判断、解释和报告:项目检测、结果判断、解释和报告的 SOP 也包括一大类,每一个检测项目都应有一个此类 SOP。该 SOP 编写的目的是,通过规范特定临床检验项目的标本检测、结果判断和报告过程,保证相应项目检验结果的准确性和重复性,以及在不同实验操作人员间的一致性。适用范围则可为特定的检验项目。责任人包括所有会用到该 SOP 的实验室工作人员。一个完整的项目检测、结果判断、解释和报告的 SOP 至少要包括如下基本内容:①标本进入实验程序后的操作编号方式。②根据所用试剂盒确定的详细操作流程。③仪器编程及文件名的编写规则。④结果判读的流程和规则。如实时荧光定量 PCR,扩增完成后,首先观察扩增曲线,依据是否有典型的扩增曲线来进行定性结果判断,并观察标准曲线是否正常。然后选择阈值线,进行线性回归分析,确定标准回归曲线斜率、截距和相关系数的变化允许范围等。⑤结果分析解释的流程。⑥结果报告流程。

该程序编写普遍存在的问题是:①没有规定标本进入实验程序后的操作编号方式。

这一点尽管只是一个过程,但实际上是非常重要的,一个规范的实验室,进行同一项目检验的每个工作人员应该遵循相同的实验编号规则,如核酸提取用离心管的号码编写位置、如何编号等,这样就可以在程序上,尽可能避免标本发生混淆。②将所用试剂盒说明书中提出的标本的采集方法写出,并且常与已有标本采集程序还不一致。如果在该程序中仍想将标本采集及处理方法列出,则可用见哪一程序(将程序编号列出)形式写出即可。③无电脑中编程的文件名起名规则,电脑程序中通常无标本的唯一编号。④结果判读的流程和规则不清。没有规定标准回归曲线斜率、截距和相关系数的变化允许范围等。允许范围的确定可根据自己实验室一定时期内已有数据,经过充分分析来确定。⑤无结果分析解释的流程。结果分析包括两个方面,一是整批实验结果的全面分析,一是单个标本结果的分析。整批实验结果的分析包括阴性和阳性结果出现频率是否异常,是否有强阳性标本后即有较弱阳性标本出现的情况,以及质控结果的有效性判断等。单个结果的分析则是对每一份标本的结果进行分析,根据临床诊断提示、相关特异抗原和抗体测定结果等,发现问题即应与临床及时对话,找出发生问题的原因之所在。⑥没有结果报告流程。所谓结果报告流程就是一份检验报告从得到原始数据到最后形成可发出报告的整个过程。在对标本的检测数据分析形成结果后,如何填写报告单,报告单必须填写的基本内容,由谁复核,如何提出临床或进一步的检测建议等应有一个基本规则。

(8)实验记录及其管理:实验记录及其管理 SOP 编写的目的是,通过确定实验室日常检验记录基本内容、记录方式和管理,保证日常检验记录能作为实验室检验结果的有效证据,也是实验室长期分析其检验结果变化趋势,发现潜在问题的原始资料。其适用范围应该包括特定实验室的所有检验项目的检测过程和结果；仪器设备的操作、维护和校准过程和结果；实验室环境条件的维持和检验实施时情况的记录；试剂和消耗品的质检过程和结果等。责任人应包括会涉及日常检验工作的所有实验室工作人员。日常检验记录的管理则应指定专门的责任人。实验记录及其管理 SOP 的基本内容应包括：①日常检验过程中应记录的基本内容的规定，如仪器设备操作、维护和校准过程及有关数据；检验试剂来源和批号；检验标本的来源和唯一编号；试剂的配制；实验环境条件的控制记录；实验室清洁的记录；质控的记录；原始检测数据及其推导记录等。②对实验记录者的签名方式的规定和要求。③实验记录管理的基本方面：指定专门的管理人；有专门的保存处如柜子等；记录的登记归档方法；记录的借阅及销毁记录；记录保存的时间；电子记录的备份保存具体方法及保存时间等。

该程序编写普遍存在的问题是：①对日常检验中工作人员应记录的基本内容没有规定或规定不详细。②没有规定实验记录者的签名方式，即是否要手签、是否要签全名等。③实验记录管理方面的问题是：没有指定专门的管理人；没有专门的保存用柜子；没有记录的登记归档；没有记录的借阅及销毁记录；记录保存的时间规定不确切；没有电子记录的备份保存具体方法及保存时间等。

（9）室内质量控制：室内质量控制 SOP 编写的目的是，通过对实验室室内质量控制的规范化和程序化，监测实验室每批实验间结果的重复性，并依其决定当批检验结果的有效性，报告能否发出。适用范围应包括所有临床检验项目。责任人应包括涉及日常检验的所有工作人员。一个完整的室内质控 SOP 应包括如下基本内容：①明确室内质控物的来源及浓度，以及每批检测时质控物的放置规则。如为自制，则应说明其制备方法、稳定性和管间差异的评价方法及合格条件，同时应说明量值可溯源至何种参考方法或国

家和国际标准品（如适用）。室内质控物还应包括阴性质控。②明确所选用的质控方法。如 20 次日常检测完成前，选用"即刻法"，20 次后，采用 L-J 质控图法。③明确失控的判断标准或所采用的失控规则。如阳性质控样本出现假阴性、阴性质控样本出现假阳性、定量测定的 1_{3S} 规则等。④明确失控后的分析及处理措施。即出现假阳性和假阴性后，如何分析假阳性和假阴性出现的原因（可以写出分析证实失控原因具体实验步骤），如何针对性地采取措施，包括再检测的实验设计等。分析失控的步骤应尽可能具体。实际工作中，一旦出现失控，实验室工作即可以遵循此程序，去分析并发现失控的原因，采取正确的处理措施。

该程序编写普遍存在的问题是：①责任人不清。②质控物的来源及浓度不清或不全，并且通常没有说明阴性质控物的来源。有些是自制，但制备方法不规范，没有任何的质量检验，定量结果没有溯源性。③没有明确所选用的质控方法。对前 20 次的测定的室内质控没有解决方法。④没有明确的失控判断标准，只是做了一些失控的含糊叙述，并且一般都没有阴性失控的判断方法。⑤没有失控后的分析及处理措施。

（10）参加室间质量评价：编写实验室参加室间质量评价 SOP 的目的是，规范实验室对室间质量评价样本的接收、处理、保存、实验编号、检测、结果解释报告，以及对返回结果的分析，监测实验室在测定准确度上存在的问题，以采取相应措施加以改进。适用范围应包括所有参加室间质评的检验项目。责任人包括所有的涉及室间质评样本接收、处理、检测和报告的实验室工作人员。一个较完善的参加室间质量评价 SOP 的基本内容应包括：①明确规定室间质评样本的接收记录方式、保存条件及实验编号规则。②明确室间质评样本的检测流程，要强调的是，室间质评样本应以与临床标本相同的方式处理和

检测。③明确室间质评样本的报告流程,即填写、复核和签发如何进行,由谁负责。④明确对返回结果的分析流程和责任人。⑤明确室间质评检测失败的原因分析流程,包括必要的实验证实的具体方法。⑥明确如果测定准确性出现问题后,如何针对性采取措施的流程。

该程序编写普遍存在的问题是:①责任人不清。各个环节都应有相应的责任人。②没有明确规定室间质评样本的接收记录方式、保存条件及实验编号规则。③没有明确室间质评样本应以与临床标本相同的方式处理和检测。④没有明确的室间质评样本的报告流程。⑤没有对返回结果的具体分析流程。⑥没有室间质评检测失败的原因分析流程。⑦在测定结果有问题时,没有针对性采取措施的流程。

(11)投诉处理:编写投诉处理的 SOP 的目的是,通过规范对投诉的处理流程,妥善处理实验室与临床医生和患者的可能发生的对检验结果或其他方面的不满意或疑问,缓解矛盾,并通过这种流程的规范,从投诉中发现自身实验室存在的问题,采取措施加以改进,及时准确地为临床医生和患者提供检验报告。适用范围应包括检验结果、服务态度、检验时间、检验项目的设置等。责任人应包括所有实验室工作人员。一个较为全面而又有可操作性的投诉处理的 SOP 至少应包括以下基本内容:①明确投诉第一接触人对投诉的处理流程,即如何记录、如何针对相关投诉的进一步处理程序、是否需要报告和如何报告,以及如何向投诉人返回处理意见等。可将投诉分为不同类如对检验结果正确性、服务态度、报告单填写错误等分别编写处理流程。②投诉有效时的如何改进和采取何种措施的具体流程。应非常具体并具有可操作性。

该程序编写普遍存在的问题是:①责任人不清。也就是说,什么层次的人应该负责

什么样的投诉的处理不清楚。②对投诉的处理流程过于原则。应该尽可能具体,在编写时可以假定各种投诉的情况,设想在此种情况下的具体处理流程应该是什么样,将其写下来,再进一步审核确定。③对投诉没有进行分类分别设定处理流程。因为不同类的投诉处理的复杂程度是有差异,有些还较大,因此,进行必要的分类,有助于投诉的及时有效的处理。④没有对投诉有效时如何改进和采取何种措施的具体流程。

以上对 11 个方面的 SOP 的编写要点进行简要叙述,提出的只是基本点,细节还需要我们每一位同道根据自己实验室的具体情况去制定。此处,仍想强调一点的是,SOP 不是给实验室的人看的,是指导实验室日常工作的指南,一定要有可操作性,并在实际工作切实遵照执行,保证我们临床检验工作者的产品——检验报告单的质量。这也是 SOP 编写的真正目的之所在。此外,为实现 SOP 的可操作性,可采用文字加图片的 SOP 形式,文字加图片可形象的具体体现操作细节,更易为实验室实际操作者所掌握并应用。

3. 临床 PCR 实验室实验记录表格的设计 一个 PCR 实验室的日常检验记录通常包括离心机、生物安全柜、恒温仪、扩增仪、杂交仪、扫描仪、测序仪、核酸提取仪等仪器设备操作、维护和校准过程及有关数据;检验试剂来源和批号;检验标本的来源和唯一编号;试剂的配制;实验环境条件的控制记录;实验室清洁的记录;质控的记录;原始检测数据及其推导记录等。这些实验记录初看起来很多,再加上 PCR 实验室的分区,实验室通常会感觉记录太复杂,难以做到。有这种感觉并不奇怪,如果要求记录完整,上述记录可能需要很多的记录本,并且非常散,既难以持之以恒,也不易归档保存,发生问题需要查找时,也极不方便。如何将实验记录既记录完整,又简单并查找方便是一个值得思考的问题。

临床实验室常规检验的特点,就是每天都在重复着相同的实验和相同的实验过程,因此,对实验流程的记录至少在一段相对较长的时间内应该是相同的,除非在试剂方法上有大的更换。实验记录要求的是完整而又有效,具有对试剂、人员、检测标本、质控、仪器状态的回溯性,因此,将每天重复的工作流程以文字形式列出,前面留一方框即"□",做完后在"□"内打"√"即可。

表 3-1 所示是一份临床 PCR 实验室的记录表格,其特点是将 PCR 整个实验流程及不同区的仪器设备操作、实验室环境状态(温湿度)、实验室清洁等放在了一张实验记录表上,简单而又有效,实验室记录表最后可与打印出来的原始数据和结果保存在最后一个区内,归档保存和查找都相当方便。

至于阳性质控样本的室内质控图需单独绘制,每月一张,然后与相应的多次"临床 PCR 检验流程记录表"一起归档保存。如有严重的失控发生,则失控原因的分析及实验验证过程,可用单独的记录表格,然后再将这些记录表与上述检验流程记录表一起保存。

此外,保存试剂和临床标本的冰箱温度也可单独记录,现已有一些计算机软件,可通过联网对冰箱温度进行实时监测和记录,这样就不必在此流程表上记录。

临床 PCR 的记录除了上述以外,还有一个很重要的记录就是临床标本的接收、编号和拒收,该项记录应在标本接收区内完成,也可通过设计相应的表格来完成。如表 3-2 所示的范例,其包含所有接收时应记录的基本内容。对于标本拒收的记录,也可设计相应的表格(表 3-3)。

表 3-1 临床 PCR 检验流程记录

检验日期:_____ 检验项目:_____扩增仪中保存文件名:_____

实验前准备

□试剂在有效期内　　　　　　□扩增仪、加样器和温度计在校准的有效期内

□生物安全柜的滤膜在使用有效期内　　□消毒溶液在有效期内

□冲眼器内无菌生理盐水在有效期内　　□离心管、带滤芯吸头已经过质检合格

操作者:_____

试剂准备区(1 区)

实验前: □打开通风设备　　　　□实验台面清洁(水或 70%酒精擦拭)

□冰箱温度:冷藏室(2~8℃)_____℃;　　冷冻室(−18℃±2℃)_____℃

□实验室温度:____℃(允许范围:10~30℃);相对湿度:____(允许范围:30%~70%)

PCR 试剂来源:(可直接列出有关厂家名称)　　批号:_____

检验项目:____本次实验用量:_____人份,剩余量:_____人份。

其他有关试剂配制:

□按×××(将有关 SOP 编号列出)SOP 配制 1%含氯消毒液_____毫升;

□按×××(将有关 SOP 编号列出)SOP 配制 4%NaOH 溶液_____毫升;

□按×××(将有关 SOP 编号列出)SOP 配制 0.1%焦磷酸二乙酯_____毫升;

□按×××(将有关 SOP 编号列出)SOP 配制_____ _____毫升;

□其他:

仪器设备使用:

离心机:□正常　　□不正常　　振荡器:□正常　　□不正常

实验后：□按×××(将有关 SOP 编号列出)SOP 清洁实验室台面、地面、加样器和离心机,并进行紫外线照射 30 分钟以上。

□按×××(将有关 SOP 编号列出)SOP 处理实验废弃物。

操作者:＿＿＿＿

标本制备区(2 区)

实验前：　□打开通风设备　　□实验台面清洁(水或 70％酒精擦拭)

□冰箱(柜)温度:冷藏室(2~8℃)＿＿＿＿℃；　冷冻室(−18℃±2℃)＿＿＿＿℃

□实验室温度:＿＿＿＿℃(允许范围:10~30℃);相对湿度:＿＿＿＿(允许范围:30％~70％)

阳性室内质控物来源:＿＿＿＿　浓度及批号:＿＿＿＿　扩增位置:＿＿＿＿

阴性室内质控物来源:＿＿＿＿　批号:＿＿＿＿　扩增位置:＿＿＿＿

所提取的标本(对应标本接收的唯一编号)及拟扩增位置:

1		9		17		25	
2		10		18		26	
3		11		19		27	
4		12		20		28	
5		13		21		29	
6		14		22		30	
7		15		23		31	
8		16		24		32	

核酸提取及加样过程:按×××(列出编号)SOP 进行。

仪器设备使用:生物安全柜:□正常　□不正常　　恒温仪温度校准:＿＿＿＿℃

离心机:□正常　□不正常　　振荡器:□正常　□不正常

实验后:□按×××(将有关 SOP 编号列出)SOP 清洁实验室台面、地面及仪器设备。

　　　　□按×××(将有关 SOP 编号列出)SOP 处理实验废弃物。

操作者:＿＿＿＿

扩增及产物分析区(3 区)

实验前：　□打开通风设备　　□实验台面清洁(水或 70％酒精擦拭)

□实验室温度:＿＿＿＿℃(允许范围:10~30℃);相对湿度:＿＿＿＿(允许范围:30％~70％)

扩增仪操作:□开机自检及运行正常　□按×××(列出编号)SOP 进行编程、参数设定

标准曲线计算值:Slope 值:＿＿＿＿(　)Intercept 值:＿＿＿＿(　)r 值:＿＿＿＿(　)

室内质控结果:结果:＿＿＿＿　□填写室内质控记录、描质控图　是否失控:□否　□是

失控原因及分析:(失控判断标准及原因分析按×××SOP 进行)

实验结果:见所附扩增仪打印结果

实验后:□按×××(将有关 SOP 编号列出)SOP 清洁实验室台面、地面及仪器设备。

　　　　□按×××(将有关 SOP 编号列出)SOP 处理实验废弃物。

操作者:＿＿＿＿

　　使用说明:①本记录表须严格遵循试剂准备区→标本制备区→扩增区(产物分析区)单一流向移动,严禁逆向移动;②各项工作执行后,在相应叙述前的"□"内打"✓";③本记录表最后与相应的标本接收记录等归档保存于扩增区的专用文件柜内,以备查找

表 3-2　临床 PCR 实验室标本接收记录

唯一编号	姓名	性别	病历号	采集时间	接收时间	标本特性	标本状态
		□男 □女		月　日　时	月　日　时	□全血 □＿＿＿	□正常 □＿＿＿
		□男 □女		月　日　时	月　日　时	□全血 □＿＿＿	□正常 □＿＿＿
		□男 □女		月　日　时	月　日　时	□全血 □＿＿＿	□正常 □＿＿＿
		□男 □女		月　日　时	月　日　时	□全血 □＿＿＿	□正常 □＿＿＿
		□男 □女		月　日　时	月　日　时	□全血 □＿＿＿	□正常 □＿＿＿
		□男 □女		月　日　时	月　日　时	□全血 □＿＿＿	□正常 □＿＿＿
		□男 □女		月　日　时	月　日　时	□全血 □＿＿＿	□正常 □＿＿＿

以上标本编号从＿＿＿＿至＿＿＿＿，送检人(签字)：＿＿＿＿接收人(签字)

以上标本编号从＿＿＿＿至＿＿＿＿，送检人(签字)：＿＿＿＿接收人(签字)

以上标本编号从＿＿＿＿至＿＿＿＿，送检人(签字)：＿＿＿＿接收人(签字)

表 3-3　临床 PCR 实验室标本拒收记录

姓名	性别	病历号	采集时间	接收时间	标本特性	拒收原因
	□男 □女		月　日　时	月　日　时	□全血 □＿＿＿	□正常 □＿＿＿
	□男 □女		月　日　时	月　日　时	□全血 □＿＿＿	□正常 □＿＿＿
	□男 □女		月　日　时	月　日　时	□全血 □＿＿＿	□正常 □＿＿＿
	□男 □女		月　日　时	月　日　时	□全血 □＿＿＿	□正常 □＿＿＿

标本拒收原因：

(1)患者姓名不符。

(2)标本容器为非不含任何添加剂的真空采血管。

(3)采血量低于 2ml。

(4)标本采用肝素抗凝。

(5)容器破损。

(6)标本采集后送检时间超过 6h。

(7)标本重度溶血。

(8)标本脂血。

(9)标本不正确。

(10)其他：_____。

第三节　实验室的记录管理

实验室记录是阐明其质量管理体系所取得的结果或提供质量管理体系所完成活动的证据性文件，是质量管理体系文件的有机组成部分。也是完成质量体系中相关程序文件和标准操作程序所规定的过程及其结果的证实材料。如何编制既充分又简明的记录表格，上节已作了阐述，本节只是想进一步强调记录的管理。按照一般的对医学实验室质量和技术记录的要求，如《医学实验室-质量和管理要求》(ISO 15189-2003)标准，实验室应建立和维持识别、收集、索引、访问、存放、维护、安全处置的质量和技术记录的程序。所有记录应易于阅读，便于检索。记录可存储于任何适当的媒介，但应符合国家、区域或地方法规的要求。实验室应制定政策，规定与质量管理体系和检验结果相关的各种记录的保留时间。保存期限应根据检验的性质或每个记录的特点而定。下面就有关记录管理的一些细节问题阐述如下。

一、记录的种类

临床 PCR 实验室记录通常包括：①检验申请单；②检验结果和报告；③仪器打印结果；④检验过程记录；⑤实验室工作记录簿/记录表；⑥标本接收记录；⑦质量控制记录；⑧投诉及所采取措施；⑨内部及外部审核记录；⑩室间质量评价/实验室间比对记录；⑪质量改进记录；⑫仪器维护和校准记录；⑬试剂和消耗品的批号文件、证书和说明书；⑭偶发事件/意外事故记录及所采取措施；⑮人员培训及能力记录。

二、记录的标识

记录的标识主要有记录的名称、编码和编号。

(一)记录的名称

在临床 PCR 实验室质量管理体系中，每一份记录都是一个独立的成分，其在《临床基因扩增检验实验室工作规范》和《医学实验室-质量和管理要求》(ISO 15189-2003)的特定章节和条款中，负有特定的记载重任，相互之间虽有联系，但并不相同，也不能混淆。为避免混淆，每一个记录表格都应有一个名称，尽管具有有机联系的记录可以放在一张记录表上。对任一种记录的名称的基本要求就是简单、明确。记录名称来源相关的质量要素，经过实际工作中的填写,从而证明要素运行实施的符合性和有效性。如第一节中提到的检验过程记录、实验室工作记录簿/记录表、标本接收记录、质量控制记录、内部及外部审核记录、室间质量评价/实验室间比对记录、质量改进记录、仪器维护和校准记录和人员培训及能力记录等就是可以直接应用的记录名称。

(二)记录的编码

为对实验室记录进行方便的归档,需要对记录编码。实验室中的每一份记录,都是从《临床基因扩增检验实验室工作规范》和《医学实验室-质量和管理要求》(ISO 15189-2003)的特定要素的特定要求中产生的,如《室内质量控制记录》来自于 ISO 15189-2003 的要素 5.6.1 条款,其作用就是记录室内质量控制是否达到要求这一过程。因此,5.6.1 就确定了这份记录在 ISO 15189-2003 中的所在位置,这份记录不会产生在其他任何要素的条款中,其他要素的条款也不会产生这份负责室内质量控制的记录。ISO 15189-2003 中各要素和条款的记录,也同样都会有各自的位置和各自的职责。因此,用 ISO 15189-2003 的要素条款号作为记录的编码,不但赋予了记录的特定唯一编码,而且直接指示了记录与要素条款的关系,科学而又清晰。

实验室质量管理体系文件,一般可分为三个层次。第一个层次文件"质量手册"是实验室为贯彻实施管理规范或 ISO 15189-2003 要求而编制的纲领性文件,又叫"A"层次。第二层次文件,是实验室为实施管理规范或 ISO 15189-2003 各要素条款要求的活动或过程所规定的途径,是质量手册的支持性文件即程序文件,又称为"B"层次。第三层次文件又叫"C"层次,其包括标准操作程序或作业文件(CZ)、记录(C)、相关准则(CZH)和各种报告(CB)在内的质量文件。因此,可用 C 来既代表第三层次文件又代表记录。用以区分不同体系文件之间的标识。《室内质量控制记录》即可用"5.6.1C"来编码。

如果同一要素条款中,可产生多个记录,则可在 C 后面加-1、-2、-3⋯⋯来编码。

(三)记录的编号

对于同一编码的记录,如 5.6.1C《室内质量控制记录》,实验室每次实验都有,这样实验室可能就有许多份《室内质量控制记录》,包括《室内质控图》。实验室要想很快追溯到某一份《室内质量控制记录》及《室内质控图》,则需对这些《室内质量控制记录》及《室内质控图》进行区分,为追溯和区分的方便,可给每一份《室内质量控制记录》及《室内质控图》一个唯一性"编号",该唯一性编号可含有记录发生的年月日的信息,如 2007 年 7 月 19 日发生的一份《室内质量控制记录》,其编号可为"07-07-19"。如一天内进行了两次实验,产生了两份《室内质量控制记录》,则可在上述日期编号后面加一个数字尾,如 07-07-19① 和 07-07-19② 进一步区分。这样对记录进行编号并归档后,就很容易查阅和检索。

三、记录的填写

为保证实验室记录的准确无误,以及清晰可辨,正确地填写记录是最为关键的一环。对于记录的填写,通常有下述基本要求。

(一)用笔的要求

除了电子记录外,实验室中的相当大部分的记录都是用笔记下来的。为保证一定时期内实验的可追溯性,记录通常有一定的保存期限要求,有的甚至要长期保存。这就要求实验记录在相当长的时期内,记录中所记的内容,能够如最初记录时一样,清晰可辨。因此对记录用笔就有一定的要求。实验记录用笔可以使用能够确保记录永不褪色的钢笔和签字笔,不可使用铅笔和圆珠笔。使用铅笔,不但字迹容易因年久及被摩擦而变得模糊不清,而且易被修改而不留痕迹。使用圆珠笔,其笔油会因为年久而发生浸渗,也会使字迹变得不易辨认。记录用笔一定要考虑其字迹的持久性和可靠性。

(二)原始性

记录的原始性是指记录的即时性和纪实性,也就是记录一定要是现场即时进行的,当次或当天的实验记录当次或当天记,当时的活动当时记,必须及时和真实,不允许弄虚作假,也不能漏记。记录的原始性程度反映了实验室实施质量管理的力度和深度,是实验室对患者负责、对所在医疗机构负责和对相关法律法规负责的具体体现。保持记录的原始性,不可以重新抄写和复印,更不能在过程进行完后加以修饰。

(三)清晰正确

如前所述,记录是阐明其质量管理体系所取得的结果或提供质量管理体系所完成活动的证据性文件。既然是证据,首先就要做到实事求是,应是整个质量体系运行过程的真实反映,并且必须做到准确和清晰,避免字迹潦草,模糊不清,语言和用字也必须规范。

(四)笔误的处理

实验室技术人员在填写记录时,难免会出现笔误,写错文字和数据。当出现此类笔误时,不应将笔误处进行乱涂乱抹,或用修正液和修正带修改。正确的方法是,在出现笔误的文字或数据上,用所使用的原笔墨画一横线,再在笔误处的上行间或下行间填上正确的文字和数据。对记录的所有改动应有改动人的签名或签名缩写。

(五)空白栏目的填写

在有些记录表格上,有时会有"备注"栏目,这些栏目有时会无内容可填,这在实际工作可能会经常遇到,而这些空白栏目又必须进行填写,填写方法是,在空白栏目适中的位置画一横线,表示记录者已注意到这一栏目,只是无内容可填,就以一横线代之。

(六)核心内容的填写

每一份记录,都是为《临床基因扩增检验

实验室工作规范》和《医学实验室-质量和管理要求》(ISO 15189-2003)的特定要素和条款而准备的,体现了这些要素和条款的一项或多项要求。体现上述要求的栏目和运行记录的内容,即为记录的核心内容。在记录时,要确保这些核心内容得到切实和准确的实施,并记下实施的过程和结果,使实验室从质量管理体系的持续有效的运行中获益,并能持续改进。

(七)签名

实验记录中的签名是职责、权限和相互关系的体现,是一份完整实验记录中不可缺少的组成部分。签名通常有对工作运行过程的签名,有认可、审核和批准等的签名。所有表现在记录中的签名均应签全名,不能出现有姓无名的现象,而这种现象在许多实验室的实际运行中经常存在。记录有姓无名,会大大削弱记录的真实性和可追溯性。此外,在记录上的签名要避免龙飞凤舞,尽可能做到清晰可辨。

(八)页码

有时候一份记录内容较多,需要多页才能完成。凡是多页的记录,均要求填写页码。页码的写法有以下三种。

1. 第×页共×页法　如一记录共三页,则从第一至第三页可记为第一页:第 1 页共 3 页;第二页:第 2 页共 3 页;第三页:第 3 页共 3 页。

2. 分数线法　分数线可横划,也可斜线,多用斜线。如上述三页记录,采用分数线法可记为第一页:1/3;第二页:2/3;第三页:3/3。

3. ×-×法　如上述三页记录,采用×-×法可记为第一页:3-1;第二页:3-2;第三页:3-3。

记录的页码,应在每一页的右下角,以符合常规。为多页记录添加页码,既能完整地保存记录,又能发现记录可能出现的缺页情况。

四、记录的封面和目录

单页的记录既不需要封面,也不需要目录。而当记录为多页时,或是将单页的记录归类装订时,则就会涉及记录的封面和目录问题。

(一)封面

多页的记录经整理后可以合订成册,这不但便于保存,也便于检索。如实验室内的各类台账或清单、内部审核的记录及开出的不符合项报告、纠正措施和预防措施运行记录、不符合项的控制、实验室流程记录等,这些记录均可依一段时间进行装订成册,加做一个封面。因记录也属于质量体系文件的一种,均需要按要求进行文件控制,因此,装订成册的记录的封面,应标出实验室名称、记录的名称、记录的编码、包括编号范围、记录的部门及成册的日期等。

需要注意的是,在装订记录时,应按各要素条款的逻辑顺序进行。如装订内审所用检查表和现场审核结果的记录时,就应按照要素条款号从小到大,由前向后地依次排序进行装订。对内容单一的记录,如合同评审记录,即可依其编号由前到后依时序进行装订。这种按顺序进行装订的方法,方便了记录目录的编制。

(二)目录

装订成册的记录,必要时,可在封面后加一目录,目录中标出序号、内容和记录编号、页码等。编制目录的目的是便于归档和检索。如想找某一特定时间发生的记录,只要在目录上的编号栏内加以检索,即很容易查到。

五、记录的良好保存

记录具有证据和可追溯性功能,为使其能达到确定的保存期限,必须对记录有一个良好的保存。这就要求必须将记录保存在合适的环境和适宜的地点,并保存在可以防止损坏、变质、丢失的设施中,防止记录被鼠咬、虫蛀、霉烂及丢失等。记录存放处应有有效的消防器材,有条件的还可设置消防报警装置。此外,对记录保存状况,还应定期检查,以防万一发生的损坏。

六、记录的保存期限

记录具有证据和可追溯性功能的特性使得其必须有一定的保存期限,不然可追溯性就变成了无木之本和无源之水了。但一个实验室的记录有多种,不同的记录可确定不同的保存期限,一般的记录如仪器设备的操作、冰箱温度、实验室清洁等,依据需要可保存 2～3 年,有的还可以更短些。而有些记录,如患者信息、检验过程和结果的记录,就必须保存较长时间。

七、过期记录的处理

记录超过了保存期限,则应作为作废文件来处理。已过保存期的记录,在作废前,应由有关记录保存的责任者列出需作废的记录的清单,然后由实验室负责人审定后,才可以废弃。已过保存期的记录,并非是完全没有价值,因为有可能在当初制定记录的保存期限时,预见不准,或是限于当时的想法,不够准确和实际。因此,如果实验室负责人在审核需作废的实验记录时,觉得有些记录仍有继续保存的必要,则可能继续保留,并可将这些记录的保存期限进行修改,以适应实际需要。记录的处置,不能以简单地卖废品的方式进行,而是应该以机碎、打纸浆或焚烧的方式销毁,并有两人以上的人员在场,按列出的销毁清单,仔细对照逐份进行,并在过期作废文件销毁记录上分别签名,同时记下销毁的时间。

八、记录表格样式的持续改进

记录的表格样式定下来后,并不是一成不变的,需实验室技术人员在实际工作中,不断总结经验,进行完善,使记录表格尽可能地符合实际工作的需要,以及能够充分地反映各种应予记录的信息。有一个原则是,记录表格必须是简明而又有效的,简明并不意味着简单,其内在含义是记录不能过于复杂,只要能充分反映工作信息即可,对于每项都是重复的工作程序,可以采取预先打印好,只是在前面留"□"在内打"√"即表示已做的方式进行。但需要注意的是,实验室技术人员不能随意改动记录表格的格式,如需改动,应由实验室负责人召集所有有关人员讨论后决定,然后才能改动,并按新的表格进行记录。记录虽也属于控制的文件,但通常不需要控制版本。

九、电子记录的管理

电子记录在临床 PCR 实验室是记录的一个重要组成部分,实时荧光 PCR 仪均可能会有电子记录。临床 PCR 实验室的电子记录通常有标本信息、检测结果、质控结果和质控图等。电子记录具有真实反映当时检测情况、清晰明了的优点,但也有一个致命的缺陷,容易因为计算机的崩溃或染毒而发生全部丢失的风险。为避免这种现象,严格的计算机管理,有程序保护,安装杀毒软件和防火墙是一个方面,更重要的措施是定期将重要的电子记录进行光盘或移动存储设备的备份。电子记录的备份也可参照前面的书面记录的方式进行分类、编号归档,并在适当的条件下,由专人保存,并有保存期限。

综上所述,在临床 PCR 实验室中,记录通常包括检验的原始申请单、标本的采集接收和贮存记录、检验过程的记录、仪器维护校准和使用记录、试剂消耗品采购质检记录、人员培训记录、检验结果记录、质控记录、人员培训记录和投诉记录等,其中检验结果的原始数据有可能是电子记录。实验室应有一个程序文件规定这些记录由谁来保存、归档的方法、保存在什么地方(如某处的上锁的柜子)、保存多长时间,而电子记录还应规定进入密码、定期备份及如何备份等。

第四节 实验室验收与实验室认可

临床 PCR 实验室在质量管理体系的建立上,遵循了一般的实验室质量管理基本原则,与所有实验室质量管理体系都不矛盾,只要是有利于实验室规范化管理的规则,全部适用于临床 PCR 实验室。但十多年来,临床实验室 ISO 15189 认可已成为许多国内医疗机构临床实验室正在追求的一个目标,此处,对实验室 ISO 15189 认可与临床 PCR 实验室验收之间的关系作一阐述。

一、实验室认可的由来及目的

实验室认可因国际贸易而生,当一个国家或地区的商品需要进入另一个国家或地区时,需有相应的质量检验证明,但不同的实验室常缺乏一致的标准和手段,使得检验结果不一致,引起贸易摩擦。20 世纪 40 年代末,为能给二次世界大战盟军提供军火,澳大利亚建立了世界上第一个国家实验室认可体系,以澳大利亚国家检测机构协会(NATA)作为其认可机构,以保证不同的实验室具有相同的检测标准和手段。到 60 年代,英国率先在欧洲建立了国家实验室认可机构,其后,美国、新西兰和法国等在 70 年代,东南亚各国在 80 年代相继建立了实验室认可机构。到 90 年代,我国及一些发展中国家也加入了实验室认可行列。世界各国为了资源共享,检验结果互认,形成了以亚太实验室认可合作组织(APLAC)、欧洲实验室认可合作组织(EA)、美洲认可合作组织(IAAC)和南部非洲认可发展区(SADCA)等区域组织组成的国际实验室认可体系-国际实验室认可合作组织（ILAC）。CNAL 为 ILAC 和 APLAC 的正式成员，已与国际上 30 来个经济体的 40 多个认可机构签订互认协议。临床医学实验室认可的发展历程，与上述整个实验室认可基本上差不多。因此，从实验室认可的最初目的来看，是为了保证不同实验室检测结果一致性，并通过协议使不同国家或地区的实验室检测结果能够互认，避免重复检测，降低成本，简化程序，极大地促进了国际贸易的有序发展。发展到今天，实验室认可又具有了一定程度的能力证明作用，因为依据相关标准的质量体系的建立和实施，从程序上，保证了检测结果能满足准确和及时的质量要求。

依据 ISO 标准进行认可，一般都属于自愿的。还有一种就是以法律为依据的强制性认可，如美国政府以法律形式颁布的于 1992 年正式实施的《临床实验室改进法案修正案》（Clinical Laboratory Improvement Amendment 88，CLIA88），其对临床实验室进行了分级，提出了相应要求。美国 CAP（College of American Pathologists，CAP）依据 CLIA88，参照美国国家临床实验室标准化委员会（National Committee of Clinical Laboratory Standardisation，NCCLS）制定的标准和指南，自行制定了认可标准。美国的临床实验室要想获得执业许可，其必须通过依据 CLIA 的美国有资质的认可机构的实验室认可，CAP 是大家最为熟知的。

二、实验室认可与认证的区别

实验室认可就是权威机构对实验室有能力进行规定类型的检测和（或）校准所给予的一种正式承认。实验室认证则是第三方依据程序对产品、过程或服务符合规定的要求给予书面保证（合格证书）。两者的主要区别是：①对象不同。前者是各类检测和（或）校准实验室，而后者是产品、过程和服务。②依

据不同。认可依据的是 ISO/IEC 17025 和 ISO 15189 等，而认证依据的是 ISO 9000 族等。③实施的部门不同。认可由权威机构进行，而认证由第三方进行。④认可是正式承认，认证是书面保证。⑤认可是证明具备能力。认证是证明符合性。

三、实验室验收与实验室认可的关系

（一）所用标准的差异

国内的实验认可的执行机构是中国实验室国家认可委员会（CNAL），较早的依据是 ISO/IEC 导则 25：1990（校准和检测实验室的通用要求）。由于 ISO 9000 系列标准的较大修改，后来对 ISO/IEC 导则 25 相应进行了修改，形成了 ISO/IEC17025，导则变为了完全与 ISO 9000：1994 标准兼容的正式国际标准。ISO/IEC 17025 针对的是一般意义上的校准和检测实验室，而非临床医学实验室，因此，临床实验室采用该标准进行认可，在方法、溯源性和检测不确定度上均存在不少问题。2003 年有关《医学实验室-质量和管理要求》（ISO 15189-2003）发布，作为医学实验室质量管理的专用标准，后由 CNAL 将其直接转换为我国的国家标准，并作为国内对医学领域实验室的认可准则。

与实验室认可不同，临床 PCR 实验室验收的标准最初是 2002 年卫生部下发的《临床基因扩增检验实验室管理暂行办法》（卫医发［2002］10 号）和随后卫生临床检验中心发出的配套文件《临床基因扩增检验实验室工作规范》（卫检字［2002］8 号）。现在是 2010 年卫生部下发的《医疗机构临床基因扩增检验实验室管理办法》（卫办医政发［2010］194 号）及其附件《临床基因扩增检验实验室工作导则》。

（二）强制性和自愿的差异

基于《医学实验室-质量和管理要求》（ISO 15189-2003）和 ISO/IEC 导则 25：1990（校准和检测实验室的通用要求）的实验室认

可是建立在自愿的基础上的。也就是说，一个医学实验室如果不是为了某个特定的目的，如向委托方证明自己的检测能力、满足检测委托方的要求等，则实验室为了保证日常检验质量，可按认可中要求的去建立质量管理体系并实施，但不必去认可。而《医疗机构临床基因扩增检验实验室管理办法》（卫办医政发[2010]194 号）中的规定，则是要求临床 PCR 实验室必须要做到，带有强制性。两者的目的有着根本的区别。需要说明的是，实验室认可与《医疗机构临床基因扩增检验实验室管理办法》（卫办医政发[2010]194 号）之间并无矛盾，只是前者更多地强调文件化的管理，较之后者在质量体系要求上更为具体。后者则有许多则体现在政策层面上，更原则一些，有些内容如实验室准入、实验室设置和仪器设备配备、质控的要求等在实验室认可中不涉及或不做强调。

（李金明）

参 考 文 献

[1] 申子瑜，李金明.临床基因扩增检验技术.北京：人民卫生出版社，2002：52-63

[2] E1873-97 Standard guide for detection of nucleic acid sequences by the polymerase chain reaction technique.NCCLs，1997

[3] Neumaier M，Braun A，Wagener C，et al. Fundamentals of quality assessment of molecular amplification methods in clinical diagnostics. Clin Chem，1998，44：12-26

[4] 《临床基因扩增检验实验室管理暂行办法》（卫医发[2002]10 号）

[5] 《临床基因扩增检验实验室工作规范》（卫检字[2002]8 号）

[6] 《医学实验室-质量和管理要求》（ISO 15189-2003）

[7] 中华人民共和国医政司（叶应妩，王毓三，申子瑜）.全国临床检验操作规程.3 版.南京：东南大学出版社，2006：927-931

[8] 金华彰，马彦冰.2000 版标准质量管理体系的建立与文件编制.北京：中国计量出版社，2002：177-202

[9] 郝凤，王毓芳.质量管理体系文件编写与运行参考.北京：中国计量出版社，2002：228-251

[10] 李金明，申子瑜.正确认识临床实验室认可与提高检验质量之间的关系.中华检验医学杂志，2007，30(2)：136-139

[11] 《医疗机构临床基因扩增检验实验室管理办法》（卫办医政发[2010]194 号）及其附件《临床基因扩增检验实验室工作导则》

第4章 临床 PCR 检验标本的采集、运送、保存及核酸提取

在临床 PCR 检验中,临床标本的采集、运送和保存对检验结果往往有决定性的影响,因此,为保证得到高质量的检验结果,必须有一个规范的临床标本采集、运送和保存的程序。常用的临床标本通常有血清(浆)、全血、分泌物、痰、组织、尿液、脑脊液及其他体液等,这些标本中常含有蛋白质、脂类和核酸酶等干扰核酸扩增的物质,因而核酸提取是进行核酸扩增前不可少的一个步骤。核酸分离纯化技术起源于 20 世纪 50 年代,在 20 世纪 70 年代和 80 年代中传统的核酸沉淀溶解分离纯化方法得到了普遍的应用和推广,但由于传统的核酸提取方法常涉及去垢剂裂解、蛋白酶处理、有机溶剂提取及乙醇沉淀等步骤,不但烦琐,而且增加了环境因素对标本及标本间相互污染的机会,不但在 RNA 检测时,易出现假阴性,而且当使用极为敏感的聚合酶链反应(polymerase chain reaction, PCR)检测时,易得到假阳性结果。同时,由于这些方法要用到一些挥发性的有机溶剂,故对实验操作人员的身体健康有一定的影响。因此,简单而又高效且无须使用酚和氯仿的核酸提取方法对敏感的 PCR 技术的广泛应用有重要意义。此外,由于标本的处理及保存对 DNA 和 RNA(尤其是 RNA)的影响较大,在核酸测定时,标本的处理及适当保存,对保证测定的准确有效尤为重要。临床 PCR 检验中常涉及的标本如血清(浆)、全血、外周血单个核细胞、分泌物、拭子、脓、体液、石蜡切片、新鲜组织等,这些临床样本的处理和保存方法各有不同。

第一节 标本采集、运送、保存

一、标本采集

临床 PCR 实验室对各种临床标本的收集应按检测要求建立标准操作程序(SOP),并对临床标本采集人员进行培训。标本采集要注意的重点是,所采集的临床标本一定要正确和采集的时间合适,并注意采用正确的标本容器,采集的方法程序对有些临床标本非常重要,如用于性病病原体检测的分泌物标本等。

(一)标本采集的时间对扩增检测结果的影响

在疾病发展过程中,标本采集过早或过晚都可能会给出假阴性结果。当病原体感染机体后,特定的临床标本中,病原体含量能达到 PCR 检出水平的点,并不能覆盖整个感染过程,可能只是在感染或疾病发生发展过程中的某一个时间段。如严重急性呼吸综合征(SARS)冠状病毒(SARS-CoV)感染,其在感染发病后 3~4d,即可以较高浓度出现于下或上呼吸道标本中,在第 10~13 天,在尿液和粪便中出现的浓度最高,而在血液中,则不但存在时间短,而且浓度低。又如乙型肝炎病毒(HBV)、丙型肝炎病毒(HCV)和人免疫缺陷病毒(HIV)感染等,机体感染后,在特异抗原和抗体出现以前,血循环中即可有较高浓度的病原体存在,而当抗体出现后,病原体的浓度在不同的患者不同的感染阶段有可能

是不一样的,有的可能会低于特定 PCR 或 RT-PCR 方法的测定下限,致使在特异抗体存在的情况下,病毒核酸检测却为阴性的现象。

(二)标本采集部位的准备

通常,在采集标本之前,需对标本采集部位进行清洁消毒,以去掉污染的微生物或其他杂物,但应适度,过度清洁消毒有可能会去掉或破坏靶微生物。这一点,在临床静脉血液标本的采集上,一般问题不大,不会出现对结果影响很大的情况。但在泌尿生殖道分泌物标本的采集上,如采集不当,对结果可能就影响很大。因此,标本采集部位的准备应由训练有素的人员进行。在临床上,经常有同道提出,泌尿生殖道分泌物标本中沙眼衣原体检出阳性率低,在这里面,可能就有相当一部分是由于标本采集的不规范所造成的。正确的泌尿生殖道标本采集方法是,应将拭子深入至尿道口 2~3 cm 处用力转一至两圈。又如,人乳头瘤病毒(human papillomavirus, HPV)检测采样时,应将宫颈刷插入宫颈口 1 ~1.5cm,直至最外侧刷毛触到外宫颈,逆时针方向旋转 3 周。因为这些病毒存在于相应的上皮细胞,必须采到相应上皮细胞,才有可能获得足够量的病原体用于检测。

(三)标本的类型和采集量

在病原体的检测中,培养始终是"金标准"。这也决定了我们应该选择什么样的标本用于特定病原体的 PCR 检测。如血液用于 HBV、HCV 和 HIV 的检测,痰液用于肺结核的结核分枝杆菌的检测,泌尿生殖道拉网拭子用于衣原体的检测等。对于 PCR 扩增检测来说,在一个扩增反应管内只要有一分子病原体核酸,在理想反应条件下就可以检测出来。但为尽可能检出存在的病原体,就要尽量采集可能含病原体的标本。但 PCR 总反应体积是限定的,通常为 $50\mu l$,其中经核酸提取后标本的加入量,通常小于 $10\mu l$,因此,如果取 $100\mu l$ 血清用于酚-氯仿经

典方法核酸提取,核酸经沉淀后如用 $100\mu l$ 水溶解,取 $10\mu l$ 用于扩增,则按 $10\mu l$ 含 1 分子病毒核酸计算,假定核酸提取效率 100%,则可检测的最低限是 100 拷贝分子/毫升。而将标本量提高至 $1000\mu l$,其他不变,则可检测的最低可达 10 拷贝分子/毫升。但因为临床实验室设备和操作可允许性,以及成本效益的考虑,标本量只能是选择一个合适的点。此外,标本量大也会使得外源非相关 DNA 增多,有可能会影响测定的敏感性。

对于病原体含量低的标本,标本量的大小对测定非常重要,如采用核酸扩增检测技术进行血液筛查,特异抗原或抗体阴性的血液往往病原体含量低,因此,就有必要加大标本的用量。如果一个 PCR 方法可以测定出反应体系内仅含有的一分子靶核酸,则不能检出的概率可从液体标本中靶核酸的 Poisson 分布公式来计算

$$P_N = C^N/N! \ e^c \qquad (4-1)$$

其中 C 为液体标本中靶核酸分子的平均数量,N 是标本中实际取得的数量,P_N 则是取得 N 拷贝分子数量的概率。

例如某血液标本中平均靶核酸分子的含量为 10^3 拷贝/毫升,如取 $100\mu l$ 标本用于提取,则实际取得的数量为 100,于是取得 100 个分子的概率为

$$P_N = \ 1000^{100}/100! \ e^{1000}$$

由于不同临床实验室所用的试剂盒在核酸提取、上样量和扩增条件上均可能不同,测定下限也有差异,因此,使用不同试剂盒进行定性测定有可能结果不一样。对于定量测定来说,对标本的收集和运输要求更为严格。

(四)采样质量的评价

可通过下述几个方面评价标本的采集质量。血清(浆)标本可观察标本是否溶血、脂血及其程度,并明确这种情况是否会对相应的检测造成影响。对分泌物标本,则可从细胞组成,所需类型细胞的数量和核酸总量等

方面进行评价。评价方法包括肉眼观察、显微镜下观察和化学分析等。例如，泌尿生殖道分泌物标本用于沙眼衣原体的扩增检测，则可以镜下观察是否有上皮细胞存在，因该病原体生存在上皮细胞内，如果镜下一个上皮细胞也没有或极少，则标本采集肯定是不合格，应重新采集。同样，痰标本如果白细胞数量极少，则并没有采到真正的痰。肿瘤基因突变组织样本，可切片染色后镜下观察是否有足够的肿瘤细胞，否则，应有相应的富集措施。

（五）采样及运输容器

标本的采集材料如棉签、拭子等均应为一次性使用，运输容器应为密闭的一次性无菌装置，采样所用的防腐剂、抗凝剂及相关试剂材料不应对核酸扩增及检测过程造成干扰。如全血、骨髓和血浆样本，首先要抗凝，抗凝剂的选择很重要。一般应使用 EDTA 和枸橼酸盐作为抗凝剂，肝素因其对 PCR 扩增有很强的抑制作用，且在后面的核酸提取中很难去除，故应尽量避免使用。此外，标本运输中的保存液对其有稀释作用，因此应考虑稀释对测定的影响。现已有厂商专门有用于 PCR 检测标本采集的无核酸酶容器供应。

（六）标本采集中的防污染

标本采集最好采用一次性无菌及无核酸酶的材料，不用处理便可直接使用，采集中要特别注意污染，防止混入操作者的头发、表皮细胞、痰液等。如使用玻璃器皿，必须经 0.1% DEPC 水处理后高压，以使可能存在的 RNase 失活。

总而言之，标本的收集及适当的预处理，对用于 PCR 测定的核酸模板的成功提取，具有决定性作用。

二、标本运送

标本一经采集，则应尽可能快地送至检测实验室。对于靶核酸为 DNA 的标本，如是在无菌条件下采集，则可以在室温下运送，

建议采集后，在 8h 之内送至实验室。如为 RNA，短时间内的运送如 10min 左右，则可室温下运送，如为较长时间，则应在加冰条件下运送。如标本中加入了适当的稳定剂如 GITC 的血清（浆）标本，则可在室温下运送或邮寄。靶核酸为 RNA 的标本，采集后建议在 4h 内送至实验室。所有临床标本在采集后送至实验室之前，均应暂放在 2～8℃ 临时保存。

具体的临床 PCR 实验室，应根据待测靶核酸的特性，对各种临床标本的运送条件做出相应的规定。

此外，标本的运送还应充分考虑生物安全问题，应符合相应的生物安全要求。

三、标本保存

由于靶核酸（尤其是 RNA）易受核酸酶的作用而迅速降解，因此标本的保存对于核酸扩增测定的有效性极为重要。检测靶核酸为 DNA 的标本，可在 2～8℃ 下保存 3d。而检测靶核酸为 RNA 的标本，一旦采集送到实验室后，则应 −20℃ 以下冻存。

为使临床标本中可能存在的核酸酶失活，可加入离散剂，最常用的是 4mol/L 异硫氰酸胍盐（Guanidinium isothiocyanate，GITC），并同时与还原剂如 β-巯基乙醇或二巯基乙醇一起使用。使用终浓度为 5mol/L 的 GITC，可使核糖核酸酶不可逆地失活，如浓度 <4mol/L 则失去对核糖核酸酶的抑制作用，而使 RNA 迅速降解。使用 GITC 作为稳定剂保存靶核酸为 RNA 的标本，标本可在室温下稳定约 7d。此外，如测定的靶核酸为血循环中的 RNA，为避免室温放置过久而致 RNA 的降解，最好不要使用血清标本，而应使用 EDTA 抗凝后尽快分离后的血浆标本。

临床体液标本长期（超过 2 周）保存应在 −70℃ 下。

如为提取核酸后用于 DNA 扩增分析的样本，可于 10mmol/L Tris，1mmol/L ED-

TA（pH 7.5～8.0）缓冲液中 4℃下保存。

用于 RNA 扩增分析的样本，则应于上述缓冲液中−80℃或液氮下保存。

核酸的乙醇沉淀物则可于−20℃下保存。

临床标本置于经过处理的滤纸片上，如靶核酸为 DNA，可室温保存数月至数年，如靶核酸为 RNA，则可稳定数周。研究表明，保存在滤纸上的标本，保存时间长，还可因为标本中的 PCR 抑制物如血红蛋白、酶、免疫球蛋白等吸附于滤纸上，而不对后面的扩增检测造成影响。标本加于滤纸片上，对于标本的室温运送非常方便，适用于特定病原体的分子流行病学研究，并且不管是全血、血清（浆），还是尿液、粪便、分泌物等均可使用此种方法。

第二节　常见临床标本的处理和保存

一、血清（浆）样本

在某些病原体如乙型肝炎病毒（hepatitis B virus，HBV），丙型肝炎病毒（hepatitis C virus，HCV）和人免疫缺陷病毒（human immunodeficience virus，HIV）等的 PCR 临床测定中，标本的获取和保存，对于 DNA 测定，可能按照一般的血清标本处理程序，对测定影响不大，但对于 RNA 测定，标本的获取和保存方式对测定结果，可能有决定性影响。有研究表明，用于 RNA 测定，最好是使用 EDTA 抗凝（严禁使用肝素，因其对 PCR 扩增有抑制，且很难在核酸提取过程中完全去除）全血标本，抗凝后 6h 内分离血浆，如使用血清标本，则需尽快（2h 内）分离血清，标本的短期（1～2 周）保存可在−20℃下，较长期保存应在−70℃下。

二、全血样本

以全血作为待测标本时，必须注意抗凝剂的选择，一般使用 EDTA-K$_3$ 或枸橼酸钠，不可使用肝素。全血样本如用于 DNA 提取检测，可 4℃下短期保存，如用于 RNA 检测，则应在取血后，尽快提取 RNA。

三、外周血单个核细胞

外周血单个核细胞可从抗凝全血制备，主要有两条途径，一是使用淋巴细胞分离液分离制备；二是使用红细胞裂解液，裂解全血中的红细胞，经生理盐水数次洗涤，即可得到单个核细胞。外周血单个核细胞如暂不提取核酸，可保存于−70℃下。

四、痰

痰属于分泌物，临床上常用作为结核分枝杆菌 DNA 测定标本。由于痰标本中含有大量黏蛋白和杂质，故在核酸提取时，需对样本进行初步处理，即用 NaOH 或变性剂液化。液化标本如不立即用于核酸提取，可保存于−70℃下。此外，如用于非结核杆菌如肺炎支原体的 PCR 检测，痰标本只能室温悬浮于生理盐水中，充分振荡混匀，促使大块黏状物下沉，取上清离心，所得到的沉淀物即可用于核酸提取。

痰标本处理的基本模式根据文献报道可分为通用模式和简单模式。

（一）用于 PCR 检测的痰标本处理通用模式

1. 试剂

（1）通用标本处理（universal sample processing，USP）溶液：由 4～6mol/L 盐酸胍（GuHCl），50mmol/L Tris-HCl，pH 7.5，25mmol/L EDTA，0.5％十二烷基肌氨酸钠和 0.1～0.2mol/L β-巯基乙醇。

（2）0.05％Tween 80。

（3）10％ Chelex-100（含 0.03％ Triton X-100 和 0.3％ Tween 20）。

2. 操作步骤

一定体积的痰

↓

加 1.5～2.0 倍体积的 USP 溶液

　↓ 旋涡振荡 30～40s 或手摇 1～2min

加入 10～15ml 无菌蒸馏水，室温 5～10min

　↓ 血性、脓性和黏稠的痰多放置 10min

5000～6000×g 室温离心 10～15min

　↓ 小心弃掉上清，如果沉淀体积减少不明显(至 5%～10% 原痰标本体积)，则
　↓ 加入 2～5ml USP 溶液再洗涤 1 次，然后再加入 10ml 三蒸水洗涤

加入 500μl 无菌 0.05% Tween 80 溶解或重悬沉淀

　↓ 取 225μl 至 1.5ml 离心管中

20 000×g 室温离心 10～15min

　↓ 小心弃掉上清

加入 5～6 倍体积 10% Chelex-100(含 0.03% Triton X-100 和 0.3% Tween 20)

↓

混匀，90℃温育 40min

↓

20 000×g 室温离心 5min

↓

取一定量上清如 5μl 用于 PCR 扩增检测

如果 USP 处理后，沉淀明显减小或极少，或起始杆菌含量高，则直接或加入 0.1% Triton X-100 置 90℃温育 40min 后，直接用于 PCR 测定。

(二)用于 PCR 检测的痰标本处理简单模式

1. 试剂　裂解液：含终浓度 0.1mol/L NaOH、50μg 蛋白酶 K 和 0.05% Triton。

2. 操作步骤

50μl 痰

↓

离心 6000×g，10min

　↓ 弃掉上清

加入上述裂解液 50μl，60℃温育 30min

↓

90℃温育 10min

↓

加入 Tris-HCl (pH 7.5)中和上述反应混合物

↓

取一定量如 5μl 用于 PCR 扩增检测

要注意的是，痰标本在没有加入内标以控制假阴性的情况下，不能采用异硫氰酸胍盐(GITC)方法提取，有研究表明，采用这种方法提取，有可能会在提取过程中，出现一种可修饰 DNA 的酶，在最后一步提取中，与核酸一起洗提出来，从而抑制其后的扩增。在 PCR 主反应混合液中，加入 α-酪蛋白(alpha-casein)、白蛋白等，可能有防止此类抑制物产生的效果。

五、棉 拭 子

在使用 PCR 方法检测性病病原体时，临床标本一般为棉拭子，可将棉拭子置于适量生理盐水中，充分震荡洗涤后，室温静置 5～10min，待大块状物下沉后，取上清立即离心，其后的沉淀即可用于 DNA 提取。如不立即用于核酸提取，则需保存于-70℃下。

六、脓 液

脓液的处理依情况而定，如用于分枝杆菌

(如结核杆菌)核酸测定的标本,黏稠的脓液可采用痰标本的处理模式,先进行液化,再离心取沉淀提取 DNA;水样的脓液则直接离心,沉淀用生理盐水洗 2 或 3 次后,即可用于 DNA 提取。对于用于非分枝杆菌测定的脓液标本,如过于黏稠,则加入适量生理盐水,充分振荡后,静置,取上清立即离心,沉淀用于 DNA 提取;如为水样,则按上述直接离心取沉淀即可。沉淀标本的保存条件同样为−70℃。

七、体 液

临床体液标本包括胸腔积液、腹水、脑脊液、尿液等,可按水样标本的方式离心取沉淀后,提取核酸。沉淀样本的保存同上。

八、乳 汁

乳汁有时也可作为标本,如乳汁中 HBV DNA、HCV RNA、结核分枝杆菌和布鲁菌等的 PCR 检测。下面举例说明乳汁中病原体核酸的提取方法。

(一)从乳液中提取布鲁菌 DNA

1. 试剂准备　①NET 缓冲液:50mmol/L;NaCl,125mmol/L EDTA,50mmol/L Tris-HCl(pH 7.6);②24%十二烷基硫酸钠(SDS);③蛋白酶 K;④核糖核酸酶。

2. 操作步骤

500μl 的乳液样本与 100 μl NET 缓冲液和 24%的 SDS(终浓度为 3.4%)混合

↓

80℃温育 10min

↓冰浴

加入核糖核酸酶(终浓度为 75μg/ml),50℃ 2h

↓

加入蛋白酶 K(终浓度为 325μg/ml),50℃ 2h

↓

20 000×g 室温离心,将水相转移到另一离心管中

↓

加入等体积的异丙醇,混匀,室温 20 000×g 离心

↓

用 70%乙醇洗涤沉淀

↓

真空干燥沉淀

↓

加入 25 μl 高压灭菌蒸馏水溶解沉淀,−20℃冻存备用

3. 方法评价　①在核酸提取中,比较 SDS 和 Zw 3-14 这两种去垢剂,发现只有用含 SDS 的 TE 缓冲液作为变性剂进行 DNA 提取时,才能得到阳性结果。②第一步温育采用 80℃进行时,可得到重复性较好的曲线。③样本预处理时,如选择 NaOH 作为变性试剂时,会导致扩增强度减弱。④蛋白酶 K 的浓度对实验结果影响不大,但如果酶量不足时,会导致扩增结果减弱。⑤若要得到较好的扩增曲线,第二步温育时间不应少于 1.5h。就温度而言,37℃与 50℃没有明显的差别。⑥若在进行蛋白酶 K 温育前,先加入核糖核酸酶 50℃温育 2h,会使扩增曲线的强度和重复性大大提高。⑦有学者试着用商品核酸提取试剂取代标准经典核酸提取法(酚-氯仿抽提法),导致扩增强度或重复性降低。

⑧有些研究者用含 1% SDS 和 2% Triton X-100 的裂解液，以及蛋白酶 K、酚-氯仿抽提试剂从牛奶脂层中提取布鲁菌 DNA，但有的研究者认为这种方法效率太低。

(二)从乳液中提取分枝杆菌 DNA

1. 试剂准备　①裂解液：50mmol/L Tris-HCl，10mmol/L EDTA，2% Triton X-100，4mol/L 异硫氰酸胍盐（GITC），0.3mol/L 醋酸钠。②玻璃珠：直径为 425～600μm。

2. 操作步骤

将奶汁标本离心（6000r/min，5min）

↓ 去除液体部分

将脂质和沉淀用 750μl 裂解液重悬

↓

将重悬液转移到含有 100 mg 玻璃珠的螺口离心管中进行搅拌

↓ 煮沸 5min

离心（14 000r/min，3min）

↓

将 650μl 上清转移到另一离心管中，用等体积异丙醇沉淀

↓

70%乙醇洗涤沉淀

↓

真空干燥沉淀

↓

用 50 μl Tris-EDTA 溶解沉淀即可用于 PCR 扩增

3. 方法评价　上述基本的裂解方法，扩增检测结核分枝杆菌时，可以得到比较强的扩增信号，但是如果增加其他步骤，例如：使用蛋白酶 K、溶解酵素、氯仿-甲醇、叠氮钠和分层液等都会降低提取效率。最好的提取方法是使用上述裂解液（含 50mmol/L Tris-HCl，10mmol/L EDTA，2% Triton X-100，4mol/L GITC 和 0.3mol/L 醋酸钠）进行提取。近来发现使用核酸提取旋转离心柱，也可以大大提高检测灵敏度。

九、组　织

组织有新鲜组织块和石蜡切片。新鲜组织块的处理步骤首先用生理盐水洗两次，然后将其捣碎或切碎，加入生理盐水后剧烈震荡混匀，离心，弃上清，再用蛋白酶 K 消化后提取核酸。新鲜组织最好是保存于 50%乙醇中，具体做法是，先用生理盐水将组织洗一次，切成宽度小于 1cm 的小片，加入适量的生理盐水，然后，边摇边加入无水乙醇至终浓度为 50%。这样固定的组织标本室温下可保存数日，4℃可保存 6 年。

石蜡切片用于核酸提取，需先用辛烷或二甲苯脱蜡，再用蛋白酶 K 消化后即可进行 DNA 提取。

总而言之，标本的收集及适当的预处理，对用于 PCR 测定的核酸模板的成功提取，具有决定性作用。在这里要着重强调的一点是，所有用于上述临床标本收集的容器如试管或离心管，均应在使用前高压处理。

第三节　临床标本中 PCR 抑制物

一、临床标本中 PCR 抑制物的来源及作用机制

(一)临床标本中 PCR 抑制物的来源

临床标本中的 PCR 抑制物主要有这样几个来源：①内源性的。亦即天然存在于标本中的标本组成成分，如免疫球蛋白、蛋白酶、血红蛋白及其代谢产物、白细胞内的乳铁蛋白、肌红蛋白、脂类、黏蛋白、尿素、离子、胆盐、多糖等。②外源性的。如肝素抗凝剂、纤维素和硝酸纤维素、过度紫外线照射后的矿物油、手套滑石粉、标本容器或采样器材上含有的抑制物。

(二)PCR 抑制物的一般作用机制

PCR 抑制物中的大部分的作用机制尚不完全清楚，但基本上可以归为三类：①干扰核酸提取过程中的细胞裂解；②降解或包裹核酸；③热稳定的 DNA 聚合酶的失活。

1. 干扰核酸提取过程中的细胞裂解　核酸从细胞内释放出来，使得核酸可与酶作用而产生扩增，如果细胞裂解不完全，核酸不能有效释放，则就不会产生扩增。采用煮沸方法以裂解细胞释放核酸用于扩增的方法，虽然较核酸纯化方法省时，操作简单，但煮沸所释放的 DNA 有时并不能完全与结构蛋白或 DNA-结合蛋白分离，从而出现扩增抑制作用。因此，单独煮沸的方法将降低扩增检测的敏感性。

2. 降解或包裹核酸　DNA 可因为一些物理、化学或酶等因素的作用而出现降解，如贮存的扩增产物在扩增后电泳时，有时出现的条带模糊，就是因为 DNA 的降解所致。DNA 的一级结构不稳定，会因为水解、非酶甲基化、氧化损伤和酶降解等出现降解。细胞死亡后，由于 DNA 链的断裂，使得长 DNA 链的扩增极为困难。核酸酶也会因为

在标本处理中的不小心从临床标本中没有去除干净，而残留在纯化的核酸样本中，从而降解靶核酸。微生物如细菌产生的限制性内切酶也是一个降解 DNA 的因素。有些细菌如金黄色葡萄球菌的 DNA 酶属于热稳定的核酸酶，在扩增中其可水解基因组和引物 DNA。靶核酸和引物 DNA 也因为其不能与聚合酶结合而出现不扩增。如蛋白质、多糖、细胞碎片、脂类等对 PCR 的抑制作用，很可能就是通过对 DNA 的物理包裹作用而使其不能与聚合酶接触。有报道，多胺对扩增的抑制就是通过结合至靶 DNA 而阻止其接近聚合酶进行的。乳胶手套上的滑石粉对 PCR 扩增的影响可能也是通过其对 DNA 的非特异结合作用进行的。因为 DNA 可结合至玻璃、二氧化硅等上，这也是采用硅吸附方法提取核酸的基本原理之所在。

3. 热稳定的 DNA 聚合酶的失活　腐殖化合物是环境样本中最常见的抑制物，其可能是通过对 Mg^{2+} 的螯合作用而抑制聚合酶活性。

二、几种常见抑制物的作用机制及对策

(一)肝素

1. 作用机制　肝素对 MLV 逆转录酶和 TaqDNA 聚合酶均有很强的抑制作用，如果临床标本为肝素抗凝，则在核酸纯化过程中，标本中的肝素可结合于 DNA 和 RNA 上，尽管肝素和核酸本身都带正电荷。对标本进行煮沸、凝胶过滤、酸碱处理后凝胶过滤、反复乙醇沉淀等均不能去除肝素的这种干扰作用。

2. 对策　每微克核酸标本中加入 0.1U 的肝素，即可 100% 地抑制酶活性。在标本中加入肝素酶Ⅰ或Ⅱ 1～3 U/μg 核酸(于 5 mmol/L Tris pH 7.5，1mmol/L $CaCl_2$，40U 核糖核酸酶抑制剂 25℃ 2h) 可去除肝素的抑制作用。

(二)血红蛋白、乳铁蛋白和 IgG

血红蛋白、乳铁蛋白(lactoferrin)和 IgG 为存在于人血液中的三个主要的 PCR 反应抑制剂。

1. 血红蛋白和乳铁蛋白及其衍生物对 PCR 抑制的作用机制　血红蛋白和乳铁蛋白分别是红细胞和白细胞内的主要 PCR 抑制物,它们均含有铁。抑制机制可能与这些蛋白质释放铁离子至 PCR 混合物中有关。研究铁的抑制效应时,发现其干扰 DNA 合成,而且胆红素、胆盐和氯化高铁血红素(hemin)等血红蛋白衍生物,也是 PCR 抑制物。有研究表明,亚铁血红素(heme)可通过反馈抑制调节 DNA 聚合酶活性及协调红细胞内血红蛋白成分的合成。也观察到,氯化高铁血红素通过直接作用于 DNA 聚合酶,成为一个与靶 DNA 竞争的抑制剂和核苷酸的非竞争性抑制剂。此外,有研究表明,1%(体积分数)血液可完全抑制 TaqDNA 聚合酶活性,与 Mg^{2+} 浓度无关。TthDNA 聚合酶在含 4%(体积分数)血液的 PCR 反应混合液中可以进行扩增,显然血液中没有特异抑制 DNA 聚合酶活性的物质,但当血液进一步增加,则发生抑制,这种 DNA 聚合酶活性丧失可能是由于靶核酸 DNA 被血液中大量的凝血有机物质包裹所致,使得靶 DNA 不能接触 DNA 聚合酶,加入 1U 单链 DNA 结合蛋白——T4 基因 32 蛋白(gp32),TthDNA 聚合酶在含 8%(体积分数)血液情况下,仍可扩增。因此,使用 TthDNA 聚合酶和 gp32 蛋白,可实现从临床标本不提取纯化核酸直接扩增靶 DNA。

不同的热稳定的 DNA 聚合酶对临床标本中的抑制物的敏感性不一样,PCR 反应混合物中存在 0.004%(体积分数)血液时,AmpliTaq Gold 和来自 Thermus aquaticus 的 TaqDNA 聚合酶即受到完全抑制。而 HotTub、Pwo、rTth and Tfl DNA 聚合酶即使在 20%(体积分数)血液存在时,也没有降低扩增的敏感性。来自 Thermotoga mariti-ma(Ultma)的 DNA 聚合酶对干酪、粪便和肉类标本中的 PCR 抑制物最敏感,K^+ 和 Na^+ 对九个聚合酶有抑制效应,来自 Thermus flavus 的 HotTub 和来自 Thermus thermophilus 的 rTth 最具有抑制物抵抗性。因此,生物标本中各种成分的 PCR 抑制效应在某种程度上可通过使用合适的热稳定 DNA 聚合酶来排除。

2. IgG 对 PCR 抑制的作用机制　将不同浓度的纯化的血浆 IgG 加入至 PCR 反应混合物中,具有抗抑制作用的聚合酶 rTth,当纯化的 IgG 在加入至 PCR 反应混合物中之前 95℃加热或加入过量的非靶 DNA 至 PCR 混合物中后可减少抑制效应,但纯化的 IgG 与靶 DNA 一起加热,则会封闭扩增,纯化 IgG 的抑制作用是由于其与单链 DNA 的相互作用,使得靶 DNA 不能与 DNA 聚合酶相互作用,结果表明使用煮沸作为标本处理方法或使用 PCR 前的热启动,将增强 IgG 对 PCR 反应的抑制。

3. 消除血红蛋白、乳铁蛋白(lactoferrin)和 IgG 抑制的对策　血浆 PCR 抑制物可通过与 DNA-琼脂糖凝胶珠的相互混合去掉,血浆中抑制物可与其结合。

加入 0.6%(质量浓度)牛血清白蛋白可降低血液对 TaqDNA 聚合酶的抑制效应,即使在 2%(体积分数)血液存在下亦可成功扩增,而通常血液含量只能是 0.2%。此外,牛血清白蛋白也可增加 rTth 或 TaqDNA 聚合酶的扩增能力,使其对粪便和肉类标本中抑制物的抵抗能力分别提高 10 和 20 倍。单链 DNA 结合 T4 基因 32 蛋白(gp32)有类似牛血清白蛋白的增强效应。

此外,NaOH 处理可中和临床标本中的 TaqDNA 聚合酶抑制剂,但这种方法不适用于 DNA 含量低的标本,因为 NaOH 处理可使 DNA 大量丢失。

此外,来自 Taq 和 Tfl DNA 聚合酶可结合短的双链 DNA 片段,且无序列特异性,

PCR 循环扩增末期累积的扩增产物对 Taq、Tfl 和 PwoDNA 聚合酶有很强的抑制作用，PCR 之所以有平台期，主要原因是 DNA 聚合酶对其扩增产物的结合。

第四节　核酸的提取方法

核酸分为 DNA 和 RNA，将其从临床标本中提取出来，是进行 PCR 测定的前提。应该说，DNA 和 RNA 提取的基本思路是相同的，但由于其对标本及处理中影响因素的敏感性的差异，在具体的提取步骤或注意事项上，仍有一定的不同。

从成分复杂的临床标本中，将核酸提取纯化出来，其目的是：①除去 PCR 抑制物；②增加靶核酸浓度，使其能达到特定 PCR 的测定范围；③增加样本的均一性，以保证测定的精密度和重复性。一个理想的用于 PCR 检测的标本制备方法，应能满足上述三个方面的要求。有许多核酸提取方法烦琐、费时，或价格昂贵，或提取的样本不能满足临床检测要求。目前，国内的临床 PCR 实验室，核酸提取基本上为手工操作，是最容易出现问题的环节。核酸提取的方法虽然很多，但大致可以分为四类：①生化方法；②免疫学方法；③物理方法；④生理学方法。

一、DNA 提取的经典方法

DNA 提取的经典方法，即所谓的"酚-氯仿提取法"。这种方法提取的 DNA 纯度高，效果好，缺点是较为烦琐。

(一)试剂准备

1. 蛋白酶 K 缓冲液　50mmol/L KCl，10 ~ 20mmol/L Tris-HCl，2.5mmol/L MgCl$_2$(pH 8.3)，1% laureth 12（一种表面活性剂），0.5% Tween 20，100μg/ml 蛋白酶 K。

2. 饱和酚　市售酚经重蒸馏后（如贮存，则于 −20℃下，用前从冰箱取出，与室温平衡后，68℃下使酚溶解），加入等体积的 0.1mol/L Tris-HCl(pH 8.0)，磁力搅拌

15min，移出上层水相；重复上述抽提过程，直至酚相的 pH＞7.8，酚达到平衡最后一次取出液相后，加入 0.1 体积含有 0.2%β-巯基乙醇的 0.1mol/L Tris-HCl(pH 8.0)。这种形式的酚溶液可装在不透光的瓶中并处于 10mmol/L Tris-HCl(pH 8.0)缓冲液层之下，可 4℃下保存 1 个月。

3. TE 缓冲液　10mmol/L Tris-HCl，1mmol/L EDTA，pH 7.5 或 8.0。

(二)提取步骤

临床标本经前处理后
↓
加入蛋白酶 K 缓冲液
↓
56℃温育 1h
↓
加入等体积饱和酚，充分振荡混匀
↓
12 000 r/min 离心 5min
↓
取水相，加入等体积氯仿
↓
混匀，12 000/min 离心 2min
↓
取水相，加 1/10 体积的 3mol/L NaOAc 和 2 倍体积的无水乙醇
↓
−20℃ 30min 或过夜
↓
12 000r/min 离心 10min
↓
弃上清，用预冷 75%乙醇洗 3 次
↓
干燥
↓
取 20μl TE 或无菌去离子水悬浮
↓
4℃备用

二、RNA 的提取

RNA 的提取条件较 DNA 要求严格,主要是因为临床标本及实验室环境中,存在大量对 RNA 具有强烈降解作用的核糖核酸酶,而核糖核酸酶较耐高温,不易失活。因此在提取 RNA 时,如何避免核糖核酸酶对标本的污染及防止核糖核酸酶对提取的 RNA 的降解,是保证 RNA 成功提取的关键之所在。

(一)RNA 提取所用器皿的处理及溶液的准备

经高压灭菌的一次性使用的塑料制品如试管和离心管等基本上无核糖核酸酶,可以不经预处理直接用于制备和贮存 RNA。实验室用的普通玻璃器皿经常有核糖核酸酶污染,使用前必须于 180℃ 干烤 8h 以上,或用 0.1% 焦碳酸二乙酯(DEPC)的水溶液浸泡用于制备 RNA 的烧杯、试管和其他用品。DEPC 是核糖核酸酶的强烈抑制剂。灌满 DEPC 的器皿于 37℃ 下放置 2h,然后用灭菌水淋洗数次,并于 100℃ 干烤 15min,最后高压蒸汽下 15min。上述处理可除去器皿上痕量的 DEPC,以防 DEPC 通过羧甲基化作用对 RNA 的嘌呤碱基进行修饰。

要注意的是,DEPC 有致癌性,操作时须小心。

对于 RNA 提取所需溶液的配制,必须用高压灭菌的水和 RNA 研究专用的化学试剂配制溶液,用干烤过的药匙称取试剂,将溶液装入无核糖核酸酶的玻璃器皿。可能的话,溶液均应用 0.1% DEPC 于 37℃ 至少处理 12h,然后于 100℃ 加热 15min 或高压蒸汽灭菌 15min。须注意的是,DEPC 可与胺类迅速发生化学反应,不能用来处理含 Tris 一类的缓冲液,因此可存几瓶新的、未开封的 Tris 试剂以制备无核糖核酸酶的溶液。

(二)RNA 提取中核糖核酸酶污染的控制

实验操作人员的手是核糖核酸酶污染最主要的潜在来源。因此,在准备用于 RNA 纯化的实验材料和溶液时,以及在涉及 RNA 的整个提取操作过程中,都应戴一次性手套。实验中,如触摸"脏的"玻璃器皿和其他物品以后,手套就可能会沾染上核糖核酸酶,因此在 RNA 提取实验中,应勤换手套。

常用的核糖核酸酶抑制剂有以下几种。

1. 核糖核酸酶的蛋白质抑制剂　这种核糖核酸酶的蛋白质抑制剂是从人胎盘分离得到,可与多种核糖核酸酶以非共价方式紧密结合,从而使核糖核酸酶失活。其可置于含 5mmol/L 二硫苏糖醇(DTT)的 50% 甘油中,贮存于 -20℃。

2. 氧钒核糖核苷复合物　这种复合物由氧钒(Ⅳ)离子和 4 种核糖核苷之中的任一种所组成,能与多种核糖核酸酶结合,并几乎能百分之百地抑制核糖核酸酶的活性。

3. 硅藻土　硅藻土是一种黏土,通过吸附核糖核酸酶而去除其降解 RNA 的作用。

(三)RNA 提取方法

RNA 提取的常用方法有:①表面活性剂加蛋白酶 K,氯仿-酚抽提法;②胍盐提取结合氯仿-酚抽提法;③胍盐提取结合玻璃粉、二氧化硅等颗粒悬浮吸附法等。第一种方法所提取的 RNA 纯度高,逆转录(RT)-PCR 扩增的特异性好,缺点是操作烦琐,易造成微量标本的丢失或标本间的交叉污染,还易因 RNA 降解而影响测定结果的可靠性及敏感性;第三种方法较为方便省时,不需氯仿-酚抽提,但对玻璃粉、二氧化硅等的质量有要求;第二种方法虽较为复杂,但结果稳定性最优,因为使用强烈变性剂如盐酸胍或硫氰酸胍溶液能迅速溶解蛋白质,导致细胞结构破碎,核蛋白由于其二级结构的破坏而从核酸上解离下来。核糖核酸酶可耐受多种处理(例如煮沸)而不失活,但却会被 4mol/L 硫氰酸胍和 β-巯基乙醇等还原剂所灭活。因此可联用上述试剂从组织中提取完整无损的 RNA。

下面以血清(浆)的异硫氰酸胍(GuSCN)结合氯仿-酚说明 RNA 常用提取方法。

异硫氰酸胍（GuSCN）结合氯仿-酚提取法

（1）试剂。20% PEG6000

裂解液：4mol/L GuSCN，25mmol/L 枸橼酸钠 pH 7.0，0.5% Sarkosyl，100mmol/Lβ-巯基乙醇

饱和酚：氯仿：异戊醇（50：49：1）

3mol/L NaAc pH 5.2

无水乙醇

75%乙醇

DEPC 处理的无菌去离子水

RNA 酶抑制剂（RNasin）

（2）操作步骤。

200μl 血清（浆）

↓

加入 200μl 20% PEG6000

↓4℃ 3h，12 000r/min 离心 15min（4℃），弃上清

加入 500μl 裂解液

↓混匀

加入 50μl NaAc、500μl 饱和酚：氯仿：异戊醇溶液

↓混匀，冰浴 10min

4℃ 12 000r/min 离心 5min

↓

取上层水相再用氯仿-异戊醇抽提一次

↓

加入 1/10 体积 NaAc 溶液、2.5 体积无水乙醇

↓冰浴 30～60min

4℃ 14 000r/min 离心 10min

↓弃上清

沉淀用 75% 乙醇洗一次

↓烘干或真空干燥

用 10μl DEPC 处理水溶解，加入 2U RNA 酶抑制剂

↓

-20℃保存备用

三、核酸提取的改良方法

(一)旋转离心柱提取

旋转离心柱（spin column）技术是从生物样品中分离纯化微量核酸的较为简便的方法，属于硅吸附方法的一种。是美国和欧洲的科学家们从 20 世纪 80 年代末起开始研制的一种微量快速的核酸分离纯化方法，其克服了传统核酸纯化方法的操作烦琐费时的缺点，更适合于现代涉及核酸的科研和临床检测工作需要进行大量微量核酸分离纯化的工作特点。

在美国，旋转离心柱技术出现在 20 世纪 90 年代初，以后逐渐被实验室技术人员所接受，成为微量核酸分离纯化的主流技术之一。

旋转离心柱方法能够快速、简便地从生物样品中分离纯化包括人体 DNA、质粒 DNA、总 RNA、mRNA 在内的各类核酸大分子。尽管在市场上所见到的旋转离心柱各有特色，但是在原理上现行的旋转离心柱系统通常可分为三个部分：第一部分是利用裂解液促使细胞破碎，使细胞中的核酸释放出来；第二部分是把释放的核酸特异地吸附在特定的硅载体上，

当然这种载体只对核酸有较强的亲和力和吸附力而对其他的生化组分如蛋白质、多糖、脂类则既不亲和也不吸附;第三部分是把吸附在特定载体上的核酸洗脱下来,从而得到纯化的核酸。旋转离心柱方法的一次操作过程一般在 10～20min,比传统纯化方法的操作时间(几个小时)大大减少。旋转离心柱纯化的 DNA 产物的 OD_{260}/OD_{280} 一般在 1.70～1.90,RNA 产物的 OD_{260}/OD_{280} 一般在 1.80～2.00;分离纯化效率在 80%～100%。目前,旋转离心柱已广泛应用于细胞核 DNA、细菌 DNA、质粒 DNA、细胞 mRNA、胶上 DNA 或 RNA 等核酸的纯化。

核酸载体的膜化是旋转离心柱工业化使用的重要基础。随着微量核酸分离纯化技术的出现,操作的简便性、稳定性和重复性一直是围绕核酸分离纯化技术应用的核心问题。为了推出简便、稳定和重复性好的旋转离心柱产品,旋转离心柱技术中的核酸载体先后用过玻璃珠和藻胶等各种材料,直至 20 世纪 90 年代初才最后确定为人工膜。膜化后的旋转离心柱产品具有操作简便、稳定、储存方便、重复可靠等特点,成为核酸纯化市场的主导产品。

旋转离心柱技术的适用性很广,可用于全血、抗凝血、血清、脑脊液、分泌物、唾液、痰、尿、粪便、骨、软骨、动植物组织等各种样品的核酸提取。

(二)玻璃粉吸附法

DNA 或 RNA 可特异地吸附于玻璃粉上,因此将玻璃粉悬液与临床标本混匀、离心、洗涤玻璃粉沉淀,即可从玻璃粉上获得纯化的核酸。Yamada 等为简化使用 PCR 检测病原体的核酸提取方法,使用玻璃粉悬液直接从人外周血单个核细胞(PBMC)和血浆中提取核酸,这样得到的核酸标本用于 DNA 和 RNA 的扩增检测,得到满意的结果。其提取方法分述如下。

1. 从细胞提取核酸
(1)试剂。

1%SDS(含 10mmol/L EDTA)
4mol/L NaCl
玻璃粉悬液
乙醇洗涤液(50%乙醇,10mol/L Tris,pH 7.4,1mol/L EDTA,50mmol/L NaCl)
(2)操作步骤。

人外周血单个核细胞(PBMC)($2×10^5$)
↓
加入 50μl 1%SDS(含 10mmol/L EDTA)
↓
加入 150μl 4mol/L NaCl 及 50μl 玻璃粉悬液
↓混匀,置冰浴 5min
10 000r/min 离心 1min,倾去上清液
↓
用 300 μl 乙醇洗涤液洗沉淀物 3 次
↓
加入 100μl 水
↓3min 洗脱 DNA,离心
上清液即为含纯化 DNA 的核酸标本

2. 从血清(浆)中提取用于 RNA 检测的核酸
(1)试剂。
6mol/L 异硫氰酸胍
玻璃粉悬液
无水乙醇
(2)操作步骤。

200μl 血清(浆)
↓
加入 200μl 6mol/L 异硫氰酸胍及 20μl 玻璃粉悬液
↓室温 90min
10 000r/min 离心 1min,弃上清液
↓
沉淀用 300μl 乙醇洗 2 次
↓

沉淀物中加入 $50\mu l$ 逆转录反应缓冲液，将 RNA 先转录为 cDNA，再进行 PCR

上述核酸提取方法具有通用性，可用于任何其他病原微生物的核酸提取。

（三）二氧化硅或硅藻吸附法

除了玻璃粉以外，二氧化硅和硅藻颗粒（单细胞藻类）也具有特异吸附核酸的特性。离散试剂异硫氰酸胍盐兼具细胞裂解及核酸失活两种特性，因而在高浓度异硫氰酸胍存在下，从细胞（包括细菌）或病毒颗粒中释放出的核酸成分可结合于二氧化硅或硅藻颗粒上。Boom 等利用异硫氰酸胍和二氧化硅或硅藻颗粒的上述特性，成功地从血清、尿液，以及细胞中纯化了 DNA 和 RNA，可在不到 1h 内完成 12 个不同临床标本的核酸提取工作，其有 Y/Se 和 Y/D 两种提取方案，Y/Se 方案为使用二氧化硅以提取血液和尿液等体液中的核酸；Y/D 方案为使用硅藻颗粒以提取细胞中的核酸。

1. Y/Se 方案

（1）试剂

①裂解缓冲液 L6：120g GuSCN 溶于 100ml 0.1mol/L Tris-HCl，pH 6.4，然后加入 0.2mol/L EDTA，pH 8.0（用 NaOH 调节）溶液 22ml 及 2.6g Triton X-100。

②洗涤缓冲液 L2：120g GuSCN 溶于 100ml 0.1mol/L Tris-HCl，pH 6.4，为使 GuSCN 溶解加快，可在 $60\sim65℃$ 水浴下搅拌。

（2）操作步骤。

$50\mu l$ 血清或尿液

↓

加入 $900\mu l$ 裂解缓冲液 L6 及 $40\mu l$ Se

↓立即旋转混匀，5s，室温 10min

旋转混匀 5s，离心（$12\ 000\times g$）15s

↓

用洗涤缓冲液 L2 将沉淀洗涤 2 次

↓

再用 70% 乙醇洗 2 次

↓

用丙酮洗 1 次

↓去掉丙酮，反应管开盖 56℃干燥 10min

加入洗提缓冲液 TE

↓混匀，56℃ 10min

$12\ 000\times g$ 离心 2min

上清液即含纯化的核酸

使用上述 Y/Se 方案，可以从血清或尿液中高产量地（通常超过 50%）提取单链、双链、共价闭合或开环的 DNA 或 RNA，其可作为限制性内切酶、DNA 连接酶、逆转录酶、大肠埃希菌 DNA 聚合酶和 TaqDNA 聚合酶的良好基质。该方案虽适用于病毒及革兰阴性菌（如脑膜炎球菌、伤寒杆菌、淋球菌等）的基因组核酸提取，但不能直接从革兰阳性菌（如金黄色葡萄球菌、链球菌或酵母菌等）中提取核酸，原因可能是由于异硫氰酸胍不能很好地裂解革兰阳性菌。此外，在提取用于 HBV DNA 检测的血清核酸标本时，由于 HBV DNA 的长负链 5′端共价结合有蛋白质，而 GuSCN 不能将此蛋白质从 HBV DNA 上去掉，因此在上述提取方法中，由于与 HBV DNA 结合蛋白的干扰，HBV DNA 难以从二氧化硅颗粒上洗脱下来。为解决此问题，作者对上述方法分别作了两种改良，称为 H 方案和 Y* 方案。H 方案是首先用 SDS-蛋白酶 K 处理血清，使 HBV DNA 长负链 5′端蛋白质脱落，然后再按上述方法提取。Y* 方案是在用低盐 TE 溶液从二氧化硅颗粒上洗脱 HBV DNA 时，在 TE 溶液中加入蛋白酶 K，使 HBV DNA 从二氧化硅上脱落下来。这两种方案都可重复地从人血清中获得相同量的 HBV DNA，与用经典方法提取的 DNA 一样，可作为 PCR 的良好的检测标本。

2. Y/D方案　该方案与上述方案基本相同,所不同的是使用颗粒较大的硅藻取代二氧化硅,以提取相对量多(10～20μg)的细胞基因组核酸,因为如使用二氧化硅,由于 DNA 分子多,一个二氧化硅颗粒可与数个 DNA 分子结合,从而在二氧化硅颗粒和 DNA 分子之间形成密实的网状结构,而成为聚集物,即使是高速旋转也难以使其散开,使得核酸提取的后续步骤无法进行。而硅藻颗粒较二氧化硅颗粒大得多,在硅藻和核酸分子之间不会形成密实的结构,经旋转很容易散开。

(四)微量全血核酸提取法

一般用于全血核酸提取的方法常需较大量的血液标本,难以适于患儿,为此 Loparev 等于 1991 年提出了一个使用 NaI 的微量全血核酸提取法。

1. 试剂

6mol/L NaI

氯仿：异戊醇(24：1)

异丙醇和 37％异丙醇

TE 缓冲液：10mmol/L Tris-HCl, pH 7.0＋1mmol/L EDTA

2. 操作步骤

抗凝全血(10～100μl)

↓

加入等体积 6mol/L NaI

↓旋转 10～20min

加入等体积氯仿：异戊醇

↓旋转 10～20s

离心 5min,取出水相

↓

加入 0.6 体积异丙醇

↓混匀,3min 后离心

用 37％异丙醇洗涤核酸沉淀物

↓

用 10～100μl TE 缓冲液溶解沉淀

上述使用 NaI 的提取方法快速,只需 30min 在一个微离心管内就可完成整个过程,从每毫升血液中可提取 40～50μg 核酸。

(五)其他

Porter 等 1991 年报道了一种不需要使用异硫氰酸胍、氯仿和苯酚等有害化合物的血清病毒 RNA 快速膜提取方法。疏水性 Immobilon-P 膜有很高的蛋白质结合能力,而对核酸的结合效率极低。存在于血清中的病毒颗粒经正压过滤而固化于膜上,用去垢剂如 Tween20 和蛋白酶 K 消化膜结合的病毒颗粒,于是核酸从衣壳中释放出来,同时存在于标本中的 RNA 酶被失活。由于上述膜的亲蛋白疏核酸特性,从病毒颗粒中释放的核酸留在溶液中,而蛋白质则吸附于膜上。在溶液中加入相应的引物对,即可进行逆转录及其后的 PCR 扩增周期。这种膜提取方法较常规的病毒 RNA 分离技术简单、快速、敏感,可在 100μl 血清中测出 RNA 病毒的 6.5 空斑形成单位,这种敏感性适用于仅产生低水平病毒血症的 RNA 病毒(如 HCV RNA)的检测。

此外,近年来一些用于核酸提取的仪器正进入基因扩增检验领域,如 Roche 的 MagNA Pure LC 全自动核酸提取仪、美国 ABI 公司的 ABI PRISM™6700 全自动核酸提取仪和 PRISM™6100 核酸提取仪、QIAGEN QiAcube 核酸提取仪、国内现在也有许多公司已经有了或正在研制自动化核酸提取仪等。这些核酸纯化仪基本上都采用硅吸附方法或柱提法,硅吸附方法采用的吸附颗粒为表面包有一层硅的磁性微颗粒。全自动核酸提取仪器的应用,不但降低了核酸提取的劳动强度,而且减少了核酸手工提取中容易出现的操作失误,增加核酸提取的一致性和重复性。

(李金明)

参 考 文 献

[1] Bej AK, Mahbubani MH, Dicesare JL, et al. Polymerase chain reaction-gene probe detection of microorganisms by using filter-concentrated samples. Appl Environ Microbiol, 1991, 57:3529-3534

[2] Owens CB, Szalanski AL. Filter paper for preservation, storage, and distribution of insect and pathogen DNA samples. J Med Entomol, 2005, 42(4):709-711

[3] Chibo D, Riddell MA, Catton MG, et al. Applicability of oral fluid collected onto filter paper for detection and genetic characterization of measles virus strains. J Clin Microbiol, 2005, 43(7):3145-3149

[4] Rahman M, Goegebuer T, De Leener K, et al. Chromatography paper strip method for collection, transportation, and storage of rotavirus RNA in stool samples. J Clin Microbiol, 2004, 42(4):1605-1608

[5] Chaorattanakawee S, Natalang O, Hananantachai H, et al. Storage duration and polymerase chain reaction detection of Plasmodium falciparum from blood spots on filter paper. Am J Trop Med Hyg, 2003, 69(1):42-44

[6] Abe K, Konomi N. Hepatitis C virus RNA in dried serum spotted onto filter paper is stable at room temperature. J Clin Microbiol, 1998, 36(10):3070-3072

[7] Prado I, Rosario D, Bernardo L, et al. PCR detection of dengue virus using dried whole blood spotted on filter paper. J Virol Methods, 2005, 125(1):75-81

[8] Solmone M, Girardi E, Costa F, et al. Simple and reliable method for detection and genotyping of hepatitis C virus RNA in dried blood spots stored at room temperature. J Clin Microbiol, 2002, 40(9):3512-3514

[9] Katz RS, Premenko-Lanier M, McChesney MB, et al. Detection of measles virus RNA in whole blood stored on filter paper. J Med Virol, 2002, 67(4):596-602

[10] Wang CY, Giambrone JJ, Smith BF. Detection of duck hepatitis B virus DNA on filter paper by PCR and SYBR green dye-based quantitative PCR. J Clin Microbiol, 2002, 40(7):2584-2590

[11] Cassol S, Salas T, Gill MJ, et al. Stability of dried blood spot specimens for detection of human immunodeficiency virus DNA by polymerase chain reaction. J Clin Microbiol, 1992, 30(12):3039-3042

[12] Yamamoto AY, Mussi-Pinhata MM, Pinto PC, et al. Usefulness of blood and urine samples collected on filter paper in detecting cytomegalovirus by the polymerase chain reaction technique. J Virol Methods, 2001, 97(1-2):159-164

[13] Cassol S, Gill MJ, Pilon R, et al. Quantification of human immunodeficiency virus type 1 RNA from dried plasma spots collected on filter paper. J Clin Microbiol, 1997, 35(11):2795-2801

[14] Chakravorty S, Tyagi JS. Novel multipurpose methodology for detection of mycobacteria in pulmonary and extrapulmonary specimens by smear microscopy, culture, and PCR. J Clin Microbiol, 2005, 43(6):2697-2702

[15] Chakravorty S, Dudeja M, Hanif M, et al. Utility of universal sample processing methodology, combining smear microscopy, culture, and PCR, for diagnosis of pulmonary tuberculosis. J Clin Microbiol, 2005, 43(6):2703-2708

[16] Maher M, Glennon M, Martinazzo G, et al. Evaluation of a novel PCR-based diagnostic assay for detection of Mycobacterium tuberculosis in sputum samples. J Clin Microbiol, 1996, 34(9):2307-2308

[17] Suffys P, Vanderborght PR, Santos PB, et al. Inhibition of the polymerase chain reaction by

sputum samples from tuberculosis patients after processing using a silica-guanidiniumthiocyanate DNA isolation procedure. Mem Inst Oswaldo Cruz,2001,96(8):1137-1139

[18] Becquart P,Foulongne V,Willumsen J,et al. Quantitation of HIV-1 RNA in breast milk by real time PCR.J Virol Methods,2006,133(1):109-111

[19] Kerrey BT,Morrow A,Geraghty S,et al. Breast milk as a source for acquisition of cytomegalovirus (HCMV) in a premature infant with sepsis syndrome:Detection by real-time PCR.J Clin Virol,2006,35(3):313-316

[20] srael-Ballard K,Ziermann R,Leutenegger C,et al. TaqMan RT-PCR and VERSANT HIV-1 RNA 3.0 (bDNA) assay Quantification of HIV-1 RNA viral load in breast milk.J Clin Virol,2005,34(4):253-256

[21] Sambrook J,Fritsch EF,Maniatis T.Molecular cloning:a laboratory manual. 2nd ed. New York:Cold spring Harbor Laboratory,Cold spring Harbor,1989

[22] Wilson K.Preparation of genomic DNA from bacteria // Ausubel FM,Brent R,Kimgston RE,et al.Current protocols in molecular biology.New York:Greene Publishing Associates, Inc,1990

[23] Odumeru J,Gao A,Chen S,et al.Use of the bead beater for preparation of mycobacterium paratuberculosis template DNA in milk.Can J Vet Res,2000,65:201-205

[24] Ghosh MK,Kuhn L,West J,et al.Quantitation of human immunodeficiency virus type 1 in breast milk. J Clin Microbiol, 2003, 41(6): 2465-2470

[25] O'Mahony J,Hill C.Rapid real-time PCR assay for detection and quantitation of Mycobacterium avium subsp.paratuberculosis DNA in artificially contaminated milk. Appl Environ Microbiol,2004,70(8):4561-4568

[26] Romero C,Lopez-Goni I.Improved method for purification of bacterial DNA from bovine milk for detection of Brucella spp.by PCR.Ap-

pl Environ Microbiol,1999,65(8):3735-3737

[27] Leal-Klevezas DS,Martinez-Vazquez IO,et al. Single-step PCR for detection of Brucella spp. from blood and milk of infected animals.J Clin Microbiol,1995,33(12):3087-3090

[28] Al-Soud WA,Jonsson LJ,Radstrom P.Identification and characterization of immunoglobulin G in blood as a major inhibitor of diagnostic PCR.J Clin Microbiol,2000,38(1):345-350

[29] Dohner DE,Dehner MS,Gelb LD.Inhibition of PCR by mineral oil exposed to UV irradiation for prolonged periods. BioTechniques, 1995, 18:964-967

[30] Lindahl T.Instability and decay of the primary structure of DNA.Nature,1993,362:709-715

[31] Bej AK,Mahbubani MH,Dicesare JL,et al. Polymerase chain reaction-gene probe detection of microorganisms by using filter-concentrated samples.Appl Environ Microbiol,1991, 57:3529-3534

[32] De Lomas JG,Sunzeri FJ,Busch MP.False-negative results by polymerase chain reaction due to contamination by glove powder.Transfusion,1992,32:83-85

[33] Tsai Y,Olson BH.Rapid method for separation of bacterial DNA from humic substances in sediments for polymerase chain reaction. Appl Environ Microbiol,1992,58:2292-2295

[34] Dohner DE,Dehner MS,Gelb LD.Inhibition of PCR by mineral oil exposed to UV irradiation for prolonged periods. BioTechniques, 1995, 18:964-967

[35] De Lomas JG,Sunzeri FJ,Busch MP.False-negative results by polymerase chain reaction due to contamination by glove powder.Transfusion,1992,32:83-85

[36] Lindahl T.Instability and decay of the primary structure of DNA.Nature,1993,362:709-715

[37] Tsai Y,Olson BH.Rapid method for separation of bacterial DNA from humic substances in sediments for polymerase chain reaction. Appl Environ Microbiol,1992,58:2292-2295

[38] Wilson IG.Inhibition and facilitation of nucleic

acid amplification. Appl Environ Microbiol, 1997,63(10):3741-3751

[39] Izraeli S, Pfleiderer C, Lion T. Detection of gene expression by PCR amplification of RNA derived from frozen heparinized whole blood. Nucleic Acids Res,1991,19(21):6051

[40] Bai X, Fischer S, Keshavjee S, et al. Heparin interference with reverse transcriptase polymerase chain reaction of RNA extracted from lungs after ischemia-reperfusion. Transpl Int, 2000,13(2):146-150

[41] Yokota M, Tatsumi N, Nathalang O, et al. Effects of heparin on polymerase chain reaction for blood white cells. J Clin Lab Anal, 1999,13(3):133-140

[42] Beutler E, Gelbart T, Kuhl W. Interference of heparin with the polymerase chain reaction. Biotechniques,1990,9(2):166

[43] M Panaccio, Lew A. PCR based diagnosis in the presence of 8% (v/v) blood. Nucleic Acids Res,1991,19(5):1151

[44] Abu Al-Soud W, Radstrom P. Purification and characterization of PCR inhibitory components in blood cells. J Clin Microbiol, 2001, 39(2): 485-493

[45] Abu Al-Soud W, Radstrom P. Capacity of nine thermostable DNA polymerases To mediate DNA amplification in the presence of PCR-inhibiting samples. Appl Environ Microbiol, 1998,64(10):3748-3753

[46] Al-Soud WA, Jonsson LJ, Radstrom P. Identification and characterization of immunoglobulin G in blood as a major inhibitor of diagnostic PCR. J Clin Microbiol,2000,38(1):345-350

[47] Belec L, Authier J, Eliezer-Vanerot MC, et al. Myoglobin as a polymerase chain reaction (PCR) inhibitor: a limitation for PCR from skeletal muscle tissue avoided by the use of Thermus thermophilus polymerase. Muscle Nerve,1998,21(8):1064-1067

[48] Byrnes JJ, Downey KM, Esserman L, et al. Mechanism of hemin inhibition of erythoid cytoplasmic DNA polymerase. Biochemistry, 1975,14:796-799

[49] Scalice ER, Sharkey DJ, Daiss JL. Monoclonal antibodies prepared against the DNA polymerase from Thermus aquaticus are potent inhibitors of enzyme activity. J Immunol Methods, 1994,172(2):147-163

[50] 李金明.用于多聚酶链反应及分子杂交的核酸标本提取方法的进展.国外医学微生物学分册,1993,16(2):51-53

[51] Kwoh DY, Davis GR, Whitfield KM, et al. Transcription-based amplification system and detection of amplified human immunodeficiency virus type 1 with a bead-based sandwich hybridization format. Proc Natl Acad Sci USA,1989,86(4):1173-1177

[52] Yamada O, Matsumoto T, Nakashima M, et al. A new method for extracting DNA or RNA for polymerase chain reaction. J Virol Methods,1990,27(2):203-209

[53] Boom R, Sol CJ, Salimans MM, et al. Rapid and simple method for purification of nucleic acids. J Clin Microbiol,1990,28(3):495-503

[54] Boom R, Sol CJ, Heijtink R, et al. Rapid purification of hepatitis B virus DNA from serum. J Clin Microbiol,1991,29(9):1804-1811

[55] Loparev VN, Cartas MA, Monken CE, et al. An efficient and simple method of DNA extraction from whole blood and cell lines to identify infectious agents. J Virol Methods,1991,34(1): 105-112

[56] Porter KR, Polo SL, Long GW, et al. A rapid membrane-based viral RNA isolation method for the polymerase chain reaction. Nucleic Acids Res,1991,19(14):4011

[57] Boom R, Sol C, Beld M, et al. Improved silica-guanidiniumthiocyanate DNA isolation procedure based on selective binding of bovine alpha-casein to silica particles. J Clin Microbiol, 1999,37(3):615-619

[58] CremonesiP, Castiglioni B, Malferrari G, et al. Technical note: Improved method for rapid DNA extraction of mastitis pathogens directly from milk. J Dairy Sci,2006,89(1):163-169

[59] Berendzen K, Searle I, Ravenscroft D, et al. A rapid and versatile combined DNA/RNA extraction protocol and its application to the analysis of a novel DNA marker set polymorphic between Arabidopsis thaliana ecotypes Col-0 and Landsberg erecta. Plant Methods, 2005, 1(1):4

[60] Tomlinson JA, Boonham N, Hughes KJ, et al. On-site DNA extraction and real-time PCR for detection of Phytophthora ramorum in the field. Appl Environ Microbiol, 2005, 71(11): 6702-6710

[61] Martellossi C, Taylor EJ, Lee D, et al. DNA extraction and analysis from processed coffee beans. J Agric Food Chem, 2005, 53(22):8432-8436

[62] Lu Y, Gioia-Patricola L, Gomez JV, et al. Use of whole genome amplification to rescue DNA from plasma samples. Biotechniques, 2005, 39 (4):511-515

[63] Graffy EA, Foran DR. A simplified method for mitochondrial DNA extraction from head hair shafts. J Forensic Sci, 2005, 50(5):1119-1122

[64] Smith S, Morin PA. Optimal storage conditions for highly dilute DNA samples: a role for trehalose as a preserving agent. J Forensic Sci, 2005, 50(5):1101-1108

[65] Fujita Y, Kubo SI. Application of FTA(R) technology to extraction of sperm DNA from mixed body fluids containing semen. Leg Med (Tokyo), 2006, 8(1):43-47

[66] Fredricks DN, Smith C, Meier A. Comparison of six DNA extraction methods for recovery of fungal DNA as assessed by quantitative PCR. J Clin Microbiol, 2005, 43(10):5122-5128

[67] Kemp BM, Smith DG. Use of bleach to eliminate contaminating DNA from the surface of bones and teeth. Forensic Sci Int, 2005, 154 (1):53-61

[68] Rzezutka A, Alotaibi M, D'Agostino M, et al. A centrifugation-based method for extraction of norovirus from raspberries. J Food Prot, 2005, 68(9):1923-1925

[69] Veyret R, Elaissari A, Marianneau P, et al. Magnetic colloids for the generic capture of viruses. Anal Biochem, 2005, 346(1):59-68

[70] Tang YW, Sefers SE, Li H, et al. Comparative evaluation of three commercial systems for nucleic acid extraction from urine specimens. J Clin Microbiol, 2005, 43(9):4830-4833. Erratum in: J Clin Microbiol, 2005, 43(11):5833

[71] Schuurman T, van Breda A, de Boer R, et al. Reduced PCR sensitivity due to impaired DNA recovery with the MagNA Pure LC total nucleic acid isolation kit. J Clin Microbiol, 2005, 43(9):4616-4622

[72] Rotureau B, Gego A, Carme B. rypanosomatid protozoa: a simplified DNA isolation procedure. Exp Parasitol, 2005, 111(3):207-209

[73] Chowdhury EH, Akaike T. Rapid isolation of high quality, multimeric plasmid DNA using zwitterionic detergent. J Biotechnol, 2005, 119 (4):343-347

[74] Coura R, Prolla JC, Meurer L, et al. An alternative protocol for DNA extraction from formalin fixed and paraffin wax embedded tissue. J Clin Pathol, 2005, 58(8):894-895

[75] Pichl L, Heitmann A, Herzog P, et al. Magnetic bead technology in viral RNA and DNA extraction from plasma minipools. Transfusion, 2005, 45(7):1106-1110

[76] Hourfar MK, Michelsen U, Schmidt M, et al. High-throughput purification of viral RNA based on novel aqueous chemistry for nucleic acid isolation. Clin Chem, 2005, 51(7):1217-1222

[77] Somerville W, Thibert L, Schwartzman K, et al. Extraction of Mycobacterium tuberculosis DNA: a question of containment. J Clin Microbiol, 2005, 43(6):2996-2997

[78] Adams DN. Shortcut method for extraction of Staphylococcus aureus DNA from blood cultures and conventional cultures for use in real-time PCR assays. J Clin Microbiol, 2005, 43 (6):2932-2933

[79] Thomson LM, Traore H, Yesilkaya H, et al.

An extremely rapid and simple DNA-release method for detection of M. tuberculosis from clinical specimens.J Microbiol Methods,2005,63(1):95-98

[80] Aldous WK,Pounder JI,Cloud JL,et al.Comparison of six methods of extracting Mycobacterium tuberculosis DNA from processed sputum for testing by quantitative real-time PCR.J Clin Microbiol,2005,43(5):2471-2473

[81] Hartshorn C,Anshelevich A,Wangh LJ.Rapid,single-tube method for quantitative preparation and analysis of RNA and DNA in samples as small as one cell.BMC Biotechnol,2005,5(1):2

[82] Kailash U,Hedau S,Gopalkrishna V,et al.A simple "paper smear" method for dry collection,transport and storage of cervical cytological specimens for rapid screening of HPV infection by PCR.J Med Microbiol,2002,51(7):606-610

[83] Lee DH,Li L,Andrus L,et al.Stabilized viral nucleic acids in plasma as an alternative shipping method for NAT.Transfusion,2002,42(4):409-413

[84] Schmidt W,Stapleton JT.Whole-blood hepatitis C virus RNA extraction methods.J Clin Microbiol,2001,39(10):3812-3813

[85] Wong SC,Lo ES,Cheung MT.An optimised protocol for the extraction of non-viral mRNA from human plasma frozen for three years.J Clin Pathol,2004,57(7):766-768

[86] Rantakokko-Jalava K,Jalava J.Optimal DNA isolation method for detection of bacteria in clinical specimens by broad-range PCR.J Clin Microbiol,2002,40(11):4211-4217

[87] Kurien BT,Scofield RH.Extraction of nucleic acid fragments from gels.Anal Biochem,2002,302(1):1-9

[88] Rasool NB,Monroe SS,Glass RI.Determination of a universal nucleic acid extraction procedure for PCR detection of gastroenteritis viruses in faecal specimens.J Virol Methods,2002,100(1-2):1-16

[89] Ward LA,Wang Y.Rapid methods to isolate Cryptosporidium DNA from frozen feces for PCR.Diagn Microbiol Infect Dis,2001,41(1-2):37-42

[90] Monteiro L,Gras N,Vidal R,et al.Detection of Helicobacter pylori DNA in human feces by PCR:DNA stability and removal of inhibitors.J Microbiol Methods,2001,45(2):89-94

[91] Smith S,Morin PA.Optimal storage conditions for highly dilute DNA samples:a role for trehalose as a preserving agent.J Forensic Sci,2005,50(5):1101-1108

[92] 申子瑜,李金明.临床基因扩增检验技术.北京:人民卫生出版社,2002:66-75

[93] 中华人民共和国医政司(叶应妩,王毓三,申子瑜).全国临床检验操作规程.3 版.南京:东南大学出版社,2006:932-945

第 5 章 实时荧光 PCR 测定的数据处理

实时荧光 PCR 方法因其可以实时监测 PCR 的整个反应过程,实验室技术人员可很容易地从整个实时监测的荧光曲线上找到扩增反应的指数扩增起始期,因而可利用每一个扩增检测到达指数扩增起始期所需要的扩增循环数来进行定量检测。目前,实时荧光定量 PCR 已广泛应用于疾病临床诊疗和医学科学研究,如用于抗病毒药物治疗监测的外周血病毒含量测定、基因表达等方面。定量测定主要有绝对定量和相对定量两种形式。较之以前终点法定量检测,实时荧光定量 PCR 具有以下优点:①准确度和精密度高;②无须扩增后的产物分析,这样对实验室分区要求低,只需三个区域即可,并且减少了产物污染的可能性;③减轻了实验室技术人员的劳动强度。

PCR 扩增产物呈指数增长,扩增过程中,影响 PCR 反应的因素颇多,稍有不同就可能会导致结果产生较大的变化。因此,为保证实时荧光定量 PCR 测定的准确性,数据处理非常重要,研究人员开发了一些数学模型对实时定量 PCR 的数据进行处理,使结果尽量准确。

第一节 基本概念

1. 线性基线期(linear base-line phase) 为 PCR 扩增的四个主要阶段之一(图 5-1)。线性基线期为扩增最初的 10～15 个循环,此时,PCR 反应处于起始阶段,扩增产物很少,所产生的荧光信号很低,因此,基线荧光信号可根据此阶段产生的荧光信号来计算。

2. 指数期初期(the beginning of exponential phase) 为 PCR 扩增的四个主要阶段之一(图 5-1)。进入扩增指数期初期,荧光强度达到一个阈值,该阈值通常为基线荧光信号均值标准差的 10 倍。扩增达到阈值时的循环数可称为 Ct(ABI Prism 有关文献)或 C_P(LightCycler 有关文献)。Ct 或 C_P 与原始扩增模板数量呈负相关,可通过其与原始模板的函数关系,来计算原始模板的数量。

3. 指数期(exponential phase) 为 PCR 扩增的四个主要阶段之一(图 5-1)。PCR 达到其最大的扩增阶段,理想条件下,每一循环后,PCR 产物倍比增加。

4. 平台期(plateau phase) 为 PCR 扩增的四个主要阶段之一(图 5-1)。扩增达到平台期,此时,荧光信号不再随扩增循环数的增加而增加。

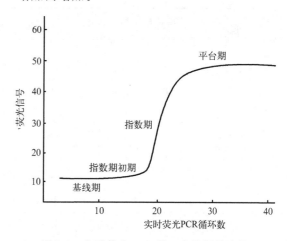

图 5-1 实时荧光 PCR 的 4 个特征性阶段

5. Ct(threshold cycle)或 C_P(crossing point) Ct 或 C_P 指的是实时监测扩增过程

的荧光信号达到指数扩增时的循环周期数。主要的计算方式是以扩增过程前 3～15 个循环的荧光值的 10 倍标准差为阈值,当荧光值超过阈值时的循环数则为阈值循环数(Ct)。有实验证明 Ct 与样本中的原始拷贝数成反比关系。Ct 是当前实时荧光 PCR 的主要定量参数。

6. 扩增效率(amplification efficiency)

扩增效率指的是一个循环后的产物增加量与这个循环的模板量的比值,其值位于 0 到 1 之间,常用 E 表示。在 PCR 的前 20 或 30 个循环中,E 比较恒定,为指数扩增期,随后 E 逐步降低,直至 0,此时 PCR 达到平台期,不再扩增。扩增效率的计算可以采用系列稀释法,将稀释后浓度的对数值与所得 Ct 作图,在一定范围内应该是得到一条直线,利用公式:$E=10^{-1/K}-1$(K 为该直线斜率)即可计算出 E。

7. 绝对定量(absolute quantitation) 绝对定量是使用一系列稀释的已知浓度的标准品与临床标本同时进行测定,根据系列浓度标准品的 Ct 与起始模板(RNA 或 cDNA)

量之间的线性比例关系,绘制标准曲线。待测标本的浓度则可根据其测定的 Ct,从标准曲线或回归方程计算得到原始模板的数量。这种方法是假定所有的标准品和临床标本有相近的扩增效率。系列稀释标准品的浓度应包含临床标本的浓度范围,并且在实时 PCR 仪及检测试剂方法的准确度和线性范围内。

系列稀释的标准品最好是 RNA,也可以是双链 DNA 片段、单链 DNA 或载有靶序列的质粒。标准品必须是纯的,与 RNA 标准品相比,DNA 有相对较好的稳定性、重复性和敏感性,但其与逆转录没有关系,不能反映逆转录效率。

8. 相对定量(relative quantitation) 在相对定量中,标本中特定 mRNA 的测定是建立在外标或参比样本(校准品)的基础上的。当使用校准品的时候,定量测定结果可表示为靶 RNA 与校准品比值。有多种数学模型可用来计算相对定量测定的平均正态化的基因表达。使用不同的数学模型所得到的结果和标准差均会有所差异。表 5-1 比较了不同的数据处理方法及其解释。

表 5-1　各相对定量法的特点

方法	扩增效率校正	扩增效率计算	扩增效率假设	自动的基于 Excel 程序
校正曲线	无	校正曲线	无实验样本变异	无
相对 $Ct(2^{-\Delta\Delta Ct})$	有	校正曲线	参比＝靶核酸	无
Pfaffl et al.	有	校正曲线	样本＝内标	REST(www. gene-quantification. info)
Q-Gene	有	校正曲线	样本＝内标	Q-Gene (www. BioTechniques. com)
Gentle et al.	有	原始数据	研究者确定的对数-线性(log-linear)期	无
Liu and Saint	有	原始数据	参比和靶基因的扩增效率不同	无
DART-PCR	有	原始数据	统计学上确定的对数-线性(log-linear)期	DART-PCR （nar. oupjournals. org/cgi/content/full/31/14/e73/DC1)

9. 标准品（standard）　用来构建标准曲线的已知浓度的样本。

10. 参比（reference）　用于对检测结果进行标准化的被动（passive）或主动（active）信号。如内标和外标即为主动性参比的例子。主动性参比意味着信号由 PCR 扩增所致，主动性参比有其自己的引物和探针。被动性参比则为非 PCR 所致，如 ROX 染料，可以校正荧光信号的非 PCR 波动。

11. 内源性内标（endogenous control）为一个出现在每一个实验样本中的特定 RNA 或 DNA，通过使用内源性内标这种主动性参比，对于加入到每一个反应中的总 RNA 量的差异，其可以校正靶 mRNA 的定量。

12. 外源性内标（exogenous control）为一个以已知浓度加入至每个样本中的特性确定的 RNA 或 DNA，外源性主动性参比通常为体外构建的，可作为内阳性质控以鉴别由 PCR 抑制所致的假阴性。外源性参比也可用来校正样本提取或 cDNA 逆转录合成的效率。

13. 校准品（calibrator）　用作结果比较的基础的样本。

第二节　实时荧光 PCR 外标绝对定量的数学模型

在实时荧光 PCR 中，每个模板的 Ct 与该模板的起始拷贝数的对数存在线性关系，起始拷贝数越多，Ct 越小。利用已知起始拷贝数的外部标准品可做出标准曲线，在现有实时荧光 PCR 中，大部分以纵坐标为 Ct，横坐标为起始拷贝数，少部分以纵坐标为起始拷贝数，横坐标为 Ct。因此，只要获得未知标本的 Ct，即可从标准曲线上计算出该标本的起始拷贝数，这是采用外标进行实时荧光 PCR 绝对定量的基本原理。

一、基本计算公式的推导

公式的基本推导如下。

$$Y_n = X(1+E)^n \qquad (5\text{-}1)$$

其中，Y_n 为第 n 个循环后扩增产物的量，X 为原模板数，E 为扩增效率，n 为扩增循环数。

在扩增达到阈值线时，此时，$n = Ct$，于是，扩增产物的量为

$$Y_{Ct} = X(1+E)^{Ct} \qquad (5\text{-}2)$$

Y_{Ct} 为荧光信号达到阈值强度时扩增产物的量。在阈值线设定以后，它就是一个常数。式（5-2）两边同时取对数，得

$$\log Y_{Ct} = \log X(1+E)^{Ct} \qquad (5\text{-}3)$$

亦即：$\log Y_{Ct} = \log X + Ct \times \log(1+E)$

$$\qquad (5\text{-}4)$$

如果扩增效率为 100%，亦即 $E=1$，扩增反应管中原始拷贝数为 1，扩增产物达到 1000 分子拷贝，则预计的 $Ct = \dfrac{1}{\log 2}(\log 1000 - \log 10) = \dfrac{1}{0.301} \times 2 = 6.64$。因此，如果已知原始模板拷贝数为 1，扩增产物达 1000 分子拷贝时，其 $Ct > 6.64$ 较多，则说明扩增效率过低。

二、纵坐标为起始拷贝数对数值横坐标为 Ct 时的数学模型

如以纵坐标为起始拷贝数对数值，横坐标为 Ct，重新整理（5-4）式可得

$$\log X = -Ct \times \log(1+E) + \log Y_{Ct}$$

$$\qquad (5\text{-}5)$$

根据 $Y = AX + B$，式（5-5）中的 $Y = \log X$，$X = Ct$，$A = -\log(1+E)$，$B = \log Y_{Ct}$

从 $A = -\log(1+E)$ 中，可计算 PCR 反应的扩增效率

$$E = 10^{-A} - 1 \qquad (5\text{-}6)$$

如果 A＝－0.301，代入式（5-6）可得 E＝1，即扩增效率为 100%。

如果 A＝－0.201，代入式（5-6）可得 E＝0.589，即扩增效率为 58.9%。

这样可以判断是否需要优化反应条件。

此时，斜率 A≥－0.301。

截距 B＝$\log Y_{Ct}$，其与阈值线的选定直接相关，应为 Ct 趋向于 0 时的原始模板拷贝数的对数值（图 5-2）。

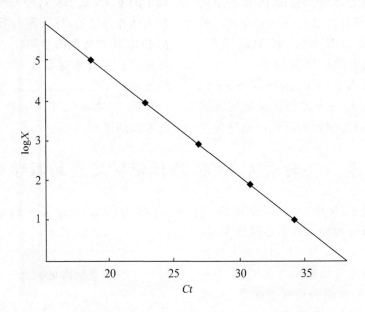

图 5-2　以纵坐标为起始拷贝数对数值、横坐标为 Ct 得到的校正曲线

三、纵坐标为 Ct 横坐标为起始拷贝数时的数学模型

如以纵坐标为 Ct，横坐标为起始拷贝数，则式（5-5）可转换为

$$Ct = -\frac{1}{\log(1+E)}\log X + \frac{1}{\log(1+E)}\log Y_{Ct} \tag{5-7}$$

此时，斜率 $A = -\dfrac{1}{\log(1+E)}$，截距 $B = \dfrac{1}{\log(1+E)}\log Y_{Ct}$。

如果扩增效率为 1（100%），则斜率 $A = -\dfrac{1}{\log 2} = -3.32$。

如果扩增效率为 0.5（50%），则斜率 $A = -\dfrac{1}{\log 1.5} = -5.68$。

此种计算模式下，斜率 A≤－3.32。

截距 $B = \dfrac{1}{\log(1+E)}\log Y_{Ct}$ 则为原始模板趋向于 0 亦阴性标本检测的 Ct，因此，一个实时荧光 PCR，如果设定的扩增循环数为 40，则其截距 B≥40（图 5-3）。

使用上述数学模型进行数据分析时，其前提是假定标本与外部标准品的扩增效率（如为 RNA，还涉及逆转录效率）及阈值都是相同的。所以当两者出现差别时将导致结果出现偏差。标准品与标本分别在不同的反应管中进行扩增，稍有偏差如加样、标本处理、核酸提取及 PCR 仪的各孔间差等管间差将对结果的准确性产生影响。绝对定量除了采用外部标准曲线外，还可采用内标的外部校准曲线（图 5-4）。

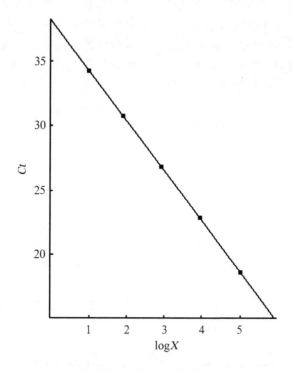

图 5-3 以纵坐标为 Ct、横坐标为起始拷贝数对数值
得到的校正曲线

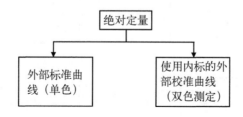

图 5-4 实时荧光 PCR 绝对定量可采用的测定模式

第三节 实时荧光 PCR 相对定量的数学模型

相对定量均需使用内标,根据内标与待测靶核酸是否在同一管内扩增而可分为相对标准曲线法(不同管内扩增)、比较 Ct(不同管内扩增)和多重 PCR 方法(同一管内扩增)等。

一、相对定量的标准曲线法

首先使用一条标准曲线确定每一个测定样本的量,然后,以相对于单个校准品(特定组织的靶核酸或内源性内标)的方式表示。校准品的浓度设为 1,待测标本的量则以相对于校准品的 n 倍的量报告。由于标本的量被校准品的量相除,所以标准曲线不需要单位,只需要使用标准品的相对稀释因子如 1.0、0.5、0.25、0.125 等用来定量。当标准品和靶基因的扩增效率不同时,常使用这种方法。这也是一种最简单的定量方法,因为其不需制备外部标准、不需对校准品定量,以及不需要复杂的数学计算。但由于这种方法没有外部的质量控制(通常为管家基因),结果必须进行校正。其基本做法见图5-5。

采用标准曲线法进行相对定量,须注意以下几点:①用做标准的 RNA 或 DNA 标准品的稀释应尽可能准确,但用来表达这种稀释的单位不重要,可用 ng 来表示用来制备标准的质控细胞系的不同浓度的总 RNA,也可用稀释值如 1.0、0.5、0.25、0.125 等表示。②对于 RNA 的相对定量,也可使用 DNA 标准曲线,但前提是所有样本中靶核酸的逆转录效率相同,但不必知道确切的效率是多少。

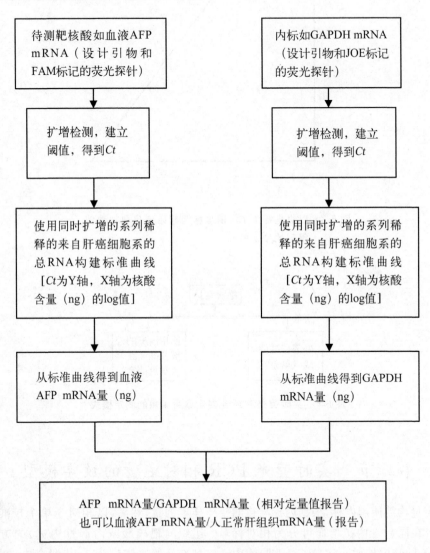

图 5-5　校正曲线法相对定量流程

二、$2^{-\Delta\Delta Ct}$ 法

$2^{-\Delta\Delta Ct}$ 法又称为比较 Ct 法（comparative Ct method），其与标准曲线法类似，只不过其是使用数学公式来取得同样的相对定量结果，所不同的是其要求靶基因与参比内标具有相同的扩增效率。在基因表达的研究中，一般我们只需要知道某个基因在不同时间或在不同组织器官中表达水平的差异即可。所用的内标通常是一些随时间及组织变化不大的管家基因如 16S rRNA、β-actin、GAPDH 等。ΔCt 为两个样本中靶基因或管家基因 Ct 的差值，$\Delta\Delta Ct$ 为两个基因 Ct 差值的差值。公式 $2^{-\Delta\Delta Ct}$ 推导过程如下。

PCR 指数扩增采用数学公式可表示

$$X_n = X_0(1 + E_X)^n \qquad (5\text{-}8)$$

其中 X_n 为 n 个扩增循环后靶分子的数量，X_0 为靶分子的起始数量，E_X 为靶核酸的扩增效率，n 为循环数。

Ct 表示扩增的靶核酸数量达到一个固定阈值时的扩增循环数，于是

$$X_{Ct} = X_0(1 + E_X)^{Ct,X} = K_X \qquad (5\text{-}9)$$

其中 X_{Ct} 为扩增达到阈值时的靶分子数，Ct,X 为靶核酸扩增到达阈值时的循环数，K_X 为常数。

对于内源性的非竞争性内标同样可以得到一个类似的公式

$$R_{Ct} = R_0(1 + E_y)^{Ct,R} = K_R \qquad (5\text{-}10)$$

其中 R_{Ct} 为参比内标扩增达到阈值时的靶分子数，R_0 为内标的起始分子数，E_y 为内标的扩增效率，$C_{t,R}$ 为靶核酸扩增到达阈值时的循环数，K_R 为常数。

公式(5-9)除以公式(5-10)得到

$$\frac{X_{Ct}}{R_{Ct}} = \frac{X_0(1 + E_X)^{Ct,X}}{R_0(1 + E_R)^{Ct,R}} = \frac{K_y}{K_R} = K$$

$$(5\text{-}11)$$

X_{Ct} 和 R_{Ct} 有确切值取决于：①探针中所使用的报告荧光染料；②影响探针荧光特性的序列；③探针水解的效率；④荧光阈值的设

定。因此常数 K 并不是必定等于 1。假定靶核酸和参比内标的扩增效率相同，则

$$E_X = E_R = E$$

$$\frac{X_0}{R_0} \times (1 + E)^{Ct,X - Ct,R} = K \qquad (5\text{-}12)$$

或

$$X_N \times (1 + E)^{\Delta Ct} = K \qquad (5\text{-}13)$$

其中 $X_N = \dfrac{X_0}{R_0}$ 即靶核酸的校正量。$\Delta Ct = C_{t,X} - C_{t,R}$，靶核酸和参比内标扩增达到阈值循环数的差值。

式(5-6)重排为

$$X_N = K \times (1 + E)^{-\Delta Ct} \qquad (5\text{-}14)$$

或：

最后是样本 q 的 X_N 除以校准内标（calibrator, cb）的 X_N，得到

$$\frac{X_{N,q}}{R_{N,cb}} = \frac{K(1 + E)^{-\Delta Ct,q}}{K(1 + E)^{-\Delta Ct,cb}} = (1 + E)^{-\Delta\Delta Ct}$$

$$(5\text{-}15)$$

其中 $\Delta\Delta Ct = \Delta Ct, q - \Delta Ct, cb$。

理想的实时荧光扩增条件下，扩增效率为 1，因此，靶核酸相对于内标的量为 $2^{-\Delta\Delta Ct}$。

$2^{-\Delta\Delta Ct}$ 方法是一个简化的方法，它设定了靶序列和管家基因两者的扩增效率是相同的，并且等于 1。由于不需要通过系列稀释来计算扩增效率，用起来很方便。

三、$2^{-\Delta\Delta Ct}$ 的改良方法

（一）Pfaffl 等的方法

实际上在许多情况下靶序列与管家基因的扩增效率有所差别，Pfaffl 等将扩增效率加入到数据处理中，形成了以下的数据处理模式

$$\text{比值 } R(Ratio) = \frac{(E_{target})^{\Delta Ct(target)(control-sample)}}{(E_{ref})^{\Delta Ct(ref)(control-sample)}}$$

其中 E_{target} 为靶基因 RNA 的实时荧光 PCR 扩增效率，E_{ref} 为参比基因 RNA 的实时荧光 PCR 扩增效率，$\Delta Ct_{(target)}$ 是靶基因 RNA 中参比内标 Ct 减去样本 Ct 的差值，

$\Delta Ct_{(ref)}$ 是参比内标基因 RNA 中参比内标 Ct 减去样本 Ct 的差值。

由上述可见,相对 $Ct(2^{-\Delta\Delta Ct})$ 法是一种数学模式,其以待测标本和校准品之间的相对倍数的差异来计算基因表达的变化。虽然这种方法包括了对非理想的扩增效率(即不是 1)的修正,但靶基因和参比基因测定间的扩增动力学必须大致相等,因为在使用这种方法时,效率不同将产生误差。因此,必须进行一个确认实验,即对靶基因和参比基因的系列稀释度进行测定,结果将每一稀释度的浓度的对数值描在 X 轴上,将每稀释度的靶基因与参比基因 Ct 的差值描在 Y 轴上,如果回归曲线的斜率的绝对值小于 0.1,即可使用相对 $Ct(2^{-\Delta\Delta Ct})$ 法。PCR 产物的大小小于 150bp,扩增反应必须严格理想化,由于相对 $Ct(2^{-\Delta\Delta Ct})$ 法不需要标准曲线,因此在测定大量样本时尤为有用,因为所有的反应孔均可用标本测定。

(二)Liu 和 Saint 方法

Liu 和 Saint 改进了 $2^{-\Delta\Delta Ct}$ 计算方法,他们直接利用扩增曲线中指数扩增期的荧光值进行计算,公式推导如下:

同样,PCR 指数扩增采用数学公式可表示

$$X_n = X_0(1+E)^n \tag{5-16}$$

其中 X_n 为 n 个扩增循环后靶分子的数量,X_0 为靶分子的起始数量,E 为靶核酸的扩增效率,n 为循环数。

在实时荧光 PCR 中,X_n 与报告荧光 R 成正比,所以等式(5-16)可写为

$$R_n = R_0(1+E)^n \tag{5-17}$$

其中 R_n 为 n 个循环时的报告荧光,R_0 是起始荧光。

如果在指数扩增期选择两个点 A 和 B 测定荧光强度,则按照式(5-2),可得扩增效率(E)的计算公式

$$E = \left(\frac{R_{n,A}}{R_{n,B}}\right)^{-(Ct,A-Ct,B)} - 1 \tag{5-18}$$

其中 $R_{n,A}$ 和 $R_{n,B}$ 分别是在扩增曲线上指定的阈值 A 和 B 点的 R_n,$C_{t,A}$ 和 $C_{t,B}$ 为指定阈值点时的循环数(图 5-6)。

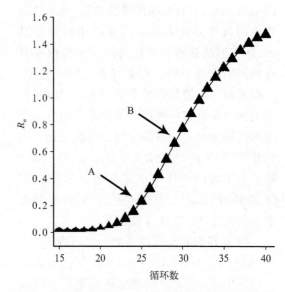

图 5-6 根据实时荧光 PCR 动力学曲线计算扩增效率

当处于同一阈值时,参比基因和靶基因的 R_n(即 R_n 相同)可表示为

$$R_{n,R} = R_{0,R}(1+E_R)^{C_{t,R}} \tag{5-19}$$

$$R_{n,T} = R_{0,T}(1+E_T)^{C_{t,T}} \tag{5-20}$$

其中 R_n、E 和 Ct 的含义与上相同,R 和 T 分别表示参比(reference)和靶(target)基因。

如果 $E_R \neq E_T$,有两个方法可用来对测定值进行校正。

(1)从式(5-4)和式(5-5),$R_{0,T}/R_{0,R}$ 可表示为

$$\frac{R_{0,T}}{R_{0,R}} = \frac{(1+E_R)^{C_{t,R}}}{(1+E_T)^{C_{t,T}}} \tag{5-21}$$

(2)在任意循环点上,报告荧光强度可写为

$$R_{n,R} = R_{0,R}(1+E_R)^n \tag{5-22}$$

$$R_{n,T} = R_{0,T}(1+E_T)^n \tag{5-23}$$

因此,相对定量的校正值也可表示为

$$\frac{R_{0,T}}{R_{0,R}} = \frac{(1+E_R)^n}{(1+E_T)^n} \tag{5-24}$$

如果 $E_R = E_T = E$，同样，上述两个方法可用来对相对定量结果校正。

$R_{0,T}/R_{0,R}$ 可由上述式(5-21)和式(5-24)简化如下

$$\frac{R_{0,T}}{R_{0,R}} = (1+E)^{\Delta C_t} \tag{5-25}$$

$$\frac{R_{0,T}}{R_{0,R}} = \frac{R_{n,T}}{R_{n,R}} \tag{5-26}$$

其中 $\Delta C_t = C_{t,R} - C_{t,T}$。

当上述式(5-25)用来计算实时荧光 PCR 相对 $1 \times$ Sample 的基因表达水平时，成为

$$\frac{R_{N,b}}{R_{N,a}} = (1+E)^{-\Delta\Delta Ct} \tag{5-27}$$

其中，$R_{N,a}$ 和 $R_{N,b}$ 分别是样本 a 和 b 由等式(5-25)校正而来的 R_0，$\Delta\Delta Ct$ 是样本 a 和 b 的 ΔCt 差值。

四、多重 PCR 法

多重 PCR 法又称竞争性内标法。是将标准内标与待测样本在同一管内扩增，然后通过内标的量来推导待测模板的量，从而排除了因为管间差异对于结果产生的影响。内标一般分为竞争性内标和非竞争性内标。

竞争性内标指的是人为构建的可与待测样本模板竞争 TaqDNA 聚合酶、dNTP 和引物的标准品。构建竞争性内标的方法主要是将目的扩增片段进行突变、删除(缺失)或插入一小段序列，使得在荧光 PCR 中，探针的结合区域有所差异，通过上述方法制备得到的竞争性内标模板在同一反应管中与样本用同一对引物同时扩增，但两者所用的探针及探针上的荧光素不同可以将两者的产物区别开来。这种方法由于样本与标准在同一管中反应，消除了外标的一些缺点。但是加入内标则使扩增变成双重 PCR 反应，双重 PCR 反应存在两种模板之间的干扰和竞争，尤其

是样本与标准之间起始拷贝数相差较大时竞争更为显著。由于样本拷贝数未知，加入合适的内标拷贝数是一个难点，通常是只能固定样本浓度而对内标进行系列稀释，以得到一管两者皆能出现扩增的反应，从而得到待测样本与已知内标的相对量。

Gibson 等的办法是首先将已加入未知样本的扩增反应管分成两组，每组加入 8 个系列稀释的已知量的内标 RNA，针对靶核酸的荧光探针加入至组 1，针对内标的荧光探针加入至组 2，RT-PCR 后，因组 1 和组 2 具有相同的靶核酸和内标浓度，假定两组的逆转录和扩增效率相同，则组 1 所产生的荧光信号完全是由靶核酸扩增所致，不受内标影响，同样，组 2 所产生的荧光信号完全由内标所生，不受靶核酸的影响，通过分别以内标 Ct 对已知内标拷贝数和靶核酸 Ct 对已知内标拷贝数作线图，则未知靶核酸的拷贝数可从理论上的对等点确定，此处靶核酸的 Ct 等于内标的 Ct，在图上表现为两条线的交叉点(图 5-7)。

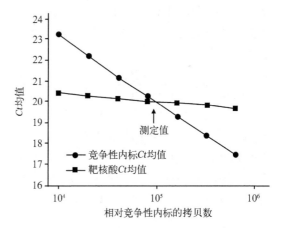

图 5-7　竞争性内标双重实时荧光 PCR 相对定量曲线

第四节　用曲线拟合的方法进行数据处理

目前广泛使用的是以上所介绍的数据处理模式,国内实时定量 PCR 绝对定量检测病毒载量基本使用的是外标标准曲线法,虽然很方便,但其假定的条件是样本与标准的扩增效率相同并且在整个指数扩增期保持不变,这在很多情况下并非如此。最近随着定量 PCR 仪的改进,每一循环的具体的荧光值都可以得出,许多学者想从 PCR 整个反应获得更多数据,用来校正计算结果,使结果更加准确。他们所用的方法是将整个反应曲线用统计学的方法拟合成为一个函数关系,利用这个函数可以计算出每一个样本及标准的每一循环的扩增效率,这样标准曲线法中的一些问题可以得到很好的解决。

一、Liu 与 Saint 的方法

Liu 与 Saint(参考文献[10])提出了一个 S 形数学模式来定量和标准化基因表达。用 SPSS 统计软件对整个 PCR 反应过程中的荧光值的变化进行了拟合,得到了一个函数关系

$$R_n = \frac{R_{max}}{1 + \exp^{-[(n-n/2)/k]}} \qquad (5\text{-}28)$$

R_n 为在第 n 个循环时的总的荧光增加值,R_{max} 为整个反应中的最大荧光值,$n/2$ 为当荧光值为 R_{max} 的一半时的循环数,k 为荧光值增加的斜率因子。运用这个数学模型,可以计算出还未扩增时原始模板的荧光值。

$$R_0 = \frac{R_{max}}{1 + \exp^{(n/2)/k}} \qquad (5\text{-}29)$$

当进行绝对定量时,可与已知拷贝数的标准的 R_0 进行计算得出样本的拷贝数。相对定量时进行 R_0 的比较即可。实验证明这种方法的准确性相当好。他们将 GAPDH 做一系列稀释后进行荧光定量 PCR,得到的一系列 R_0 值与稀释度的相关性非常高。在

不同的反应体系中聚合酶的不同对于同样模板数所得各 R_0 变化不大。

这种方法从扩增曲线而不是标准曲线来计算扩增效率,由于整个 PCR 过程中扩增效率的变化,作者发现这种方法较相对 Ct($2^{-\triangle\triangle Ct}$)法更为准确,因为由使用者确定哪一个 PCR 循环出现指数增长,哪一个循环用于计算。

二、Ramakers 等的方法

Ramakers 等的方法(参考文献[11])也是通过得到原始模板的荧光值 R_0 来计算起始模板的拷贝数的。他们将所测到的荧光值先进行对数化,由于扩增反应前面 20~30 个循环为指数扩增,所以对数化后与循环数的关系则为线性关系,通过线性回归的方法可以得到一个直线方程 $y = ax + b$,则扩增效率 $E = 10^a - 1$,起始荧光值 $R_0 = 10^b$,推导过程如下。如前所述 $R_n = R_0(1+E)^n$,两边取对数,得

$\log R_n = \log R_0 + n \times \log(1+E)$,根据 $y = b + ax$,于是 $b = \log R_0$,$a = \log(1+E)$,$R_0 = 10^b$,$E = 10^a - 1$

这种模型并没有将整个反应曲线进行拟合成一个函数,而只选用了从荧光值刚能检测到随后呈指数增长的 5~6 个循环的荧光值,将其进行转换成直线再进行处理。

三、Tichopad 等的方法

Tichopad 等(参考文献[12])运用四参数算术模型拟合出一个函数

$$R_X = \frac{a}{1 + (x/x_0)^b} \qquad (5\text{-}30)$$

R_X 为 在第 X 个循环荧光增加值,a 为最大荧光值减去基底荧光值的差值,x 为实际循环数,x_0 为函数的最大一阶导数,b 为

该函数在 x_0 时的斜率。

通过这个函数主要是用来计算处于 PCR 仪检测下限的反应的扩增效率,这样整个反应的扩增效率都可计算出来用于结果的计算。将样本与标准进行比较即可得出结果。

综上所述,实时荧光定量 PCR 现在越来越广泛地应用于科研以及临床。数据处理的模式依赖于 PCR 仪所能提供的数据,而新的数据处理模式或数学模型又为 PCR 仪的发展提供了理论依据,两者相互促进,本处只是对其中的一些方法进行了介绍。随着 PCR 仪的发展,数据处理的方式也会进一步发展,近年来这方面的研究文献颇多,这将大大促进实时荧光定量 PCR 数据的准确、精密和快速的处理。

(李金明)

参 考 文 献

[1] Gibellini D, Vitone F, Gori E, et al. Quantitative detection of human immunodeficiency virus type 1 (HIV-1) viral load by SYBR green real-time RT-PCR technique in HIV-1 seropositive patients. J Virol Methods, 2004, 115:183-189

[2] Anders S, Pierre A, Börje R, et al. Quantitative real-time PCR method for detection of B-lymphocyte monoclonality by comparison of κ and λ immunoglobulin light chain expression. Clin Chem, 2003, 49:51-59

[3] Yip SP, Lee SY, To SS, et al. Improved real-time PCR assay for homogeneous multiplex genotyping of four CYP2C9 alleles with hybridization probes. Clin Chem, 2003, 49:2109-2111

[4] Mackay IM, Arden KE, Nitsche A. Real-time PCR in virology. Nucleic Acids Res, 2002, 30:1292-1305

[5] Heid C, Stevens K, Livak K, et al, Real time quantitative PCR. Genome Res, 1996, 6(10):986-994

[6] Pfaffl MW. A new mathematical model for relative quantification in real-time RT-PCR. Nucleic Acids Res, 2001, 29:2002-2007

[7] Gibson UE, Heid CA, Williams PM. A novel method for real time quantitative RT-PCR. Genome Res, 1996, 6:995-1001

[8] Livak KJ. ABI Prism 7700 Sequence Detection System, User Bulletin 2. PE Applied Biosystems, 1997

[9] Liu W, Saint DA. A new quantitative method of real time RT-PCR assay based on simulation of polymerase chain reaction kinetics. Anal Biochem, 2002, 302:52-59

[10] Liu W, Saint DA. Validation of a quantitative method for real time PCR kinetics. Biochem Biophys Res Commun, 2002, 294:347-353

[11] Ramakers C, Ruijter JM, Deprez RH, et al. Assumption-free analysis of quantitative real-time polymerase chain reaction (PCR) data. Neurosci Lett, 2003, 339:62-66

[12] Tichopad A, Dilger M, Schwarz G, et al. Standardized determination of real-time PCR efficiency from a single reaction set-up. Nucleic Acids Res, 2003, 31:e122

[13] 彭建明, 李金明. 定量 PCR 测定数据处理数学模型研究进展. 国际检验医学杂志, 2005, 26(7):449-451

[14] 李金明. 临床实验室分子诊断的标准化. 中华检验医学杂志, 2006, 29(6):481-484

第6章 实时荧光 PCR 仪及其发展

PCR 自 1983 年发明到现在,虽只有短短的 20 多年,但其在生命科学研究中的作用以"支点"来形容却一点不为过。而各种各样的基于 PCR 原理的核酸扩增仪尤其是实时荧光 PCR 仪的出现,极大地促进了 PCR 技术在生命科学研究和临床分子诊断中的应用。

第一节 PCR 仪的发展历史及基本原理

在最早的 PCR 方法的研究中,进行 PCR 三个温度的实验过程,是以三个不同温度的水浴锅为基础的,应该说,水浴锅加上机械臂,算不上真正的 PCR 仪。真正的最早的 PCR 仪可以追溯到 1987 年:发明 PCR 的 Mullis 博士所在的位于美国加利福尼亚的 Cetus 公司当时与位于美国康州的 Perkin Elmer 公司(后为美国 ABI 公司收购,现属于 ABI 公司)合作,成立了 Perkin Elmer-Cetus 仪器公司,开始研制基于 PCR 原理的核酸扩增仪,并在当年的年底即推出了世界上第一台 PCR 仪——TC-1。

实时荧光 PCR 技术首先由 Higuchi 在 1992 年报道,其于 1986 年在美国 Cetus 公司工作时,即开始闭管 PCR 的研究工作,由于研究助手的偶然失误,在本要在 PCR 后才加入溴乙啶(EB)至反应管的步骤,改在了 PCR 的开始即加入,本来 EB 对 PCR 有抑制作用,但由于加入量少,PCR 后,在激发光下见到了荧光,因此,在 PCR 反应过程中,连续检测在退火或延伸时掺入到双链核酸中 EB 在激发光下所产生荧光,就能实时监控 PCR 反应的进程,PCR 反应产物的量与起始模板、扩增循环和效率间具有相应的数学函数关系,通过加入外部已知系列的标准品,得到相应的标准曲线,就可以对待测样品中的靶基因进行准确定量。于是通过在普通 PCR 仪的基础上,再配备一个激发和检测的装置,第一台实时定量 PCR 仪就诞生了。但真正市场化的荧光 PCR 仪,是美国 ABI 公司 1996 年推出的 7700,1997 年即进入到国内,进入到国内的第一台 7700 当时即放置在卫生部临床检验中心。后来,ABI 公司又相继研发了一系列实时荧光 PCR 仪,如 5700、7000、7300、7500、7900 等。其他,也有许多公司如 Roche、Bio-Rad、Cepheid、M-J 和 Corbett 等公司推出了相应的实时荧光 PCR 仪。

简单地说,PCR 仪就是一个可控的温度快速变化装置,温度的变化控制通过内装的程序或计算机软件进行,温度变化的方式主要可分为空气驱动循环和变温金属块(heat block)等两种。前者如 Roche 的 LightCycler 和 Corbert 的 RotorGene,后者如 ABI、Bio-Rad、Cepheid 和 M-J 的系列实时荧光 PCR 仪等。

一、空气驱动循环 PCR 仪

此类 PCR 仪以空气作为热传导媒介,通常包括机箱(外壳)、热源、冷空气源、控制器和辅助电器元件等部分。外壳为金属薄板的双层结构,采用商品化的家用对流恒温器(烘箱),在升温时,可防止外层过热,同时不妨碍温度的迅速变化。温度控制由两部分组成,即电阻元件和吹风机。强热的空气由热空气枪提供。热辐射源是电阻元件,在小功率风扇不能提供足够的冷热空气对流时启用。大功率风扇为制冷提供外部空气,或由冷室或更复杂设备产生冷空气。RTD 传感器和电子控件结合,可使扩增仪恒温的不精密度在±1℃。

这种装置的优点是:①无须金属的精密加工,可以使成本降低。②整个系统不采用制冷液,因而没有液体流动,安全程度高。同时以测定管内温度为控温依据,显示温度真实可靠。③由于是一个温室,空气与反应管紧密直接接触,不同扩增管间的温度均一性好。但如果单纯靠外部空气制冷,则受环境温度影响大。此外,各管的均一性需要严密的设计才能得以保证。

这种装置的缺点是,空气通常导热性差,比热小。因此为解决这一问题,需利用离心来产生空气流动、增强导热性;同时使用毛细管,加大接触面积;试剂微量化来弥补。但使用离心,影响标本量:标本量越大,空气比热小的弱点就越明显,所以空气加热的仪器标本量都比较小。使用毛细管作为扩增反应管,由于反应液与管的接触面积增大,吸附现象更大,因此试剂的通用性差,必须要针对其建立专门的实验参数。

二、变温金属块 PCR 仪

此类 PCR 仪的中心是一个热块(heat block),系由铝或不锈钢等金属制成,上面有均匀分布的 24、48 个或 96 孔小"进孔",可放置专用的扩增反应管,内壁加工精密,以保证和反应管紧密接触。热块的加温和降温分别由其下部的电阻丝和制冷机来控制。电阻丝的加热升温,由微机控制。热块的热均匀性可达±0.1℃,恒温控制的精度好于±0.5℃。降温由制冷机来实现,散热器的管道从热块上经过,需要迅速降温时,启动压缩泵,快速制冷,温度的变化速率大于 1℃/s。热块的温度变化范围可为 4(或更低)~99℃。

为改善反应管和热块的触壁的热传导特性,可在两者之间加一种特别矿物油或二氧化硅粉,此外,要防止反应管在温度低的位置产生凝结。这种系统目前已在更高的智能程度上得以改进,如加有热盖,而不需加液状石蜡。此类仪器有精密的加工工艺,保证样品孔与反应管充分吻合。

不同厂家不同型号的 PCR 扩增仪的原理可能各有不同,其加热、制冷机制、温度及其控制和功能设置方式都不尽相同。国外产品以 ABI 为代表,其 PCR 仪产品有多种,加热方式有电热发热、光发热、半导体发热,制冷方式有半导体制冷和压缩机制冷等。

第二节　实时荧光 PCR 仪简介

定量 PCR 是在定性 PCR 技术基础上发展起来的核酸定量技术。实时荧光定量 PCR 技术于 1996 年由美国 Applied biosystems(ABI)公司推出,它是一种在 PCR 反应体系中加入荧光基团,利用对荧光信号积累的实时检测来监测整个 PCR 进程,最后通过标准曲线对未知模板进行定量分析。实时荧光 PCR 因其具有对整个核酸扩增过程的实时指示的特点,因而可以很容易地找到特定靶核酸扩增的"指数期",因而尤为适用于定量测定。并且,实时荧光 PCR 因扩增和产物分析同时完全,整个测定过程处于一种闭管状态,因此,对实验室的设计和人员操作要求都相对要低一些,对于临床 PCR 检验,有很大的优越性,其一出现即迅速在国内的临床基因扩增检验实验室推广开来。

一、美国 ABI 公司生产的实时荧光 PCR 仪

(一)GeneAmp 5700 型实时荧光 PCR 仪

该仪器是美国 ABI 公司较早进入国内的实时荧光 PCR 仪,现已停产,但仍有个别临床实验室使用。

1. 仪器组成　包括 GeneAmp5700 应用软件及配套电脑、GeneAmp5700 检测仪和 GeneAmp PCR 9600 扩增仪等三个部分（图 6-1）。

2. 检测原理及特点　可分别用于以 TaqMan 荧光探针和 SYBR Green 荧光染料为基础的实时荧光 PCR，可以 Ct 作为定量测定依据。其优点是结果重复性好，动力学线性范围广，一次最多可同时分析 96 个样品，荧光检测波长为 530～590nm。缺点是该仪器为单色荧光，并且不能实时在线监测反应。

图 6-1　GeneAmp 5700 型实时荧光 PCR 仪

3. 影响测定结果的因素　①阈值的设定。阈值线的确定决定了 Ct 的大小，因此，在临床检验中，必须要有一个统一规范的阈值设定方法。②加样的准确性和反应体系的均一性。③反应管中的气泡可影响荧光光路，从而影响检测结果。④反应管疏水性差，有样本或反应液仍停留在管壁上，亦将影响荧光光路。⑤反应槽或反应管被荧光物质污染。⑥反应管不符合荧光检测要求。⑦反应管用记号笔做标记，加热将使颜料挥发，进而污染光路部分影响检测。

（二）ABI PRISM 7000 系列实时荧光 PCR 仪

ABI PRISM 7000 系列实时荧光 PCR 仪包括 7000（图 6-2）、7300（图 6-3）、7500（图 6-4）、7700 和 7900HT（图 6-5）等，是目前国内临床实验室中的主流实时荧光 PCR 仪之一，其中 7700 已停产。

1. 仪器组成　包括 ABI PRISM 7000 应用软件及配套电脑、7000 系列扩增检测系统（半导体 PCR 仪，卤钨灯光源、四色或五色滤镜轮和冷 CCD 照相机进行荧光检测）。

图 6-2　ABI PRISM 7000 实时荧光 PCR 仪

图 6-3　ABI PRISM 7300 实时荧光 PCR 仪

2. 检测原理及特点　采用精确的化学原理和复杂的多组分算法，可准确地检测和处理 PCR 指数级扩增的数据，得出高精度重现的 Ct。其特点是：①多色荧光检测。ABI PRISM 7000 为四色荧光，可用于两种荧光染料即 FAM 和 SYBR Green Ⅰ 的检测。ABI PRISM 7300 为四色荧光，能分辨包括 FAM、SYBR Green Ⅰ、VIC/JOE、TAMRA 和 ROX 在内的多种荧光染料。ABI PRISM

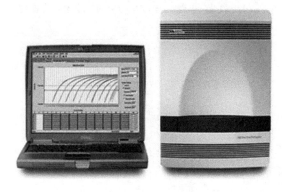

图 6-4　ABI PRISM 7500 实时荧光 PCR 仪

图 6-5　ABI PRISM 7900 实时荧光 PCR 仪

7500 为五色荧光,能分辨包括 FAM、SYBR Green Ⅰ、VIC/JOE、NED/TAMRA/Cy3、ROX/Texas Red 和 Cy5 在内的多种荧光染料。②实时数据监控,并有熔点曲线实时显示分析。③结果重复性好,线性范围广,可大于 9 个数量级。分辨率高,可分别用于 TaqMan 荧光探针技术作定量 PCR 和 SYBR Green 荧光染料作定量 PCR,并利用多色荧光检测单核苷酸多态性。④阴性/阳性结果自动判定。⑤外形设计精巧,节省实验室空间。⑥7900HT 型是高通量实时荧光 PCR 系统。兼容 96 孔板,384 孔板和 Taqman 低密度表达谱芯片,可以选用手工进样或通过自动进样装置连续进样。⑦全部 96 个样品采用同一卤钨灯作为光源,可发出全光谱的光源,易更换,但寿命短。⑧仪器校正均使用染料 ROX。

(三)ABI ViiA™7 实时荧光 PCR 仪

ViiA™ 7 实时荧光 PCR 仪没有延续以往 7500、7900 等定量 PCR 仪的名称,而是单名一个 7,且 Vii 也是罗马数字的 7,寓意为全新的第七代实时定量 PCR 系统。

1. **仪器组成**　包括应用软件和扩增仪等(图 6-6)。

图 6-6　ABI ViiA™ 7 实时荧光 PCR 仪

2. **检测原理及特点**

(1)可以兼容使用标准 96 孔板,快速 96 孔板,384 孔板及 TaqMan® Array 微流体芯片,提高实验室的产率,适用于开展中等通量到高通量检测。

(2)采用卤素灯作为荧光光源,6 色激发荧光(450～670nm)和 6 色检测通道(500～720nm),ViiA™ 7 引入 OpiFlex™ 系统,用增强型荧光检测实现准确而灵敏的数据分析。可检测 1 拷贝的样本。

(3)采用触摸屏,操作简便易用,一键启动各种应用程序。

(4)可从任意一台联网的计算机操作 ViiA™7 系统实时远程控制最多达四台仪器或正在运行的实验。还可以收到电子邮件通知,告知运行和仪器状态。

(四)ABI QuantStudio™Flex 系列实时荧光 PCR 仪

QuantStudio™Flex 系列实时荧光 PCR 仪应高通量 PCR 的需求产生,主要包括

QuantStudio™ 6 Flex、QuantStudio™ 7 Flex 和 QuantStudio™ 12K Flex。

1. 仪器组成　包括应用软件和扩增仪等（图 6-7）。

图 6-7　ABI QuantStudio™ Flex 系列实时荧光 PCR 系统

2. 检测原理及特点

（1）QuantStudio™ Flex 系列采用触摸屏操作，软件直观易用。QuantStudio™ 6 Flex 采用 5 色荧光检测，CCD 成像，QuantStudio™ 7 Flex 和 QuantStudio™ 12K Flex 采用 6 色荧光检测系统。

（2）QuantStudio™ 6 Flex 支持三个可换的模块（96 孔标准、96 孔快速或 384 孔），满足中等通量的需求。可以升级成 QuantStudio™ 7 Flex。

（3）QuantStudio™ 7 Flex 支持四个可换的模块（96 孔、96 孔快速、384 孔或 TaqMan Array Card）。此外还可以配置 Twister® Robot 自动化配件，以支持高通量的应用。

（4）QuantStudio™ 12K Flex 拥有 5 种可换模块：OpenArray 模块、TaqMan Array Card 模块、384 孔模块、标准或快速 96 孔模块。该系统既可做定量 PCR（TaqMan Array Card 模块、384 孔模块、标准或快速 96 孔模块），又可以做数字 PCR（OpenArray 模块）。系统可同时运行 4 块 OpenArray 芯片，相当于 32 块传统的 384 孔板，4 小时就能获得 12 000 个数据。

二、美国 Cepheid 公司的 Smart Cycler 实时荧光 PCR 仪

Smart Cycler 是成立于 1996 年的美国 Cepheid 公司的产品，1998 年获得美国研究 100 金奖。2004 年在精彩生物通年度评选中获科技进步产品前 3 名。因该产品独有的特点，其主要应用于感染性病原体的快速检测，在国内，主要是在疾病预防控制中心和一些科研实验室中应用。

1. 仪器组成　包括应用软件及配套电脑和 16 个独立的扩增模块等（图 6-8）。

图 6-8　Smart Cycler 实时荧光 PCR 仪

2. 检测原理及特点

(1)机型小巧,是目前世界上唯一可同时进行多种 PCR 反应程序的实时荧光 PCR 仪,拥有 16 个独立程序 I-CORETM(智能升/降温反应)模块的板块,即同一或不同操作者在同一板块上可进行不同程序的 PCR 反应,换句话说,这 16 个样品槽相当于 16 台独立的实时荧光 PCR 仪。该系统的一台电脑可以同时连接 16 个板块,灵活性强,极大满足了实验室对检测量的需求,同时也降低了成本。故现今该系统已被广泛应用于传染性疾病及基因检测。

(2)有四通道光学检测系统,分别可以检测 FAM、SYBR Green I、TET、Cy3、ROX/Texas Red 和 Cy5 在内的多种荧光染料,可同时检测四种荧光信号,便于多重 PCR 分析。

(3)升降温速度很快,高达 10℃/s,检测快速,1h 即可检出病原体。

(4)检测的线性可达 9 个数量级。

三、美国 Bio-Rad 公司的实时荧光 PCR 仪

(一)iCycler iQ 实时荧光 PCR 仪

iCycler iQ 实时定量 PCR 系统是美国 Bio-Rad 公司的产品,其进入中国市场也较早,但在临床 PCR 实验室中的应用相对于 ABI 和 Roche 的实时荧光 PCR 仪要少得多。

1. 仪器组成　包括相应的应用软件及配套电脑、扩增检测系统(图 6-9)。

2. 检测原理及特点　①荧光检测波长为 400～700nm,可 4 波长同时检测。5 组滤光片位置使用户可以自由选择不同的检测波长。②具有梯度 PCR 功能,可用于快速优化实验条件。这一点也是其他实时荧光 PCR 仪所没有,只有 iCycler iQ 和 MJ 系列仪器所特有的一项功能。③采用激发光与发射光双滤光片盘设置,结合荧光干扰校正技术,可避免信号间的交叉干扰。④专利技术 intensifier 荧光放大器保证了极高的检测灵敏度。

⑤可对加样误差进行校正,不依赖于 ROX 校正。

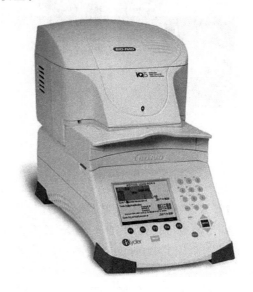

图 6-9　iCycler iQ 实时荧光 PCR 仪

(二)Opticon、Chromo4 实时荧光 PCR 仪

Opticon、Opticon 2 和 Chromo4 是美国 MJ Research 公司的产品,因 MJ 在其实时荧光 PCR 仪专利侵权官司上的败诉,后被美国 Bio-Rad 公司收购。

1. 仪器组成　包括相应的应用软件及配套电脑和相应的扩增检测系统(图 6-10)。

2. 检测原理及特点　①Option 系列是在 MJ 原来的常规 PCR 仪基础上发展而来的,采用 LED 光源 PMT 光电倍增管荧光检测器。②96 个单色 LED 光源对应 96 孔,但是单色 LED 激发波长范围窄。Option 是单道单个光电倍增管荧光检测器,升级的 Option2 是双 PMT 光电倍增管荧光检测器,Chromo4 为四通道荧光 PCR 检测系统。③PMT 灵敏度高但一次只能扫描一个样品,所以 Option 系列是逐孔扫描而非同时检测 96 个样品。双 PMT 可同时进行双色检测(FAM/SYBR Green I;VIC/Joe/TAMRA)。④具有梯度 PCR 功能,可用于快速优化实验条件。

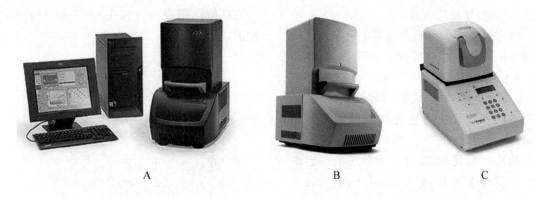

图 6-10　Opticon(A)、Opticon 2(B)和 Chromo4(C)实时荧光 PCR 仪

(三)CFX96 Touch 实时荧光 PCR 仪

CFX96 实时荧光 PCR 仪是在 C1000 PCR 仪的基础上,增加光学检测模块升级而成。采用触屏操作。

1. 仪器组成　包括应用软件和扩增仪等(图 6-11)。

图 6-11　CFX96 Touch 实时荧光 PCR 仪

2. 检测原理及特点

(1)样品通量:96 个。

(2)光源:6 个带滤光片的 LED。检测器:6 个带滤光片的光电二极管,无须 ROX 校正。光谱范围:450~730nm。

(3)检测灵敏度:单拷贝。

(4)检测动态范围:10 个数量级。

(5)最大升降温速度:5℃/s。

(6)具有温度梯度功能。

四、美国 Stratagene 公司的实时荧光 PCR 仪

美国 Stratagene 公司 2001 年成功推出 Mx4000 型实时荧光定量 PCR 仪,2003 年又开发出"个人型"实时荧光定量 PCR 仪 Mx3000P。2004 年底又顺势推出了 Mx3000P 的升级版 Mx3005P。

1. 仪器组成　包括应用软件及配套电脑和扩增仪等(图 6-12)。

2. 检测原理及特点

(1)扫描式检测,避免了各样品间的光程差,无须内参校正。为四色荧光检测。可识别的荧光染料有 FAM,SYBR Green Ⅰ,HEX,JOE,VIC,ROX,TEXAS RED,Cy3,Cy5,TET,Alexa 350,TAMRA 等。

(2)可同时检测 96 个样本。检测线性范围可达 10 个数量级。

(3)内置芯片实时保存实验数据,防止因突然断电或连接中断而丢失数据。

(4)实验条件设置、反应过程监控、数据显示分析三大功能模块从同一界面链接,直观简便。

(5)反应过程中不但实时监测荧光信号,还能实时分析数据。

(6)分析模式全,可进行(多重)绝对定量 PCR、相对定量 PCR、SYBR Green Ⅰ定量及熔解曲线分析、SNP分析、分子信标熔解曲

A B C

图 6-12 Mx3000P(A)、Mx 3005P(B)和 Mx4000(C)实时荧光 PCR 仪

线分析等。

（7）所有结果可以原始数据的形式显示，也可输出到 Excel 中作进一步分析，曲线和表格等结果可直接用于 PowerPoint、Text 等文档中。

五、Roche 公司的 LightCycler 实时荧光 PCR 仪

Roche 公司的 LightCycler 实时荧光 PCR 仪也是目前国内临床基因扩增检验实验室主流仪器之一。

（一）LightCycler1.0、2.0 和 480 实时荧光 PCR 仪

1. 仪器组成　包括应用软件及配套电脑和扩增仪等两个部分（图 6-13）。

2. 检测原理及特点

（1）单一光路的三个检测点对样本同时进行三个波长的荧光检测，扩增与检测同时进行，提供实时分析和在线监测。

（2）引入独特的颜色补偿功能和软件以消除各检测通道其他染料荧光的干扰。

（3）为双色或多色测定，可采用内对照对特定的靶序列定量。

（4）公用热室，保证单次 PCR 各反应管间温度的均一性。

（5）扩增反应管为毛细玻璃管，循环速度快，20～30min 完成 30～40 个循环。

（6）可进行熔点曲线分析。

（7）一次检测样本数可为 32 个，但 LightCycler 480 则为 96/384 互换式高通量仪器，并且采用了新型的 ThermaBase™ 模块加热技术和独特的快速散热装置，有五个激发通道和六个荧光检测通道。

（8）检测的线性范围宽，可达 10 个数量级。

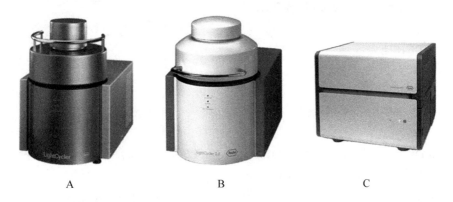

A B C

图 6-13 LightCycler 1.0(A)、LightCycler 2.0(B)和 LightCycler 480(C)实时荧光 PCR 仪

（二）LightCycler 96 实时荧光 PCR 仪

罗氏公司 2012 年推出 LightCycler 96 实时荧光 PCR 仪。

1. 仪器组成　包括应用软件和扩增仪等（图 6-14）。

图 6-14　LightCycler 96 实时荧光 PCR 仪

2. 检测原理及特点

（1）采用银质模块温控技术，保证温度均一性。

（2）使用高强度白光 LED 光源，配合使用 2×96 根等距光纤，从 96 个样本孔中同时激发及捕获荧光信号，避免传统实时荧光 PCR 仪器检测的边缘效应。

（3）波长范围：470～645nm（激发），514～697nm（检测）。

（4）检测的线性：10 个数量级，检测灵敏度：单拷贝。

（5）4 重 PCR 能力。

（6）具有梯度 PCR 功能，便于实验条件摸索。

（7）使用直观的触屏操作系统，无须维护。

（三）LightCycler 1536 实时荧光 PCR 仪

1. 仪器组成　包括应用软件和扩增仪等（图 6-15）。

2. 检测原理及特点

（1）基于 LightCycler 480，使用 1536 孔

图 6-15　LightCycler 1536 实时荧光 PCR 仪

微孔板，可在 50min 内获得 1536 个样本的定量分析数据，通过增加反应孔数提高反应通量。

（2）微孔板底部引入导热性能极佳的陶瓷介质，结合罗氏的 Thermaxis 三向导热技术，极大提高孔间温度均一性。

（3）弧光氙灯作为激发光源，冷 CCD 检测信号。

（四）LightCycler Nano 迷你实时荧光 PCR 仪

1. 仪器组成　包括应用软件和扩增仪等（图 6-16）。

图 6-16　LightCycler Nano 迷你实时荧光 PCR 仪

2. 检测原理及特点

（1）2011 年推出，仅为一本杂志的大小，可随意搬动，运行时几乎没有声音，但功能齐

全,秉承 LightCycler 家族的高特异性和灵敏度。

（2）采用空气加热/制冷。

（3）全光谱兼容,超过 12 个检测通道。

（4）完成一次常规 PCR 反应时间少于 50min。

（5）32 孔（4×8 联管）,适合通量不高的实验室。

六、Corbert 的 RotorGene 实时荧光 PCR 仪

Corbert 的 RotorGene 实时荧光 PCR 仪属于离心式空气加热的实时荧光 PCR 仪,有 RotorGene 2000、3000 和 6000 等型号,分别在 2000 年、2003 年和 2006 年推出。RotorGene 6000 于 2006 年被授予美国 qRT-PCR 市场 Frost&Sullivan 科技进步奖。

1. 仪器组成　包括应用软件及配套电脑和扩增仪等两个部分（图 6-17）。

2. 检测原理及特点

（1）RotorGene 3000 有独立的 4 通道,有 4 个独立的 LED 激发光源（470nm/530nm/585nm/625nm）,保证最少的光谱交叉。

（2）PMT 检测,有 6 个检测滤光片,可检测的荧光染料包括 FAM、SYBR Green Ⅰ、TET、HEX、VIC/JOE、Max、NED/TAM-RA/Cy3、ROX/Texas Red 和 Cy5 等。RotorGene 6000 可检测从蓝到红的众多染料,还可采用 EvaGreen 染料进行高分辨融解（high resolution melt,HRM）曲线分析。

（3）灵敏度高,重复性好,线性范围宽,可达 12 个数量级。

（4）转子在扩增反应过程中始终以低速旋转,所以样品间有非常好的温度均一性。

（5）样品间的测定有非常高的精度。原因除了有同一热反应室外,还有相同的光学测量通道。每个样品每循环测定 32 次。

（6）检测通过薄壁管侧壁而非管底进行,因此,扩增反应管盖上可进行标记。

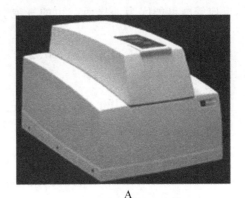

A

B

图 6-17　RotorGene 3000(A)和 6000(B)实时荧光 PCR 仪

（7）RotorGene 3000 温控速度不如 LightCycler,但优于多数模块加热的 PCR 仪,可达到 5℃/s。

（8）拥有一个光学变性专利——待扩增样品先进行一次熔解曲线程序,仪器检测荧光信号大小的变化,找到代表全部双链 DNA 解链的峰值对应温度,这样在后面的扩增循环中,就不必总是将变性温度设为 94℃,也不需要延长温育时间,所以扩增反应时间可大大缩短。

（9）不需要被动的参比染料如 ROX 进行校正。

（10）RotorGene 6000 灯泡可终生使用,无须更换。

（11）不需要对扩增孔进行清洁。

（12）因为有扩增过程一直处于离心状

态,反应管内可能因为加样而产生的气泡会因为离心而去掉。

仪器的缺点与 LightCycler1.0、2.0 一样,就是反应孔数太少。

七、Eppendorf 公司的 Mastercycler ep realplex 实时荧光 PCR 仪

Eppendorf 公司推出的 Mastercycler ep realplex 是一款带有梯度功能的荧光定量 PCR 仪。

1. **仪器组成** 包括应用软件和扩增仪等(图 6-18)。

图 6-18 Mastercycler ep realplex 实时荧光 PCR 仪

2. **检测原理及特点**

(1)使用 96 个独立激发的发光二极管 LED(470nm)为激发光源,采用新型通道式光电倍增管 CPM(第二代 PMT)及 96 合一光纤为检测系统,避免了边缘效应以及所有样品间的荧光信号干扰。

(2)检测波长:520/550nm(realplex2),520/550/580/605nm(realplex4)。

(3)线性范围:9 个数量级,可检测到单拷贝样品。

(4)银制模块升降温的速度可达到 6℃/s,在其他仪器上需要 40~60min 的 PCR 反应只需运行 28min。

(5)具有梯度 PCR 功能。

(6)开放的系统可使用多种反应管、反应板和试剂。

除上述实时荧光 PCR 仪外,较常用的国内仪器有达安基因 DA、西安天隆的 TL988、杭州博日 Linegene、厦门安普利 FluoScan 9700、上海宏石的 SLAN 和上海枫岭 FTC 等,这些仪器的方法原理与国外相应的仪器基本相同,且具有较好的仪器性价比,适用于相应临床及科研实验室应用。

第三节 实时荧光 PCR 仪选择

从第二节中,我们知道实时荧光 PCR 仪有很多种,各有其特点,基本性能指标上面也进行了简单叙述,作为临床 PCR 实验室,究竟选用何种实时荧光 PCR 仪较为合适,可根据以下原则来进行。

一、仪器使用的广泛程度

如果不是一个新出现的仪器品牌,为保证所购置的仪器有充分的可靠性,临床 PCR 实验室可以从相应仪器在国内外使用的广泛程度来判断。应用越是广泛的仪器,越是经过实践验证的,也就越具有可靠性。如果一种仪器进入市场已有多年,但用户却很少,则除外价格因素外,则必有其内在的质量原因。

二、工 作 量

从第二节所述,不同的仪器的每次扩增的检测量是不一样的,实验室可根据自己的日常工作量来选择相应的仪器,如果一个实验室的工作量较大,则不适合选用扩增孔较少的仪器,一是仪器每天的使用次数是有限的,一般不能超过 3 次,否则不能保证仪器的

检测性能。二是会大量增加成本。每次扩增均需有系列标准品、阴性和阳性质控。

三、耗材的开放性

耗材如扩增反应管的开放性可能会决定日常检测成本的高低。作为临床 PCR 实验室，在选择实时荧光 PCR 仪时，可考虑这一点。

四、硬件设计特点

荧光 PCR 仪主要有 96 孔板式、离心式等，各有优缺点。传统的 96 孔板的仪器采用卤钨灯激发、CCD 检测，这些光学结构在 96 孔板的顶部，每个样品孔距光源和检测器的光程各不相同即边缘效应，对结果产生影响。为保证准确的实验结果，这类仪器在实验过程中通常会使用 ROX（一种荧光染料）或专用的参照染料（reference dye）作为参照校正实验结果。CCD 最大的优点就是可以同时扫描所有样品中的荧光信号，但是灵敏度较低，而且同时检测样品间的荧光信号存在干扰。ABI 公司的荧光 PCR 仪就属于这一种。离心式的仪器通常选用 LED 激发、PMT 检测，离心式的设计上避免了边缘效应。LED 光源是冷光源，对实验没有影响，因此无须采用其他荧光染料校正仪器，而且使用寿命长无须经常更换，但是 LED 的光强相对卤钨灯和激光都要弱很多。PMT 每次只能收集单个荧光信号，但是检测灵敏度高，需要通过逐个扫描实现多样本检测，对于大量样本需要较长时间。离心式荧光 PCR 仪以罗氏的

lightcycle 2.0 和 Corbett 的 RotorGene 为代表。创新的荧光 PCR 仪，利用光纤从 96 个样本孔中同时激发及捕获荧光信号，避免边缘效应。这类仪器包括罗氏 lightcycler 96 和 Eppendorf 的 Mastercycler ep realplex。

五、检测通道和可检测的荧光染料

不同的实时荧光 PCR 仪，在检测通道和可检测的荧光染料各有不同。作为临床 PCR 实验室，由于商品化试剂所用的染料有限，可不必过分追求多通道或多种染料检测的仪器，因为实际工作中根本用不上。而作为科研实验室，则由于科学研究的需要，如多重 PCR 等，可选择多通道和可检测多种荧光染料的仪器。

六、温度梯度功能

温度梯度功能是为优化 PCR 扩增循环条件而配备的，进行有关 PCR 科研的实验室可考虑选择具有该项功能的仪器，而作为临床 PCR 实验室则不必考虑该项功能。

七、软件功能

实时荧光 PCR 仪的软件功能主要可考虑一些分析功能，如绝对定量、相对定量、SNP 分析、融解曲线分析等。评价软件功能优劣的一个基本标准是，是否简单明了，易于操作使用，并且不出现故障。

表 6-1 为几种常用的实时荧光 PCR 仪的基本性能和参数的比较。

表 6-1　几种常用的实时荧光 PCR 仪的基本性能和参数的比较

厂家	型号	加热方式	可检测荧光染料数量及测定波长（nm）	激发和发射波长（nm）	可测样品量	激发光源	测定方式
ABI	ABI 7000	变温金属块	4	/	96	卤钨灯	CCD 照相
ABI	ABI 7300	变温金属块	4	/	96	卤钨灯	CCD 照相

续表

厂家	型号	加热方式	可检测荧光染料数量及测定波长(nm)	激发和发射波长(nm)	可测样品量	激发光源	测定方式
ABI	ABI 7500	变温金属块	5	/	96	卤钨灯	CCD 照相
ABI	ABI 7500 Fast	变温金属块	5	/	96	卤钨灯	CCD 照相
ABI	ABI7900 Fast HT	变温金属块	500~660	488	96/384	激光	CCD 照相
Roche	LightCycler 1.5	空气加热	3	470	32(毛细管)	Light-Emitting Diode (LED)	光电二极管
Roche	LightCycler 2.0	空气加热	6	470	32(毛细管)	LED	光电二极管
Roche	LightCycler 480	空气加热	6	430~630	96/384	氙气灯	CCD 照相
Bio-Rad	iQ5	变温金属块	5 (515~700)	475~645	96/384	卤钨灯	CCD 照相
Bio-Rad	MyiQ	变温金属块	515~545	475~495	96	卤钨灯	CCD 照相
Bio-Rad	MiniOpticon	变温金属块	523~543,540~700	470~500	48	LED	光电二极管
Bio-Rad	Opticon2	变温金属块	523~543,540~700	470~505	96	LED	PMT
Bio-Rad	Chromo4	变温金属块	515~730	450~650	96	LED	光电二极管
Stratgene	Mx4000	变温金属块	4	350~780	96	卤钨灯	CCD 照相
Stratgene	Mx3000P	变温金属块	4	350~750	96	卤钨灯	光电倍增管
Stratgene	Mx3005P	变温金属块	5	350~750	96	卤钨灯	光电倍增管
Cepheid	Smartcycler	变温金属块	4	490~593	16	LED	光测定器
Corbert	RotorGene6000	空气加热	6	365~680	36×0.2ml 或 72×0.1ml	LED	光电二极管
Eppendorf	Mastercycler ep real-plex	变温金属块	4	470	96	LED	PMT

第四节　数字 PCR 仪简介

数字 PCR(digital PCR)是近年发展起来的一种核酸检测和绝对定量的技术。数字 PCR 定量过程分为 PCR 扩增和荧光信号分析。先将核酸模板稀释,分配到几万个独立单元中,使每个反应单元中只有单个模板分子,再进行 PCR 扩增反应。不同于荧光 PCR 对每个循环进行实时荧光测定,数字 PCR 是在扩增结束后对每个反应单元的荧光信号进行采集,有荧光信号记为 1,无荧光信号记为 0,有荧光信号的反应单元中至少包含一个拷贝的核酸模板。理论上,有荧光信号的反应单元数目等于目标 DNA 分子的拷贝数。但反应单元中可能包含两个或两个以上的目标分子,需要使用泊松概率分布函数(Poisson distribution)进行计算,根据反应单元总数、有荧光信号的单元数及样品的稀释系数,可以计算得到样本的初始拷贝数(浓度)。数字 PCR 通过终点检测计算目标序列的拷贝数,不依赖扩增曲线的循环阈值(Ct),也无须采用内参基因和标准曲线,可以实现绝对定量分析。数字 PCR 的灵敏度主要取决于反应单元的数目。反应单元的数目越多,数字 PCR 的灵敏度越高,准确度也越高。根据反应单元形成的不同方式,目前有微流控芯片和微滴两类主流数字 PCR 系统。

一、微流控芯片数字 PCR

随着微流体技术、纳米制造技术和微电子技术等的发展,利用集成电路制作工艺(光刻)在硅片或石英玻璃上刻上许多微管和微腔体,即微流控芯片。通过不同的控制阀门快速准确地将样品流体分至数万个独立的单元,来实现生物样品的分液、混合、PCR 扩增。目前 Fluidigm 公司的 Bio-Mark™ 基因分析系统,Life Technologies 公司的 Quant-Studio™ 3D 数字 PCR 系统均采用微流控芯片技术(图 6-19)。

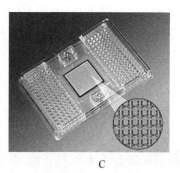

图 6-19 Bio-Mark™(A)、QuantStudio™ 3D(B)数字 PCR 仪和微流控芯片(C)

二、液滴数字 PCR

液滴数字 PCR 源于乳液 PCR(emulsion PCR)技术,利用微滴发生器将含有核酸分子的反应体系生成数百万个皮升级别的油包水微滴,每个微滴都作为一个独立的样品分散载体。经 PCR 扩增后,采用微滴分析仪(droplet reader)检测每个微滴的荧光信号。目前 Rain Dance 公司的 Rain Drop™ 数字 PCR 系统,Bio-Rad 公司的 QX100 系统、QX200 系统均采用液滴技术(图 6-20)。

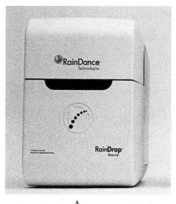

图 6-20 Rain Drop™(A)和 QX200(B)数字 PCR 仪

第五节　实时荧光 PCR 仪的使用、维护和校准

实时荧光 PCR 仪属于精密仪器,其对运行环境具有一定的要求,掌握仪器的正确使用方法及使用过程中的注意事项,对于最大效率地发挥仪器的作用及延长仪器的使用寿命非常关键。

一、实时荧光 PCR 仪使用中的注意事项

为保证实时荧光 PCR 仪的正确使用,首先要仔细阅读仪器的使用说明书,然后写出仪器操作的标准操作程序(SOP),并制成操作卡,放在相应的仪器旁,以指导实验室技术人员正确使用仪器。

(一)放置的台面和环境

实时荧光 PCR 仪应放置水平台上,电源电压须与仪器要求电压相一致,并连接可靠的地线。PCR 仪不能靠近水池、火炉、腐蚀性物质、强磁场等影响仪器工作的地方。

仪器对所处环境的温度和湿度均有一定的要求,实验室技术人员应仔细阅读仪器说明书,明确其对环境的温度和湿度的要求。通常其运行的室温要求在 15～25℃。室温太高或太低均会引起仪器内的程控芯片和其他电子元件工作不正常。此外,仪器宜放在通风、散热好的地方,使扩增过程中易散热,保证机件的正常运转。

实时荧光 PCR 仪应配备不间断或稳压电源,尤其是半导体金属变温的仪器,对电压的稳定性有相应的要求。

(二)编程

进行扩增循环前的编程,是实时荧光 PCR 检测非常重要的一个环节,必须细致小心,所取文件名要易于识别,可按检测项目代码再加年月日来编,如 2007 年 5 月 28 日检测 HBV DNA(取代码 B),则文件名可编为 B070528,如一天之内进行了两次扩增检测,则第一次可编为 B070528-1,第二次编为 B070528-2。所设定的程序应定期进行检查,以防出现错误。

检测样本的唯一编号一定要在编程时与相应的扩增孔对应起来,也就是说,仪器所示的相应孔上,应以样本的唯一编号出现,而不应是 1、2、3、4……或是其他代号,只能是样本的唯一编号,并与书面记录相对应。

(三)扩增反应管的放置

控温为半导体金属变温块的仪器,每次实验时,最好能将扩增仪内的孔位全部放置样品管,若样品管少时可用空管代替,以保证实验的一致性和重复性。

反应管应与孔壁紧贴,如插在仪器孔内仍可旋转说明未贴壁,会严重影响传热致使实验失败,此时应更换反应管或加热块,作为临时措施,也可以在加热块的各孔中加入二氧化硅粉,以改善反应管与孔壁之间的热传导。

空气加热的仪器,如样本量较少,也可考虑摆放位置的平衡。

(四)仪器搬动

实时荧光 PCR 仪在搬动时,须仔细小心,尽量保持水平,使用制冷剂的扩增仪在搬动时,倾斜角度不得超过 15°,以免制冷剂流出。每次搬动后均应对仪器进行校准后才能使用。

二、维护和校准

(一)维护

定期清洁热盖和反应槽(孔)。具体方法是,正常关机后,将反应槽取出,将热盖翻开,用浸透 95% 乙醇或异丙醇的棉棒擦拭反应孔和热盖,待乙醇或异丙醇挥发后再将反应槽安装好,热盖恢复原位。如果热盖和反应槽被污染严重,改用中性消毒液,按上述步骤消毒,然后再用 95% 乙醇或异丙醇擦拭。

反应槽和仪器内壁可用家用洗涤剂清洁,但反应槽必须取出后才可进行清洁,不可直接在仪器内清洁。

LightCycler 实时荧光 PCR 仪,当毛细管破碎时,首先用公司提供的专用毛刷将碎片去除,用 70% 乙醇清洗反应槽,也可用 70% 乙醇清洁仪器内壁。

用无水乙醇清洁光路部分。

(二)校准

实时荧光 PCR 仪必须进行定期校准,校准的内容主要包括仪器的光学部分和温控部分。校准可由生产厂家工程师进行,但必须有校准的 SOP,工程师必须按 SOP 的要求完成相应的校准程序。采用变温金属块加热方式的仪器,孔间温度的均一性也是校准的一项重要内容。

荧光信号的正确采集是荧光 PCR 仪获得准确分析结果的前提,而仪器光学系统决定荧光信号的采集。因此,对于采用卤钨灯激发、CCD 检测光学系统的 PCR 仪,当仪器初次安装、拆装、更换光源或仪器搬动后,均应重新进行光路校准。以 ABI 7500 为例说明光路校准的基本操作,详细校准步骤请参考仪器使用说明书。

1. ROI 校正

(1)关于 ROI 校正:ROI(regions of interest)校正用于生成目标区数据。校正期间生成的数据,允许 SDS 软件映射样本块(block)上反应孔的位置,从而在仪器操作期间,使软件可判断出反应板上特定反应孔中荧光强度的增量(图 6-21)。由于定量 PCR 仪使用一组滤光片分离检测运行期间生成的荧光能量,所以必须为每个滤光片生成校正图像,以修正光学系统中的微小差异。

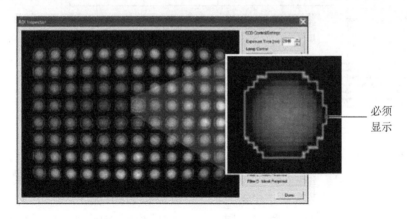

必须显示

图 6-21 ROI 校正数据分析

(2)准备:美国应用生物系统公司 7500 实时定量 PCR 仪光谱校正套件中的 ROI 校正反应板和无粉手套。

(3)执行:创建反应板文件,ROI 校正反应板平衡至室温后稍微离心,载入 7500,分析并产生 ROI 校正数据,最后执行 ROI 校正。所有的滤光器都需要逐个校正。

(4)校正时间:每半年执行一次 ROI 校正。如果怀疑仪器光路受到影响如搬动仪器,建议进行 ROI 校正。

2. 背景校正

(1)关于背景校正:背景校正程序测量定量 PCR 仪的环境荧光强度。在运行校正程序期间,定量 PCR 仪在 10min 内连续地读取背景校正反应板的荧光强度,运行温度为 60℃。随后,SDS 软件计算运行期间所收集到的荧光强度的平均值,提取出结果并保存到校正文件中。软件在此后的分析中将自动调用此校正文件,从实验数据中减去背景信号(图 6-22)。

(2)准备:美国应用生物系统公司 7500 实时定量 PCR 仪光谱校正套件中的背景板和无粉手套。

(3)执行:创建背景校正反应板文件,背景反应板平衡至室温稍微离心,载入 7500,运行背景反应板,提取并分析背景数据,查看原始数据中是否有超过 72 000 荧光标准单位(fluorescence standard unit,FSU)的异常光谱峰值。如果一个或多个反应孔中生成的原始光谱超过 72 000 FSU,则说明背景反应板或样本块中包含荧光污染物,需要进一步确定存在污染的荧光源并加以去除。

(4)校正时间:建议每月执行一次背景校正。如果发现信号异常,建议立即进行背景校正。

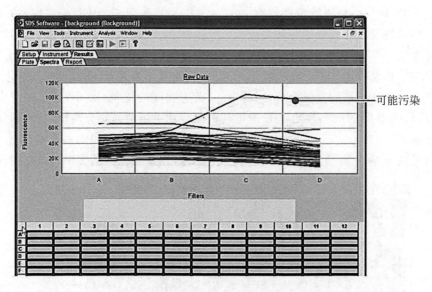

图 6-22　背景校正数据分析

3. 纯荧光校正

(1)关于纯荧光校正:纯荧光校正根据一系列荧光标准品收集荧光数据,软件将不同纯荧光标准品的荧光信息分析并存储到程序中。每次实验时,SDS 软件会收集原始光谱信号,然后将原始光谱与纯荧光文件中包含的纯荧光标准进行比较,以确定样本中使用的每一种荧光的光谱表现。包括 FAM™、JOE™、NED、ROX™、TAMRA™、VIC®、CY-3、CY-5、TEXAS RED 和 SYBR Green Ⅰ dsDNA Binding 荧光。

(2)准备:美国应用生物系统公司 7500 实时定量 PCR 仪光谱校正套件中的纯荧光反应板和无粉手套。

(3)执行:创建纯荧光反应板文件,纯荧光反应板平衡至室温后稍微离心,载入 7500,运行,必须为荧光校正套件中提供的所有纯荧光,均执行一次仪器纯荧光校正程序。提取并分析纯荧光校正数据(图 6-23)。

(4)校正时间:在每次执行纯荧光反应板之前,必须执行 ROI 校正和背景校正。建议每半年执行一次纯荧光校正。如果使用自定义的荧光,必须进行纯荧光校正。

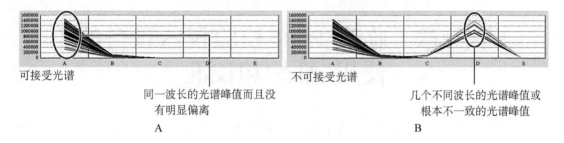

图 6-23　纯荧光校正光谱分析：可接受(A)和不可接受(B)

（林贵高　李金明）

参 考 文 献

[1]　申子瑜,李金明.临床基因扩增检验技术.北京：
人民卫生出版社,2002:105-134

[2]　Dieffenbach CW,Dveksler GS.PCR primer:A laboratory manual.2nd edition.New York:Cold Spring Harbor laboratory Press,Cold Spring Harbor,2003:187-197

第7章 临床 PCR 检验仪器设备的使用、维护和校准

临床 PCR 实验室仪器设备主要有天平、离心机、加样器、扩增仪、生物安全柜、超净台和恒温设备等,设备并不是很复杂,但为了保证检测质量,除了对实验室设置、人员有必要的要求外,仪器设备的正确使用、维护和校准,也是非常关键的前提。本章主要对分析天平、离心机和加样器的使用、维护和校准进行阐述。

第一节 天 平

在 PCR 实验室中,最常使用的天平是电子天平和(或)普通托盘天平,托盘天平通常为 1/100 或 1/1000 以上的天平,最小读数为 0.001g 或 1mg 以上。电子分析天平通常为 1/10 000 和 1/100 000 的天平,最小读数为 0.1mg 和 0.01mg。

一、电子分析天平及其分类

电子分析天平是指用电磁力平衡被称物体重力的天平。其特点是操作简便、称量准确、具有简单的自动校准及超载保护等装置。按电子分析天平的精度可分为超微量、微量、准微量、常量和精密电子天平等。

(一)超微量电子分析天平

此类分析天平的最大称量为 2~5g,其标尺分度值小于(最大)称量的 10^{-6},如瑞典梅特勒-托利多(Mettler-Toledo)UMT2 型和德国赛多利斯(Sartorius)的 SE 系列,其最小称量可达 0.1μg,称量范围为 0~2.1g。超微量电子分析天平的特点是:①超高速称量系统,可重复的称量值;②具有由时间和温度触发的全自动校准和调整功能;③具有内置的修正空气浮力的装置;④具有全自动玻璃防风罩,防静电涂层能有效地屏蔽外界静电荷的干扰;⑤内置 RS232 接口。

(二)微量电子分析天平

此类分析天平的最大称量一般在 20~50g,其分度值小于(最大)称量的 10^{-5},如梅特勒-托利多的 XP 系列电子天平及赛多利斯的 MC 系列电子天平。其最小称量可达 1μg,称量范围为 0~50g。微量电子分析天平的特点基本同超微量电子分析天平。

(三)准微量电子分析天平

准微量电子分析天平的最大称量一般在 20~100g,其分度值小于(最大)称量的 10^{-5},如梅特勒-托利多的 AE50 型电子天平和赛多利斯的 M25D 型电子天平等均属于此类。其最小称量为 0.1mg,称量范围:0~55g 或 100g。准微量电子分析天平的特点同样与超微量电子分析天平相似。

(四)常量电子分析天平

此类分析天平的最大称量一般在 100~200g,其分度值小于(最大)称量的 10^{-5},如梅特勒-托利多的 AE200 型电子天平和赛多利斯的 A120S、A200S 型电子天平均属于常量电子天平。其最小称量为 0.1mg,称量范围:0~100g 至 200g。常量电子分析天平的特点同样与超微量电子分析天平相似。

(五)精密电子分析天平

此类电子分析天平是准确度级别为 Ⅱ 级的电子分析天平的统称。

二、天平的正确使用

(一)待称量样品的特性和实验室环境对称量重现性的影响

1. 潮湿的影响 如果待称量样品放置在 2～8℃下,其温度与实验室温度不同,当将其从冰箱内拿出来称量,需先使其与室温平衡,在这个平衡过程中,如果样本容器不密封,则会在样品表面形成凝结的湿气。同样,如果样品的温度低于天平称量表面的温度,称量时,亦会在样品表面产生湿气,尤其是称量少量样品时。称量者本身也是湿气的来源,很容易通过手指或身体上的油脂传递至样品。因此,如果要求高分辨率(1mg 或更少),标本不可以与使用者的皮肤直接接触。痕迹或汗迹将增加标本重量并吸收湿气(达到 400μg)。身体也会给标本传递温度,加剧上述问题的产生。

2. 静电的影响 静电可以说是无所不在,尤其是在较为干燥的环境中,如果待称量样品含大量的电荷,其在高精密天平上称量时,由于静电附着于样品上或附着于天平的一些固定部件上,就会产生漂动,从而恒定增加或减少称量读数,或得不到可重复的称量结果。一些电荷传导性差的材料如玻璃、塑料,滤纸和一些粉末及液体等,将缓慢地释放电荷,延长称重时的漂动。

称量的样品在移动或处理时均有可能会产生电荷,其主要是由于样品在移动时所产生内摩擦力、样品与其所接触的表面的摩擦力或通过人体直接输送所致的电荷。将样品放在法拉第笼内,由于法拉第笼可通过金属外壁使笼内形成静电屏蔽,从而可有效地避免电荷累积。此外,在试剂容器表面覆盖金属铂片亦可有效减少静电累积。对不吸湿性的样品,可以在称量室内放一个装水的烧杯,以增加称量室内的湿度,从而起到减少静电的作用。为减小天平的称重盘对样品的静电效应,可在称重时,在称重盘上放置一个倒置

的烧杯,以增加待称量样品和称重盘间的距离。此外,在称量时,如果称重环境湿度较低,则不可以使用塑料器皿,塑料器皿更容易产生静电电荷。玻璃是绝缘体,最好使用 100% 玻璃材质的器皿。吸湿的标本,则应在密闭的容器内进行称量。

3. 空气浮力 样品称量时,如果有空气,则空气所产生的上浮作用,会导致样品的显示重量减小。空气浮力对称量较小的样品会产生严重影响。因此,使用可达到称重效果的最小体积的容器,可以减少表面积和空气浮力的作用。

4. 温度 分析天平称重系统的组成部件由不同的材质和尺寸组成,随着温度的变化这些部件会产生不同的变化率。因此,天平称量室内的温度的变化对称量会产生一定的影响。因此,最好是使天平室环境温度保持在恒定温度。当室内温度变化时,则天平应放置 24h 以上,使其达到与室温的平衡后再使用。

标本温度应尽量与环境温度及天平温度一致,这将防止表面对流的产生。温度较低的标本会显得更重,而热的标本会显得轻。

5. 气流和通风 天平室内的空气流速应尽可能小,避免空气流动对称量的影响。对于最小读数为 1mg 的天平,有一个开放的防护罩(玻璃柱)即可。最小读数低于 0.1mg,则需要一个密闭的称量室。防护罩或称量室应该越小越好,以消除其内部所产生的对流,以减少温度变化和内部气流对称量的影响。

6. 磁场和磁性样品 在称量磁性样品或可磁化样品时可产生磁场。当样品中包含一定比例的铁、钴或镍时,即为磁性样品。磁场的产生会使样品称重不具备可重现性。但不同于静电,磁场不影响称量数据的稳定性。改变相对于称重系统的磁场方向(移动试剂或样品),将会导致不可重现的称量结果。

除非把同一样品称量多次,否则很难察

觉到磁场的存在。将倒置的烧杯或一块木头放置在标本和称重盘之间,可以抵消磁场的作用。

(二)天平是否保持水平对称量的影响

在称重过程中,天平必须保持水平,重力的作用方向始终指向地心。如果称重单元与这一方向不一致,称量出的重量会偏小。例如,我们称量一个重量为 200g 的标本,与指向地心平行线形成的角度为 0.2865°(角度 $=\alpha$),我们就可以得出

$$显示重量 = 重量 \times \cos\alpha$$

$$显示重量 = 200 \times \cos 0.2865 = 199.9975g$$

结果出现了 2.5mg 的偏离。这对于分析标本来说是一个非常重大的偏差。

此外,标本在称重盘上应尽可能集中。不集中将在称重时产生扭矩,使称重仪器不能完全达到平衡。这个问题被称作离心负荷错误。

三、天平的选择

分析天平根据其称量范围和最小称重量可分为 1/1000、1/10 000 和 1/100 000 等,其最小称重量分别为 1mg、0.1mg 和 0.01mg。天平的价格会随着对最小读数的精度要求而有较大差异,称重量越小说明称量精度越高,价格也越贵,同样对天平室的要求也越高,如温度、湿度、空气流动、静电等。通常品质优良的分析天平,其自身的分辨率都会高于其显示的分辨率。对分析天平来说,由于待称量样品的尺寸都非常小,因而稳定性非常重要。

在考虑天平的称量精度时,应该从其绝对精度(分度值"e")而不是从相对精度上去考虑。不可笼统地说要万分之一或十万分之一精度的天平,而应明确的具体的精度要求,如到底是要选择 0.1mg 精度的分析天平还是要选择 0.01mg 精度的分析天平。否则,所选择的分析天平可能无法满足实验室的工作需要。例如一台实际标尺分度值 d 为 1mg,检定标尺分度值 e 为 10mg,最大称量

为 200g 的梅特勒-托利多电子分析天平,其在称量 7mg 的样品时,就不能得出准确的结果。《JJG98-90 非自动天平试行检定规程》中规定,最大允许误差与检定标尺分度值"e"为同一数量级,此台天平的最大允许误差为 1e,显然,这样的天平不能称量 7mg 的样品。用此类天平称量 15mg 的样品也不是最佳选择,因为其称量的相对误差会很大,应选择更高一级的天平。有的天平生产厂家在出厂时已规定了最小称量的数值。因此我们在选购及使用电子分析天平时,必须考虑精度等级。

其次,在选择电子分析天平时,除了看其精度,还应看最大称量是否满足量程的需要。通常取最大载荷加少许保险系数即可,也不是越大越好。

四、天平的维护和校准

(一)电子分析天平的维护和保养

第一,电子分析天平应放置于稳定的专用天平台上,避免振动,避免与会影响天平正常称量的仪器设备如离心机、振荡器等放在一起,也应避免气流(如空调)及阳光照射。第二,天平在使用前必须处于水平,应将天平水平仪中的气泡调至中间位置。第三,称量易挥发和具有腐蚀性的物品时,要盛放在密闭的容器中,以免腐蚀和损坏电子天平。第四,分析天平应由合格的技术人员定时进行清洁,并对天平进行内部校准以保证其准确度。第五,可以通过减少移动仪器来减少更多相关问题的产生。如果必须移动仪器,则应非常小心。即使小的疏忽都可能造成对分析天平极大的伤害。如果移动仪器,必须使用原有的包装来运输,这些包装是经过特别设计,专门用来运输某种类型的仪器。在移动过程中避免任何震动,震动会造成仪器校准的失效。第六,如果电子天平出现故障应及时检修,不可带"病"工作。否则得不到准确的称量结果。第七,在称量时,不可过载,以免损坏天平。

(二) 电子分析天平的校准

分析天平为法定校准器具,一般均由计量部门进行校准。多数高端实验室天平可以自动校准,或者配备内置校准砝码。天平的校准应定期进行,校准应有相应的记录。

在实际工作中,有许多实验室技术人员认为天平显示零位便可直接称量,其实,电子分析天平开机显示零点,不能说明天平称量的数据准确度符合称量标准,只能说明天平零位稳定性合格。因为衡量一台天平是否合格,还需综合考虑其他技术指标。通常情况下,有很多的电子天平在很长的时间内均未进行校准,只是被动等待计量部门的校准,显然会影响称量

的准确性。由于放置不用的时间较长、位置移动、环境变化及为获得精确称量,电子分析天平在使用前,一般都应进行校准。校准方法有内校准和外校准两种。德国赛多利斯、瑞士梅特勒-托利多及上海产的"JA"等系列电子天平均有校准装置。在使用前,应仔细阅读说明书,按说明书进行校准操作。

图 7-1 以上海天平仪器厂 JA1203 型电子天平为例,说明如何对天平进行外校准。为了得到准确的校准结果最好重复以下校准操作。

图 7-2 以瑞士梅特勒-托利多 AG 系列电子天平为例,说明如何进行天平内校准。

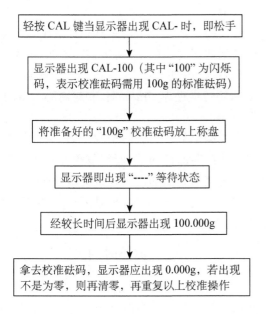

图 7-1　上海天平仪器厂 JA1203 型电子分析天平的外校准操作步骤

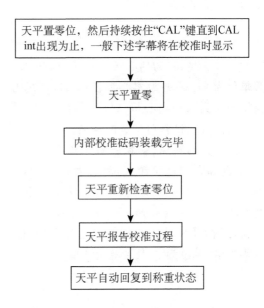

图 7-2　瑞士梅特勒-托利多 AG 系列电子天平内校准操作步骤

第二节　离 心 机

在临床 PCR 检测中,从临床标本将特定靶核酸纯化至适用于扩增检测,常需用到台式高速离心机。离心分离对于临床 PCR 检测来说,是一个必不可少的手段。充分了解离心机的性能特性,并正确使用离心机,对于

保证核酸提取的成功极为重要。

一、离心机离心的基本原理

离心机对旋转颗粒进行沉降分离的物理学基础是通过离心力对旋转颗粒的作用。当

将样品放入离心机转头的离心管内,离心机驱动时,样品液就随离心管做匀速圆周运动,于是就产生了一个向外的离心力。旋转区域的半径越大和旋转的速度越快,则离心力越大,颗粒沉降亦越快。由于不同颗粒的质量、密度、大小及形状等彼此各不相同,在同一固定大小的离心场中沉降速度也就不相同,颗粒沉降的顺序由颗粒密度的大小所决定,密度越大越先沉降,由此便可以得到相互间的分离。如密度低于水,则会浮在液体的上面。

二、离心力和相对离心力

溶液中的固相颗粒做圆周运动时产生一个向外离心力,其定义为

$$F = m\omega^2 r \qquad (7\text{-}1)$$

式中:F 为离心力的强度;m 为沉降颗粒的有效质量;ω 为离心转子转动的角速度,其单位为 rad/s;r 为离心半径(cm),即离心机轴中央到水平离心机试管底部的距离,或垂直式离心机试管口中央的距离。

离心力与转速、颗粒质量和离心半径相关,转速和颗粒质量越大,离心力越大,亦随着离心半径的减小而降低。离心力通常以相对离心力(relative centrifugal force,RCF)表示,即离心力 F 的大小相对于地球引力(G)的多少倍,单位为 g,其计算公式如下

$$RCF = 11.18 \times R(\text{rpm}/1000)^2 \times g \qquad (7\text{-}2)$$

在同一转速下,由于 F 的不同,RCF 相差会很大,实际应用时一般取平均值。在离心实验的报告中,RCF、r 平均、离心时间 t 和液相介质等条件都应表示出来,因为它们都与样品的沉降速度有直接的联系。RCF 是一个只与离心机相关的参数,而与样品并无直接的关系。

水平转子的相对离心力和转速因数不能简单地转换为定角转子的参数。反之亦然。转子角度越浅(更接近垂直),标本在离心过程中移动的距离越短,则离心速度越快。这

一参数也会对离心过程中产生的梯度的形状及颗粒的位置产生影响。转子越接近于水平,颗粒则越接近离心管底部。

水平转子的半径是指当离心管筒(bucket)保持水平位置时转子中心到离心管筒底部的距离。转子半径越大,则相对离心力越大。定角转子中心到离心管底部的距离决定了定角转子的半径,同样转子半径的增加直接决定了相对离心力的增加。

转子角度越大,标本的移动距离就越大。这个移动距离也会影响到密度梯度的形状。

根据 RCF 值(g 值)、转子速度值、r 值之间的关系,可从图 7-3、图 7-4 中大致读出各种数值。

要确定某一列上的未知值时,用尺子排列其他两列的已知值,所需值落在尺子与第三列的交切处。如转子速度为 80 000r/min,旋转半径为 20mm 时,相对离心力 RCF 值约为 150 000g。

要确定某一列上的未知值时,用尺子排列其他两列的已知值,所需值落在尺子与第三列的交切处。如转子速度为 5 000r/min,旋转半径为 40mm 时,相对离心力 RCF 值约为 1100g。

三、离心时间

定角转子的 k 因子提供了一种预测不同定角转子离心时间的方法。k 因子是离心聚集化(pelleting)效率的反映;k 因子较小的转子(转子角度较小或垂直),粒化效率高,需要的离心运行时间就比较短。k 因子也可以用来计算当更换不同转子时形成梯度的时间。k 因子可以通过下列公式计算

$$k = \left\{ \frac{2.53 \times 10^{11}}{(\text{r}/\text{min})^2} \right\} \ln(r_{\max}/r_{\min}) \qquad (7\text{-}3)$$

公式(7-4)利用 k 因子预测不同定角转子所要求的离心时间

$$\frac{T_1}{k_1} = \frac{T_2}{k_2} \qquad (7\text{-}4)$$

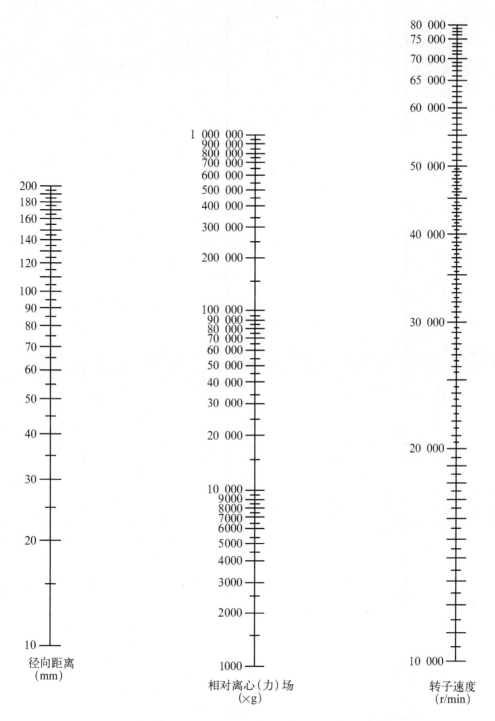

图 7-3　高速转子径向距离、相对离心力与转速的关系

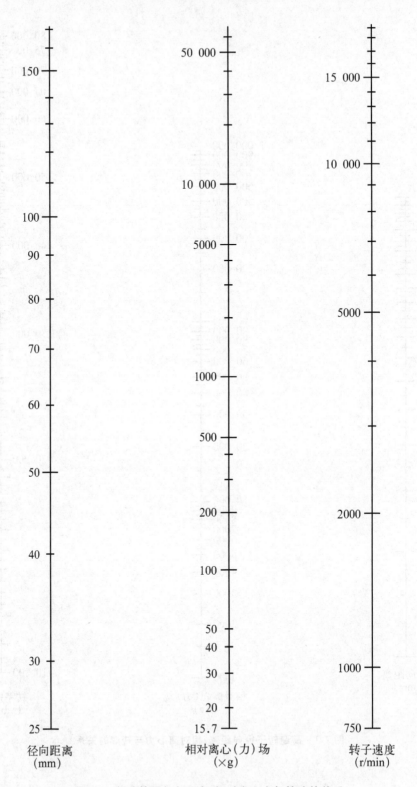

图 7-4 低速转子径向距离、相对离心力与转速的关系

T_1 是已经制定的方案中的运行时间（以分钟计算）。首先计算用适宜的速度运行原转子时的 k_1 因子，作为参考数据。然后，计算在所选用的速度下转子的 k_2 因子。最后，得出 T_2。但这个方法不适用于转子类型转换时的计算（定角，水平和垂直）。

四、离心转子的选择

转子是离心机的有机组成部分，可分为水平转子、定角转子和垂直转子等，每种转子各有其应用范围。离心机离心力的大小及转速均与所使用的转子有关。表 7-1 说明了转子类型与各种离心方法的关系。

表 7-1 离心转子的选择

转子类型（rotor type）	水平转子 （swinging-bucket）	定角转子 （fixed-angle）	垂直转子 （vertical）
沉淀离心（pelleting）	好	最好	不推荐
速率区带离心法（rate-zonal）	最好	不推荐	好
等密度离心法（isopycnic）	好	较好	最好

五、离 心 管

如果在离心时，离心管发生损坏或泄漏，将会对离心机产生非常严重的影响，如碰撞离心机使其偏离平衡位置或使离心机的机电部件直接暴露在有害化学物质中。这种情况可能会在任何速度下产生。因此，离心管的使用必须考虑以下几点：①耐受力。有很多离心管不能耐受离心过程中的高压力。如果难以确认离心管能耐受的相对离心力的极限，必须与离心管生产厂家联系，以明确相应离心管的耐受力。或进行测试，测试的方法为在离心管中加入水，在低速下离心，检查离心管是否有损坏或缓慢的增加离心速度并标出压力。②适合性。离心管与离心机套管的正确适合非常重要，特别是在离心力很高的情况下。离心管或其他离心容器如果尺寸过大，可能导致离心管不能紧贴套管，从而发生泄漏甚至破裂。不能使用自制的适配器。③耐化学腐蚀性。如果用于具有化学腐蚀性样品的离心，则离心管应具有相应的耐化学腐蚀性。这一点可在购买相应的离心管时，向相关生产厂家进行确认。不能耐受的离心管，有可能在一次或两次离心中也不会发生问题，但出现问题的可能性大大增加。

六、离心机的分类

离心机根据其转速可分为低速、高速和超速离心机等，其又可有常温和低温两种。表 7-2 是各类离心机的特点及用途。

表 7-2 离心机种类及用途

离心机种类	最大 RCF×g	最大转速（r/min）	转头	主要用途	机型
普通低速	4500～7000	5000～7000	水平或定角	离心分离细胞、细胞核、细胞器和部分细胞膜组成成分	主要为台式、落地式

续表

离心机种类	最大 RCF×g	最大转速(r/min)	转头	主要用途	机型
高速	13 000～100 000	18 000～30 000	水平或定角	离心分离细胞、细胞核、细胞器和部分细胞膜组成成分	台式
超速	1 000 000	100 000	水平或定角或垂直可配梯度转头	离心分离细胞器、细胞膜组成成分、核糖体和大分子	落地式大型

七、离心机的使用和维护

离心机的使用尽管比较简单,但必须严格按操作说明书进行操作,各种型号操作方法常有一些差异。在离心机的使用中,最重要的是平衡,尤其是大型超速离心机。必须记住的是,大型机一旦发生操作事故,将比普通机严重得多。如微量台式高速离心机,因使用 1.5ml 小塑料离心管,本身很轻,通常只要管内溶液量相近即可,不必用天平平衡,在 10 000r/min 时亦很平衡。但在大型机上则必须平衡至相对两管重量相差不超过 0.1g;离心机如需要经常换转头,则必须每次反复检查转头的卡口是否对准,并严格遵守转头的转速限制;在使用低温高速或超速离心机之前,要按规定先将转头放置在 4℃ 预冷,然后再使用;高速离心要避免加速或减速过快。以上都只是离心机使用的基本原则,操作细节应按各自说明书规定进行。

(一)使用方法

1. 离心机在使用前,操作者应认真阅读其使用说明书,并写出操作卡及注意事项。

2. 离心机应放置在水平坚固的地板或平台上,并力求使机器处于水平位置以免离心时造成机器震动。

3. 打开电源开关,按要求装上所需的转头,将预先平衡好的样品放置于转头样品架上(离心筒须与样品同时平衡),关闭机盖。

4. 按功能选择键,设置各项要求:温度、速度、时间、加速度及减速度,带电脑控制的

机器还需按储存键,以便记忆输入的各项信息。

5. 按启动键,离心机将执行上述参数进行运作,到预定时间自动关机。

6. 待离心机完全停止转动时打开机盖,取出离心样品,用柔软干净的布擦净转头和机腔内壁,待离心机腔内温度与室温平衡后方可盖上机盖。

7. 清洁和消毒严格按照操作规程做。

(二)注意事项

1. 机体应始终处于水平位置,外接电源系统的电压要匹配,并要求有良好的接地线。

2. 开机前应检查转头安装是否牢固,机腔有无异物掉入。一定要在转头固定好后再使用离心机。

3. 离心机运行时,离心机周围 30cm 范围内不能有人和危险物品。

4. 样品应预先平衡,使用大型离心机时,离心筒与样品应同时平衡。离心时,在离心速度从低速到高速过程中,都要监视离心机,直至其达到最终需要的速度。尽管低速离心时,更容易产生不平衡状态。如果发生了不平衡的情况,应再次检查离心管的平衡及转子放置的位置。

5. 离心机不是使用惰性或防爆材料制成的,绝对不能在有爆炸倾向的环境中使用。

6. 挥发性或腐蚀性液体离心时,应使用盖子有密封圈的离心管,并确保液体不外漏以免腐蚀机腔或造成事故。易爆或易燃物质不能离心。对于易于与其他物质发生反应的

样品也不能离心。在没有相应的防护措施（例如，使用有生物防护作用的容器）下不能离心有毒的、放射性的或病原微生物。如果需要离心有毒的或病原性物质，操作者必须采取适当的消毒措施。

7. 离心机运转时不要人为地打开离心机盖子，任何时候不可开盖使用离心机。

8. 在操作键盘显示不全或全部不显示时，不得使用离心机。

9. 只能离心转头能承受的载量，不得离心超出转头载量的物质。如果转头或盖子有可见的腐蚀或磨损的痕迹，则应立即停止使用。如果发生转子盖难以盖上或者难以将转子锁定在离心机上的情况，不要再使用该转子。如果对转子的情况有疑虑，不要再次使用它。可以要求相应厂家来进行检查。

10. 水平转子中所有的容器，都必须在适当的位置上，即使该位置是空的，也需使用适合的适配器和离心管。平衡所使用的离心管和瓶，参考生产厂家的平衡指南，对于不同类型的转子，其操作方法是不同的。将转子放置在传动轴上适合的位置上。多数转子必须锁定在传动轴上。尝试轻柔地从传动器上将转子提起，以最后检查该转子是否已经正确的安装好。

11. 当不平衡时，较老的设备容易发生走动现象。如果设备只是略微震动，可以按下设备的停止键。但是如果震动非常剧烈，需要利用其他手段切断电源，而不是关闭停止键。你不能预计什么情况下及何时设备会跳起。超速离心机可能需要几个小时完全静止。如果需要的话可以清理出一个区域使设备可以在完全停止前在该区域内移动。震动会在一定速度下加剧，一般是在速度低于2000r/min 时。在转子仍然保持转动状态下时，千万不要试图打开舱门。不要试图使用物理方式强制限制设备的运动。在设备完全停止前，不要用手接触设备。

12. 可以使用玻璃和塑料离心管离心，

但这些离心管必须能承受相应的离心力并大小合适。非金属的转头不可用紫外照射。

13. 如果被离心的物品密度大于说明书的规定范围，则应减少其离心的体积，按前面的公式（7-2）计算相对离心力（RCF）。

离心机的转速，在以前实验资料中一般以每分钟多少转来表示。现在许多资料中，已改用相对离心力来表示。由于离心力不仅为转速函数，亦为离心半径的函数，即转速相同时，离心半径越长，产生的离心力越大。因此仅以转速表达离心力是不够科学的，而采用相对离心力来表示比较合理。

（三）维护

1. 转头应定期（视使用频率确定）清洗和消毒。离心时，如有溅出物或离心机使用所产生的污垢进入到发动机部件，造成设备损坏，应尽快清除所有离心机舱内部的溅出物。清洁消毒时，首先切断电源，然后拧开转头的螺丝，双手将转头垂直拔出，取出套管用消毒液处理。选择适当的中性消毒液（浸泡或喷洒）处理转头，不要使用具有腐蚀性的含氯消毒液如次氯酸钠。一般在离心机的使用说明书中对使用何种消毒剂均有提示。方法是将转头平放，将每一个孔都注满消毒液，并使消毒液完全铺盖转头。浸泡到规定时间后，用蒸馏水冲洗数次，尤其是孔内，放在吸水纸上晾干。如果是金属转头要用防腐蚀的油涂在转头上。

2. 使用消毒液处理时，温度不可超过25℃，时间不可超过规定的范围。

3. 可以用高压消毒的转头，在清洗后，可在121℃消毒20min。高压消毒时务必将转头平放，并不受挤压，以免变形。高压消毒时不要超温超时。

4. 擦拭离心机腔时动作要轻，以免损坏机腔内温度感应器。

5. 每次操作完毕，应作好使用情况记录，并定期对机器各项性能进行检修。

6. 离心过程中若发现异常现象，应立即

关闭电源,报请有关技术人员检修。

7. 冷冻离心机应当定期检查压缩机。

8. 冷冻离心机不使用时,关闭电源,打开舱门,使湿气可以蒸发。如果设备需要在电源开启状态下维护,尽量关闭舱门并在使用前检查除霜情况。为了实现正常的温度控制,必须除掉累积的霜。在离心开始前,必须预先清洁溅出的液体。

9. 在移动离心机后,应检查其水平度。没有调水平的设备会造成驱动机械装置的损坏。移动后的预防性维护,可以预防很多问题的发生并保证设备的精确度。

第三节　微量加样器

微量加样器是临床 PCR 检验中常用仪器设备之一,在临床实际工作中,加样量不准或使用不当对 PCR 测定结果有直接的影响。本节拟对微量加样器的一般原理、如何正确地使用、使用中的注意事项及校准等进行介绍。

一、微量加样器的一般原理及分类

1956 年德国生理化学研究所的科学家 Schnitger 发明了微量加样器,其后,在 1958 年德国 Eppendorf 公司开始生产按钮式微量加样器,成为世界上第一家生产微量加样器的公司。这些微量加样器的吸液范围在 $1\sim 1000\mu l$,适用于临床常规化学及科学研究实验室使用。微量加样器发展到今天,不但加样更为精确,而且品种也多种多样,如微量分配器、多通道微量加样器等。其加样的物理学原理有下面两种:空气替换(又称活塞冲程)(air displacement)型加样和使用无空气垫的活塞正移动(positive displacement)加样。上述两种不同原理的微量加样器有其不同的特定应用范围。此外,加样器还可根据其通道、是否可调及加样的动力,分为单通道、多通道、固定、可调和电子加样器,具有连续加样功能的加样器又称为分配器。多通道加样器通常为八通道或十二通道,与 $8\times 12 = 96$ 孔微孔板一致。多通道加样器的使用不但可减少实验操作人员的加样操作次数,而且可提高加样的精密度(重复性)。电子加样器和分配器为半自动加样系统,电子加样器最大的优点是其具有很高的加样重复性,应用范围广。加样器根据使用的要求,也在不断发展。如可整体高压灭菌加样器的出现。此外,使用紫外线稳定的塑料制作加样器对于加样器在许多方面的应用非常重要,使得在实际工作中,在超净台或通风橱的紫外线照射杀菌中,不必担心置放其中的加样器会因紫外线的作用而损坏其制作材料,进而影响加样功能。

(一)空气替换型加样器

空气替换(air displacement)型加样器在实验室使用最为普遍。这种类型的移液器,使用一次性移液器吸头与移液器内部的活塞作用关联。移液器中的空气随内部活塞运动而移动,以吸取或分配标本。在分配水溶液时较适合使用此类加样器,可很方便地用于固定或可调体积液体的加样,加样体积的范围在 $1\mu l$ 至 10ml 之间。加样器中的空气垫的作用是将吸于塑料吸头内的液体样本与加样器内的活塞分隔开来,空气垫通过加样器活塞的弹簧样运动而移动,进而带动吸头中的液体,死体积和移液吸头中高度的增加决定了加样中这种空气垫的膨胀程度。因此,活塞移动的体积必须比所希望吸取的体积要大 $2\%\sim 4\%$,温度、气压和空气湿度的影响必须通过对空气垫加样器进行结构上的改良而降低,使得在正常情况下不至于影响加样的准确度。一次性吸头是本加样系统的一个重要组成部分,其形状、材料特性及与加样器的吻合程度均对加样的准确度有很大的影响。

(二)活塞正移动加样器

活塞正移动(positive displacement)加样器的活塞在一次性吸头内部,与标本溶液直接接触。以活塞正移动为原理的加样器和分配器与空气替换型加样器所受物理因素的影响不同,适合分配蒸汽压力高、高黏度及密度大于 $2.0g/cm^3$ 的溶液。在 PCR 测定中,活塞正移动加样器可有效地防止气溶胶的产生。当分配蒸汽压力高的溶液时,建议将吸头预先润湿。这样可以使留存在活塞正移动系统中的少量空气饱和。预先湿润吸头可以增加移液的准确度,因为可以避免标本蒸发到饱和环境中,而这种蒸发常会造成加样器泄漏。活塞正移动加样器的吸头与空气垫加样器吸头有所不同,其内含一个可与加样器

的活塞耦合的活塞,这种吸头一般由生产活塞正移动加样器的厂家配套生产,不能使用通常的吸头或不同厂家的吸头。

二、加样器的选择及使用

(一)加样器的选择

1. 主要加样器的介绍　目前在国内所使用的加样器主要为进口加样器,如德国的 Eppendorf 公司的 Eppendorf Research®、法国 Gilson 公司的 Pipetman® P 及芬兰 Labsystems 公司的加样器等,前面两个品牌的加样器型号、加样的不精密度和不准确度及应用范围见表 7-3 和表 7-4。表中这两种加样器均为高性能仪器,有极高的准确度和精度。只有配用其相同品牌的优质吸头,才能确保下表给出的各项技术指标。

表 7-3　两种主要品牌加样器(单通道)的有关参数

品牌	型号	体积(μl)	不精密度(%)($\leqslant$)	不准确度(%)($\pm$)	应用
Pipetman® P	P2	最小 0.2 最大 2	6 0.70	12 1.5	超微量计量及移液,应用于分子生物学分析等
	P10	最小 1 最大 10	1.25 0.40	2.5 1	超微量计量及移液,应用于分子生物学分析等
	P20	最小 2 最大 20	1.50 0.30	5.0 1.0	应用于一般水溶液、酸、碱的计量和移液
	P100	最小 20 最大 100	0.50 0.15	1.8 0.8	应用于一般水溶液、酸、碱的计量和移液
	P200	最小 50 最大 200	0.40 0.15	1 0.8	应用于一般水溶液、酸、碱的计量和移液
	P1000	最小 200 最大 1000	0.30 0.15	1.5 0.8	应用于一般水溶液、酸、碱的计量和移液
	P5000	最小 1000 最大 5 000	0.30 0.16	1.2 0.6	大体积移液和计量
	P10ml	最小 1ml 最大 10ml	0.60 0.16	3 0.6	大体积移液和计量

品牌	型号	体积(μl)	不精密度(%)（≤）	不准确度(%)（±）	应用
Eppendorf Research®	0.1～2.5μl	0.2	6.0	12.0	超微量计量及移液,应用于分子生物学分析等
		1.0	1.5	2.5	
		2.5	0.7	1.4	
	0.5～10μl	0.5	2.8	5.0	超微量计量及移液,应用于分子生物学分析等
		1	1.8	2.5	
		10	0.4	1.0	
	2～20μl	2	1.5	5.0	应用于一般水溶液、酸、碱的计量和移液
		20	0.3	1.0	
	10～100μl	10	0.7	3.0	应用于一般水溶液、酸、碱的计量和移液
		100	0.2	0.8	
	20～200μl	20	0.7	2.5	应用于一般水溶液、酸、碱的计量和移液
		200	0.2	0.6	
	100～1000μl	100	0.6	3.0	应用于一般水溶液、酸、碱的计量和移液
		1000	0.2	0.6	
	500～5000μl	500	0.6	2.4	大体积移液和计量
		5 000	0.15	0.6	

注:技术指标中的数据以重量法测定,蒸馏水及测试环境温度保持在 21～22℃,列出的数值包括了正常操作时由于手的传热及更换吸头所造成的一切误差因素在内;容量大于 2μl 的,精度值由同一支加样器及同一个吸头作 30 次移液测试而确定,容量小于 2μl 的,精度值由同一支加样器及同一个吸头作 10 次移液测试而确定。

表 7-4　多通道加样器的有关技术参数

品牌	型号	体积(μl)	不精密度(%)（≤）	不准确度(%)（±）	应用
Eppendorf Research®	0.5～10μl	1	5.0	8.0	超微量计量及移液,应用于分子生物学分析等
		10	1.0	2.0	
	5～50μl	5	2.0	4.0	应用于一般水溶液、酸、碱的计量和移液
		10	1.0	2.0	
		50	0.4	0.8	
	30～300μl	50	0.8	1.5	应用于一般水溶液、酸、碱的计量和移液
		150	0.5	1.0	
		300	0.2	0.6	

2. 加样器选择的一般原则　可根据加样的溶液的特性选择上述两类加样器的一类,然后就需要选择合适的容积范围,也就是确定经常使用的移液范围。明确上述问题可

以帮助确定购买移液器的类型,以达到更好的准确度。固定体积的加样器,手动移液的准确度高,但其加样量单一,使用受限。可调加样器在准确度方面虽然略有不足,但同一个加样器可以进行多个体积加样。但不同可调体积范围的加样器对同一体积的加样准确度上有所不同,应根据对加样器准确度的要求和常用的加样体积选择有合适加样范围的加样器。例如,Eppendorf® 2100 系列 $10\sim100\mu l$ 可调加样器,$100\mu l$ 可调体积加样器的不准确度为 $\pm0.8\%$,而 2100 系列可调加样器的 $100\mu l$ 加样的不准度为 $\pm0.6\%$,可调加样器加样准确度略低于固定体积加样器。要注意的是,在选择可调加样器时,所有可调体积在其量程高端的准确度更高。Eppendorf® 2100 系列 $10\sim100\mu l$ 可变量程移液器,设置在 $100\mu l$ 时的不准确度为 $\pm0.8\%$,而 $100\sim1000\mu l$ 可变量程移液器在设置为 $100\mu l$ 时的不准确度为 $\pm3.0\%$。

(二)加样器使用的一般原则

1. 不同类型加样器的使用　加样器根据其加样的物理学原理和结构的不同,其应用特点也有所不同。活塞正移动加样器无须任何校正,即可用于具有不同化学组成和特性(密度和黏度)的液体的吸取加样;相反,空气替换加样器的使用则较受局限。具有高蒸汽压的液体如氯仿,使用空气替换加样器吸取加样通常不能得到跟吸取加样蒸馏水相同的准确度和精密度。由于在液体吸取过程中有部分蒸发,因而加样的体积就会有所减少。可通过预先用液体湿润吸头数次,使得蒸汽相被液体饱和,由此改善加样的准确度。除此以外,为防止由高蒸汽压引起液体从吸头中漏出,可使用在底部有瓣的吸头,此瓣只在其与管壁接触的时候打开。使用空气替换加样器加样,位于液体之上的空气体积的膨胀依所加液体密度的不同而不同。当吸取密度高于水的液体时,吸入吸头的体积则较小。例如,对于一个密度为 1.1 的较高浓缩的液

体,误差的量将达到 0.2%。而吸取较稀的水溶液的这种误差则可以忽略不计。因此,在吸取密度高的液体时,须对加样器吸取体积的设定作相应的校正,才能保证取到正确的体积。然而,在实验室实际工作中,加样器使用者很少碰到要准确吸取密度很高的液体的情况,故由于液体的密度所致加样器使用受限的情况通常难以遇到。

2. 加样器的基本操作原则　一般来说,为防止所吸取体积上出现误差,有一些基本的操作原则必须遵守。对吸取体积误差影响的因素主要有三个方面:流体静压,吸头润湿和流体动力学。当样本体积从毫升范围降低至微升范围时,物理作用力的关系即发生变化,对于加样来说,其意味着液体表面的作用力效应与其体积或质量(例如重力)的作用力效应相比有所增加。

(1)流体静压:在吸取液体时,加样器吸头只能浸入液体几毫米以确保与排出液体时相同的流体静压条件。因此,加样器必须以几乎垂直的方式吸取液体,因为倾斜的方式将减少液体柱的高度,导致吸取的液体过少。如果加样器在 30℃ 下以垂直方式吸取液体,可吸取至 0.15% 更多的液体。此外,在使用加样器前,应检查并确保活塞的所有运动顺畅而不生涩。吸入标本过快,可能会导致标本形成涡流,从而过量吸入标本。表 7-5 为不同型号加样器在吸液时,吸头可浸入液体的深度。

表 7-5　加样器型号与吸头浸入液体深度的关系

加样器型号	浸入液体深度(mm)
P2 和 P10	≤1
P20 和 P100	2～3
P200 和 P1000	2～4
P5000	3～6
P10ML	5～7

(2)吸头润湿:当吸头排空时,仍会有一些残留的液体以薄膜的形式保留在吸头的侧

面,其量取决于液体和吸头表面的相互作用,因此,其是一个常数,但依液体的不同而不同。对于水溶液,这种润湿影响在构建加样器时就应考虑。对于蛋白质溶液等黏度高的液体,建议在加样前吸打液体数次,以保证加样的一致性。

(3)流体动力学:对体积吸取的第三个影响是从加样器吸头外壁液体的释放,在此过程中,吸头的几何形状起一个关键的作用。为确保加样中的稳定条件,加样器吸头应靠在管壁上,于是,液体可顺着管壁流出,而不出现液滴,液滴的形成可由于其表面张力的作用而阻止液体从吸头中释放。如果吸头安装不正确或使用不相配的吸头,相对加样误差将达到 0.4% 以上。

尽管空气替换加样器的使用有一定的局限性,但其优点也是很明显的,其所覆盖的体积范围大,使用易于掌握。此类加样器很轻,可很容易地应用于各种情况下的加样。

在 PCR 测定及其他生物医学研究中,加样器的使用离不开一次性的塑料吸头,尽管一次性塑料吸头的使用增加了实验费用,但降低了实验技术人员接触传染性病原体及有害实验材料如同位素的可能性,并且避免了吸头多次重复使用所必需的清洁过程和腐蚀性去垢剂的使用。此外,在有些应用上,如 PCR 测定中,吸头必须是一次性的,以避免潜在污染发生的可能性。

(三)加样器的具体操作

1. 设定容量值 Pipetman® P 加样器容量计读数由三位数字组成(显示所转移液体容量),读数精确到个位数。Eppendorf Research® 加样器容量计读数则由四位数字组成,读数精确到小数后一位。从上(最大有效数字)到下(最小有效数字)读取。利用底部刻度可将容量调节到更精确的分度。Pipetman® P 根据型号不同,数字可能是黑色或红色的。Eppendorf Research® 加样器的数字不同型号均为白色。下面以 Pipetman® P 加样器(表 7-6)具体举例说明如下。

表 7-6 Pipetman® P 加样器型号及容量

型号	容量计数字颜色	
	黑色	红色
P2~200	微升数	微升的十分位和百分位
P1000 及 P5000	毫升的十分位和百分位	毫升数
P10ML	毫升数	毫升的十分位

举例如下。

P2	P10	P20	P100	P200
1	0	1	0	1
2	7	2	7	2
5	5	5	5	5
1.25μl	7.5μl	12.5μl	75μl	125μl

转动加样器的黑色调节环或按钮的白色调节旋钮均可设定容量。用白色调节旋钮设定容量比较方便和快速，尤其是穿戴手套时。使用黑色调节环可较准确调节到设定值。

2. 吸液　首先选择一支合适的吸头安放在加样器套筒上。使用 P5000 及 P10ML 时，装吸头前必须在套筒上加插一过滤芯。稍加扭转地压紧吸头使之与套筒间无空气间隙。未装吸头的加样器绝不可用来吸取任何液体。

标准吸液步骤如下。

（1）把按钮压至第一停点。

（2）垂直握持加样器，使吸头浸入液样中，浸入液体深度视型号而定（表 7-5）。

（3）缓慢、平稳地松开按钮，吸液样。等一秒钟，然后将吸头提离液面。用吸纸抹去吸头外面可能附着的液滴。小心勿触及吸头口。

3. 放液

（1）将吸头口贴到容器内壁并保持 $10°\sim 40°$ 倾斜。

（2）平稳地把按钮压到第一停点。等一秒钟后再把按钮压至第二停点以排出剩余液体。

（3）压住按钮，同时提起加样器，使吸头贴容器壁擦过。

（4）松开按钮。

（5）按吸头弹射器除去吸头。（只有改用不同液体时才需更换吸头。）

4. 预洗　当装上一个新吸头（或改变吸取的容量值）时应预洗吸头，先吸入一次液样并将之排回原容器中。

预洗新吸头能有效提高移液的精确度和重现性。这是因为第一次吸取的液体会在吸头内壁形成液膜，导致计量误差。而同一吸头在连续操作时液膜相对保持不变，故第二次吸液时误差即可消除。

5. 致密及黏稠液体　对于密度低于水的液体，可将容量计的读数调到低于所需值来进行补偿。例如：用 P20 移液器转移 $10\mu l$ 血清。先将读数调到 $10\mu l$，吸取后以重量法测定。如实测体积为 $9.5\mu l$，即偏差 $0.5\mu l$，则将读数调到 $10.5\mu l$ 并重复一次。如第二次测定仍不够准确，根据偏差再作调整。

排放致密或黏稠液体时，宜在第一停点多等一两秒钟再压到第二停点。对密度高、黏稠大或挥发性的液体，推荐使用活塞正移动加样器。

6. 加样器吸头　加样器吸头是整个移液系统的有机组成部分，对其基本要求是必须有高机械、热力学和化学稳定性且纯度高，生产过程纯净，无有机或化学物质（如染料）和重金属污染。选择环口密封良好、壁薄和嘴口尖细的吸头，将使得加样时，吸头的安装或卸脱更加容易。吸头管壁有弹性，加样吸液时不会产生漩涡，这样加样的精度就更高。吸头嘴口无毛刺，表面光洁平滑，使得其沾湿性极小，可避免液体滞留外壁引起的误差。吸头应与加样器上吸头套筒密封完好，可防止由于空气泄漏而造成加样精度或准确度的误差。此外，吸头还应有液体容积刻度线。D200 吸头在 $20\mu l$ 和 $100\mu l$ 处有标记；D1000 吸头在 $300\mu l$ 处有标记，D10 吸头在 $2\mu l$ 处有标记。最后，吸头应可在 121℃ 及 100kPa 压力下消毒 20min。

如果在使用加样器加样中，想绝对避免样品与样品、样品与加样器或样品与操作人员之间的污染，可使用 Diamond 带滤芯吸头。Diamond 带滤芯吸头可以经高温消毒，其内置滤芯不会损坏。有关 Diamond 吸头的类型、容量、相应的加样器型号及适用试管等见表 7-7。

表 7-7　Diamond 吸头的类型、容量、相应的加样器型号及适用试管

Diamond 吸头(D) 带滤芯吸头(DF)	容量	适用加样器型号	适用试管	
			最小内径(mm)	最大深度(mm)
D10,DF10	0.1～10μl	P2 和 P10	6.5	50
			8.0	70
			9.0	80
DF30	2～30μl	P20	(与 D200 相同)	
D200	2～100μl	P20 和 P100	6.5	42
			8.0	52
			11.0	82
D200,DF200	30～200μl	P200	6.5	42
			8.0	52
			9.0	67
D1000,DF1000	200μl～1ml	P1000	7.5	30
			9.5	62
			16.0	145
C1000	200μl～1ml	P1000	7.5	45
			9.5	77
			16.0	160
D5000	1～5ml	P5000	15.0	125
D10ML	1～10ml	P10ML	16.0	140
			19.0	190

注:①只有 Gilson Diamond 吸头方可保证 P 型加样器达到前面列出的各项技术规范,使用品质低劣的吸头将严重降低 P 型加样器的性能;②使用小口径容器(如细长试管)的情形下,可选用比 D1000 吸头更窄的 C1000 吸头。

7. 注意事项　实验室基本上以使用连续可调的加样器为主。连续可调式加样器在使用时应注意以下几点,从而使加样器能发挥最佳性能。

(1)取液之前,所取液体应在室温(15～25℃)平衡。

(2)操作时要慢和稳。

(3)连续可调式加样器在取样加样过程中应注意移液吸头不能触及其他物品,以免被污染;移液吸头盒(架子)、废液瓶、所取试剂及加样的样品管应摆放合理,以方便操作过程、避免污染为原则。

(4)连续可调式加样器在使用完毕后应置于加样器架上,远离潮湿及腐蚀性物质。

(5)吸头浸入液体深度要合适,吸液过程尽量保持不变。

(6)改吸不同液体、样品或试剂前要换新吸头。

(7)发现吸头内有残液时必须更换。

(8)新吸头使用前应先预洗。

(9)为防止液体进入加样器套筒内,必须注意以下几点:①压放按钮时保持平稳;②加样器不得倒转;③吸头中有液体时不可将加样器平放;④P5000 及 P10ML 加样器一定要加滤芯。

(10)勿用油脂等润滑活塞或密封圈。

（11）不可把容量计数调超其适用范围。

（12）液体温度与室温有异时，将吸头预洗多次再用。

（13）移液温度不得超过 70℃。

（14）使用了酸或有腐蚀蒸汽的溶液后，最好拆下套筒，用蒸馏水清洗活塞及密封圈。

（15）连续可调式加样器在使用完毕后应置于加样器架上，远离潮湿及腐蚀性物质。

（16）故障排除：工作中如发现加样器漏气或计量不准，其可能原因及解决方法如下。

1）套筒螺帽松动？用手拧紧螺帽。

2）套筒刮花或破裂？卸下弹射器，检查套筒。P2、P10 或 P20 加样器套筒破损时，活塞也可能变形。安装套筒时应用手拧紧螺帽。

3）活塞或密封受化学腐蚀？更换活塞和密封圈。用蒸馏水洗涤套筒内壁。

4）发现套筒内有液体，可依下法清洁：卸下弹射器，拧下螺帽并用蒸馏水洗涤套筒、活塞、密封圈及 O 形环，待完全干燥后重新组装。

5）发现 P5000 及 P10ML 滤芯变湿必须更换。

6）需要时，可将套筒、螺帽和弹射器在 121℃ 及 100kPa 压力下消毒 20min。注意密封圈及 O 形环不能高温消毒。

7）发现吸液时有气泡：将液体排回原容器；检查吸头浸入液体是否合适；更慢地吸入液体。如仍有气泡应更换吸头。

（17）凡是更换了活塞或操作杆的加样器需进行全面调校。

三、加样器的维护和校准

微量加样器属于精密计量仪器，在出厂之前其已经过生产厂家的校准，进入实验室使用后，随着日常工作的使用，不但可能会出现临床标本、化学和生物试剂及灰尘等脏物的污染，而且吸取的体积也可能与设定的不一致，出现误差，因此，为保证加样器的正确加样及使用寿命，必须对其进行定期的清洁维护和校准。

（一）加样器的清洁维护

1. 加样器的一般性维护　可遵循如下基本规则：①加样器不用时，应以直立方式保存于加样器架上，从而避免加样器平放于抽屉中时，加样器鼻尖部（nose cones）或活塞被折弯。②应始终保持加样器的清洁。加样器鼻尖部上的灰尘或污垢会影响吸样时套上的吸头的密封性，影响加样器吸入和排出的液体量。③应经常检查加样器的鼻尖部，确保其没有被堵塞或折弯。如果发生上述情况，会影响吸液量。④确保鼻尖部已经与加样器结合紧密。通常情况下，安装吸头不需要扭转加样器。扭转的情况经常发生在吸头与加样器不匹配时，这样会导致鼻尖部变松，加样器吸液量不准确。⑤如果加样器不准是因发生泄漏所致，则可能只要更换新的 O 形圈或密封件即可回到原来的校准状态。因此，在校准前，必须检查加样器是否发生了泄漏。

2. 加样器的清洁　加样器的清洁应参考相应加样器生产厂家的说明书上的建议或指导，需要有系统的进行，先从外部开始清洁，然后从外至内。通常可遵循以下步骤进行：①首先使用肥皂液或异丙醇清洗加样器外部。②在弹出吸头的情况下，露出加样器鼻尖部。检查确认吸头弹出器中不再含有碎片或残留物。彻底清洁鼻尖部外部。③取下鼻尖部，通常鼻尖部是通过螺口旋紧固定在加样器手柄上的。这时会看到活塞、密封圈和 O 形圈。清洁鼻尖部的孔口，保证不存在残留物。④检查活塞、O 形圈和密封圈的情况。活塞上应没有任何残留物。使用 70% 乙醇清洁陶瓷或不锈钢活塞（依不同厂家而定，Eppendorf 加样器的活塞为陶瓷材料），然后轻轻地用厂商提供的硅油或润滑油润滑活塞。O 形圈应与密封圈匹配，并可以灵活的在活塞上移动。⑤清洁后，再依次安放好密封圈和 O 形圈,旋紧加样器鼻尖部,恢复加样器完整状态。检测无泄漏后备用。图 7-5 为 Eppendorf 加样器的基本结构图,不同厂家生产的加样器的基本结构大同小异。

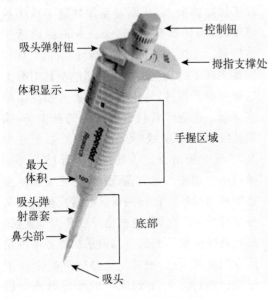

图 7-5　Eppendorf 加样器的基本结构

控制钮
吸头弹射钮
拇指支撑处
体积显示
手握区域
最大体积
吸头弹射器套
鼻尖部
底部
吸头

(二)加样器泄漏的检测方法

测加样器是否发生泄漏简单的方法是,将加样器设置在可吸取的最大移液量,装好吸头,吸入液体,手持加样器在垂直位置上保持 15s。如果没有液滴泄漏,就表明密封适合、活塞上的 O 形圈完好,不需要进行更换。如果加样器吸头上出现液滴,则说明加样器有泄漏存在,需要维修。

(三)加样器的校准

加样器的校准应定期进行,校准周期应根据加样器的使用频率来确定,一般每半年至少应校准一次。加样器容量性能的校准,可依据国际标准化组织(ISO)文件 ISO/DIS 8655 和国家技术监督局颁发的有关定量、可调移液器的中华人民共和国国家计量检定规程《定量、可调移液器试行检定规程》(JJG646-90)规定的重量测试方法。这是目前用于此类仪器有效的校准方法。实验室可根据上述文件建立本室加样器校准的标准操作程序(SOP),下面是一个有关加样器校准的具体实例。

例:加样器校准标准操作程序

1. 适用加样器范围,包括各种品牌、型号的固定、可调和多通道加样器。

2. 校准方法。

3. 校准环境和用具要求如下。

(1)室温:20~25℃,测定中波动范围不大于±0.5℃。应尽量避免可能会影响加样器温度的因素(如阳光直射)。环境温度、测量液体的温度和加样器温度必须和加样器吸头温度相同。例如,如果标本是 4℃,而加样器是在室温(22℃)下,这会造成最大−5.4% 的误差。因此,在校准前,应将所有与校准有关物品在室温放置 3~4h,使温度均一。

(2)电子分析天平:放置于无尘和无震动影响的台面上,房间尽可能有空调。称量时,为保证天平内的湿度(相对湿度 60%~90%),天平内应放置一装有 10ml 蒸馏水的小烧杯。选用天平的精密度由被检测移液器容积量决定。容积量越小,就需要使用精密度更高的天平。可根据表 7-8 对测定准确度的要求来选择相应的分析天平。

表 7-8　加样器体积与所要求的被检准确度之间的关系

加样器体积(μl)	被测加样器误差限(μl)	所需要的被测准确度(g)
1~50	0.1~1.0	0.000 01
100~1000	1.0~10	0.0001
>1000	>10	0.001

（3）小烧杯：5～10ml 体积。

（4）测定液体：温度为 20～25℃的去气双蒸水。供水或在称重皿中的水应每小时更换一次，而且不能再次使用。

4. 选定校准体积。

（1）拟校准体积。

（2）加样器标定体积的中间体积。

（3）最小可调体积（不小于拟校准体积的10%）。

如为固定体积加样器，则只有一种校准体积。

5. 校准步骤如下。

（1）将加样器调至拟校准体积，选择合适的吸头。

（2）调节好天平。

（3）来回吸吹蒸馏水 3 次，以使吸头湿润，用纱布拭干吸头。

（4）垂直握住加样器，将吸头浸入液面2～3mm 处，缓慢（1～3s）一致地吸取蒸馏水。

（5）将吸头离开液面，靠在管壁，去掉吸头外部的液体。

（6）将加样器以 30°角放入称量烧杯中，缓慢一致地将加样器压至第一档，等待1～3s，再压至第二档，使吸头里的液体完全排出。

（7）记录称量值。

（8）擦干吸头外面。

（9）按上述步骤称量 20 次。

（10）取 20 次测定值的均值作为最后加样器吸取的蒸馏水重量，按表 7-9 所列蒸馏水重量与体积换算因子计算体积。

表 7-9　蒸馏水重量与体积换算因子（Z 因子）

100Pa（mbar）

温度（℃）	800	853	907	960	1013	1067
15	1.0018	1.0018	1.0019	1.0019	1.0020	1.0020
15.5	1.0018	1.0018	1.0019	1.0020	1.0020	1.0020
16	1.0019	1.0020	1.0020	1.0021	1.0021	1.0022
16.5	1.0020	1.0020	1.0021	1.0022	1.0022	1.0023
17	1.0021	1.0021	1.0022	1.0022	1.0023	1.0023
17.5	1.0022	1.0022	1.0023	1.0023	1.0024	1.0024
18	1.0022	1.0023	1.0024	1.0024	1.0025	1.0025
18.5	1.0023	1.0024	1.0025	1.0025	1.0026	1.0026
19	1.0024	1.0025	1.0025	1.0026	1.0027	1.0027
19.5	1.0025	1.0026	1.0026	1.0027	1.0028	1.0028
20	1.0026	1.0027	1.0027	1.0028	1.0029	1.0029
20.5	1.0027	1.0028	1.0028	1.0029	1.0030	1.0030
21	1.0028	1.0029	1.0030	1.0030	1.0031	1.0031
21.5	1.0030	1.0030	1.0031	1.0031	1.0032	1.0032
22	1.0031	1.0031	1.0032	1.0032	1.0033	1.0033
22.5	1.0032	1.0032	1.0033	1.0033	1.0034	1.0035

温度(℃)	800	853	907	960	1013	1067
23	1.0033	1.0033	1.0034	1.0035	1.0035	1.0036
23.5	1.0034	1.0035	1.0035	1.0036	1.0036	1.0037
24	1.0035	1.0036	1.0036	1.0037	1.0038	1.0038
24.5	1.0037	1.0037	1.0038	1.0038	1.0039	1.0039
25	1.0038	1.0038	1.0039	1.0039	1.0040	1.0041
25.5	1.0039	1.0040	1.0040	1.0041	1.0041	1.0042
26	1.0040	1.0041	1.0042	1.0042	1.0043	1.0043
26.5	1.0042	1.0042	1.0043	1.0043	1.0044	1.0045
27	1.0043	1.0044	1.0044	1.0045	1.0045	1.0046
27.5	1.0044	1.0045	1.0046	1.0046	1.0047	1.0047
28	1.0046	1.0046	1.0047	1.0048	1.0048	1.0049
28.5	1.0047	1.0048	1.0048	1.0049	1.0050	1.0050
29	1.0049	1.0049	1.0050	1.0050	1.0051	1.0052
29.5	1.0050	1.0051	1.0051	1.0052	1.0052	1.0053
30	1.0052	1.0052	1.0053	1.0053	1.0054	1.0055

6. 加样器平均体积、标准差、变异系数、不准确度％和不精确度％的计算。

(1)平均体积($\overline{X}$)。即所有重量之和(在同一个容积设置下)除以称量次数。

$$x = \frac{X_1 + X_2 + X_3 \cdots + X_{20}}{20}$$

其中 X_1，X_2，X_3，$\cdots$，X_{20} 为加样器吸取液体的天平实际称量值。

(2)按表 7-9 中的 Z 因子对体积进行调整。

$$V = \overline{x} \times Z$$

其中 Z 为 Z 因子，$\overline{x}$ 为称量值的平均值(μl)，V 为调整后的平均体积。

(3)计算(不)准确度(A)。准确度点散布在设定容积周围。

$$A = \frac{V - SV}{SV} \times 100\%$$

其中 A 为准确度，V 为调整后的平均体积，SV 为加样器的设定体积。

(4)计算标准差(s)。s 计算值是散布在平均值周围的点。

$$s = \sqrt{\frac{(X_1 - SV)^2 + (X_2 - SV)^2 + (X_3 - SV)^2 + \cdots (X_{20} - SV)^2}{被测量数量 - 1}}$$

其中 X_1，X_2，X_3，$\cdots$，X_{20} 为实际称量重量，SV 为设定的加样器体积。

(5)通过变异系数(CV)计算(不)准确度。计算标准偏差的百分比。

$$CV = \frac{s}{V} \times 100\%$$

其中 s 为标准差，V 为调整后的平均体积。

7. 在取得所有上述计算数值后，所得出的结果与厂商在技术规格中的说明相比较。如果加样器得出的数值在标出的校准范围内，则表明其通过了校准测试。如果加样器不符合技术规格，必须对加样器进行调节。根据不同的移液器品牌和类型，可以通过两种不同的方式来实现。调节某些移液器的体积,可以通过调整活塞冲程的长度来实现。因为其将改变活塞移动时吸液/移液步骤的移液量。另外一个调节加样器体积的方法是改变显示体积,使其与实际分液量一致。请参考加样器生产厂家的说明书,以确定正确的调节方法。对加样器调节后,则需要重新启动上述加样器的校准步骤。

(四)加样器常见故障及其排除

表 7-10 列出了加样器的一些常见问题及可能的解决办法。

表 7-10 加样器常见故障及其排除

问 题	可能的原因	解决办法
加样器漏液	吸头松了或不合适	使用厂商推荐的吸头;用力将吸头装在加样器上
	鼻尖部出现裂缝	更换加样器鼻尖部
	鼻尖部不密封	更换加样器鼻尖部
	活塞被积存的试剂污染	清洁并润滑活塞,可更换密封圈
	活塞损坏	更换活塞和活塞密封圈
	活塞密封圈损坏	更换活塞,可更换密封圈
	鼻尖部松动	旋紧鼻尖部
按压加样器时不够顺畅	活塞由于污染被刮花	清洁并润滑活塞
	由于试剂中的蒸汽使密封圈膨胀	打开加样器使气体可以流通,当需要时润滑活塞
	活塞损坏或被不能融解的溶液覆盖	更换活塞密封圈和活塞
容量不准确	加样器泄漏	检查上述所有的问题
	加样器校准被错误地更改	根据厂商的技术规格要求重新校准
	不正确的移液技术	参考关于移液技术的章节

(李金明)

参 考 文 献

[1] ISO/DIS 8655-2 Piston-operated volumetric apparatus--Part 2:Piston pipettes

[2] JJG646-90《定量可调移液器》

[3] Jahns A.Pipetting:general view and prospects eppendorf literature

[4] 实验室产品和应用 2000,Eppendorf® 产品目录,P161

[5] Troutman T,Prasauckas KA,Kennedy MA,et al.How to properly use and maintain laboratory equipment // Gerstein AS.Molecular Biology Problem Solver:A Laboratory Guide. Wiley-Liss,Inc,2001:51-111

[6] 李金明.临床酶免疫测定技术 北京:人民军医出版社,2005:138-147

[7] 申子瑜,李金明.临床基因扩增检验技术.北京:人民卫生出版社,2002:111-122

第8章 临床 PCR 检验的质量保证

第一节 概　述

一、基本概念

1. 质量保证(quality assurance，QA)
为一产品或服务满足特定的质量要求提供充分可信性所要求的有计划的和系统的措施。

上面是一个完全从英文直译过来的定义，显然是一个通用的概念，是从工业管理上移植过来的，20世纪50代以后才引入到临床检验。那么，用在临床检验上，具体又怎么解释呢？毫无疑问，临床检验实验室的产品或服务指的就是其每天所发出的检验报告，而特定的质量要求简单来说，无非就是准确和及时。为保证能做到这一点，就必须有严格的实验室质量管理体系，并行之有效。所以这个概念用在临床检验可以解释为：为使临床医生和患者相信检验报告的准确及时而采取的必要的一系列的有计划的检验质量控制措施。

2. 室内质量控制(internal quality control，IQC)　由实验室工作人员采取一定的方法和步骤，连续评价本实验室工作的可靠性程度，旨在监测和控制本室常规工作的精密度，提高本室常规工作中批内、批间样本检验的一致性，以确定测定结果是否可靠、可否发出报告的一项工作。

这个概念概括起来其实际上就是三点：①IQC 的执行者为实验室自身的工作人员，不涉及室外的其他人员；②IQC 的目的是监测和控制实验室常规工作的精密度，也就是实验室测定的批内和批间重复性如何，以及精密度的质量持续改进；③IQC 的结果决定

了实验室即时测定结果的可靠性和有效性。

3. 室间质量评价(external quality assessment，EQA)　为客观比较一实验室的测定结果与靶值的差异，由外单位机构，采取一定的方法，连续、客观地评价实验室的结果，发现误差并校正结果，使各实验室之间的结果具有可比性。这是对实验室操作和实验方法的回顾性评价，而不是用来决定实时的测定结果的可接受性。通过参与 EQA，实验室可对自己的测定操作进行纠正，从而起到自我教育(self-education)的作用。当 EQA 用来为实验室执业许可或实验室认证的目的而评价实验室操作时，常描述为实验室能力验证(proficiency testing，PT)。在较早的文献中，常用室间质量控制(external quality control)来表示 EQA。在有些国家如德国，EQA 为室间质量保证(external quality assurance)的缩写，虽名词表达有异，但所代表的实质内涵是基本相同的。

这个概念概括起来也有三点，与 IQC 正好相对应：①EQA 的执行者为外单位第三方机构，如美国的 CAP(College of American Pathologists)、英国的国家室间质量评价计划(National External Quality Assessmen Schemes，NEQAs)，以及在我们国内的卫生部和各省市临床检验中心；②EQA 的目的是评价实验室常规测定的准确度，使各实验室的测定结果具有可比性，以及结果可比性的质量持续改进；③EQA 的结果是对实验室操作和实验方法的回顾性评价，不能决定实验室即时测定结果的可靠性和有效性。

4. 准确度（accuracy）　待测物的测定值与其真值的一致性程度。准确度不能直接以数值表示，通常以不准确度来间接衡量。对一分析物重复多次测定，所得均值与其真值或参考靶值之间的差异亦即偏差即为测定的不准确度。

5. 偏差（bias）　待测物的测定值与一可接受参考值之间的差异。

6. 精密度（precision）　在一定条件下所获得的独立的测定结果之间的一致性程度。与准确度一样，精密度同样也是以不精密度来间接表示。测定不精密度的主要来源是随机误差，以标准差（s）和（或）变异系数（CV）具体表示。s 或 CV 越大，表示重复测定的离散度越大，精密度越差，反之则越好。

准确度好的实验，其精密度不一定好；准确度差的实验，其精密度则不一定差；反之亦然（图 8-1）。

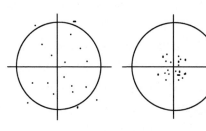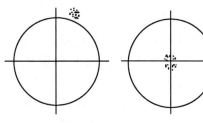

精密度差 准确度差　　精密度差 准确度好　　精密度好 准确度差　　精密度好 准确度好

图 8-1　测定的精密度与准确度之间的关系

重复性（批内精密度）、中间测量精密度（批间）和测量再现性（室间精密度）均属于精密度范畴。

（1）重复性（repeatability）：在一组测量条件下的测量精密度，包括相同测量程序、相同操作者、相同测量系统、相同操作条件和相同地点，并且在短时间段内对同一或相似被测对象重复测量。

（2）再现性（reproducibility）：在包括了不同地点、不同操作者、不同测量系统的测量条件下对同一或相似被测对象重复测量的测量精密度。

（3）中间精密度（intermediate precision）：在一组测量条件下的测量精密度，这些条件包括相同的测量程序、相同地点并且对相同或相似的被测对象在一长时间段内重复测量，但可包含其他相关条件的改变，如校准品和试剂批号、操作者等。

（4）重复性条件（repeatability conditions）：在短的间隔时间内使用同一仪器设备由相同的操作者在同一实验室对相同的测定项目使用同一方法获得独立的测定结果的条件。

7. 批（run）　在相同条件下所获得的一组测定。

8. 均值（mean）　一组测定值中所有值的平均值，亦称均数。按下式计算

$$均值（\overline{X}）= \frac{\sum\limits_{i=1}^{n} X_i}{n}$$

其中 $\sum X$ 为一组测定值中所有值的和，n 为测定值的个数。均值为计算值，在实际测定数据中可能会出现该数值，也可能没有。

9. 标准差（standard deviation, SD, 符号为 s）　为表示一组测定数据的分布情况，即离散度，可用标准差来表示，其计算公式如下

$$标准差（s）= \sqrt{\frac{n\sum\limits_{i=1}^{n} X_i^2 - (\sum\limits_{i=1}^{n} X_i)^2}{n(n-1)}}$$

10. 变异系数（coefficient of variation,

CV) 将标准差以其均数的百分比来表示，即为变异系数。可以下式计算

$$CV = \frac{SD}{\overline{X}} \times 100\% \qquad (8-3)$$

11. 正态分布（gaussian distribution）当一质控物用同一方法在不同的时间重复多次测定，当测定数据足够多时，如以横轴表示测定值，纵轴表示在大量测定中相应测定值的个数，则可得到一个两头低，中间高，中为所有测定值的均值，左右对称的"钟形"曲线，亦即正态分布，又称高斯分布。正态分布的基本统计学含义可用均数（$\overline{X}$）、标准差（s）和概率来说明，均数位于曲线的正中线所对应的值，s 则表示测定值的离散程度，s 越大，曲线越宽大，s 越小，曲线越窄。曲线下的面积为概率，其与 $\overline{X}$ 和 s 的关系可阐述如下，所有测定值处于均值 $\pm 1\ s$ 范围内的概率为 0.682；处于均值 $\pm 2\ s$ 范围内的概率为 0.955；处于均值 $\pm 3\ s$ 范围内的概率为 0.997（图 8-2）。

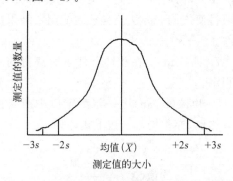

图 8-2 测定值的正态分布

二、质量保证、室内质量控制和室间质量评价之间的关系

临床 PCR 检验实验室的常规测定由一系列步骤组成，可大概地分为样本收集、样本处理（核酸提取）、核酸扩增、产物检测和结果报告及其解释等。室内质量控制（IQC）仅覆盖上述顺序中的测定分析步骤即样本处理、核酸扩增和产物检测，而室间质量评价

（EQA）则除了监测测定分析步骤外，还包括一较大范围的实验室活动，诸如在样本接收中的可靠性。此外，室间质量评价也能监测结果报告及其解释。质量保证（QA）则覆盖一更宽范围的活动，最为重要的是样本收集、结果报告和解释阶段。尽管这些阶段常常不在实验室的直接控制下，但实验室有责任为患者（或其用户）对正确使用实验室服务提供明确的建议，并在适当的情况下，对测定结果做出解释。质量保证的这些方面，在传染性病原体核酸的扩增测定中尤为重要，因为必须要考虑标本的收集方式和标本的稳定性，这些因素在保证测定结果的可靠性上，与测定中的影响因素具有同等的重要性。质量保证还应评价实验报告的发出周期、完整性和简洁性。三者关系见图 8-3。

实验室工作的质量保证在确保患者治疗质量上有重要意义。

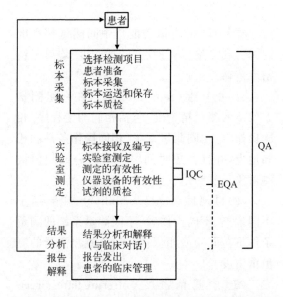

图 8-3 临床检验中涉及的各步骤及其与质量控制的关系

三、标本采集、运送、保存及其质量控制

有关标本的采集、运送和保存等详见第 4 章。

第二节　室内质量控制

室内质量控制(IQC)的目的是确保临床测定过程及结果在偏差和精密度方面达到预定的标准。一般来说,室内质量控制主要包括三个方面:①测定前的质量控制;②统计学质量控制;③质量控制的评价。在临床 PCR 检验中,由于标本制备对扩增检测具有决定性的影响,故还应包括标本制备的质量控制环节。

一、测定前质量控制

(一)实验室设施、仪器设备及管理

临床 PCR 检验实验室应有充分合理的空间、良好的照明和空调设备,这是保证检验人员做好工作的前提。有关 PCR 实验室的分区设计详见第 3 章。但对于 PCR 实验室的空间大小,其原则是以工作所用的仪器设备、实验台放置及实验操作人员的活动区空间是否足够为标准,工作环境虽不是检验质量的直接影响因素,但较为宽敞舒适的实验室环境无疑有利于检验质量的保证。

实验室仪器设备应有定期的维护和校准,使其能处于一个良好的状态。实验用消耗品也要达到相应的要求。例如,为保证加样准确,加样器应使其保持有足够的准确度和精密度,并定期校准。扩增仪如实时荧光 PCR 仪是临床 PCR 检验的关键仪器设备之一,其光学系统是否处于良好状态,以及孔间温度差异是否在允许范围内,对扩增检测结果无疑会有很大的影响。再有就是不太引起注意的消耗品,如核酸提取用离心管和带滤芯加样器吸头。离心管如果含有 PCR 扩增抑制物,则用提取的核酸标本,有可能会出现假阴性结果或定量测定结果偏低。带滤芯吸头很重要的就是其中的滤芯密封程度如何,能否阻止吸样时所产生的气溶胶对加样器头部的污染,进而造成标本间的交叉污染。

1. 天平、加样器、实时荧光 PCR 仪和离心机的维护和校准　详见第 7 章。

2. 离心管的质检　核酸提取用离心管的质检根据目前国内的提取方法,主要有两个方面,一是 PCR 抑制物,二是密封性。最重要的是采用实验证明是否存在 PCR 抑制物,尤其是国产离心管。

(1)离心管的 PCR 抑制物质检方法:可从新购或拟购的样品离心管中,抽取 6～10 支,采用已知的高、中、低三种浓度(如 10^7、10^5 和 10^3 U/ml)的 HBV DNA 样本,使用抽取的离心管按程序进行检测,每一浓度双管重复,同时使用已知无 PCR 抑制物的进口或无脱氧核糖核酸酶和核糖核酸酶的离心管作为对照,然后观察测定结果是否在预期的范围内,以及与对照管之间是否有明显(超过方法学变异如一个数量级)的差异。如果检测待检离心管结果较对照或预期结果明显偏低,如 1～2 个数量级,则证明其有抑制物的存在。

(2)离心管的密封性质检方法:由于成本问题,国内实验室极少使用螺口离心管,而多使用翻盖离心管,此时,还可对离心管的密封性,以及在煮沸时,是否会发生离心管盖崩开等进行观察。对于扩增用 0.2ml 离心管的质检,除了上述抑制物质检外,亦应对密封性进行质检,这一点对于减少 PCR 扩增区的产物污染非常重要。具体的做法是,抽取 6～10 支新购离心管,每管准确加入一定量如 500μl(对 1.5ml 离心管)或 50μl(对 0.2ml 离心管)水,在分析天平上称重,记录各管重量,然后按核酸提取程序煮沸或正常 HBV DNA 扩增检测程序在 PCR 仪上进行扩增,最后再在天平上称重,观察扩增前后各管重量的差异,从而判断离心管在扩增过程中的密封性。如重量出现明显降低,则密封性不

好。

3. 带滤芯吸头的质检　对于带滤芯吸头密封性的质检,这里介绍一个简单的方法。首先制备一个含 $1\%\sim2\%$ 甘油及色素(如甲基橙、红墨水、蓝墨水等)的水溶液,如果吸头的最大体积为 $100\mu l$,则将加样器吸取体积调至 $110\sim120\mu l$,再套上吸头后吸取上述有色液体。如果吸头质量好,则有色液体不应出现在滤芯之上,否则说明滤芯不严。

再有就是通过实验来检验带滤芯吸头的质量,即先纯化制备数份强阳性和数份阴性核酸标本,然后将加样器吸取量设至扩增加样所需的体积,使用待评价带滤芯吸头对一份强阳性样本来回吸取 10 次(模拟 10 份阳性样本的吸取),将最后一次的吸取液加至一含扩增反应液的管中,之后,换一个新吸头,连续吸取 10 份阴性样本分别至 10 个扩增反应管中,此过程重复 $3\sim5$ 次,最后对每一管按所用试剂方法进行扩增检测。强阳性样本应为强阳性,阳性弱或出现阴性则说明吸头可能含有扩增抑制物。所有阴性样本应为阴性,出现阳性则表明吸头不能有效地防止气溶胶对加样器的污染。

4. 实验室的日常工作核查　临床 PCR 检验实验室尤其要注意避免实验室的污染,污染的概念有二,一是通常的空气中的灰尘、细菌和标本的溅出等的污染;二是以前扩增产物的遗留污染(carry-over)。前者依靠日常的清洁工作即可做到,而要避免后者,除了对实验室空间的规范化物理分区外,严格的实验室管理和对实验操作的严格要求也是必不可少的。表 8-1 为一个临床 PCR 检验实验室日常工作核查表的例子,各实验室亦可根据自己的实际情况制定相应的核查表,以确认每天的工作程序是否得到认真执行。

表 8-1　临床 PCR 检验实验室日常工作要点核查

工 作 项 目	核 查 要 点
水浴箱、干浴仪(加热模块)	□校准及记录温度
次氯酸钠溶液	□新鲜配制
生物安全柜	□先启动运行 30min 后再开始工作
室内质控	
弱阳性质控(定性)	□有
低、中、高浓度质控(定量)	□有
阴性质控:原样本	□有
经历提取过程的空管	□有
仅含扩增反应混合液管	□有
实验台面	□使用后用次氯酸钠溶液消毒,再用 70% 乙醇清洁
	□紫外线照射
加样器、离心机	□使用后用次氯酸钠溶液消毒,再用 70% 乙醇清洁
实验室各区	□遵循单一工作流向
	□紫外线照射

(二)理想的试剂

当日常 PCR 检验结果不理想,尤其是大部分结果有问题时,通常检验者首先要考虑的是试剂盒的质量是不是有问题。可以肯定的是,所使用的 PCR 试剂盒的质量对测定结果的影响是直接而又极为关键的。当然,从试剂盒的使用者来说,无法左右试剂盒的质量,而且即使是试剂盒的生产者,有些影响因素也在其控制之外。因为试剂盒的质量不但受到生产过程中质量控制诸要素的影响,原材料的质量、方法学设计、包装、运输和贮存等一系列环节,都对试剂盒的质量有决定性的影响。因此,应对进入临床 PCR 实验室的每一批试剂盒都要进行质检。

1. 影响 PCR 试剂盒质量的因素　一般来说,PCR 或 RT-PCR 试剂盒由三部分试剂组成,即核酸提取试剂、核酸扩增或逆转录－核酸扩增试剂和产物检测试剂。某些情况下,如 TaqMan 和分子信标(molecular beacon)荧光 PCR 方法因其核酸扩增和检测同时完成,故无专门的产物检测试剂。影响 PCR 试剂盒质量的因素有两个方面,即内在因素和外在因素。内在因素包括标本处理(核酸提取)方法、用于核酸扩增的原材料及方法学设计等。外在因素则主要是试剂盒出厂以后,在运输和贮存中所存在的问题。

(1)核酸提取方法:由于临床标本中常含有蛋白质及脂类等干扰 PCR 扩增的物质,因而核酸提取是进行 PCR 扩增前不可少的一个步骤。酚-氯仿抽提法是经典的核酸提取方法,这种核酸提取方法具有提取效率高、纯度好的优点,但由于其常涉及去垢剂裂解、蛋白酶处理、有机溶剂提取及乙醇沉淀等步骤,不但烦琐,而且增加了标本间相互污染的机会。因此,现在的商品 PCR 试剂盒中的核酸提取方法大部分已不再使用经典方法,而使用较为简便的方法如煮沸裂解法、玻璃粉或硅吸附法等一步提取法。严格地说,煮沸裂解处理标本并非核酸提取纯化方法,而只是将核酸从病原体细胞内释放出来,在离心后,取出部分上清用于扩增测定。以前国内绝大部分 HBV DNA PCR 测定试剂盒均采用煮沸裂解法处理血清标本。由于煮沸裂解法处理标本后,所得到的扩增模板中可能或多或少的会含有一些血清成分如血红素及其代谢产物等,从而影响后面的 PCR 扩增测定。近来,PCR 试剂生产厂家纷纷弃用了煮沸裂解法处理标本,而改用核酸纯化方法。由于标本核酸提取的效果,关系到 PCR 检测的质量及成败,因此在考察 PCR 或 RT-PCR 试剂盒中的核酸提取方法时,除了要求操作简便外,更重要的是核酸提取的效率及纯度。具体做法可以使用已知病毒含量的溶血和脂血血清标本,用试剂盒提供的标本处理方法提取核酸后扩增检测,与无溶血和脂血的血清标本比较,观察测定结果的差异,从而判断提取方法的优劣。

(2)核酸扩增所需的原材料:核酸扩增所需的原材料主要包括寡核苷酸引物、探针、扩增缓冲液、dNTP、TaqDNA 聚合酶及逆转录酶等。

1)寡核苷酸引物和探针:引物和探针对试剂盒质量的影响首先是纯度。因为合成的引物中会有相当数量的"错误序列",其中包括不完整的序列和脱嘌呤产物,以及可检测到的碱基修饰的完整链和高分子量产物。这些序列可导致非特异扩增和信号强度的降低。纯度的高低可根据 260/280nm 吸光度比值来判断,如小于 2.0,则需重新纯化。另一种方法是将其在聚丙烯酰胺凝胶上电泳,如出现一条以上的带或迁移位置错误,则需重新纯化。再则引物和探针不能出现有其他核酸的污染。最后是引物和探针的结合特异性,它决定了扩增检测的特异性。

2)扩增缓冲液和 dNTP:PCR 最为常用的缓冲液为 10~50mmol/L Tris-HCl(pH 8.3~8.8)。反应混合物中 KCl 浓度低于 50mmol/L 有利于引物的退火,KCl 或 NaCl 浓度高于 50mmol/L 则会抑制 TaqDNA 聚合酶活性。反应混合物中加入酶保护剂如牛血清白蛋白(100μg/L)或明胶(0.01％)或 Tween20(0.05％~0.1％)有助于酶的稳定,加入 5mmol/L 的二巯苏糖醇(DTT)也有类似作用。Mg^{2+} 是 TaqDNA 聚合酶活性所必需的。Mg^{2+} 浓度过低时,酶活性显著降低;过高时,则会出现非特异扩增。

3)反应混合物中每种 dNTP 的终浓度应在 $20\sim200\mu mol/L$,此时 PCR 产物量、特异性与合成忠实性间的平衡最佳。四种 dNTP 的终浓度应相等,以使错误掺入率降至最低。dNTP 的浓度过低,很难保持碱基掺入的忠实性。dNTP 的终浓度大于 50mmol/L 时,也会抑制 TaqDNA 聚合酶活性。

4)TaqDNA 聚合酶及逆转录酶:当其他反应参数处于最佳时,每 $100\mu l$ 反应液中含 $1\sim2.5U$(比活性为 20U/pmol)TaqDNA 聚合酶为佳。如果酶浓度太高,则会出现非特异扩增;过低时,则靶序列产量很低。

5)当检测靶核酸为 RNA 时,需先用逆转录酶将 RNA 逆转录为 cDNA,再进行 PCR 扩增反应。在进行逆转录时,逆转录酶的活性也很重要,逆转录不成功,则意味着整个扩增测定的失败。

(3)试剂盒的运输和贮存:在适当的贮存温度下,PCR 试剂盒的有效期一般为 6 个月。核酸扩增部分的试剂一般要贮存于 $-20℃$ 下;提取试剂则一般贮存于 $2\sim8℃$。如贮存温度不当,则会影响 PCR 试剂盒的使用有效期。

试剂盒从生产厂家到实验室使用者手中,均要经历运输及运输中的贮存等诸多环节,任一环节的不当,均会影响试剂盒的临床使用质量。

2. 临床 PCR 试剂盒的质检 临床 PCR 试剂盒的质检包括两个方面,一是对内外包装的检查;二是对试剂盒测定性能的检验。

(1)内、外包装的质检:外包装的检查包括厂家名称、检测目的、批准文号、批号和有效期等,可防止使用假冒伪劣或过期试剂。内包装的检查主要是看试剂瓶是否漏液、真空包装是否破损、试剂是否齐全及是否有使用说明书等。

(2)试剂盒测定性能的质检或验证:试剂盒的检测性能包括精密度、准确度、线性范围(可测定范围)、检测限和特异性等。精密度验证可采用覆盖测定范围内的不同浓度或不同特性的样本,同一批内多次或不同批多次检测,以观察检测的一致性程度,准确度验证可采用方法学(参考方法或公认方法)比较,也可采用"血清盘"或"样本盘"进行。血清盘是由一定数量的原血清阴阳性样本,以及3~5 份系列稀释阳性样本所组成。阴、阳性样本的比例最好为 1∶1。阳性样本中还应包括一定数量的弱阳性样本。样本总数可定在 20 份左右。原血清样本可用于判断 PCR 试剂盒对特定病原体核酸检出的特异性、灵敏度和符合率;系列稀释阳性样本用于判断试剂的测定下限。

在使用血清盘质检时,用待检 PCR 试剂盒测定血清盘中的各份样本,以血清盘的结果为标准,依照表 8-2 及所附公式,计算被检 PCR 试剂盒的灵敏度、特异性和符合率。

表 8-2　试剂盒评价四格表

	血清盘结果(+)	血清盘结果(-)	合　计
被检试剂盒结果(+)	a	b	$a+b$
被检试剂盒结果(-)	c	d	$c+d$
合　计	$a+c$	$b+d$	$a+b+c+d$

表中 a 为真阳性,b 为假阳性,c 为假阴性,d 为真阴性。各项指标的计算公式如下

$$特异性(\%) = \frac{d}{b+d} \times 100\%$$

$$灵敏度(\%) = \frac{a}{a+b} \times 100\%$$

$$符合率(\%) = \frac{a+d}{a+b+c+d} \times 100\%$$

理想情况下,试剂盒的特异性、灵敏度及符合率应为 100%。

此外,也可采用弱阳性(低拷贝数)质控物进行质检。对不同试剂生产厂家或同一厂家不同批号试剂盒采用同一弱阳性定值质控物检测,可比较出不同厂家或不同批号试剂盒的测定下限的差异。在每次临床检测中,同时带上弱阳性质控物与临床标本一起检测,对判断试剂盒的质量及其稳定性具有重要的参考价值。

(3)试剂盒核酸提取试剂的抗干扰能力质检:核酸提取试剂的抗干扰能力,可通过其对溶血和脂血标本中的已知靶核酸的提取效率来判断,因为在血清(浆)标本中,血红蛋白和血脂可能是最常见的 PCR 扩增检测的抑制物。

(三)标准的操作程序

一个完整的临床 PCR 程序通常由标本采集、运送、保存、编号、试剂准备、核酸提取、扩增和产物检测、结果分析和报告等诸多环节,每个环节对 PCR 检验结果的正确与否都是非常关键的,对于定性 PCR 测定来说,只要有一个环节有问题,就很可能得到一个错误的结果,如假阳性或假阴性。而对定量 PCR 测定来说,所得到的结果的变异应是涉及整个 PCR 检测过程的上述各个环节变异和的平方根,即:$(s) = \sqrt{s_a^2 + s_b^2 + s_c^2 + \cdots}$。上式中 s_a、s_b、s_c 是步骤 a、b、c 等(例如试剂准备、标本采集、核酸提取、扩增和产物检测等)

的标准差。改善测定精密度的措施必须首先着重在最不精密的步骤上,应对试剂准备、标本收集、核酸提取、测定方法和仪器操作写出 SOP,但最重要的是在测定中必须严格按 SOP 进行操作,除非经实践证明正在使用的 SOP 中有不对之处时,才可对 SOP 按一定程序进行修改。

(四)人员培训

临床日常 PCR 检验程序中,通常要涉及试剂配制、核酸提取、仪器编程、结果分析和报告等步骤,实验中要用的仪器设备有天平、加样器、离心机、生物安全柜、恒温设备等。这些操作尽管简单,但由于均为微量操作,要获得稳定可靠的测定结果,操作人员需要一定的专业技术知识和经验,要尽可能做到知其然又知其所以然。从实际工作来看,不同的操作者所得到的测定结果,往往差异很大,因此,人员的培训非常重要,尤其是内部有针对性的培训。

(五)PCR 实验室的防"污染"措施

PCR 实验室的潜在污染来源主要有:①临床标本中存在的大量待测微生物或待测靶核酸;②科研中得到的质粒克隆;③以前分析研究的特定微生物或靶核酸;④大量存在于实验环境中的特定微生物或靶核酸;⑤以前扩增产物的残留污染,这也是 PCR 实验室最容易产生的将造成假阳性的"污染"。PCR 扩增可以引起实验室中扩增产物的累积,通常,一次典型的 PCR 扩增可以产生 10^9 拷贝的靶序列,如果气溶胶化,甚至最小的气溶胶都会含有 10^6 拷贝的扩增产物。如果不加以控制,在短期内累积的气溶胶化的扩增产物即会污染实验室中的试剂、仪器设备和通风系统,从而造成严重的实验室"污染",出现大量的假阳性结果。

一些 RNA 扩增技术如基于核酸序列的扩增(NASBA)、转录介导的扩增(TMA)和 Qβ 复制酶等不易产生扩增产物的"污染",这是由于它们的主要扩增产物为 RNA,可以被

环境中的 RNA 酶迅速地降解。但这些技术也有一定程度的 DNA 的扩增,仍需有防污染措施。

1. 实验室的严格分区及工作程序的严格遵守 有关基因扩增实验室的分区设计详见本书第 3 章,试剂准备区、样本准备区、扩增区、检测区等必须备有其各自必需的仪器设备、工作服、手套、加样器和通风系统。在每个区使用的试剂和废物,必须直接在其各自的区域内分装或包装。操作人员必须注意防止通过他们的头发、眼镜、首饰和衣服将扩增产物从污染区携带至清洁区的可能性。

2. 化学方法 实验台面可使用 10% 的次氯酸钠(漂白剂)清洗,然后再用 70% 乙醇或清水洗去次氯酸钠。次氯酸钠具有氧化损伤核酸的作用,从而使可能的留在实验台面的扩增产物被破坏掉。要注意的是,次氯酸钠不能区分提取的目的 DNA 和 PCR 扩增产物,用次氯酸钠处理的样本不能用于核酸扩增检测。在实际工作中,有些物品比如放置扩增反应管的盘必须从污染区转回到清洁区时,在转回之前,应将其置于 2%~10% 的次氯酸钠溶液中过夜,并充分冲洗。

3. 扩增产物的修饰 临床 PCR 检测通常由三或四个步骤组成:①核酸提取和扩增检测试剂的配制,使用商品试剂盒时,试剂的配制量可大大减少。②样本的处理即靶核酸的提取;③PCR 扩增;④扩增产物的分析。使用实时荧光 PCR 方法,③和④步同时完成。

如对以前扩增产物进行适当修饰,应可以消除其污染后面新的扩增检测,但为保证不影响靶核酸的扩增检测,扩增产物修饰方法必须遵循两个基本原则:一是扩增产物被修饰后,应可以与随后扩增的靶序列区分。这就要求区别性修饰在打开扩增反应管之前进行。二是修饰不能干扰正常的扩增检测。

(1)扩增前的修饰:扩增前的修饰可有紫外线(UV)照射和尿嘧啶-N-糖基化酶(UNG)消化两种方法。

1)紫外线(UV)照射:这是消除扩增产物遗留污染的首选修饰方法。每次完成检测操作后均应用采用紫外灯对实验台面或相关仪器设备如加样器、离心机、温育仪等进行照射。对扩增反应管,在未加入靶 DNA 前,可在紫外光下照射 5~20min。这种方法的基本原理是,紫外线造成的 DNA 修饰主要有环丁嘧啶二聚体(cyclobutane-type pyrimidine dimmer,CPD)、嘧啶 6,4-二聚体、多种稀少的 DNA 光产物和非直接类型如 DNA-蛋白质交联和单线态氧损伤等,短波长紫外线照射可造成 DNA 的直接损伤,主要为 CPD。紫外线诱导 DNA 中两个胸苷(T)二聚体和其他共价修饰的特点,可以使其在新的扩增反应中,延伸发生终止,但这种方法对短的片段(<300bp)效果不佳。在受紫外照射的 DNA 链上,形成二聚体缺陷的数量少于 0.065/碱基,其他非二聚体的紫外光照损伤亦均可终止 TaqDNA 聚合酶的延伸。这些位点的数量与二聚体位点数量差不多。如果这些位点(0.13/碱基)在 DNA 分子上随机分布,一个 500bp 片段的 DNA 分子链上将有 32 处损伤位点,那么,10^5 个这样的分子中,每个分子中会至少有一处损伤。相反,如果 100bp 的片段,每条链上仅有 6 处损伤,10^5 个拷贝分子中将有许多分子没有任何损伤。这就是 UV 照射只对一定的片段长度 DNA 有效的原因。此外,紫外照射的效果还取决于核酸和光源的距离,应为 60~90cm。尽管紫外线照射对 TaqDNA 聚合酶和寡核苷酸引物也有不良的影响。紫外照射应成为临床 PCR 实验室不可少的消除或减少扩增污染的一种方法。

2)尿嘧啶-N-糖基化酶(UNG)方法:这种方法的基本原理是的进行 PCR 扩增时,四种 dNTP 中的 dTTP 使用 dUTP 来替代,于是,扩增后所有扩增产物中,天然 DNA 中原为 T 的地方全由 U 所替代。扩增产物为含 U 的核酸序列。因此,在进行新的扩增,则可在反应管中加入 UNG,室温温育后,如果扩增反应管中存在有污染的以前含 U 的扩增产物 DNA,则其会在 UNG 对尿嘧啶残基识别和消除的作用下,发生降解。升高温度,使 UNG 灭活,即可进行新的扩增。UNG 对扩增产物污染消除能力并不是无限的,其只能消除一定量的扩增产物污染,且如果靶扩增产物原为富含 G+C 的序列,则效果差。

(2)扩增后的修饰:扩增后的修饰方法包括呋喃并香豆素化合物如补骨脂素和异补骨脂素加合法、引物水解法和羟胺加合法等。

1)呋喃并香豆素化合物如补骨脂素和异补骨脂素加合法:补骨脂素或异补骨脂素含有两个有活性的双键,紫外线照射(300～400nm)激活时,通过与嘧啶碱基形成环丁烷加合物与核酸共价结合。在核酸扩增时,反应体系中加入补骨脂素或异补骨脂素,扩增后,用紫外线照射反应体系,补骨脂素或异补骨脂素即加合于核苷酸上,加合有补骨脂素或异补骨脂素的 DNA 就不能再作为新的扩增的模板。虽然补骨脂素和异补骨脂素都可以修饰扩增产物,但补骨脂素可以在互补的 DNA 链之间形成交叉连接,因此,如采用补骨脂素,所得到的扩增产物不能使用常规的杂交方法检测。而异补骨脂素不能交叉连接互补链,从而用常规的扩增产物检测方法如杂交可以容易地检测到修饰的 DNA。至少有三种异补骨脂素化合物可用来修饰扩增产物,如 6-氨基甲基-4,5′-双甲基异补骨脂素(6-AMDMIP),4′-氨基甲基-4,5′-双甲基异补骨脂素(4′-AMDMIP)和干扰素诱导蛋

白-10(IP-10)。修饰扩增产物的效率与异补骨脂素浓度有关,浓度越高,修饰效率越高。25mg/ml 的异补骨脂素不足以修饰大多数的 PCR 产物,因而不能防止 PCR 产物遗留污染。但浓度过高如 100mg/ml 的异补骨脂素则对 PCR 扩增有抑制作用。因此,为抵消或减小这种对扩增的抑制作用,可在扩增反应液中加入 10% 的甘油或 1% 的小牛血清。对每一个扩增检测,补骨脂素的浓度都应该进行优化。如同紫外线照射和 UNG 方法一样,异补骨脂素对富含 G+C 的和短的扩增产物无作用,并且需要加用其他仪器。此外,这些化合物有致癌性,使用时必须小心。

2)3′-次黄苷引物水解法:引物合成时,在 3′ 端引入一个或多个核糖残基如黄苷,于是扩增产物均含有这种核糖残基,PCR 扩增后,加入 1mol/L NaOH 作用 30min,即可使含有引物的序列中的引物发生碱性水解,于是截短的扩增产物缺少引物连接部位,不会导致后面新的扩增反应的"假阳性"扩增。但在打开反应管加入 NaOH 时,可能会因为反应管内扩增产物的气溶胶化而增加产物污染的机会。此外,引物水解的效果不尽相同,这依赖于与引物混合的 3′ 核糖残基的数量和位置。这种方法的修饰效率在 $10^4 \sim 10^9$ 扩增产物。

3)羟胺加合法:向扩增后的 PCR 反应管中加入盐酸羟胺也是一种有效扩增产物修饰方法,尤其对短的(<100bp)和富含 G+C 的扩增产物。盐酸羟胺易于和胞嘧啶残基中的氧原子发生反应并形成共价加合物,这种加合物防止在后续的反应中胞嘧啶残基与鸟嘌呤残基形成碱基对。因此修饰的扩增产物在随后的 PCR 反应中就不能进行扩增。

表 8-3 对上述消除扩增产物污染的方法的优、缺点进行了比较。

表 8-3　控制 PCR 遗留污染的扩增产物修饰方法的比较

方　法	作用机制	优点	缺点
紫外线照射	胸苷二聚体	费用低,不需改变 PCR 方法	富含 G+C 的和短的(<300bp)的扩增产物无效
UNG	对含 U 的扩增产物酶的水解	易于混合,对富含 T 的扩增产物非常有效	费用高,可能降低扩增效率
盐酸羟胺	化学性修饰胞嘧啶并且阻止 G+C 碱基对的形成	费用低,对短的和富含 G+C 的扩增产物有效	致癌性,可能干扰扩增产物的检测
异补骨脂素	通过环丁烷加合物修饰待扩增样本	相对费用低,需要 PCR 方法的微小改变	致癌性,对 PCR 抑制作用,对控制富含 G+C 的和短的扩增产物效率低,需要附加仪器
补骨脂素	通过环丁烷加合物修饰待扩增样本	相对费用低,需要 PCR 方法的微小改变	可能会干扰扩增产物的检测
3′-次黄苷引物水解法	NaOH 对扩增产物核糖残基 PCR 之后的水解	对富含 G+C 的扩增产物有效	效率不稳定,在加入 NaOH 时可能产生气溶胶

二、核酸样本的制备、扩增检测及其质量控制

(一)一般核酸提取试剂促使靶核酸从细胞内释出的原理

靶核酸可以与宿主细胞整合、核内游离及胞质内各种构形存在于细胞内,如测定的是病原微生物,则靶核酸存在于细菌、原虫、真菌细胞和病毒包膜内,如果上述细胞或病毒包膜破裂,则靶核酸亦可存在于病原体外。故标本处理的第一步,就是要将靶核酸从细胞或病毒包膜内释放出来,一般均使用去垢剂(如 Triton-100、SDS)或变性剂(如异硫氰酸胍盐、盐酸胍等)裂解细胞或病毒,从而将靶核酸从细胞或病毒内释放出来。在特定情况下,释放出来的核酸会与蛋白质结合在一起,此时,用一种蛋白裂解酶(如蛋白酶 K)消化,即可将结合于核酸的蛋白质消化,而将核酸完全游离出来,以便于后续的分离纯化。

(二)核酸的分离纯化

核酸的分离纯化就是要将蛋白质、脂类等干扰核酸扩增的物质从待测标本中去除。当靶核酸从细胞内或病毒包膜蛋白质内释放出来后,再使用有机溶剂如酚-氯仿等提取,以去除残留的蛋白质和细胞膜成分,最后用乙醇沉淀核酸再去掉有机溶剂。现已有不少商品核酸提取试剂盒,但临床实验室在使用这些试剂盒用于其日常工作前,必须对其核酸提取纯度和效率进行评价。

除了有机溶剂提取外,也可使用固相吸附的方法提取核酸,如使用二氧化硅或硅藻颗粒吸附,可得到纯度很高的核酸样本。

(三)靶核酸提取的质量

经上述提取纯化的靶核酸在待扩增或杂交的区域必须保持完整,这可使用凝胶电泳将样本的核酸提取物与一核酸标准比较测定,核酸提取的产率可在 A_{260} 读数测定。例如,每吸光度单位双链 DNA 的量为 $50\mu g$。核酸纯度可通过提取物在 260nm 和 280nm 波长下的吸光度之比,即 A260/A280 来判断,大于 1.8,即达到纯度要求。但用于血清(浆)等体液中病原体核酸测定的提取试剂的质量,因病原体核酸含量低,核酸的提取质量可能无法用这种方法判断,此时,可采用一种间接的方法,即使用已知病原体含量的溶血和(或)脂血标本用待评价试剂提取,然后进行扩增检测,比较所得

到的结果,即可知提取纯化后,是否将有关扩增反应抑制物有效地去除。

(四)临床标本及核酸提取中可能存在的抑制和干扰物质

临床标本中有多种成分可能会通过与酶反应成分的相互作用而抑制核酸扩增。如 $0.8\mu mol/L$ 的血红素及其代谢产物已知为 DNA 聚合酶的抑制物,不同来源的聚合酶受血红素影响的浓度也不同。脑脊液、尿液和痰中也含有 TaqDNA 聚合酶的抑制物,但抑制物的确切成分尚不清楚,但已知在痰中酸性多糖和糖蛋白成分为聚合酶的抑制物。此外,临床标本中也可能含有会降解靶核酸的核酸酶。

在传统的核酸提取方法中所用的许多试剂如乙二胺四乙酸(EDTA)、去垢剂如十二烷基硫酸盐(SDS)和离散试剂如异硫氰酸胍和盐酸胍等,如果在核酸提取中最后未完全去除干净的话,则会抑制 TaqDNA 聚合酶。此外,用于核酸提取的有机溶剂如酚、氯仿、乙醇、异丙醇等,如果在最后的用于扩增的核酸标本中没有去除彻底,则无疑会抑制 PCR 扩增。

(五)核酸样本制备及扩增检测的质控

1. 对临床标本中可能存在的抑制/干扰物的质控措施　可通过加入内质控(internal control,IC)(通常称为内标)的方法来观察制备的核酸样本中是否存在扩增的抑制物或干扰物。这种内标最好在临床标本制备前即加入,然后与标本中靶核酸一起经历核酸提取过程,这样其也可作为核酸提取过程中的质控。

在临床 PCR 检验中,尽管内标在设计和制备的技术上均有一定程度的复杂性,并且需对其应用的浓度进行仔细研究,避免干扰靶核酸的检测。但内标的加入,不但可以监测标本中 PCR 抑制物及核酸提取中试剂的混入所致的假阴性外,而且可以监测因为 PCR 扩增仪孔间温度的不准确及核酸的提取的效率太低所致的假阴性。

内标有两种,即竞争性的和非竞争性的内标。竞争性的内标与靶核酸具有相同的靶

顺序,在扩增时共用相同的引物序列,只是在大小或内顺序上与靶核酸有所不同,竞争性内标可通过下述方式制备:①使用含与靶核酸相同的"尾"的引物扩增与靶核酸不相关的序列,然后将其作为内标;②将靶序列克隆入质粒载体中,并对其进行插入或缺失修饰以改变电泳迁移特性或产物的内序列,经此修饰的序列即可作为相应内标;③通过限制性内切酶消化和连接用不相关核酸序列替代靶序列,但引物部位序列相同。非竞争性的内标则不含靶序列,其扩增需要一组不同的引物。常用的非竞争性内标包括人 HLA-DQA1、GAPDH 和人 β 肌动蛋白等的 mRNA 或 DNA,尤其是蛋白质表达的研究中,这些内标 mRNA 还可用作相对定量的标准。但其他一些核酸序列也可应用。内标应大于或等于待测靶核酸,从而保证任何小于内标的靶核酸扩增的有效性。

加入到扩增主反应混合液中的内标质控模板的量,应为每次反应 10～1000 拷贝,并加入相应的与靶核酸相同的(竞争性内标)或不同的(非竞争性内标)引物进行扩增。必须注意的是,要保证内标的存在不能降低扩增系统的敏感性,如果共扩增的内标模板的量太大,则会对靶核酸的扩增产生竞争抑制作用,而出现测定敏感性的降低。

一个扩增反应管中,如果样本中的内标和靶核酸序列都不出现扩增,在能排除扩增仪孔间温度的差异所致的假阴性外,提示样本中可能有扩增抑制物的存在,此时应对样本进一步处理,以减少或排除扩增抑制物或干扰物。通常对样本简单稀释即可降低抑制物的影响,但需注意的是,对样本不能稀释过大,否则易使靶核酸稀释至方法的测定下限之下。如果样本中内标没有扩增,但靶序列出现扩增,则有可能是靶序列浓度太高,内标受到了竞争抑制,同样可以通过对样本进行稀释的方式来证明这一点。

2. 核酸提取及扩增有效性的质控　在核

酸提取中,应至少带 1 份已知弱阳性质控样本(基质与待测标本相同),其最后的检测结果,应是核酸提取和扩增检测的有效性的综合反映。同时,还应至少带 1 份已知阴性质控样本(基质与待测标本相同),扩增测定的结果可以判断核酸提取过程中是否发生污染。

如靶核酸为 DNA,为判断 DNA 扩增的有效性,可使用 1 份已制备好的弱阳性靶 DNA 样本,直接与靶核酸同时扩增检测。如靶核酸为 RNA,则除了可用上述弱阳性 cDNA 判断 DNA 扩增的有效性外,还可用已制备好的弱阳性 RNA 质控来判断逆转录的有效性。

3. 产物检测的质控 为判断扩增产物检测中核酸杂交及显色测定的有效性,可在产物检测时,增加靶 DNA 或已稀释的扩增靶 DNA 阳性质控和阴性质控。此外,每次产物检测均应有试剂空白质控。

三、统计学质量控制

统计学质量控制就是在日常常规测定临床标本的同时,连续测定一份或数份含一定浓度分析物或阴性的质控样本,然后采用统计学方法,分析判断每次质控样本的测定结果是否偏出允许的变异范围,进而决定常规临床标本测定结果的有效性。由此可见,是室内质量控制工作的核心。对于临床 PCR 检验实验室来说,要想持续有效地进行统计学质量控制,首先必须要有稳定可靠的室内质控样本,再就是切实可行的室内质控数据的统计学判断方法。

(一)理想的室内质控样本的条件

一般来说,用于临床 PCR 检验室内质控的理想的质控样本的条件有以下几个方面:①基质与待测标本一致。临床 PCR 检验的结果与标本处理的质量有很大的关系,而标本处理方法与标本的基质的性质也有直接的关联,不同的基质中可能含的对扩增检测的抑制物有可能不同,因此理想的质控样本的基质应尽可能与待测标本相同。②所含待测

物浓度应接近试验的决定性水平(decision level)。所谓的试验的决定性水平,可从定性测定和定量测定两个方面考虑,定性测定指的是测定的阳性判断值(cut-off);定量测定指的是方法测定浓度线性范围的下限、中间和上限。使用含待测物浓度接近试验决定性水平的室内质控物,能最灵敏地反映测定的变异,比如说,在定性测定中,使用高浓度的质控样本,如果测定操作的变化不是特别大,对测定结果就不会有明显影响,相反,使用接近 cut-off 值的弱阳性质控样本,反应测定操作变异的灵敏度就大大提高。此外,还有监测假阳性的阴性质控样本,亦应是与临床标本基质相同的不含待测靶核酸的样本。③有很好的稳定性。由于统计学室内质控是连续地监测实验室测定重复性,因而要求室内质控样本在适当的贮存条件下能较长期的稳定,这是室内质控样本所必须具备的一个条件。④靶值或预期结果已定。室内质控物对靶值或预期结果的精确可知没有严格的要求,因为其主要是用于监测实验室测定的批间批内变异(重复性)。但由于室内质控物的浓度应接近试验的决定性水平,故理想的室内质控物,其靶值或预期结果应该是已知的。⑤无已知的生物传染危险性。由于室内质控物本身或其基质的来源,绝大部分来自于人体如血清、血浆等,因而其可能会含有某些已知的传染性病原体,如 HBV、HCV 和 HIV1/2 等,因此为保护实验操作人员免受已知的生物传染危险性,需对样本进行相应的检测,并对有可能存在的病原体进行灭活处理。⑥单批可大量获得。室内质控物不同于数量有限的一级或二级标准品,其应该可以单批大量获得,这也是长期连续监测实验室测定重复性的先决条件。⑦价廉。

上述理想的室内质控样本的条件,主要是针对感染性疾病病原体核酸的 PCR 检测,对于遗传病、恶性肿瘤、HLA 基因分型等有关特定基因点突变、缺失突变、融合基因、分

型等的 PCR 检测,阴性质控样本应为无相关突变的同类样本和不含任何核酸的水样本,阳性样本则可为已知存在特定基因突变的以前已检测过的样本或体外构建的含已知特定突变的质粒或细胞系。每次检测时,将上述阴性和阳性质控样本按待测标本对待,进行正常的检测程序,以判断检测的有效性。

(二)测定中质控样本的设置、数量及排列顺序

在临床 PCR 检验的室内质控中,质控样本的设置、数量及排列顺序常是实验室技术人员感到困惑的问题,有很多同道认为做一份质控检测也就可以了。

从理论上说,为最大可能地检出试验的随机和系统误差,应每隔 1 份或几份临床标本插入 1 份质控样本,但在实际工作中,从成本效益考虑,只能设数量有限的室内质控样本。立足于国内目前的实际情况,一般来说,如果标本量不是特别大,小于 30 份,则定性测定有一份接近 cut-off 的弱阳性和一份阴性质控样本即可。阳性和阴性质控样本的设置数量可随检测标本数的增加而按比例适当增加,如临床标本数量达到 50～60 份,则可将阳性和阴性质控样本的数量增加一倍。可根据临床标本的数量的增加,相应增加质控样本的数量。定量测定则要根据所用方法的测定范围,除了阴性质控外,还应采用高、中、低三种浓度的质控样本。要注意的是,在核酸提取的整个过程中,上述阴、阳性质控样本均应均匀分散放在临床标本的中间,以充分反映实际检测可能存在的问题。至于在扩增时的排列顺序,可排于标准品或校准品之后,临床样本之前。但在扩增仪中的位置,不应永久性地固定在一个孔,而应在每次扩增检测时,进行相应的顺延,使得在一定的时间内,可以尽可能地监测每一个孔的扩增有效性。

需要指出的是,临床 PCR 检验室内质控与其他临床检验室内质控相比,有一个很大的特点,即监测污染发生的阴性质控的设置。

通常情况下,这种质控的设置及结果不需要采用统计学方法来分析,但要强调的是,阴性质控对于临床 PCR 检验必不可少,并且除 1 份阴性原血清样本外,还可包括 1 份在标本核酸提取过程中带入的一个空管和仅含扩增反应混合液的管。阴性原血清质控样本的功能是:①监测实验室的以前扩增产物的"污染";②由实验操作所致的标本间的交叉污染,具体地说,如强阳性标本气溶胶经加样器所致的污染、强阳性标本经操作者的手所致的污染、使用翻盖离心管核酸提取时在较高温孵育时盖子崩开等;③扩增反应试剂的污染。阴性原血清质控样本经扩增检测如为阳性,说明上述三个环节中有可能在一个或几个上出现问题,但并不能区别究竟在哪点上发生了污染。在标本核酸提取过程中带入的一个空管,其基本功能是监测实验室"污染",在整个实验过程中,开口放置于核酸提取的操作台面区域内,最后以水为基质,进行扩增,如出现阳性,在试剂管为阴性的情况下,提示可能存在有实验室污染。如想鉴别实验室是否发生污染,可将一个或多个空管打开静置于标本制备区 30～60min,然后加入扩增反应混合液同时以水替代核酸样本扩增,如为阳性,而仅含扩增反应混合液的管为阴性,则说明实验室以前扩增产物的存在。仅含扩增反应混合液的管是在扩增前以水替代提取的核酸样本加入扩增反应混合液后进行扩增,其基本功能是监测扩增试剂是否发生污染,具有较强的污染鉴别性。

(三)统计学质控的特点

临床 PCR 检验与其他临床检验一样,产生的检验误差有两类,一是系统误差,一是随机误差。系统误差通常表现为质控物测定均值的漂移,是由操作者所使用的仪器设备、试剂、标准品或校准物出现问题而造成的,这种误差可以通过前述的措施方法加以控制,是可以排除的。而随机误差则表现为测定标准差的增大,主要是由实验操作人员的操作等随机因素所致,其出现难以完全避免和控制。统计学质控的功能就是采用统计学方法发现误差的产生及分析误差产生的原因,采取措施予以避免。因此,在开展统计质量控制前,应将可以控制的误差产生因素,尽可能地加以控制,这不但是做好室内质控的前提,也是保证常规检验工作质量的先决条件。

(四)阳性质控样本测定重复性的统计质控方法

1. 基线测定　英国学者 Whitehead 最早对临床检验的统计学室内质量控制提出了一个操作步骤,即实验室在开展室内质控前,首先要进行实验变异的基线测定,所谓基线测定就是首先使用质控物确定实验在最佳条件和常规条件下的变异。最佳条件下的变异(optimal conditions variance,OCV)是指在仪器、试剂和实验操作者等可能影响实验结果的因素均处于最佳时,连续测定同一浓度同一批号质控物 20 批次以上,即可得到一组质控数据,经计算可得到其均值($\overline{X}$)、s 和变异系数(CV),此 CV 即为 OCV,为批间变异。需注意的是,所有测定数据不管其是否超出 $3s$,均应用于上述统计计算。

常规条件下的变异(routine conditions variance,RCV)则是指在仪器、试剂和实验操作者等可能影响实验结果的因素均处于通常的实验室条件下时,连续测定同一浓度同一批号质控物 20 批次以上,即可得到一组质控数据,经计算可得到其均值($\overline{X}$)、s 和变异系数(CV),此批间 CV 即为 RCV。同样,所有测定数据不管其是否超出 $3s$,均应用于上述统计计算。

当 RCV 与 OCV 接近,或小于 2OCV 时,则 RCV 是可以接受的,否则,就需要对常规条件下的操作水平采取措施予以改进。

在临床实际工作中,按上述步骤做,通常会觉得烦琐,希望能直接进入 RCV 的测定计算,如果有一定的实验工作基础,应该说是可以的,因为 OCV 从某种意义上来说,指的是试剂盒或方法学本身的批间变异,应可以从其他一些途径得到,如试剂生产厂家和文献报道等。

在临床 PCR 检验中,进行上述基线测定,既可使用质控样本扩增后的 U/ml 来进行统计计算,也可用其对数值进行。使用实时荧光 PCR 方法,也可采用质控样本的 Ct 进行统计计算。由于 PCR 扩增结果的原始数据通常很大,故使用其对数值或 Ct 来进行质控统计分析可能要更为方便一些。

除了对上述批间变异的测定外,基线测定还应包括批内变异的测定及对室内质控物的测定准确度的评价。测定准确度的定量测定是指批内和批间测定结果的均值与靶值的差异。在定性测定则是指接近其测定下限的弱阳性样本批内和批间测定的结果是否为阳性。

2. Levey-Jennings 质控图方法　Levey-Jennings 质控图也称 Shewhart 质控图,是由美国的 Shewhart 于 1924 年首先提出来的,并用于工业产品的质量控制。后来(20 世纪 50 年代初),Levey-Jennings 将其引入临床检验的质量控制,经 Henry 和 Segalove 的改良,即为目前常用的 Levey-Jennings 质控图(图 8-4)。其基本特点如下:①根据 RCV 计算中的平均值和标准差确定质控限,一般以 $\overline{X}\pm2s$ 为告警限,$\overline{X}\pm3s$ 为失控限,其基本的统计学含义为:在稳定条件下,在 20 个室内质量控制结果中不应有多于 1 个结果超过 $2s$(95.5%可信限)限度;在 1000 个测定结果中,超过 $3s$(99.7%可信限)的结果不多于 3 个。因此如以 $\overline{X}\pm3s$ 为失控限,假失控的概率为 0.3%。②对待质控物应像对待患者标本一样同等对待,不能进行特殊处理,每批患者标本测定时,即随之测定质控物一次,将所得结果标在质控图上,质控物在控时,方能报告该批患者标本的测定结果,质控物失控时,说明测定过程存在问题,不能报告标本结果,应解决存在的问题,并重新测定在控后方能报告。③可使用一个以上的质控物浓度标在一张质控图上,此时质控图上均值和 s 不标具体数据,而仅以 $\overline{X}$ 和 s 表示。④以 $\overline{X}\pm2s$ 为失控限,假失控的概率太高,通常不能接受;以 $\overline{X}\pm3s$ 为失控限,假失控的概率低,但误差检出能力不强。

室内质量控制数据是用来控制实际过程的,因此其表达应清楚和直接,在质控图上记录结果时,应同时记录测定的详细情况,如日期、试剂、质控物批号和含量及测定者姓名等。

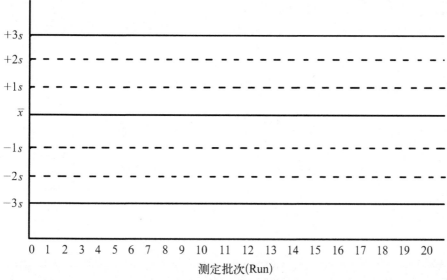

图 8-4　Levey-Jennings 质量控制

下面举例说明 Levey-Jennings 质控图的使用及分析方法。表 8-4 为一组 HBV DNA 室内质控血清(含量为 2.0×10^4 U/ml)的测定数据,绘制的质控图见图 8-5。

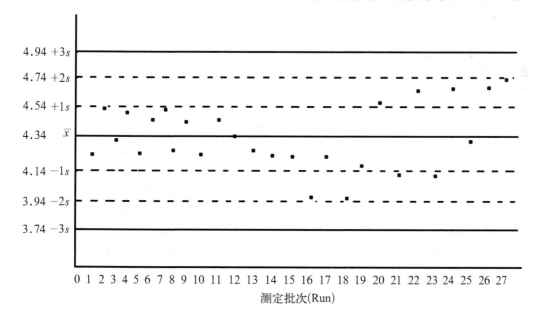

图 8-5　根据表 8-4 数据得到的 Levey-Jennings 质量控制

表 8-4　HBV DNA 定量 PCR 测定室内质控数据

测定批	测定结果	
	原始数据(U/ml)	对数值
基线测定均值($\bar{x}$)	2.3×10^4	4.34
标准差(s)	6.9×10^3	0.20
1	1.8×10^4	4.26
2	3.4×10^4	4.53
3	2.0×10^4	4.30
4	3.0×10^4	4.48
5	1.7×10^4	4.23
6	2.6×10^4	4.41
7	3.2×10^4	4.51
8	1.9×10^4	4.28
9	2.6×10^4	4.41
10	1.6×10^4	4.20
11	2.9×10^4	4.46
12	2.2×10^4	4.34
13	1.9×10^4	4.28
14	1.6×10^4	4.20
15	1.5×10^4	4.18
16	1.1×10^4	4.04
17	1.7×10^4	4.23
18	1.0×10^4	4.00
19	1.5×10^4	4.18
20	3.6×10^4	4.56
21	1.3×10^4	4.11
22	4.5×10^4	4.65
23	1.2×10^4	4.08
24	4.0×10^4	4.60
25	1.7×10^4	4.23
26	4.1×10^4	4.61
27	5.3×10^4	4.72

从图 8-5 可见,自第 1 批测定至第 13 批测定,变异为正常的波动;自第 14 批至第 19 批测定,测定结果位于均值一侧,可能存在测定的准确性问题,有系统误差存在;自第 20 批至第 27 批,测定结果在均值两侧波动幅度过大,测定的精密度不好,存在有随时机误差。

3.Levey-Jennings 质控图结合 Westgard 多规则质控方法　上述的 Levey-Jen-nings 质控图方法虽简单易行,但由于其仅使用单个质控判断规则,而显得较为粗糙,后来 Westgard 等在其基础上,建立了一种多规则方法,即"Westgard 多规则质控方法",其主要特点有:①其是在 Levey-Jennings 质控图方法的基础上产生的,自然也就具有 Levey-Jennings 质控图方法的优点,可通过相似的质控图来进行分析;②假失控和假告警概率低;③误差检出能力增强,失控时,对导致失控产生的分析误差的类型有较强的辨别能力,从而有助于采取相应的措施进行改正。

Westgard 多规则质控方法即是将前述的多个质控规则同时应用进行质控判断的方法。最初常用的有六个质控规则,即 1_{2s}、1_{3s}、2_{2s}、R_{4s}、4_{1s} 和 10_x,其中 1_{2s} 规则作为告警规则,当出现质控测定值违反 1_{2s} 规则时,则启动其他规则进行判断。只有当使用所有质控规则判断确定某测定批在控时才说明该测定批在控,只要上述质控规则之一判断测定批失控则即认为该测定批失控。通常上述规则中,1_{3s} 和 R_{4s} 规则反映的是随机误差,而 2_{2s}、4_{1s} 和 10_x 反映的是系统误差,系统误差超出一定的程度,也可从 1_{3s} 和 R_{4s} 规则反映出来。

Westgard 多规则质控方法所用的质控图的模式同 Levey-Jennings 质控图,只不过是在质控测定结果的判断上采用多个质控规则。此外,还可根据自己实验室的具体情况和所用质控物的数量,采用表格式质控图(tabular chart)或 Z 计分质控图(Z-score chart)。表格式质控图(图 8-6)便于手工记录,每批测定后,可将质控物测定值填入表格中的相应格内,再根据上述质控规则决定该批测定是否在控,同时记录存在的问题及解决措施。Z 计分质控图(图 8-7)用于使用多个质控物(如高、中和低浓度)进行质控的情况下,使得在同一质控图上同时记录不同质控物的测定结果成为可能。质控图的作图依据为"Z 计分",其具体计算公式如下:Z 计分 $=(x_n-\bar{x})/s$,其中 x_n 为特定质控物的第 n 个测定值,$\bar{x}$ 为该质控物的测定均值,s 为标准差。因此,"Z 计分"的实质是计算质控测定值偏离均值相当于多少个标准差。例如,在均值为 2.5×10^4 和标准差为 5×10^3 的情况下,如某次测定值为 3.0×10^4,则 Z 计分为 $+1$;又如另一次测定值为 2.0×10^4,则 Z 计分为 -1。由此可见,以"Z 计分"值作图,与质控物的浓度大小无关,因而其可用于多个质控物的同时作图。

测定批	$<-3s$	$\geqslant-3s$	$\geqslant-2s$	$\geqslant-1s$	$\bar{x}$	$\leqslant+1s$	$\leqslant+2s$	$\leqslant+3s$	$>+3s$	在控或失控	备注

测定项目_____　质控物浓度_____　质控物批号_____
均值($\bar{x}$)_____　标准差(s)_____

图 8-6　表格式质控图

4. 累积和(CUSUM)质控方法　累积和(CUSUM)质控方法于 1977 年由 Westgard 等提出,对系统误差有较好的测出能力。其质控规则也是以均值($\bar{x}$)和标准差(s)为基础确定,常用质控规则及其含义见表 8-5。

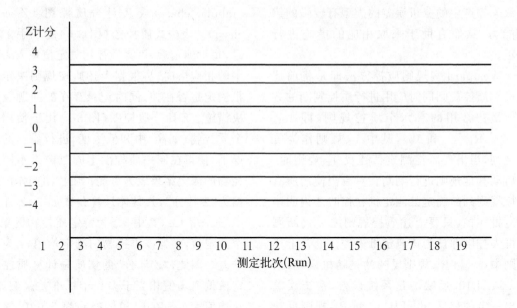

图 8-7　用于多个质控物的 Z 计分质量控制

表 8-5　常用的累积和（CUSUM）质控规则

质控规则	起动累积和计算的阈值(k)	质控限(h)
$CS_{2.7s}^{1.0s}$	$\overline{X}\pm1.0s$	$\pm2.7s$
$CS_{3.0s}^{1.0s}$	$\overline{X}\pm1.0s$	$\pm3.0s$
$CS_{5.1s}^{0.5s}$	$\overline{X}\pm0.5s$	$\pm5.1s$

具体质控步骤如下：①与上述其他质控方法一样，首先得到测定均值($\overline{x}$)和标准差(s)；②确定起动累积和计算的阈值(k)和质控限(h)；③确定质控规则；④绘制质控图（图 8-8）；⑤累积和（CUSUM）计算，即每次测定后，如测定值超出阈值，则计算测定值与阈值(k)之差，并进行累积相加得到累积和，当累积和的"正（＋）"或"负（－）"符号发生改变时即停止累积和计算，直至测定值再次超出 k 时，再启动累积和计算，以累积和是否超出质控限(h)来判断测定是否失控；⑥如有失控，则采取措施予以纠正，再开始上述累积和计算。下面以使用质控规则 $CS_{2.7s}^{1.0s}$ 举例说明。

表 8-6 为一组 HBV DNA 的测定数据，

其中 d_i 为第 i 批质控测定值与 k 值之差，CS_i 为第 i 批质控测定时的累积和，ku 和 kl 分别为阈值上限和阈值下限，当质控物测定值超出 k 值时，即开始累积和计算。从表中数据可见，第 4 批测定质控值(3.3×10^4)超出了阈值上限($ku=3.0\times10^4$)，于是累积和计算开始，即计算质控测定值与 ku 值之间的差值(d_i)，然后对以后连续各批测定的质控值与 ku 值之间的差值加起来求和(CS_i)，即为累积和。当累积和改变符号时（表中的第 7 批和第 12 批测定），则停止累积和的计算。当质控物测定值再次超出 k 值（表中第 10 批和第 15 批测定值）时，重新开始累积和的计算。当累积和超出质控限（表中第 20 批测定值）时，表明测定失控。

5."即刻法"质控方法　"即刻法"质控方法的实质是一种统计学方法，即 Grubs 异常值取舍法，只要有 3 个以上的数据即可决定是否有异常值的存在。在基层医院的临床基因扩增检验中，通常不是每天都有测定，有的几天才做一次，由于"即刻法"质控只要有连续 3 批质控测定值，即可对第 3 次测定结果

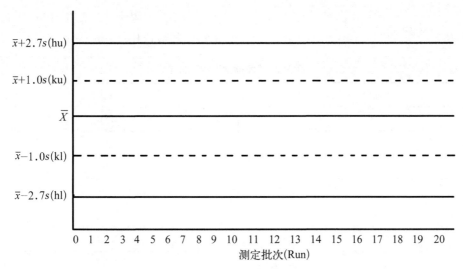

图 8-8　CUSUM 质量控制

表 8-6　HBV DNA 定量 PCR 测定累积和(CUSUM)质控

$(\bar{x}=2.5\times10^4, s=5.0\times10^3, ku=3.0\times10^4, kl=2.0\times10^4, h=\pm1.35\times10^5)$

测定批	测定值	d_i	CS_i	结果解释
1	2.8×10^4			
2	2.1×10^4			
3	2.6×10^4			
4	3.3×10^4	0.3×10^4	0.3×10^4	起始累积和计算
5	3.6×10^4	0.6×10^4	0.9×10^4	
6	3.1×10^4	0.1×10^4	1.0×10^4	
7	1.9×10^4	-1.1×10^4	-0.1×10^4	停止累积和计算
8	2.9×10^4			
9	2.1×10^4			
10	1.8×10^4	-0.2×10^4	-0.2×10^4	起始累积和计算
11	1.5×10^4	-0.5×10^4	-0.7×10^4	
12	2.8×10^4	0.8×10^4	0.1×10^4	停止累积和计算
13	2.3×10^4			
14	2.9×10^4			
15	4.8×10^4	1.8×10^4	1.8×10^4	起始累积和计算
16	5.5×10^4	2.5×10^4	4.3×10^4	
17	4.0×10^4	1.0×10^4	5.3×10^4	
18	6.2×10^4	3.2×10^4	8.5×10^4	
19	5.2×10^4	2.2×10^4	1.07×10^5	
20	6.8×10^4	3.8×10^4	1.45×10^5	失控

进行质控。具体步骤如下。

(1)将连续的质控测定值按从小到大排列,即 x_1、x_2、x_3、x_4、x_5、x_6、……x_n(x_1 为最小值,x_n 为最大值)。

(2)计算均值($\bar{x}$)和标准差(s)。

(3)按下述公式计算 SI 上限和 SI 下限值。

$$SI_{\text{上限}} = \frac{x_{\text{最大值}} - \bar{x}}{s}$$

$$SI_{下限} = \frac{\overline{x} - x_{最小值}}{s}$$

将 SI 上限和 SI 下限值与 SI 值表（表8-7）中的数值比较。

表 8-7 "即刻法"质控 SI 值

n	n_{3s}	n_{2s}	n	n_{3s}	n_{2s}
3	1.15	1.15	12	2.55	2.29
4	1.49	1.46	13	2.61	2.33
5	1.75	1.67	14	2.66	2.37
6	1.94	1.82	15	2.71	2.41
7	2.10	1.94	16	2.75	2.44
8	2.22	2.03	17	2.79	2.47
9	2.32	2.11	18	2.82	2.50
10	2.41	2.18	19	2.85	2.53
11	2.48	2.23	20	2.88	2.56

质控结果的判断：SI 上限和 SI 下限值均小于表 8-7 中 n_{2s} 对应的值时，说明测定质控测定值的变化在 $2s$ 之内，是可以接受的。如 SI 上限和 SI 下限值中之一处于 n_{2s} 和 n_{3s} 对应的值之间时，说明该质控测定值的变化在 $2s \sim 3s$，处于"告警"状态。当 SI 上限和 SI 下限值之一大于 n_{3s} 对应的值时，说明该质控测定值的变化已超出 $3s$，属"失控"。

（五）假阳性的统计质控方法

1. 根据日常病人结果阳性率的 Levey-Jennings 质控图法　以每次日常检测的阳性率比值作为计算数据，在其具有正态分布特性的基础上，计算阳性率比值的均值（$\overline{x}$）和标准差（s），并绘制质控图（图 8-9）。

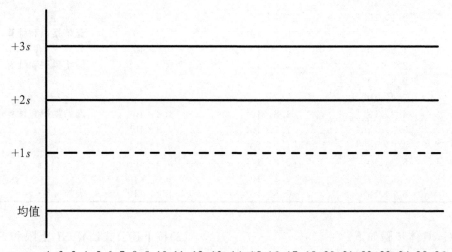

图 8-9　PCR 检测"假阳性"监测质量控制

质控规则:当阴性质控样本为阳性时,不管阳性测定比值为何,均为失控,所有阳性标本须重新测定,并增加一倍阴性质控样本。如果阴性质控样本为阴性,某次测定阳性比值超出＋3s,则为失控,为 1_{+3s} 规则。本次阴性结果根据阳性质控样本的情况,决定是否可以发出,所有阳性样本结果不能发出,需查找出现阳性率增高的原因,并在增加阴性质控样本的情况下重新检测。如超出＋2s,则为"告警"。是为 1_{+2s} "告警"规则。如在三次连续的测定中有两次"告警",则为"污染"监测失控,为 3_{+2s} 规则。阴性标本结果可以发出,所有阳性标本在增加一倍阴性质控样本的情况下重做,并查找出现阳性率增高的

原因。

我们以北京佑安医院共 9 个月的 HBV DNA 的 PCR 检测数据为例说明如下。共有 212 次检测,16 858 份样本,阳性样本 8885 份,阳性率为 52.7％,每次样本量约为 79 份。将每天的阳性率计算出来,共 212 个数据,对其进行正态性检验,符合正态性分布。计算前 20 次的阳性率均值($\bar{x}$)和 ≤s 分别为 0.532 和 0.09,计算 212 次的阳性率均值($\bar{x}$)和 s 分别为 0.527 和 0.078。得质控图见图 8-10。前 20 次阳性率均值($\bar{x}$)和 s 与 212 次基本一致,故在实际应用中可先以 20 次进行计算,以后随着检测次数的增加,再随时或定期调整均值和 s。

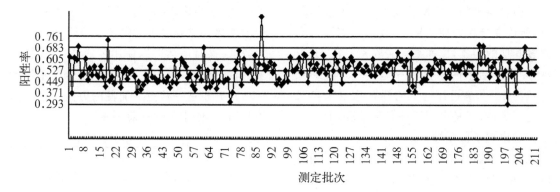

图 8-10　根据日常患者检测阳性率得到的质量控制

从图 8-10 可见,在 212 次测定中,阳性率超出 $\bar{x}+2s$ 的次数共有 5 次,有 2 次为连续超出。超出 $\bar{x}+3s$ 的次数共有 1 次。按上述所定的质控规则,共有 2 次失控。从总体看,该实验室阳性率在其 212 次实验中,超出 $\bar{x}\pm2s$ 或 3s 的次数,符合正态分布的概率。但针对该 2 次失控,要重点分析当天检测人群组成与平常有差异,从而明确是否有潜在的"污染"发生。当然,北京佑安医院的这两次可能只是假失控。

采用日常检测结果来进行室内质控这种方法在临床生化定量方面已有人运用,主要是将每天的某项检测项目的结果的均值来作

质控图,以此观察检测结果是否失控。PCR 的检测结果与生化定量的检测结果有所不同,定量生化的检测结果在统计学上称为计量资料,而定性 PCR 检测结果为计数资料,只有两种结果:阴性或阳性。但是我们可以将每天患者结果的阳性率计算出来作为计量资料用于室内质控。

对北京佑安医院 9 个月的 212 次 HBV DNA PCR 测定的阳性率比值进行统计分析,具有正态分布的特点,因而可以采用类似 Levey-Jennings 质控图进行质控,以 1_{+3s} 和 3_{+2s} 为失控规则,假失控概率 ≤0.3％(根据 1_{+3s} 的 99.7％的可信度)。对于临床实验室,

≤0.3%的假失控概率应该是可以承受的。此外，本方法只是用于实验室假阳性质控，因而只要考虑均值的上方即可，因此，本方法的质控图只有原 Levey-Jennings 质控图的上半部分。

根据患者日常检测阳性率比值的假阳性监测室内质控方法，可能的几种失控表现如下。①曲线向上漂移：提示出现污染，污染可能是由于某一天操作上的失误导致实验室被污染如标本泄漏，产物泄漏，试剂被污染等；②向上的趋势性变化：可能存在累积性的产物污染，实验室扩增产物逐渐累积，从而使患者结果的阳性率逐渐增高。此时实验室需要进行彻底清洁。

患者结果的阳性率还受到许多因素的影响，所以在分析失控结果时，我们还需要考虑许多其他的因素，比如某一实验室平常 HBV DNA 患者结果的阳性率一般为 10%，某天忽然为 40%，有可能这天的标本主要来自医院的肝病科，或是出现某种异常情况，而不一定就是出现了假阳性。

在一般医院临床实验室，患者标本 HBV DNA 检测的阳性率可能在 10%左右或更低，在传染病医院，其阳性率较高，可能达 50%以上，但在特定的临床 PCR 实验室其阳性率应该变化不大，因为其所服务的人群通常不会有很大的变化。如果某一天患者结果的阳性率很高，例如阳性率达 70%，还有就是每天检测的阳性率逐渐增高，呈向上漂移的状态，对于这样的结果，我们需要进行仔细的研究才能将报告发出。

2. 直接概率计算法　如果每次日常检测的阳性率比值为非正态分布，则可采用此法，即直接计算出某一事件发生的概率。按统计学规律，一个事件发生的概率<5%被称为小概率事件，即发生的可能性很小。因此，当一个小概率事件发生时，则可能有误差存在，有必要对其发生的原因进行分析。对每天的日常患者结果中阳性率出现的概率进行计算，如果这种结果出现的概率<5%时，则可判为失控。概率的计算有以下几种模式。

（1）在一个实验室中某检测项目结果的阳性率为 p，计算在 n 个患者样本中有 k 个阳性结果的概率。根据二项式分布的概率计算公式如下

$$P_{X=k} = \frac{n!}{k!\,(n-k)!}\,p^k(1-p)^{n-k}$$
(8-1)

其中 n 为当次实验检测标本数，k 为阳性个数，p 为阳性率。

$P_{X=k}<5\%$ 为失控。此时，阴性标本可以发出报告，所有阳性标本在查清原因后重做。

（2）在临床 PCR 检测中，许多实验室或检测项目如结核杆菌、淋球菌的阳性结果率均较低，这时虽然可以使用公式(8-1)计算概率，但如果标本量很大，使用泊松分布来估计二项式分布是一种更为简便的方法。根据泊松分布，可使用下式计算概率

$$P_{X=k} = \frac{(np)^k e^{-np}}{k!}$$
(8-2)

$P_{X=k}<5\%$ 为失控。此时，阴性标本可以发出报告，所有阳性标本在查清原因后重做。

（3）标本间交叉污染的概率。如果所有阳性结果的出现是连续性的，则可能存在标本间的交叉污染，即阳性样本污染了它邻近的阴性样本，这种情况的概率计算公式如下

$$P = \frac{n-r+1}{n!\,/r!\,(n-r)!}$$
(8-3)

其中 n 为当次实验检测标本数，r 为连续出现阳性的个数。

当某次实际测定标本连续阳性的概率大于所计算的概率，则判为失控。阴性标本结果可以发出，阳性标本要考虑标本间交叉污染的问题。

下面分别举例说明。

例1，二项式分布概率计算：如果一个实

验室检测 HBV DNA,平常患者结果的阳性率为 10%,即 $P=0.1$,在某一次检测 25 个样本出现 6 个阳性结果,19 个阴性结果,则检测过程中存在污染的可能性,可通过下述方法计算。即计算在 25 个样本中出现 6 个或 6 个以上阳性结果的概率,此时的概率为 1-(获得 0 个或 1 个或 2 个或 3 个或 4 个或多 5 个阳性结果的概率)即

$$1-[P(0)+P(1)+P(2)+P(3)+P(4)]=1-[(1-0.1)^{25}+25(1-0.1)^{24}0.1+300(1-0.1)^{23}0.1^2+2300(1-0.1)^{22}0.1^3+12\ 650(1-0.1)^{21}0.1^4+53\ 130(1-0.1)^{20}0.1^5]=0.0334$$

则在这个实验室一次检测 25 个标本获得 6 个或 6 个以上阳性结果的概率为 3.34%,小于 5%,属于小概率事件,即发生的可能性很小,可能有污染所致假阳性结果的可能。

例 2,泊松分布概率计算:一个实验室中,某项目每次检测结果的阳性率约为 2%,则在 100 个样本中出现 8 个阳性的概率。根据泊松分布,可使用公式(8-2)计算概率,此时 $n=100,p=0.02,k=8,np=2$ 代入公式(8-2)计算得 $P_{X=10}=\dfrac{(2)^8e^{-2}}{8!}=0.0009$。

例 3,交叉污染概率计算:如在一次检测 100 个标本的 HBV DNA 检测中,所有两个阳性结果连续出现的概率为

$$P=(100-2+1)/[100!/2!(100-2)!]=99/4950=0.02,为 2.0\%。$$

因此,如在 100 个标本中,连续出现两个为阳性次数有 3 次,即概率为 3.0%,则为失控。

而在一次检测 100 个标本,所有三个阳性结果连续出现的概率为

$$P=(100-3+1)/[100!/3!(100-3)!]=98/161\ 700=0.0006,为 0.06\%。$$

因此,如果如在 100 个标本中,连续出现三个为阳性次数有 1 次,即概率为 1.0%,为失控。

综上所述,对于人群中阳性率较高的检验项目如 HBV DNA,可采用二项式分布概率计算法。阳性率较低的项目如结核杆菌、淋球菌等,在标本量较大时,则可采用泊松分布概率计算法。标本间的交叉污染发生的表现形式是出现标本的连续阳性,根据所检测的标本数,可以得到连续出现 2 个、3 个或 4 个标本阳性的概率,如果实际出现的概率大于应出现的概率,则说明存在有假阳性的可能。

当通过上述方法怀疑有污染发生时,如为医院实验室,可按照以下程序进行评估,判断是否发生了污染:①查看患者化验申请单,看其上所列诊断是否相符;②查看患者病历;③查看患者其他相关检验结果如乙肝两对半等;④查看患者以前检测结果;⑤考虑污染的可能。

当考虑为污染时,则所有阳性标本均需在增加一倍阴性质控标本的情况下重做。

以上所举的例子是以病原体核酸检测为例的,对遗传病、肿瘤的基因突变等的定性检测,假阳性甚至假阴性的统计质控,均可参照上述方法进行,如非小细胞肺癌的 EGFR 基因突变检测,在国内人群中的突变检出约近 50%,也可采用上述方式,进行每批检测出现假阴性质控评价。

(六)室内质量控制数据的评价

室内质量控制的实施涉及实验室的每一个人,是一个集体性的活动,在每批临床标本的测定中,除实际测定者外,还应有另外一人对测定数据进行质检。注意不能将室内质量控制作为一个监察方法,当发现一次测定未达到质量标准时,应以建设性的而非批评的方式去探查失控的原因。

1. 阳性质控样本的常见失控原因、分析及措施 在临床 PCR 检验中,阳性质控样本常见的失控原因如下:①核酸提取中的随机

误差。如核酸提取中的丢失、有机溶剂的去除不彻底、标本中扩增抑制物的残留、所用耗材如离心管有 PCR 抑制物等。②仪器的问题。如扩增仪孔间温度的不均一性、孔内温度与所示温度的不一致性等。③试剂的问题。如 TaqDNA 聚合酶和（或）逆转录酶的失活、探针的纯度及标记效率和核酸提取试剂的效率等。

在临床实际工作中,可参考图 8-11 来分析阳性质控样本的失控原因。

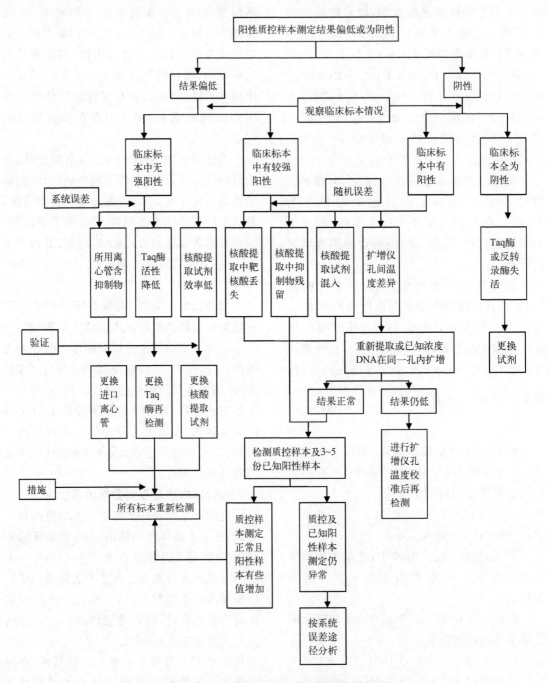

图 8-11 阳性质控样本的失控原因分析流程

避免由于来自于标本的血红蛋白、免疫球蛋白 G(IgG)、乳铁蛋白、肝素、某些激素或来自标本处理中的去垢剂、有机溶剂的抑制作用所致假阴性结果的措施主要有：①纯化核酸。采用核酸纯化方法如酚-氯仿提取、二氧化硅吸附等可有效地避免来自于临床标本中存在的 PCR 抑制物的干扰，但不能完全避免来自标本核酸提取过程中所混入的去垢剂、有机溶剂的抑制作用。②标本重复双份测定。对临床进行重复双份测定，主要是为了避免由于操作的随机性导致最后纯化的核酸标本中所混入的去垢剂、有机溶剂所致的测定假阴性，因为两份标本同时发生这种情况的可能性很小。③稀释标本。对于含有已知抑制物的标本如强溶血、肝素抗凝标本，如果靶核酸浓度对测定来说足够高，则对标本在扩增前进行稀释，不失为一种消除抑制物抑制作用的有效方法。④使用"内质控"(internal control,IC)可以避免由于试剂、扩增仪或标本处理不当所致的假阴性；须注意的是，如果靶浓度很高，可致靶核酸和内质控之间产生竞争，而使内质控受抑制，此时内质控可为阴性。

2. 阴性质控样本的常见失控原因、分析及措施　阴性质控样本的失控原因主要

为扩增产物的"污染"和(或)临床标本的核酸提取过程中发生的标本间的交叉"污染"。在日常 PCR 检验中，如果发现阴性质控标本检测为阳性，则可按图 8-12 的流程进行分析。

避免 PCR 检验假阳性结果的措施：①严格的实验室分区；②使用带"滤芯"的吸头；③设立"阴性"质控(与标本同时处理)；④使用防"污染"(含 UNG)的 PCR 试剂；⑤临床"假阳性"问题：病原微生物如结核杆菌、淋球菌等经药物治疗后已死亡，但 PCR 仍可为阳性，故治疗结束后至少两周内不宜做 PCR 检测。

此外，除了将室内质量控制数据作为日常质控外，还应定期评价累积数据以监测在测定操作中的长期变化趋势。评价应定期进行。

(七)室内质量控制的局限性

室内质量控制可确保每次测定与确定的质量标准一致，但不能保证在单个的测定样本中不出现误差。比如样本鉴别错误、样本吸取错误、结果记录错误等。此类误差的发生率在不同的实验室有所不同，一般要求小于 0.1%，且应均匀地分布于测定前、测定中和测定后的不同阶段。

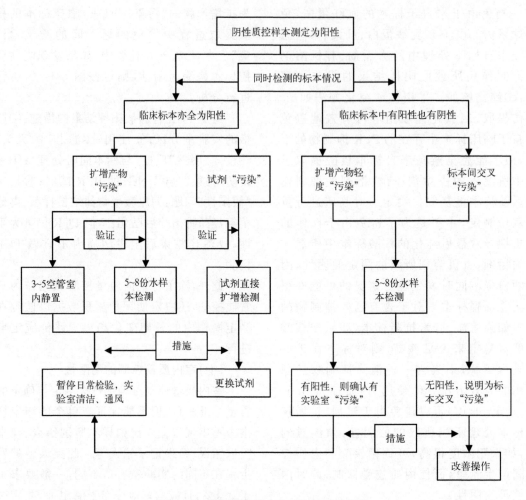

图 8-12　阴性质控样本失控原因分析流程

第三节　室间质量评价

室内质量控制确保实验室室内测定质量的一致性，而室间质量评价则提供将实验室测定情况与一室间和客观标准进行回顾性比较的数据。室间质量评价在质量保证中对室内质量控制有一补充作用。室间质量评价的通常做法是，一个室间质量评价组织者定期发放一定数量的统一的质控样本给各参加质评实验室，然后实验室将其测定结果在规定的时间内按照统一的格式报告至组织者进行统计学分析。最后，组织者向每一参加实验室寄发室间质量评价报告。室间质量评价根据其目的可分为自我教育（self-education）和执业认可两大类，前者以英国国家室间质量评价计划（National External Quality Assessment Schemes，NEQAs）的室间质量评价为代表，后者则以美国 CAP（College of American Pathologists，CAP）的能力验证（proficiency testing，PT）为范本，尽管两者的运作模式基本相同。

一、室间质量评价的程序设计

室间质量评价的程序设计主要包括以下几个方面：①确定质评方案，定期发放质评样本；②要求参加质评实验室报告结果的单位要一致，以便于统计；③报告要清楚、简洁；④要求参评实验室在测定室间质量评价样本时，要以与常规样本完全相同的方式测定；⑤对测定方法、试剂及仪器等归纳总结；⑥对参评实验室的测定要有评价；⑦室间质量评价报告要迅速及时。

(一)质量评价样本

用于质量评价的样本应符合下面几个条件：①样本基质与临床患者标本应尽量一致。也就是说，如临床标本为血清，则质评样本也应为血清。当然某些体液，如痰、分泌物等，质评样本的基质可能无法做到与其一致，此时，可采用生理盐水等作为替代基质。②样本浓度与试验的临床应用相适应。也就是说，根据临床上最为常见的浓度范围及通常所用试剂盒或方法的测定下限去设计质评样本，避免出现与实际相去甚远的情况。例如，目前国内 HBV DNA PCR 试剂盒和 HCV RNA RT-PCR 试剂盒的测定范围多在 10^3 或 10^4 至 10^7 或 10^8 U/ml，测定下限通常在 10^3 或 10^4 U/ml，因此，在设计质评样本时，就不要使用浓度低于 10^3 或 10^4 U/ml 的样本，否则就起不到质量评价的作用。③在样本发放的条件下稳定。质量评价样本不同于室内质量控制样本，前者通常需要一个邮寄过程，而各参评实验室分布在不同的地区，有的很可能远达数千公里，僻远的地方即使是特快专递，有时也需要七八天时间，因此，质量评价样本如能在室温条件下稳定 10d 以上，则样本就不会因为邮寄而出现稳定性方面的问题。目前，卫生部临床检验中心开展全国 HBV DNA 和 HCV RNA 扩增检验室间质量评价样本均为冻干品，可确保室温下邮寄的稳定性。④不存在不可避免的传染危险性。这一点与室内质量控制样本相同，也就是说要求质量评价样本已经灭活处理，没有已知的病原体如 HBV、HCV 和 HIV1/2 等的传染危险性。

用于病原体核酸如 HBV DNA、HCV RNA 等的扩增检测室间质量评价样本的组合设计原则是，每次质量评价样本数可为5～8 份，包括 1～2 份强阳性、1～2 份弱阳性、1～2 份阴性及 2～3 份中等阳性(可为同一样本)样本，强阳性样本的功能在定性测定是观察参评实验室对阳性标本的基本测定能力，在定量测定则观察其所用测定方法及测定操作对接近方法测定范围上限的样本测定的准确性；弱阳性样本的功能在定性测定是观察参评实验室由于标本中病原体浓度低所致假阴性的情况，在定量测定则观察其所用测定方法及测定操作对接近方法测定范围下限的样本测定的准确性；2～3 份中等阳性的同一样本则主要是为了考虑实验室测定的重复性；阴性样本当然是为了观察参评实验室因为扩增产物和(或)操作所致的"污染"发生情况。上述各类样本可在一次质量评价时都包括在内，也可根据所着重的目的，分开进行。

(二)质量评价样本的靶值

在室间质量评价的程序设计中，质量评价样本的靶值确定是一个非常关键的部分，其在某种程度上，决定了参评实验室质量评价成绩的好坏。但必须注意的是，靶值并不是绝对的，尤其是在定性测定，与当时所用公认较好的测定方法的测定下限有直接关系。而定量测定靶值则取决于当时所用参考方法的测定重复性或所有参评实验室的测定值的正态分布及由这种分布所得的修正均值，其通常表示为均值±0.5log。

临床 PCR 检验室间质量评价样本的靶值，在定性测定，应为明确的阴性或阳性，应采用当时多家较好的试剂盒检测确认。定量测定，则以参考方法(公认的定量方法如 bD-

NA 和 COBAS Amplicor 等，以国家或国际标准物质进行溯源）值或参加质量评价实验室的修正均值（剔除超出均值±3s 以外的值后计算得到的均值）或参考实验室均值±0.5log 为准。

(三)参评实验室质量评分的评价方法

对特定参评实验室的评分根据其与其他实验室得分之间的关系，可分为绝对评分和相对评分两种模式。绝对评分就是根据已定的靶值对参评实验室测定的每份质量评价样本计分，然后再计算该次质量评价的总分，以得分的高低评价参评实验室的水平。相对评分则是将参评实验室质量评价得分与所有参评实验室的平均分进行比较，观察其得分在全部参评实验室中所处的位置。下面以美国CAP（绝对评分）和英国 NEQAs（相对评分）的质量评价评分方法进行具体说明。

美国 CAP 的能力验证的评价方法属于绝对评分，比较简单，定性测定主要是看参评实验室对质量评价样本的测定结果与预期结果的符合程度，根据符合率来判断参评实验室的能力验证是否合格。对定量测定则稍微复杂一些，一般以靶值±25％或 3s 为测定符合范围。评价方法的依据为美国 CLIA。具体标准如下。

一般的定性测定如传染性血清学指标、病毒鉴定等，按如下方法评价：所有质评样本的测定结果与预期结果的符合率达到 80％以上时，可判为及格，计算公式为：（某项目测定结果可接受样本数/某项目样本总数）×100＝本次某项目测定得分；如评价多个项目本次质评得分，则计算公式为：（所有项目测定结果可接受样本数/所有项目样本总数）×100＝本次测定得分；出现一次质量评价未参加，以及该次测定得分为 0 分时，判为不及格。对于未参加某次质量评价的实验室只有在下述情况下可重新考虑：①在指定测定能力验证样本和报告结果的时间范围内，实验室暂停了患者标本的测定；②实验室在指定

的呈交能力验证测定结果的时间范围内，告知了能力验证执行部门有关患者标本测定的暂停及不能测定能力验证样本的原因；③实验室参加了前两次能力验证活动。

未按时回报结果者判为不及格，该次能力验证为 0 分；对于不是因为未参加能力验证所致的能力验证测定不及格，实验室必须有适当的培训措施，并采取必要的技术手段改正存在的问题；连续 2 次能力验证或在连续的 3 次能力验证中有 2 次不及格，可定为能力验证不合格。

免疫血液学中的 ABO 和 D（Rho）血型测定及组织相容性测定的能力验证评价与上述稍有不同，即其要求所有质量评价样本100％测定正确。

定量测定按下述方法评价：测定是否正确按参评实验室测定结果与靶值的符合程度来判断。对每次质评每个项目的评分按下式计算：（某项目测定结果可接受样本数/某项目样本总数）×100＝本次某项目测定得分；如评价多个项目本次质评得分，则计算公式为：（所有项目测定结果可接受样本数/所有项目样本总数）×100＝本次测定得分。

英国 NEQAs 的室间质量评价评分则属于相对评分，在定性测定，其对每份样本的检测评分按如下标准进行：2 分，结果完全正确；1 分，结果部分正确；0 分，结果错误但临床意义不是特别重要，如风疹 IgG 测定为假阴性、流感病毒未测出。对样本未做测定也记为 0 分；－1 分，结果错误且在临床或流行病学上意义特别重要，如 HBsAg 测定为假阳性，将流感病毒报告为腺病毒。

回报太迟及报告"样本未做检测"则不予评价，参评实验室也不会因此而受罚。偶然情况下，如果确认质评样本在运输过程中变质或因非实验室的其他原因造成结果不满意，也不予评价。

参评实验室累积评分以该实验室前 12个月的质量评价进行统计。质量评价成绩按

下式计算

$$P = \frac{m - r}{s_r}$$

其中 m 为特定参评实验室的质量评分的总和；r 为所有参评实验室质评分和的均值；s_r 为 r 的标准差。

对特定样本（如较难检测的样本）检测的 P 进行计算的 r 及其标准差按下述计算，先计算特定样本的得分均值 $t =$ 所有检测该样本的实验室得分（f）之和/检测该样本实验室总数（w）；$S_2 =$ 样本差异 $= \sum (f - t)2 / w$，于是 $r =$ 所有有关样本的 t 之和；r 的标准差 $= 0.5 +$ 所有有关样本的 S_2 之和。

$P < -1.96$ 表明该参评实验室成绩明显低于平均水平；$P > +1.96$ 则表明该参评实验室成绩明显高于平均水平。低于平均水平的实验室一般少于 10%。现通常将 P 以 SDI（标准差指数）或 SI 替代，故也称质评 SI 得分。

定量测定的评价则是观察参评实验室测定结果所得值与所有参评实验室均值（或靶值）的离散程度，亦即测定值是处于均值（或靶值）的多少个标准以内，可按下述公式表示：

$$SI = \frac{t - m}{s}$$

其中 t 为特定的参评实验室测定值，m 为所有参评实验室的均值（或靶值），s 为所有参评实验室测定值的标准差。

$-1 \leq SI \leq 1$ 说明特定参评实验室测定值在均值或靶值的 ± 1 个标准差之内，测定成绩优秀；$-2 \leq SI \leq -1$ 或 $1 \leq SI \leq 2$ 说明特定参评实验室测定值在均值或靶值的 ± 1 个标准差至 ± 2 个标准差之间，测定成绩应可以接受；$-3 \leq SI \leq -2$ 或 $2 \leq SI \leq 3$ 说明特定参评实验室测定值在均值或靶值的 $\pm 2s$ 至 $\pm 3s$ 之间，则测定可能存在一定的问题，应设法排除；$SI \leq -3$ 或 $SI \geq 3$，则特定参评实验室测定值已超出均值或靶值的 ± 3 个标准差之外，是不能接受的，说明测定存在较大的问题。

建立一个质量评价体系，上述绝对评分和相对评分的方法均可以采用，其实质内容并无太大的差别，只不过是表现形式的不同，尤其是在定量测定。从室间质量评价对改善实验室测定质量的作用来看，究竟是采用上述哪一种或另外制定的评价方法其实并不重要，关键是要有一个评价方法，从而以其为标准去评价实验室的测定。比如说，在 CAP 的定性测定，其是对质量评价样本测定的 80% 符合作为合格标准，如果换一种方式，而对每份质量评价样本测定进行打分，正确 1 分，错误 0 分，如果每次质量评价固定发放 5 份样本，则可以按得 4 分为合格进行评价，而不必以 80% 符合来表示，并且前者更符合质量评价分的称谓，通常的对以 80% 符合的所谓能力验证得分这种描述其实并不准确，百分比与具体得分可以说不是一个相同的概念。当然，从室间质量评价的目的出发，如果室间质量评价的成绩是作为实验室认可或执业许可的依据，则只能采用绝对评分方法，因为相对评分是与总体相对比较的结果，而不是实验室绝对能力的体现。并且为确保绝大部分的参评实验室能达到质评合格的要求，这种绝对评分还会有一些附加条件，比如在美国 CAP 的能力验证中，如果某份质量评价样本参评实验室的测定结果的一致性不足 90%，则要考虑这份质量评价样本作为评价的有效性。

在临床 PCR 检验的室间质量评价中，对参评实验室测定能力的评价，上述相对评分和绝对评分方法均可采用，但不一定非得使用与上述一模一样的模式，具体评分方法可以根据具体的项目研究确定。比如，在已发表的有关 PCR 测定的室间质量评价的一些文献中，评分标准为：每份质评样本测定正确得 1 分，错误得 0 分，再根据所发样本的数量，确定得多少分以上为优秀，多少分为良好,多少分为合格,多少分以下为不合格等。

(四)对测定技术的评价

测定技术通常包括测定方法、仪器和试剂等,对测定技术的评价是室间质量评价的一个非常重要的内容,主要应注意以下几个方面:①使用适当的统计学方法;②全面地对方法、试剂和单个参评实验室测定技术进行评价;③指明产生严重误差的原因之所在;④适当时评价测定的其他方面(如测定干扰)。

对测定方法、仪器和试剂等参评实验室所用测定技术方面的评价,通常的做法是,对参评实验室分别按所使用的测定方法、仪器和试剂等进行分组,在定性测定,统计计算每一种测定方法、仪器和试剂对每一份质量评价样本的测定符合情况,以便于相互比较。在定量测定,则统计计算每一种测定方法、仪器和试剂对每一份质量评价样本的测定均值和标准差。在定性测定,为了对测定方法、仪器和试剂等进行更为详细的评价,可对方法、仪器和试剂等分别进行测定的特异性、灵敏度和符合率方面的评价,特异性、灵敏度和符合率的统计计算公式如下

$$特异性(\%)(阴性符合率)=\frac{真阴性数}{真阴性数+假阳性数}×100\%$$

$$灵敏度(\%)(阳性符合率)=\frac{真阳性数}{真阳性数+假阴性数}×100\%$$

$$符合率(\%)=\frac{真阳性数+真阴性数}{真阳性数+真阴性数+假阴性数+假阳性数}×100\%$$

在定量测定可采用直方图的方式对方法、仪器、试剂乃至单个的实验室进行更为直观的比较评价。

上述对方法、仪器、试剂等的评价对于参评实验室寻找出现误差的原因有一定的指示作用。如果在质量评价样本中加入了某种可

能会影响测定的干扰因素,则应对这种干扰因素的作用按方法和(或)试剂等进行全面充分的评价。如在基因扩增检验质评样本中加入一定量的血红蛋白,则可仔细评价其对特定的方法和(或)试剂的影响。

二、室间质量评价的局限性

室间质量评价并不是万能的,在某些情况下,其对参评实验室的测定水平的反映存在有局限性:①参评实验室没有同等的对待室间质量评价样本和患者样本。这是一种较为常见的情况,实验室担心自己的质量评价成绩不好,常常采用特选的试剂多次重复检测质评样本,这其实是一种对自己实验室日常检测没有信心的表现,是不可取的。当然,这种质评的结果也就反映不了实验室的真实测定情况。②当使用单一靶值时,难于评价单个实验室和测定方法。由于临床基因扩增检验的标准化仍有待改进,不同的方法或不同的试剂盒间测定值的差异有时较大,有些方法或试剂盒本身就有较大的批间变异,此时单一的靶值对于特定的实验室测定的评价有时会欠准确。③可能会妨碍给出不同结果的改良方法的发展。由于质量评价样本的靶值是建立在现有的最常用的方法试剂的基础上的,如靶值为所有参评实验室的修正均值,或参考实验室的均值等,这样对于可能测定性能更优的改良方法,用此靶值来评价的话,质量评价结果有可能较差,这样就很有可能会妨碍这种新的方法在实验室的应用。④在不同的室间质量评价程序中,对实验室的评价可能不同。由于不同的外部机构,其所发样本的类型、浓度、数量或评价方法可能会有所差异,因此,同一个实验室参加不同外部机构组织的室间质量评价,评价的结果很有可能出现较大的不同。

综上所述,临床基因扩增检验实验室的质量保证应该是实验室的一个核心活动,要做好质量保证,最重要的是必须要了解影响

实验室测定质量的实验室过程的所有步骤，整个实验室过程的最薄弱的环节将反映实验室整个的测定质量。在临床基因扩增检验中，临床标本的收集，是很容易出现问题并最终影响测定质量的环节，在以前实验室很少注意这一点，而倾向于关注在实验室内的测定过程。但即使是实验室内的测定，也并不单纯，室内质量控制的概念也已覆盖了测定分析前的仪器设备状态、试剂方法的选择、SOP 的制定及人员培训和测定分析后评价等各个与质量有关的方面。采用统计学方法对临床基因扩增检验进行过程质控，是临床基因扩增检验室内质量控制的中心环节，其伴随着每一次常规检测的始终，决定了当批测定的有效性，应根据自身实验室的特点选用适当统计质控方法。室间质量评价作为室内质量评价的补充，在临床基因扩增检验的质量保证是一个不可或缺的部分，但基因扩增检验的应用极为广泛，有很多缺乏参考方法，难于校准及扩增检测技术多种多样，不同方法和（或）试剂间的偏差仍然是不同实验室扩增测定结果间缺乏一致性的直接原因，因此，室间质量评价的实施，将有力地促进临床基因扩增检验的标准化。

（李金明）

参 考 文 献

[1] 申子瑜,李金明.临床基因扩增检验技术.北京：人民卫生出版社,2002:136-160

[2] Louie M,Louie L,Simor AE.The role of DNA amplification technology in the diagnosis of infectious diseases.CMAJ,2000,163:301-309

[3] Borst A,Box AT,Fluit AC.False-positive results and contamination in nucleic acid amplification assays：suggestions for a prevent and destroy strategy. Eur J Clin Microbiol Infect Dis,2004,23:289-299

[4] Valentine-Thon E. Quality control in nucleic acid testing--where do we stand? J Clin Virol,2002,25(Suppl 3):S13-S21

[5] Neumaier M,Braun A,Wagener C.Fundamentals of quality assessment of molecular amplification methods in clinical diagnostics. International Federation of Clinical Chemistry Scientific Division Committee on Molecular Biology Techniques.Clin Chem,1998,44:12-26

[6] Shapiro DS.Quality control in nucleic acid amplification methods：use of elementary probability theory. J Clin Microbiol, 1999, 37:848-851

[7] Hayashi S,Ichihara K,Kanakura Y,et al. A new quality control method based on a moving average of "latent reference values" selected from patients' daily test results.Rinsho Byori,2004,52:204-211

[8] Kazmierczak SC. Laboratory quality control：using patient data to assess analytical performance.Clin Chem Lab Med,2003,41:617-627

[9] 李金明,林尊慧,王露楠,等.基于日常检测结果的核酸扩增检测假阳性统计室内质量控制方法.中华检验医学杂志,2006,29(3):275-277

[10] 李金明,王露楠,邓魏,等.建立定性免疫测定中假阳性监测的室内质控方法.中华检验医学杂志,2006,29(2):173-176

[11] Shapiro DS.Quality control in nucleic acid amplification methods：use of elementary probability theory. J Clin Microbiol, 1999, 37:848-851

[12] Hayashi S,Ichihara K,Kanakura Y,et al. A new quality control method based on a moving average of "latent reference values" selected from patients' daily test results.Rinsho Byori,2004,52:204-211

[13] Kazmierczak SC.Laboratory quality control：using patient data to assess analytical performance.Clin Chem Lab Med,2003,41:617-627

[14] Borst A,Box AT,Fluit AC.False-positive re-

sults and contamination in nucleic acid amplification assays: suggestions for a prevent and destroy strategy. Eur J Clin Microbiol Infect Dis,2004,23:289-299

[15] 李金明.聚合酶链反应的质量控制.国外医学临床生物化学与检验学分册,1996,17(6):241-244

[16] 王露楠,李金明,邓巍,等.2000～2002 年丙型肝炎病毒核酸逆转录聚合酶链反应测定室间质量评价.中华检验医学杂志,2003,26(12):777-780

[17] 王露楠,李金明,邓巍,等.乙型肝炎病毒 DNA 聚合酶链反应测定室间质量评价.中华肝脏病杂志,2004,12(8):501-502

[18] 王露楠,李金明.HCV RNA RT-PCR 测定室间质量评价的研究.临床检验杂志,2000,18(5):281-283

[19] 李金明,王露楠,邓巍,等.乙型肝炎病毒 DNA 聚合酶链反应测定全国室间质量评价.中华医学杂志,2000,80:116-117

[20] Quint WGV,Heijtink RA,Schirm J,et al.Reliability of methods for hepatitis B virus DNA detection.J Clin Microbiol,1995,33:225-228

[21] Valentine-Thon E,van Loon AM,Schirm J,et al.A European proficiency testing program for molecular detection and quantitative of hepatitis B virus DNA.J Clin Microbiol,2001,39:4407-4412

[22] Kitchin PA,Bootman JS.Quality control of the polymerase chain reaction. Rev Med Virol,1993,3:107-114

[23] Reichelderfer PS,Jackson JB.Quality assurance and use of PCR in clinical trials PCR methods Appl,1994,4:S141-S149

[24] Zaaijer HL,Cuypers HTM,Reesink HW,et al.Reliability of polymerase chain reaction for detection of hepatitis C virus.Lancet,1993,341:722-724

[25] Bootman J,Kitchin P.An international collaborative study to assess a set of reference reagents for HIV-1 PCR. J Virol Methods,1992,37:23-42

[26] Schirm J,van Loon AM,Valentine-Thon E,et al. External quality assessment program for qualitative and quantitative detection of hepatitis C virus RNA.J Clin Microbiol,2002,40:2973-2980

[27] Land S,Tabrizi S,Gust A,et al.External quality assessment program for Chlamydia trachomatis diagnostic testing by nucleic acid amplification assays. J Clin Microbiol,2002,40:2893-2896

[28] 李金明,王露楠,邓巍,等.样本处理对聚合酶链反应测定乙肝病毒核酸的影响.中华检验医学杂志,2000,23:337-339

[29] 王露楠,郑怀竞,邓巍,等.用于 HCV RNA 逆转录聚合酶链反应测定的血清(浆)样本的质量控制.中华肝脏病杂志,1999,7:221-223

[30] 李金明.聚合酶链反应临床应用的优越性和局限性.中华检验医学杂志,2005,28:225-227

[31] Chlker VJ,Patel HV,Rossouw A,et al.External quality assessment for detection of Chlamydia trachomatis. J Clin Microbiol,2005,43(3):1341-1347

[32] Burkardt H-J.Standardization and quality control of PCR analyses. Clin Chem Lab Med,2000,38(2):87-91

[33] Birch L, English CA, Burns, et al. Generic scheme for independent performance assessment in the molecular biology laboratory. Clin Chem,2004,50(9):1553-1559

[34] 中华人民共和国医政司(叶应妩,王毓三,申子瑜).全国临床检验操作规程.3 版.南京:东南大学出版社,2006:932-945

[35] Aslanzadeh J. Preventing PCR amplification carryover contamination in a clinical laboratory.Annal Clin Lab Sci,2004,34(4)389-396

第9章　病毒核酸检测的标准物质及其应用

第一节　概　述

病毒核酸检测(nucleic acid test,NAT)现已广泛应用于血液及其制品的病毒筛查、临床抗病毒药物治疗疗效监测等。但核酸检测容易受到检测样本的基质效应和检测病毒的基因变异等多种因素的影响,使得不同的实验室应用不同的方法学进行核酸检测的结果,在量值、灵敏度和特异性方面常出现较大的差异。为使不同实验室,不同方法间检测的结果具有可比性,就必须使检测标准化。而标准物质是检测标准化的核心。本章拟就病毒核酸检测用标准物质的种类及溯源性、制备过程、标准物质的意义及目前所存在的问题及展望进行阐述。

一、基本概念

1. 标准物质(reference material,RM)　是一个或多个特性上充分均匀和稳定,且已被确定可用于一测定程序的特定物质。

标准物质是一个总的通用术语,其特性可以是定量或定性的(如物质或物类的鉴别),用途可包括测量系统的校准,测量程序的评估,对其他材料的赋值和质量控制。在特定的测量中一个标准物质只用于一个目的。

2. 有证标准物质(certified reference material,CRM)　由计量学上有效的程序确定一个或多个特性,附有一个证书给出了其特性值、相关的不确定度和计量上溯源性的说明。

3. 一级标准物质(primary reference material)　具有最高计量学特性的参考物

质,由一级参考测量程序定值。

4. 一级测量标准(primary measurement standard)或一级标准(primary standard)　被指定或被广泛承认具有最高的计量学特性、其值不用参考相同量的其他标准而被承认的标准。对于标准物质,其值可由一级参考测量程序获得。

5. 二级测量标准(secondary measurement standard)或二级标准(secondary standard)　通过与被相同量的一级标准对比而定值的标准。

6. 工作测量标准(working measurement standard)或工作标准(working standard)　常规工作中用于校准或检查实物量具、测量仪器或参考物质的标准。

7. 国际标准(international standard)　被国际协定认可的标准,在国际范围内用作有关量的其他标准定值的基础。

8. 国际约定校准物质(international conventional calibration material)　量值不能溯源到国际单位制符号单位,但有国际约定定值的校准物质。

9. 溯源性(traceability)或计量学溯源性(metrological traceability)　测量结果或标准的值通过连续的比较链与一定的参考标准相联系的属性,参考标准通常是国家或国际标准,比较链中的每一步比较都有给定的不确定度。

10. 测量程序(measurement procedure)　按某给定方法具体描述的用于特定测量的一组操作。

11. 测量标准（measurement standard）

为了定义、实现、保存或复现量的单位或一个或多个量值，用作参考的实物量具、测量仪器、标准物质或测量系统。

12. 测量方法（method of measurement） 概括描述的用于测量的逻辑操作次序。测量方法，由于只是概括性描述，不具备数字性性能特点。一种给定方法可以是一种或多种测量程序的基础，每一测量程序都有其固有的代表性能特点的数字值。

13. 国际约定参考测量程序（international conventional reference procedure） 对于某种特定的量，所得测量值不能溯源到国际单位制符号，但经国际约定被用作参考值的测量程序。

14. 国际测量标准（international measurement standard）或国际标准（international standard） 被国际协定认可的标准，在国际范围内用作有关量的其他标准定值的基础。

15. 一级参考测量程序 应是基于在分析上特异、不参考相同量的某校准物而提供向国际单位制符号的计量学溯源性、具有低的测量不确定度的测量原理。

国际计量委员会（CIPM）在 1994 年成立了物质量咨询委员会（CCQM），有条件地指定以下用于一级参考测量程序的可能测量原理：同位素稀释/质谱（ID/MS）、库仑法、重量法、滴定法，用于重量摩尔渗透浓度测定的冰点降低测量等。

一级参考测量程序一般由国际或国家计量机构或国际科学组织批准，不应发展国家一级参考测量程序，测量宜在计量机构，或被公认认可机构认可的对于该测量程序的校准实验室内进行。

在一定时间内可以存在一种以上的一级参考测量程序为某给定的一级校准物检定量值（两种这样的程序对于某给定被测量所得的值不宜存在明显差别，在指定的一定置信水平下的不确定度范围内）。

16. 二级参考测量程序 应描述一个由一种或多种一级校准物校准的测量系统。二级参考测量程序可在国家计量机构或被公认认可机构认可的对于该测量程序的参考测量实验室内建立。二级参考测量程序可以基于不同于一级参考测量程序的测量原理。

17. 厂家常规测量程序 应规定一个由一种或多种厂家工作校准物或更高级别的校准物校准的测量程序，其分析特异性已得到验证。厂家的常规测量程序可以基于与常规测量程序相同的测量分析原理和方法，但需具有较低的测量不确定度，如通过更大的重复测定数和更严格的控制系统来实现。

18. 测量不确定度（uncertainty of measurement） 与测量结果相关的参数，表示可合理地赋予被测量的值的分散性。此参数可以是标准差（或其一定的倍数），或一定置信水平的区间的半宽等。不确定度的组成可以通过对实验结果的统计分布进行估计（A 类），或是通过基于经验或其他信息推测的概率分布来评估（B 类）。不确定度的所有组分都用标准不确定度表示，最后合并为一。

19. 国际单位（international units，IU）

国际标准的应用目的是为测定提供一个通用的标准单位，使用相同的测定生物学单位来指定标准品或工作校准品的单位。

20. 决定性方法（definitive method）是一个具有高精密度及没有系统偏差的参考方法。

21. 参考方法（reference method） 应有低测下限、不受非特异干扰及不与相关的化合物发生交叉反应，同时还应该容易得到。

22. 质控品（control） 质控品是指含量已知的处于与实际标本相同的基质中的特性明确的物质，这种物质通常与其他杂质混在一起，根据其用途可分为室内质控品、室间质量评价样本和质量控制血清盘等三类。室内质控品用于临床实验室日常工作的室内质量控制，其定值应可溯源至二级标准品。室间质量评价样本则为主持室间质量评价的机构制备或监制，通常无须准确的定值，但对于定性测定，则需用各种已有的方法，以明确其阴阳性。质量控制血清盘为经过筛检得到的有明确阴阳性的原血清标本，阳性强弱不一，阴性标本则可能含有对测定会产生非特异干扰的物质，阴阳性血清总数之比通常为 1∶1，血清盘可用于特定的定性免疫测定试剂盒的质量评价，评价内容包括特异性、敏感性、符合率和对可能存在的非特异干扰物的拮抗能力。

23. 核酸（nucleic acid）　任何分子量在 20kDa～40GDa 或更大的单或双链多核苷酸。核酸可分为 DNA 或 RNA，磷酸基团为弱酸性，将一个单核苷酸残基连接下一个含一个游离羟基的单核苷酸上。核酸是生命物质的基本组成成分，与遗传信息的贮存、传递和转移有关。

24. 稳定性（stability）　在规定的时间范围和环境条件下，标准物质的特性量值保持在规定范围内的能力。影响稳定性的因素有：光、温度、湿度等物理因素；溶解、分解、化合等化学因素和细菌作用等生物因素。稳定性表现在：固体物质不风化、不分解、不氧化；液体物质不产生沉淀、发霉；气体和液体物质对容器内壁不腐蚀、不吸附。

25. 均匀性（homogeneity）　标准样品的均匀性是标准样品的基本性质。均匀性即是物质的一种或几种特性具有相同组分或相同结构的状态。检验规定大小的样品，若被测量的特性值在规定的不确定度范围内，则该标准样品对这一特性值来说是均匀的。

26. 基质效应（matrix effect）　除被测量以外的样本特性对某一特定测量过程的测量及测量值的影响。一个明确的造成基质效应的原因即为一个影响量。基质效应有时被错误的用于表示由于被测物质的变性或用加入的人工成分模仿被测物质而缺乏互通性。

二、病毒核酸检测用标准物质的种类和溯源关系

由于血清中病毒核酸的量值不能单独应用物理和（或）化学的方法进行准确测定，必须通过一定的核酸扩增或杂交过程并经相应的数据处理后才能推测出血清中病毒核酸的原始数值。所以传统意义的一级参考测量程序（物理和化学方法）和一级标准物质在核酸检测中还不存在。病毒核酸检测标准物质目前通常分为国际标准物质、国家或地区标准物质和实验室内部的工作制剂等三个等级。核酸检测用国际标准物质（reference material）是指由 WHO 多中心研究后由专门委员会认可的，经过稳定性和组成完整性检验的，在国际范围内用作有关量的其他标准定值基础的物质，目前均由英国国家生物学标准物质和质控物研究所（National Institute for Biological Standards and Control，NIBSC）研制并提供。NIBSC 于 1997 年建立了第一代 HCV RNA 核酸检测用国际标准，分别于 1999 年、2000 年、2002 年和 2003 年建立了第一代 HIV-1 RNA、HBV DNA、Human parvovirus B19 和 HAV RNA 核酸检测用国际标准（表 9-1）。核酸检测用国际标准物质没有高纯度要求，其产量也没必要满足常规实验室要求，通常制备一批次可供 5～10 年应用。国家或地区标准物质，主要面向一个国家或地区。在有国际标准物质的情况下，可溯源至国际标准，如卫生部临床检验中心研制的 HBV DNA 和 HCV RNA 国家标准物质。在没有国际标准的情况下，国家标准物质管理组织可以建立国家标准物质并自行规定单位，诸如意大利 HCV RNA 国家标准物质。实验室内部用的核酸检测工作制剂，是指相关诊断试剂生产厂家，在实际工作中用于校准或检查实物量具、测量仪器或标准物质的工作标准。如 Roche、Chiron 和 Bayer 等公司自己用的核酸检测工作标准。

国家或地区标准物质和实验室内部的工作制剂等的量值应溯源至国际标准物质。其测定值的不确定度也应大于并包含上一级标准物质的不确定度。

表 9-1　目前已有病毒核酸国际和国家标准物质

项　　目	研制者	发布年份	编　号	浓度(U/ml)
HBV DNA	NIBSC(第一代)	1999	97/746	10^6
			97/750	
	NIBSC(第三代)	2014	10/264	850 000
HCV RNA	NIBSC(第一代)	1997	96/790	10^5
	NIBSC(第二代)	2005	96/798	10^5
	NIBSC(第三代)	2006	06/100	10^5
	NIBSC(第四代)	2014	06/102	260 000
HIV-1 RNA	NIBSC(第一代)	1998	97/656	10^5(U/瓶)
	NIBSC(第三代)	2012	10/152	185 000
HAV RNA	NIBSC(第一代)	2003	00/560	10^5
	NIBSC(第二代)	2014	00/562	54 000
Plasmodium falciparum DNA	NIBSC	2012	04/176	5×10^8 U/vial
HPV 16 DNA	NIBSC	2013	06/202	5×10^6 U/vial
HPV 18 DNA	NIBSC	2013	06/206	5×10^6 U/vial
HIV-2 RNA	NIBSC	2014	08/150	1000
HCMV	NIBSC	2014	09/162	5×10^6 U/vial
EB DNA	NIBSC	2014	09/260	5×10^6 U/vial
Toxoplasma gondii DNA	NIBSC	2014	10/242	5×10^5 U/vial
HBV DNA	NCCL	2005	GBW(E)090031	1.03×10^6
	NCCL	2007	GBW09150(一级)	$(1.20\pm0.24)\times10^6$
HCV RNA	NCCL	2005	GBW(E)090032(二级)	$(1.29\pm0.24)\times10^5$
	NCCL	2007	GBW09151(一级)	$(1.11\pm0.27)\times10^5$
HCV RNA(液体系列)	NCCL	2010	GBW(E)090114(二级)	$(3.4\pm2.9)\times10^3$
	NCCL	2010	GBW(E)090115(二级)	$(6.7\pm3.1)\times10^3$
	NCCL	2010	GBW(E)090116(二级)	$(7.4\pm5.2)\times10^4$
	NCCL	2010	GBW(E)090117(二级)	$(4.3\pm2.6)\times10^5$
	NCCL	2010	GBW(E)090118(二级)	$(5.8\pm4.8)\times10^6$
HPV-16 DNA	NCCL	2014	GBW09189(一级)	$(7.1\pm1.0)\times10^6$
HPV-18 DNA	NCCL	2014	GBW09190(一级)	$(3.5\pm0.7)\times10^6$

第二节　病毒核酸检测用标准物质的制备

目前,病毒核酸检测用国际标准物质的制备已经程序化,上述 HCV RNA、HIV-1 RNA、HBV DNA、Human paravovirus B19 和 HAV RNA 的第一代国际标准物质,都是按照 WHO 的固定程序制备的。其过程包括原材料的选择和分装、稳定性和均匀性检验、多中心合作研究定值、WHO 认可三个阶段。

一、原材料的选择和分装

(一)病毒核酸检测用标准物质原材料的选择原则

在选择用于制备病毒核酸标准物质的原材料时,通常应该遵循如下基本原则。

1. 基质相同或相近的原则　核酸检测用标准物质所选的原始材料,基质应和使用的要求相一致或尽可能接近,这样可以消除方法基质效应引入的系统误差。如临床日常检测的标本使用的是血清(浆),则相应标准物质的基质也是血清(浆);如临床标本的基质为细胞,则标准物质的基质亦应为细胞。目前 WHO 认可的核酸用国际标准物质所选的原始材料,是应用混合的阴性血浆[HB-sAg(一)、抗 HCV(一)、HCV RNA(一)、HIV 抗原检测(一)、HIV-1 RNA(一)、HAV RNA(一)和 Parvovirus B19(一)]稀释阳性血浆得到,阳性血浆中含有相应经过灭活处理的野生型病毒。

2. 原始材料的均匀性原则　由于原始材料可能为多个来源,因此必须严格混匀以保证材料的均匀性。原始材料可以分成相同的几份或不同的几份,一次制备两批次或多批次的候选国际标准物质,如 NIBSC 在制备第一代 HCV 核酸检测用国际标准时,除制备了两批次冻干粉候选标准物质外,还制备了一批次的液体候选标准物质,这样可以监测制备过程对标准物质的影响是否相同和选择国际标准的最佳保存形态。

3. 有代表性及靶病原体含量高的原则　筛选的自然存在的病毒应具有代表性,并且目的分析物含量要高。要注意病毒的不同的基因型的分布、病毒核酸常用于核酸扩增检测区域的保守性,避免使用含有已发生变异的特殊病毒的原材料。

4. 容易大量获得　易大量获得,可有效地保证标准物质的制备原材料有足够的来源,一次也可大量制备,也可有效地保证成品的均一性。

5. 无纯度要求　用于病毒核酸制备的原材料可以是纯的病原体或培养物,也可以是混杂在临床标本的混合物,只要其基质中不含影响检测的物质即可。

6. 生物安全性　用于病毒标准物质制备的原材料一般均来自于感染者的标本,均具有生物传染危险性,因此,在不影响靶核酸的稳定性的情况下,应尽可能在制备前进行灭活处理。理想情况下,是采用无生物传染危险性的原材料如体外克隆表达的病毒样颗粒来制备。

7. 防污染　处理原始材料时,要注意防止物理、化学和微生物方面的污染。

8. 人工合成的病毒核酸的筛选　选择人工合成的病毒核酸作为相应标准物质制备的原材料时,合成核酸片段序列选择、长度和理化特性应适用于临床使用的商品试剂盒,特别要注意的是适用于不同的核酸纯化方法。其生物安全性、易获得性、使用的方便程度均应明显好于天然候选物。但裸露的RNA 容易受核糖核酸酶的降解而稳定性差。

(二)原材料的分装

标准物质在液体分装时,会造成分装体积的不均匀。因此在分装过程中,每隔一定数量都会抽取一分装单位进行称量,并通过称量结果计算分装的变异系数。如 NIBSC 在制备病毒核酸检测用 HAV RNA、HCV RNA、HIV RNA、HBV DNA 和 B19 DNA 国际标准时,采用称重的方法确定分装的不确定度分别为 0.29% 或 0.39%、3.2%、0.4%和 0.6%、0.63%和 0.71%。并在分装时尽量避免生物的,化学的或灰尘污染,操作可以在清洁级的房间内操作或在配备高效微粒空气过滤器的层流柜中操作。分装应尽快在短时间内完成,以确保同一批次所有的分装单元是在同一时间同样条件下分装。

此外,分装用分配器、检测用仪器均应进行校准。所有用于制备的玻璃器皿或一次性消耗品均应经过高压灭菌消毒。用于制备 RNA 的玻璃器皿应经过去核糖核酸酶的处理,一次性消耗品应为无脱氧核糖核酸酶和核糖核酸酶的制品。

二、均匀性和稳定性

(一)均匀性

1. 均匀性检验的抽样　核酸检测用标准物质的均匀性,主要是用来描述核酸量值空间分布特征的。核酸标准物质的量值,必须在规定的不确定度范围内。在分装候选标准物质时,可以根据分装单元的数目,确定抽样样本量,然后应用不低于定值方法精密度的方法检测以确定核酸量值的分布差异。抽样数目不少于 $3\sqrt[3]{N}$ 个样本,N 代表总体单元数。对于均匀性易受影响的样品(一般指冻干标准物质),当总体样本数少于 500 时,一般抽取的单元样品数不得少于 15 个,当 $N>500$ 时,抽取数不少于 25 个。对于均匀性好的样品(一般指液体标准物质),当总体单元数少于 500 时,抽取单元数不少于 10 个;当总体单元数大于 500 时,抽取单元数不少于 15 个。

2. 均匀性检验的方法　均匀性检验采用的方法不要求准确计量核酸用标准物质的量值,只要能反映分布差异即可。通常选择不低于定值方法的精密度和具有足够灵敏度的测量方法,在重复性的实验条件下做均匀性检验。重复性实验室条件是指在同一实验室、同一操作人员、用同一台仪器及同一试剂等。只有这样,才能充分反映出各样品间的差异,真实反映出样品的不均匀性程度,否则无法判断是样品自身的不均匀性,还是由于操作或方法等其他条件造成的误差致使检验结果表现出不均匀性,从而造成错误的判断。

均匀性检验需要比较单元内变异、单元间变异和测量方法之间的误差,通过成组 t 检验可以比较上述三个变异两两之间在统计学上是否显著。须符合:①单元内和单元间变异在统计学上没有显著差别;②单元内或单元间变异相对于测量方法学的变异或标准本身的不确定度而言,可忽略不计或大小相近,如果大小相近,则应将不均匀性误差记入总的不确定度内。

待定特性量值的均匀性与所用测量方法的取样量有关,均匀性检验时,应注明该测量方法的最小取样量。当有多个特性量值时,以不易均匀待定特性量值的最小取样量表示标准物质的最小取样量或分别给出最小取样量。根据抽取样品的单元数,以及每个样品的重复测量次数,按选定的一种测量方法安排实验。

3. 均匀性检验的统计检验　一般使用数理统计中的方差分析来进行均匀性检验。将检测获得的数据中由测量方法引入的离散性和瓶-瓶之间非均匀引入的离散性分离开来,并将这两者进行比较,从而确定瓶-瓶之间非均匀引入的离散性是否可以忽略。在方差分析中的 F 检验、t 检验均可达到此目的,由于 F 检验是检验瓶-瓶之间的标准偏差是否一致,而 t 检验是检验瓶-瓶之间的平均值是否一致,所以 F 检验更加适合。下面就以 F 检验为例列出相应的实施步骤。

(1)从一组已经分装成最小包装单元(瓶)的样料中,随机抽取 j 瓶样料。

(2)由单个实验室在重复性条件下对每瓶进行 i 次独立检测,共获得 $i×j$ 个数据。

(3)计算每瓶在重复性条件下获得的 i 个数据的平方和,很明显,其中只包含有测量方法引入的离散性,而不包含样料瓶-瓶之间非均匀性引入的离散性。我们把这种平方和称为瓶内(或组内)平方和。

(4)计算每一瓶 i 个数据的平均值,共获得 j 个平均值,以 j 个平均值作为一组数据,计算 j 个数据的平方和,很明显,这其中既包含了瓶-瓶之间样料非均匀引入的离散性,也包含了测量方法引入的离散性。我们把这种平方和称为瓶间(或组间)平方和。

（5）计算这两个平方和各自相应的均方差，并用瓶间（组间）均方差除以瓶内（组内）均方差，获得的值我们称为统计量 F。

（6）计算各自的自由度 ν_1（瓶间或组间）和 ν_2（瓶内或组内），并选择确定显著性水平 α。

（7）查 F 分布表中相应 ν_1、ν_2、α 所对应的 F 临界值，并与计算获得的统计量 F 进行比较，若统计量 F 小于临界值 F，则瓶-瓶之间样料非均匀引入的离散性与测量方法引入的离散性相比，可以忽略不计，就认为样料是均匀的。反之就是不均匀的。

在实际工作中，F 检验一般分三个步骤：①以每瓶 n 个重复性条件下检测获得的数据为一组，共获得 j（瓶）组数据；并计算其瓶（或组）内的均方差和瓶（或组）间的均方差，以及各自的自由度、显著性水平 α。②按 F 检验给定的方法计算统计量 F。③查 F 分布表，找出临界值 F，进行比较判断，做出结论。

4. 标准物质的均匀性判断标准　在选用的测试方法灵敏度、精密度好的前提下，在重复性条件下测量的全部数据，统计检验结果不存在显著性差异，即统计量小于其临界值（$F_{统} < F_{临}$），此时可判断所测定的特性值在样品中的分布是均匀的。

当统计量大于其临界值（$F_{统} < F_{临}$），即从数理统计上存在显著性差异时，相应分析方法的精密度参数可按如下方式判断。

（1）相对于所采用的分析方法的精密度（或测量误差）或相对于该特性量值的不确定度的预期目标，待测特性量值的不均匀性误差可以忽略不计的，则可认为标准样品是均匀的。

（2）待测特性量值的不均匀性误差与方法精密度（或测量误差）大小相近，且与不确定度的预期目标相比较是不可忽略的，则可加大定值的不确定度。将样品的不均匀性误差记入总的不确定度内（前提是叠加后的总

的不确定度是可接受的），此时也可认为该标准样品是均匀的。

（3）待测特性量值的不均匀性误差明显大于测量方法的精密度（测量误差），并且是该特性量值预期不确定度的主要来源，则判断该标准样品是不均匀的。

（4）如统计的标准偏差的 2 倍根号小于或等于方法的精密度（或方法允许误差），则也可认为该标准样品是均匀的。

（二）稳定性

核酸检测用标准物质的稳定性，是指在规定的时间间隔和环境条件下，标准物质的特性量值保持在规定范围内的性质，这个时间间隔即为标准物质的有效期。NIBSC 在制备核酸检测用标准物质时，主要比较保存温度或使用温度下的标准物质的稳定性，如制备第一代 HAV、HCV 国际标准时，WHO 多中心合作研究主要考察了其放置于 $+4\,℃$、$+20\,℃$ 及 $-20\,℃$ 下保存 200d，以及 $37\,℃$ 下 56d 的稳定性，并做了 $45\,℃$ 下保存的加速实验，希望通过加速实验能够预测标准物质的有效期。HCV RNA 第二套标准物质数据显示，国际标准物质在 $-20\,℃$ 保存 5 年，量值没有明显的下降。而在做第一代 HCV 国际标准时，通过 Arrhenius 公式预测 $-20\,℃$ 时量值每年下降 9%，因此标准物质的加速实验，可能并不能反映标准物质的真实降解情况。病毒核酸检测用标准物质的稳定性，主要受以下因素影响：①保存状态的影响，如冻干粉状态的核酸标准物质，保存时间可达一年以上，一旦复溶至液体状态，其稳定性通常只有几周。所以，现在 WHO 制备的核酸检测用标准物质，多采用冻干粉状态，而不采用液体状态。②标准物质量值高低的影响，一般情况下，高浓度的标准物质要比低浓度的标准物质稳定。③制备过程的影响，如冻干过程降解、分装过程的物理化学或生物污染造成病毒核酸降解。④血浆基质的影响，例如血浆中的蛋白酶、脂肪酶及高盐浓度，都会

导致病毒的完整性受到影响,从而影响核酸量值的稳定。⑤保存条件的影响:如容器的材质、水气及氧气的残留度、各种物理化学条件如光和温度、生物污染等因素往往影响核酸标准物质的稳定性。WHO 在制备核酸检测用标准物质时,对包装材料选用的材质、密封后容器内的水气及氧气的残留度(不超过 $45\mu mol/L$)或充斥的惰性气体种类(如氮气)及如何防范物理化学和生物因素的污染,都做了详尽的规定。如材质,WHO 国际标准物质分装容器必须经过消毒灭菌处理并符合一定的条件,如耐热、耐冷冻、密封及对核酸检测用标准物质不吸附等特性。目前,WHO 国际标准物质采用的容器为热封口的玻璃安瓿,材质为中性玻璃,密封玻璃瓶可以使标准物质不与外界环境进行气体交换,从而保证长时间的稳定性。

三、定 值

在稳定性和均匀性允许的情况下,才能对核酸检测用标准物质进行定值。对国际标准物质定值的方法主要有:①应用高准确的绝对或权威的测量方法进行定值;②应用两种不同原理的可靠方法进行定值;③多中心合作研究定值。由于核酸检测尚没有高准确的绝对或权威的测量方法,所以,目前 WHO 采用多中心合作研究的方式进行国际标准物质的定值。多中心合作研究的优点是可以通过实验室之间的比对或采用不同的测量程序,可以发现一些难以发现的不确定度来源。

(一)核酸国际标准的多中心合作研究定值

多中心合作研究的参加实验室数目应取决于研究的目的,原则上,实验室的数目要多于所选择的实验方法的数目,保证每种方法有多个实验室使用。第一代 HCV RNA 国际标准的多中心合作研究由 26 个实验室参加,而第一代 HAV RNA 标准则邀请 16 个实验室参加。参加实验室涵盖了国家质量控制实验室,相关产品的厂家实验室,学术的或其他的研究机构的实验室。

WHO 在制备上述核酸检测用标准所进行的多中心研究中,要求每个参加实验室每隔一定时间(通常 1 周或更长时间)进行一次独立实验,共进行四次独立实验。如果采用定量实验,每次实验中的样本及稀释系列(10倍稀释,包括原倍、1:10 和 1:100)都要进行双孔检测。然后对定量检测的数据进行统计学处理。如果实验室采用的为定性实验,则第一次独立实验时,参加实验室可以对样本进行 10 倍系列稀释,粗略确定终点浓度(end-point concentration)。自第二次实验始,要选择上次实验确定的终点浓度的上下共 5 个 0.5log 稀释系列进行实验。然后统计每个稀释浓度的检出率。假定每个稀释浓度测定的阳性结果符合泊松分布,选择检出率接近 63% 的浓度作为终点浓度,终点浓度乘以稀释倍数即得到标准物质的量值,单位为"可检出单位"(detectable unit)。从理论上讲,只要最终 PCR 反应体系内含有 1 拷贝的待测分子即可检出,但在实际检测中,由于提取效率、逆转录效率、扩增效率受多种因素影响,可能需要多于 1 拷贝的待测分子存在方可检出,因此应用定性检测检出的结果要比定量检测检出的结果要低。由于定性方法判断终点浓度时受检测方法灵敏度和重复性影响较大,所以对同一国际标准,虽然采用相同的检测方法,随方法学灵敏度的提高,有可能检测值会增高。如第一代国际标准 HCV HCV96/790,在 1997 年初次多中心定值时,定性检测结果为 5.0log10,但在 2000 年再用同样的定性方法进行定值,检测值为 5.32,从而从侧面反映了检测方法灵敏度的提高。这也是国际标准物质,在时间和空间上,使方法学检测结果具有可比性的又一佐证。

在经过统计学上的数据处理后,WHO 通常会综合多中心多方法检测所得到的数据,主观的赋予候选标准物质一个数值,并有一定的不确定度范围,其表述单位为国际单位(international Unit,IU)。核酸国际标准物质量值的不确定度来源主要有:①测量方法的误差,受测量方法精密度、灵敏度和重复性及测量次数等因素影响。②由取样代表性不够或样品分装不均造成的误差。③系统误差。主要包括测量环境影响认识的不周全或对环境条件的测量与控制不完善,对模拟仪器的读数存在人为偏移,测量仪器的分辨力或鉴别力不够赋予计量标准的值,核酸检测用标准物质在有效期内的变动性等因素。④统计误差。主要包括引用于数据计算的常量和其他参量不准,也受所选择的统计方法及要求的置信水平的影响。⑤来自溯源链中的误差。如用以定值的标准物质的值的不确定度。

国际标准物质的表述单位为主观规定的国际单位,由于方法学的差异,会导致各方法检测同一标准物质的结果有所差别,甚至相差几倍。各方法检测结果的表述单位也有所不同,如 copies/ml、geq/ml。在一般情况下,WHO 制备的核酸检测用标准物质,国际单位与 copies/ml 的换算与特定的试剂盒有关,不同的试剂有可能会有差异,国外原采用 copies/ml 试剂盒,在国际标准物质发布后,其获得国际标准物质进行检测从而得到换算结果,一般国外试剂的换算如下:HCV 为 4copies/ml、HBV 为 5~6copies/ml 和 HIV 约为 1copy/ml。应用国际单位作为表述单位,使不同实验室、不同检测方法得出的检测结果的表述单位得到统一并具有了可比性。

(二)国际标准物质换代时新批次标准物质量值的确定

WHO 在制备 HCV 第一代国际标准物质时,曾同时制备了两批次的冻干状态的候选标准物质 AA 和 BB。1997 年 10 月,AA 被确定为国际标准,定值为 10^5 IU/ml,编号为 NIBSC 96/790,共 2300 只。到 2002 年时,AA 用完。WHO 应用 BB 替代 AA 作为第二代国际标准。在确定候选物 BB 作为候选国际标准物质时,没有采用多中心合作定值,而只是比较了 AA 和 BB 两者在实际保存温度(−20℃保存 5 年,实时保存状况)、高温保存(20℃保存 18d,加速实验)和 4℃保存 9 个月的异同。参加实验室也只有 3 个,检测结果应用配对 t 检验进行比较。经过比较,发现在 4℃和−20℃下两者没有区别,而且两者数值都为 5.0 log10。因此,WHO 最终确定 BB 适合作为 AA 的替代品,定值为 10^5 U/ml,编号为 NIBSC 96/798。

(三)国家或地区标准物质和生产厂家校准物质的定值

2000 年,WHO 以 HCV 96/790 为量值标准,对五个已经广泛应用的参考制剂:PEI,NIBSC 96/586,CLB S2001,ISS 0498 和 CBER No.1 进行了多中心定值,参加实验室共有 19 个,采用的方法包含了定性测定和定量测定方法,定值的思路同 HCV 96/790。最终结果使上述 5 种核酸检测用标准物质的量值成功应用国际单位表示,从而极大地促进了各检测方法,各实验室检测结果的标准化,使其更具备了可比性。

四、标准物质的保存

分装后的核酸检测用国际标准物质要进行冻干处理,并进行二次干燥处理。冻干后的分装单位,进行密封处理,密封一般在真空状态下进行或在充斥惰性气体的情况下进行。密封后的核酸用标准物质置−20℃或−70℃保存。对于国家或地区用的液体状态的核酸标准物质,可以置 4℃保存。

五、核酸检测用标准物质的意义

核酸检测用标准物质的意义在于使检测结果具有可比性("measured once,accepted everywhere"),其意义主要体现在以下几方面。

（一）用作校准标准或测量工作标准

一是指校准核酸检测仪器的计量性能是否合格，即关系到仪器的响应曲线、精密度、灵敏度和检测范围等。二是应用核酸检测用标准物质作校准曲线，为实际样品测定建立定量关系。可以选择已经定值的核酸检测用系列标准物质做校准曲线，为实际待测样本建立定量关系。

（二）可用作核酸检测测量程序的评价

测量程序是指与测量有关的全部信息、设备和操作。这一概念包含了与测量实施和质量控制有关的各个方面，如原理、方法、过程、测量条件和测量标准等。应用核酸检测用标准物质，评价核酸检测测量程序的重复性、再现性与准确性是最客观、最简便的有效方法。

从图 9-1 中可见，在临床 PCR 检验标准化诸要素中，标准物质是获得具有可比性结果的前提。但光有标准物质还不行，试剂方法和工作程序的标准化，也是不可或缺的要素。标准物质作为核心，其可作为试剂方法和工作程序的是否达到标准化的评价"金标准"。

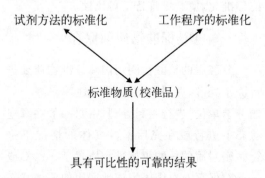

图 9-1 临床 PCR 检验标准化诸要素之间的关系

（三）可用于核酸检测用的室间质量评价和实验室室内质量控制

核酸检测用标准物质作为核酸检测的室间质量评价的客观标准，如澳大利亚国家血清学参考实验室（National Serological Ref-erence Laboratory，NRL）每年都向参加其室间质量评价计划的实验室发放核酸检测用标准物质，如给血液筛查实验室发放 HCV RNA 和 HIV RNA。为其他临床实验室发放 HIV-1 RNA 及分型质控、HCV RNA 及分型质控、沙眼衣原体 DNA 和 HBV DNA。由于试剂厂家的标准品系列缺乏溯源性，不同试剂厂家的试剂盒检测同一份样本有可能得到的结果差异较大，再加上不同实验室间检测操作的差异，使得不同实验室间的结果的离散度大，不呈正态分布，不能采用实验室测定值的均值作为靶值，而只能采用标准物质的定值作为靶值来评价各参评实验室的检测情况。

临床实验室在进行病原体核酸日常检测时，可以直接采用相应的标准物质来进行室内质量控制。尽管统计学室内质量控制的目的是为了监测实验室测定的重复性，通常并不需要准确定值的标准物质作为室内质控物，但室内质量控制概念的外延还包括实验室仪器设备的维护和定期校准、试剂的质检和评价及人员培训等，准确定值的标准物质对于评价这些方面措施的有效性具有重要的意义。

六、核酸检测用标准物质的展望

目前，WHO 正在应用的国际标准物质，已证明在核酸检测标准化过程中具有很好的实际应用价值，其主要问题如下。①生物传染性：因为国际标准物质应用含野生型病毒的血清作为原材料，所以在一定程度上仍具有生物传染性。例如 HIV-1 RNA 国际标准物质，按照许多国家的法律，可能会禁止此类物质的运输和使用。②制备过程比较复杂，需要冻干处理。国际标准物质一般需要两次冻干处理，冻干可能会造成病毒特性的改变，从而影响核酸标准物质量值的稳定。而且，冻干的标准物质在使用时需要复溶，复溶的不准确度比较大，对核酸标准物质的影响也就比较大。

(一)合成的靶核酸序列作为核酸标准物质

近年来,应用合成的靶核酸序列作为核酸检测用国际标准物质制备原料的设想越来越受到关注。这类物质在理论上能够应用物理的或化学的方法进行绝对定量,得到一个准确的且具有延续性的量值,从而避免了现在国际标准物质的量值对方法的依赖性,避免了主观性。2002年,WHO ECBS委托ILC进行合成核酸序列作为标准物质原料的替代实验。但有专家认为合成核酸不能参与核酸提取过程,不能反映病毒核酸的提取效率。按照CLSI和CAP的要求,核酸检测用标准物质应该与临床样本一样,参与核酸提取过程、核酸扩增和扩增后各个阶段,以监测可能造成的假阴性结果。支持合成核酸作为标准物质原料的专家认为,国际标准物质在于提供一个准确的数值,而不是关注提取效率,因此不需要考虑提取过程。应用核酸替代品的最主要的困难在于现有的技术还很难从绝对意义上对核酸的量值进行确定。此外,合成的核酸片断,保存过程中极容易受到物理、化学或生物因素的影响而降解,尤其是合成RNA片断。所以,此类核酸标准物质的稳定性也是目前的难点。

(二)包装病毒 RNA 的耐核糖核酸酶病毒样颗粒作为核酸标准物质

由于裸露的RNA有上述难以克服的缺陷,尤其是其不稳定性,很难在临床检测中应用。这样就希望能有一种方法得到耐核糖核酸酶的RNA质控品和标准品,并且这种方法理想情况下,应是简单有效,得到的RNA容易定量。

已知某些RNA病毒如MS2噬菌体、烟草花叶病毒(TMV)的外壳可以耐受核糖核酸酶的作用,因此,如将作为标准品的RNA序列包裹到这些病毒外壳内,就可以使特定

的RNA序列免受环境中核糖核酸酶的降解,同时,在应用过程中还可以模拟病毒颗粒监测核酸提取过程中的病毒裂解效率。近年来,随着分子生物学技术的发展,制备内含RNA病毒样颗粒成为可能。

在较早期的大肠埃希菌病毒——MS2噬菌体包膜蛋白的研究中,发现包膜蛋白与操纵子RNA序列有特异性相互作用,这种作用可引发噬菌体外壳的组装,同时,将噬菌体基因组RNA包装到包膜内。因此,如果将特定病毒RNA的cDNA克隆于MS2噬菌体包膜蛋白基因序列cDNA下游,然后将终止子插入外源cDNA下游,转录后得到带有噬菌体操纵子RNA序列的特定病毒RNA转录本,于是。操纵子RNA序列就可以引发噬菌体包膜蛋白组装成外壳,并将携带有特定病毒RNA序列的部分噬菌体基因组包装到包膜内,构成噬菌体病毒样颗粒。不过,如果仅仅将特定病毒RNA的cDNA序列克隆于操纵子序列cDNA下游,然后用双质粒表达系统表达噬菌体包膜蛋白后,所组装噬菌体样颗粒有缺陷,即缺乏成熟特性。这种有缺陷的噬菌体病毒样颗粒不能防止核糖核酸酶对内包特定RNA的降解作用,而且,组装所得噬菌体样颗粒内含有宿主即大肠埃希菌的核糖体RNA(rRNA)。主要原因是宿主rRNA前体中含有与MS2操纵子同源的序列,其rrnE转录本、rrnH转录本和rrnB转录本内部16S与23S RNA序列之间的间隔序列等都有与MS2操纵子RNA同源的序列,这些同源序列可引发宿主rRNA的包装。用单质粒表达系统进行表达,包膜蛋白组装所得噬菌体样颗粒一般不包装宿主细菌的rRNA。在构建质粒表达载体时,需将噬菌体成熟酶蛋白、包膜蛋白基因序列cDNA克隆表达于表达载体启动子下游,这样,经过诱导表达后,所表达的包膜蛋白不仅仅作为病毒样颗粒的结构成分,而且可作为基因表达调节因子和 *pac* 信

号对表达过程进行调节,使包膜蛋白的表达和 RNA 的转录协调一致,此时,组装所得噬菌体样颗粒具有成熟特性,从而具有核糖核酸酶抗性。同时,转录表达协调进行特异性识别包装噬菌体基因组 RNA,排除宿主 rRNA 的组装。因此,考虑在噬菌体组装的过程中,除了 21 聚 RNA 茎环特异性结合外,包膜蛋白内表面有精氨酸/赖氨酸富集区可以与 RNA 非特异性作用,促进包膜蛋白的组装。由于成熟酶的参与等原因,含有操纵子序列的 rRNA 不能引发包膜蛋白的组装。目前也没有证据表明 pac 位点是组装所需的唯一元件,一般认为噬菌体颗粒组装可能涉及三个因素:①MS2 编码成熟酶蛋白基因的序列内有一结构与操纵子有相似的潜在包膜蛋白结合位点;②成熟酶蛋白与两个 RNA 位点发生特异性作用,可以局部浓缩 RNA 加速组装;③RNA 结构也可能发挥一定的作用。这样组装而成的病毒样颗粒在包膜蛋白免疫扩散和病毒颗粒电子显微镜检测中与野生型病毒颗粒无可检测差别。但是,除了生物学形状以外,该噬菌体样颗粒与野生型噬菌体颗粒在物理学特性上也有一定的差异,就 MS2 噬菌体而言,噬菌体样颗粒密度为 $1.40 g/ml^3$,而噬菌体颗粒密度为 $1.45 g/ml^3$。

使用烟草花叶病毒(TMV)的包膜来包裹外源性 RNA 作为 RNA 检测的质控品和标准品也是一种选择。将特定的病毒 RNA 序列的 cDNA 与烟草花叶病毒(TMV)的包膜基因序列 cDNA 一起克隆连接到表达载体,诱导表达包膜蛋白并组装成病毒样颗粒。早已有报道说可以将外源基因插入植物病毒如 TMV 等病毒基因组中进行高水平表达。在诱导表达过程中,外源基因表达产物随同组装的 TMV 颗粒一起组装到病毒颗粒内。值得注意的是,表达效率及稳定性随外源基因序列片段大小和在 TMV 基因组中克隆位点的不同而有差异,并有个别外源基因在病毒复制过程中出现丢失而恢复野生型 TMV 现象。外源基因丢失的原因并不是太清楚,有报道说可能系同源重组或者选择性移码突变所致。这就表明,在将外源基因序列克隆到病毒基因组的过程中,既要注意病毒基因组的组成又要注意引入外源基因序列的位点,这样可以确保病毒基因组可以引发包膜蛋白的组装,并且使组装成的颗粒具有成熟特性,即核糖核酸酶抗性,同时,确保引入的外源基因序列不会在重组过程中发生丢失现象。

使用内含特定 RNA 的病毒样颗粒或带盔甲的 RNA 作为 RNA 病毒 RT-PCR 检测的质控品和标准品,具有下述几个方面的优点:①无生物传染危险性。②作为 RNA RT-PCR 检测的标准品和质控品具有很好的稳定性。由于这种病毒样颗粒具有耐核糖核酸酶的特点,因此其可以避免被无所不在的核糖核酸酶所降解,而这种降解对于 RNA 病毒的 RT-PCR 检测来说是一个需要关注的问题。该类病毒样颗粒在人阴性血浆中可以 4℃保存 300d,病毒样颗粒经过五次反复冻融量值没有降低。我们的研究也发现,在有核糖核酸酶 A 和脱氧核糖核酸酶 1 的存在下,病毒样颗粒在 37℃下放置 1 周,而没有明显的降解。在 20℃可保存 12 周依然稳定。③对病原体内 RNA 有很好的模拟作用。由于表达产物为噬菌体样颗粒,具有很好的病毒颗粒模拟功能,因此,在核酸提取过程中,与标本中真正病毒核酸的提取过程有很好的相似性。从这一方面讲,病毒样颗粒具有了 NCCLS 和 CAP 规定的标准物质与检测样本平行性的优点,从而比合成的核酸片断更有实际应用价值。

此外,也有人应用牛腹泻病毒(BVDV)作为检测 HCV 的内部标准品,或者用 HCV 病毒颗粒作为检测 HCV RNA 的标准品代替 WHO 提供的 HCV 标准品,或者用 HIV 病毒颗粒作为通用的病毒 RNA 标准品,但是,这些技术无法克服病毒颗粒传染性、病毒颗粒制备运输困难等问题,也就是说病毒颗粒不是理想的标准品。

（李金明）

参 考 文 献

[1] Roth WK, Buhr S, Drosten C, et al. NAT and viral safety in blood transfusion. Vox Sang, 2000,78 (Suppl 2):257-259

[2] Chew CB, Herring BL, Zheng F. Comparison of three commercial assays for the quantification of HIV-1 RNA in plasma from individuals infected with different HIV-1 subtypes. J Clin Virol,1999,14:87-94

[3] 全浩,韩永志.标准物质及其应用技术.2 版.北京:中国标准出版社,2003

[4] WHO. Recommendations for the preparation, characterization and establishment of international and other biological reference standards,2004

[5] Saldanha J, Lelie N, Heath A. Establishment of the first international standard for nucleic acid amplification technology (NAT) assays for HCV RNA. Vox Sang,1999,76:149-158

[6] Saldanha J, Gerlich W, Lelie N. et al. WHO Collaborative Study Group. An international collaborative study to establish a World Health Organization international standard for hepatitis B virus DNA nucleic acid amplification techniques. Vox Sang,2001,80:63-71

[7] Holmes H, Davis C, Heath A. An international collaborative study to establish the 1st international standard for HIV-1 RNA for use in nucleic acid-based techniques. J Virol Meth, 2001,92:141-150

[8] Saldanha J, Lelie N, Yu MW et al. Establishment of the first world health organization international standard for human parvovirus B19 DNA nucleic acid amplification techniques. Vox Sang,2002,82:24-31

[9] ISO 17511. In vitro diagnostic medical devices--Measurement of quantities in biological samples--Metrological traceability of values assigned to calibrators and control materials, 2003

[10] Gentili G, Cristiano K, Pisani G, et al. Collaborative study for the calibration of a new Italian HCV RNA reference preparation against the international standard. Ann 1st super sanita, 2003,39:183-187

[11] Saldanha J, Heath A, Aberham C, et al. World Health Organization collaborative study to establish a replacement WHO international standard for hepatitis C virus RNA nucleic acid amplification technology assays. Vox Sang,2005,88:202

[12] WHO ECBS. World Health Organization collaborative study to establish a replacement WHO international standard for hepatitis C virus RNA nucleic acid amplification technology assays,2003

[13] Davis C, Heath A, Best S, et al. Calibration of HIV-1 working reagents for nucleic acid amplification techniques against the 1st international standard for HIV-1 RNA. J Virol Meth, 2003,107:37-44

[14] Saldanha J, Heath A, Lelie N, et al. Calibration of HCV working reagents for NAT assays against the HCV international standard. Vox Sang,2000,78:217-224

[15] WHO. WHO consultation on international standards for in vitro clinical diagnosis procedure on nucleic acid amplification techniques, 2002

[16] Saldanha J, Heath A, Lelie N, et al. A World Health Organization International Standard for hepatitis A virus RNA nucleic acid amplification technology assays. Vox Sang,2005,89:52-58

[17] Koppelman MH, Sjerps MC, Reesink Hw et

al. Evaluation of COBAS AmpliPrep nucleic acid extraction in conjunction with COBAS AmpliScreen HBV DNA, HCV RNA and HIV-1 RNA amplification and detection. Vox Sang,2005,89:193-200

[18] Mueller J,Gessner M,Remberg A,et al.Development,validation and evaluation of a homogenous one-step reverse transcriptase-initiated PCR assay with competitive internal control for the detection of hepatitis C virus RNA.Clin Chem Lab Med,2005,43:827-833

[19] NRL, http: // www. nrl. gov. au/dir185/NRLAttach. nsf/Images/EQASFactSheetNov04 _ sb.pdf/ $ File/EQASFactSheetNov04_sb.pdf

[20] Konnick EQ, Williams SM, Ashwood ER, et al.Evaluation of the COBAS Hepatitis C Virus (HCV) TaqMan analyte-specific reagent assay and comparison to the COBAS Amplicor HCV Monitor V2.0 and Versant HCV bDNA 3.0 assays.J Clin Microbiol,2005,43:2133-2140

[21] Donia D, Divizia M, Pana' A. Use of armored RNA as a standard to construct a calibration curve for real-time RT-PCR.J Virol Methods,2005,126:157-163

[22] Beld M,Minnaar R,Weel J,et al.Highly sensitive assay for detection of enterovirus in clinical specimens by reverse transcription-PCR with an armored RNA internal control.J Clin Microbiol,2004,42:3059-3064

[23] Bressler AM, Nolte FS. Preclinical evaluation of two real-time,reverse transcription-PCR assays for detection of the severe acute respiratory syndrome coronavirus. J Clin Microbiol,2004,42:987-991

[24] Eisler DL,McNabb A,Jorgensen DR,et al.Use of an internal positive control in a multiplex reverse transcription-PCR to detect West Nile virus RNA in mosquito pools.J Clin Microbiol,2004,42:841-843

[25] Drosten C,Seifried E,Roth WK. TaqMan 5'-nuclease human immunodeficiency virus type 1 PCR assay with phage-packaged competitive internal control for high-throughput blood donor screening.J Clin Microbiol,2001,39:4302-4308

[26] Walker Peach CR,Winkler M,DuBois DB, et al.Ribonuclease-resistant RNA controls (Armored RNA) for reverse transcription-PCR, branched DNA, and genotyping assays for hepatitis C virus. Clin Chem, 1999, 45: 2079-2085

[27] Pasloske BL, Walkerpeach CR, Obermoeller RD,et al. Armored RNA technology for production of ribonuclease-resistant viral RNA controls and standards.J Clin Microbiol,1998, 36:3590-3594

[28] Lovejoy C,Bowman JP,Hallegraeff GM. Algicidal effects of a novel marine pseudoalteromonas isolate (class Proteobacteria, gamma subdivision) on harmful algal bloom species of the genera Chattonella, Gymnodinium, and Heterosigma. Appl Environ Microbiol, 1998, 64:2806-2813

[29] 李金明,宋如俊,王露楠,等.耐核糖核酸酶病毒样颗粒的构建与表达.中华医学检验杂志,2003,26(2):86-88

[30] 李金明,宋如俊,王露楠,等.耐核糖核酸酶内含 HCV RNA 病毒样颗粒的构建与表达.中华微生物学和免疫学杂志,2003,23(10):811-813

[31] Cartwright CP.Synthetic Viral particles promise to be valuable in the standardization of molecular diagnostic assays for hepatitis C virus. Clin Chem,1999,45(12):2057-2059

[32] Cleland A,Nettleton P,Jarvis L,et al.Use of bovine viral diarrhoea virus as an internal control for amplification of hepatitis C virus. A. Vox Sang,1999,76:170-174

[33] Yoo SH,Hong SH,Jung SR,et al.Application of bovine viral diarrhoea virus as an internal control in nucleic acid amplification tests for hepatitis C virus RNA in plasma-derived products.J Microbiol,2006,44(1):72-76

[34] Alms W J, Braun-Elwert L, James SP, et al. Simultaneous Quantitation of cytokine mRNAs by reverse transcription-polymerase

chain reaction using multiple internal standard cRNAs.Diagn Mol Pathol,1996,5(2):88-97

[35] Lu W,Andrieu J-M.Use of the human immunodeficiency virus virion as a universal standard for viral RNA quantitation by reverse transcription-linked polymerase chain reaction. J Infect Dis,1993,167:1498-1499

[36] Kagami I,Mizunuma H,Miyamoto S,et al. Quantification of estrogen receptor messenger RNA by quantitative polymerase chain reaction using internal standard fragment.Biochem Biophys Res Commun,1996,228(2):358-364

[37] Morre SA,Sillekens P,Jacobs MV,et al.RNA amplification by nucleic acid sequence-based amplification with an internal standard enables reliable detection of Chlamydia trachomatis in cervical scrapings and urine samples. J Clin Microbiol,1996,34(12):3108-3114

[38] Martinot-Peignoux M,Boyer N,Le Breton V, et al.A new step toward standardization of serum hepatitis C virus-RNA quantification in patients with chronic hepatitis C.Michele Martinot-Peignoux,Nathalie Boyer etc.Hepatology,2000,31(3):726-729

[39] Jorgensen PA and Neuwald PD.Standardized hepatitis C virus RNA panels for nucleic acid testing assays.J Clin Virol,2001,20(1-2):35-40

[40] Saldanha J,Heath A,Lelie N,et al.Calibration of HCV working reagents for NAT assays against the HCV international standard. Vox Sang,2000,78:217-224

[41] Pawlotsky JM,Bouvier-Alias M,Hezode C,et al.Standardization of hepatitis C virus RNA quantification.Hepatology,2000,32(3):654-659

[42] Pickett GG,Peabody D S.Encapsidation of heterologous RNAs by bacteriophage MS2 coat protein. Nucleic Acids Res,1993,21(19):4621-4626

[43] Shivprasad S,Pogue GP,Lewandowski D J,et al.Heterologous sequences greatly affect foreign gene expression in tobacco mosaic virus-based vectors.Virology,1999,255:312-323

[44] Stockley PG,Stonehouse N J,Murray J B,et al.Probing sequence-specific RNA recognition by the bacteriophage MS2 coat protein.Nucleic Acids Res,1995,23(13):2512-2518

[45] Drosten C,Seiferied E,Roth WK.TaqMan 5'-nuclease human immunodeficiency virus type 1 PCR assay with phage-packaged competitive internal control for high-throughput blood donor screening.J Clin Microbiol,2001,39(12):4302-4308

[46] 王露楠,吴健民,李金明,等.丙型肝炎病毒核酸国家标准物质的研究.中华检验医学杂志,2006,29(4):354-357

[47] WANG Lu-nan,WU Jian-min,LI Jin-ming,et al.Use of lyophilized standards for the calibration of real time PCR assay for Hepatitis C Virus RNA. China J Med,2006,119(22):1910-1914

[48] 王露楠,邓巍,李金明.乙型肝炎病毒核酸标准物质的研究.中华肝脏病杂志,2007,(2):107-110

[49] 李金明.临床实验室分子诊断的标准化.中华检验医学杂志,2006,29(6):481-484

[50] 李金明.RNA病毒扩增检测的质控品和标准品研究进展.中华检验医学杂志,2004,27(12):873-874

[51] 李金明.标准物质在乙肝、丙肝病毒核酸检测标准化中的重要性.中华检验医学杂志,2007,30(7):850

第10章 甲型肝炎病毒实时荧光 PCR 检测及临床意义

甲型肝炎病毒（hepatitis A virus, HAV）是急性甲型肝炎的病原体, 其主要经消化道传播, HAV 原属于微小 RNA 病毒科肠道病毒属, 分类为肠道病毒 72 型, 1991 年被确定为一个新属——肝病毒属, 可引起急性病毒性肝炎。甲型肝炎病毒可以引起散发或者暴发形式的肝炎, 引起暴发形式甲型肝炎的主要传染源为受到 HAV 污染的饮用水和贝类等水产品。尽管在通常情况下, 临床很少进行 HAV RNA 的检测, 但由于甲型肝炎常易有暴发流行, 有较大的危害性, 因此, 对于快速明确急性肝炎的病因, 及时采取控制措施, 采用 RT-PCR 方法检测 HAV RNA 有重要价值。

一、HAV 的特点

1. 形态结构特点　HAV 属于人类嗜肝 RNA 病毒属（heparnavirus）微小 RNA 病毒科（picornaviridae）, 其基因组为单股正链 RNA。病毒颗粒为一无包膜、核衣壳呈 20 面体立体对称的球状颗粒, 直径为 28nm, 由 30% 的 RNA 和 70% 的蛋白组成。

2. 基因结构特点　HAV RNA 基因组全长 7.48kb, 主要有 5′-非翻译区、编码区[可读框（ORF）]和 3′-非翻译区。5′-非翻译区位于基因前段, 大约有 730 个核苷酸长度。编码区长度约为 6681 个核苷酸, 又分为三个区, P1, P2 和 P3。P1 区（716—3088, 主要编码衣壳结构蛋白 VP1、VP2、VP3 和 VP4）, P2（3089—4981）, P3 区（4982—7399）。P2 和 P3 区主要编码复制相关的非结构蛋白。3′-非翻译区位于编码区之后, 长度约为 63 个核苷酸。VP1 和 VP3 是主要的抗体结合位点。

HAV 可分为 7 个基因型, 人类 HAV 为 Ⅰ、Ⅱ、Ⅲ 和 Ⅶ 四个型。HAV 血清型只有一个。

二、HAV RNA 实时荧光 RT-PCR 检测

1. 引物和探针设计　在 HAV 基因组中, 5′-非翻译区高度保守, 一般 PCR 检测设计引物和探针时多选择此区域。另外, 也可选择病毒蛋白酶基因区和病毒多聚酶基因区。

2. 文献报道的常用引物和探针举例表 10-1 和图 10-1 为文献报道的 HAV RNA 实时荧光 PCR 检测的引物和探针举例及其所在基因组序列中的相应位置。

表 10-1　文献报道的 HAV RNA 实时荧光 PCR 检测的引物和探针举例

测定技术		引物和探针	基因组内区域	文献
Taqman 探针	引物	F:5′-TCACCGCCGTTTGCCTAG-3′68-85	5′UTR(68-241)	[1]
		R:5′-GGAGAGCCCTGGAAGAAAG-3′241-223		
	探针	5′-TTAATTCCTGCAGGTTCAGG-3′150-169		

续表

测定技术		引物和探针	基因组内区域	文献
Taqman 探针	引物	F：5′-ATGGATGCTGCTGGGGTTCTTAC-3′(3378-3397)	5′ UTR（3378-3549）	[2]
		R：5′-ARTTGGCAGCAATTTCTTCAAG-3′（R = A/G）(3549-3528)		
	探针	5′-TGAATGATGAGAAATGGACAGAAATGAAGG-3′(3415-3444)		
Taqman 探针	引物	F：5′-GARTTTACTCAGTGTTCAATGAATGT-3′（5964-5989）	5′ UTR（5964-6070）	
		R：5′-GGCATAGCTGCAGGAAAATT-3′(6070-6051)		
	探针	5′-TCTCCAAAACGCTTTTTAGAAAGAGTCC-3′（5992-6019）		
Taqman 探针	引物	F：5′-GGTAGGCTACGGGTGAAACCT-3′(393-413)	5′ UTR（393-508）	
		R：5′-CCTCCGGCGTTGAATGGTTT-3′(508-489)		
	探针	5′-TCTTAACAACTCACCAATATCCGCCGCTGT -3′(485-456)		
Taqman 探针 *	引物	F：5′-TTTCCGGAGTCCCTCTTG-3′(22-39)	5′UTR(22-108)	[3] [7]
		R：5′-AAAGGGAAATTTAGCCTATAGCC-3′(108-85)		
	探针	5′-FAM-ACTTGATACCTCACCGCCGTTTGCCT-TAM-RA-3′(58-83)		
Taqman 探针 *	引物	F：5′-CTGCAGGTTCAGGGTTCTTAAATC-3′(157-180)	5′ UTR（157-240）	[4]
		R：5′-GAGAGCCCTGGAAGAAAGAAGA-3′(240-219)		
	探针	FAM-5′-ACTCATTTTTCACGCTTTCTG-3′(198-218)		
分子信标	引物	F：5′-ATCTTCCACAAGGGGTAG-3′(380-397)	5′-UTR （380-504）	[5]
		R：5′-CGGCGTTGAATGGTTTTT-3′(504-487)		
	探针	5′-FAM-CTTGCGGGATAGGGTAACAGCGGCGGCGCAAG - DABCYL-3′(446-465)		
分子信标	引物	F： 5′-AATGGATCCGTAGGAGTCTAAATTGGGGA-3′(295-322)	5′-UTR （295-504）	[6]
		R： 5′-AATTCTAATACGACTCACTATAGGGAGA-3′(504-487)		
	探针	6-FAM-5′-CTTGCGGGATAGGGTAACAGCGGCGGCG-CAAG-3′-DABCYL446-465)		

* 基因来自 M14707。

NC 001489

起始密码子

```
   1  ttcaagaggg gtctccggga atttccggag tccctcttgg aagtcc|atg|g tgaggggact
  61  tgatacctca ccgccgtttg cctaggctat aggctaaatt ttccctttcc cttttccctt
```
                   F[1]
```
 121  tcctattccc tttgttttgc ttgtaaatat taattcctgc aggttcaggg ttcttaaatc
```
                             P[1]
```
 181  tgtttctcta taagaacact catttttcac gctttctgtc ttctttcttc cagggctctc
```
                                     R[1]
```
 241  ccccttgccct aggctctggc cgttgcgccc ggcggggtca actccatgat tagcatggag
 301  ctgtaggagt ctaaattggg gacacagatg tttggaacgt caccttgcag tgttaacttg
 361  gctttcatga atctctttga tcttccacaa ggggtaggct acgggtgaaa cctcttaggc
```
                             F[2]
```
 421  taatacttct atgaagagat gccttggata gggtaacagc ggcggatatt ggtgagttgt
```
                                    P[2]
```
 481  taagacaaaa accattcaac gccggaggac tgactctcat ccagtggatg cattgagtgg
```
                       R[2]
```
 541  attgactgtc agggctgtct ttaggcttaa ttccagacct ctctgtgctt agggcaaaca
 601  tcatttggcc ttaaatggga ttctgtgaga ggggatccct ccattgacag ctggactgtt
 661  ctttgggggcc ttatgtggtg tttgcctctg aggtactcag gggcatttag gttttttcctc
```
       终止密码子   起始密码子
```
 721  attct|taa|at aata|atg|aac |atg|tctagac aaggtatttt ccagactgtt gggagtggtc
 781  ttgaccacat cctgtctttg gcagacattg aggaagagca aatgattcaa tcagttgata
```

```
3361  gtgtgtggac tcttgaaatg gatgctgggg ttcttactgg gagactgatt agat tgaatg
```
                        F[2]
```
3421  atgagaaatg gacagaaatg aaggatgaca agattgtttc attgattgaa aagtttacaa
```
             P[2]
```
3481  gtaacaaata ttggtccaaa gtgaatttcc cacatgggat gttggatctt gaagaaattg
```
                                  R[2]
```
3541  ctgccaattc taaggatttt cctaacatgt ctgaaacgga tttgtgtttc ttgctgcatt
```

```
5941  aaagtcagag aattatgaaa gtggagttta ctcagtgttc aatgaatgtg gtctccaaaa
```
                       F[2]
```
6001  cgcttttttag aaagagtccc atttatcatc acattgataa aaccatgatt aattttcctg
```
       P[2]   R[2]
```
6061  cagctatgcc cttttctaaa gctgaaattg atccaatggc tgtgatgtta tctaagtatt
```

M14707

起始密码子

1　ttcaagaggg gtctccggga **atttccggag tccctcttgg** aagtcc`atg`g tgagggg **act**

F[3,7]

61　**tgatacctca ccgccgtttg cct**a **ggctat aggctaaatt ttccctt**tcc cttttccctt

P[3,7]　　　　　　　　　R[3.7]

121　tcctattccc tttgttttgc ttgtaaatat taattc**ctgc aggttcaggg ttcttaaatc**

F[4]

181　tgtttctcta taagaac**act cattttcac gctttctgtc ttctttcttc cagggctctc**

P[4]　　　　　　　　R[4]

241　cccttgccct aggctctggc cgttgcgccc ggcggggtca actccatgat tagcatggag

301　ctgtaggagt ctaaattggg gacacagatg tttggaacgt caccttgcag tgttaacttg

361　gctttcatga atctctttga tcttccacaa ggggtaggct acgggtgaaa cctcttaggc

421　taatacttct atgaagagat gccttggata gggtaacagc ggcggatatt ggtgagttgt

481　taagacaaaa accattcaac gccggaggac tgactctcat ccagtggatg cattgagtgg

541　attgactgtc agggctgtct ttaggcttaa ttccagacct ctctgtgctt agggcaaaca

601　tcatttggcc ttaaatggga ttctgtgaga ggggatccct ccattgacag ctggactgtt

661　ctttggggcc ttatgtggtg tttgcctctg aggtactcag gggcatttag gttttttcctc

终止密码子

721　attcttaaat aa`taa`tgaac atgtctagac aaggtatttt ccagactgtt gggagtggtc

图 10-1　HAV 的基因组全序列及表 10-1 中引物和探针所在相应位置
注:扩增区域重叠者只标注其中之一

三、HAV RNA 检测的临床意义

目前临床上对急性甲型肝炎患者的诊断,主要是测定患者血清中抗-HAV IgM,也可同时测定抗 HAV IgG。高滴度抗-HAV IgM 的存在,或抗 HAV IgG 效价的持续增高,至最初的 4 倍以上,说明有急性 HAV 感染的发生。但上述特异抗体检测,不能用于 HAV 感染的早期诊断。但在发生 HAV 感染暴发流行时,早期诊断对于疾病流行的控制和患者的及时治疗有重要意义。对急性期患者粪便采用免疫电镜寻找 HAV 颗粒或用 ELISA 检测甲型肝炎病毒抗原(HAV Ag),通常灵敏度不高,而采用 RT-PCR 技术直接检测血循环中 HAV RNA,是一种高灵敏、高特异、快速、可靠的检测方法,可准确地检测出患者血清中 HAV 的存在,从而为及早诊断甲型病毒性肝炎,及早切断传染源、做好预防控制工作,提供了科学准确的流行病学依据。

（李金明　张　括　汪　维）

参 考 文 献

[1] Costafreda MI, Bosch A, Pinto RM. Development, evaluation, and standardization of a real-time TaqMan reverse transcription-PCR assay for quantification of hepatitis A virus in clinical and shellfish samples. Appl Environ Microbiol, 2006, 72:3846-3855

[2] Houde A, Guevremont E, Poitras E, et al. Comparative evaluation of new TaqMan real-time assays for the detection of hepatitis A virus. J Virol Methods, 2007, 140:80-89

[3] Costa-Mattioli M, Monpoeho S, Nicand E. Quantification and duration of viraemia during hepatitis A infection as determined by real-time RT-PCR. J Viral Hepat, 2002, 9:101-106

[4] Villar LM, de Paula VS, Diniz-Mendes L. Evaluation of methods used to concentrate and detect hepatitis A virus in water samples. J Virol Methods, 2006, 137:169-176

[5] Abd El Galil KH, El Sokkary MA, Kheira SM. et al. Combined immunomagnetic separation-molecular beacon-reverse transcription-PCR assay for detection of hepatitis A virus from environmental samples. Appl Environ Microbiol, 2004, 70:4371-4374

[6] Abd el-Galil KH, el-Sokkary MA, Kheira SM, et al. Real-time nucleic acid sequence-based amplification assay for detection of hepatitis A virus. Appl Environ Microbiol, 2005, 71:7113-7116

[7] Hussain Z, Das BC, Husain SA et al. Virological course of hepatitis A virus as determined by real time RT-PCR: Correlation with biochemical, immunological and genotypic profiles. World J Gastroenterol, 2006, 12:4683-4688

[8] Nainan OV, Xia G, Vaughan G, et al. Diagnosis of hepatitis a virus infection: a molecular approach. Clin Microbiol Rev, 2006, 19(1):63-79

[9] Bradley DW. Hepatitis A virus infection: pathogenesis and serodiagnosis of acute disease. J Virol Methods, 1980, 2(1-2):31-45

[10] Melnick JL. Properties and classification of hepatitis A virus. Vaccine, 1992, 10 (Suppl 1): S24-S26

[11] Cohen JI, Ticehurst JR, Purcell RH, et al. Complete nucleotide sequence of wild-type hepatitis A virus: comparison with different strains of hepatitis A virus and other picornaviruses. J Virol, 1987, 61:50-59

第11章　乙型肝炎病毒实时荧光 PCR 检测及临床意义

长期以来,我国人群一直呈乙型肝炎病毒(Hepatitis B virus,HBV)高感染率,约有1.3亿人感染。因此,HBV DNA 检测在国内临床 PCR 实验室是最常开展的一个检验项目。

一、HBV 的特点

HBV 属嗜肝病毒,为乙型肝炎的病原因子。它可以感染人和猩猩等灵长类动物,该病毒和一些可以感染其他哺乳动物和鸟类的肝炎病毒同属嗜肝 DNA 病毒科,有严格的宿主特异性,但其除感染肝细胞外,在肝外组织和细胞如外周血单个核细胞、脾、精子等也能存在。

1. 病毒的结构特点　HBV 为有包膜的很小的 DNA 病毒,直径约42nm。DNA 为部分双链的环状结构,长约3200碱基对(base pairs,bp),在我国流行的 B 和 C 基因型均为3215bp。长链因其与病毒 mRNA 互补,定为负链,短链为正链,5′端固定,3′端位置不定,长度为负链的50%~100%。HBV 负链序列至少包含有4个可读框(open reading frame,ORF),即 S、C、X 和 P-ORF,分别编码外膜蛋白、核壳、X 蛋白和 P 蛋白。C-ORF 是 HBV 基因组中最保守的区域。

HBV 基因组结合 HBV 特异聚合酶(P)蛋白,由核壳即乙肝核心抗原(Hepatitis B core antigen,HBcAg)环绕包裹成为核心颗粒,病毒颗粒的最外层为脂蛋白包膜,含乙肝表面抗原(Hepatitis B surface antigen,HBsAg)。病毒外膜蛋白共有三种,即大(L)蛋白、中(M)蛋白和主蛋白(HBsAg),以主蛋白为主,大蛋白占20%,中蛋白占5%~

10%。病毒的表面为大蛋白。这三种糖蛋白由同一阅读框架即 S-ORF 翻译得到,有共同的羧基端和终止密码子,但起始于不同的起始密码子。主蛋白亦即 HBsAg,由226个氨基酸组成,包含全部的抗原性;中蛋白由 HBsAg 和其氨基端由55个氨基酸组成的前S2组成;大蛋白则包括 HBsAg、前 S2 和前 S1,前 S1 是在中蛋白的氨基端再加上119个氨基酸。外膜蛋白在患者外周血中,电镜下表现为 Dane 颗粒(直径42nm)、小球形颗粒(17~25nm)和管型颗粒(长度不等,直径与小球形颗粒相同),小球形和管型颗粒为空壳,不含病毒核心,只有 Dane 颗粒含有病毒核心。感染者外周血中的病毒外膜蛋白绝大部分为小球形颗粒,仅由主蛋白或同时有约5%的中蛋白组成。病毒复制活跃期同时存在有少数管型颗粒,由主蛋白、2%~5%中蛋白和5%~10%大蛋白组成。Dane 颗粒在HBV 感染者外周血中只占外膜蛋白中的极少的比例,有的可能不到1/10万。从抗原性来说,前 S2 蛋白的抗原决定簇是线性的,而HBsAg(主蛋白)和前 S1 是构型性的。这些病毒表面的抗原决定簇具有型和属特异性。外膜蛋白在组成病毒外包膜时,埋在来自宿主细胞膜的脂质双层中,因此,HBV 不易被有机溶剂破坏,对热和酸碱度的改变也具有强耐受性。化学还原剂或去垢剂破坏构型可使抗原性丧失。

2. 病毒体内复制特点　HBV 尽管是DNA 病毒,但其复制方式与一般 DNA 病毒不一样,其以 RNA 前病毒介导复制 DNA。当病毒进入肝细胞后即脱去病毒蛋白,脱去外膜的核心颗粒转运至核膜小孔,在此,基因组 DNA 成为松弛环状 DNA(relaxed circular DNA,rcDNA),然后以核蛋白复合体转运至胞核内。短正链延长,缺口闭合成为共价闭合环状 DNA(covalently closed circular DNA,cccDNA),此时,即开始 HBV DNA 复制周期:cccDNA→转录 3.5kb 前基因组 RNA(pregenome RNA,pgRNA)并转运至胞质→反转录为负链 DNA→再合成正链 DNA→双链 rcDNA→cccDNA。由上述复制周期可见,肝细胞胞质的 rcDNA 转移至核内成为 cccDNA,经 cccDNA 产生 pgRNA 和编码病毒蛋白的 mRNA,然后才出现单链 DNA(single strand DNA,ssDNA),因此 cccDNA 是最早的复制中间体。机体感染 HBV 后,肝细胞内出现 HBV cccDNA 标志着感染的存在,外周血循环中的 HBV DNA 含量高低取决于肝细胞核内的 HBV cccD-NA 量。HBV DNA 负链和正链的合成过程是连续的,在以 pgRNA 为模板反转录合成负链 DNA 的同时,pgRNA 被 RNA 酶 H 降解,新生的负链 DNA 又可作为模板即时进行正链的合成。

在病毒复制过程中,所有 HBV RNA 转录成熟后,在 X-ORF 下游产生聚 A 基序(UAUAAA 基序),得到各该基因的全长 RNA。这种全长 HBV RNA 与血清 HBV DNA 含量和肝实质病变均密切相关。与肝细胞染色体整合的 HBV DNA,可以转录 HBV RNA,但无 UAUAAA 基序,为各该基因的截短 RNA。慢性 HBV 感染时,随着病毒复制由活跃转为相对静止,血循环中病毒复制标志物如 HBeAg、HBV DNA 浓度逐步降低,乃至检测不到,而与肝细胞染色体整合的 HBV 将长期存在,在所有血清病毒标志物检测不出时,截短 RNA 仍可检出。因此,截短 RNA 有可能是慢性 HBV 感染后期的标志。

3. 病毒的变异特点　HBV 的复制涉及 RNA 过程,由于 RNA 聚合酶缺乏校正功能,因此 HBV 基因组容易发生突变,较其他 DNA 病毒的突变率要高 10 倍。不同株 HBV 基因组中不同部位的差异有明显不同,基因组的 S、C、P、X、前 C、前 S2 和前 S1 等编码区的差异性依次增高。高度保守的序列区域对于病毒复制非常关键,如聚合酶编码序列、编码维持 HBV 蛋白空间构型的氨基酸(如半胱氨酸)序列、直接重复序列及启动子和增强子等调节序列。HBV 基因组的突变主要集中在核心启动子、前核心区、编码病毒包膜蛋白的 a 决定簇的基因区域和 P 基因区,如前 C/nt83、C 基因 nt84-101、S 基因 nt587、P 基因/nt204 等位点。HBV 的突变可分为自然人群压力下随机变异和免疫治疗压力下逃逸变异两类。自然发生的变异可能是由于 HBV 携带者的抗 HBs 应答所致,免疫治疗下的变异则是由于疫苗和乙型肝炎免疫球蛋白(HBIg)治疗下的逃逸变异。

(1)HBV 前 C 和基本核心启动子的变异:1989 年英国学者 Carman 等首次报道了 HBV 前 C1896 位的突变。HBV 前 C nt1896 G→A 的突变,能使密码子 28 由 TGG(编码色氨酸)变为终止密码子(TAG),终止 HBeAg 的表达,并成为 HBeAg 阴性变异株。C1896 在二级结构上和 nt1858 形成碱基对。由于 HBV 的 B、D、E、G 和部分 C 基因型的 nt1858 为 T,能在 C1896A 突变(G→A)后,形成 T 与 A 的稳定配对,故该突变发生频率较高。A、F 和部分 C 基因型则相反,其 nt1858 为 C,与 C1896 形成的碱基对是稳定的,故很少发生该突变。因此,在我国前 C nt1896 G→A 的突变是 HBV 最常见的变异之一。

此外,在 HBV 前 C1896 位变异常伴随 1899 位变异,即 1899 位的 G→A 变异,这样就连成一个 TAGGA 的短序列。有研究表明该变异可能会增强核糖体的结合,使核壳蛋白活跃翻译,这种双变异具有优势选择,将增强 HBV 复制。

基本核心启动子（basic core premotor, BCP）指导两种 HBV mRNA 的转录，其 A1762T 和 G1764A 双突变在慢性 HBV 感染中最常见，能影响 HBeAg、HBcAg 和聚合酶的翻译。体外研究表明，该 BCP 双突变能导致转录的前 C/C mRNA 比例降低，减少 HBeAg 合成，但不影响 pgRNA 或 HBV DNA 水平，甚至增强病毒复制。

（2）HBV S 基因的变异：编码 HBsAg 的 S 基因发生突变可导致 HBsAg 的 a 决定簇发生改变。如核苷酸 587 位发生 G 到 A 的点突变，可导致原来 145 位的甘氨酸残基由精氨酸残基取代，即 G145R 突变。已报道影响 HBsAg 氨基酸位点 120、123、124、126、129、131、133、141 和 144 的 HBV S 基因突变株，最相关的突变显然是 G145R、K141E 和 T131I 和在 122 与 123 位残基之间三个氨基酸的插入，因为其明显影响 HBsAg 的抗原结构。

（3）HBV P 基因的变异：P 基因是 HBV 基因组中最长的可读框，与 C、S 与 X 基因重叠。P 基因主要编码 DNA-P，该基因共分成 5 个区（A、B、C、D 和 E），这些区域是较保守的，参与核苷酸或模板结合，并且具有催化活性。HBV P 区编码基因中，YMDD 变异的发生最为普遍。YMDD 是指特定的氨基酸序列——"酪氨酸（Y）、蛋氨酸（M）、天冬氨酸（D）、天冬氨酸（D）"，它是催化中心存在高度保守的特殊功能性序列，可称之为 YMDD 基序（YMDD Motif）。YMDD 是逆转录酶结合底物 dNTP、合成 DNA 所必需的最重要的功能性序列，也是拉米夫定等核苷类药物抗病毒治疗时最常出现变异的区域。HBV 逆转录酶 YMDD 序列中，以 M 较易发生变异，Y 变异很少见。目前尚未见有关 YMDD 中 D 变异的报道。拉米夫定等治疗时 YM-DD 发生蛋氨酸（M）→异亮氨酸（I）/缬氨酸（V）突变最常见。

4. HBsAg 血清型　HBsAg 有一个特异的共同抗原决定簇"a"和至少两个亚型决定簇"d/y"和"w/r"，根据其抗原性的不同，将其分为 9 个主要的血清型（HBsAg 的亚型），即 adw2、adw4、ayw1、ayw2、ayw3、ayw4、adrq⁺、adrq⁻ 和 ayr。最常见的血清型为 adw、adr 和 ayw。我国绝大多数地区以 adr 为主，adw 次之（于长江以南诸省与 adr 混存）；新疆、西藏、内蒙古自治区的本地民族几乎全为 ayw。

5. HBV 基因型　用于 HBV 基因型分型的方法有多种，如全基因序列测定、S 基因序列测定、聚合酶链反应-限制性片段长度多态性（PCR-RFLP）基因型分型法等。由于前 S 是 HBV 基因变异最大的区域，而每一种基因型的变异是有限的，提示前 S 区最适于基因分型。目前根据 HBV 全基因核苷酸序列异源性≥8% 或者 S 基因区核苷酸序列异源性≥4%，将不同病毒株分为不同的基因型，迄今为止，HBV 可以分为 8 个基因型，即 A、B、C、D、E、F、G 和 H 型。基因型 A 主要存在于白人，而基因型 B 和 C 主要在亚洲人群，E 型主要在西非，F 型仅见于中南美洲的土著中，G 型和 H 型很少见。B、C、F 和 H 基因型为 3215 核苷酸（nt）。不同基因型序列长度不同，主要是前 S1 区的不同。D 基因型在前 S1 缺失 33 nt，G 基因型在同区缺失 3 nt，A 基因型在与核心基因重叠的聚合酶基因末端蛋白区插入 6 nt，G 基因型在核心基因 N 端插入 36 nt，因而长度各异。D 基因型和南非的 A 基因型前 S1 蛋白截去 11 个氨基酸。E 和 G 基因型在密码子 11 处有单个氨基酸缺失。前 S1 的这些缺失，位于重叠可读框的聚合酶基因间隔区。在亚洲国家中，HBV 前 S 的突变率高，B 和 C 基因型分别为 25% 和 24.5%，显著高于其他型。

我国主要流行的是 B 和 C 基因型，长江以北以 C 型较为常见，长江以南以 B 型为主，这些地区另有少量的 A 型、D 型和混合型，但西北和西南尤其是西北有较高比例的

D 型。

二、HBV DNA 实时荧光 PCR 测定

1. 引物和探针设计　HBV DNA PCR 引物和探针设计的一般原则是：①选择 HBV 基因组的高保守区域，以保证检测的特异性。在 HBV 基因组中，S、C、P、X 编码区基因均有高度保守的区域。②灵敏度高。针对不同区域的引物的检测灵敏度有可能不同，因此，

在设计引物时，可同时设计多对引物，筛选检测灵敏度最高的引物作为检测用。

2. 文献报道的常用引物和探针举例　HBV DNA 实时荧光 PCR 测定方法依其所使用的荧光探针可分为 TaqMan 探针、MGB 探针、双杂交探针、分子信标和双链 DNA 交联荧光染料（SYBR® Green Ⅰ）等，其所使用的引物、探针等举例详见表 11-1，图 11-1 中部分标出了具体位置。

表 11-1　HBV DNA 实时荧光 PCR 检测的引物和探针举例

测定技术		引物和探针	基因组内区域	文献
TaqMan 探针	引物	F：5′-CAACATCAGGATTCCTAGGACC-3′（165-186）	S 区（165-339）	[21]
		R：5′-GGTGAGTGATTGGAGGTTG-3′（339-321）		
	探针	5′ 6-carboxy-fluorescein-CAG AGT CTA GAC TCG TGG TGG ACT TC-6-carboxy-tetramethyl-rhodamine 3′（242-267）		
TaqMan 探针	引物	F：5′-CTTCATCCTGCTGCTATGCCT-3′（406-426）	S 区（406-627）	
		R：5′-AAAGCCCAGGATGATGGGAT-3′（627-608）		
	探针	5′-ATGTTGCCCGTTTGTCCTCTACTTCCA-3′（标记同上）（461-487）		
TaqMan 探针	引物	F：5′-ACGTCCTTTGTCTACGTCCCGT-3′（1414-1435）	X 区（1414-1744）	
		R：5′-CCCAACTCCTCCCAGTCTTTAA-3′（1744-1723）		
	探针	5′-TGTCAACGACCGACCTTGAGGCATA-3′（标记同上）（1681-1705）		
TaqMan 探针	引物	F：(5′-GGA. CCC. CTG. CTC. GTG. TTA. CA-3′（182-201）	S 区（182-271）	[22]
		R：(5′-GAG. AGA. AGT. CCA. CCM. CGA. GTC. TAG. A-3′（271-247）		
	探针	5′-FAM-TGT. TGA. CAA. RAA. TCC. TCA. CCA. TAC. CRC.AGA-TAMRA-3′（216-245）		
TaqMan 探针	引物	F：5′-GCA ACT TTT TCC CCT CTG CCT A-3′（1816-1837）	前 C 和 C（1816-1947）	[23]
		R：5′-AGT AAC TCC ACA GAA GCT CCA AAT T-3′（1947-1923）		
	探针	5′VIC-TTC AAG CCT CCA AGC TGT GCC TTG GGT GGC-TAMRA3′（1863-1892）		

续表

测定技术	引物和探针		基因组内区域	文献
双杂交探针	引物	F:5′-ACCACCAAATGCCCCTAT-3′(2299-2316)	C 区(2299-2423)	[24]
		R:5′-TTCTGCGACGCGGCGA-3′(2423-2408)		
	探针	供体荧光标记探针,5′-GAG TTC TTC TTC TAG GGG ACC TGC-fluorescein-3′(2381-2358) 受体 5′-LCRed-TCG TCG TCT AAC AAC AGT AGT TTC CG-phosphate-3′(2356-2331)		
双杂交探针	引物	F:5′-GACCACCAAATGCCCCTAT-3′(2298-2316)	C(2298-2436)	[25]
		R:5′-CGAGATTGAGATCTTCTGCGAC-3′(2436-2415)		
	探针	供体 5′-GA(G/C) GCA GGT CCC CTA GAA GAA GAA-3′-fluorescein (2355-2378) 受体 LC-Red-640-5′-TCC CTC GCC T CG CAG ACG (A/C)AG(A/G) TCT C-phosphorylation-3′bp(2380-2404)		
分子信标探针	引物	F: 5′-TCGCTGGATGTGTCTGCGGCGTTTTAT-3′(370-396)	S(370-481)	[26]
		R:5′-TAGAGGACAAACGGGCAACATACC-3′(481-458)		
	探针	5′-FAM-CCCTGCTGCTATGCCTCATCTTCTTG-CAGGG-DABCYL-3′(417-435)		
荧光染料 SYBR® Green I	引物	F:5′-GTG TCT GCG CGC TTT TAT CA-3′(379-398)	S 区(379-476)	[27]
		R:5′ GAC AAA CGG GCA ACA TAC CTT-3′(476-456)		
TaqMan-MGB 探针	引物	F:5′-ACG TCC TTT GTC TAC GTCCCG-3′(1414-1434)	P 区(1414-1683)	[28]
		R:5′-TCCTCCCAGTCTTTAAA-3′(1738-1722)		
	探针	5′ FAM-TCAACGACCGACCTTGAdabcyl-MGB 3′(1683-1699)		
简并引物 TaqMan 探针(可测 HBV 基因型 A-G)	引物	F:5′-GGCCATCGGCGCATGC-3′(1222-1237)	X 区(1222-1305)	[29]
		5′-C [5-Nitidl] GCTGCGAGCAAAACA-3′将 5-硝基吲哚(nitroindole)残基引入是为了能测定 HBV 变异株(1305-1291)		
	探针	5′-FAM-CTCTGCCGATCCATACTGCGGAACTC-TAM-RA-3′(1256-1281)		

HBV C 基因型的全基因序列,共 3215bp(NC-003977)

　　1 ctccacaaca ttccaccaag ctctgctaga tcccagagtg aggggcctat attttcctgc

　61 tggtggctcc agttccggaa cagtaaaccc tgttccgact actgcctcac ccatatcgtc

S 起动子

121 aatcttctcg aggactgggg accctgcacc gaac`atg` gag agca**caacat c aggattcct**

F[21]

181 **aggacc**cctg ctcgtgttac aggcgggggtt tttcttgttg acaagaatcc tcacaatacc

241 acagagtcta gactcgtggt ggacttctct caattttcta gggggagcac ccacgtgtcc

301 tggccaaaat tcgcagtccc **caacctccaa tcactcacc**a acctcttgtc ctccaacttg

R[21]

361 tcctggctat cgctggatgt gtctgcggcg ttttatcata ttcct**cttca tcctgctgct**

F[21]

421 **atgcct**catc ttcttgttgg ttcttctgga ctaccaaggt **atgttgcccg tttgtcctct**

P[21]

481 **acttcc**agga acatcaacta ccagcacggg accatgcaga acctgcacga ttcctgctca

541 aggaacctct atgtttccct cttgttgctg tacaaaacct tcggacggaa actgcacttg

601 tattccc**atc ccatcatcct gggcttt**cgc aagattccta tgggagtggg cctcagtccg

R[21]

661 tttctcctgg ctcagtttac tagtgccatt tgttcagtgg ttcgtagggc tttcccccac

721 tgtttggctt tcagctatat ggatgatgtg gtattggggg ccaagtctgt acaacatctt

S 终止密码子

781 gagtccctтt ttacctctat taccaatttt cttttgtctt tgggtataca tt`tga`accct

841 aataaaacca aacgttgggg ctactccctt aacttcatgg gatatgtaat tggaagttgg

901 ggtactttac cgcaggaaca tattgtacaa aaactcaagc aatgtttteg aaaattgcct

961 gtaaatagac ctattgattg gaaagtatgt caaagaattg tgggtctttt gggctttgct

1021 gcccctttta cacaatgtgg ctatcctgcc ttgatgcctt tatatgcatg tatacaatct

1081 aagcaggctt tcactttctc gccaacttac aaggcctttc tgtgtaaaca atatctaaac

1141 ctttaccccg ttgcccggca acggtcaggt ctctgccaag tgtttgctga cgcaacccccc

1201 acgggttggg gcttggccat a**ggccatcgg cgcatgc**gtg gaacctttgt ggctc**ctctg**

F[29]

1261 **ccgatccata ctgcggaact** cctagcagct **tgttttgctc gcagc**cggtc tggagcgaaa

P[29]
R[29]

1321 cttatcggaa ccgacaactc agttgtcctc tctcggaaat acacctcctt tccatggctg

1381 ctaggctgtg ctgccaactg gatcctgcgc ggg**acgtcct ttgtctacgt cccgt**cggcg

F[21]

1441 ctgaatcccg cggacgaccc gtctcggggc cgtttgggcc tctaccgtcc ccttcttcat

1501 ctgccgttcc ggccgaccac ggggcgcacc tctctttacg cggtctcccc gtctgtgcct

1561 tctcatctgc cggaccgtgt gcacttcgct tcacctctgc acgtagcatg gagaccaccg

P 终止密码子

1621 `tga`acgccca ccaggtcttg cccaaggtct tacacaagag gactcttgga ctctcagcaa

1681 **tgtcaacgac cgaccttgag gcata**cttca aagactgttt gt**ttaaagac tgggaggagt**

P[21]
R[21]

1741 **tggggggagga gattaggtta aaggtctttg** tactaggagg ctgtaggcat aaattggtct

前 C 起动子

1801　gttcaccagc acc|atg| **caac ttttcccct ctgcc** |taa| tc atctcatgtt catgtcctac
　　　　　　　　F[23]　　　　　　　　　　　C 起动子

1861　tgt**tcaagcc tccaagctgt gccttgggtg gc**tttggggc |atg| gacattg acccgtataa
　　　　　　　　P[23]

1921　ag**aatttgga gcttctgtgg agttact**ctc ttttttgcct tctgacttct ttccttctat
　　　　　　　　R[23]

1981　tcgagatctc ctcgacaccg cctctgctct gtatcgggag gccttagagt ctccggaaca

2041　ttgttcacct caccatacag cactcaggca agctattctg tgttggggtg agttgatgaa

2101　tctggccacc tgggtgggaa gtaatttgga agacccagca tccagggaat tagtagtcag

2161　ctatgtcaat gttaatatgg gcctaaaaat tagacaacta ttgtggtttc acatttcctg

2221　ccttactttt ggaagagaaa ctgtccttga gtatttggtg tcttttggag tgtggattcg
　　　　　　　　　　　　　　P 起动子

2281　cactcctccc gcttacag**ac caccaa**|atg| **c ccctat**ctta tcaacacttc **cggaaactac**
　　　　　　　　　　　　F[24]

2341　**tgttgttaga cgacgaggca ggtcccctag aagaagaac**t ccctcgcctc gcagacgaag
　　　受体[24]　　　　　　供体[24]　　　　　　C 终止密码子

2401　gtctcaa**tcg cc gcgtcgca gaa**gatctca atctcgggaa tctcaatgt|t ag|tatccctt
　　　　　　　　R[24]

2461　ggactcataa ggtgggaaac tttactgggc tttattcttc tactgtacct gtctttaatc

2521　ctgattggaa aactccctcc tttcctcaca ttcatttaca ggaggacatt attaatagat

2581　gtcaacaata tgtgggccct ctgacagtta atgaaaaag gagattaaaa ttaattatgc

2641　ctgctaggtt ctatcctaac cttaccaaat atttgccctt ggacaaaggc attaaaccgt

2701　attatcctga atatgcagtt aatcattact tcaaaactag gcattattta catactctgt

2761　ggaaggctgg cattctatat aagagagaaa ctacacgcag cgcctcattt tgtgggtcac
　　　　　　　　　前 S1 起动子

2821　catattcttg ggaacaagag ctacagc|atg| ggaggttggt cttccaaacc tcgacaaggc

2881　atggggacga atctttctgt tcccaatcct ctgggattct ttcccgatca ccagttggac

2941　cctgcgttcg gagccaactc aaacaatcca gattgggact caacccccaa caaggatcac

3001　tggccagagg caaatcaggt aggagcggga gcatttggtc cagggttcac cccaccacac

3061　ggaggccttt tggggtggag ccctcaggct cagggcatat tgacaacact gccagcagca

3121　cctcctcctg cctccaccaa tcggcagtca ggaagacagc ctactcccat ctctccacct
　　　　　　　　　前 S2 起动子

3181　ctaagagaca gtcatcctca ggcc|atg| cag tggaa

（Okamoto H，Imai M，Shimozaki M，et al. Nucleotide sequence of a cloned hepatitis B virus genome，subtype ayr：comparison with genomes of the other three subtypes JOURNAL.J Gen Virol，1986,67（PT 11）:2305-2314）

图 11-1　HBV 全基因组序列
[ ]内为相关引物和探针的文献来源

3. 临床标本采集、运送、保存和处理

（1）常用的临床标本：可用于 HBV DNA PCR 测定的临床标本很多，包括血清、血浆、活检组织、羊水、脑脊液、乳汁、胸腔积液、腹水、组织蜡块等。最常用的是血清和血浆，取材也较为方便。上述标本的采集、运送和保存的基本方法可参考本书第 4 章有关内容。

（2）血清（浆）标本的核酸提取：血清（浆）标本的核酸提取应在 PCR 实验室的标本制备区进行。由前所述，HBV DNA 由 HBcAg 和内嵌 HBsAg 的脂双层包裹，核酸提取首先就是要将病毒核酸从脂质包膜中释放出来，通常可通过去垢剂或碱处理即可达到这一目的。由于 HBV DNA 负链与小块蛋白质连接在一起，因此，通常还需用蛋白酶 K 处理，使 HBV DNA 与蛋白质分离，碱处理亦可达到这一目的。否则，与蛋白质结合的 HBV DNA 在酚/氯仿抽提离心后会留在水与有机相的界面上，而影响病毒核酸的提取效率。

目前国内用于 HBV DNA 实时荧光 PCR 检测的商品试剂盒中的血清（浆）标本的核酸提取绝大部分是用煮沸裂解法，其主要出发点是考虑临床实验室技术人员工作的简便性。但由于血清（浆）标本中存在诸如血红蛋白、免疫球蛋白、核酸酶等 PCR 抑制物，尤其是高浓度的情况下如强溶血等，采用简单的煮沸裂解方法，势必会有上述抑制物存在。此外，加入的处理试剂如去垢剂、高盐溶液等也是潜在的 PCR 抑制物。尽管通常的试剂盒所采取的策略是，尽可能加入少量的样本，如 $2 \sim 5\mu l$，但这样做不但会影响检测下限（detection limit），而且检测的重复性会较差，批内和批间变异变大。并且当标本中抑制物浓度高时，采取加样量少的方法也会失去作用，因为从某种意义上，其只是一种稀释样本以降低标本中抑制物作用的方法。因此，临床 PCR 实验室应尽可能采用核酸纯化的方法处理临床标本，尽可能采用核酸样本

加样量大的试剂方法。

目前，市场上的很多试剂盒都对提取方法进行一些改进，常用的试剂盒方法包括采用蛋白酶 K 消化再酚抽提的方法、碱裂解法、PEG 沉淀结合碱裂解法等。

1）蛋白酶 K 消化后酚抽提法：取 $100\mu l$ 血清加 TES（10mmol/L Tris-HCl, pH8.0, 5mmol/L EDTA, 0.5%SDS, $150\mu g/ml$ 蛋白酶 K），65℃ 3h，常规酚/氯仿提取，乙醇沉淀，DNA 溶解于 $20\mu l$ 双蒸水中。

这种方法属于核酸纯化方法，能较彻底地去除标本中潜在 PCR 扩增抑制物。而且核酸扩增检测时，可加入较大量的样本，有较好的测定下限和重复性。

2）碱裂解法：取血清 $50\mu l$ 和 $50\mu l$ DNA 提取液（0.1mol/L NaOH, 2mol/L NaCl, 0.5% SDS）于 1.5ml Eppendorf 管中充分混匀，煮沸 10min 后取出 4℃ 放置 10h，10 000r/min 离心 5min，取上清液 $2\mu l$ 于反应管内进行扩增检测。

碱裂解法只是将病毒核酸从病毒包膜中释放出来，离心后的上清液中可能含有一定量的血红素及其代谢产物、免疫球蛋白、SDS、碱等 PCR 抑制物，尽管只是加入 $2\mu l$ 样本，但也难以避免强溶血及其抑制物浓度高时对检测的影响。此外，样本加入量少，不但对加样操作要求高，而且如前面提到的，必然影响测定下限和测定的重复性。

3）PEG 沉淀结合碱裂解法：取 $100\mu l$ 血清标本与 $100\mu l$ PEG 沉淀剂充分混合，13 000r/min×10min 离心，吸弃上清液；加裂解液 $20\mu l$，漩涡振荡 10s，煮沸 10min，3000r/min×10min 离心，取上清液 $5\mu l$ 于反应管内进行扩增检测。

PEG 沉淀结合碱裂解法通过将病毒颗粒沉淀下来，离心后，去掉含大量抑制物的上清，再进行碱裂解，离心取上清进行检测。这种方法较上述单纯的碱裂解法要好，加样量为 $5\mu l$，较碱裂解法高，加样操作对测定的影

响亦较单纯碱裂解法小,但这种方法仍不如核酸纯化方法。

4. HBV DNA 检测的临床意义

(1)HBV DNA 定性测定

1)血液及血制品的 HBV DNA 筛查:由于一些 HBV 感染者外周血循环中 HBsAg 可能因为检测试剂方法的局限性、病毒 S 区变异和感染的"窗口期"等而不能检出,而血液中病毒仍存在,因此高灵敏的 HBV DNA 检测现已成为许多发达国家血液及血制品安全性筛查的必检项目。

2)未明原因有肝炎症状患者的 HBV 感染确认或排除:由于 HBV 感染后至血液中出现可检出的 HBsAg 或 HBV 特异抗体需要一定的时间("窗口期"),因此,对已经检测过肝炎病毒抗原和抗体均为阴性的未明原因有肝炎症状患者,可采用定性 HBV DNA 测定以确认或初步排除 HBV 感染的存在。

3)单项抗 HBc 阳性者 HBV 感染的确认:由于方法学的局限性,单项抗 HBc 阳性者中,有许多为假阳性,真正的抗 HBc 阳性者,其血清(浆)HBV DNA 通常亦为阳性,只不过通常含量较低。因此,为确认单项抗 HBc 阳性者是否真正为 HBV 感染者,可采用超灵敏的 PCR 方法定性检测血清(浆)HBV DNA。

(2)HBV DNA 定量测定

1)HBV 感染者病毒复制水平的判断:血清(浆)HBV DNA 含量高,反映病毒复制活跃。在 HBeAg(+)者,HBV DNA 高水平($\geqslant 10^8$ U/ml 或 10^9 拷贝/毫升)常见于高免疫耐受者,肝细胞病变轻微。而在 HBeAg(−)者,HBV DNA 高水平患者常伴有较重肝细胞病变。HBV DNA 低水平($\leqslant 10^4$ U/ml 或 10^5 拷贝/毫升)意味着病毒的低复制。但在某些病变明显活动的患者,由于机体的免疫清除作用,血清(浆)HBV DNA 水平也可能较低。

关于血循环中 HBV DNA 浓度与患者传染性之间的关系,通常如血清(浆)HBV DNA 浓度大于 10^9 拷贝/毫升,则在日常生活密切接触中即具有较强的传染性。$10^5 \sim 10^6$ 拷贝/毫升,则在日常生活密切接触中的传染性较小。小于 10^5 拷贝/毫升,则日常生活密切接触中几乎没有什么传染危险性。但不管 HBV DNA 的浓度为多少,哪怕是低于相应 PCR 方法的测定下限,也均会引起输血后的感染。因为只要血液中有 $3 \sim 169$ 个病毒即可发生感染。

2)抗病毒药物治疗疗效监测:血清(浆)HBV DNA 检测是 HBV 感染抗病毒治疗唯一有效的疗效直接监测指标。目前国内用于 HBV DNA 定量测定的方法基本上为实时荧光 PCR,并以外标准作为定量依据。PCR 用于 HBV DNA 定量检测,如是使用外部标准进行定量,再加上 HBV DNA 定量数值大,通常不同测定次间差异会较通常的检验项目大,一般量值变化在一个对数数量级内均可视为没有变化。

乙肝病毒的抗病毒治疗效果的判断可以采用定量 PCR 方法动态检测患者血循环中 HBV DNA,当患者经抗病毒药物治疗后,HBV DNA 含量持续下降,然后维持在低水平,或低至方法能检出的含量(测定下限)以下,则说明治疗有效。观察抗病毒药物治疗效果不能凭两三次检测结果来判断,必须多次动态观察,每次检测的间隔天数不宜太短,一般为一个月以上。可采用以检测次数为横坐标 HBV DNA 量为纵坐标作图的方法来判断血清 HBV DNA 量的变化趋势,进而判断抗病毒治疗是否有效(图 11-2 和图 11-3)。如图 11-2 的 HBV DNA 含量动态变化则说明治疗无效,图 11-3 变化则为有效。

血循环中 HBV DNA 与 HBeAg 和 HBsAg 有一定的相关性,但其浓度间并不呈正线性相关。HBeAg 阳性的标本,HBV DNA 通常有较高的浓度($>10^5$ 拷贝/毫升),HBeAg 阴性抗 HBe 阳性的标本,HBV DNA 浓度通常较低($<10^5$ 拷贝/毫升)。当 HBV 基因组前 C 区发生突变时,则可出现 HBeAg 阴性而

HBV DNA 仍保持在较高的浓度。单独抗 HBc 阳性的血液 HBV DNA 浓度通常很低。

3)肝移植中的应用:肝移植是目前肝硬化晚期治疗的唯一方法。但有约 86% 以上既往 HBsAg 携带者术后血循环中 HBsAg 会重新出现。检测 HBV DNA 可用于观察免疫受损患者的 HBV 感染状况。肝移植后 HBV 感染主要原因是复发,再感染为次要因素,特别是移植前 HBV 复制水平高者,复发的概率更高。定量检测血清(浆)HBV DNA,可用于肝移植术后 HBV 复发感染的监测。

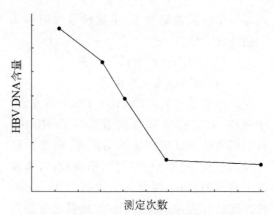

图 11-3　抗病毒治疗 HBV DNA 含量动态观察

三、HBV 变异的检测及其临床意义

在临床上,常用的 HBV 变异的检测主要有前 C、C 基本启动子(BCP)和 P 区的 YMDD 变异。

(一)前 C1896 位及 BCP 变异检测

1. 文献报道的引物和探针举例　见表 11-2。

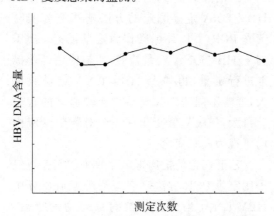

图 11-2　抗病毒治疗 HBV DNA 含量动态观察

表 11-2　前 C1896 位及 BCP 变异检测的引物和探针

测定技术	所检测的突变	引物和探针序列	核苷酸位置	文献
分子信标	前 C/ntG1896A 点突变	引物 F:5′-GTTCAAGCCTCCAAGCTGTG-3′	1862-1881	[31]
		引物 R:5′-TCA GAA GGC AAA AAA GAG AGT AAC T-3′	1965-1941	
		针对野生型的分子信标探针: TET-5′-CGTCCGCTTTGGGGCATGGACAT-TGACGGACG-3′-DABCYL	1892-1911	
		针对变异株的分子信标探针: FAM-5′-CGTCCGCTTTAGGGCATGGA-CATTGACGGACG-3′-DABCYL	1892-1911	

续表

测定技术	所检测的突变	引物和探针序列	核苷酸位置	文献
双探针杂交结合熔解曲线分析	前C/ntG1896A 点突变	Forward 引物:5′-GCCCGCTTCTCCGTCTG-3′	1487-1504	[32]片段大小:586;退火温度:56.4
		Reverse 引物:5′-CTTGCCTGAGTGCTGTGTGG-3′	2073-2053	
		Anchor 探针:5′-TCC TAC TGT TCA AGC CTC CAA GCT GTG CCT T-3′-fluorescein	1855-1885	
		Sensor 探针:5′-LC-Red 640-GTG GCT TTG GGG CAT GGA CAT TGA C-3′-P	1888-2012	
	BCP A→ T, nt 1762;G →A, nt 1764	Forward 引物:5′-TGCACTTCGCTTCACC-3′	1580-1596	片段大小:217;退火温度:54.5
		Reverse 引物:5′-CAATTTATGCCTACAGC-CTC-3′	1796-1777	
		Anchor 探针 5′-TGTGTGTTTAATGAGTGG-GAGGAGCTG-3′-fluorescein	1716-1742	
		Sensor 探针 5′-LC-Red 640-GGGAGGAGATTAG-GTTAAAGGTCTTTG -3′-P	1744-1770	
	缩写解释	P:the 3_ end of the mutation probe was phos-phorylated to prevent probe elongation by Taq polymerase during PCR. LC-Red640,LightCycler-Red 640.		

2. 前 C1896 位及 BCP 变异检测的临床意义　前 C/ntG1896A 位（A83）的变异，A83 氨基酸（TGC）变异为终止密码（TAG），使前 C 蛋白的翻译终止，从而使 HBeAg 不能启动合成，但并不影响 HBcAg 的合成和病毒复制，因此临床上感染者表现为血清 HBeAg（－）和 HBV DNA（＋）,病毒仍复制活跃。对该变异分子基础的进一步研究发现，前 C 区含一个发夹形干袢结构，在 nt1858 位与 nt1896 位间,将不稳定的 T-G 对（如我国流行的 B 和 C 基因型）变异为稳定的 T-A 对,使前基因组 RNA 结构更稳定,更有利于病毒复制。

患者出现前 C/ntG1896A 位（A83）的变异,并不一定意味着肝炎症状的加重。但在慢性 HBV 感染过程中,野毒株和前 C/ntG1896A 位变异株的并存,常与疾病的加重有关。在病情稳定的患者中,仅发现单一的野毒株或前 C/ntG1896A 位变异株。

此外,HBV 基因组的前 C1896 位（A83）变异,常伴随有 1899 位（A86）变异,即在 1899 位出现 G→A 变异。这种双变异,就导致一个短序列 TAGGA 的出现,研究表明,该短序列可能会增强核糖体的结合,使核壳蛋白可活跃地转录和翻译。因此,1899 位变异可能是 1896 变异代偿性措施。这种双变异的优势选择特性,将增强 HBV 的复制,感染者的传染性会增强。

（二）YMDD 变异检测及其临床意义

1. 文献报道的引物和探针举例　见表 11-3。

表 11-3　YMDD 变异检测的引物和探针

检测方法	引物和探针序列	核苷酸位置	文献
TaqMan 探针	Primer:5′-C GCCCCCAATACCACATCATC-3′	P	[33]
	Primer V:5′-CCCAATACCACATCATCCAC-3′		
	Primer I:5′-CCCCCAATACCACATCATCA-3′ 5′-CCCCCAATACCACATCATCG-3′ 5′-CCCCCAATACCACATCATCT-3′		
	Forward primer 5′-CCTATGGGAGTGGGCCTC-3′		
	Probe 5′-FAM-AGCCCTACGAACCACTGAAC-TAMRA-3′		
通用模板实时 TaqMan 探针	Reverse primers Reaction V 5′-CCCCCAATACCACATCATCC-3′ Reaction I 5′-CCCCCAATACCACATCATCA-3′ Reaction C 5′-CCCCCAATACCACATCATC-3′ Forward primers 5′-tgaggagcacgagacggaagtATACAA CACCTGTATTCCCATCCCAT-3′ Probe 5′-FAM ACTTCCGTCTCGTGCTCCTCA TAMRA-3′		[35]
荧光标记探针熔解曲线分析	sense primer 5′-CAT TTG TTC AGT GGT TCG TA 3′	689-708	[36]
	antisense primer 5′-CAA AAG AAA ATT GGT AAC AGC GGT A-3′	794-818	
	探针:Cy5(标志物)-5′-TAT ATG GAT GAT GTG GTA TTG G-3′-biotin(针对野生型)	738-759	
	探针:Cy5(标志物)-5′-TAT ATG GAT GAT GTG GTT TTG G-3′-biotin(针对变异体)		
分子信标	forward primer:5′-AGT GGT TCG TAG GGC TTT CC-3′		[37]
	reverse primer 5′-GGG ACT CAA GAT GTT GTA CAG AC-3′		
	特异性 / **分子信标探针**		
	YMDD / 5′-FAM-CCA CGC-GGC TTT CAG TTA TAT GGA TG-GCG TGG-DABCYL-3′		
	YSDD / 5′-FAM-CCA CGC-GGC TTT CAG TTA TAG. TGA TG-GCG TGG-DABCYL-3′		
	YIDD/att / 5′-FAM-CCA CGC-GGC TTT CAG TTA TAT. TGA TG-GCG TGG-DABCYL-3′		

续表

检测方法	引物和探针序列		核苷酸位置	文献
实时 amplification refractory mutation system（ARMS）PCR	Primers for detection of mutants at rt204			[34]
	Primer common to all 204 reactions			
	ARMS FOR primer：CCTATGGGAGTGGGCCTCAG			
	ARMS primer	Codon detection		
	ARMS1：CCCCAATACCACATCATCA	ATT		
	ARMS2：CCCAATACCACATCATCCGC	GTG		
	ARMS3：CCCCAATACCACATCATCC	ATG		
	ARMS4：CCCAATACCACATCATCCAT	ATG		
	Primers for detection of mutants at rt180			
	Primer common to all 180 reactions			
	ARMS REV：GATGCTGTACAGACTTGGCC			
	ARMS primer	Codon detection		
	ARMS5：GCCTCAGTCCGTTTCTCA	ATG		
	ARMS6：GCCTCAGTCCGTTTCTCC	CTG		
	ARMS7：GCCTCAGTCCGTTTCTCT	GTG		
	CONTROLS ARMS：GCCCCCAATACCACATCATC NEST1：TGTATTCCCATCCCATC（AG）TC NEST2：GATGCTGTACAGACTTGGCC			

2. YMDD 变异检测的临床意义　HBV DNA 聚合酶缺乏矫正功能，因此 HBV 是突变频率很高的 DNA 病毒，尤其在目前抗病毒药物治疗广泛应用的情况下，耐药突变株被药物筛选出来，变成优势株，将成为临床治疗难题。目前研究发现，HBV 每个基因均发现有变异。在众多变异类型中，YMDD 变异在目前发生最为普遍。YMDD 是指特定的氨基酸序列——"酪氨酸（Y）、蛋氨酸（M）、天冬氨酸（D）、天冬氨酸（D）"，它是催化中心存在高度保守的特殊功能性序列，可称为 YMDD 基序（YMDD Motif）。YMDD 是逆转录酶结合底物 dNTP、合成 DNA 所必需的最重要的功能性序列，也是拉米夫定等核苷类药物抗病毒治疗时最常出现变异的区域。HBV 逆转录酶 YMDD 序列中，以 M 较易发生变异，Y 变异很少见。目前尚未见有关 YMDD 中 D 变异的报道。拉米夫定等治疗时 YMDD 发生蛋氨酸（M）→异亮氨酸（I）/缬氨酸（V）突变最常见。临床和实验资料表明，核苷类似物等抗病毒药物所致 YMDD 的各种变异几乎总是导致病毒复制能力不同程度下降。但对所用药物产生耐受力，仍能持续复制并致病。长期应用拉米夫定可诱导 HBV 发生变异，产生耐药性，使血清中已经阴转的 HBV DNA 重新出现，甚至伴有病情复发。如发生变异，可考虑换用其他抗病毒药，如干扰素、左旋咪唑、阿糖胞苷等；与其他

抗病毒药联合应用;改用中成药治疗等。目前,在美国已经批准上市的核苷类药物阿地福韦、恩替卡韦,具有很好的抗病毒疗效,而且对产生 YMDD 变异的乙肝患者有效。但是,是否需要换用其他抗病毒药,首先要判断 HBV YMDD 是否发生变异,再决定新的临床治疗方案。

四、HBV cccDNA 的检测及其临床意义

1. 文献报道的引物和探针举例 见表 11-4。

表 11-4 HBV cccDNA 检测的引物和探针

测定方法	引物和探针		扩增位置	文献
荧光染料 SYBR® Green I	CCC1 5′ GCG GWC TCC CCG TCT GTG CC 3′ DRF1 5′ GTC TGT GCC TTC TCA TCT GC 3′ CCC2 5′ GTC CAT GCC CCAAAG CCA CC 3′			[38]
双杂交探针	引物	5′-GGGGCGCACCTCTCTTTA-3′	1523-1540	[39]
		5′-AGGCACAGCTTGGAGGC-3′	1890-1874	
	367bp DNA fragment			
	探针	5′-TTCTCATCTGCCGGACCGTG-3′-fluorescein	HBV-1562	
		LC-Red640-5′-CACTTCGCTTCACCTCTGCACGTphosphate-3′	HBV-1584	
TaqMan 探针	引物	CCC_F1:5′-ACTCTTGGACTCBCAGCAATG-3′ CCC_F3:5′-GCGGWCTCCCCGTCTGTGCC-3′ CCC_R1:5′-CTTTATACGGGTCAATGTCCA-3′ CCC_R2:5′-ACAGCTTGGAGGCTTGAACAG-3′ CCC_R3:5′-GTCCATGCCCCAAAGCCACC-3′ 引物组合可为 F1/R1、F1/R3、F3/R1 和 F3/R2		[40]
	probe	5′-TET TTCAAGCCTCCAAGCTGTGCCTTG-3′		
TaqMan 探针	5	forward primer:5′-ACTCTTGGACTCBCAGCAATG-3′ r everse primer:5-CTTTATACGGGTCAATGTCCA-3′		[41]
		5′-FAM-CTTTTTCACCTCTGCCTAATCAT CTCWTGTTCA-TAMRA-3′		

2. HBV cccDNA 检测的临床意义
HBV cccDNA 主要存在于肝细胞内,每个肝细胞内有 5~50 个拷贝,在肝外组织如外周血单个核细胞(PBMC)、肾和胰腺等也有可能存在。当肝细胞因为炎症受到破坏时,HBV cccDNA 亦可释放至血循环中。但血循环中的浓度通常较低,需用较为敏感的方法进行测定。
(1)HBV DNA 的最为直接的复制标志:由于 cccDNA 是 HBV 最早的复制中间体,是 pgRNA 复制的原始合成模板,因此,HBV cccDNA 应是 HBV DNA 的最为直接的复制标志。当 HBV 处于活跃复制状态时,肝内和外周血循环中的 HBV cccDNA 水平均将出现增加,定量检测肝细胞内或血清 HBV cccDNA 对于患者复制水平的判断具有重要意义。
(2)肝外组织 HBV 感染的直接标志:HBV 虽为嗜肝病毒,但一些肝外组织如上面

提到的 PBMC、肾脏和胰脏等也存在,HBV 是否在这些肝外组织中有复制,检测其中的 HBV cccDNA 可以给出明确的答案。

(3)乙型肝炎患者抗病毒药物治疗疗效判断:目前临床上常用的判断乙型肝炎患者抗病毒药物治疗疗效的方法是检测血清 HBV DNA,血清 HBeAg、肝功能指标如谷丙转氨酶(GPT)等的检测,对于判断患者的血清学转换和肝功能状况非常有用。由于 HBV cccDNA 的特点,肝内或血清 HBV cccDNA 应是判断乙型肝炎患者抗病毒药物治疗疗效的最为直接的标志。但要注意的是,由于肝内 HBV cccDNA 检测标本来源的困难,以及血清中含量通常较低,HBV cccDNA 的常规检测尚难以开展,检测血清中 HBV cccDNA 较为具有实用性,高灵敏且实用的检测方法是血清 HBV cccDNA 常规检测可以开展的前提。

五、HBV 基因型的检测及其临床意义

1. 文献报道的引物和探针举例 见表 11-5。

表 11-5 HBV 基因型检测的引物和探针

测定方法	引物和探针	扩增位置	Tm	文献
熔点曲线分析	F:5'-GGG TCA CCA TAT TCT TGG GAA C-3'	PreS1(nt. 2814-2835);	B 基因型 85.56℃;C 基因型 83.86℃;Tm 的 cut-off 为:84.71℃	[42]
	R:5'-CCT GAG CCT GAG GGC TCC AC-3'	PreS1(nt. 3094-3075)		
双杂交探针结合熔点曲线分析	F 5'-CCGATCCATACTGCGGAAC-3'	1261-1279	Genotype B(F) 60.9 Genotype C(A) 54.8 $\Delta Tm=(6.1\pm1.8)$℃ (HBx)	[43]
	R 5'-GCA GAG GTG AAG CGA AGT GCA-3'	1600-1580		
	Anchor probe FLU-50-TCTGTGCCT-TCTCATCTGCCGGACC-30-P	1552-1576		
	Sensor probe 50-TCTTTACGCGGACTC-CCC-LC-Red 640-30	1533-1550		
	SNP site A/T,nt 1544			
	Set 2 Forward primer 50-GCATGCGTGGAACCTTTGTG-30	1232-1251 产物大小:368bp	Genotype B(A) 57.7 Genotype C 66.3 $\Delta Tm=(8.6\pm2.5)$℃	
	Reverse primer 50-CAGAGGTGAAGCGAAGTGC-30	1599-1581		
	Anchor probe FLU-50-CGGCGCTGAATCCCGCG-GAC-30-P	1436-1455		
	Sensor probe 50-ACGTCCTTTGTCTACGTCCCG-LC-Red 640-30	1414-1434		
	SNP site C/T,nt 1425	(HBx)		

测定方法	引物和探针		扩增位置	Tm	文献
	Set 3 Forward primer 50-TCATCCTCAGGCCATGCA-30		3192-3209 产物大小:416bp	Genotype B 64.3 Genotype C（F）46.8 （49.3） $\Delta Tm =$［16.3（15.0）± 4.9］℃	
	Reverse primer 50-AACGCCGCAGACACATCCA-30		392-374		
	Anchor probe FLU-50-GAAAATTGAGAGAAGTC- CACCACGAGTCTA-30-P		278-249		
	Sensor probe 50-AAGACACACGGGTGTTTCCCC- LC-Red 640-30		301-281		
	SNP sites A/G,nt 285；A/G,nt 287；G/ A,nt 292；T/C,nt 294		（HBs）		
双杂交探 针结合熔 点曲线分 析	Set 1	F:5′-TGC TGG TGG CTC CAG TTC-3′	［Surface/polymerase］: 58-75 产物大小:340bp	（ACDG/BEF） Genotype BEF:62.2℃ Genotype ACDG,56.7℃	[44]
		R:5′-TGA TAA AAC GCC GCA GAC AC-3′	398-379		
		BEF-Sen probe：5′ GTTGA- CAAAAATCCTCACAATACC -3′-FL	217-240		
		Genetic-polymorphism site：A/ G，nt225			
		ACDG/BEF-Anc probe：5′-LC Red 640-CAGAGTCTAGACTCGTG- GTGGACTTCTCTCA-3′-PH	242-272		

测定方法		引物和探针	扩增位置	Tm	文献
	Set 2-1	F:5′-TCA AGG AAC CTC TAT GTT TCC CTC-3′	[Surface/polymerase]: 538-561 产物大小:262bp	(B/E/F) Genotype B, 66.5℃ Genotype E,63.4℃ Genotype F,61.4℃	
		R:5′-ACA GCG GCA TAA AGG GAC TC-3′	800-781		
		B-Sen probe:5′-ATT TGT TCA GTG GTT CGT AGG GCT T-3′-FL	688-712		
		Genetic-polymorphism site:T/G, nt 702;T/C, nt 705;A/C, nt 706			
		BEF-Anc probe:5′-LC Red 640-CCC CCA CTG TCT GGC TTT CAG TTA TAT GGA TGA T-3′-PH	714-747		
	Set 2-2	F:5′-CTA TGG GAG TGG GCC TCA G-3′	[Surface/polymerase] 638-656 产物大小:481bp	(A/C/D/G) Genotype CD,66.3℃ Genotype A,62.6℃ Genotype G,57.8℃	
		R:5′-AAA GGC CTT GTA AGT TGG CG-3′	1119-1100		
		CD-Sen probe:5′-CAT CAT CCA TAT AAC TGA AAG CCA AAC AGT G-3′-FL	748-718 (anti-sense)		
		Genetic-polymorphism site:A/G, nt 735;A/G,nt 724			
		ACDG-Anc probe:5′-LC Red 640-GGG AAA GCC CTA CGA ACC ACT GAA CAA ATG GC-3′-PH	716-685 (anti-sense)		

续表

测定方法		引物和探针	扩增位置	Tm	文献
	C/D		产物大小:283bp	Genotype D,62.6℃	
		F:5′-CGC TGG ATG TGT CTG CG-3′	371-387(anti-sense)	Genotype C,57.6℃	
		R:5′-GAGGCCCACTCCCATAGG-3′	654-637(anti-sense)		
		D-Sen probe:5′-CAA CAT ACC TTG ATA GTC CAG AAG A-3′-FL	466-442(anti-sense)		
		Genetic-polymorphism site:A/G, nt 454			
		CD-Anc probe:5′-LC Red 705-CCAACAAGAAGATGAGGCA TAGCAGCAGGATGAAGAGG-3′-PH	440-403(anti-sense)		

ΔT_m 为两个基因型或两组间的熔解温度的差值;$\Delta T_{m\,BEF/ACDG}=5.5℃\pm0.3℃$,$\Delta T_{m\,B/E}=3.1℃\pm0.2℃$,$\Delta T_{m\,E/F}=2.0℃\pm0.05℃$,$\Delta T_{m\,B/F}=5.1℃\pm0.2℃$,$\Delta T_{m\,CD/A}=3.7℃\pm0.3℃$,$\Delta T_{m\,A/G}=4.8℃\pm0.2℃$,$\Delta T_{m\,CD/G}=8.3℃\pm0.3℃$,$\Delta T_{m\,C/D}=5.0℃\pm0.2℃$。

2. HBV 基因型检测的临床意义

(1)与疾病严重程度的相关性:研究表明,从无症状 HBV 携带者,到慢性乙型肝炎、肝硬化、肝癌等不同人群中,C 基因型的检出率逐渐增高,而 B 基因型的检出率则逐渐降低。感染 B 基因型者(adw 血清型)较少出现肝功能的异常,而感染 C 基因型者(adr 血清型)则常常出现血清谷丙转氨酶(GPT)的增高。B 基因型感染者的肝组织学活动指数、坏死性炎症与纤维化的评分均明显低于 C 基因型感染者。不仅肝癌病人中 C 基因型的感染率明显高于 B 基因型,而且,C 基因型感染者发生肝癌的年龄明显低于 B 基因型感染者。但台湾的年轻非肝硬化肝癌与 B 基因型感染有关。

(2)不同基因型 HBV 感染后的临床进程有所不同:如 A 基因型可能与慢性化有关。造成不同基因型 HBV 感染后临床疾病谱不同的机制还不是很清楚,可能与 C 基因型感染者的高 HBV DNA 阳性率、高 HBeAg 阳性率、高病毒滴度有关。长期高水平的 HBV DNA 导致炎症活动,进展到肝硬化。再者,C 基因型感染者在病程中反复出现病情的加重,HBeAg 仍不发生阴转,进一步加重了炎症。

六、HBV RNA 的检测及其临床意义

1. 文献报道的引物和探针举例 见表 11-6。

表 11-6　HBV RNA 检测的引物和探针

测定方法	引物和探针序列			扩增位置	文献
半巢式 RT-PCR	HBV 全长 RNA (fRNA)测定	第一轮	上游 5′-TCT CAT CTG CCG GAC CGT GT-3′	HBx 1434	[45]-[48]
			下游:(1806):(T)₁₅ AGC TC (1808):(T)₁₅ GAA GC		
		第二轮	上游:5′-GCA CTT CGC TTC ACC TCT GC-3′	1454	
			下游:(1806):(T)₁₅ AGC TC (1808):(T)₁₅ GAA GC		
		产物片段大小:370bp			
	HBV 截短 RNA (trRNA)	第一轮	上游:5′-GGA CCG TGT GCA CTT CGC TT-3′	1445	
			下游:(T)₁₅ GCT GG	1683	
		第二轮	上游:5′-TCACCTCTGCACGTCGCATG-3′	1464	
			下游:(T)₁₅ GCT GG	1683	
		产物片段大小:235bp,也可有 370bp 的 HBV fRNA			
	质控	F:GAPDH1(3755):5′-CAT CTC TGC CCC CTC TGC TG-3′.(用于 RNA 存在及完整性质控)			
		R:GAPDH2(4344):5′-GGA TGA CCT TGC CCA CAG CCT-3′.(用于 RNA 存在及完整性质控)			
	探针	1561+:5′-GAC CGA CCT TGA GGC ATA CTT CAA AGA CTG-3′			
		1590-:5′-CAG TCT TTG AAG TAT GCC TCA AGG TCG GTC.-3′			

2. HBV RNA 检测的临床意义　Köck 等最早测定了血清 HBV RNA。研究表明,血清(浆)HBV fRNA 与患者血清 HBeAg 和 HBV DNA 呈高度相关。而血清(浆)HBV tr-RNA 水平与 HBV DNA 只有弱相关,与患者肝损伤(血清 GPT 水平增高)无相关。

由于 HBV 编码 X 蛋白的基因常可与患者肝细胞基因整合,因此,发生整合的患者,尽管在血循环中测不到 HBV DNA,但仍可测出 HBV RNA,因此,血清(浆)HBV RNA 对明显和不明显的感染有较好的诊断价值。

七、HBV 全基因组测定及其临床意义

1. 文献报道的引物　见表 11-7。

表 11-7　HBV 全基因组测定的引物

测定方法	引　物	扩增位置	文献
PCR	F:5′-CCG GAA AGC TTG AGC TCT TCT TTT TCA CCT CTG CCT AAT CA-3′	1821-1841	[49],[50]
	R:5′-CCG GAA AGC TTG AGC TCT TCA AAA AGT TGC ATG GTG CTG G-3′	1823-1806	

2. HBV 全基因组测定的临床意义 由于患者体内的病毒存在不同变异株,以往扩增片段并直接测部分序列的方法不能准确的揭示病毒基因结构与乙型肝炎病因、治疗及传播的关系。因此 HBV 全长基因组的获得是进行全长序列与 HBV 复制表达研究的基础,才能从总体上把握致病基因间的相互关系。简便快速 HBV 全长基因组扩增方法建立的意义在于其为 HBV 分子流行病学研究、特定 HBV 感染个体的 HBV 基因组序列分析等提供了一种可在临床实验室常规应用的手段。此外,HBV 不仅仅侵犯肝脏,在许多肝外组织已陆续发现有 HBV DNA 的存在。然而作为嗜肝病毒,HBV 在肝外组织内能否复制取决以下两个条件:①细胞膜上有特异性的 HBV 受体;②有合适的细胞质/细胞核内环境,供 HBV 复制。虽然已有文献报道,在乙型肝炎患者外周血单个核细胞内可以直接检测到 HBV DNA,但其存在方式与复制状态,以及与血清 HBV DNA 之间的关系尚不十分清楚。HBV 全长序列的成功扩增提供了一个新的思路,可以从细胞中分离,克隆大量全长 HBV 基因组,对有意义的毒株进行全基因测序,简便地在基因结构水平进行基因突变、基因型研究,分析对外周血细胞中的复制产生的影响,从而为研究 HBV 基因组的基因结构与功能及其与肝外组织间的关系提供了新的方法。

(李金明　汪　维)

参 考 文 献

[1] Weber B.Recent developments in the diagnosis and monitoring of HBV infection and role of the genetic variability of the S gene. Expert Rev Mol Diagn,2005,5:75-91

[2] Weber B.Genetic variability of the S gene of hepatitis B virus:clinical and diagnostic impact.J Clin Virol,2005,32:102-112

[3] Seddigh-Tonekaboni S,Waters JA,Jeffers S, et al.Effect of variation in the common 'a' determinant on the antigenicity of hepatitis B surface antigen.J Med Virol,2000,60:113-121

[4] Chaudhuri V,Tayal R,Nayak B,et al.Occult hepatitis B virus infection in chronic liver disease:full-length genome and analysis of mutant surface promoter.Gastroenterology,2004, 127:1356-1371

[5] Allain JP.Occult hepatitis B virus infection: implications in transfusion. Vox Sang, 2004, 86:83-91

[6] Levicnik-Stezinar S.Hepatitis B surface antigen escape mutant in a first time blood donor potentially missed by a routine screening assay. Clin Lab,2004,50:49-51

[7] Weber B, Muhlbacher A, Melchior W. Detection of an acute asymptomatic HBsAg negative hepatitis B virus infection in a blood donor by HBV DNA testing.J Clin Virol, 2005, 32:67-70

[8] Allain JP. Occult hepatitis B virus infection. Transfus Clin Biol,2004,11:18-25

[9] Yamamoto K,Horikita M,Tsuda F,et al.Naturally occurring escape mutants of hepatitis B with various mutants in the S gene in carriers seropositive for antibody to hepatitis B surface antigen.J Virol,1994,68:2671-2676

[10] Shiels MT,Taswell HF,Czaja AJ,et al.Frequency and significance of concurrent hepatitis B surface antigen and antibody in acute and chronic hepatitis B. Gastroenterology, 1987, 93:675-680

[11] Heijtink RA,Bergen P,Melber K,et al.Hepatitis B surface antigen (HBsAg) derived from yeast cells (Hansennula polymorpha) used to establish an influence of antigenic subtype adw (2),adr,ayw(3) in measuring the immune response after vaccination. Vaccine, 2002, 20:

2191-2196

[12] Hess G,Karayiannis P,Babiel R,et al.Variants of the hepatitis B virus:a diagnostic and vaccine challenge∥Viral Hepatitis and Liver Disease. Rizetto M,Purcell RH,Gerin JL,et al. Torino,Italy:Edizioni Minerva Medica,1997: 974-976

[13] Lok ASF,Lai CL,Wu PC.Prevalence of isolated antibody to hepatitis B in an area endemic for hepatitis B.Hepatology,1988,8:766-770

[14] Robertson EF,Weare JA,Randell R,et al. Characterization of a reduction-sensitive factor from human plasma responsible for apparent false activity in competitive assays for antibody to hepatitis B core antigen.J Clin Microbiol, 1991,29:605-610

[15] Weare JA,Robertson EF,Madsen G,et al.Improvement in the specificity of assays for detection of antibody to hepatitis B core antigen.J Clin Microbiol,1991,29:600-604

[16] Spronk AM,Schmidt L,Krenc C,et al. Improvements in detection of antibody to hepatitis B core antigen by treating specimens with reducing agent in an automated microparticle enzyme immunoassay.J Clin Microbiol,1991, 29:611-616

[17] Cheng Y,Dubovoy N,Hayes-Rogers ME,et al. Detection of IgM to hepatitis B core antigen in a reductant containing,chemiluminescence assay.J Immunol Methods,1999,230:29-35

[18] Weber B,Melchior W,Gehrke R,et al.Hepatitis B virus (HBV) markers in isolated anti-HBc positive individuals.J Med Virol,2001, 64:312-319

[19] Kuhns MC,Kleinman SH,McNamara AL,et al. Lack of correlation between HBsAg and HBV DNA levels in blood donors who test positive for HBsAg and anti-HBc:implications for future HBV screening policy.Transfusion, 2004,44:1332-1339

[20] Dreier J,Kroger M,Diekmann J,et al.Low-level viraemia of hepatitis B virus in an anti-HBc and anti-HBs-positive blood donor. Transfus

Med,2004,14:97-103

[21] Abe A,Inoue K,Tanaka T,et al.Quantitation of hepatitis B virus genomic DNA by real-time detection PCR.J Clin Microbiol,1999,37(9): 2899-2903

[22] Pas SD,Fries E,De Man RA,et al.Development of a quantitative real-time detection assay for hepatitis B virus DNA and comparison with two commercial assays.J Clin Microbiol, 2000,38(8):2897-2901

[23] Hennig H,Puchta I,Luhm J,et al.Frequency and load of hepatitis B virus DNA in first-time blood donors with antibodies to hepatitis B core antigen.Blood,2002,100(7):2637-2641

[24] Ho SK,Yam WC,Leung ET,et al.rapid quantification of hepatitis B virus DNA by real-time PCR using fluorescent hybridization probes.J Med Microbiol,2003,52(Pt 5):397-402

[25] Leb V,Stocher M,Valentine-Thon E,et al. Fully automated,internally controlled quantification of hepatitis B Virus DNA by real-time PCR by use of the MagNA Pure LC and LightCycler instruments. J Clin Microbiol, 2004,42(2):585-590

[26] Sum SS,Wong DK,Yuen MF,et al.Real-time PCR assay using molecular beacon for quantitation of hepatitis B virus DNA.J Clin Microbiol,2004,42(8):3438-3440

[27] Mendy ME,Kaye S,van der Sande M,et al. Application of real-time PCR to quantify hepatitis B virus DNA in chronic carriers in The Gambia Virol J,2006,3:23

[28] Zhao JR,Bai YJ,Zhang QH,et al.Detection of hepatitis B virus DNA by real-time PCR using TaqMan-MGB probe technology. World J Gastroenterol,2005,11(4):508-510

[29] Welzel TM,Miley WJ,Parks TL,et al.Real-Time PCR Assay for Detection and Quantification of Hepatitis B Virus Genotypes A to G. Clin Microbiol,2006,44(9):3325-3333

[30] Hsia CC,Purcell RH,Farshid M,et al.Quantification of hepatitis B virus genomes and infectivity in human serum samples. Transfusion,

2006,46(10):1829-1835

[31] Waltz TL,Marras S,Rochford G,et al. Development of a molecular-beacon assay to detect the G_{1896}A precore mutation in hepatitis B virus-infected individuals.J Clin Microbiol,2005,43(1):254-258

[32] Zhang M,Gong Y,Osiowy C,et al.Rapid detection of hepatitis B virus mutations using real-time PCR and melting curve analysis.Hepatology,2002,36(3):723-728

[33] Shi M,Yang ZJ,Wang RS,et al.Rapid quantitation of lamivudine-resistant mutants in lamivudine treated and untreated patients with chronic hepatitis B virus infection.Clin Chim Acta,2006,373(1-2):172-175

[34] Wang RS,Zhang H,Zhu YF,et al.Detection of YMDD mutants using universal template real-time PCR.World J Gastroenterol,2006,12(8):1308-1311

[35] Pas SD,Noppornpanth S,van der Eijk AA,et al.Quantification of the newly detected lamivudine resistant YSDD variants of Hepatitis B virus using molecular beacons. J Clin Virol,2005,32(2):166-172

[36] Punia P,Cane P,Teo CG,et al.Quantitation of hepatitis B lamivudine resistant mutants by real-time amplification refractory mutation system PCR.J Hepatol,2004,40(6):986-992

[37] Whalley SA,Brown D,Teo CG,et al.Monitoring the emergence of hepatitis B virus polymerase gene variants during lamivudine therapy using the LightCycler.J Clin Microbiol,2001,39(4):1456-1459

[38] Bowden S,Jackson K,Littlejohn M,et al. Quanti cation of HBV covalently closed circular DNA from liver tissue by real-time PCR//Hamatake R K, Lau JYN.Hepatitis B and D Protocols Volume I:Detection,Genotypes and Characterization.Humana press,41-50

[39] Singh M,Dicaire A,Wakil AE,et al.Quantitation of hepatitis B virus (HBV) covalently closed circular DNA (cccDNA) in the liver of HBV-infected patients by LightCycler real-time PCR.J Virol Methods,2004,118(2):159-167

[40] He ML,Wu J,Chen Y,et al.A new and sensitive method for the quantification of HBV cccDNA by real-time PCR.Biochem Biophys Res Commun,2002,295(5):1102-1107

[41] Chen Y,Sze J,He ML.HBV cccDNA in patients' sera as an indicator for HBV reactivation and an early signal of liver damage.World J Gastroenterol,2004,10(1):82-85

[42] Payungporn S,Tangkijvanich P,Jantaradsamee P,et al.Simultaneous quantitation and genotyping of hepatitis B virus by real-time PCR and melting curve analysis.J Virol Methods,2004,120(2):131-140

[43] Yeh SH,Tsai CY,Kao JH,et al.Quantification and genotyping of hepatitis B virus in a single reaction by real-time PCR and melting curve analysis.J Hepatol,2004,41(4):659-666

[44] Liu WC,Mizokami M,Buti M,et al.Simultaneous quantification and genotyping of hepatitis B virus for genotypes A to G by real-time PCR and two-step melting curve analysis.J Clin Microbiol,2006,44(12):4491-4497

[45] Su Q,Wang SF,Chang TE,et al.Circulating hepatitis B virus nucleic acids in chronic infection representation of differently polyadenylated viral transcripts during progression to non-replicative stages.Clin Cancer Res,2001,7:2005-2015

[46] Schutz T,Kairat A,Schröder CH.Anchored oligo(dT) primed RT/PCR:identification and quantification of related transcripts with distinct 3'-ends.J Virol Methods,2000,86:167-171

[47] Hsu EM,McNicol PJ,Guijon FB,et al.Quantification of HPV-16 E6-E7 transcription in cervical intraepithelial neoplasia by reverse transcriptase polymerase chain reaction.Int J Cancer,1993,55:397-401

[48] Kӧck J,Theilmann L,Galle P,et al. Hepatitis B virus nucleic acids associated with human peripheral blood mononuclear cells do not o-

riginate from replicating virus. Hepatology, 1996,(23):405-413

[49] Gunther S, Li BC, Miska S, et al. A novel method for efficient amplification of whole hepatitis B virus genomes permits rapid functional analysis and reveals deletion mutants in immunosuppressed patients. J Virol, 1995, 69 (9):5437-5444

[50] Gunther S, Sommer G, Von Breunig F, et al. Amplification of full-length hepatitis B virus genomes from samples from patients with low levels of viremia:frequency and functional consequences of PCR-introduced mutations. J Clin Microbiol,1998,36(2):531-538

[51] Preikschat P, Meisel H, Will H, et al. Hepatitis B virus genomes from long-term immunosuppressed virus carriers are modified by specific mutations in several regions. J Gen Virol, 1999,80 (Pt 10):2685-2691

[52] Gunther S, Piwon N, Iwanska A, et al. Type, prevalence,and significance of core promoter/ enhancer II mutations in hepatitis B viruses from immunosuppressed patients with severe liver disease.J Virol,1996,70(12):8318-8331

[53] Chaudhuri V, Tayal R, Nayak B, et al. Occult hepatitis B virus infection in chronic liver disease:full-length genome and analysis of mutant surface promoter.Gastroenterology,2004, 127(5):1356-1371

[54] Kajiya Y, Hamasaki K, Nakata K, et al. Full-length sequence and functional analysis of hepatitis B virus genome in a virus carrier:a case report suggesting the impact of pre-S and core promoter mutations on the progression of the disease.J Viral Hepat,2002,9(2):149-156

[55] 骆抗先.乙型肝炎基础和临床.3 版.北京:人民卫生出版社,2006:1-92

第12章 丙型肝炎病毒实时荧光 RT-PCR 检测及临床意义

丙型肝炎病毒(hepatitis C virus, HCV)是丙型肝炎的病原因子,在人群中通常经血液传播。血液中 HCV RNA 的实时 RT-PCR 检测,已成为 HCV 感染诊断、丙型肝炎患者抗病毒药物治疗疗效监测及血液筛查的重要手段。

一、HCV 的形态和基因组结构特点

1989 年 Choo 等从感染且含高滴度 HCV 的大量猩猩血浆中抽提出核酸,制备 cDNA 并插入到噬菌体基因组中,利用 HCV 病人血清对几百万个噬菌体克隆进行了筛选,只有一个阳性克隆被检测到,后被命名为丙型肝炎病毒。

1. 形态结构特点　HCV 基因组为单股正链 RNA,属黄病毒科(flaviridate family)。病毒体呈球形,直径在 36～62nm,具有来自宿主的脂质外膜,在该脂质外膜内嵌入病毒基因编码的糖蛋白(E1 和 E2),中央为一球形核衣壳(C),包裹着 HCV RNA 基因组链。

2. 基因组结构特点　丙型肝炎病毒 RNA 基因组链长约为 9600 个核苷酸(nt),两侧分别为 5′端和 3′端非编码区,位于两个末端之间的为病毒基因可读框(open reading frame, ORF),从 5′端至 3′端依次为核心蛋白(C)编码区、包膜蛋白(E)编码区和非结构蛋白(NS)编码区,NS 区又分为 NS1-5 区。

5′非翻译区(untranslated region, UTR)在 5′末端,有 241～324 个核苷酸组成,是整个基因组中高度保守部分,其在病毒进化过程中最稳定,极少变异,不同的分离株在此区的同源性最高,因此,绝大多数试剂设计的引物都选在此区域。

HCV 不同的分离株,3′末端的核苷酸长度不一。3′非翻译区亦具有高度保守性,但其 5′端约 30nt 的片段是一个基因型特异的多变区,不同基因型之间有核苷酸序列的差异。3′端是一段高度保守的 98 碱基的区域,被称为 X 区域。高度保守的 3′端暗示了 3′非翻译区的重要功能,可能和病毒基因组的包装有关系,也可能参与 RNA 合成起始,或对两者都很重要。

在 5′端和 3′端之间,是一个连续的大的可读框,其长度在不同的分离株有所不同,为 9063～9400 个核苷酸,编码由 3010 或 3000 个氨基酸组成的一个巨大前蛋白多肽。在可读框 5′端 1/4 为结构蛋白编码基因区,其余的 3/4 是非结构蛋白编码基因区。结构基因区由核心基因区(C)和两个包膜蛋白基因区(E1 和 E2)组成,相应的编码产物分别是核心蛋白、包膜蛋白 E1 和 E2。核心蛋白形成病毒的核蛋白衣壳,具有与不同的细胞蛋白相互作用及影响宿主细胞的功能。包膜蛋白 E1 和 E2 编码区的变异性最大,在不同的 HCV 分离株有极大的差异。非结构基因区所编码的非结构蛋白有 NS2, NS3, NS4A 和 NS4B 及 NS5A 和 NS5B(图 12-1)。虽然非结构蛋白(NS)不是病毒粒子的构成部分,但在病毒复制中起到非常重要的作用。

上述结构和非结构蛋白是由细胞蛋白酶和病毒蛋白酶水解大蛋白得到的产物。通常采用基因工程方法,表达上述结构和非结构区蛋白作为包被抗原来建立抗 HCV 检测的 ELISA 方法。

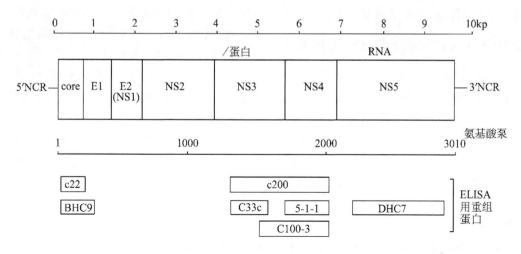

图 12-1　HCV 基因组结构及编码蛋白

二、HCV 的复制特点

HCV 感染宿主细胞后,其正链 RNA 基因组被释放至细胞质,然后以该正链为模板进行翻译,翻译所得的病毒多蛋白经过加工后,与内质网膜紧密联系。表达产物中的复制酶 NS3-5 合成负链 RNA,并以之为模板再合成大量的正链 RNA。正链 RNA 然后和核心蛋白相接触并被包裹为核心颗粒,此颗粒向内质网出芽形成病毒颗粒,病毒颗粒经高尔基体由分泌途径出胞。

三、HCV 的变异特点及基因型

HCV 为一具有很高变异率的不均一病毒株,其在复制过程中所依赖的 RNA 聚合酶为一容易产生易错倾向(error-prone)的 RNA 依赖的 RNA 聚合酶。同许多其他 RNA 病毒一样缺乏修补机制,使得不精确复制产物不能得到修补,从而出现较多的错配,表现出较高的变异率。多次复制和变异的结果将导致多种不同变异株的产生,表现为 HCV 株间的不均一性或差异性。有关 HCV 的基因分型因采用的方法、选择的基因片段和命名各不相同,显得很杂乱。Jens Bukh 收集了所有的 HCV 序列并进行了比较和详细分析,结果认为:①HCV 至少可分为 9 个主要基因型和 30 多个基因亚型;②各基因型间核酸水平的同源性为 65.7%～68.9%,各亚型间为 76.9%～80.1%,同亚型间为 90.8%～99.0%,符合基因分型原则即各分离株间核苷酸差异性>30% 确定为基因型,差异 15%～30% 确定为不同的亚型,<15% 确定为同一亚型;③已证实采用部分基因组区段和全基因组序列进行基因分型具有很好的一致性,但除 E1 和 NS5b 外,其他各区的代表性并不完全,因此建议 E1 和 NS5b 是将来进一步基因分型的最好选择片段;④在众多的基因分型方法中,均各有其优缺点,唯一可信而又可用于鉴定新的基因型的方法,就是选择特定的 HCV 基因区段特别是 E1 区进行测序分析。现有资料表明世界上不同地区,HCV 基因型的分布有明显差异:1 型和 2 型呈广泛分布,1a 和 1b 是北美、南美和欧洲的主要株型,而 1b 是大多数亚洲国家的主要株型;3 型主要分布于尼泊尔、泰国、英国、澳大利亚、芬兰及新西兰等国;4 型是中北非洲国家的主要株型;5 型则是南非国家的主要株型;6 型在中国香港和越南占重要比例;7、

8、9 型均从越南病例中发现。在我国以 1b 和 2a 为主要株型，其他基因型少见。

四、HCV RNA 实时荧光 RT-PCR 测定

1. 引物和探针设计　在设计 HCV RNA PCR 检测的引物和探针时，应要考虑以下几方面：①首先应遵循一般的引物和探针设计原则。②选择 HCV 基因组的高度保守区。HCV RNA 中各个区域碱基序列的保守程度不同，其保守程度由高到低依次为：5′非翻译区＞C 区＞NS3 区＞NS4 区、NS5 区＞NS2 区＞NS1/E2、E1 区＞3′非翻译区。因此，HCV RNA PCR 检测，一般均选择 5′非翻译区设计引物和探针。

我国 HCV 的主要基因型是 1b 和 2a 型，在珠江三角洲地区 6a 取代 2a 成为第二大基因型。图 12-2、图 12-3、图 12-4 分别为 HCV 1b、2a、6a 基因型的 5′非编码区及部分核心区序列，图 12-5 是 1b 和 2a 型的序列比对，图 12-6 是 1b 和 6a 型的序列比对。

HCV 1b　AF176573　1-341bp 5′UTR

```
  1 gccagccccc gattgggggc gacactccac catagatcac tcccctgtga ggaactactg
 61 tcttcacgca gaaagcgtct agccatggcg ttagtatgag tgtcgtgcag cctccaggac
121  cccccctccc gggagagcca tagtggtctg cggaaccggt gagtacaccg gaattgccag
181 gacgaccggg tcctttcttg gatcaacccg ctcaatgcct ggagatttgg gcgtgccccc
241 gcgagactgc tagccgagta gtgttgggtc gcgaaaggcc ttgtggtact gcctgatagg
```

启动子

```
301 gtgcttgcga gtgccccggg aggtctcgta gaccgtgcac catg agcacg aatcctaaac
361 ctcaaagaaa aaccaaacgt aacaccaacc gccgcccaca ggacgtcaag ttcccgggcg
421 gtggtcagat cgttggcgga gtttacctgt tgccgcgcag gggccccagg ttgggcgtgc
481 gcgcgactag gaagacttcc gagcggtcgc aacctcgtgg aaggcgacaa cctatccca
541 aggctcgcca tcccgagggc aggacctggg ctcagcctgg gtacccttgg cccctctatg
601 gcaatgaggg cttggggtgg gcaggatggc tcctgtcacc ccgtggctct cggcctagtt
661 ggggccccac ggacccccgg cgtaggtcgc gcaatttggg taaggtcatc gataccctca
721 cgtgcggctt cgccgacctc atggggtaca ttccgctcgt cggcgccccc ctagggggcg
```

* * *

终止子

```
9361 tccccaaccg gtga acgggg agctaaacac tccaggccaa taggccatcc tgtgttttt
```

图 12-2　HCV 1b 基因型的 5′非编码区(加粗部分)及部分核心区序列

HCV 2a　HPCPOLP　1-340bp 5′UTR

```
  1 accgcccct aatagggcg acactccgcc atgaaccact cccctgtgag gaactactgt
 61 cttcacgcag aaagcgtcta gccatggcgt tagtatgagt gtcgtacagc ctccaggccc
121 cccctcccg ggagagccat agtggtctgc ggaaccggtg agtacaccgg aattgccggg
181 aagactgggt cctttcttgg ataaacccac tctatgcccg gtcatttggg cgtgccccg
241 caagactgct agccgagtag cgttgggttg cgaaaggcct tgtggtactg cctgataggg
```

启动子

301 **tgcttgcgag tgccccggga ggtctcgtag accgtgcacc** *atg* agcacaa atcctaaacc

361 tcaaagaaaa accaaaagaa acaccaaccg tcgcccacaa gacgttaagt ttccgggcgg

421 cggccagatc gttggcggag tatacttgtt gccgcgcagg ggccccaggt tgggtgtgcg

481 cgcgacaagg aagacttcgg agcggtccca gccacgtgga aggcgccagc ccatccctaa

541 ggatcggcgc tccactggca aatcctgggg aaaaccagga tacccctggc ccctatacgg

601 gaatgaggga ctcggctggg caggatggct cctgtccccc cgaggttccc gtccctcttg

661 gggccccaat gaccccggc ataggtcccg caacgtgggt aaggtcatcg ataccctaac

721 gtgcggcttt gccgacctca tggggtacat ccctgtcgta ggcgccccgc tcggcggcgt

* * *

终止子

9421 tttcctactc cccgctcgg*t ag* agcggcac acattagcta cactccatag ctaactgt

图 12-3 HCV 2a 基因型的 5′非编码区(加粗部分)及部分核心区序列

HCV 6a DQ480523 1-298 bp 5′UTR;299-871bp Core

1 **gtgaggaact actgtcttca cgcagaaagc gtctagccat ggcgttagta tgagtgtcgt**

61 **acagcctcca ggccccccc tcccgggaga gccatagtgg tctgcggaac cggtgagtac**

121 **accggaattg ccaggacgac cgggtccttt ccattggatc aaacccgctc aatgcctgga**

181 **gatttgggcg tgccccccgca agactgctag ccgagtagcg ttgggttgcg aaaggccttg**

启动子

241 **tggtactgcc tgatagggtg cttgcgagtg ccccgggagg tctcgtagac cgtgcatc***at*

301 *g*agcacactt ccaaaaccc aaagaaaaac caaaagaaac accaaccgtc gcccaatgga

361 cgtcaagttc ccgggtggcg gtcagatcgt tggcggagtt tacttgttgc cgcgcagggg

421 cccccggttg ggtgtgcgcg cgacgagaaa gacttccgag cgatcccagc ccagaggcag

481 gcgccaacct ataccaaagg cgcgccagcc ccaggcagg cactgggctc agcccggata

541 cccttggcct ctttatgaa acgagggctg cgggtgggca ggttggctcc tgtcccccg

601 cggctcccgg ccacattggg gccccaatga ccccggcgt cgatcccgga atttgggtaa

661 ggtcatcgat accctgacgt gcggattcgc cgatctcatg gggtacattc cgtcgtggg

721 cgcgcctttg ggcggcgtcg cggctgctct cgcacatggt gtgagggcaa tcgaggacgg

781 gatcaattat gcaacaggaa accttcccgg ttgctctttc tctatcttcc ttttggcact

841 actctcgtgc ctcacaacgc cagcctcggc ccttacctac ggtaactcca gtgggctata

* * *

终止子

9301 ccttggccta ctcctactca ccgtaggggt aggcatcttt ttgctccccg ctcgg*tag*

图 12-4 HCV 6a 基因型的 5′非编码区(加粗部分)及部分核心区序列

2. 文献报道的常用引物和探针举例 HCV RNA 实时荧光 PCR 测定方法依其所

使用的荧光探针可分为 TaqMan 探针、MGB 探针、分子信标、双链 DNA 交联荧光染料

— 213 —

(NCBI Genbank)

HCV 1b 和 2a 型比对（query1b；sbjct2a）

```
Query  16   GGGGCGACACTCCACCATAGATCACTCCCCTGTGAGGAACTACTGTCTTCACGCAGAAAG   75
            ||||||||||||| ||||  |  |||||||||||||||||||||||||||||||||||||||
Sbjct  15   GGGGCGACACTCCGCCATGAACCACTCCCCTGTGAGGAACTACTGTCTTCACGCAGAAAG   74

Query  76   CGTCTAGCCATGGCGTTAGTATGAGTGTCGTGCAGCCTCCAGGAnnnnnnnTCCCGGGAG   135
            |||||||||||||||||||||||||||||||| ||||||||||||||  |   ||||||||||
Sbjct  75   CGTCTAGCCATGGCGTTAGTATGAGTGTCGTACAGCCTCCAGGCCCCCCCCTCCCGGGAG   134

Query  136  AGCCATAGTGGTCTGCGGAACCGGTGAGTACACCGGAATTGCCAGGACGACCGGGTCCTT   195
            |||||||||||||||||||||||||||||||||||||||||||||| ||| ||| ||||||||
Sbjct  135  AGCCATAGTGGTCTGCGGAACCGGTGAGTACACCGGAATTGCCGGGAAGACTGGGTCCTT   194

Query  196  TCTTGGATCAACCCGCTCAATGCCTGGAGATTTGGGCGTGCCCCCGCGAGACTGCTAGCC   255
            |||||||| |  ||| || ||| |||||||||||||||||||||||||||  ||||||||||||||
Sbjct  195  TCTTGGATAAACCCACTCTATGCCCGGTCATTTGGGCGTGCCCCCGCAAGACTGCTAGCC   254

Query  256  GAGTAGTGTTGGGTCGCGAAAGGCCTTGTGGTACTGCCTGATAGGGTGCTTGCGAGTGCC   315
            |||||| ||| |||||||||||||||||||||||||||||||||||||||||| |||||||||||
Sbjct  255  GAGTAGCGTTGGGTTGCGAAAGGCCTTGTGGTACTGCCTGATAGGGTGCTTGCGAGTGCC   314

Query  316  CCGGGAGGTCTCGTAGACCGTGCACCATGAGCACGAATCCTAAACCTCAAAGAAAAACCA   375
            |||||||||||||||||||||||||||||||||||  ||||||||||||||||||||||||||||
Sbjct  315  CCGGGAGGTCTCGTAGACCGTGCACCATGAGCACAAATCCTAAACCTCAAAGAAAAACCA   374

Query  376  AACGTAACACCAACCGCCGCCCACAGGACGTCAAGTTCCCGGGCGGTGGTCAGATCGTTG   435
            || |  |||||||||||| ||||||| |||||||  ||||  ||||| ||  |||||||||||
Sbjct  375  AAAGAAACACCAACCGTCGCCCACAAGACGTTAAGTTTCCCGGGCGGCGGCCAGATCGTTG   434

Query  436  GCGGAGTTTACCTGTTGCCGCGCAGGGGCCCCAGGTTGGGCGTGCGCGCGACTAGGAAGA   495
            |||||||  |||  ||||||||||||||||||||||||||  |||||||||||||| |||||||||
Sbjct  435  GCGGAGTATACTTGTTGCCGCGCAGGGGCCCCAGGTTGGGTGTGCGCGCGACAAGGAAGA   494

Query  496  CTTCCGAGCGGTCGCAACCTCGTGGAAGGCGACAACCTATCCCCAAGGCTCGCCATCCCG   555
            |||| |||||||||| ||  || ||||||| || ||  |||| |||| ||| |||  ||   ||
Sbjct  495  CTTCGGAGCGGTCCCAGCCACGTGGAAGGCGCCAGCCCATCCCTAAGGATCGGCGCTCCA   554

Query  556  AGGGCAGGACCTGGGCTCAGCCTGGGTACCCTTGGCCCCTCTATGGCAATGAGGGCTTGG   615
            ||||      |||||| |  | | ||| |||||  |||||||||||||| |||| |||||||
Sbjct  555  CTGGCAAATCCTGGGGAAAACCAGGATACCCCTGGCCCCTATACGGGAATGAGGGACTCG   614

Query  616  GGTGGGCAGGATGGCTCCTGTCACCCCGTGGCTCTCGGCCTAGTTGGGGCCCCACGGACC   675
            | |||||||||||||||||||||||   ||||| ||  ||   || ||||||||| |||   |||
Sbjct  615  GCTGGGCAGGATGGCTCCTGTCCCCCCGAGGTTCCCGTCCCTCTTGGGGCCCCAATGACC   674

Query  676  CCCGGCGTAGGTCGCGCAATTTGGGTAAGGTCATCGATACCCTCACGTGCGGCCTTCGCCG   735
            ||||||  |||| |||||||||||||  ||||||||||||||||  ||| |||||||||| ||||
Sbjct  675  CCCGGCATAGGTCCCGCAACGTGGGTAAGGTCATCGATACCCTAACGTGCGGCCTTTGCCG   734

Query  736  ACCTCATGGGGGTACATTCCGCTCGTCGGCGCCCCCCTAGGGGGCG   780
            |||||||||||||||||  ||  ||||  ||||||| || || ||||
Sbjct  735  ACCTCATGGGGTACATCCCTGTCGTAGGCGCCCCGCTCGGCGGCG   779
```

图 12-5   HCV 1b 和 2a 型的部分序列比对

HCV 1b 和 6a 型比对(Query 1b; Sbjct 6a)

```
Query   47   GTGAGGAACTACTGTCTTCACGCGCAGAAAGCGTCTAGCCATGGCGTTAGTATGAGTGTCGT   106
             |||||||||||||||||||||||||||||||||||||||||||||||||||||||||||||
Sbjct   1    GTGAGGAACTACTGTCTTCACGCGCAGAAAGCGTCTAGCCATGGCGTTAGTATGAGTGTCGT   60

Query   107  GCAGCCTCCAGGAnnnnnnnnTCCCGGGAGAGCCATAGTGGTCTGCGGAACCGGTGAGTAC   166
             ||||||||||||| |||||||    ||||||||||||||||||||||||||||||||||||
Sbjct   61   ACAGCCTCCAGGCCCCCCCCCTCCCGGGAGAGCCATAGTGGTCTGCGGAACCGGTGAGTAC   120

Query   167  ACCGGAATTGCCAGGACGACCGGGTCCTTTC--TTGGATCAA-CCCGCTCAATGCCTGGA   223
             ||||||||||||||||||||||||||||||  ||||||||| |||||||||||||||||
Sbjct   121  ACCGGAATTGCCAGGACGACCGGGTCCTTTCCATTGGATCAAACCCGCTCAATGCCTGGA   180

Query   224  GATTTGGGCGTGCCCCCGCGAGACTGCTAGCCGAGTAGTGTTGGGTCGCGAAAGGCCTTG   283
             ||||||||||||||||| ||||||||||||||||||||| ||||| ||||||||||||||
Sbjct   181  GATTTGGGCGTGCCCCCGCAAGACTGCTAGCCGAGTAGCGTTGGGTTGCGAAAGGCCTTG   240

Query   284  TGGTACTGCCTGATAGGGTGCTTGCGAGTGCCCCGGGAGGTCTCGTAGACCGTGCACCAT   343
             ||||||||||||||||||||||||||||||||||||||||||||||||||||||| |||
Sbjct   241  TGGTACTGCCTGATAGGGTGCTTGCGAGTGCCCCGGGAGGTCTCGTAGACCGTGCATCAT   300

Query   344  GAGCACGAATCCTAAACCTCAAAGAAAAACCAAACGTAACACCAACCGCCGCCCACAGGA   403
             ||||||   ||| ||||| |||||||||||||||| | ||||||||||||| |||||  |||
Sbjct   301  GAGCACACTTCCAAAACCCCAAAGAAAAACCAAAAGAAACACCAACCGTCGCCCAATGGA   360

Query   404  CGTCAAGTTCCCGGGCGGTGGTCAGATCGTTGGCGGAGTTTACCTGTTGCCGCGCAGGGG   463
             |||||||||||||||| ||| |||||||||||||||||||||| |||||||||||||||||
Sbjct   361  CGTCAAGTTCCCGGGTGGCGGTCAGATCGTTGGCGGAGTTTACTTGTTGCCGCGCAGGGG   420

Query   464  CCCCAGGTTGGGCGTGCGCGCGACTAGGAAGACTTCCGAGCGGTCGCAACCTCGTGGAAG   523
             ||||  |||||| |||||||||||||| || |||||||||||| || || || ||||||||
Sbjct   421  CCCCCGGTTGGGTGTGCGCGCGACGAGAAAGACTTCCGAGCGATCCCAGCCCAGAGGCAG   480

Query   524  GCGACAACCTATCCCCAAGGCTCGCCATCCCGAGGGCAGGACCTGGGCTCAGCCTGGGTA   583
             ||| |||||||| ||| ||||| ||||||||||||||||  |||||| |||||||||||||
Sbjct   481  GCGCCAACCTATACCAAAGGCGCGCCAGCCCCAGGGCAGGCACTGGGCTCAGCCCGGATA   540

Query   584  CCCTTGGCCCCTCTATGGCAATGAGGGCTTGGGGTGGGCAGGATGGCTCCTGTCACCCCG   643
             |||||||||| || ||||| || ||||||| ||||||||||||| |||||||||||| |||
Sbjct   541  CCCTTGGCCTCTTTATGGAAACGAGGGCTGCGGGTGGGCAGGTTGGCTCCTGTCCCCCCG   600

Query   644  TGGCTCTCGGCCTAGTTGGGGCCCCACGGACCCCCGGCGTAGGTCGCGCAATTTGGGTAA   703
             ||||| |||||| |||||||||||||||||| |||||||||| | || || |||||||||
Sbjct   601  CGGCTCCCGGCCACATTGGGGCCCCAATGACCCCCGGCGTCGATCCCGGAATTTGGGTAA   660

Query   704  GGTCATCGATACCCTCACGTGCGGCTTCGCCGACCTCATGGGGTACATTCCGCTCGTCGG   763
             |||||||||||||||| |||||||||| |||||||| |||||||||||||||||| |||| ||
Sbjct   661  GGTCATCGATACCCTGACGTGCGGGATTCGCCGATCTCATGGGGTACATTCCCGTCGTGGGG   720

Query   764  CGC   766
             |||
Sbjct   721  CGC   723
```

图 12-6　HCV 1b 和 6a 型的部分序列比对

（SYBR Green Ⅰ）和 Duplex scorpion primer 等，文献报道的引物和探针见表 12-1，在基因组中所处的位置见图 12-7。

表 12-1 文献报道的 HCV RNA 实时荧光 PCR 检测引物和探针举例

测定技术		引物和探针	基因组内区域（5′UTR）	文献
TaqMan 探针	引物	F：5′-TAGTGGTCTGCGGAACCGGT-3′（141-160）	141-339	[1]
		R：5′-TGCACGGTCTACGAGACCTCC-3′（339-319）		
	探针	5′-Fam-TGCCTGATAGGGTGCTTGCGAGTGCC-Tamra-3′（290-315）		
TaqMan 探针	引物	F：5′-AACTACTGTCTTCACGCAGAA-3′（53-73）	53-272	[2]
		R：5′-GCGACCCAACACTACTCGGCT-3′（272-252）		
	探针	5′-Fam-AACCCGCTCAATGCCTGGA-Tamra-3′（205-223）		
TaqMan 探针	引物	1F：5′-CAC TCC CCT GTG AGG AAC TAC TGT CT-3′（38-63） 2F：5′-CTG ATG GGG GCG ACA CTC CAC CAT GAA-3′（10-36）	10-288	[3]
		R：5′-TAC CAC AAG GCC TTT CGC GAC CCA ACA CTA CTC-3′（288-256）		
	探针	5′-FAM-TGTACTCACCGGTTCCGCAGACCA-TAMRA-3′（167-144）		
TaqMan 探针	引物	F：5′-TGCGGAACCGGTGAGTACA-3′（149-167）	149-366	[18]
		R：5′-CTT AAG GTT TAG GAT TCG TGC TCA T-3′（366-342）		
	探针	5′-FAM-CACCCTATCAGGCAGTACCACAAGGCC-TAMRA-3′（277-303）		
TaqMan 探针	引物	F：5′-AGCGTCTAGCCATGGCGT-3′（74-91）	74-169	[19]
		R：5′-GGTGTACTCAAGGTTCCG-3′（169-151）		
	探针	5′-FAM-MCYCCCCCTYCCGGGAGAGCCAT-TAMRA-3′（119-141）		
TaqMan 探针	引物	正义链 F：5′-CGA CAC TCC ACC ATG AAT CAC T-3′（20-41） 正义链 R：5′-GAG GCT GCA CGA CAC TCA TAC T-3′（114-93）	20-114	[20]
		反义链 F：5′-CGA CAC TCC ACC ATG AAT CAC T-3′（20-41） 反义链 R：5′-GAG GCT GCA CGA CAC TCA TAC T-3′（114-93）		
	探针	5′-FAM-CCCTGTGAGGAACTACTGTCTTCAC-GCAGA-TAMRA-3′（43-72）		

续表

测定技术		引物和探针	基因组内区域 （5'UTR）	文献
TaqMan 探针	引物	F：5'-Biotin-CTA GCC ATG GCG TTA GTA TGA GTG T-3'（79-103）	79-341	[21]
		R：5'-Biotin-GGT GCA CGG TCT ACG AGA CCT-3'（341-321）		
	探针	5'-FAM-CACTCGCAAGCACCCTATCAGGCAGT -TAMRA-3'（313-288）		
TaqMan 探针	引物	F：5'-GCGACACTCCACCATGAATCACT-3'（19-41）	19-313	[22]
		F：5'-CGACACTCCACCATGAATCACT-3'（20-41）		
		F：5'-CACTCCGCCATGAAC/TCACT-3'（23-41）		
		R：5'-CACTCGCAAGCACCCTATCA-3'（313-294）		
	探针	5'-FAM-AGGCCTTTCGACCCAACACTACTC-TAMRA-3'（281-256）		
		5'-FAM-AGGCCTTTCGCAACCCAACGCTACT-TAMRA-3'（281-257）		
TaqMan 探针	引物	F：5'-TCCCGGGAGAGCCATAGTG-3'（127-145）	127-202	[4]
		R：5'-TCCAAGAAAGGACCCRGT-3'（202-185）		
	探针	5'-FAM-TCTGCGGAACCGGTG-MGB-3'（147-161）		
SYBR Green I	引物	F：5'-GTCTAGCCATGGCGTTAGTA-3'（77-96）	77-322	[5]
		R：5'-CTCCCGGGGCACTCGCAAGC-3'（322-303）		
SYBR Green I	引物	逆转录：5'-CTC CCG GGG CAC TCG CAA GC-3'（322-303）	77-322	[6]，[13]
		F：5'-GTCTAGCCATGGCGTTAGTA-3'（77-96）		
		R：5'-CTC CCG GGG CAC TCG CAA GC-3'（322-303）		
SYBR Green I	引物	F：5'-AGAGCCATAGTGGTCTGCGG-3'，（134-153）	134-277	[14]
		R：5'-CTTTCGCGACCCAACACTAC-3'（277-258）		
SYBR Green I	引物	F：5'-GTC TAG CCA TGG CGT TAG TAT GAG-3'（77-100）	77-302	[15]
		R：5'-ACC CTA TCA GGC AGT ACC ACA AG-3'（302-280）		
SYBR Green I	引物	F：CTGCGGAACCGGTGAGTACACC-3'（148-169）	148-311	[16]
		R：CTCGCAAGCACCCTATCAGGCAGT-3'（311-288）		

续表

测定技术		引物和探针	基因组内区域（5'UTR）	文献
SYBR Green I	引物	外引物 F：5'-GCA GAA AGC GTC TAG CCA TGG CGT-3'（68-91） 外引物 R：5'-CTC GCA AGC ACC CTA TCA GGC AGT-3'（311-288）	68-311	[17]
		内引物 F：5'-GAG TGT C/TG TA/G CAG CCT CCA GG-3'（98-118） 内引物 R：5'-GCA/GAC CCA ACA/GCT ACT CGG CT-3'（274-252）		
分子信标探针	引物	F：5'-GTCTAGCCATGGCGTTAGTA-3'（77-96）	77-322	[6]
		R：5'-CTCCCGGGGCACTCGCAAGC-3'（322-303）		
	探针	5'FAM <u>GCT AGC</u> ATT TGG GCG TGC CCC CGC IAG AGC <u>TAG C</u> DABCYL 3'（225-246）		
分子信标探针	引物	F：5'-CGG GAG AGC CAT AGT GGT CTG CG-3'（130-152）	130-311	[23]
		R：5'-CTC GCA AGC ACC CTA TCA GGC AGT A-3'（311-287）		
	探针	5'-FAM-GCGAGCCACCGGAATTGCCAGGACGACC<u>GCTCGC</u>-DABCYL-3'（166-187）		
分子信标探针	引物	F：5'-GCCATG+GCGTTAG+TATGAGT-3'（82-101）	82-312	[24]
		R：5'-ACTCG+CAAGCA+CCCTATC-3'（312-295）		
	探针	5'-FAM-CCGGTGAAGAGCCA＋T＋AG＋TG＋G＋TCT-GCGGAATCACCGG-BHQ1-3'（134-155）		
复式蝎形探针	引物-探针链	5'FAM-CAGTAGTTCCTCACAGG-HEG-CGAC（60-44） ACTCCACCATAGATCAC-3'（20-40）	20-113	[7]
	淬灭探针链	5'-CCTGTGAGGAACTACTG-DABCYL-3'（44-60）		
	反义引物链	5'-AGGCTGCACGACACTCATAC-3'（113-94）		

Hepatitis C virus，complete genome.

GeneBank　ACCESSION　M67463

   1 gccagcccccc tgatgggggc gacactccac catgaatcac tcccctgtga gg**aactactg**

  61 **tcttcacgca gaa**agcgtct agccatggcg ttagtatgag tgtcgtgcag cctccaggac
        F[2]

121 cccccctccc gggagagcca **tagtggtctg cggaaccggt** gagtacaccg gaattgccag
               F[1]

181 gacgaccggg tcctttcttg gata **aacccg ctcaatgcct gga**gatttgg gcgtgccccc
              P[2]

241 gcaagactgc **tagccgagta gtgttgggtc gc**gaaaggcc ttgtggtact **gcctgatagg**
          R[2]

301 **gtgcttgcga gtgcc**ccggg **aggtctcgta gaccgtgca**c catgagcacg aatcctaaac
     P[1]   R[1]

361 ctcaaagaaa aaccaaacgt aacaccaacc gtcgcccaca ggacgtcaag ttcccgggtg

421 gcggtcagat cgttggtgga gtttacttgt tgccgcgcag gggccctaga ttgggtgtgc

481 gcgcgacgag gaagacttcc gagcggtcgc aacctcgagg tagacgtcag cctatcccca

541 aggcacgtcg gcccgagggc aggacctggg ctcagcccgg gtacccttgg cccctctatg

601 gcaatgaggg ttgcgggtgg gcgggatggc tcctgtctcc ccgtggctct cggcctagct

661 ggggcccac agacccccgg cgtaggtcgc gcaatttggg taaggtcatc gatacccta

721 cgtgcggctt cgccgacctc atggggtaca taccgctcgt cggcgcccct cttggaggcg

781 ctgccagggc cctggcgcat ggcgtccggg ttctggaaga cggcgtgaac tatgcaacag

841 ggaaccttcc tggttgctct ttctctatct tccttctggc cctgctctct tgcctgactg

图 12-7　HCV 全基因组序列(M67463,显示 5′UTR)及文献报道用于 HCV RNA 实时荧光 RT-PCR 检测的引物和探针所在位置([ ]内为相关引物和探针的文献来源)

3. 临床标本的采集、运送、保存　HCV RNA 日常检测最常用临床标本是血清(浆)，也可采用全血。血液采集后，由于 HCV 在外周血中，包膜容易受到破坏，其内的 HCV RNA 释放出来，即可被血液中存在的核糖核酸酶降解，因此，为保证 HCV RNA 检测的质量，必须有严格的血液采集、血清(浆)分离、标本运送和保存的要求。

(1)血液标本的采集:静脉血液的采集方法同一般的静脉血液采集相同，标本采集容器建议使用含 EDTA-K3 或 ACD 抗凝剂的无菌真空采血管，亦可采用不含任何添加剂

的无菌真空采血管。如果无真空采血管,则必须使用一次性的无菌的密闭试管盛装采出的血液。采血量一般可为 2～5ml。血液采集后,全血可临时保存于 2～25℃下。

(2)血浆或血清的离心分离:血液采集后,须在 3h 内 800～1600g 20min 离心分离血浆或血清,然后在 1h 内将血浆或血清从采血管中取出,另管保存。血浆或血清的分离应在二级生物安全柜中进行,生物安全柜在使用前应进行适当的清洁消毒程序,并紫外照射 20min 以上。吸取血浆或血清时所用的加样器吸头,须为无菌和无核糖核酸酶的

带滤芯的 $1000\mu l$ 吸头，所用的容器可为一次性无菌离心管，最好是螺口离心管。

(3)血浆(清)标本的运送和保存：血浆(清)标本的运送均应在符合有潜在传染危险性标本的运送条件下以冷藏方式运送，标本的短期(72h)保存可在 2~8℃下，一个月以内的标本保存应在−20℃以下。标本的长期保存应在−80℃下。

4. HCV RNA 检测的临床意义　HCV 是丙型肝炎的病因，由于 HCV 感染的病原体抗原和抗体的检测标志物主要是抗 HCV，核心抗原的检测尽管已有商品试剂盒，但由于抗原浓度通常很低，实际很少应用。与 HBV 相比，HCV 感染者血液循环中病毒含量通常较低，采用实时荧光 RT-PCR 方法检测有较好的应用价值。

(1)定性检测

1)血液及血液制品的安全性检测：由于抗 HCV 所用包被抗原的复杂性，其免疫检测在不同的试剂盒常有可能出现差异，也易发生漏检。此外，在 HCV 感染后至血液中特异抗体的出现，窗口期可长达 80d，因此，对于血液及血液制品的原料，可采用 RT-PCR 方法进行检测，不但可使检测的窗口期大大缩短(最少可至 22d)，而且亦可在一定程度上弥补抗体检测的漏检。

2)HCV 感染诊断的指标：对于抗 HCV 阴性及其他肝炎病毒抗原抗体标志物阴性的 HCV 感染者的临床确诊，可以采用 RT-PCR 方法检测 HCV RNA。有研究表明，全血 HCV RNA 检测的阳性检出率要高于血浆(清)，这主要是因为 HCV 常与抗体形成免疫复合物，或与血脂结合，这些物质可附着于血细胞表面，在分离血浆(清)时，即可随血细胞一起沉淀下去，从而影响 HCV RNA 的检测。

(2)定量检测：在 HCV 感染的患者进行抗病毒药物治疗时，定量检测血液循环中 HCV RNA，可很好地判断抗病毒治疗的效果。对于 HCV RNA RT-PCR 定量测定在判断抗病毒治疗效果中的应用，可参考本书第 11 章 HBV DNA 定量测定的有关内容。此外，HCV 的反义链对监测病毒的复制比正义链更可信。

五、HCV 基因分型检测及其临床意义

最早的 HCV 基因分型检测技术出现在 20 世纪 90 年代初期，较为常用的方法有 PCR 限制性片断长度多态性方法(RFLP)和亚型特异 PCR 方法。但这些方法不但对实验室有较高的要求，而且检测的敏感性低，对于在感染者外周血中含量低的 HCV 的检测临床实用价值较低，因此很难在临床实验室中广泛使用。目前，在临床实验室中应用较多的是一些商品化的分型试剂盒，像 LiPA、Trugene 等，实时荧光 PCR 是近些年才出现的检测 HCV 基因型新方法。

1. 文献报道的常用于 HCV 基因分型检测的引物和探针举例　HCV 基因分型扩增检测的区域为 5′UTR，能准确地区分 HCV 6 种主要基因型，但无法准确检测亚型。具体的方法有 TaqMan 探针、MGB 探针、SYBR Green I、双杂交探针等，其所使用的引物和探针详见表 12-2。

表 12-2　HCV 基因分型实时荧光 RT-PCR 常用引物和探针举例

测定技术		引物和探针	区域(5′UTR)	基因型	文献
双杂交探针	引物	F:5′-TCCACCATGAATCACTCCC-3′	27-43	1-4	[8]
		R:5′-CGGAACCGGTGAGTACACC-3′	150-169		
	探针	检测探针(1、2、4 型) 5′-Red640-CCCCCCTCCCGGGAGAGCC-3′ anchor 探针(1、3 型) 5′-GTGTCGTGCAGCCTCCAGG-Fluorescein-3′	检测探针 121-139 Anchor 探针 100-118		
		检测探针(3 型) 5′-Red640-CCCCCCTTCCGGGAGAGCC-3′ anchor 探针(2、4 型) 5′-GTGTTGTACAGCCTCCAGG-Fluorescein-3′	检测探针 121-139 Anchor 探针 100-118		
		检测探针(3 型) 5′-Red750-CCATGGCGTTAGTACGAGTGTC-3′ anchor 探针(3 型) 5′-CACGCGGAAAGCGCCTA-Fluorescein-3′	检测探针 83-104 Anchor 探针 64-81		
双杂交探针	外引物	F:5′-GGCGACACTCCACCATAGATC-3′	6-26	1-4	[25]
		R:5′-GGTGCACGGTCTACGAGACCT-3′	329-309		
	内引物	F:5′-GGCGACACTCCACCATAGATC-3′	6-26		
		R:CCCTATCAGGCAGTACCACAA-3′	289-269		
	Sensor probe	5′-LCRed640-GTACACCGGAATTGCCAGGA -phosphate-3′	151-170		
	Anchor probe	5′-GCCATAGTGGTCTGCGGAACCGGT-FITC-3′			
TaqMan 探针	引物	F:5′-TTCAGCCAGAAAGCGTCTAG-3′	-279	1-3	[9]
		R:5′-CAC TCG CAA GCA CCC TAT CAG GCA GT-3′	-29		
	探针	(1 型)5′-FAM-CGG AAT TGC CAG GAC GAC CGG GTC CT-Tamra-3′	-173		
		(1 型)5′-Cy5-ACC CGC TCA ATG CCT GGA GAT TTG G-BHQ-2-3′	-136		
		(2 型)5′-JOE-ATT（T/C）CCG G（T/C）AAG ACT GGG TCC TTT C-Tamra-3′	-162		
		(3 型)5′-ROX-CCC CGC（T/C）AGA TCA CTA GCC GAG T-BHQ-2-3′	-106		

续表

测定技术			引物和探针	区域(5′UTR)	基因型	文献
TaqMan 探针	引物		F:5′-CTGCGGAACCGGTGAGTACA-3′	193bp	1-4	[10]
			R:5′-TGCACGGTCTACGAGACCTCC-3′			
	探针		(1 型) 5′-FAM-ACC CGG TCG TCC TGG CAA TTC C-Tamra-3′			
			(2 型) 5′-FAM-AAG GAC CCA GTC TTY CCG GYA ATT C-Tamra-3′			
			(3 型) 5′-FAM-ACC CGG TCA CCC CAG CGA TTC C-Tamra-3′			
			(4 型) 5′-FAM-CCC GGT CAT CCC GGC GAT TC-Tamra-3′			
	改进引物和探针	引物	F:5′-TGC GGA ACC GGT GAG TAC AC-3′			
			R:5′-CGA CCC AAC ACT ACT CGG CTA-3′			
		探针	(4 型) 5′-FAM-CCC GGT CGT CCT GGC GAT TCC-Tamra-3′			
MGB 探针	引物		F:5′-TTCAGCCAGAAAGCGTCTAG-3′	-279	2、3a、4	[9]
			R:5′-CAC TCG CAA GCA CCC TAT CAG GCA GT-3′	-29		
	探针		(2 型) 5′-FAM-ATA AAC CCA CTC TAT G(G/A) CCG-NFQ-3′	-140		
			(3a 型) 5′-VIC-CTC AAT ACC CAG AAA TTT GG-NFQ-3′	-131		
			(4 型) 5′-FAM-AGG CTG TAC AAC ACT CAT A-NFQ-3′	-243		
MGB 探针	1 型	引物	F:5′-GTG AGT ACA CCG GAA TTG CCA-3′		1-4	[11]
			R:5′-GGGGCACGCCCAAATC-3′			
		探针	5′-FAM/VIC-AGGACCCGGTCGTC-MGB-3′			
	2a 型	引物	F:5′-GGT GAG TAC ACC GGA ATT ACC G-3′			
			R:5′-GGGGCACGCCCAAATG-3′			
		探针	5′-FAM/VIC-AGAAAGGACCCAGTCTT-MGB-3′			
	2b 型	引流	F:5′-TGA GTA CAC CGG AAT TGC CG-3′			
			R:5′-GGGGCGTGCCCAAATG-3′			
		探针	5′-FAM/VIC-AGAAAGGACCCAGTCTT-MGB-3′			

续表

测定技术			引物和探针	区域(5′UTR)	基因型	文献
MGB 探针	3a 型	引物	F:5′-GGT GAG TAC ACC GGA ATC GCT-3′		1-4	[11]
			R:5′-GGG CAC GCC CAA ATT TCT-3′			
		探针	5′-FAM/VIC-AGGACCCGGTCACC-MGB-3′			
	4 型	引物	F:5′-GAG TAC ACC GGA ATC GCC G-3′			
			R:5′-GGGGCACGCCCAAATTT-3′			
		探针	5′-FAM/VIC-GGACCCGGTCATC-MGB-3′			
SYBR Green		引物	F:5′-CGCGCGACTAGGAAGACTTC-3′	核心区 272bp	1 和 2 型	[12]
			R:5′-ATGTACCCCATGAGGTCGGC-3′			

2. HCV 基因型检测的临床意义

(1)HCV 基因型与血液中病毒载量及传染性和致病性之间的关系：大多数研究表明，基因型与血清 HCV RNA 含量高低之间无相关，并且不同的基因型之间与 HCV 的传染性和致病性亦无相关。

(2)HCV 基因型与抗病毒药物治疗的关系：丙型肝炎的抗病毒治疗目前主要是使用 α 干扰素，或与利巴韦林联合应用。有很多因素会影响抗病毒治疗的效果，HCV 基因型被认为与干扰素治疗密切相关。与基因型 2 和 3 型相比，基因型 1 尤其是 1b 型，使用干扰素治疗效果较差。主要原因是 HCV 不同基因型的 E2 和 NS5A 编码序列不同，因而所编码的蛋白质也不一样，其均可干扰干扰素诱导的 RNA 激活的蛋白激酶起作用，从而降低干扰素的作用。因此，如果在治疗前，先确定患者的 HCV 基因型，对于抗病毒治疗有很大的指导意义。新颁布的《丙型肝炎防治指南》已将 HCV RNA 和 HCV 的基因型检测列入实验室诊断方法，并规定了不同基因型治疗后转阴的指标。

（李金明　汪　维　王　静）

参 考 文 献

[1] Kawai S,Yokosuka O,Kanda T,et al.Quantification of hepatitis C virus by TaqMan PCR: comparison with HCV Amplicor Monitor assay.J Med Virol,1999,58(2):121-126

[2] Germi R,Crance JM,Garin D,et al.Quantitative real-time RT-PCR to study hepatitis C virus binding onto mammalian cells. Am Clin Lab,2001,20(7):26-28

[3] Anderson JC,Simonetti J,Fisher DG,et al. Comparison of different HCV viral load and genotyping assays.J Clin Virol,2003,28(1): 27-37

[4] Castelain S,Descamps V,Thibault V,et al. TaqMan amplification system with an internal positive control for HCV RNA quantitation.J Clin Virol,2004,31(3):227-234

[5] Komurian-Pradel F,Paranhos-Baccala G, Sodoyer M,et al.Quantitation of HCV RNA using real-time PCR and fluorimetry. J Virol Methods,2001,95(1-2):111-119

[6] Komurian-Pradel F,Perret M,Deiman B,et al. Strand specific quantitative real-time PCR to study replication of hepatitis C virus genome.J Virol Methods,2004,116(1):103-106

[7] Xu SX,Lan K,Shan YL,et al.Real-time quantitative assay of HCV RNA using the duplex scorpion primer. Arch Virol, 2007, 152 (2):431-440

[8] Schroter M,Zollner B,Schafer P,et al.Genotyping of hepatitis C virus types 1,2,3,and 4 by a one-step LightCycler method using three different pairs of hybridization probes.J Clin Microbiol,2002,40(6):2046-2050

[9] Rolfe KJ,Alexander GJ,Wreghitt TG,et al.A real-time Taqman method for hepatitis C virus genotyping.J Clin Virol,2005,34(2):115-121

[10] Lindh M,Hannoun C.Genotyping of hepatitis C virus by Taqman real-time PCR.J Clin Virol,2005,34(2):108-114

[11] Moghaddam A,Reinton N,Dalgard O.A rapid real-time PCR assay for determination of hepatitis C virus genotypes 1, 2 and 3a. J Viral Hepat,2006,13(4):222-229

[12] Fujigaki H,Takemura M,Takahashi K,et al.Genotyping of hepatitis C virus by melting curve analysis with SYBR Green I. Ann Clin Biochem,2004,41(Pt 2):130-132

[13] Carriere M,Pene V,Breiman A,et al.A novel,sensitive,and specific RT-PCR technique for quantitation of hepatitis C virus replication. J Med Virol,2007,79(2):155-160

[14] Nozaki A,Kato N.Quantitative method of intracellular hepatitis C virus RNA using LightCycler PCR.Acta Med Okayama,2002,56(2):107-110

[15] Gibellini D,Gardini F,Vitone F,et al.Simultaneous detection of HCV and HIV-1 by SYBR Green real time multiplex RT-PCR technique in plasma samples. Mol Cell Probes,2006,20(3-4):223-229

[16] Margraf RL,Page S,Erali M,et al.Single-tube method for nucleic acid extraction, amplification, purification, and sequencing. Clin Chem,2004,50(10):1755-1761

[17] White PA,Pan Y,Freeman AJ,et al.Quantification of hepatitis C virus in human liver and serum samples by using LightCycler reverse transcriptase PCR. J Clin Microbiol, 2002, 40(11):4346-4348

[18] Martell M,Gomez J,Esteban JI,et al.High-throughput real-time reverse transcription-PCR quantitation of hepatitis C virus RNA.J Clin Microbiol,1999,37(2):327-332

[19] Pugnale P,Latorre P,Rossi C,et al.Real-time multiplex PCR assay to quantify hepatitis C virus RNA in peripheral blood mononuclear cells.J Virol Methods,2006,133(2):195-204

[20] Yuki N,Matsumoto S,Tadokoro K,et al.Significance of liver negative-strand HCV RNA quantitation in chronic hepatitis C.J Hepatol,2006,44(2):302-309

[21] Beuselinck K,van Ranst M,van Eldere J.Automated extraction of viral-pathogen RNA and DNA for high-throughput quantitative real-time PCR. J Clin Microbiol, 2005, 43(11):5541-5546

[22] Cook L,Ng KW,Bagabag A,et al.Use of the MagNA pure LC automated nucleic acid extraction system followed by real-time reverse transcription-PCR for ultrasensitive quantitation of hepatitis C virus RNA.J Clin Microbiol,2004,42(9):4130-4136

[23] Yang JH,Lai JP,Douglas SD,et al.Real-time RT-PCR for quantitation of hepatitis C virus RNA.J Virol Methods, 2002, 102(1-2):119-128

[24] Morandi L,Ferrari D,Lombardo C,et al.Monitoring HCV RNA viral load by locked nucleic acid molecular beacons real time PCR.J Virol Methods,2007,140(1-2):148-154

[25] Bullock GC,Bruns DE,Haverstick DM.Hepatitis C genotype determination by melting curve analysis with a single set of fluorescence resonance energy transfer probes. Clin Chem,2002,48(12):2147-2154

[26] 中华医学会肝病学分会,中华医学会传染病与寄生虫病学分会.丙型肝炎防治指南.中华肝脏病杂志,2004,12:194-198

[27] 徐道振.病毒性肝炎临床实践.北京:人民卫生出版社,2006:165-175

[28] Scott JD, Gretch DR. Molecular diagnostics of hepatitis C virus infection：a systematic review. JAMA, 2007, 297(7)：724-732

[29] sselah T, Bieche I, Paradis V, et al. Genetics, genomics, and proteomics：implications for the diagnosis and the treatment of chronic hepatitis C. Semin Liver Dis, 2007, 27(1)：13-27

[30] Sheehy P, Mullan B, Moreau I, et al. In vitro replication models for the hepatitis C virus. J Viral Hepat, 2007, 14(1)：2-10

[31] Gattoni A, Parlato A, Vangieri B, et al. Interferon-gamma：biologic functions and HCV terapy (type Ⅰ/Ⅱ) (2 of 2 parts). Clin Ter, 2006, 157(5)：457-468

[32] Carreno V. Occult hepatitis C virus infection：a new form of hepatitis C. World J Gastroenterol, 2006, 12(43)：6922-6925

[33] Berzsenyi MD, Roberts SK, Beard MR. Genomics of hepatitis B and C infections：diagnostic and therapeutic applications of microarray profiling. Antivir Ther, 2006, 11(5)：541-552

[34] Barth H, Liang TJ, Baumert TF. Hepatitis C virus entry：molecular biology and clinical implications. Hepatology, 2006, 44(3)：527-35

[35] Prati D. Transmission of hepatitis C virus by blood transfusions and other medical procedures：a global review. J Hepatol, 2006, 45(4)：607-616

[36] Layden-Almer JE, Cotler SJ, Layden TJ. Viral kinetics in the treatment of chronic hepatitis C. J Viral Hepat, 2006, 13(8)：499-504

[37] Brass V, Moradpour D, Blum HE. Molecular Virology of Hepatitis C Virus (HCV)：2006 Update. Int J Med Sci, 2006, 3(2)：29-34

[38] Bartenschlager R. Hepatitis C virus molecular clones：from cDNA to infectious virus particles in cell culture. Curr Opin Microbiol, 2006, 9(4)：416-422

[39] Ramia S, Eid-Fares J. Distribution of hepatitis C virus genotypes in the Middle East. Int J Infect Dis, 2006, 10(4)：272-277

[40] Sterling RK, Bralow S. Extrahepatic manifestations of hepatitis C virus. Curr Gastroenterol Rep, 2006, 8(1)：53-59

[41] Chung RT. Assessment of efficacy of treatment in HCV：infection and disease. J Hepatol, 2006, 44(Suppl 1)：S56-59

第13章　人免疫缺陷病毒-1 实时荧光 RT-PCR 检测及临床意义

1983 年,法国巴斯德研究所分离到一种新反转录病毒,命名为淋巴腺病相关病毒(lymphadenopathy associated virus,LAV)。1984 年美国国立癌肿研究所也分离到该病毒,命名为嗜人 T 淋巴细胞Ⅲ型病毒(human T-cell lymphotropic virus type Ⅲ,HTLV-Ⅲ)。同年,美国加利福尼亚州大学分离出 AIDS 相关病毒(AIDS related virus,ARV)。1986 年,国际微生物学会及病毒分类学会将这些病毒统一命名为人类免疫缺陷病毒(human immunodificidncy virus,HIV)。HIV 是引起细胞病变的灵长类逆转录病毒之一,属逆转录病毒科(retroviridae)慢病毒亚科(lentivirinae),是导致获得性免疫缺陷综合征(acquired immunodeficiency syndrome,AIDS,俗称艾滋病)的病原体。

一、HIV-1 的特点

1. 形态结构特点　HIV 病毒呈球形或卵形,直径为 100～120nm,系双层结构。电镜下可见一致密的圆锥状核心,核心由两个相同拷贝的 RNA 及蛋白质、反转录酶、核糖核酸酶及整合酶组成;核心外为病毒衣壳,衣壳为 P17 蛋白构成,20 面体立体对称;病毒最外层为膜蛋白,包膜上有刺突,含糖蛋白 gp120,在双层脂质中有跨膜蛋白 gp41。

2. 基因结构及编码蛋白的功能特点根据血清学反应和病毒核酸序列测定,世界上已经发现的 HIV 病毒可分为 HIV-1 和 HIV-2 两型。在 HIV-1 型内,根据编码包膜蛋白的 *env* 基因和编码壳蛋白的 *gag* 基因序列的同源性又进一步分为三个组:M、N 和 O 组。M 组病毒是全球 HIV 流行的主要毒

株,可进一步分为 A、B、C、D、F、G、H、J 和 K 共 9 种亚型和 15 种流行重组模式(CRF01～CRF15)。HIV-2 分为 A～G 共 7 种亚型。目前我国感染人群中存在 HIV-1 型的 A、B、C、D、F、G 共 6 种亚型和 CRF01-AE、CRF07-BC 和 CRF08-BC3 种流行重组模式,并发现 HIV-2 型病毒。在 HIV-1 型和 HIV-2 型之间,其核苷酸序列有 45% 的同源性,并且存在免疫交叉反应。HIV 亚型的特点是,各国家和地区有相对优势亚型,同一亚型差异很大,如上海 C 亚型与印度 C 亚型不一;亚型内的变异水平可估算存在时间;不同亚型传播途径和致病性不一;不同亚型对抗 HIV 药物引起耐药不同;HIV 亚型在流行病学、诊断、临床、试剂选择、药物筛选和疫苗研制上颇为重要。

HIV 基因组长 9.2～9.7kb,含 *gag*、*Pol*、*env*3 个结构基因,以及至少 6 个调控基因(*Tat*、*Rev*、*Nef*、*Vif*、*VPU*、*Vpr*)并在基因组的 5′端和 3′端各含长末端重复序列(LTR)(图 13-1)。HIV LTR 含顺式调控序列,它们控制前病毒基因的表达。已证明在 LTR 有启动子和增强子并含负调控区。核心蛋白(gag)、包膜蛋白(env)和聚合蛋白(pol)是 HIV 的三种结构蛋白。所有核心蛋白均位于病毒的核酸蛋白体上,P17 位于核蛋白与壳层之间的基质上,包被于包膜蛋白的内部。P24 和 P15 构成核衣壳的外衣,包被于内部核酸的外围,故核衣壳主要为 P24。包膜蛋白为糖蛋白,gp160 是前体分子,在感染初期产生,然后分解成 gp120 和 gp41。聚合酶蛋白包括 P66、P51 和 P31,它位于病毒的核区内,并与病毒核酸紧密相关。其功能

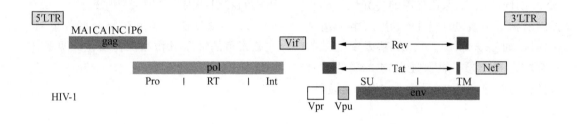

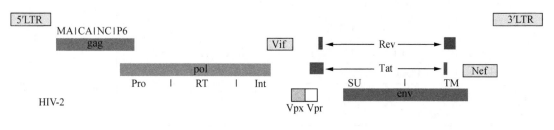

图 13-1　HIV 基因组

为:转录病毒 RNA 为 DNA,整合病毒 DNA 到宿主细胞的 DNA 上并切割前体分子使之成为有活性的小分子。

(1)gag 基因能编码约 500 个氨基酸组成的聚合前体蛋白(P55),经蛋白酶水解形成 P17,P24 核蛋白,使 RNA 不受外界核酸酶破坏。

(2)Pol 基因编码聚合酶前体蛋白(P34),经切割形成蛋白酶、整合酶、逆转录酶、核糖核酸酶 H,均为病毒增殖所必需。

(3)env 基因编码约 863 个氨基酸的前体蛋白并糖基化成 gp160,gp120 和 gp41。gp120 含有中和抗原决定簇,已证明 HIV 中和抗原表位,在 gp120 V3 环上,V3 环区是囊膜蛋白的重要功能区,在病毒与细胞融合中起重要作用。gp120 与跨膜蛋白 gp41 以非共价键相连。gp41 与靶细胞融合,促使病毒进入细胞内。实验表明 gp41 亦有较强抗原性,能诱导产生抗体反应。

(4)Tat 基因编码蛋白(P14)可与 LTR 结合,以增加病毒所有基因转录率,也能在转录后促进病毒 mRNA 的翻译。

(5)Rev 基因产物是一种顺式激活因子,能对 env 和 gag 中顺式作用抑制序(cis-acting repression sequence)去抑制作用,增强 gag 和 env 基因的表达,以合成相应的病毒结构蛋白。

(6)Nef 基因编码蛋白 P27 对 HIV 基因的表达有负调控作用,以推迟病毒复制。该蛋白作用于 HIV cDNA 的长末端重复序列,抑制整合的病毒转录。可能是 HIV 在体内维持持续感染所必需。

(7)Vif 基因对 HIV 并非必不可少,但可能影响游离 HIV 感染性、病毒体的产生和体内传播。

(8)VPU 基因为 HIV-1 所特有,对 HIV 的有效复制及病毒体的装配与成熟不可少。

(9)Vpr 基因编码蛋白是一种弱的转录激活物,在体内繁殖周期中起一定作用。

二、HIV-1 RNA 的实时荧光 RT-PCR 测定

1. 引物和探针设计　用于 HIV-1 RNA 扩增检测引物设计的主要原则为:①减少设计引物的序列与 HIV-1 相关病毒或人细胞

DNA 的同源性,以保证检测的特异性。②选择的引物要尽量处于 HIV-1 基因组的高度保守区,如 gag、env、pol、tat 基因中的某些核苷酸序列。③尽量保证引物 3′端的碱基与模板的匹配,引物内无一级结构和重复性,引物间和引物内不能有互补序列。

2. 文献报道的常用引物和探针举例
文献报道的常用引物和探针及位置见表 13-1 和图 13-2。

表 13-1　文献报道的 HIV-1 RNA 实时荧光 RT-PCR 检测引物和探针举例

测定技术	引物和探针		扩增区域	文献
TaqMan 探针	引物	F:5′-TACAGTGCAGGGGAAAGAATA-3′(4355-4375)	pol (4355-4520)	[1]
		R:5′-CTGCCCCTTCACCTTTCC-3′(4520-4503)		
	探针	FAM-5′-TTTCGGGTTTATTACAGGGACAGCAG-3′　TAMRA (4442-4467)		
TaqMan 探针	引物	HXB2-Gag-F:5′-CAA GCA GCC ATG CAA ATG TT-3′(918-937)	gag P24 Ag (918-1046)	[2]
		SK431-B:5′-TGC TAT GTC ACT TCC CCT TGG TTC TCT-3′(1046-1020)		
	探针	HXB2-gag FAM-5′-AAA GAG ACC ATC AAT GAG GAA GCT GCA GAA-3′TAMRA(939-968)		
TaqMan 探针	引物	F:5′-GCCTCAATAAAGCTTGCCTTGA-3′(9153-9174)	LTR	[3]
		R:5′-GGCGCCACTGCTAGAGATTTT-3′(188-168)		
	探针	FAM-5′-AAGTAGTGTGTGCCCGTCTGTTRTKTGACT-3′ TAMRA(97-126)		
TaqMan 探针	引物	F:LTR S4 5′-aagcctcaataaagcttgccttga-3′(9151-9174)	LTR	[4]
		R:LTR AS3 5′-gttcgggcgccactgctag-3′(193-175)		
	探针	LTRP1 5′-tctggtaactagagatccctcagacc-3′(126-151)		
TaqMan 探针	引物	F: 5′-TGCTTAAGCCTCAATAAAGCTTGCCTTGA-3′(9146-9174)	LTR	[5]
		R:5′-TCTGAGGGATCTCTAGTTACCAG-3′(149-127)		
	探针	5′-Fam-AAGTAGTGTGTGCCCGTCTGT-Qsy-7-3′(97-117)		
TaqMan 探针	引物	F:5′-CAATAAAGCTTGCCTTGAGTGCT-3′(9157-9179)	U5	
		R:5′-TGACTAAAAGGGTCTGAGGGATCTC-3′(161-137)		
	探针	5′-(6-Fam)AGTGTGTGCCCGTCTGTTGTGTGACTC(Tamra) (phosphate)-3′(101-127)		

续表

测定技术		引物和探针	扩增区域	文献
TaqMan 探针	引物	F:5′-ACCATGCTCCTTGGGATGTTGA-3′(5825-5846)	env (5825-5928)	[7]
		R:5′-AATAGAGTGGTGGTTGCTTCCTTC-3′(5928-5905)		
	探针	5′-(6-Fam) TGCTACAGAAAAATTGTGGGTCACAGTCTATTATGG (Tamra)(phosphate)-3′(5857-5892)		
TaqMan 探针	引物	F:5′-CAA GTA GTG TGT GCC CGT CTG T-3′(96-117)	gag-pol (96-158)	[8]
		R:5′-CTG CTA GAG ATT TTC CAC ACT GAC-3(181-158)		
	探针	FAM-5′-TGT GAC TCT GGT AAC TAG AGA TCC CTC AGA CCC-3′TAMRA(120-152)		
TaqMan 探针	引物	F:5′-CATGTTTTCAGCATTATCAGAAGGA-3′(845-869)	gag (845-923)	[9]
		R:5′-TGCTTGATGTCCCCCCACT-3′(923-905)		
	探针	5′ FAM-CCACCCCACAAGATTTAAACACCATGCTAA -Q 3′(871-899)		
SYBR Green I	引物	F:BK1F 5′-GTA ATA CCC ATG TTT TCA GCA TTA TC-3′(837-862)	gag (837-1017)	[6]
		R:BK1R 5′-TCT GGC CTG GTG CAA TAG G-3′(1017-999)		
分子信标	引物	F: 5′-ATAATCCACCTATCCCAGTAGGAGAAAT-3′(1090-1117)	gag (1090-1204)	[10]
		R:5′-TTTGGTCCTTGTCTTATGTCCAGAATG-3′(1204-1178)		
	探针	5′-6-carboxyfluorescein-GCGAGCCTGGGATTAAATAAAAT-AGTAAGAATGTATAGCGCTCGC-DABCYL-3′(1137-1169)		

Human immunodeficiency virus 1，complete genome　9181 bp ss-RNA

ACCESSION　NC_001802

```
   1 ggtctctctg gttagaccag atctgagcct gggagctctc tggctaacta gggaacccac
  61 tgcttaagcc tcaataaagc ttgccttgag tgctt caagt agtgtgtgcc cgtctgt tgt
                                              F[8]
 121 gtgactctgg taact agaga tccctcagac cctttt agtc agtgtgga aa atctctagca
              P[8]                            R[8]
 181 g tggcgcccg aacagggacc tgaaagcgaa agggaaacca gaggagctct ctcgacgcag
 241 gactcggctt gctgaagcgc gcacggcaag aggcgagggg cggcgactgg tgagtacgcc
 301 aaaaattttg actagcggag gctagaagga gagagatggg tgcgagagcg tcagtattaa
 361 gcggggggaga attagatcga tgggaaaaaa ttcggttaag gccaggggga agaaaaaat
 421 ataaattaaa acatatagta tgggcaagca gggagctaga cgattcgca gttaatcctg
 481 gcctgttaga aacatcagaa ggctgtagac aaatactggg acagctacaa ccatcccttc
```

541 agacaggatc agaagaactt agatcattat ataatacagt agcaaccctc tattgtgtgc

601 atcaaaggat agagataaaa gacaccaagg aagctttaga caagatagag gaagagcaaa

661 acaaaagtaa gaaaaaagca cagcaagcag cagctgacac aggacacagc aatcaggtca

721 gccaaaatta ccctatagtg cagaacatcc aggggcaaat ggtacatcag gccatatcac

781 ctagaacttt aaatgcatgg gtaaaagtag tagaagagaa ggctttcagc ccagaagtga

841 tacccatgtt ttcagcatta tcagaaggag ccaccccaca agatttaaac accatgctaa

901 acacagtggg gggacat**caa gcagccatgc aaatgtt**aaa **agagaccatc aatgaggaag**

                         F[2]   P[2]

961 **ctgcagaa**tg ggatagagtg catccagtgc atgcagggcc tattgcacca ggccagatga

1021 **gagaaccaag gggaagtgac atagca**ggaa ctactagtac ccttcaggaa caaataggat

               R[2]

1081 ggatgacaa**a taatccacct atcccagtag gagaaa**ttta taaaagatgg ataatc**ctgg**

                       F[10]

1141 **gattaaataa aatagtaaga atgtatagc**c ctaccag**cat tctggacata agacaaggac**

                P[10]   R[10]

1201 **caaa**ggaacc ctttagagac tatgtagacc ggttctataa aactctaaga gccgagcaag

1261 cttcacagga ggtaaaaaat tggatgacag aaaccttgtt ggtccaaaat gcgaacccag

1321 attgtaagac tattttaaaa gcattgggac cagcggctac actagaagaa atgatgacag

1381 catgtcaggg agtaggagga cccggccata aggcaagagt tttggctgaa gcaatgagcc

1441 aagtaacaaa ttcagctacc ataatgatgc agagaggcaa ttttaggaac caaagaaaga

1501 ttgttaagtg tttcaattgt ggcaaagaag ggcacacagc cagaaattgc agggccccta

1561 ggaaaaaggg ctgttggaaa tgtggaaagg aaggacacca aatgaaagat tgtactgaga

1621 gacaggctaa ttttttaggg aagatctggc cttcctacaa gggaaggcca gggaattttc

1681 ttcagagcag accagagcca acagccccac cagaagagag cttcaggtct ggggtagaga

1741 caacaactcc ccctcagaag caggagccga tagacaagga actgtatcct ttaacttccc

1801 tcaggtcact ctttggcaac gacccctcgt cacaataaag ataggggggc aactaaagga

1861 agctctatta gatacaggag cagatgatac agtattagaa gaaatgagtt tgccaggaag

1921 atggaaacca aaaatgatag ggggaattgg aggttttatc aaagtaagac agtatgatca

1981 gatactcata gaaatctgtg gacataaagc tataggtaca gtattagtag gacctacacc

2041 tgtcaacata attggaagaa atctgttgac tcagattggt tgcactttaa attttcccat

2101 tagccctatt gagactgtac cagtaaaatt aaagccagga atggatggcc caaaagttaa

2161 acaatggcca ttgacagaag aaaaaataaa agcattagta gaaatttgta cagagatgga

2221 aaaggaaggg aaaatttcaa aaattgggcc tgaaaatcca tacaatactc cagtatttgc

2281 cataaagaaa aaagacagta ctaaatggag aaaattagta gatttcagag aacttaataa

2341 gagaactcaa gacttctggg aagttcaatt aggaatacca catcccgcag ggttaaaaaa

2401 gaaaaaatca gtaacagtac tggatgtggg tgatgcatat ttttcagttc ccttagatga

2461 agacttcagg aagtatactg catttaccat acctagtata aacaatgaga caccagggat

2521 tagatatcag tacaatgtgc ttccacaggg atggaaagga tcaccagcaa tattccaaag

2581 tagcatgaca aaaatcttag agccttttag aaaacaaaat ccagacatag ttatctatca

2641　atacatggat gatttgtatg taggatctga cttagaaata gggcagcata gaacaaaaat

2701　agaggagctg agacaacatc tgttgaggtg gggacttacc acaccagaca aaaaacatca

2761　gaaagaacct ccattccttt ggatggggtta tgaactccat cctgataaat ggacagtaca

2821　gcctatagtg ctgccagaaa aagacagctg gactgtcaat gacatacaga agttagtggg

2881　gaaattgaat tgggcaagtc agatttaccc agggattaaa gtaaggcaat tatgtaaact

2941　ccttagagga accaaagcac taacagaagt aataccacta acagaagaag cagagctaga

3001　actggcagaa aacagagaga ttctaaaaga accagtacat ggagtgtatt atgacccatc

3061　aaaagactta atagcagaaa tacagaagca gggggcaaggc caatggacat atcaaatttta

3121　tcaagagcca tttaaaaatc tgaaaacagg aaaatatgca agaatgaggg gtgcccacac

3181　taatgatgta aaacaattaa cagaggcagt gcaaaaaata accacagaaa gcatagtaat

3241　atggggaaag actcctaaat ttaaactgcc catacaaaag gaaacatggg aaacatggtg

3301　gacagagtat tggcaagcca cctggattcc tgagtgggag tttgttaata cccctccctt

3361　agtgaaatta tggtaccagt tagagaaaga acccatagta ggagcagaaa ccttctatgt

3421　agatgggggca gctaacaggg agactaaatt aggaaaagca ggatatgtta ctaatagagg

3481　aagacaaaaa gttgtcaccc taactgacac aacaaatcag aagactgagt tacaagcaat

3541　ttatctagct ttgcaggatt cgggattaga agtaaacata gtaacagact cacaatatgc

3601　attaggaatc attcaagcac aaccagatca aagtgaatca gagttagtca atcaaataat

3661　agagcagtta ataaaaaagg aaaaggtcta tctggcatgg gtaccagcac acaaaggaat

3721　tggaggaaat gaacaagtag ataaattagt cagtgctgga atcaggaaag tactattttt

3781　agatggaata gataaggccc aagatgaaca tgagaaatat cacagtaatt ggagagcaat

3841　ggctagtgat tttaacctgc cacctgtagt agcaaaagaa atagtagcca gctgtgataa

3901　atgtcagcta aaaggagaag ccatgcatgg acaagtagac tgtagtccag gaatatggca

3961　actagattgt acacatttag aaggaaaagt tatcctggta gcagttcatg tagccagtgg

4021　atatatagaa gcagaagtta ttccagcaga acagggggcag gaaacagcat attttctttt

4081　aaaattagca ggaagatggc cagtaaaaac aatacatact gacaatggca gcaatttcac

4141　cggtgctacg gttagggccg cctgttggtg ggcgggaatc aagcaggaat ttggaattcc

4201　ctacaatccc caaagtcaag gagtagtaga atctatgaat aaagaattaa agaaaattat

4261　aggacaggta agagatcagg ctgaacatct taagacagca gtacaatgg cagtattcat

4321　ccacaatttt aaaagaaaag ggggggattgg ggg**gtacagt gcaggggaaa gaata**gtaga

　　　　　　　　　　　　　　　　　　　　F[1]

4381　cataatagca acagacatac aaactaaaga attacaaaaa caaattacaa aaattcaaaa

4441　**ttttcgggtt tattacaggg acagcag**aaa tccactttgg aaaggaccag caaagctcct

　　　　　　P[1]

4501　ct**ggaaaggt gaagggggcag** tagtaataca agataatagt gacataaaag tagtgccaag

　　　　　　　　R[1]

4561　aagaaaagca aagatcatta gggattatgg aaaacagatg gcaggtgatg attgtgtggc

4621　aagtagacag gatgaggatt agaacatgga aaagtttagt aaaacaccat atgtatgttt

4681　cagggaaagc tagggggatgt ttttatagac atcactatga aagccctcat ccaagaataa

4741　gttcagaagt acacatccca ctaggggatg ctagattggt aataacaaca tattggggtc

4801 tgcatacagg agaaagagac tggcatttgg gtcagggagt ctccatagaa tggaggaaaa

4861 agagatatag cacacaagta gaccctgaac tagcagacca actaattcat ctgtattact

4921 ttgactgttt ttcagactct gctataagaa aggccttatt aggacacata gttagcccta

4981 ggtgtgaata tcaagcagga cataacaagg taggatctct acaatacttg gcactagcag

5041 cattaataac accaaaaaag ataaagccac ctttgcctag tgttacgaaa ctgacagagg

5101 atagatggaa caagccccag aagaccaagg gccacagagg gagccacaca atgaatggac

5161 actagagctt ttagaggagc ttaagaatga agctgttaga cattttccta ggatttggct

5221 ccatggctta gggcaacata tctatgaaac ttatggggat acttgggcag gagtggaagc

5281 cataataaga attctgcaac aactgctgtt tatccatttt cagaattggg tgtcgacata

5341 gcagaatagg cgttactcga cagaggagag caagaaatgg agccagtaga tcctagacta

5401 gagccctgga agcatccagg aagtcagcct aaaactgctt gtaccaattg ctattgtaaa

5461 aagtgttgct ttcattgcca gtttgtttc ataacaaaag ccttaggcat ctcctatggc

5521 aggaagaagc ggagacagcg acgaagagct catcagaaca gtcagactca tcaagcttct

5581 ctatcaaagc agtaagtagt acatgtaatg caacctatac caatagtagc aatagtagca

5641 ttagtagtag caataataat agcaatagtt gtgtggtcca tagtaatcat agaatatagg

5701 aaaatattaa gacaaagaaa aatagacagg ttaattgata gactaataga aagagcagaa

5761 gacagtggca atgagagtga aggagaaata tcagcacttg tggagatggg ggtggagatg

5821 gggc**accatg ctccttggga tgttga**tgat ctgtag**tgct acagaaaaat tgtgggtcac**

                  F[7]env   P[7]env

5881 **agtctattat gggg**tacctg tgtg**gaagga agcaaccacc actctatt**tt gtgcatcaga

                  R[7]env

5941 tgctaaagca tatgatacag aggtacataa tgtttgggcc acacatgcct gtgtacccac

6001 agaccccaac ccacaagaag tagtattggt aaatgtgaca gaaaatttta acatgtggaa

6061 aaatgacatg gtagaacaga tgcatgagga tataatcagt ttatgggatc aaagcctaaa

6121 gccatgtgta aaattaaccc cactctgtgt tagtttaaag tgcactgatt tgaagaatga

6181 tactaatacc aatagtagta gcgggagaat gataatggag aaaggagaga taaaaaactg

6241 ctctttcaat atcagcacaa gcataagagg taaggtgcag aaagaatatg cattttttta

6301 taaacttgat ataataccaa tagataatga tactaccagc tataagttga caagttgtaa

6361 cacctcagtc attacacagg cctgtccaaa ggtatccttt gagccaattc ccatacatta

6421 ttgtgccccg gctggttttg cgattctaaa atgtaataat aagacgttca atggaacagg

6481 accatgtaca aatgtcagca cagtacaatg tacacatgga attaggccag tagtatcaac

6541 tcaactgctg ttaaatggca gtctagcaga agaagaggta gtaattagat ctgtcaattt

6601 cacggacaat gctaaaacca taatagtaca gctgaacaca tctgtagaaa ttaattgtac

6661 aagacccaac aacaatacaa gaaaaagaat ccgtatccag agaggaccag ggagagcatt

6721 tgttacaata ggaaaaatag gaaatatgag acaagcacat tgtaacatta gtagagcaaa

6781 atggaataac actttaaaac agatagctag caaattaaga gaacaatttg gaaataataa

6841 aacaataatc tttaagcaat cctcaggagg ggacccagaa attgtaacgc acagttttaa

6901 ttgtggaggg gaatttttct actgtaattc aacacaactg tttaatagta cttggtttaa

6961 tagtacttgg agtactgaag ggtcaaataa cactgaagga agtgacacaa tcaccctccc

```
7021  atgcagaata aaacaaatta taaacatgtg gcagaaagta ggaaaagcaa tgtatgcccc
7081  tcccatcagt ggacaaatta gatgttcatc aaatattaca gggctgctat taacaagaga
7141  tggtggtaat agcaacaatg agtccgagat cttcagacct ggaggaggag atatgaggga
7201  caattggaga agtgaattat ataaatataa agtagtaaaa attgaaccat taggagtagc
7261  acccaccaag gcaaagagaa gagtggtgca gagagaaaaa agagcagtgg gaataggagc
7321  tttgttcctt gggttcttgg gagcagcagg aagcactatg ggcgcagcct caatgacgct
7381  gacggtacag gccagacaat tattgtctgg tatagtgcag cagcagaaca atttgctgag
7441  ggctattgag gcgcaacagc atctgttgca actcacagtc tggggcatca agcagctcca
7501  ggcaagaatc ctggctgtgg aaagatacct aaaggatcaa cagctcctgg ggatttgggg
7561  ttgctctgga aaactcattt gcaccactgc tgtgccttgg aatgctagtt ggagtaataa
7621  atctctggaa cagatttgga atcacgac ctggatggag tgggacagag aaattaacaa
7681  ttacacaagc ttaatacact ccttaattga agaatcgcaa aaccagcaag aaaagaatga
7741  acaagaatta ttggaattag ataaatgggc aagtttgtgg aattggttta acataacaaa
7801  ttggctgtgg tatataaaat tattcataat gatagtagga ggcttggtag gtttaagaat
7861  agttttgct gtactttcta tagtgaatag agttaggcag ggatattcac cattatcgtt
7921  tcagacccac ctcccaaccc cgaggggacc cgacaggccc gaaggaatag aagaagaagg
7981  tggagagaga gacagagaca gatccattcg attagtgaac ggatccttgg cacttatctg
8041  ggacgatctg cggagcctgt gcctcttcag ctaccaccgc ttgagagact tactcttgat
8101  tgtaacgagg attgtggaac ttctgggacg caggggtgg gaagccctca aatattggtg
8161  gaatctccta cagtattgga gtcaggaact aaagaatagt gctgttagct tgctcaatgc
8221  cacagccata gcagtagctg aggggacaga tagggttata gaagtagtac aaggagcttg
8281  tagagctatt cgccacatac ctagaagaat aagacagggc ttggaaagga ttttgctata
8341  agatgggtgg caagtggtca aaaagtagtg tgattggatg gcctactgta agggaaagaa
8401  tgagacgagc tgagccagca gcagataggg tgggagcagc atctcgagac ctggaaaaac
8461  atggagcaat cacaagtagc aatacagcag ctaccaatgc tgcttgtgcc tggctagaag
8521  cacaagagga ggaggaggtg ggttttccag tcacacctca ggtaccttta agaccaatga
8581  cttacaaggc agctgtagat cttagccact ttttaaaaga aaaggggggga ctggaagggc
8641  taattcactc ccaaagaaga caagatatcc ttgatctgtg gatctaccac acacaaggct
8701  acttccctga ttagcagaac tacacaccag ggccaggggt cagatatcca ctgacctttg
8761  gatggtgcta caagctagta ccagttgagc cagataagat agaagaggcc aataaaggag
8821  agaacaccag cttgttacac cctgtgagcc tgcatgggat ggatgacccg gagagagaag
8881  tgttagagtg gaggtttgac agccgcctag catttcatca cgtggcccga gagctgcatc
8941  cggagtactt caagaactgc tgacatcgag cttgctacaa gggactttcc gctggggact
9001  ttccaggag gcgtggcctg ggcgggactg gggagtggcg agccctcaga tcctgcatat
9061  aagcagctgc tttttgcctg tactgggtct ctctggttag accagatctg agcctgggag
9121  ctctctggct aactagggaa cccactgctt aagcctcaat aaagcttgcc ttgagtgctt
9181  c
```

图 13-2　HIV-1 全基因组序列及文献报道的引物和探针所在位置

[ ]内为相关引物和探针的文献来源;扩增区域重叠者只标出其中之一

3. 临床标本的采集、运送和保存

（1）标本的采集：艾滋病患者和 HIV-1 感染者的血液和各种体液中均含有一定量的病毒。目前作为诊断和研究的标本多采用外周血。另外血浆中存在的游离病毒也可以作为提供模板的原料。HIV 也常侵犯单核细胞、巨噬细胞、神经母细胞和皮肤的朗格汉斯细胞，所以也可采取除血液外的脑脊液和表皮组织提取模板来扩增，以探讨其致病机制。

1）血清：以立即采集分离为好。用一次性无菌注射器抽取受检者静脉血 2ml，注入无菌的干燥玻璃管。室温（22～25℃）放置 30～60min，血液标本可自发完全凝集析出血清，或直接使用水平离心机，1500r/min 离心 5min。吸取上层血清，转移至 1.5ml 灭菌离心管。

2）血浆：用一次性无菌注射器抽取受检者静脉血 2ml，注入含 EDTA-K3 或枸橼酸钠抗凝剂的玻璃管，立即轻轻颠倒玻璃管混合 5～10 次，使抗凝剂与静脉血充分混匀，静置 5～10min 后即可分离出血浆，转移至 1.5ml 灭菌离心管。

（2）标本运送和保存：分离后的血清或血浆在 2～8℃ 条件下保存应不超过 72h；−20℃ 可保存 1 个月；要长期保存的，需分装后储存于 −70℃。标本运送采用 0℃ 冰壶。

三、HIV-1 RNA 测定的临床意义

1. 辅助诊断　通常，检测血循环中 HIV-1 抗体即可对 HIV 感染与否做出正确诊断，但在特殊情况下，单纯抗体检测不足以完成明确的判定，如出现某些非典型的抗体反应形式，特别是不确定反应时，HIV-1 RNA 的测定可作为 HIV-1 感染的确认实验。

2. 早期诊断　在 HIV-1 感染的"窗口期"无法使用抗 HIV-1/2 检测进行诊断。而在感染早期，在抗原或特异抗体出现前后通常出现一个病毒载量的高峰，此高峰通常高于发病时的血浆病毒水平，并且有证据表明这个时期的病毒具有很高的感染能力。实时荧光 RT-PCR 可用来追踪 HIV 的自然感染史。可在其他血清学和病毒学标志出现前检测病毒序列，这样可判定无症状而且血清阴性患者潜在的 HIV 的传播性；可用来监测长潜伏期（4～7 年）患者，以及在抗病毒治疗期间病毒的水平；也可用于 HIV-1 血清阳性母亲的婴儿的 HIV 检测。在婴儿出生后最初的 6～9 个月期间，他们的血液中存在母体的抗体，因此用 PCR 可判定婴儿是否真正被 HIV 感染。

3. HIV-1 感染患者抗病毒药物治疗监测　HIV 感染发生后，血循环中病毒载量具有一定的变化规律，并且这种变化与疾病的进程有着密切的相关性。因此定期进行病毒载量的检测有助于确定疾病发展的阶段，以确定相应的治疗方案。

血液中 HIV-1 RNA 的定量检测可以预估患者病程，并可利用于鸡尾酒抗病毒治疗效果的评估。利用病毒载量可在患者急性感染期间，处于"窗口期"时即可检测出高水平的病毒 RNA 含量。医师可利用结果判定患者疾病的进程和进展，以及可在接受抗病毒治疗过程中起监测与指导作用。可以在开始治疗前对患者进行 HIV-1 RNA 水平检测，治疗过程中通过对 HIV RNA 的一系列测定来指导治疗。例如，如果 RNA 水平没有降低，那么就应该调整治疗或改变治疗方案；如果 RNA 复制受到抑制，那么就应持续治疗。在进行治疗后，通过病毒水平的检测才能确定治疗是否有效，通常在治疗前后病毒水平降低 0.5log 以上才被认为临床有效。

4. 血液及其制品的安全性检测　HIV-1 RNA 的定性测定用于献血员血液和血液制品检测，可大大缩短检测的"窗口期"，对于提高血液及血液制品的安全性具有重要意义。

（李金明　汪　维）

参 考 文 献

[1] Rousseau CM, Nduati RW, Richardson BA, et al. Association of levels of HIV-1-infected breast milk cells and risk of mother-to-child transmission. J Infect Dis, 2004, 190 (10): 1880-1888

[2] Li CC, Seidel KD, Coombs RW, et al. Detection and quantification of human immunodeficiency virus type 1 p24 antigen in dried whole blood and plasma on filter paper stored under various conditions. J Clin Microbiol, 2005, 43(8): 3901-3905

[3] Rouet F, Ekouevi DK, Chaix ML, et al. Transfer and evaluation of an automated, low-cost real-time reverse transcription-PCR test for diagnosis and monitoring of human immunodeficiency virus type 1 infection in a West African resource-limited setting. J Clin Microbiol, 2005, 43(6): 2709-2717

[4] Drosten C, Müller-Kunert E, Dietrich M, et al. Topographic and quantitative display of integrated human immunodeficiency virus-1 provirus DNA in human lymph nodes by real-time polymerase chain reaction. J Mol Diagn, 2005, 7 (2): 219-225

[5] Luo W, Yang H, Rathbun K, et al. Detection of human immunodeficiency virus type 1 DNA in dried blood spots by a duplex real-time PCR assay. J Clin Microbiol, 2005, 43(4): 1851-1857

[6] Kabamba-Mukadi B, Henrivaux P, Ruelle J, et al. Human immunodeficiency virus type 1 (HIV-1) proviral DNA load in purified CD4$^+$ cells by LightCycler real-time PCR. BMC Infect Dis, 2005, 5(1): 15

[7] Bouchonnet F, Dam E, Mammano F, et al. Quantification of the effects on viral DNA synthesis of reverse transcriptase mutations conferring human immunodeficiency virus type 1 resistance to nucleoside analogues. J Virol, 2005, 79(2): 812-822

[8] Ghosh MK, Kuhn L, West J, et al. Quantitation of human immunodeficiency virus type 1 in breast milk. J Clin Microbiol, 2003, 41 (6): 2465-2470

[9] Palmer S, Wiegand AP, Maldarelli F, et al. New real-time reverse transcriptase-initiated PCR assay with single-copy sensitivity for human immunodeficiency virus type 1 RNA in plasma. J Clin Microbiol, 2003, 41: 4531-4536

[10] O'Doherty U, Swiggard WJ, Malim MH. Human immunodeficiency virus type 1 spinoculation enhances infection through virus binding. J Virol, 2000, 74(21): 10074-10080

[11] Paul Kellarn. Emerging viruses: their diseases and identification. 2nd edition. Academic press, 1999: 69-75

[12] Murphy SM, Brook G, Birchall MA. HIV infection and AIDS. Harcourt Publishers Limited, 2000: 45-62

[13] 康来仪, 潘启超, 庄鸣华. 艾滋病防治研究进展. 海峡预防医学杂志, 2001, 7: 21-23

[14] Perelson AS, Neumann AU, Markowitz M, et al. HIV-1 dynamics in vivo: virion clearance rate, infected cell life-span, and viral generation time. Science, 1996, 271: 1582-1586

[15] DD, Neumann AU, Perelson AS, et al. Rapid turnover of plasma virions and CD4 lymphocytes in HIV-1 infection. Nature, 1995, 373: 123-126

[16] Mellors JW, Munoz A, Giorgi JV, et al. Plasma viral load and CD4$^+$ lymphocytes as prognostic markers of HIV-1 infection. Ann Intern Med, 1997, 126: 946-954

[17] Mellors JW, Rinaldo CR, Jr., Gupta P, et al. Prognosis in HIV-1 infection predicted by the quantity of virus in plasma. Science, 1996, 272: 1167-1170

[18] Saag MS, Holodniy M, Kuritzkes DR, et al. HIV viral load markers in clinical practice. Nat

Med,1996,2:625-629

[19] Mulder J,McKinney N,Christopherson C,et al.Rapid and simple PCR assay for quantitation of human immunodeficiency virus type 1 RNA in plasma:application to acute retroviral infection.J Clin Microbiol,1994,32:292-300

[20] Michael NL,Herman SA,Kwok S,et al.Development of calibrated viral load standards for group M subtypes of human immunodeficiency virus type 1 and performance of an improved AMPLICOR HIV-1 MONITOR test with isolates of diverse subtypes. J Clin Microbiol,1999,37:2557-2563

[21] Sun R,Ku J,Jayakar H,et al. Ultrasensitive reverse transcription-PCR assay for quantitation of human immunodeficiency virus type 1 RNA in plasma. J Clin Microbiol, 1998, 36: 2964-2969

[22] Schmid I,Arrer E,Hawranek T,et al.Evaluation of two commercial procedures for quantification of human immunodeficiency virus type 1 RNA with respect to HIV-1 viral subtype and antiviral treatment. Clin Lab, 2000, 46: 355-360

[23] Johanson J,Abravaya K,Caminiti W,et al.A new ultrasensitive assay for quantitation of HIV-1 RNA in plasma.J Virol Methods,2001, 95:81-92

[24] Swanson P,Huang S,Holzmayer V,et al.Performance of the automated Abbott RealTime trade mark HIV-1 assay on a genetically diverse panel of specimens from Brazil.J Virol Methods,2006,134:237-243

[25] Heid CA,Stevens J,Livak KJ,et al.Real time quantitative PCR. Genome Res, 1996, 6: 986-994

[26] Nadeau JG,Pitner JB,Linn CP,et al.Real-time, sequence-specific detection of nucleic acids during strand displacement amplification. Anal Biochem,1999,276:177-187

第 14 章　人乳头瘤病毒实时荧光 PCR 检测及临床意义

乳头瘤病毒属于乳多空病毒科(papovaviridae)的乳头瘤病毒属,它包括多种动物乳头瘤病毒和人乳头瘤病毒(human papillomavirus,HPV),HPV 主要通过直接或间接接触污染物品或性传播感染人类。HPV 不但具有宿主特异性,而且具有组织特异性,只能感染人的皮肤和黏膜上皮细胞,能引起人类皮肤的多种乳头状瘤或疣及黏膜生殖道上皮增生性损伤。HPV 侵入人体后,停留于感染部位的皮肤和黏膜中,并进行增殖,但不产生病毒血症。至今已鉴定出 100 多种 HPV 基因型,将近 33% 的基因型与生殖道损伤有关。感染生殖道的 HPV 可分为两种:低危型和高危型。常见的低危型如 HPV-6、HPV-11 等,能导致生殖道尖锐湿疣,高危型如 HPV-16、18 等感染现已证实具有潜在的致癌性,与宫颈癌的发生、发展有密切的联系。

一、HPV 的形态和基因结构特点

1. 形态结构特点　HPV 呈球形,无包膜,20 面体立体对称结构,直径为 45～55nm,是一种最小的 DNA 病毒,表面有 72 个壳微粒,内含 8000 个碱基对(bp),分子量为 5×10^6D,其中 88% 是病毒蛋白。完整的病毒颗粒在氯化铯中浮密度为 1.34g/ml,在密度梯度离心中易与无 DNA 的空壳(密度 1.29g/ml)分开。

2. 基因结构及其功能特点　HPV 基因组为双股环状 DNA,长 8000bp。以共价闭合的超螺旋结构、开放的环状结构、线性分子 3 种形式存在。HPV 基因组编码 8 个主要开放读码框,分为 3 个功能区即早期转录区、晚期转录区和非转录区(控制区)。

早期转录区又称为 E 区,由 4500 个碱基对组成,分别编码为 E1、E2、E4、E5、E6、E7、E8 七个早期蛋白,具有参与病毒 DNA 的复制、转录、翻译调控和细胞转化等功能。E1 涉及病毒 DNA 复制,在病毒开始复制中起关键作用。E2 是一种反式激活蛋白,涉及病毒 DNA 转录的反式激活。E4 与病毒成熟胞质蛋白有关。E5 与细胞转化有关。E6 和 E7 主要与病毒细胞转化功能及致癌性有关。

晚期转录区又称为 L 区,由 2500 个碱基对组成,编码 2 个衣壳蛋白即主要衣壳蛋白 L1 和次要衣壳蛋白 L2,组成病毒的衣壳,且与病毒的增殖有关。非转录区又称为上游调节区、非编码区或长调控区,由 1000 个碱基对组成,位于 E8 和 L1 之间。该区含有 HPV 基因组 DNA 的复制起点和 HPV 基因表达所必需的调控元件,以调控病毒的转录与复制。HPV 基因组主要功能见表 14-1。

表 14-1　HPV 基因组的主要功能

基因名称	主要功能
E1	复制、复制抑制
E2	激活转录(HPV6、11、16)抑制转录,结合长控区
E4	HPV 1 引起之疣的细胞蛋白质

基因名称	主要功能
E5	转化作用（HPV6）
E6	协同 E7 转化作用（HPV16 和 HPV18）
E7	协同 E6 转化作用（HPV16 和 HPV18） 转录激活（HPV16）
E8	未知其产物或功能，可能参与复制
L1	主要衣壳蛋白
L2	次要衣壳蛋白

随着分子生物学的不断进展，近些年来对 HPV 的各功能区，特别是对 E2、E5、E6、E7 及 L1 和 L2 的研究又有了新的认识。现认为 E2 蛋白是一种特异性的 DNA 束缚蛋白，可以调节病毒 mRNA 的转录和 DNA 的复制，并有减量调节 E6、E7 表达的作用。E2 蛋白还可以通过结合病毒启动子附近的基因序列而抑制转录起始。E4 蛋白仅在病毒感染期表达，而且在病毒的复制和突变中起重要作用。E5 蛋白是一种最小的转化蛋白，也是一种细胞膜或内膜整合蛋白，由两个功能域组成：一个是氨基端疏水域，与 E5 蛋白在转化细胞膜或内膜上的插入位置有关；另一个是羧基端的亲水域，若将羧基端部分注射休止细胞中，能够诱导细胞 DNA 合成。此外，E5 蛋白可能是对人细胞永生化和转化的潜在介质，但其本身不能使人细胞永生化。E5 蛋白还能诱导多种癌基因的表达。E6 蛋白是一种多功能蛋白，在 HPV 感染的细胞中，E6 蛋白定位于核基质及非核膜片段上。体外表达的 E6 蛋白，含有 151 个氨基酸。E6 蛋白的主要结构特征是 2 个锌指结构，每个锌指结构的基础是 2 个 cys-x-x-cys，这种结构是所有 HPV E6 所共有，其结构根据功能不同可分为 5 个区，分别是：①C 端，1-29 氨基酸；②锌指 1 区，30-66 氨基酸；③中央区（连接区），67-102 氨基酸；④锌指 2 区，140-151 氨基酸，139 氨基酸；⑤C 端。E7 蛋白是 HPV 的主要转化蛋白质，是一种仅有 98 个氨基酸小的酸性蛋白，定位于核内或附着于核基质上。E7 蛋白分为：1 区，1-15 氨基酸；2 区，16-37 氨基酸；3 区，38-98 氨基酸；锌指及 C 端区。E6 和 E7 蛋白可影响细胞周期的调控等，被认为在细胞转化及在肿瘤形成中起着关键作用。E6 还能激活端粒酶，使细胞不能正常凋亡。对 E6 和 E7 免疫表位的研究表明，E6 和 E7 蛋白的鼠 T 细胞表位均在 C 端区及锌指区，但其 HLA-A 表位除了存在于锌指区，也存在于 N 端区。E6 和 E7 蛋白不仅具有转化和致癌作用，而且还具有对病毒基因和细胞基因转录的反式激活活性。对 E6 及 E7 蛋白的结构、功能及免疫表位的深入研究将为防治 HPV 引起的疾病提供基础。

晚期转录区又称 L 区包括 L1 和 L2，编码晚期蛋白。这些蛋白主要为病毒的衣壳蛋白即主要衣壳蛋白和次要衣壳蛋白。晚期基因表达均受定位在晚期基因区的多聚腺苷酸化信号和启动子调节。主要衣壳蛋白 L1（占衣壳蛋白的 80% 以上）是一种糖蛋白，也是一种核蛋白，在其翻译加工完成后迅速定位于核中。L1 约有 530 个氨基酸残基，其分子量为 55～60kD。L1 上有若干糖基化位点，糖基化和磷酸化可能对其折叠和行使功能有一定的作用。L1 的 N 端有 15～30 个疏水性氨基酸残基组成一个保守的疏水区，在 L1 翻译和定位过程中可能起到信号肽或先导肽的作用。C 端可变性强，但有一段富含正电荷氨基酸（R 和 K），这段顺序即核定位信号，可以和宿主细胞内相应的受体结合而进入核内。在病毒颗粒形成过程中,L1 具有自组装的功能。HPV 的衣壳蛋白与其他病毒的衣壳蛋白相比,具有显著的不同特点是 HPV 的衣壳蛋白具有较强的保守性。这种保守性表现在两个方面:①病毒的衣壳在选择压力等外界环境的作用下变异很小,而其他病毒变异较大;②不同型的 HPV 的 L1 蛋白的氨基酸序列的同源性在 60% 以上。次要衣壳蛋白 L2 也是一种核蛋白,约有 470 个氨基酸残基,其分子量约为 47kD。L2 上有很多磷酸化位点,是 HPV 衣壳的主要磷酸化蛋白。在 L2 的 N 端有一段富含正电荷氨基酸区域,是乳头瘤病毒 DNA 结合域,可与病毒 DNA 非特异结合,起组蛋白的作用。在病毒颗粒形成过程中,L2 单独无自组装功能,但能与 L1 共同组装成病毒颗粒。此外,衣壳蛋白还有抗原表位,在宿主细胞表面有蛋白受体。现在出现的 HPV 疫苗就是基于对衣壳蛋白的深入研究生产出来的。

二、HPV 的体内复制特点

HPV 的复制在被感染的宿主细胞核内进行。病毒基因组的八个主要的可读框(open reading frame,ORF)由单条 DNA 链转录而来的 mRNA 表达。高危型病毒 DNA 转录起始于两个主要的病毒启动子,不同基因型启动子位置有一定差异,例如 HPV-16 一个启动子位于 E6 开放读码框核苷 97(p97)位而 HPV-18 在 p105 位,另一个位于 p742,但基本上各基因型间启动子位置差异不大。HPV 感染细胞后产生病毒基因表达的级联活化,每个被感染细胞内可出现 20~100 个病毒 DNA 染色体外拷贝。在整个感染的过程中,这一平均拷贝数在不同的基底细胞内稳定存在。E1 和 E2 复制因子是复制中最早表达的病毒蛋白。这些病毒蛋白早期形成复合物结合在病毒起始复制区,起着募集细胞多聚酶和辅助蛋白来介导复制的功能。E1 蛋白同时表现解旋酶活性,在复制进程中沿复合物前进方向将复合物前的 DNA 双链打开。E2 是位于特异的 DNA 结合蛋白,不但帮助募集 E1 进入复制起始区,而且在病毒转录中起调节作用。低浓度的 E2 结合在它的识别位点活化早期启动子,而高浓度的 E2 则可将细胞转录因子的结合位点封闭,抑制转录。

HPV 高危型 E6 和 E7 蛋白扮演着癌蛋白角色,E6 和 P53 抑癌蛋白及细胞连接酶形成三聚复合物 E6AP,破坏 P53 抑癌功能。E7 和抑癌蛋白家族中的 Rb 蛋白结合,同样破坏其抑癌功能。当被 HPV 感染的细胞进行分裂时,病毒基因组分裂进入子代细胞。正常上皮细胞当离开基底层后,由于细胞核的丢失,细胞周期不复存在,但是细胞被感染后,虽然离开基底层,在病毒 E7 蛋白的作用下,高度分化的细胞仍然保持在 S 期,持续表达病毒复制需要的复制因子。由于 E7 的存在,在被病毒感染部位,所有的上皮细胞层细胞都有细胞核存在。E4 和 E5 蛋白的功能现在还不甚了解。

L1 和 L2 蛋白最后合成,并自发地形成 20 面体衣壳蛋白,包裹住病毒的基因组。随着病毒颗粒的合成,成熟的病毒从上皮细胞的最上层释放出去。在人皮肤疣的上皮不同层进行原位分子杂交发现,HPV 的复制周期受细胞分化状态限制。在疣的基底层细胞内 HPV DNA 呈静息状态。随着基底层细胞向表层分化,DNA 开始在棘细胞内复制并表达早期基因。而病毒晚期基因的表达和结构蛋白合成,则在粒细胞层的细胞核内进行。

三、病毒的变异特点

研究 HPV 的变异,现在主要集中在 HPV-16、HPV-18 等高危基因型上,尤其是 HPV-16 型。HPV-16 型多态现象导致的变异可根据地域不同,分为欧洲型(E)、非洲型(Af)、亚洲型(As)及亚-美型(AA)。这些变异可导致某些人群罹患宫颈疾病的风险增加。通过传统的 Sanger 测序检测病毒基因组变异可见,有 7 个多态位点主要集中在 HPV-16 E6 区间,这些位点分别定位在核酸 109 位、131 位、132 位、143 位、145 位、178 位和 350 位,跨度大约 242bp。

中国人群 HPV-16 型阳性患者 23.6% 为原型,65.5% 为亚洲变异型,5.5% 为非洲变异型,3.6% 为欧洲变异型,流行的 HPV-16 E6 D25E 和 E113D 变异分别占 67.3% 和 9%。除了这两种变异外,E6 区间还存在着 R129K、E89Q、S138C、H78Y、L83V 及 F69L 变异。除了 E6 区间变异外,E7 区间也存在三处变异,N29S、S63F 和 nt T846C。E6、E7 变异患者患宫颈癌的平均年龄比未变异 HPV-16 感染患者的平均年龄低了 7.56 岁,这些也暗示了 E6/E7 区间变异可能会增加宫颈癌患病的风险。

除了 E6/E7 区间的变异外,近年来由于针对 HPV 高危型疫苗的研究和开发,越来越多的研究集中在了 L1 区间变异上来。L1 区间 A266T 突变可使病毒和鼠 Mabs 结合能力下降一半左右,然而,核定位信号区间缺失 C428G 突变及 N 端缺失并不影响病毒的抗原性。但是 N 端缺失会产生 30nm 和 55nm 两种不同的病毒颗粒混合物。同时,经研究发现,L1 区间还存在着 S337A、K387D、K382E 和 T379P 突变。这些突变及突变对病毒影响的研究为研制第二代或更高级的疫苗打下了坚实的基础。

四、HPV 基因型

应用分子杂交和基因克隆方法,现在已发现的 HPV 有 100 多种,各型之间的同源性小于 50%,型内同源性大于 50%,但限制性内切酶片段不同的称为亚型。

根据 HPV 亚型致病力大小或致癌危险性大小不同可将 HPV 分为低危型和高危型两大类。低危型 HPV 主要引起肛门皮肤及男性外生殖器、女性大小阴唇、尿道口、阴道

下段的外生性疣类病变和低度子宫颈上皮内瘤,其病毒亚型主要有 HPV-6、11、30、39、42、43 型及 HPV-44 型。高危型 HPV 除可引起外生殖器疣外,更重要的是引起外生殖器癌、宫颈癌及高度子宫颈上皮内瘤,其病毒亚型主要有 HPV-16、18、31、33、35、45、51、52、56、58 型和 HPV-61 型等。也有学者将 HPV 分为低危型、中间型和高危型 3 类。低危型有 HPV-6、11、42、43、44 型等,中间型有 HPV-31、33、35、39、51、52、53、55、58、59、63、66、68 型等,高危型有 HPV-16、18、45、56 型等。也有学者根据 HPV 感染部位的不同又可将 HPV 亚型分为生殖器类和非生殖器类两大类,生殖器类 HPV 亚型主要引起内外生殖器和肛门部位的病变,也可引起口腔、咽喉等部位的病变,如尖锐湿疣、宫颈上皮内瘤等,这类 HPV 最常见的亚型有 HPV-6、11、16、18、31、33 型等;非生殖器类 HPV 亚型主要引起非生殖器及肛门区皮肤的病变,如扁平疣、寻常疣、跖疣及疣状表皮发育不良等,这类 HPV 最常见的亚型有 HPV-1、2、3、4、5、7、8、10、12、23、38、54 型等。此外,也有学者根据感染部位不同把 HPV 分为嗜皮肤性和嗜黏膜性两大群,两群之间有一定的交叉,其中有 1/3 是嗜黏膜性的 HPV。尽管有近百种 HPV 亚型,但临床上最重要的有 HPV-6、11、16、18、31、33、35、38 型 8 个亚型,是引起肛门外生殖器尖锐湿疣和宫颈病变的主要 HPV 亚型。

五、HPV DNA 的实时荧光 PCR 测定

1. HPV DNA 的常用检测方法　目前我国临床检测 HPV 感染的方法主要有第二代杂交捕获液相杂交(liquid hybridization)(e. g. , Hybrid Capture;Digene Diagnostics, Silver Spring, Md.)、利用 HPV 型特异的探针进行的实时荧光 PCR、型特异的(type-specific)PCR 和普通引物 PCR。

2. 实时荧光 PCR 引物和探针设计　序

列分析表明,各型 HPV 的非编码区及 E1、E6、E7 和 L1 区均有保守序列。但通用引物一般选择在 E1 和 L1 区(图 14-1),而型特异引物则在 E6 和 E7 区。

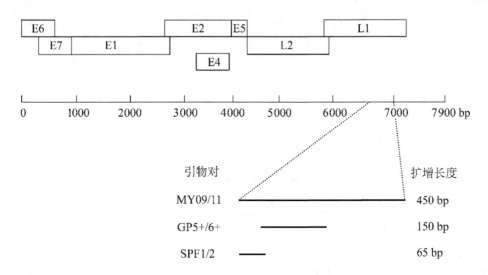

图 14-1 不同引物对设计区间在 HPV 基因组上的位置
E 代表早期转录基因,L 代表晚期转录基因

3. 文献报道的常用引物和探针举例
表 14-2 和图 14-2 为文献报道的几种 HPV 高危型检测所用的引物和探针举例及其在基因组序列中的位置。

表 14-2 文献报道的几种 HPV 高危型检测所用的引物和探针举例

测定技术		引物和探针	扩增区域	文献
TaqMan 探针	引物	F:5′-TACAGGTTCTAAAACGAAAGT-3′(1112-1132)	HPV-16E1 (1112-1283)	[1]
		R:5′-TTCCACTTCAGTATTGCCATA-3′(1283-1263)		
	探针	FAM-5′-ATAATCTCCTTTTTGCAGCTCTACTTTGTTTTT-3′ TAMRA(1242-1210)		
TaqMan 探针	引物	F:5′-TGCATGTTTTAAAACGAAAGT-3′(1158-1178)	HPV-18E1 (1158-1342)	
		R:5′-TTCCACTTCAGAACAGCCATA-3′(1342-1322)		
	探针	TET-5′-CCGCCTTTTTGCCTTTTTCTGCCCACTATT-3′ TAMRA(1297-1268)		
TaqMan 探针	引物	F:5′-AGCTCAGAGGAGGAGGATGAA-3′(652-672)	HPV-16E7 (652-729)	[3]
		R:5′-GGTTACAATATTGTAATGGGCTC-3′(729-707)		
	探针	5′-(FAM)-CCAGCTGGACAAGCAGAACCGG-(TAMRA)-3′ (682-703)		

续表

测定技术		引物和探针	扩增区域	文献
TaqMan 探针	引物	F:5′-CATTTTGTGAACAGGCAGAGC-3′(1080-1100)	HPV-18E1 (1080-1155)	[3]
		R:5′-ACTTGTGCATCATTGTGGACC-3′(1155-1135)		
	探针	5′-(VIC)-AGAGACAGCACAGGCATTGTTCCATG-(TAMRA)-3′(1102-1127)		
TaqMan 探针	引物	F:5′-CAGATACACAGCGGCTGGTTT-3′(5914-5934)	HPV-16 L1 (5914-6053)	[4]
		R:5′-TGCATTTGCTGCATAAGCACTA-3′(6053-6032)		
	探针	5′-(FAM)-TGACCACGACCTACCTCAACACCTACACAGG-(TAMRA)-3′(5936-5966)		
TaqMan 探针	引物	F:5′-ACGATTCCACAACATAGGAGGA-3′(476-497)	HPV-31 E6 (476-556)	[3]
		R:5′-TACACTTGGGTTTCAGTACGAGGT-3′(556-533)		
	探针	5′-(TET)-CTCCAACATGCTATGCAACGTCC-(TAMRA)-3′(529-507)		
TaqMan 探针	引物	F:5′-GCCTGCTCCGTGGGC-3′(3371-3385)	HPV-35 E4 (3371-3474)	
		R:5′-GCACTGAGTCGCACTCGC-3′(3474-3457)		
	探针	5′-(VIC)-CAGAAGACAAATCACAAACGACTTCGAGGG-(TAMRA)-3′(3398-3427)		
TaqMan 探针	引物	F:5′-CGTCGCAGGCGTAAACG-3′(5557-5573)	HPV-33 L1 (5557-5640)	
		R:5′-ACAGGAGGCAGGTACAC-3′(5640-5624)		
	探针	5′-(FAM)-AGATGTCCGTGTGGCGGCCTAG-(TAMRA)-3′(5592-5613)		
SYBR Green I	引物	F:5′-TTATTAGGCAGCACTTGGCCA-3′(3383-3403)	HPV-16 E2 gene (3383-3560)	[2]
		R:5′-GTGAGGATTGGAGCACTGTCC-3′(3560-3540)		
SYBR Green I	引物	F:5′-AAGGGCGTAACCGAAATCGGT-3′(26-46)	HPV-16 E6 gene (26-233)	
		R:5′-CATATACCTCACGTCGCAG-3′(233-215)		
双杂交探针	引物	F:5′-GAGGAGGAGGATGAAATAGATGGT-3′(658-681)	HPV-16 E7 (658-816)	[4]
		R:5′-GCCCATTAACAGGTCTTCCAA-3′(816-796)		
	探针	Donor:5′-ACAAAAGGTTACAATATTGTAATGGGC TCT-fluorescein-3′(735-706)		
		Acceptor:5′-LightCycler-Red-640-CCGGTTCTGCTTGTCCAGCTGG-ph-3′(703-682)		

HPV16 complete genome：7904bp

GeneBank Accession K02718

E6：83-559

　　1 actacaataa ttcatgtata aaact**aaggg cgtaaccgaa atcgg**ttgaa ccgaaaccgg
　　　　　　　　　　　　　　　　　　F[2]

　 61 ttagtataaa agcagacatt ttatgcacca aaagagaact gcaatgtttc aggacccaca

　121 ggagcgaccc agaaagttac cacagttatg cacagagctg caaacaacta tacatgatat

　181 aatattagaa tgtgtgtact gcaagcaaca gtta**ctgcga cgtgaggtat at**gactttgc
　　　　　　　　　　　　　　　　　　　　R[2]

　241 ttttcgggat ttatgcatag tatatagaga tgggaatcca tatgctgtat gtgataaatg

　301 tttaaagttt tattctaaaa ttagtgagta tagacattat tgttatagtt tgtatggaac

　361 aacattagaa cagcaataca caaaccgtt gtgtgatttg ttaattaggt gtattaactg

　421 tcaaaagcca ctgtgtcctg aagaaaagca aagacatctg acaaaaagc aaagattcca

　481 taatataagg ggtcggtgga ccggtcgatg tatgtcttgt tgcagatcat caagaacacg

　541 tagagaaacc cagctgtaat catgcatgga gatacaccta cattgcatga atatatgtta

E7：562-858

　601 gatttgcaac cagagacaac tgatctctac tgttatgagc aattaaatga cagctca**gag**

　661 **gaggaggatg aaatagatgg tccagctgga caagcagaac cggacagagc ccattacaat**
　　　　　F[4]　　　　　　　　　　　　　　受体　　　　　　　供体

　721 **attgtaacct tttgt**tgcaa gtgtgactct acgcttcggt tgtgcgtaca aagcacacac

　781 gtagacattc gtact**ttgga agacctgtta atggg**cacac taggaattgt gtgccccatc
　　　　　　　　　　　　　R[4]

　841 tgttctcaga aaccataatc taccatggct gatcctgcag gtaccaatgg ggaagagggt

E1：865-2813

　901 acgggatgta atggatggtt ttatgtagag gctgtagtgg aaaaaaaaac aggggatgct

　961 atatcagatg acgagaacga aaatgacagt gatacaggtg aagatttggt agatttttata

1021 gtaaatgata tgattatttt aacacaggca gaaacagaga cagcacatgc gttgttttact

1081 gcacaggaag caaaacaaca tagagatgca g**tacaggttc taaaacgaaa gt**atttggta
　　　　　　　　　　　　　　　　　　F[1]

1141 gtccacttag tgatattagt ggatgtgtag acaataatat tagtcctaga ttaaaagcta

1201 tatgtatag**a aaaacaaagt agagctgcaa aaaggagatt at**ttgaaagc gaagacagcg
　　　　　　　　　P[1]

1261 gg**tatggcaa tactgaagtg gaa**actcagc agatgttaca ggtagaaggg cgccatgaga
　　　　　　R[1]

1321 ctgaaacacc atgtagtcag tatagtggtg gaagtgggggg tggttgcagt cagtacagta

1381 gtggaagtgg gggagagggt gttagtgaaa gacacactat atgccaaaca ccacttacaa

1441 atattttaaa tgtactaaaa actagtaatg caaaggcagc aatgttagca aaatttaaag

1501 agttatacgg ggtgagtttt tcagaattag taagaccatt taaaagtaat aaatcaacgt

1561 gttgcgattg gtgtattgct gcatttggac ttacacccag tatagctgac agtataaaaa

1621 cactattaca acaatattgt ttatatttac acattcaaag tttagcatgt tcatgggggaa

1681 tggttgtgtt actattagta agatataaat gtggaaaaaa tagagaaaca attgaaaaat

1741 tgctgtctaa actattatgt gtgtctccaa tgtgtatgat gatagagcct ccaaaattgc

1801 gtagtacagc agcagcatta tattggtata aaacaggtat atcaaatatt agtgaagtgt

1861 atggagacac gccagaatgg atacaaagac aaacagtatt acaacatagt tttaatgatt

1921 gtacatttga attatcacag atggtacaat gggcctacga taatgacata gtagacgata

1981 gtgaaattgc atataaatat gcacaattgg cagacactaa tagtaatgca agtgcctttc

2041 taaaaagtaa ttcacaggca aaaattgtaa aggattgtgc aacaatgtgt agacattata

2101 aacgagcaga aaaaaaacaa atgagtatga gtcaatggat aaaatataga tgtgatagggg

2161 tagatgatgg aggtgattgg aagcaaattg ttatgttttt aaggtatcaa ggtgtagagt

2221 ttatgtcatt tttaactgca ttaaaaagat ttttgcaagg catacctaaa aaaaattgca

2281 tattactata tggtgcagct aacacaggta aatcattatt tggtatgagt ttaatgaaat

2341 ttctgcaagg gtctgtaata tgttttgtaa attctaaaag ccatttttgg ttacaaccat

2401 tagcagatgc caaaataggt atgttagatg atgctacagt gccctgttgg aactacatag

2461 atgacaattt aagaaatgca ttggatggaa atttagtttc tatggatgta aagcatagac

2521 cattggtaca actaaaatgc cctccattat taattacatc taacattaat gctggtacag

2581 attctaggtg gccttattta cataatagat tggtggtgtt tacatttcct aatgagtttc

2641 catttgacga aaacggaaat ccagtgtatg agcttaatga taagaactgg aaatccttttt

E2：2755-3852

2701 tctcaaggac gtggtccaga ttaagtttgc acgaggacga ggacaaggaa aacgatggag

2761 actctttgcc aacgtttaaa tgtgtgtcag gacaaaatac taacacatta tgaaaatgat

2821 agtacagacc tacgtgacca tatagactat tggaaacaca tgcgcctaga atgtgctatt

2881 tattacaagg ccagagaaat gggatttaaa catattaacc accaagtggt gccaacactg

2941 gctgtatcaa agaataaagc attacaagca attgaactgc aactaacgtt agaaacaata

3001 tataactcac aatatagtaa tgaaaagtgg acattacaag acgttagcct tgaagtgtat

3061 ttaactgcac caacaggatg tataaaaaaa catggatata cagtggaagt gcagtttgat

3121 ggagacatat gcaatacaat gcattataca aactggacac atatatatat ttgtgaagaa

3181 gcatcagtaa ctgtggtaga gggtcaagtt gactattatg gtttatatta tgttcatgaa

3241 ggaatacgaa catattttgt gcagtttaaa gatgatgcag aaaaatatag taaaaataaa

3301 gtatgggaag ttcatgcggg tggtcaggta atattatgtc ctacatctgt gtttagcagc

3361 aacgaagtat cctctcctga aa**ttattagg cagcacttgg cca**accaccc cgccgcgacc

             F[2]

3421 cataccaaag ccgtcgcctt gggcaccgaa gaaacacaga cgactatcca gcgaccaaga

3481 tcagagccag acaccggaaa cccctgccac accactaagt tgttgcacag agactcagt**g**

3541 **gacagtgctc caatcctcac** tgcatttaac agctcacaca aaggacggat taactgtaat

    R[2]

3601 agtaacacta cacccatagt acatttaaaa ggtgatgcta atactttaaa atgtttaaga

3661 tatagattta aaaagcattg tacattgtat actgcagtgt cgtctacatg gcattggaca

3721 ggacataatg taaaaacataa aagtgcaatt gttacactta catatgatag tgaatggcaa

3781　cgtgaccaat ttttgtctca agttaaaata ccaaaaacta ttacagtgtc tactggattt

3841　atgtctatat gacaaatctt gatactgcat ccacaacatt actggcgtgc tttttgcttt

L1:5559-7154

5521　tatagttcca gggtctccac aatatacaat tattgctgat gcaggtgact tttatttaca

5581　tcctagttat tacatgttac gaaaacgacg taaacgttta ccatattttt tttcagatgt

5641　ctctttggct gcctagtgag gccactgtct acttgcctcc tgtcccagta tctaaggttg

5701　taagcacgga tgaatatgtt gcacgcacaa acatatatta tcatgcagga acatccagac

5761　tacttgcagt tggacatccc tatttttccta ttaaaaaacc taacaataac aaaatattag

5821　ttcctaaagt atcaggatta caatacaggg tatttagaat acatttacct gaccccaata

5881　agtttggttt tcctgacacc tcattttata atc**cagatac acagcggctg gtttgggcct**

　　　　　　　　　　　　　　　　　　　　　　F[4]

5941　**gtgtaggtgt tgaggtaggt cgtggt**cagc cattaggtgt gggcattagt ggccatcctt

　　　　　　P[4]

6001　tattaaataa attggatgac acagaaaatg c**tagtgctta tgcagcaaat gca**ggtgtgg

　　　　　　　　　　　　　　　　　　　　R[4]

6061　ataatagaga atgtatatct atggattaca aacaaacaca attgtgttta attggttgca

6121　aaccacctat aggggaacac tggggcaaag gatccccatg taccaatgtt gcagtaaatc

6181　caggtgattg tccaccatta gagttaataa acacagttat tcaggatggt gatatggttc

6241　atactggctt tggtgctatg gacttactta cattacaggc taacaaaagt gaagttccac

6301　tggatatttg tacatctatt tgcaaatatc cagattatat aaaatggtg tcagaaccat

6361　atggcgacag cttatttttt tatttacgaa gggaacaaat gtttgttaga catttattta

6421　atagggctgg tactgttggt gaaaatgtac cagacgattt atacattaaa ggctctgggt

6481　ctactgcaaa tttagccagt tcaaattatt ttcctacacc tagtggttct atggttacct

6541　ctgatgccca aatattcaat aaaaccttatt ggttacaacg agcacagggc cacaataatg

6601　gcatttgttg gggtaaccaa ctatttgtta ctgttgttga tactacacgc agtacaaata

6661　tgtcattatg tgctgccata tctacttcag aaactacata taaaaatact aactttaagg

6721　agtacctacg acatggggag gaatatgatt tacagtttat ttttcaactg tgcaaaataa

6781　ccttaactgc agacgttatg acatacatac attctatgaa ttccactatt ttggaggact

6841　ggaatttggg tctacaacct ccccccaggag gcacactaga agatacttat aggtttgtaa

6901　cccaggcaat tgcttgtcaa aaacatacac ctccagcacc taagaagat gatcccctta

6961　aaaaataccac ttttttgggaa gtaaatttaa aggaaaagtt ttctgcagac ctagatcagt

7021　ttcctttagg acgcaaattt ttactacaag caggattgaa ggccaaacca aaatttacat

7081　taggaaaacg aaaagctaca cccaccacct catctacctc tacaactgct aaacgcaaaa

7141　aacgtaagct gtaagtattg tatgtatgtt gaattagtgt tgtttgttgt gtatatgttt

HPV18 complete genome:7857bp

GeneBank Accession X05015

E1:914-2887

```
 901  gcagtaagca acaatggctg atccagaagg tacagacggg gagggcacgg gttgtaacgg
 961  ctggtttat gtacaagcta ttgtagacaa aaaaacagga gatgtaatat cagatgacga
1021  ggacgaaaat gcaacagaca cagggtcgga tatggtagat tttattgata cacaaggaac
1081  attttgtgaa caggcagagc tagagacagc acaggcattg ttccatgcgc aggaggtcca
                    F[3]                    P[3]
1141  caatgatgca caagtgttgc atgtttttaaa acgaaagttt gcaggaggca gcacagaaaa
                    R[3]                    F[1]
1201  cagtccatta ggggagcggc tggaggtgga tacagagtta agtccacggt tacaagaaat
1261  atctttaaat agtgggcaga aaaaggcaaa aaggcggctg tttacaatat cagatagtgg
                              P[1]
1321    ctatggctgt tctgaagtgg aagcaacaca gattcaggta actacaaatg gcgaacatgg
                    R[1]
1381  cggcaatgta tgtagtggcg gcagtacgga ggctatagac aacgggggca cagagggcaa
1441  caacagcagt gtagacggta caagtgacaa tagcaatata gaaaatgtaa atccacaatg
1501  taccatagca caattaaaag acttgttaaa agtaaacaat aaacaaggag ctatgttagc
1561  agtatttaaa gacacatatg ggctatcatt tacagattta gttagaaatt ttaaaagtga
1621  taaaaccacg tgtacagatt gggttacagc tatatttgga gtaaacccaa caatagcaga
1681  aggatttaaa acactaatac agccatttat attatatgcc catattcaat gtctagactg
1741  taaatgggga gtattaatat tagccctgtt gcgttacaaa tgtggtaaga gtagactaac
1801  agttgctaaa ggtttaagta cgttgttaca cgtacctgaa acttgtatgt taattcaacc
1861  accaaaattg cgaagtagtg ttgcagcact atattggtat agaacaggaa tatcaaatat
1921  tagtgaagta atgggagaca cacctgagtg gatacaaaga cttactatta tacaacatgg
1981  aatagatgat agcaattttg atttgtcaga aatggtacaa tgggcatttg ataatgagct
2041  gacagatgaa agcgatatgg catttgaata tgccttatta gcagacagca acagcaatgc
2101  agctgccttt ttaaaaagca attgccaagc taaatattta aaagattgtg ccacaatgtg
2161  caaacattat aggcgagccc aaaaaacgaca aatgaatatg tcacagtgga tacgatttag
2221  atgttcaaaa atagatgaag ggggagattg gagaccaata gtgcaattcc tgcgatacca
2281  acaaatagag tttataacat ttttaggagc cttaaaatca tttttaaaag gaacccccaa
2341  aaaaaattgt ttagtatttt gtggaccagc aaatacagga aaatcatatt ttggaatgag
2401  ttttatacac tttatacaag gagcagtaat atcatttgtg aattccacta gtcatttttg
2461  gttggaaccg ttaacagata ctaaggtggc catgttagat gatgcaacga ccacgtgttg
2521  gacatacttt gatacctata tgagaaatgc gttagatggc aatccaataa gtattgatag
2581  aaagcacaaa ccattaatac aactaaaatg tcctccaata ctactaacca caaatataca
2641  tccagcaaag gataatagat ggccatattt agaaagtaga ataacagtat ttgaatttcc
2701  aaatgcattt ccatttgata aaaatggcaa tccagtatat gaaataaatg acaaaaattg
2761  gaaatgtttt tttgaaagga catggtccag attagatttg cacgaggaag aggaagatgc
2821  agacaccgaa ggaaacccctt tcggaacgtt taagttgcgt gcaggacaaa atcatagacc
2881  actatgaaaa tgacagtaaa gacatagaca gccaaataca gtattggcaa ctaatacgtt
```

HPV31 complete genome：7912 bp

GeneBank Accession：J04353

E6：108-557

```
  1 taataataat aatcttagta taaaaaagta gggagtgacc gaaagtggtg aaccgaaaac
 61 ggttggtata taaagcacat agtattttgt gcaaacctac agacgccatg ttcaaaaatc
121 ctgcagaaag acctcggaaa ttgcatgaac taagctcggc attggaaata ccctacgatg
181 aactaagatt gaattgtgtc tactgcaaag gtcagttaac agaaacagag gtattagatt
241 ttgcatttac agatttaaca atagtatata gggacgacac accacacgga gtgtgtacaa
301 aatgtttaag attttattca aaagtaagtg aatttagatg gtatagatat agtgtgtatg
361 gaacaacatt agaaaaattg acaaacaaag gtatatgtga tttgttaatt aggtgtataa
421 cgtgtcaaag accgttgtgt ccagaagaaa aacaaagaca tttggataaa aagaaacgat
481 tccacaacat aggaggaagg tggacaggac gttgcatagc atgttggaga agacctcgta
```
　　　　　F[3]　　　　　　　　　　　　　　P[3]

```
541 ctgaaacccca agtgtaaaaca tgcgtggaga aacacctacg ttgcaagact atgtgttaga
```
　　　　　R[3]

HPV33 complete genome：7909bp

GeneBank Accession：A12360

L1 gene

```
5461 tctagcccat ttgttcctat ttcgcctttt tttccttttg acaccattgt tgtagacggt
5521 gctgactttg ttttacatcc tagttatttt attttacgtc gcaggcgtaa acgttttcca
```
　　　　　　　　　　　　　　　　　　　F[3]
```
5581 tatttttta cagatgtccg tgtggcggcc tagtgaggcc acagtgtacc tgcctcctgt
```
　　　　　　　P[3]　　　　　　　　　　　　　R[3]
```
5641 acctgtatct aaagttgtca gcactgatga atatgtgtct cgcacaagca tttattatta
5701 tgctggtagt tccagacttc ttgctgttgg ccatccatat ttttctatta aaaatcctac
5761 taacgctaaa aaattattgg tacccaaagt atcaggcttg caatataggg tttttagggt
5821 ccgtttacca gatcctaata aatttggatt tcctgacacc tccttttata accctgatac
5881 acaacgatta gtatgggcat gtgtaggcct tgaaataggt agagggcagc cattaggcgt
```

HPV35 complete genome：7851bp

GeneBank Accession：M74117

E4：3273-3563

```
3241 tatatgggaa gtgcatgtgg gtggtcaggt aattgtttgt cctgaatctg tatttagcag
```

3301　cacagaacta tccactgctg aaattgctac acagctacac gcctacaaca ccaccgagac

3361　ccataccaaa **gcctgctccg tgggc**accac agaaacc**cag aagacaaatc acaaacgact**

　　　　　　　　　　F[3]　　　　　　　　　　　　　**P**[3]

3421　**tcgagggg**gt accgagctcc cctacaaccc caccaa**gcga gtgcgactca gtg**ccgtgga

　　　　　　　　　　　　　　　　　　　　　　　　R[3]

3481　cagtgttgac agaggggtct actctacatc tgactgcaca aacaaagacc ggtgtggtag

3541　ttgtagtaca actcaccta tagtacattt aaaaggtgat gcaaatacat taaagtgttc

图 14-2　几种 HPV 高危型(HPV16、18、31、33、35)检测相关基因组序列及文献报道的引物和探针举例在其中的位置

[ ]内为相关引物和探针的文献来源

4. 临床标本的采集、处理和保存

(1)标本的采集:一般临床检测标本为黏膜生殖道病变上皮层细胞或皮肤疣状物上皮刮取物。采集时动作轻柔,可用棉签或无菌的小毛刷轻拭病变部位,采集的样本应尽快放入清洁的样品收集转运容器。在采样时,应采集到脱落细胞,实验室可以通过显微镜下检查所采集的标本中是否有脱落细胞来判断采样的质量。

1)生殖器或肛周疣体表皮脱落细胞标本采集:生殖器或肛周如有疣状体增生,怀疑为尖锐湿疣的患者,则可采集疣体表皮脱落细胞。用生理盐水浸润的棉拭子,用力来回擦拭疣状组织表面三次,取得脱落细胞。将取样后的棉拭子,放入备有无菌生理盐水的样本管中,充分漂洗后,将棉拭子贴壁挤干丢弃。

2)女性宫颈口或男性尿道口分泌物棉拭子标本采集:对于其他可疑感染者,可采集女性宫颈口或男性尿道口分泌物棉拭子标本。采样前,用棉拭子将宫颈口或尿道口过多的分泌物轻轻擦拭干净,更换棉拭子,用生理盐水浸润的棉拭子或特定的采样刷,紧贴宫颈口或尿道口黏膜,稍用力转动两周,以取得分泌物及脱落细胞。将取样后的棉拭子或采样刷,放入备有无菌生理盐水的样本管中,充分漂洗后,将棉拭子贴壁挤干丢弃。

(2)标本的处理:由于现在已经有大量的商品检测试剂盒,因此,处理样本时可参照商品试剂盒内样品处理说明进行。也可按照以下步骤,自己配置样品处理液处理样本:向样本中加入消化液,消化液内含有 200μg/ml 的蛋白酶 K 和 0.1% 的 Layreth-12,56℃消化 1h,消化后加入含有醋酸胺的无水乙醇置 -20℃过夜,13 000×g 离心 30min,弃取上清,室温下过夜干燥 DNA 样本,将干燥后的样本用 150μl TE(10mmol/L Tris,1mmol/L EDTA)重新悬浮,95℃温育 15min 以灭活蛋白酶 K,即可得到扩增所需的 DNA 样本。不用时,样本可保存在 -20℃冰箱内。

(3)标本的保存:采集的样本在室温放置不超过 3h,4℃保存不超过 24h。-20℃保存不超过 3 个月,-70℃可长期保存,应避免反复冻融。

六、HPV DNA 检测的临床意义

HPV 广泛存在,人类的 HPV 感染率很高。在自然人群中,HPV 感染率从低于 1% 到高达 50%,在性活跃人群中 20%～80% 以上的人有 HPV 感染史。在我国,自 20 世纪 80 年代初以来,从尖锐湿疣发病数来看,临床上 HPV 感染呈逐年大幅度上升。大多数 HPV 亚型属于低危型,引起皮肤黏膜的疾病是良性疾病。HPV 感染在特

异的肛门外生殖器肿瘤的发生中起着重要作用,如高危型 HPV 和少数中间型 HPV 则可引起恶性病变。而且在这些 HPV 亚型中至少有 27 种 HPV 亚型具有致癌的潜能,可引起各种恶性肿瘤。在 HPV 导致的恶性肿瘤中,以肛门外生殖器癌多见。HPV 可引起肛门癌、阴茎癌、女阴癌和宫颈癌,尤其是宫颈癌,90%～95% 与 HPV 感染相关。及时快速地检测出 HPV 病毒,并进一步鉴定出基因型,对治疗及预防这类病毒引起的疾病有着重要的意义。

在临床上,根据 HPV 亚型致病力大小或致癌危险性大小不同可将 HPV 分为低危型和高危型两大类。低危型 HPV 主要引起肛门皮肤及男性外生殖器、女性大小阴唇、尿道口、阴道下段的外生性疣类病变和低度子宫颈上皮内瘤,其病毒亚型主要有 HPV-6、11、30、39、42、43 型及 HPV44 型。高危型 HPV 除可引起外生殖器疣外,更重要的是引起外生殖器癌、宫颈癌及高度子宫颈上皮内瘤,其病毒亚型主要有 HPV-16、18、31、33、35、45、51、52、56、58 型和 HPV-61 型。80% 的子宫颈癌是由 16、18、31、45 这 4 型 HPV 引起。也有学者将 HPV 分为低危型、中间型和高危型 3 类。低危型有 HPV-6、11、42、43、44 型等,中间型有 HPV-31、33、35、39、51、52、53、55、58、59、63、66、68 型等,高危型有 HPV-16、18、45、56 型等。也有学者根据 HPV 感染部位的不同又可将 HPV 亚型分为生殖器类和非生殖器类两大类,生殖器类 HPV 亚型主要引起内外生殖器和肛门部位的病变,也可引起口腔、咽喉等部位的病变,如尖锐湿疣、宫颈上皮内瘤等,这类 HPV 最常见的亚型有 HPV-6、11、16、18、31、33 型等;非生殖器类 HPV 亚型主要引起非生殖器及肛门区皮肤的病变,如扁平疣、寻常疣、跖疣及疣状表皮发育不良等,这类 HPV 最常见的亚型有 HPV-1、2、3、4、5、7、8、10、12、23、38、54 型等。此外,也有学者根据感染部位不同把 HPV 分为嗜皮肤性和嗜黏膜性两大群,两群之间有一定的交叉,其中有 1/3 是嗜黏膜性的 HPV。尽管有近百种 HPV 亚型,但临床上最重要的有 HPV-6、11、16、18、31、33、35、38 型 8 个亚型,是引起肛门外生殖器尖锐湿疣和宫颈病变的主要 HPV 亚型。表 14-3 和表 14-4 列出了 HPV 引起的疾病,以及疾病与 HPV 亚型的关系。

表 14-3　由 HPV 引起的疾病

部位	疾病
皮肤	疣状表皮发育不良、皮赘、黑素瘤、跖部状表皮样囊肿、化脓性肉芽肿、扁平苔藓、银屑病、皮肤疣状癌、皮肤鳞状细胞癌
肛门及生殖器	尖锐湿疣、鲍恩样丘疹病、巨大尖锐湿疣(Buschke-Lowenstein 肿瘤)、女性假性湿疣、儿童阴茎硬化性苔藓、宫颈息肉、慢性宫颈炎、生殖器鲍恩病、宫颈上皮内瘤、外阴上皮内瘤、阴茎上皮内瘤、肛周上皮内瘤、女阴癌、宫颈癌、肛门癌、阴茎癌、睾丸癌
呼吸道	青少年喉头乳头瘤病、喉鳞状细胞癌、鼻窦鳞状细胞癌、扁桃体鳞状细胞癌、肺鳞状细胞癌
眼部	眼结膜癌、眼乳头瘤病
口腔及消化道	口腔尖锐湿疣、口腔寻常疣、口腔鳞状细胞乳头瘤、口腔鳞状细胞癌、食管鳞状细胞癌
其他	膀胱癌、前列腺癌、直肠癌、新生儿巨细胞肝炎、新生儿胆管闭锁、甲周部癌、伴有细胞介导的免疫缺陷

表 14-4 疾病与 HPV 亚型的关系

疾病	HPV 亚型
扁平疣	3、10、27、28、41
寻常疣	1、2、4、7、27、29、40、54
跖疣	4
疣状表皮发育不良	5、8、12、14、15、17、19、25、38、46、47、49、50
尖锐湿疣	6、11、16、18、31、33、34、35、39、45、51、64-68、70、73
宫颈上皮内瘤	6、11、16、18、31、33、35、43、44、51、58、61
鲍恩样丘疹病	16、18、39、42
巨大尖锐湿疣	6、11、16、18
侵袭性宫颈癌	16、18、33、35、39、42、44、45、56、58、65、66
阴茎癌	16、18
女阴癌	6、11、16、18

1. 定量检测 对于 HPV,一般进行定性测定即可,对于 HPV 载量测定,由于标本的不均一性及每次采集的不一致性,HPV 定量检测无法实现,但粗略的半定量是可以的,但其对有非典型宫颈细胞学改变的患者的处理目前没有明确有用的作用。有报道认为,HPV 高病毒载量是严重疾病引起的而非严重疾病的病因。

2. HPV 分型检测 HPV 所致疾病多种多样,从良性的疣到食管、喉、宫颈癌及许多头颈癌。研究表明特异 HPV 类型可预测高危宫颈上皮内瘤(CIN)。许多生殖器 HPV 类型与 CIN1 相关,与 CIN2 和 CIN3 相关的 HPV 类型可分为高致癌型和癌症相关型,包括 HPV-16、18、31、45 及其他型别。

国内现已有多种 PCR 试剂盒可将 HPV 基因型分为低危型和高危型,也有多种基因分型检测试剂。基因分型可为个体危险性分类、决定治疗方案、流行病学研究及疫苗开发提供信息。利用 HPV 分型技术,我们不仅能检测存在哪一类型,也可以揭露新的 HPV 类型或对已知基因型的突变进行检测。

3. HPV 分型测定的局限性 许多高危宫颈损害与 HPV-16 和(或)18 有关,有 E6 和 E7 位点的突变可以增加致癌可能性。利用通用引物的 HPV 分型方法可能会漏过这种突变亚型。

HPV 分型本身并不能确定不正常或导致恶性转化的不正常的存在。内在的或外在宿主相关的问题,例如一系列风险因子、肿瘤抑制基因中的可能突变或 HLA 单体型等也应考虑。

(李金明 汪 维)

参 考 文 献

[1] Josefsson A,Livak K,Gyllensten U.Detection and quantitation of human papillomavirus by using the fluorescent 5′ exonuclease assay. J Clin Microbiol,1999,37(3):490-496

[2] Nagao S,Yoshinouchi M,Miyagi Y,et,al.Rapid and sensitive detection of physical status of human papillomavirus type 16 DNA by quantitative real-time PCR.J Clin Microbiol,2002,40(3):863-867

[3] Moberg M,Gustavsson I,Gyllensten U.Real-time PCR-based system for simultaneous quantification of human papillomavirus types

associated with high risk of cervical cancer. J Clin Microbiol,2003,41(7):3221-3228

[4] Hesselink AT,van den Brule AJ,Groothuis-mink ZM,et al.Comparison of three different PCR methods for quantifying human papillomavirus type 16 DNA in cervical scrape specimens.J Clin Microbiol,2005,43(9):4868-4871

[5] Longworth MS,Laimins LA.Pathogenesis of human papillomaviruses in differentiating epithelia.Microbiol Mol Biol Rev,2004,68(2): 362-372

[6] Howley PM.Papillomaviridae:the viruses and their replication.Fieldsvirology,1996,3:947-978

[7] Goodwin EC,DiMaio D.Repression of human papillomavirus oncogenes in HeLa cervical carcinoma cells causes the orderly reactivation of dormant tumor suppressor pathways.Proc Natl Acad Sci,2000,97:12513-12518

[8] Desaintes C,Goyat S,Garbay S,et al.Papillomavirus E2 induces p53-independent apoptosis in HeLa cells.Oncogene,1999,18:4538-4545

[9] Laimins LA.Regulation of transcription and replication by human papillomaviruses.1998: 201-223

[10] Yoshioka N,Inoue H,Nakanishi K,et al.Isolation of transformation suppressor genes by cDNA subtraction:lumican suppresses transformation induced by v-src and v-K-ras.J Virol, 2000,74:1008-1013

[11] Conrad M,Bubb VJ,Schlegel R.The human papillomavirus type 6 and 16 E5 proteins are membrane-associated proteins which associate with the 16-kilodalton pore-forming protein.J Virol,1993,67:6170-6178

[12] Crusius K,Auvinen E,Steuer B,et al.The human papillomavirus type 16 E5-protein modulates ligand-dependent activation of the EGF receptor family in the human epithelial cell line HaCaT.Exp Cell Res,1998,241:76-83

[13] Crusius K,Rodriguez I,Alonso A.The human papillomavirus type 16 E5 protein modulates ERK1/2 and p38 MAP kinase activation by an EGFR-independent process in stressed human keratinocytes.Virus Genes,2000,20:65-69

[14] Pim D,Collins M,Banks L.Human papillomavirus type 16 E5 gene stimulates the transforming activity of the epidermal growth factor receptor.Oncogene,1992,7:27-32

[15] Straight SW,Hinkle PM,Jewers RJ,et al.The E5 oncoprotein of human papillomavirus type 16 transforms fibroblasts and effects the downregulation of the epidermal growth factor receptor in keratinocytes. J Virol, 1993, 67: 4521-4532

[16] Longworth MS,Laimins LA.Pathogenesis of human papillomaviruses in differentiatingepithelia.Microbiol Mol Biol Rev,2004,68:362-372

[17] Edmonds C,Vousden KH.A point mutational analysis of human papillomavirus type 16 E7 protein.J Virol,1989,63:2650-2656

[18] Favre M,Orth G,Croissant O,et al.Human papillomavirus DNA:physical map.Proc Natl Acad Sci U S A,1975,72:4810-4814

[19] Chow LT,Reilly SS,Broker TR,et al.Identification and mapping of human papillomavirus type 1 RNA transcripts recovered from plantar warts and infected epithelial cell cultures. J Virol,1987,61:1913-1918

[20] Zur HH.Papillomaviruses and cancer:from basic studies to clinical application. Nat Rev Cancer,2002,2:342-350

[21] Jewers RJ,Hildebrandt PJ,Ludlow W,et al. Regions of human papillomavirus type 16 E7 oncoprotein required for immortalization of human keratinocytes. J Virol, 1992, 66: 1329-1335

[22] Hummel M,Hudson JB,Laimins LA,et al. Differentiationinduced and constitutive transcription of human papillomavirus type 31b in cell lines containing viral episomes. J Virol, 1992,66:6070-6080

[23] Joyce JG,Tung JS,Przysiecki CT,et al.The L1 major capsid protein of human papillomavirus type 11 recombinant virus-like particles inter-

acts with heparin and cell-surface glycosaminoglycans on human keratinocytes.J Biol Chem, 1999,274:5810-5822

[24] Bernard HU,Calleja-Macias IE,Dunn ST.Genome variation of human papillomavirus types: phylogenetic and medical implications. Int J Cancer,2006,118:1071-1076

[25] Wu Y,Chen Y,Li L,et al.Analysis of mutations in the E6/E7 oncogenes and L1 gene of human papillomavirus 16 cervical cancer isolates from China.J Gen Virol,2006,87:1181-1188

[26] Varsani A,Williamson AL,Jaffer MA,et al.A deletion and point mutation study of the human papillomavirus type 16 major capsid gene. Virus Res,2006,122:154-163

[27] Carestiato FN,Silva KC,Dimetz T,et al.Prevalence of human papillomavirus infection in the genital tract determined by hybrid capture assay.J Infect Dis,2006,10:331-336

[28] Evans MF,Adamson CS,Simmons-Arnold L, et al.Touchdown General Primer (GP5+/GP6 +) PCR and optimized sample DNA concentration support the sensitive detection of human papillomavirus.BMC Clin Pathol,2005,5: 10

[29] Hagiwara M,Sasaki H,Matsuo K,et al.Loop-mediated isothermal amplification method for detection of human papillomavirus type 6,11, 16,and 18.J Med Virol,2007,79:605-615

[30] Bao YP,Li N,Smith JS,et al.Human papillomavirus type distribution in women from A-

sia: a meta-analysis. Int J Gynecol Cancer, 2008,18:71-79

[31] Hubbard RA.Human papillomavirus testing methods.Arch Pathol Lab Med,2003, 127: 940-945

[32] Wick MJ.Diagnosis of human papillomavirus gynecologic infections.Clin Lab Med,2000,20: 271-287

[33] Wei YC,Chou YS,Chu TY,et al.Detection and typing of minimal human papillomavirus DNA in plasma.Int J Gynaecol Obstet,2007,96:112-116

[34] Rivero ER,Nunes FD.HPV in oral squamous cell carcinomas of a Brazilian population: amplification by PCR.Pesqui Odontol Bras,2006, 20:21-24

[35] Safaeian M,Herrero R,Hildesheim A,et al. Comparison of the SPF10-LiPA System to the Hybrid Capture 2 Assay for Detection of Carcinogenic Human Papillomavirus Genotypes among 5,683 Young Women in Guanacaste, Costa Rica.J Clin Microbiol,2007,45:1447-1454

[36] Klug SJ,Hukelmann M,Hollwitz B,et al. Prevalence of human papillomavirus types in women screened by cytology in Germany.J Med Virol,2007,79:616-625

[37] Clifford GM,Smith JS,Plummer M,et al.Human papillomavirus types in invasive cervical cancer worldwide: a meta-analysis.Br J Cancer,2003,88(1):63-73

第 15 章 巨细胞病毒实时荧光 PCR 检测及临床意义

人类巨细胞病毒（Human cytomegalovirus，HCMV）亦称细胞包涵体病毒，属于疱疹病毒科，由于感染的细胞肿大，并具有巨大的核内包涵体，所以称为巨细胞病毒。巨细胞病毒可感染人和其他哺乳动物，但具有高度的宿主特异性，人是 HCMV 的唯一宿主。人大多感染过 HCMV，但多呈无临床症状的急性感染或潜伏感染，大多在少儿期因感染而获得免疫。HCMV 的感染途径主要为接触、输血、宫内和产道等，感染较常见于胎儿、新生儿、孕妇等，孕妇感染可致新生儿先天畸形。当机体免疫缺陷或免疫系统处于抑制状态下，极易受 HCMV 感染，如器官移植后接受免疫抑制治疗、恶性肿瘤化疗后、艾滋病患者等，这些患者一旦感染，常致较高的死亡率和严重的疾病。

一、人类巨细胞病毒的特点

1. **形态特点**　HCMV 有典型的疱疹病毒结构，形态与单纯疱疹病毒（HSV）及水痘-带状疱疹病毒（VZV）非常相似。完整的病毒颗粒直径为 200nm，病毒核心大小为 64nm，含双股线状 DNA，核衣壳是由 162 个 110nm 大小的壳微粒（capsomer）组成的立体对称的正二十面体。核衣壳的周围包有一层脂蛋白包膜。人类巨细胞病毒各株之间有广泛交叉反应，不同的巨细胞病毒株之间相互密切相关，比 HSV-1 和 HSV-2 更同源。

HCMV 有严格的种属特异性。巨细胞病毒可以进行体外细胞培养，但通常只能在人成纤维细胞中培养增殖。HCMV 也可感染特定的上皮细胞、T 细胞和 B 细胞，体内潜伏感染也可见于白细胞和内皮细胞。HC-MV 在体外人成纤维细胞培养中增殖非常缓慢，复制周期为 36～48h，而同属疱疹病毒科的 HSV 复制周期只有 8h。HCMV 初次分离培养，需 1 个多月才能出现特殊的细胞，即细胞膨胀变圆，细胞及核巨大化，核周围出现一轮"晕"的大型嗜酸性包涵体。

在活体中，HCMV 的靶细胞主要是上皮细胞。因感染的特征是出现有典型的胞质及核内包涵体的巨大细胞，故名巨细胞病毒。它在人体组织中可形成肥大的细胞，引起巨细胞包涵体病。

2. **基因结构特点**　在疱疹病毒科中，HCMV 基因组最大，235～240kb，分子量为 $(150～160)×10^3$ kDa，其结构与 HSV DNA 相似，具有一个长单一序列和短单一序列。长单一序列和短单一序列的相连处及两端均有 DNA 重复序列，长单一序列约 $115×10^3$ kDa，占基因组 73%，短单一序列为 $23.6×10^3$ kDa，约占 16%。长单一序列两端的两个反向重复序列占 9%，短单一序列两端的两个反向重复序列约占 2%。HCMV 以等分子浓度的四个异物体存在，至少编码氨基酸残基数 100 以上的多肽 200 余种，包括原始基因产物，中间产物及终末产物。人巨细胞病毒的基因也分为即刻早期（IE）、早期（E）和晚期（L）三类，其中 IE 区位于长单一序列一个小于 20kb 的区段内，这在位置上不同于 HSV。目前，已知 HCMV DNA 只有一个单向性的 IE 启动子复合体，它可能指导多个基因的表达，IE 及 E 基因的转录与宿主细胞的 RNA 多聚酶 Ⅱ 有关，其表达受靠近启动子的序列调控，此调控可分为顺式或反式调控。

二、人类巨细胞病毒实时荧光 PCR 测定

1. 引物和探针设计　用于 HCMV 检测的引物和探针所针对的区域,应为 HCMV 最为保守的区域,如即刻早期蛋白编码基因的启动子区、开始的 4 个外显子序列、编码晚期抗原 gp64 基因、磷酸化蛋白 PP71 基因序列、早期抗原编码基因、核衣壳抗原编码基因等。

2. 文献报道的常用引物和探针举例　表 15-1 和图 15-1 为文献报道的 HCMV 实时荧光 PCR 引物和探针举例及其 HCMV 基因组中的相应位置。

表 15-1　文献报道的 HCMV 实时荧光 PCR 引物和探针举例

测定技术		引物和探针	基因组内区域	文献
TaqMan MGB 探针	引物	F:5′-GCCCGATTTCAATATGGAGTTCAG-3′(173196-173219)	UL44 区 (173196-173272)	[3]
		R:5′-CGGCCGAATTCTCGCTTTC-3′(173272-173254)		
	探针	5′ FAM-ACGGCCAAGACATTGT-TAMRA-MGB-3′(173234-173249)		
	引物	F:5′ GGACGCCGAACTCATGGA-3′(75318-75301)	UL105 区(75249-75318)引物和探针序列为图 15-1 给出的序列的反向互补序列	
		R:5′ AGGTGGCTTGACGTATTTGAGAA-3′(75249-75271)		
	探针	5′ FAM-CACACCAGTCTGTACGCGGATCCCTT-TAMRA-MGB-3′(75299-75274)		
	引物	F:5′ CGGGCGACGCGATCA-3′(120800-120814)	UL75 区 (120800-120873)	
		R:5′ CGGGAACGGTAGCAGGAA-3′(120873-120856)		
	探针	5′FAM-CTCGCTCGAACGCCTC-TAMRA-MGB-3′(120815-120830)		
	引物	F:5′CTACGCCGCTGCAATTGG--3′(106674-106691)	UL84 区 (106674-106752)	
		R:5′GCCGCCGTTTCTTCTTCTTG-3′(106752-106733)		
	探针	5′ FAM-ACTCGTCGTTCGCTTCC-TAMRA-MGB-3′ (106709-106693)		
	引物	F:5′ GCGCACGAGCTGGTTTG-3′(108918-108934)	UL83 区 (108918-108982)	
		R:5′ TGGTCACCTATCACCTGCATCT-3′(108982-108961)		
	探针	5′ FAM TCCATGGAGAACACGCGCGC-TAMRA-MGB-3′ (108936-108955)		
TaqMan 探针	引物	F:5′-ATATCGAAAAAGAAGAGCGC-3′(109375-109356)	pp65 基因(109266-109375)引物和探针序列为图 15-1 给出的序列的反向互补序列	[1]
		R:5′-GGTAACCTGTTGATGAACG-3′(109266-109284)		
	探针	5′-FAM-GGGATCGTACTGACGCAGTTCCAC -TAMRA-3′ (109349-109326)		

续表

测定技术		引物和探针	基因组内区域	文献
TaqMan 探针	引物	F:5′CCAGTGCCCGCAGTTTTTATT-3′(56080-56100)	UL125 区 (56080-56165)	[4]
		R:5′ ACCGGAGAAGAGCCCATGTC-3′(56165-56146)		
	探针	5′ FAM-AACATAACGTGGGATCTCCACGCGAAT-TAMRA-3′(56102-56128)		
	引物	F:5′ ACCGTCAGATCGCCTGGA-3′(55621-55638)	UL126 区 (55621-55687)	
		R:5′ GATCGGTCCCGGTGTCTT-3′(55687-55670)		
	探针	5′ FAM-ACGCCATCCACGCTGTTTTGACCT C-TAMRA-3′(55640-55664)		
	引物	F:5′ TGGGCGAGGACAACGAA-3′(147643-147659)	UL55 区 (147643-147708)	
		R:5′ TGAGGCTGGGAAGCTGACAT-3′(147708-147689)		
	探针	5′ FAM-TGGGCAACCACCGCACTG AGG-TAMRA-3′(147667-147687)		
TaqMan 探针	引物	F:5′ AGCGCCGCATTGAGGA-3′(57892-57909)	UL123-exon 4 区 (57892-57964)	[9]
		R:5′ CAGACTCTCAGAGGATCGGCC-3′(57964-57944)		
	探针	5′ FAM-ATCTGCATGAAGGTCTTTGCCCAGTAC ATT-TAMRA-3′(57909-57938)		
TaqMan 探针	引物	F:5′-CCAGTGCCCGCAGTTTTTATT-3′(56080-56100)	UL123 区 (56080-56165)	[5]
		R:5′-ACCGGAGAAGAGCCCATGTC-3′(56165-56146)		
	探针	5′-FAM-AACATAACGTGGGATCTCCACGCGAAT-TAMARA-3′(56102-56128)		
TaqMan 探针	引物	F:5′ AACTCAGCCTTCCCTAAGACCA-3′(57525-57546)	MIE 蛋白 (57525-57600)	[6]
		R:5′ GGGAGCACTGAGGCAAGTTC-3′(57600-57581)		
	探针	5′ FAM-CAATGGCTGCAGTCAGGCCATGG-TAMRA-3′(57548-57570)		
TaqMan 探针	引物	F:5′GTCAGCGTTCGTGTTTCCCA-3′(108866-108885)	UL83 区 (108866-109148)	[8]
		R:5′GGGACACAACACCGTAAAGC-3′(109148-109129)		
	探针	5′ (6-Fam) CCCGCAACCCGCAACCCTTCATG (phosphate)-3′(109087-109109)		
TaqMan 探针	引物	F:5′GCTGACGCGTTTGGTCATC-3′(149443-149461)	UL54 区 (149443-149503)	[11]
		R:5′ACGATTCACGGAGCACCAG-3′(149503-149485)		
	探针	5′-FAM-TCGGCGGATCACCACGTTCG-TAMARA-3′(149464-149483)		

续表

测定技术		引物和探针	基因组内区域	文献
TaqMan 探针	引物	F:5′GCGTGCTTTTTAGCCTCTGCA-3′(23680-23700)	US17 基因 (23680- 23830)	[12]
		R:5′ AAAAGTTTGTGCCCCAACGGTA-3′(23830-23809)		
	探针	5′-FAM-TGATCGGCGTTATCGCGTTCTTGATC-TAMARA-3′ (23764-23789)		
荧光染料 SYBR Green I	引物	F:5′CCTTGCGTGTCGTCGTATTCTAGC 3′(121210-121187)	UL75 区(121060-121210)引物和探针序列为图15-1给出的序列的反向互补序列	[2]
		R:5′GCCTCATCATCACCCAAACGGACA 3′(121060-121083)		
分子信标	探针	5′ FAM-cgtcgaGTTCTATGGCCCAGGGTACGGtcgacg -DABYCL-3′	gB 基因 (146143-146163)	[10]
	引物	F:5′GCCGACGGGACCACCGTGACG-3′(148236-148256)		
		R:5′GCTCGCTGCTCTGCGTCCAGAC-3′(148441-148420)		
FRET	探针	FRET1:5′-GTGTTTATAATTCTGGTCGCAAAGGAC-fluoresce-in-3′(148309-148335)	gB 基因 (148236-148441)	[7]
		FRET2:5′Red 640-GGGACCACCGTCGTCTGATGC A-3′(80998-81018)		

ACCESSION NO. X17403

Human cytomegalovirus strain AD169 complete genome：229354 bp DNA linear

以下均为反向互补序列 Reverse complemented strand

UL44

```
172801 gctcgcgccc gctccttagt cgagacttgc acgctgtccg ggatggatcg caagacgcgc
172861 ctctcggagc cgccgacgct ggcgctgcgg ctgaagccgt acaagacggc tatccagcag
172921 ctgcgatctg tgatccgtgc gctcaaggag aacaccacgg ttaccttctt gcccacgccg
172981 tcgcttatct tgcaaacggt acgcagtcac tgcgtgtcaa aaatcacttt taacagctca
173041 tgcctctaca tcactgacaa gtcgtttcag cccaagacca ttaacaattc cacgccgctg
173101 ctgggtaatt tcatgtacct gacttccagc aaggacctga ccaagttcta cgtgcaggac
173161 atctcggacc tgtcggccaa gatctccatg tgcgcgcccg atttcaatat ggagttcagc
```
                                                                F
```
173221 tcggcctgcg tgcacggcca agacattgtg cgcgaaagcg agaattcggc cgtgcacgtg
```
                      P   R
```
173281 gatctagatt tcggcgtggt ggccgacctg cttaagtgga tcgggccgca tacccgcgtc
173341 aagcgtaacg ttaaaaaagc gccctgccct acgggcaccg tgcagattct ggtgcacgcc
173401 ggtccaccgg ccatcaagtt tatcctgacc aacggcagcg agctggaatt cacagccaat
```

173461 aaccgcgtca gtttccacgg cgtgaaaaac atgcgtatca acgtgcagct gaagaacttc

173521 taccagacgc tgctcaattg cgccgtcacc aaactgccgt gcacgttgcg tatagttacg

173581 gagcacgaca cgctgttgta cgtggccagc cgcaacggtc tgttcgccgt ggagaatttt

173641 ctcaccgagg aacctttcca gcgtggcgat cccttcgaca aaaattacgt cgggaacagc

173701 ggcaagtcgc gtggcggcgg cggtggtggc ggcagcctct cttcgctggc caatgccggc

173761 ggtctgcatg acgacggccc gggtctggat aacgatctca tgaacgagcc catgggtctc

173821 ggcggtctgg gaggaggtgg cggcggtggc ggcaagaagc acgaccgcgg tggcggcggt

173881 ggttccggta cgcggaaaat gagcagcggt ggcggcggcg gtgatcacga ccacggtctt

173941 tcctccaagg aaaaatacga gcagcacaag atcaccagct acctgacgtc caaaggtgga

174001 tcgggcggcg gcggaggagg aggaggcggc ggtttggatc gcaactccgg caattacttc

174061 aacgacgcga aagaggagag cgacagcgag gattctgtaa cgttcgagtt cgtccctaac

174121 accaagaagc aaaagtgcgg ctagagcgcg ggccgcgtgc ctgggaacgc gcgcacggcg

UL54

148681 ttgtgatttt gcttcgtaag ctgtcagcct ctcacggtcc gctatgtttt tcaacccgta

148741 tctgagcggc ggcgtgaccg gcggtgcggt cgcgggtggc cggcgtcagc gttcgcagcc

148801 cggctccgcg cagggctcgg caagcggcc gccacagaaa cagttttttgc agatcgtgcc

148861 gcgaggtgtc atgttcgacg gtcagacggg gttgatcaag cataagacgg gacggctgcc

148921 tctcatgttc tatcgagaga ttaaacattt gttgagtcat gacatggttt ggccgtgtcc

148981 ttggcgcgag accctggtgg gtcgcgtggt gggacctatt cgttttcaca cctacgatca

149041 gacggacgcc gtgctcttct tcgactcgcc cgaaaacgtg tcgccgcgct atcgtcagca

149101 tctggtgcct tcggggaacg tgttgcgttt cttcgggggcc acagaacacg gctacagtat

149161 ctgcgtcaac gttttcgggc agcgcagcta cttttactgt gagtacagcg acaccgatag

149221 gctgcgtgag gtcattgcca gcgtgggcga actagtgccc gaaccgcgga cgccatacgc

149281 cgtgtctgtc acgccggcca ccaagacctc catctatggg tacgggacgc gacccgtgcc

149341 cgatttgcag tgtgtgtcta tcagcaactg gaccatggcc agaaaaatcg gcgagtatct

149401 gctggagcag ggtttttcccg tgtacgaggt ccgtgtggat cc**gctgacgc gtttggtcat**

　　　　　　　　　　　　　　　　　　　　　　　　　　　　　　　F

149461 **cgat**cggcgg atcaccacgt tcggctggtg ctccgtgaat cgttacgact ggcggcagca

　　　　　　　　　　　　P　　　　　　　　　　　R

149521 gggtcgcgcg tcgacttgtg atatcgaggt agactgcgat gtctctgacc tggtggctgt

149581 gccccgacgac agctcgtggc cgcgctatcg atgcctgtcc ttcgatatcg agtgcatgag

149641 cggcgagggt ggtttttccct gcgccagaa gtccgatgac attgtcattc agatctcgtg

149701 cgtgtgctac gagacggggg gaaacaccgc cgtggatcag gggatcccaa acgggaacga

149761 tggtcggggc tgcacttcgg agggtgtgat ctttgggcac tcgggtcttc atctctttac

149821 gatcggcacc tgcgggcagg tgggcccaga cgtggacgtc tacgagttcc cttccgaata

149881 cgagctgctg ctgggcttta tgcttttctt tcaacggtac gcgccggcct ttgtgaccgg

149941 ttacaacatc aactctttttg acttgaagta catcctcacg cgtctcgagt acctgtataa

150001 ggtggactcg cagcgcttct gcaagttgcc tacggcgcag ggcggccgtt tctttttaca

150061 cagccccgcc gtgggtttta agcggcagta cgccgccgct tttccctcgg cttctcacaa

150121 caatccggcc agcacggccg ccaccaaggt gtatattgcg ggttcggtgg ttatcgacat
150181 gtaccctgta tgcatggcca agactaactc gcccaactat aagctcaaca ctatggccga
150241 gctttacctg cggcaacgca aggatgacct gtcttacaag gacatcccgc gttgtttcgt
150301 ggctaatgcc gagggccgcg cccaggtagg ccgttactgt ctgcaggacg ccgtattggt
150361 gcgcgatctg ttcaacacca ttaattttca ctacgaggcc ggggccatcg cgcggctggc
150421 taaaattccg ttgcggcgtg tcatctttga cggacagcag atccgtatct acacctcgct
150481 gctggacgag tgcgcctgcc gcgatttat cctgcccaac cactacagca aaggtacgac
150541 ggtgcccgaa acgaatagcg ttgctgtgtc acctaacgct gctatcatct ctaccgccgc
150601 tgtgcccggc gacgcgggtt ctgtggcggc tatgtttcag atgtcgccgc ccttgcaatc
150661 tgcgccgtcc agtcaggacg gcgtttcacc cggctccggc agtaacagta gtagcagcgt
150721 cggcgttttc agcgtcggct ccggcagtag tggcggcgtc ggcgtttcca acgacaatca
150781 cggcgccggc ggtactgcgg cggtttcgta ccagggcgcc acggtgtttg agcccgaggt
150841 gggttactac aacgaccccg tggccgtgtt cgactttgcc agcctctacc cttccatcat
150901 catggcccac aacctctgct actccaccct gctggtgccg ggtggcgagt accctgtgga
150961 ccccgccgac gtatacagcg tcacgctaga gaacggccgtg acccaccgct ttgtgcgtgc
151021 ttcggtgcgc gtctcggtgc tctcggaact gctcaacaag tgggtttcgc agcggcgtgc
151081 cgtgcgcgaa tgcatgcgcg agtgtcaaga ccctgtgcgc cgtatgctgc tcgacaagga
151141 acagatggcg ctcaaagtaa cgtgcaacgc tttctacggt tttaccggcg tggtcaacgg
151201 tatgatgccg tgtctgccca tcgccgccag catcacgcgc atcggtcgcg acatgctaga
151261 gcgcacggcg cggttcatca aagacaactt ttcagagccg tgtttttttgc acaattttt
151321 taatcaggaa gactatgtag tgggaacgcg ggaggggat tcggaggaga gcagcgcgtt
151381 accggagggg ctcgaaacat cgtcaggggg ctcgaacgaa cggcgggtgg aggcgcgggt
151441 catctacggg gacacggaca gcgtgtttgt ccgctttcgt ggcctgacgc cgcaggctct
151501 ggtggcgcgt gggcccagcc tggcgcacta cgtgacggcc tgtctttttg tggagcccgt
151561 caagctggag tttgaaaagg tcttcgtctc tcttatgatg atctgcaaga aacgttacat
151621 cggcaaagtg gagggcgcct cgggtctgag catgaagggc gtggatctgg tgcgcaagac
151681 ggcctgcgag ttcgtcaagg gcgtcacgcg tgacgtcctc tcgctgctct ttgaggatcg
151741 cgaggtctcg gaagcagccg tgcgcctgtc gcgcctctca ctcgatgaag tcaagaagta
151801 cggcgtgcca cgcggtttct ggcgtatctt acgccgcttg gtgcaggccc gcgacgatct
151861 gtacctgcac cgtgtgcgtg tcgaggacct ggtgctttcg tcggtgctct ctaaggacat
151921 ctcgctgtac cgtcaatcta acctgccgca cattgccgtc attaagcgat ggcggcccg
151981 ttctgaggag ctaccctcgg tcggggatcg ggtctttac gttctgacgg cgcccggtgt
152041 ccggacggcg ccgcagggtt cctccgacaa cggtgattct gtaaccgccg gcgtggtttc
152101 ccggtcggac gcgattgatg gcacggacga cgacgctgac ggcggcgggg tagaggagag
152161 caacaggaga ggaggagagc cggcaaagaa gagggcgcgg aaaccaccgt cggccgtgtg
152221 caactacgag gtagccgaag atccgagcta cgtgcgcgag cacggcgtgc ccattcacgc
152281 cgacaagtac tttgagcagg ttctcaaggc tgtaactaac gtgctgtcgc ccgtctttcc
152341 cggcggcgaa accgcgcgca aggacaagtt tttgcacatg gtgctgccgc ggcgcttgca
152401 cttggagccg gctttctgc cgtacagtgt caaggcgcac gaatgctgtt gagaaacagc

UL55　Glycoprotein B

145861　acatggaatc caggatctgg tgcctggtag tctgcgttaa cctgtgtatc gtctgtctgg

145921　gtgctgcggt ttcctcttct agtacttccc atgcaacttc ttctactcac aatggaagcc

145981　atacttctcg tacgacgtct gctcaaaccc ggtcagtcta ttctcaacac gtaacgtctt

146041　ctgaagccgt cagtcataga gccaacgaga ctatctacaa cactaccctc aagtacggag

146101　atgtggtggg agtcaacact accaagtacc cctatcgcgt gt**gttctatg gcccagggta**

P[10]

146161　**cgg**atcttat tcgctttgaa cgtaatatca tctgcacctc gatgaagcct atcaatgaag

146221　acttggatga gggcatcatg gtggtctaca agcgcaacat cgtggcgcac acctttaagg

146281　tacgggtcta ccaaaaggtt ttgacgtttc gtcgtagcta cgcttacatc tacaccactt

146341　atctgctggg cagcaatacg gaatacgtgg cgcctcctat gtgggagatt catcacatca

146401　acaagtttgc tcaatgctac agttcctaca ccgcgttat aggaggcacg gttttcgtgg

146461　catatcatag ggacagttat gaaaacaaaa ccatgcaatt aattcccgac gattattcca

146521　acacccacag tacccgttac gtgacggtca aggatcagtg gcacagccgc ggcagcacct

146581　ggctctatcg tgagacctgt aatctgaact gtatgctgac catcactact gcgcgctcca

146641　agtatcctta tcattttttt gcaacttcca cgggtgatgt ggtttacatt tctcctttct

146701　acaacggaac caatcgcaat gccagctact ttggagaaaa cgccgacaag tttttcattt

146761　tcccgaacta caccatcgtt tccgactttg gaagacccaa cgctgcgcca gaaacccata

146821　ggttggtggc ttttctcgaa cgtgccgact cggtgatctc ttgggatata caggacgaga

146881　agaatgtcac ctgccagctc accttctggg aagcctcgga acgtactatc cgttccgaag

146941　ccgaagactc gtaccacttt tcttctgcca aaatgactgc aacttttctg tctaagaaac

147001　aagaagtgaa catgtccgac tccgcgctgg actgcgtacg tgatgaggct ataaataagt

147061　tacagcagat tttcaatact tcatacaatc aaacatatga aaaatacgga aacgtgtccg

147121　tcttcgaaac cagcggcggt ctggtggtgt tctggcaagg catcaagcaa aaatctttgg

147181　tggaattgga acgtttggcc aatcgatcca gtctgaatat cactcatagg accagaagaa

147241　gtacgagtga caataataca actcatttgt ccagcatgga atcggtgcac aatctggtct

147301　acgcccagct gcagttcacc tatgacacgt tgcgcggtta catcaaccgg gcgctggcgc

147361　aaatcgcaga agcctggtgt gtggatcaac ggcgcaccct agaggtcttc aaggaactca

147421　gcaagatcaa cccgtcagcc attctctcgg ccatttacaa caaaccgatt gccgcgcgtt

147481　tcatgggtga tgtcttgggc ctggccagct gcgtgaccat caaccaaacc agcgtcaagg

147541　tgctgcgtga tatgaacgtg aaggaatcgc caggacgctg ctactcacga cccgtggtca

147601　tctttaattt cgccaacagc tcgtacgtgc agtacggtac act**gggcgag gacaacgaaa**

F[4]

147661　tcctgt**tggg caaccaccgc actgagg**aat gtcagcttcc cagcctca**ag atcttcatcg**

　　　　　　　P[4]　　　　　　　　　　R[4]

147721　ccgggaactc ggcctacgag tacgtggact acctcttcaa acgcatgatt gacctcagca

147781　gtatctccac cgtcgacagc atgatcgccc tggatatcga cccgctggaa aataccgact

147841　tcagggtact ggaactttac tcgcagaaag agctgcgttc cagcaacgtt tttgacctcg

147901　aagagatcat cgcgcgaattc aactcgtaca gcagcgggt aaagtacgtg gaggacaagg

147961 tagtcgaccc gctaccgccc tacctcaagg gtctggacga cctcatgagc ggcctgggcg

148021 ccgcgggaaa ggccgttggc gtagccattg gggccgtggg tggcgcggtg gcctccgtgg

148081 tcgaaggcgt tgccaccttc ctcaaaaacc ccttcggagc cttcaccatc atcctcgtgg

148141 ccatagccgt agtcattatc acttatttga tctatactcg acagcggcgt ctgtgcacgc

148201 agccgctgca gaacctctttt ccctatctgg tgtcc**gccga cgggaccacc gtgacg**tcgg

                                                           F[7]

148261 gcagcaccaa agacacgtcg ttacaggctc cgccttccta cgaggaaa**gt gtttataatt**

148321 **ctggtcgcaa aggac**cggga ccaccgtcgt ctgatgcatc cacggcggct ccgccttaca

           P[7]

148381 ccaacgagca ggcttaccag atgcttctgg ccctggccc**g tctggacgca gagcagcgag**

                                                            R[7]

148441 cgcagcagaa cggtacagat tctttggacg gacagactgg cacgcaggac aagggacaga

148501 agcctaacct gctagaccgg ctgcgacatc gcaaaaacgg ctacagacac ttgaaagact

148561 ccgacgaaga agagaacgtc tgaaccagga ggaaaaaaaa actagacaaa aaatattgac

UL75

119221 ctatgcggcc cggcctcccc ccctacctca ctgtcttcac cgtctacctc ctcagtcacc

119281 taccttcgca acgatatggc gcggacgccg catccgaagc gctggaccct cacgcatttc

119341 acctactact caacacctac gggagaccca tccgcttcct gcgtgaaaac accacccagt

119401 gcacctacaa cagcagcctc cgtaacagca cggtcgtcag ggaaaacgcc atcagtttca

119461 acttttttcca aagctataat caatactatg tattccatat gcctcgatgt cttttttgcgg

119521 gtcctctggc ggagcagttt ctgaaccagg tagatctgac cgaaaccccta gaaagatacc

119581 aacagagact taacacctac gcattggtat ccaaagacct ggccagctac cgatcttttt

119641 cgcagcagct gaaggcacaa gacagcctgg gtcagcagcc caccaccgtg ccaccgccca

119701 ttgatctgtc aatacctcac gtttggatgc cacccccaaac cactccacac gactggaagg

119761 gatcgcacac cacctcggga ctacatcggc cacactttaa ccagacctgt atcctctttg

119821 atggacacga tctgcttttc agcaccgtta cgccctgtct gcaccagggc ttttaccttca

119881 tggacgaact acgttacgtt aaaatcacac tgaccgagga cttcttcgta gttacggtat

119941 ctatagacga cgacacaccc atgctgctta tcttcggtca tcttccacgc gtactcttca

120001 aagcgcccta tcaacgcgac aactttatac tacgacaaac tgaaaaacac gagctcctgg

120061 tactagttaa gaaagctcaa ctaaaccgtc actcctatct caaagactcg gactttctcg

120121 acgccgcact cgacttcaac tacctggacc tcagcgcact gttacgtaac agctttcacc

120181 gttacgctgt agacgtactc aaaagcggtc gatgtcaaat gttggaccgc cgcacggtag

120241 aaatggcctt cgcctacgca ttagcactgt tcgcggcagc ccgacaagaa gaggccggca

120301 ccgaaatctc catcccacga gccctagacc gccaggccgc actcttacaa atacaagaat

120361 ttatgatcac ctgcctctca caaacaccac cacgcaccac attgctgcta tatcccacag

120421 ccgtggacct ggccaaacga gccctctgga cgccggacca gatcaccgac atcaccagcc

120481 tcgtacgcct ggtctacata ctttctaaac agaatcagca acatctcatt ccccagtggg

120541 cactacgaca gatcgccgac tttgccctac aattacacaa aacgcacctg gcctctttttc

120601　tttcagcctt cgcgcgccaa gaactctacc tcatgggcag cctcgtccac tccatgttgg

120661　tacatacgac ggagagacgc gaaatcttca tcgtagaaac gggcctctgt tcattggccg

120721　agctatcaca ctttacgcag ttgctagctc atccgcacca cgaatacctc agcgacctgt

120781　acacaccctg ttccagtagc **gggcgacgcg atcactcgct cgaacgcctc** acgcgtctct
　　　　　　　　　　　　　　　　　　F[3]　　　　　　　　P[3]

120841　tccccgatgc caccg**ttcct gctaccgttc ccg**ccgccct ctccatccta tctaccatgc
　　　　　　　　　　　　　R[3]

120901　aaccaagcac gctggaaacc ttccccgacc tgttttgtct gccgctcggc gaatccttct

120961　ccgcgctaac cgtctccgaa cacgtcagtt atgtcgtaac aaaccagtac ctgatcaaag

121021　gtatctccta ccctgtctcc accaccgtcg taggccagag **cctcatcatc acccaaacgg**
　　　　　　　　　　　　　　　　　　　　　　　R[2]

121081　**aca**gtcaaac taaatgcgaa ctaacgcgca acatgcacac cacacacagc atcacagcgg

121141　cgctcaacat ttcactagaa aactgcgcct tttgccaaag cgccct**gcta gaatacgacg**
　　　　　　　　　　　　　　　　　　　　　　　　　F[2]

121201　**acacgcaagg** cgtcatcaac atcatgtaca tgcacgactc ggacgacgtc cttttcgccc

121261　tggatcccta caacgaagtg gtggtctcat ctccgcgaac tcactacctc atgcttttga

121321　aaaacggtac ggtcctagaa gtaactgacg tcgtcgtgga cgccaccgac agtcgtctcc

121381　tcatgatgtc cgtctacgcg ctatcggcca tcatcggcat ctatctgctc taccgcatgc

121441　tcaagacatg ctgactgtag aacctgacag tttatgagaa aagggacaga aaagttaaag

UL83

108301　ccgtacgcgc aggcagcatg gagtcgcgcg gtcgccgttg tcccgaaatg atatccgtac

108361　tgggtcccat ttcggggcac gtgctgaaag ccgtgtttag tcgcggcgat acgccggtgc

108421　tgccgcacga gacgcgactc ctgcagacgg gtatccacgt acgcgtgagc cagccctcgc

108481　tgatcttggt atcgcagtac acgcccgact cgacgccatg ccaccgcggc gacaatcagc

108541　tgcaggtgca gcacacgtac tttacgggca gcgaggtgga gaacgtgtcg gtcaacgtgc

108601　acaaccccac gggccgaagc atctgcccca gccaggagcc catgtcgatc tatgtgtacg

108661　cgctgccgct caagatgctg aacatcccca gcatcaacgt gcaccactac ccgtcggcgg

108721　ccgagcgcaa acaccgacac ctgcccgtag ctgacgctgt gattcacgcg tcgggcaagc

108781　agatgtggca ggcgcgtctc acggtctcgg gactggcctg gacgcgtcag cagaaccagt

108841　ggaaagagcc cgacgtctac tacac**gtcag cgttcgtgtt tcccA**ccaag gacgtggcac
　　　　　　　　　　　　　　　　　　　F[8]

108901　tgccggcacgt ggtgtgc**gcg cacgagctgg tttgctccat ggagaacacg cgcgc**aacca
　　　　　　　　　　　　　　F[3]　　　　　　　　P[3]

108961　**agatgcaggt gataggtgac ca**gtacgtca aggtgtacct ggagtccttc tgcgaggacg
　　　　　　　　　　R[3]

109021　tgccctccgg caagctcttt atgcacgtca cgctgggctc tgacgtggaa gaggacctga

109081　cgatga**cccg caacccgcaa cccttcatg**c gcccccacga gcgcaacgg**c tttacggtgt**
　　　　　　　　　P[8]　　　　　　　　　　　　　　　　　　R[8]

109141 **tgtgtccc**aa aaatatgata atcaaaccgg gcaagatctc gcacatcatg ctggatgtgg

109201 cttttacctc acacgagcat tttgggctgc tgtgtcccaa gagcatcccg ggcctgagca

109261 tctca**ggtaa cctgttgatg aacg**ggcagc agatcttcct ggaggtacaa gccatacgcg

                       R[1]

109321 agacc**gtgga actgcgtcag tacgatcccg** tggct**gcgct cttcttttc gatat**cgact

                     P[1]   F[1]

109381 tgctgctgca gcgcgggcct cagtacagcg agcaccccac cttcaccagc cagtatcgca

109441 tccagggcaa gcttgagtac cgacacacct gggaccggca cgacgagggt gccgcccagg

109501 gcgacgacga cgtctggacc agcggatcgg actccgacga agaactcgta accaccgagc

109561 gcaagacgcc ccgcgtcacc ggcggcggcg ccatggcggg cgcctccact ccgcgcgggcc

109621 gcaaacgcaa atcagcatcc tcggcgacgg cgtgcacgtc gggcgttatg acacgcggcc

109681 gccttaaggc cgagtccacc gtcgcgcccg aagaggacac cgacgaggat ccgacaacg

109741 aaatccacaa tccggccgtg ttcacctggc cgccctggca ggccggcatc ctggcccgca

109801 acctggtgcc catggtggct acggttcagg gtcagaatct gaagtaccag gaattcttct

109861 gggacgccaa cgacatctac cgcatcttcg ccgaattgga aggcgtatgg cagcccgctg

109921 cgcaacccaa acgtcgccgc caccggcaag acgccttgcc cgggccatgc atcgcctcga

109981 cgcccaaaaa gcaccgaggt tgagccaccc gccgcacgcg cttaggacga ctctataaaa

UL84

106261 cctctcgcgc ccgcagacac caagcatgcc acgcgtcgac cccaaccttc ggaatcgggc

106321 ccgccggcca cgagccagac gaggcggcgg cggtggcgtt ggcagcaata gcagccgaca

106381 cagcggaaaa tgccgccgcc aacgccgagc tctgtcggcg ccgccgctca ctttcctcgc

106441 caccactacc accacgacca tgatgggcgt cgccagtacc gacgacgaca gtctcctcct

106501 gaaaacgccg gacgagctgg acaagtacag cggctcgccg cagaccatcc tcacactgac

106561 ggataaacac gacatccgtc agcctcgggt gcaccgcggc acctaccatc tgatccagtt

106621 gcacctcgac ctccgacccg aagaattgcg ggatcccttc cagattctgc tct**ctacgcc**

106681 **gctgcaattg ggggaagcga acgacgagt**c tcaaaccgcc cccgcgacgt tg**caagaaga**

          F   P   R

106741 **agaaacggcg gc**ttcccacg agcccgagaa aaaaaaggaa aaacaagaga agaaagaaga

106801 ggacgaggat gaccgcaacg acgatcgtga acgcggcatt ctatgcgtgg tctctaacga

106861 ggattctgac gtgcgcccgg ccttctctct ctttcccgca cgcccaggct gccatatcct

106921 gcgctcggta attgaccaac aactgacgcg catggccatc gtgcgcctat cactcaatct

106981 cttcgcgctc cgtatcatca cgccgctgtt gaaacgggcta ccgctacgac gtaaagccgc

107041 gcatcacacg gcgttacacg actgtctggc gctgcatctg ccagaactca cgttcgagcc

107101 gacgctggat ataaacaacg taacggagaa cgcggcttcc gtcgctgata ccgcggaatc

107161 aacggacgcg gatctgacgc ccacgctgac ggtgcgcgta cgacacgcgc tgtgctggca

107221 tcgagtggaa ggcggcatct cggggccgcg tggactcacc agccgtatct cggcgcgcct

107281 ctcggaaacc acggccaaga cattgggacc ctccgtcttt ggacgattgg agctagaccc

107341 gaacgaatca ccgccggacc tgacgctgtc gtcactcacg ctataccaag acggcatatt

107401 acgtttcaac gtgacctgcg accgcaccga ggcgccagcc gacccagtgg cgtttcgcct

107461 gcggctgcga cgcgaaacgg tgcgacgacc cttcttttcg gacgcgccac tgccttactt

107521 tgtaccgcca cgctccggcg cggcggacga gggactggag gtgcgcgtcc cttacgaatt

107581 gacgctgaag aactcgcaca cgttacgtat ctaccgccgc ttttacgggc cttatctggg

107641 tgtttttgta ccacacaacc gtcagggact caaaatgccc gttacggtct ggctaccgcg

107701 ctcctggttg gaattaaccg tactggtgag cgacgagaac ggcgccacgt tcccacggga

107761 cgcgctcctg gggcgcctct attttatctc gtcaaagcat acgctgaatc ggggttgcct

107821 gtcagcaatg acgcaccaag tcaaatccac gctacactcg cggtccacat cccattcgcc

107881 gtcgcaacag cagctctcgg tgctgggcgc ttccatcgcg ctggaggacc tgctgcccat

107941 gcgactggcg tccccggaga cggaaccgca agactgtaag cttacggaaa atacgacaga

108001 gaagacgagt cctgtcactt tagccatggt ctgcggcgat ctctaaacag aggaccctga

108061 taatgggaaa cggacactag gcgtccgcgc catacgggat taaaacaaaa aaaaatcggt

UL105

74521 tgctcaataa agtcacgttt tccttacacg gtgttgtgtc aaaaaataag cgtggtgcgt

74581 ttgtctttga gcgcgcgaca gatataggggg gtgatagcgg tgttcttctc atagggcagt

74641 cgcaacgggt taacgttcat catgaggtgt tcggggtccg tgactcgcga catggccacg

74701 tagatgtggc tcatcttgag gttcttggga tggtccccaa agtccacggc caccttctcg

74761 agcgacaggc cctgactctt ggcgatggtc atggccgtgc gcgaagtgag gccgtagtcc

74821 acggtggtgc acacgtgcag actcttgccc tgcgccgact cgacgaagcg cgaaacgtta

74881 acgtcgagca caaagaggaa cccaagcgca tcgcgtagca ccagccgcga aaggccgcgc

74941 tgcaccacct cggggtggat gcggtggcgg tcactgggca gactgagcac gttgtcgctg

75001 gtgtagccct cgagcgtgta cgtctgcgcc ggcgacacat gcgaaagcat gcccacgaag

75061 gagccggtct cgcgagctgat ctgacagttg gccttgaaca ccacgttacg gcgattgtag

75121 gtaacgagcg gcaacgtggc gaagcgaccg cccgtgagac gctgcatgag ctggtagcgc

75181 ttgagaaaaa tgtcgcggaa ggtagtgtac atgtgcaccg tctcctcgaa agaaagcagc

75241 gccaggct**ag gtggcttgac gtatttgaga a**aa**aagggat ccgcgtacag actggtgtg**a

　　　　　　　　　　R　　　　　　　　　　　　　　　P

75301 **tccatgagtt cggcgtcc**gt gatggcgtcc gagtcgtcat ggtggttgga caggcagggg

　　　　　　　F

75361 atgtcgtggg tctcctcttg gccatgttcc atccgttgag ataccggcac gctctggccg

75421 ccctgagaag aatccgcgtc gacgtgatta tttatcggat tctctccccc gctccaagcg

75481 ggagcggcgg ccgtggcggc ggcagcggcg cagagcgaac tcacgtcggg cagctcaacg

75541 cgcgccagct cacgcaacat ctcctcggtc gtgtagggcg acacgtagaa gtagtacatg

75601 gccgagaaga gcaggcccga aactaacgag taggcgtagg ccgcctgctc gcagggcgtg

75661 cgttcgataa acgtgtcctt ttgcaagatg tccacgaaac gttcgaccgt gccctggtat

75721 ccgataacac aggcccgcac cttagagttg actcccaccg aactgccctt gatgtaggta

75781 atgcgcaagg tgagcagcgt ctcacggcta tcgggcgcag tggtggtatc atcgtcctgg

75841 aaaaacgccg tctcgtcgtt gccgccggtg ctcccgatta cagatcctcc ccctccgtga

75901 gcctggacgg aggagttgtt ggtggcaacg acgtcggccg cggggcgcag cgcctccttg

75961 gtgatctcgc tggagaggtt gtggtcgaca aactgcgagt agttaatgat gcgcgccaag

76021　ttctggcggga accagagctc gacgggctgc ggcgagtcgc ccagcgggtc ggccagctcg

76081　cagagctcct ggtacgcgcg gttgttgacc acgcagtaga cgggcagatc aaagagacgg

76141　tggcgctcgc tcaggcggat ctgctcgtgc agccgcttga agtaagcctg cacctcgacg

76201　tgtgagagaa aaagccgcgt catctcggcg gcgtacgagg ggttgcggat ggagctgggc

76261　ggccgcacga agcgatccac gtaggccacg tgctcctcct tgagcgggat accgaactcc

76321　atgtacttga gcaggtcgcc aaagtccagg tcggtgcaac gcttgttgtg aataaacatg

76381　acccagttgt cggcgatgtc gcagtagttg atgagcacct cgttctgaat cagcgccgag

76441　agcacgtcaa cgcccttgcg cacgctcttg ttttgcgtgt agtggtcgta gcggctctcc

76501　agcgcctcgg tctgcgtggg cgaaccgacg cagatgatgc agggcacgcg gcgttcgcgg

76561　taaagtcgcg tgtcgcccag ggcgttgtaa aagtagtaaa aaaacaccac cacctgcagc

76621　atgtagcgca gcataaggcc gcactcgtcg atgacgatga tattgctctc gcacagctcc

76681　gagaggtcct cgcaggcggc ggctgcggcc gcggcggagg ccgaagcggc cttgcgctcc

76741　cacatattta agcatttgtc cacgatgtcg gcgatgaccg gccagtaggc gagcagatcg

76801　ttgatctgca ggcgctggat ggtggtctcc tcgtgcggct cgcacacgcg gtagcgttcc

76861　agcgtctcgt ggctaacggc gctgtcagcc agcggcacgt gcttgctgac gaagccgaag

76921　acgcggtaga tggtcttgac ctgcgccgag cgagtgcggt tgaggatcgc gctgaggttc

76981　tgcgcggcga tcaccgtggt accggtgatc acgcaatcta gattggccgc cagcacctgg

77041　atgctggaag tcttgccggc gcccgccgtg ccggtgacga gcagcgcgcg gaagggaaag

77101　aagggccaac ggtcgacgca gggcacgcgc gtgccgccgg cctcggacga agcggcagcg

77161　gcggcagaag aggaggcgga ggagtgaacg gtcgtcgttg ccgcggcggt agttgcggca

77221　gaggggttgt tatctgtcgt tcgttcaacg cgactgatgg agcgaaacca ctggaacgaa

77281　aaatcctcgg gcgcaaagcg ctcgcgcgag agggacttga ccttgtcgac gatccgttcg

77341　atcttggcgg ccgacgagag gttgaggatc aaggcgtcgt cgtacttggg cgtgggccgc

77401　ggcgtggatg acgaggccgt catcgacatt ttccccacgg ggcagacgat gagcttcctg

UL123

55741　gtgacgtaag taccgcctat agagtctata ggcccacccc cttggcttct tatgcatgct

55801　atactgtttt tggcttgggg tctatacacc cccgcttcct catgttatag gtgatggtat

55861　agcttagcct ataggtgtgg gttattgacc attattgacc actccctat tggtgacgat

55921　actttccatt actaatccat aacatggctc tttgccacaa ctctctttat tggctatatg

55981　ccaatacact gtccttcaga gactgacacg gactctgtat ttttacagga tggggtctca

56041　tttattattt acaaattcac atatacaaca ccaccgtcc**c cagtgcccgc agtttttatt**

　　　　　　　　　　　　　　　　　　　　　　　　　　　　　F[5]

56101　a**aacataacg tgggatctcc acgcgaat**ct cgggtacgtg ttccg**gacat gggctcttct**

　　　　　　　P[5]　　　　　　　　　　　　　　　　　　　　　R[5]

56161　**ccggt**agcgg cggagcttct acatccgagc cctgctccca tgcctccagc gactcatggt

56221　cgctcggcag ctccttgctc ctaacagtgg aggccagact taggcacagc acgatgccca

56281　ccaccaccag tgtgccgcac aaggccgtgg cggtagggta tgtgtctgaa aatgagctcg

56341　gggagcgggc ttgcaccgct gacgcatttg gaagacttaa ggcagcggca gaagaagatg

56401　caggcagctg agttgttgtg ttctgataag agtcagaggt aactcccgtt gcggtgctgt

56461　taacggtgga gggcagtgta gtctgagcag tactcgttgc tgccgcgcgc gccaccagac

56521　ataatagctg acagactaac agactgttcc tttccatggg tcttttctgc agtcaccgtc

56581　cttgacacga tggagtcctc tgccaagaga aagatggacc ctgataatcc tgacgagggc

56641　ccttcctcca aggtgccacg gtacgtgtcg gggtttgtgc cccccctttt tttttaataa

56701　aattgtatta atgttatata catatctcct gtatgtgacc catgtgctta tgactctatt

56761　tctcatgtgt ttaggcccga gacacccgtg accaaggcca cgacgttcct gcagactatg

56821　ttgaggaagg aggttaacag tcagctgagt ctgggagacc cgctgtttcc agagttggcc

56881　gaagaatccc tcaaaacttt tgaacaagtg accgaggatt gcaacgagaa ccccgagaaa

56941　gatgtcctgg cagaactcgg taagtctgtt gacatgtatg tgatgtatac taacctgcat

57001　gggacgtgga tttacttgtg tatgtcagat agagtaaaga ttaactcttg catgtgagcg

57061　gggcatcgag atagcgataa atgagtcagg aggacggata cttatatgtg ttgttatcct

57121　cctctacagt caaacagatt aaggttcgag tggacatggt gcggcataga atcaaggagc

57181　acatgctgaa aaaatatacc cagacggaag agaaattcac tggcgccttt aatatgatgg

57241　gaggatgttt gcagaatgcc ttagatatct tagataaggt tcatgagcct ttcgaggaga

57301　tgaagtgtat tgggctaact atgcagagca tgtatgagaa ctacattgta cctgaggata

57361　agcgggagat gtggatggct tgtattaagg agctgcatga tgtgagcaag ggcgccgcta

57421　acaagttggg gggtgcactg caggctaagg cccgtgctaa aaaggatgaa cttaggagaa

57481　agatgatgta tatgtgctac aggaatatag agttctttac c**aagaactca gccttcccta**

　　　　　　　　　　　　　　　　　　　　　　　　　　　　　　　F[6]

57541　**agaccaccaa tggctgcagt caggccatgg** cggcactgca **gaacttgcct cagtgctccc**

　　　　　　　　　　P[6]　　　　　　　　　　　　　　R[6]

57601　ctgatgagat tatggcttat gcccagaaaa tatttaagat tttggatgag gagagagaca

57661　aggtgctcac gcacattgat cacatattta tggatatcct cactacatgt gtggaaacaa

57721　tgtgtaatga gtacaaggtc actagtgacg cttgtatgat gaccatgtac gggggcatct

57781　ctctcttaag tgagttctgt cgggtgctgt gctgctatgt cttagaggag actagtgtga

57841　tgctggccaa gcggcctctg ataaccaagc ctgaggttat cagtgtaatg a**agcgccgca**

　　　　　　　　　　　　　　　　　　　　　　　　　　　　　F[9]

57901　**ttgaggagat ctgcatgaag gtctttgccc agtaca**ttct gggg**ggccgat cctctgagag**

　　　　　　　　　　P[9]　　　　　　　　　　　　　　R[9]

57961　**tctg**ctctcc tagtgtggat gacctacggg ccatcgccga ggagtcagat gaggaagagg

58021　ctattgtagc ctacactttg gccaccgctg gtgtcagctc ctctgattct ctggtgtcac

58081　ccccagagtc ccctgtaccc gcgactatcc ctctgtcctc agtaattgtg gctgagaaca

58141　gtgatcagga agaaagtgag cagagtgatg aggaagagga ggagggtgct caggaggagc

58201　gggaggacac tgtgtctgtc aagtctgagc cagtgtctga gatagaggaa gttgccccag

58261　aggaagagga ggatggtgct gaggaaccca ccgcctctgg aggcaagagc acccacccta

58321　tggtgactag aagcaaggct gaccagtaaa ctattgtata tatatcag ttactgttat

UL125

55921　actttccatt actaatccat aacatggctc tttgccacaa ctctctttat tggctatatg

55981　ccaatacact gtccttcaga gactgacacg gactctgtat ttttacagga tggggtctca

56041 tttattattt acaaattcac atatacaaca ccaccgtcc**c cagtgcccgc agtttttatt**

                                                                    F

56101 a**aacataacg tgggatctcc acgcgaat**ct cgggtacgtg ttccg**gacat gggctcttct**

                       P   R

56161 **ccggt**agcgg cggagcttct acatccgagc cctgctccca tgcctccagc gactcatggt

56221 cgctcggcag ctccttgctc ctaacagtgg aggccagact taggcacagc acgatgccca

UL126

55441 gatagcggtt tgactcacgg ggatttccaa gtctccaccc cattgacgtc aatgggagtt

55501 tgttttggca ccaaaatcaa cgggactttc caaaatgtcg taacaactcc gccccattga

55561 cgcaaatggg cggtaggcgt gtacggtggg aggtctatat aagcagagct cgtttagtga

55621 **accgtcagat cgcctggaga cgccatccac gctgttttga cctc**cataga agacaccggg

                  F   P   R

55681 **accgatc**cag cctccgcggc cgggaacggt gcattggaac gcggattccc cgtgccaaga

55741 gtgacgtaag taccgcctat agagtctata ggcccacccc cttggcttct tatgcatgct

55801 atactgtttt tggcttgggg tctatacacc cccgcttcct catgttatag gtgatggtat

US17

23221 atacgcgcct tttgatcgcc accgccgtca tgtctccgaa ctcagaggcc accgggacgg

23281 cctgggcgcc cccacccccg cgaccctcgc gcggagtcat tatgatttcc tccgtgtcga

23341 cgaacgacgt acgtcgcttt ttactttgta tgcgggtcta cagcaccgtg gccgtgcagg

23401 gcacctgcac cttcttgctc tgtctgggcc tggtgctggc ttttccgcat cttaaaggca

23461 ccgtctttct ctgttgcacc ggctttatgc cgcccttaag tttgatggtg cccaccatct

23521 gtttggccct gctgcacggc aaacgcgatg aaggatcgtt cacgtcgcca ccgagccctg

23581 gcctgctcac catttatagc gtgctcacga cgctttcggt gatcgtggcc agcgcctgct

23641 cctcctctac gctagtgacc ttctcgggcc tcttggctt**g cgtgcttttt agcctctgca**

                                                                    F

23701 gctgcgtcac gggtctagcc ggccataatc accgtcgatg gcaggtcatc gtcacgctgt

23761 ttg**tgatcgg cgttatcgcg ttcttgatc**g cactttacct gcagcccg**ta ccgttggggc**

                       P   R

23821 **acaaactttt**tttgggctat tacgccatgg cgctcagctt catgctggtc gtcacggtct

23881 ttgacaccac gcgcctgttt gagatcgcgt ggtccgaggc tgacctgctc accttgtgtc

23941 tctatgagaa cctggtgtac ctgtacctgc tcattctcat cctcttcacc accgaggact

24001 cattagacaa actcatcgct tggatgacct ggttatcgtc acgcgccacc ggggccacca

24061 acgcggcctc catttcgggc tgtgaccttt tgcgggaggt acagagaaac ctcacgcgaa

24121 ccatggcgta acggaaaaac tcgtcgtttc ccccacccgc cgcgccggcc gtctccacca

图 15-1 文献报道的 HCMV 实时荧光 PCR 引物和探针在 HCMV 基因组中的相应位置

[　]内为相关引物和探针的文献来源

3. 临床标本的采集、运送和保存

(1)标本的采集:可用于 HCMV 实时荧光 PCR 检测的临床标本有血液、尿液、唾液、宫颈分泌物、精液、支气管洗液、咽拭子、脑脊液、羊水、绒毛、胎盘组织等。应尽可能在发病初期采集上述临床标本,或在患者住院的当天进行,越早越好。发病初期,标本中病毒含量高,进行 PCR 检测的检出率高。标本采集时,应严格无菌操作,所用容器必须为密闭的一次性无菌容器。标本采集好后,标本容器或申请单上应注明患者姓名、年龄、采集日期、科室或病房、标本名称和采集部位、临床诊断、检验项目,并有病程及治疗情况等说明。

①血液:采用含抗凝剂的真空采血管,抽取抗凝全血 2～5ml,2000×g 离心 20min,取含有白细胞的血黄层(buffy coat)进行后续的核酸提取。

②尿液:使用无菌瓶收取刚排出的新鲜尿,最好是收集第一次晨尿(5～10ml)。

③咽或宫颈阴道拭子:将拭子在感染部位轻轻刮取样本,放入加有 0.5％明胶或小牛血清的 Hanks 液的 2ml 无菌试管中。

④活检或尸检标本:可用福尔马林或石蜡包埋处理组织样本。

(2)标本的运送:对用于 HCMV PCR 检测的标本的运送方式并无特别要求,主要是采集后尽快送检。

(3)标本的处理:如使用商品试剂盒,标本 DNA 提取可直接用试剂盒中的核酸提取试剂按操作说明进行即可。尿液中含有尿素等高浓度的 PCR 抑制物,可用聚乙二醇(PEG)6000 进行预处理,处理方法见图 15-2。

$50\mu l$ 尿液上清＋$50\mu l$ 20％PEG6000＋$25\mu l$ 2mol/L NaCl

↓ 混匀

置冰浴 6h

↓ 15 000r/min 离心 30min

收集沉淀

↓ 再于 6400r/min 离心 3min

尽可能吸去上清,沉淀即可用于核酸提取或加入一定时蒸馏水悬浮后直接用于 PCR 检测

图 15-2　HCMV 标本处理流程

(4)标本的保存:未提取 DNA 的样本可在 4℃暂时保存,但时间不要太长。由全血制备的含有白细胞的血黄层可保存于-80℃,尿液可保存于液氮中。提取的 DNA 可在-20℃长期保存。

三、巨细胞病毒 PCR 检测的临床意义

1. 优生优育　孕妇在孕期中感染 HCMV,容易致胎儿畸形。对于 HCMV 特异抗体 IgM 检测阳性,和(或)特异 IgG 效价升高 4 倍,或特异的低亲和力 IgG 抗体阳性,则有必要采取孕妇羊水进行 HCMV 的 PCR 检测,以明确是否有现症感染,从而为进一步采取相应的对策提供依据。

2. 器官移植、免疫缺陷患者、抗肿瘤治疗中 HCMV 感染的监测　器官移植后因为免疫抑制的使用,免疫缺陷患者和恶性肿瘤患者抗肿瘤治疗造成免疫系统的损伤,一旦感染在平时不会有太大问题的 HCMV,则可能出现严重的后果,导致治疗失败,甚至患者的死亡。采用 PCR 方法,对这些患者进行 HCMV 感染的监测,有助于临床相应治疗措施的及时采取,避免严重后果的发生。

3. 抗病毒治疗药物疗效的监测　对血液 HCMV 进行定量测定,有助于 HCMV 感染者进行抗病毒药物治疗后的疗效监测。

4. HCMV 感染的早期诊断　采用高灵敏高特异的实时荧光 PCR 方法检测 HC-

MV,有助于 HCMV 感染的早期诊断。

5. 鉴别诊断 可用于与其他病原体所致疾病如病毒性肝炎等的鉴别诊断。

6. 病因学研究 可用于死胎、畸胎、流产、低体重儿、婴儿肝炎综合征的病因学研究。

7. 巨细胞病毒与肿瘤的关系研究 有研究报道 HCMV 与宫颈癌、睾丸癌、前列腺癌、卡波西肉瘤、成纤维细胞癌、肾母细胞瘤及结肠癌等肿瘤的发生有关。PCR 方法是对特定肿瘤进行流行病学调查,以及研究 HCMV 与肿瘤发生关系及机制的一个重要手段。

（李金明 汪 维）

参 考 文 献

[1] Biri A,Bozdayi G,Cicfti B,et al.The detection of CMV in amniotic fluid and cervicovaginal smear samples by real-time PCR assay in prenatal diagnosis. Arch Gynecol Obstet, 2006, 273(5):261-266

[2] Onishi Y,Mori S,Hquchi A,et al.Early detection of plasma cytomegalovirus DNA by real-time PCR after allogeneic hematopoietic stem cell transplantation.Tohoku J Exp Med,2006, 210(2):125-135

[3] Xu Y,Cei SA,Huete AR,et al.Human cytomegalovirus UL84 insertion mutant defective for viral DNA synthesis and growth.J Virol, 2004,78(19):10360-10369

[4] Boeckh M,Huang M,Ferrenberg J,et al.Optimization of quantitative detection of cytomegalovirus DNA in plasma by real-time PCR. J Clin Microbiol,2004,42(3):1142-1148

[5] Fan J,Ma WH,Yang MF,et al.Real-time fluorescent quantitative PCR assay for measuring cytomegalovirus DNA load in patients after haematopoietic stem cell transplantation. Chin Med J (Engl),2006,119(10):871-874

[6] Watzinger F,Suda M,Preuner S,et al.Real-time quantitative PCR assays for detection and monitoring of pathogenic human viruses in immunosuppressed pediatric patients. J Clin Microbiol,2004,42(11):5189-5198

[7] Cortez KJ,Fischer SH,Fahle GA,et al.Clinical trial of quantitative real-time polymerase chain reaction for detection of cytomegalovirus in peripheral blood of allogeneic hematopoietic stem-cell transplant recipients. J Infect Dis, 2003,188(7):967-972

[8] Mengelle C,Sandres-Saune K,Pasquier C,et al.Automated extraction and quantification of human cytomegalovirus DNA in whole blood by real-time PCR assay. J Clin Microbiol, 2003,41(8):3840-3845

[9] Leruez-Ville M,Ouachee M,Delarue R,et al. Monitoring cytomegalovirus infection in adult and pediatric bone marrow transplant recipients by a real-time PCR assay performed with blood plasma.J Clin Microbiol,2003,41(5): 2040-2046

[10] Jebbink J,Bai X,Rogers BB,et al.Development of real-time PCR assays for the quantitative detection of Epstein-Barr virus and cytomegalovirus, comparison of TaqMan probes, and molecular beacons.J Mol Diagn,2003,5(1):15-20

[11] Sanchez Jl,Storch GA.Multiplex,quantitative, real-time PCR assay for cytomegalovirus and human DNA. J Clin Microbiol, 2002, 40(7): 2381-2386

[12] Yoshida A,Hitomi S,Fukui T,et al.Diagnosis and monitoring of human cytomegalovirus diseases in patients with human immunodeficiency virus infection by use of a real-time PCR assay.Clin Infect Dis,2001,33(10):1756-1761

[13] Haaheim LR,Pattison JR,Whitley RJ.A Practical Guide to Clinical Virology. 2nd Edition. England John Wiley & Sons,Ltd,2002:149-154

第16章　严重急性呼吸综合征冠状病毒实时荧光 RT-PCR 检测及临床意义

SARS 冠状病毒（SARS-CoV），属于有壳病毒目（Nidovirales）、冠状病毒科（Coronaviridae）、冠状病毒属（Coronavirus）病毒。冠状病毒（Coronaviruses）于 1937 年首先从鸡身上分离出来。1965 年从普通感冒患者鼻洗液中分离出第一株人的冠状病毒。1968 年，Almeida 等对这些病毒进行了形态学研究，电子显微镜观察发现，其外膜上有明显的类似日冕的棒状粒子突起，形态上看去像中世纪欧洲帝王的皇冠，故命名为"冠状病毒"。1975 年，病毒命名委员会正式命名了冠状病毒科。根据病毒的血清学特点和核苷酸序列的差异，目前冠状病毒科分为冠状病毒和环曲病毒两个属。冠状病毒科的代表株为禽传染性支气管炎病毒（avian infectious bronchitis virus，IBV）。

2002 年 11 月底，在我国广东省出现了一些病因不明、伴有严重的可以危及生命的呼吸系统症状的病例。随即在越南、加拿大和香港等地出现家庭成员或医护人员聚集感染的现象。后又蔓延至 26 个国家。该综合征于 2003 年 2 月被世界卫生组织（WHO）命名为"severe acute respiratory syndrome"简称"SARS"，译为严重急性呼吸综合征。2003 年 4 月 17 日 WHO 宣布，经 9 个国家总计有 13 个实验室参加的 WHO SARS 研究项目组——"全球病毒实验室"（a global virtual laboratory）已发现，SARS 病原体为一种人类从未发现过的，属冠状病毒科的新型病毒。

一、SARS-CoV 的特点

1. 形态结构特点　形态学上，SARS 冠状病毒与已知的冠状病毒形态基本一致。冠状病毒粒子呈不规则形状，直径 60 ～ 220nm。病毒粒子外包着脂肪膜，膜表面有三种糖蛋白：刺突糖蛋白（spike protein，S，是受体结合位点、溶细胞作用和主要抗原位点）；小包膜糖蛋白（envelope protein，E，较小，与包膜结合的蛋白）；膜糖蛋白（membrane protein，M，负责营养物质的跨膜运输、新生病毒出芽释放与病毒外包膜的形成）。少数种类还有血凝素糖蛋白（HE 蛋白，Haemagglutinin-esterase）。SARS 冠状病毒分子量为 4×10^8 Da，在氯化铯中的浮力密度为 $1.23 \sim 1.24 g/cm^3$，在蔗糖中的浮力密度为 $1.15 \sim 1.19 g/cm^3$，沉降系数 S20W 为 $300 \sim 500$ S。

冠状病毒成熟粒子中，并不存在 RNA 病毒复制所需的 RNA 聚合酶（viral RNA polymerase），它进入宿主细胞后，直接以病毒基因组 RNA 为翻译模板，表达出病毒 RNA 聚合酶。再利用这个酶完成负链亚基因组 RNA（sub-genomic RNA）的转录合成、各种结构蛋白 mRNA 的合成，以及病毒基因组 RNA 的复制。冠状病毒各个结构蛋白成熟的 mRNA 合成，不存在转录后的修饰剪切过程，而是直接通过 RNA 聚合酶和一些转录因子，以一种"不连续转录"（discontinuous transcription）的机制，通过识别特定的转录调控序列（transcription regulating sequence，TRS），有选择性地从负义链 RNA 上，一次性转录得到构成一个成熟 mRNA 的全部组成部分。结构蛋白和基因组 RNA 复制完成后，将在宿主细胞内质网处装配（assembly）生成新的冠状病毒颗粒，并通过高尔基体分泌至细胞外,完成其生命周期。

2. 基因结构特点　SARS 冠状病毒基因组长度在 27 000～30 000nt,为单股正链 RNA 病毒,RNA 的 5′端具有甲基化帽,3′端有 PolyA 结构。其基因组 5′端约 2/3 的区域编码病毒 RNA 聚合酶蛋白,后 1/3 的区域编码结构蛋白,依次为刺突蛋白(spike,S)、包膜蛋白(envelope,E)、膜蛋白(membrane,M)、核衣壳蛋白(nucleocapsid,N),未发现 HE 蛋白编码序列。在结构蛋白编码区可能的可读框(open reading frame,ORF)中,存在与已有蛋白质序列数据库中未找到任何同源序列的未知蛋白(predicted unknown protein,PUP)。

二、SARS-CoV RNA 实时荧光 RT-PCR 检测

1. 引物和探针设计　早在 2003 年 3 月 27 日,香港科学家已设计出 PCR 试剂盒。随后不久,WHO 公布了可以进行 RT-PCR 检测的 7 对引物,到现在为止,已经有大量的关于 SARS-CoV 的 RT-PCR 检测研究及商品试剂盒,包括 RT-PCR 在不同 SARS 冠状病毒株,不同感染时间的检出阳性率。由于临床标本中通常 SARS-CoV 的含量较低,所以多采用巢式 PCR 或多重 PCR 方法,以提高检测的灵敏度。Yoon-Seok Chung 等应用位于不同区域的多对引物扩增不同株的 SARS-CoV 病毒,发现在聚合酶(POL)区和 N 蛋白编码区检测的阳性率较高,认定该部分区域较为适合进行 RT-PCR 检测的靶序列。

SARS-CoV RNA 实时荧光 RT-PCR 检测所用引物和探针所针对的区域同样应为病毒基因组的最为保守的区域,文献报道的有 BNI-1、ORF1b、ORF3、ORF8、NSP1、核衣壳编码区等,最为常用的是 BNI-1、ORF1b 和核衣壳编码区。

2. 文献报道的检测引物和探针举例表 16-1 和图 16-1 为文献报道的 SARS-CoV RNA 实时荧光 RT-PCR 检测引物和探针举例及在病毒全基因组的相应位置。

表 16-1　文献报道的 SARS-CoV RNA 实时荧光 RT-PCR 检测引物和探针举例

测定技术		引物和探针	基因组内区域	文献
TaqMan 探针	引物	F:5′-TTATCACCCgCgAAgAAgCT-3′(18187-18206)	BNI-1 fragment (18187-18264)	[1]
		R:5′-CTCTAgTTgCATgACAgCCCTC-3′(18264-18243)		
	探针	5′6-carboxyfluorescein-TCgTgCgTggATTggCTTTgATgT-6-carboxy-N,N,$N′$,$N′$-tetramethylrhodamin 3′(18218-18241)		
TaqMan 探针	引物	F:5′-GCACTTTGTAGAAACAGTTTCTTTGG-3′(4689-4714)	Proteinase gene (NSP1 region)(4689-4765)	[2]
		R:5′-CACCTAACTCTGTACGCTGTCCTG-3′(4765-4742)		
	探针	5′FAM-TGGCTCTTACAGAGATT-MGBNFQ-3′(4716-4732)		
TaqMan 探针	引物	F:5′-CACACCGTTTCTACAGGTTAGCT-3′(15316-15338)	ORF1b(15316-15380)	[4]
		R:5′-GCCACACATGACCATCTCACTTAAT-3′(15380-15356)		
	探针	5′-FAM-ACGGTTGCGCACACTCGGT-TAMRA-3′(15355-15339)		

续表

测定技术		引物和探针	基因组内区域	文献
TaqMan 探针	引物	F：5'-CAT GTG TGG CGG CTC ACT ATA T-3'（15371-15392）	RNA polymer- ase（15371- 15449）	[7]
		R：5'-GAC ACT ATT AGC ATA AGC AGT TGT AGC A-3' （15449-15422）		
	探针	5'-FAM-TTA AAC CAG GTG GAA CAT CAT CCG GTG-BHQ- 3'（15394-15420）		
	引物	F：5'-GGA GCC TTG AAT ACA CCC AAA G-3'（28531-28552）	Nucleocapsid （28531-28597）	
		R：5'-GCA CGG TGG CAG CAT TG-3'（28597-28581）		
	探针	5'-FAM-CCA CAT TGG CAC CCG CAA TCC-BHQ-3'（28554- 28574）		
TaqMan MGB 探 针	引物	F：5'-AGGAACTGGCCCAGAAGCTT-3'（28461-28480）	N gene 61bp （28461-28521）	[3]
		R：5'-AACCCATACGATGCCTTCTTTG-3'（28521-28500）		
	探针	5'-FAM-ACTTCCCTACGGCGCTA-TAMRA-MGB-3'（28482- 28498）		
	引物	F：5'-ACTACTAAAAGAACCTTGCCCATCAG-3'（27359-27384）	ORF 8 71bp （27359-27429）	
		R：5'-TATTGTCAGCAAGAGGGTGAAATG-3'（27429-27406）		
	探针	5'-FAM-TGAATTGCCCTCGTATGTT-TAMRA-MGB-3'（27386- 27404）		
	引物	F：5'-TCTCCTGCAAGTACTGTTCATGCT-3'（25337-25360）	ORF 3 67bp （25337-25403）	
		R：5'-GCCATCCGAAAGGGAGTGA-3'（25403-25385）		
	探针	5'-FAM-CAACGATACCGCTACAAG-TAMRA-MGB-3'（25365- 25382）		
TaqMan MGB 探 针	引物	F：5'-AGTGTGCGCAAGTATTAAGTGAGAT-3'（15343-15367）	ORF1b （15343-15416）	[5]
		R：5'-GGATGATGTTCCACCTGGTTTAAC-3'（15416-15393）		
	探针	5'-FAM-CCGCCACACATGACC-TAMRA-MGB-3'（15382-15367）		
TaqMan 5'- nuclease 探针	引物	F：5'-GCCgTAgTgTCAgTATCATCACC-3'（4609-4631）	NS pp1a(133bp) （4609-4741）	[6]
		R：5'-AATAggACCAATCTCTgTAAgAgCC-3'（4741-4717）		
	探针	5'-FAM-TCACTTCgTCATCAAAgACATC-TAMRA-gAggAgC p- 3'（4661-4690）		
TaqMan 5'- nuclease 探针	引物	F：5'-TTTTgTTgTTTCAACTggATACCAT-3'（14387-14411）	NS pp1ab(88bp) （14387-14474）	
		R：5'-GAAACTgAgACgCgAgCTATgT-3'（14474-14453）		
	探针	5'-FAM-CATCCTgATTATgTACgACTCCTAAC-TAMRA-CAC- gAA p-3'（14445-14413）		

续表

测定技术		引物和探针	基因组内区域	文献
TaqMan 5′ nudease 探针	引物	F:5′-gAggTCTTTTATTgAggACTTgCTC-3′(23879-23903)	Surface spike gly-coprotein (79bp)(23879-23957)	[6]
		R:5′-gCATTCgCCATATTgCTTCAT-3′(23957-23937)		
	探针	5′-FAM-AAgCCAgCATCAgCgAgTgTCACCTTA-TAMRA-p-3′ (23935-23909)		

SARS coronavirus Urbani

ACCESSION AY278741 29727 bp RNA linear

```
   1 atattaggtt tttacctacc caggaaaagc caaccaacct cgatctcttg tagatctgtt
  61 ctctaaacga actttaaaat ctgtgtagct gtcgctcggc tgcatgccta gtgcacctac
 121 gcagtataaa caataataaa ttttactgtc gttgacaaga aacgagtaac tcgtccctct
 181 tctgcagact gcttacggtt tcgtccgtgt tgcagtcgat catcagcata cctaggtttc
 241 gtccgggtgt gaccgaaagg taagatggag agccttgttc ttggtgtcaa cgagaaaaca
 301 cacgtccaac tcagtttgcc tgtccttcag gttagagacg tgctagtgcg tggcttcggg
 361 gactctgtgg aagaggccct atcggaggca cgtgaacacc tcaaaaatgg cacttgtggt
 421 ctagtagagc tggaaaaagg cgtactgccc cagcttgaac agccctatgt gttcattaaa
 481 cgttctgatg ccttaagcac caatcacggc cacaaggtcg ttgagctggt tgcagaaatg
 541 gacggcattc agtacggtcg tagcggtata acactgggag tactcgtgcc acatgtgggc
 601 gaaaccccaa ttgcataccg caatgttctt cttcgtaaga acggtaataa gggagccggt
 661 ggtcatagct atggcatcga tctaaagtct tatgacttag gtgacgagct tggcactgat
 721 cccattgaag attatgaaca aaactggaac actaagcatg gcagtggtgc actccgtgaa
 781 ctcactcgtg agctcaatgg aggtgcagtc actcgctatg tcgacaacaa tttctgtggc
 841 ccagatgggt accctcttga ttgcatcaaa gattttctcg cacgcgcggg caagtcaatg
 901 tgcactcttt ccgaacaact tgattacatc gagtcgaaga gaggtgtcta ctgctgccgt
 961 gaccatgagc atgaaattgc ctggttcact gagcgctctg ataagagcta cgagcaccag
1021 acaccccttcg aaattaagag tgccaagaaa tttgacactt caaagggga atgcccaaag
1081 tttgtgtttc ctcttaactc aaaagtcaaa gtcattcaac cacgtgttga aaagaaaag
1141 actgagggtt tcatggggcg tatacgctct gtgtaccctg ttgcatctcc acaggagtgt
1201 aacaatatgc acttgtctac cttgatgaaa tgtaatcatt gcgatgaagt tcatggcag
1261 acgtgcgact ttctgaaagc cacttgtgaa cattgtggca ctgaaaattt agttattgaa
1321 ggacctacta catgtgggta cctacctact aatgctgtag tgaaaatgcc atgtcctgcc
1381 tgtcaagacc cagagattgg acctgagcat agtgttgcag attatcacaa ccactcaaac
1441 attgaaactc gactccgcaa gggaggtagg actagatgtt ttggaggctg tgtgtttgcc
1501 tatgttggc gctataataa gcgtgcctac tgggttcctc gtgctagtgc tgatattggc
1561 tcaggccata ctggcattac tggtgacaat gtggagacct tgaatgagga tctccttgag
1621 atactgagtc gtgaacgtgt taacattaac attgttggcg attttcattt gaatgaagag
1681 gttgccatca ttttggcatc tttctctgct tctacaagtg cctttattga cactataaag
```

```
1741  agtcttgatt acaagtcttt caaaaccatt gttgagtcct gcggtaacta taaagttacc
1801  aagggaaagc ccgtaaaagg tgcttggaac attggacaac agagatcagt tttaacacca
1861  ctgtgtggtt ttccctcaca ggctgctggt gttatcagat caatttttgc gcgcacactt
1921  gatgcagcaa accactcaat tcctgatttg caaagagcag ctgtcaccat acttgatggt
1981  atttctgaac agtcattacg tcttgtcgac gccatggttt atacttcaga cctgctcacc
2041  aacagtgtca ttattatggc atatgtaact ggtggtcttg tacaacagac ttctcagtgg
2101  ttgtctaatc ttttgggcac tactgttgaa aaaactcaggc ctatctttga atggattgag
2161  gcgaaactta gtgcaggagt tgaatttctc aaggatgctt gggagattct caaatttctc
2221  attacaggtg tttttgacat cgtcaagggt caaatacagg ttgcttcaga taacatcaag
2281  gattgtgtaa aatgcttcat tgatgttgtt aacaaggcac tcgaaatgtg cattgatcaa
2341  gtcactatcg ctggcgcaaa gttgcgatca ctcaacttag gtgaagtctt catcgctcaa
2401  agcaagggac tttaccgtca gtgtatacgt ggcaaggagc agctgcaact actcatgcct
2461  cttaaggcac caaaagaagt aaccttctt gaaggtgatt cacatgacac agtacttacc
2521  tctgaggagg ttgttctcaa gaacggtgaa ctcgaagcac tcgagacgcc cgttgatagc
2581  ttcacaaatg gagctatcgt tggcacacca gtctgtgtaa atggcctcat gctcttagag
2641  attaaggaca agaacaata ctgcgcattg tctcctggtt tactggctac aaacaatgtc
2701  tttcgcttaa aaggggggtgc accaattaaa ggtgtaacct ttggagaaga tactgtttgg
2761  gaagttcaag gttacaagaa tgtgagaatc acatttgagc ttgatgaacg tgttgacaaa
2821  gtgcttaatg aaaagtgctc tgtctacact gttgaatccg gtaccgaagt tactgagttt
2881  gcatgtgttg tagcagaggc tgttgtgaag actttacaac cagtttctga tctccttacc
2941  aacatgggta ttgatcttga tgagtggagt gtagctacat ctacttatt tgatgatgct
3001  ggtgaagaaa acttttcatc acgtatgtat tgttccttt accctccaga tgaggaagaa
3061  gaggacgatg cagagtgtga ggaagaagaa attgatgaaa cctgtgaaca tgagtacggt
3121  acagaggatg attatcaagg tctccctctg gaatttggtg cctcagctga aacagttcga
3181  gttgaggaag aagaagagga agactggctg gatgatacta ctgagcaatc agagattgag
3241  ccagaaccag aacctacacc tgaagaacca gttaatcagt ttactggtta tttaaaactt
3301  actgacaatg ttgccattaa atgtgttgac atcgttaagg aggcacaaag tgctaatcct
3361  atggtgattg taaatgctgc taacatacac ctgaaacatg gtggtggtgt agcaggtgca
3421  ctcaacaagg caaccaatgg tgccatgcaa aaggagagtg atgattacat taagctaaat
3481  ggccctctta cagtaggagg gtcttgtttg ctttctggac ataatcttgc taagaagtgt
3541  ctgcatgttg ttggacctaa cctaaatgca ggtgaggaca tccagcttct taaggcagca
3601  tatgaaaatt tcaattcaca ggacatctta cttgcaccat gttgtcagc aggcatattt
3661  ggtgctaaac cacttcagtc tttacaagtg tgcgtgcaga cggttcgtac acaggtttat
3721  attgcagtca atgacaaagc tctttatgag caggttgtca tggattatct tgataacctg
3781  aagcctagag tggaagcacc taaacaagag gagccaccaa acacagaaga ttccaaaact
3841  gaggagaat ctgtcgtaca gaagcctgtc gatgtgaagc caaaaattaa ggcctgcatt
3901  gatgaggtta ccacaacact ggaagaaact aagtttctta ccaataagtt actcttgttt
3961  gctgatatca atggtaagct ttaccatgat tctcagaaca tgcttagagg tgaagatatg
4021  tctttccttg agaaggatgc accttacatg gtaggtgatg ttatcactag tggtgatatc
```

```
4081  acttgtgttg taatacccttc caaaaaggct ggtggcacta ctgagatgct ctcaagagct
4141  ttgaagaaag tgccagttga tgagtatata accacgtacc ctggacaagg atgtgctggt
4201  tatacacttg aggaagctaa gactgctctt aagaaatgca aatctgcatt ttatgtacta
4261  ccttcagaag cacctaatgc taaggaagag attctaggaa ctgtatcctg gaatttgaga
4321  gaaatgcttg ctcatgctga agagacaaga aaattaatgc ctatatgcat ggatgttaga
4381  gccataatgg caaccatcca acgtaagtat aaaggaatta aaattcaaga gggcatcgtt
4441  gactatggtg tccgattctt cttttatact agtaaagagc ctgtagcttc tattattacg
4501  aagctgaact ctctaaatga gccgcttgtc acaatgccaa ttggttatgt gacacatggt
4561  tttaatcttg aagaggctgc gcgctgtatg cgttctctta agctcctgc cgtagtgtca
4621  gtatcatcac cagatgctgt tactacatat aatggatacc tcacttcgtc atcaaagaca
4681  tctgaggagc actttgtaga aacagtttct ttggctggct cttacagaga ttggtcctat
```
                   F[2]   P[2]

```
4741  tcaggacagc gtacagagtt aggtgttgaa tttcttaagc gtggtgacaa aattgtgtac
```
                   R[2]

```
4801  cacactctgg agagccccgt cgagtttcat cttgacggtg aggttctttc acttgacaaa
4861  ctaaagagtc tcttatccct gcgggaggtt aagactataa aagtgttcac aactgtggac
4921  aacactaatc tccacacaca gcttgtggat atgtctatga catatggaca gcagtttggt
4981  ccaacatact tggatggtgc tgatgttaca aaaattaaac ctcatgtaaa tcatgagggt
5041  aagactttct ttgtactacc tagtgatgac acactacgta gtgaagcttt cgagtactac
5101  catactcttg atgagagttt tcttggtagg tacatgtctg ctttaaacca cacaaagaaa
5161  tggaaatttc ctcaagttgg tggtttaact tcaattaaat gggctgataa caattgttat
5221  ttgtctagtg ttttattagc acttcaacag cttgaagtca aattcaatgc accagcactt
5281  caagaggctt attatagagc ccgtgctggt gatgctgcta cttttgtgc actcatactc
5341  gcttacagta ataaaactgt tggcgagctt ggtgatgtca gagaaactat gacccatctt
5401  ctacagcatg ctaatttgga atctgcaaag cgagttctta atgtggtgtg taaacattgt
5461  ggtcagaaaa ctactacctt aacgggtgta gaagctgtga tgtatatggg tactctatct
5521  tatgataatc ttaagacagg tgtttccatt ccatgtgtgt gtggtcgtga tgctacacaa
5581  tatctagtac aacaagagtc ttctttttgtt atgatgtctg caccacctgc tgagtataaa
5641  ttacagcaag gtacattctt atgtgcgaat gagtacactg gtaactatca gtgtggtcat
5701  tacactcata taactgctaa ggagaccctc tatcgtattg acggagctca ccttacaaag
5761  atgtcagagt acaaaggacc agtgactgat gttttctaca aggaaacatc ttacactaca
5821  accatcaagc ctgtgtcgta taaactcgat ggagttactt acacagagat tgaaccaaaa
5881  ttggatgggt attataaaaa ggataatgct tactatacag agcagcctat agaccttgta
5941  ccaactcaac cattaccaaa tgcgagtttt gataatttca aactcacatg ttctaacaca
6001  aaatttgctg atgatttaaa tcaaatgaca ggcttcacaa agccagcttc acgagagcta
6061  tctgtcacat tcttcccaga cttgaatggc gatgtagtgg ctattgacta tagacactat
6121  tcagcgagtt tcaagaaagg tgctaaatta ctgcataagc caattgtttg gcacattaac
6181  caggctacaa ccaagacaac gttcaaacca aacacttggt gtttacgttg tctttggagt
6241  acaaagccag tagatacttc aaattcattt gaagttctgg cagtagaaga cacacaagga
```

```
6301 atggacaatc ttgcttgtga aagtcaacaa cccacctctg aagaagtagt ggaaaatcct
6361 accatacaga aggaagtcat agagtgtgac gtgaaaacta ccgaagttgt aggcaatgtc
6421 atacttaaac catcagatga aggtgttaaa gtaacacaag agttaggtca tgaggatctt
6481 atggctgctt atgtggaaaa cacaagcatt accattaaga aacctaatga gctttcacta
6541 gccttaggtt taaaaacaat tgccactcat ggtattgctg caattaatag tgttccttgg
6601 agtaaaattt tggcttatgt caaaccattc ttaggacaag cagcaattac aacatcaaat
6661 tgcgctaaga gattagcaca acgtgtgttt aacaattata tgccttatgt gtttacatta
6721 ttgttccaat tgtgtacttt tactaaaagt accaattcta gaattagagc ttcactacct
6781 acaactattg ctaaaaatag tgttaagagt gttgctaaat tatgtttgga tgccggcatt
6841 aattatgtga agtcacccaa attttctaaa ttgttcacaa tcgctatgtg gctattgttg
6901 ttaagtattt gcttaggttc tctaatctgt gtaactgctg cttttggtgt actcttatct
6961 aattttggtg ctccttctta ttgtaatggc gttagagaat gtatcctaa ttcgtctaac
7021 gttactacta tggatttctg tgaaggttct tttccttgca gcatttgttt aagtggatta
7081 gactcccttg attcttatcc agctcttgaa accattcagg tgacgatttc atcgtacaag
7141 ctagacttga caattttagg tctggccgct gagtgggttt ggcatatat gttgttcaca
7201 aaattctttt atttattagg tctttcagct ataatgcagg tgttctttgg ctattttgct
7261 agtcatttca tcagcaattc ttggctcatg tggtttatca ttagtattgt acaaatggca
7321 cccgtttctg caatggttag gatgtacatc ttctttgctt ctttctacta catatggaag
7381 agctatgttc atatcatgga tggttgcacc tcttcgactt gcatgatgtg ctataagcgc
7441 aatcgtgcca cacgcgttga gtgtacaact attgttaatg gcatgaagag atctttctat
7501 gtctatgcaa atggaggccg tggcttctgc aagactcaca attggaattg tctcaattgt
7561 gacacatttt gcactggtag tacattcatt agtgatgaag ttgctcgtga tttgtcactc
7621 cagtttaaaa gaccaatcaa ccctactgac cagtcatcgt atattgttga tagtgttgct
7681 gtgaaaaatg gcgcgcttca cctctacttt gacaaggctg tcaaaagac ctatgagaga
7741 catccgctct cccattttgt caatttagac aatttgagag ctaacaacac taaaggttca
7801 ctgcctatta atgtcatagt ttttgatggc aagtccaaat gcgacgagtc tgcttctaag
7861 tctgcttctg tgtactacag tcagctgatg tgccaaccta ttctgttgct tgaccaagtt
7921 cttgtatcag acgttggaga tagtactgaa gtttccgtta agatgtttga tgcttatgtc
7981 gacacctttt cagcaacttt tagtgttcct atggaaaaac ttaaggcact tgttgctaca
8041 gctcacagcg agttagcaaa gggtgtagct ttagatggtg tcctttctac attcgtgtca
8101 gctgcccgac aaggtgttgt tgataccgat gttgacacaa aggatgttat tgaatgtctc
8161 aaactttcac atcactctga cttagaagtg acaggtgaca gttgtaacaa tttcatgctc
8221 acctataata aggttgaaaa catgacgccc agagatcttg gcgcatgtat tgactgtaat
8281 gcaaggcata tcaatgccca agtagcaaaa agtcacaatg tttcactcat ctggaatgta
8341 aaagactaca tgtctttatc tgaacagctg cgtaaacaaa ttcgtagtgc tgccaagaag
8401 aacaacatac cttttagact aacttgtgct acaactagac aggttgtcaa tgtcataact
8461 actaaaatct cactcaaggg tggtaagatt gttagtactt gttttaaaact tatgcttaag
8521 gccacattat tgtgcgttct tgctgcattg gtttgttata cgttatgcc agtacataca
8581 ttgtcaatcc atgatggtta cacaaatgaa atcattggtt acaaagccat tcaggatggt
```

8641 gtcactcgtg acatcatttc tactgatgat tgttttgcaa ataaacatgc tggttttgac

8701 gcatggttta gccagcgtgg tggttcatac aaaaatgaca aaagctgccc tgtagtagct

8761 gctatcatta caagagagat tggtttcata gtgcctggct taccgggtac tgtgctgaga

8821 gcaatcaatg gtgacttctt gcattttcta cctcgtgttt ttagtgctgt tggcaacatt

8881 tgctacacac cttccaaact cattgagtat agtgattttg ctacctctgc ttgcgttctt

8941 gctgctgagt gtacaatttt taaggatgct atgggcaaac ctgtgccata ttgttatgac

9001 actaatttgc tagagggttc tatttcttat agtgagcttc gtccagacac tcgttatgtg

9061 cttatggatg gttccatcat acagtttcct aacacttacc tggagggttc tgttagagta

9121 gtaacaactt ttgatgctga gtactgtaga catggtacat gcgaaaggtc agaagtaggt

9181 atttgcctat ctaccagtgg tagatgggtt cttaataatg agcattacag agctctatca

9241 ggagttttct gtggtgttga tgcgatgaat ctcatagcta acatctttac tcctcttgtg

9301 caacctgtgg gtgctttaga tgtgtctgct tcagtagtgg ctggtggtat tattgccata

9361 ttggtgactt gtgctgccta ctactttatg aaattcagac gtgttttttgg tgagtacaac

9421 catgttgttg ctgctaatgc acttttgttt ttgatgtctt tcactatact ctgtctggta

9481 ccagcttaca gctttctgcc gggagtctac tcagtctttt acttgtactt gacattctat

9541 ttcaccaatg atgtttcatt cttggctcac cttcaatggt ttgccatgtt ttctcctatt

9601 gtgccttttt ggataacagc aatctatgta ttctgtattt ctctgaagca ctgccattgg

9661 ttctttaaca actatcttag gaaaagagtc atgtttaatg gagttacatt tagtaccttc

9721 gaggaggctg ctttgtgtac ctttttgctc aacaaggaaa tgtacctaaa attgcgtagc

9781 gagacactgt tgccacttac acagtataac aggtatcttg ctctatataa caagtacaag

9841 tatttcagtg gagccttaga tactaccagc tatcgtgaag cagcttgctg ccacttagca

9901 aaggctctaa atgactttag caactcaggt gctgatgttc tctaccaacc accacagaca

9961 tcaatcactt ctgctgttct gcagagtggt tttaggaaaa tggcattccc gtcaggcaaa

10021 gttgaagggt gcatggtaca agtaacctgt ggaactacaa ctcttaatgg attgtggttg

10081 gatgacacag tatactgtcc aagacatgtc atttgcacag cagaagacat gcttaatcct

10141 aactatgaag atctgctcat tcgcaaatcc aaccatagct ttcttgttca ggctggcaat

10201 gttcaacttc gtgttattgg ccattctatg caaaattgtc tgcttaggct taaagttgat

10261 acttctaacc ctaagacacc caagtataaa tttgtccgta tccaacctgg tcaaacattt

10321 tcagttctag catgctacaa tggttcacca tctggtgttt atcagtgtgc catgagacct

10381 aatcatacca ttaaaggttc tttccttaat ggatcatgtg gtagtgttgg ttttaacatt

10441 gattatgatt gcgtgtcttt ctgctatatg catcatatgg agcttccaac aggagtacac

10501 gctggtactg acttagaagg taaattctat ggtccatttg ttgacagaca aactgcacag

10561 gctgcaggta cagacacaac cataacatta aatgttttgg catggctgta tgctgctgtt

10621 atcaatggtg ataggtggtt tcttaataga ttcaccacta ctttgaatga ctttaacctt

10681 gtggcaatga agtacaacta tgaacctttg acacaagatc atgttgacat attgggacct

10741 ctttctgctc aaacaggaat tgccgtctta gatatgtgtg ctgctttgaa agagctgctg

10801 cagaatggta tgaatggtcg tactatcctt ggtagcacta ttttagaaga tgagtttaca

10861 ccatttgatg ttgttagaca atgctctggt gttaccttcc aaggtaagtt caagaaaatt

10921 gttaagggca ctcatcattg gatgctttta actttcttga catcactatt gattcttgtt

10981　caaagtacac agtggtcact gttttctttt gtttacgaga atgctttctt gccatttact

11041　cttggtatta tggcaattgc tgcatgtgct atgctgcttg ttaagcataa gcacgcattc

11101　ttgtgcttgt ttctgttacc ttctcttgca acagttgctt actttaatat ggtctacatg

11161　cctgctagct gggtgatgcg tatcatgaca tggcttgaat tggctgacac tagcttgtct

11221　ggttataggc ttaaggattg tgttatgtat gcttcagctt tagttttgct tattctcatg

11281　acagctcgca ctgtttatga tgatgctgct agacgtgttt ggacactgat gaatgtcatt

11341　acacttgttt acaaagtcta ctatggtaat gctttagatc aagctatttc catgtgggcc

11401　ttagttattt ctgtaacctc taactattct ggtgtcgtta cgactatcat gttttttagct

11461　agagctatag tgtttgtgtg tgttgagtat tacccattgt tatttattac tggcaacacc

11521　ttacagtgta tcatgcttgt ttattgtttc ttaggctatt gttgctgctg ctactttggc

11581　ctttctgtt tactcaaccg ttacttcagg cttactcttg gtgtttatga ctacttggtc

11641　tctacacaag aatttaggta tatgaactcc caggggcttt tgcctcctaa gagtagtatt

11701　gatgctttca agcttaacat taagttgttg ggtattggag gtaaaccatg tatcaaggtt

11761　gctactgtac agtctaaaat gtctgacgta aagtgcacat ctgtggtact gctctcggtt

11821　cttcaacaac ttagagtaga gtcatcttct aaattgtggg cacaatgtgt acaactccac

11881　aatgatattc ttcttgcaaa agacacaact gaagctttcg agaagatggt ttctcttttg

11941　tctgttttgc tatccatgca gggtgctgta gacattaata ggttgtgcga ggaaatgctc

12001　gataaccgtg ctactcttca ggctattgct tcagaattta gttctttacc atcatatgcc

12061　gcttatgcca ctgcccagga ggcctatgag caggctgtag ctaatggtga ttctgaagtc

12121　gttctcaaaa agttaaagaa atctttgaat gtggctaaat ctgagtttga ccgtgatgct

12181　gccatgcaac gcaagttgga aaagatggca gatcaggcta tgacccaaat gtacaaacag

12241　gcaagatctg aggacaagag ggcaaaagta actagtgcta tgcaaacaat gctcttcact

12301　atgcttagga agcttgataa tgatgcactt aacaacatta tcaacaatgc gcgtgatggt

12361　tgtgttccac tcaacatcat accattgact acagcagcca aactcatggt tgttgtccct

12421　gattatggta cctacaagaa cacttgtgat ggtaacacct ttacatatgc atctgcactc

12481　tgggaaatcc agcaagttgt tgatgcggat agcaagatta ttcaacttag tgaaattaac

12541　atggacaatt caccaaattt ggcttggcct cttattgtta cagctctaag agccaactca

12601　gctgttaaac tacagaataa tgaactgagt ccagtagcac tacgacagat gtcctgtgcg

12661　gctggtacca cacaaacagc ttgtactgat gacaatgcac ttgcctacta taacaattcg

12721　aagggaggta ggtttgtgct ggcattacta tcagaccacc aagatctcaa atgggctaga

12781　ttccctaaga gtgatggtac aggtacaatt tacacagaac tggaaccacc ttgtaggttt

12841　gttacagaca caccaaaagg gcctaaagtg aaatacttgt acttcatcaa aggcttaaac

12901　aacctaaata gaggtatggt gctgggcagt ttagctgcta cagtacgtct tcaggctgga

12961　aatgctacag aagtacctgc caattcaact gtgctttcct tctgtgcttt tgcagtagac

13021　cctgctaaag catataagga ttacctagca agtggaggac aaccaatcac caactgtgtg

13081　aagatgttgt gtacacacac tggtacagga caggcaatta ctgtaacacc agaagctaac

13141　atggaccaag agtcctttgg tggtgcttca tgttgtctgt attgtagatg ccacattgac

13201　catccaaatc ctaaaggatt ctgtgacttg aaaggtaagt acgtccaaat acctaccact

13261　tgtgctaatg acccagtggg ttttacactt agaaacacag tctgtaccgt ctgcggaatg

13321 tggaaaggtt atggctgtag ttgtgaccaa ctccgcgaac ccttgatgca gtctgcggat

13381 gcatcaacgt ttttaaacgg gtttgcggtg taagtgcagc ccgtcttaca ccgtgcggca

13441 caggcactag tactgatgtc gtctacaggg cttttgatat ttacaacgaa aaagttgctg

13501 gttttgcaaa gttcctaaaa actaattgct gtcgcttcca ggagaaggat gaggaaggca

13561 atttattaga ctcttacttt gtagttaaga ggcatactat gtctaactac caacatgaag

13621 agactattta taacttggtt aaagattgtc cagcggttgc tgtccatgac tttttcaagt

13681 ttagagtaga tggtgacatg gtaccacata tatcacgtca gcgtctaact aaatacacaa

13741 tggctgattt agtctatgct ctacgtcatt ttgatgaggg taattgtgat acattaaaag

13801 aaatactcgt cacatacaat tgctgtgatg atgattattt caataagaag gattggtatg

13861 acttcgtaga gaatcctgac atcttacgcg tatatgctaa cttaggtgag cgtgtacgcc

13921 aatcattatt aaagactgta caattctgcg atgctatgcg tgatgcaggc attgtaggcg

13981 tactgacatt agataatcag gatcttaatg ggaactggta cgatttcggt gatttcgtac

14041 aagtagcacc aggctgcgga gttcctattg tggattcata ttactcattg ctgatgccca

14101 tcctcacttt gactagggca ttggctgctg agtcccatat ggatgctgat ctcgcaaaac

14161 cacttattaa gtgggatttg ctgaaatatg attttacgga agagagactt tgtctcttcg

14221 accgttattt taaatattgg gaccagacat accatcccaa ttgtattaac tgtttggatg

14281 ataggtgtat ccttcattgt gcaaacttta atgtgttatt ttctactgtg tttccaccta

14341 caagttttgg accactagta agaaaaatat ttgtagatgg tgttcc**tttt gttgtttcaa**

                                                             F[6]

14401 **ctggatacca** ttttcgtgag **ttaggagtcg tacataatca ggatg**taaac tt**acatagct**

                         P[6]

14461 **cgcgtctcag tttc**aaggaa cttttagtgt atgctgctga tccagctatg catgcagctt

                     R[6]

14521 ctggcaattt attgctagat aaacgcacta catgcttttc agtagctgca ctaacaaaca

14581 atgttgcttt tcaaactgtc aaacccggta attttaataa agactttat gactttgctg

14641 tgtctaaagg tttctttaag gaaggaagtt ctgttgaact aaaacacttc ttctttgctc

14701 aggatggcaa cgctgctatc agtgattatg actattatcg ttataatctg ccaacaatgt

14761 gtgatatcag acaactccta ttcgtagttg aagttgttga taaatacttt gattgttacg

14821 atggtggctg tattaatgcc aaccaagtaa tcgttaacaa tctggataaa tcagctggtt

14881 tcccatttaa taatgggggt aaggctagac tttattatga ctcaatgagt tatgaggatc

14941 aagatgcact tttcgcgtat actaagcgta atgtcatccc tactataact caaatgaatc

15001 ttaagtatgc cattagtgca aagaatagag ctcgcaccgt agctggtgtc tctatctgta

15061 gtactatgac aaatagacag tttcatcaga aattattgaa gtcaatagcc gccactagag

15121 gagctactgt ggtaattgga acaagcaagt tttacggtgg ctggcataat atgttaaaaa

15181 ctgtttacag tgatgtagaa actccacacc ttatgggttg ggattatcca aaatgtgaca

15241 gagccatgcc taacatgctt aggataatgg cctctcttgt tcttgctcgc aaacataaca

15301 cttgctgtaa cttat**cacac cgtttctaca ggttagctaa cgagtgtgcg caagtattaa**

                         F[4]   P[4]

15361 **gtgagatggt catgtgtggc ggctcactat atg**ttaaacc aggtggaaca tcatccggtg

　　　　　　R[4]　　　　　　　F[7]　　　　　　　P[7]
15421 at**gctacaac tgcttatgct aatagtgtc**t ttaacatttg tcaagctgtt acagccaatg
　　　　　　　　　　　　　R[7]
15481 taaatgcact tctttcaact gatggtaata agatagctga caagtatgtc cgcaatctac
15541 aacacaggct ctatgagtgt ctctatagaa atagggatgt tgatcatgaa ttcgtggatg
15601 agttttacgc ttacctgcgt aaacatttct ccatgatgat tctttctgat gatgccgttg
15661 tgtgctataa cagtaactat gcggctcaag gtttagtagc tagcattaag aactttaagg
15721 cagttcttta ttatcaaaat aatgtgttca tgtctgaggc aaaatgttgg actgagactg
15781 accttactaa aggacctcac gaattttgct cacagcatac aatgctagtt aaacaaggag
15841 atgattacgt gtacctgcct tacccagatc catcaagaat attaggcgca ggctgttttg
15901 tcgatgatat tgtcaaaaca gatggtacac ttatgattga aaggttcgtg tcactggcta
15961 ttgatgctta cccacttaca aaacatccta atcaggagta tgctgatgtc tttcacttgt
16021 atttacaata cattagaaag ttacatgatg agcttactgg ccacatgttg gacatgtatt
16081 ccgtaatgct aactaatgat aacacctcac ggtactggga acctgagttt tatgaggcta
16141 tgtacacacc acatacagtc ttgcaggctg taggtgcttg tgtattgtgc aattcacaga
16201 cttcacttcg ttgcggtgcc tgtattagga gaccattcct atgttgcaag tgctgctatg
16261 accatgtcat ttcaacatca cacaaattag tgttgtctgt taatccctat gtttgcaatg
16321 ccccaggttg tgatgtcact gatgtgacac aactgtatct aggaggtatg agctattatt
16381 gcaagtcaca taagcctccc attagttttc cattatgtgc taatggtcag gttttggtt
16441 tatacaaaaa cacatgtgta ggcagtgaca atgtcactga cttcaatgcg atagcaacat
16501 gtgattggac taatgctggc gattacatac ttgccaacac ttgtactgag agactcaagc
16561 ttttcgcagc agaaacgctc aaagccactg aggaaacatt taagctgtca tatggtattg
16621 ctactgtacg cgaagtactc tctgacagag aattgcatct ttcatgggag gttggaaaac
16681 ctagaccacc attgaacaga aactatgtct ttactggtta ccgtgtaact aaaaatagta
16741 aagtacagat tggagagtac acctttgaaa aaggtgacta tggtgatgct gttgtgtaca
16801 gaggtactac gacatacaag ttgaatgttg gtgattactt tgtgttgaca tctcacactg
16861 taatgccact tagtgcacct actctagtgc cacaagagca ctatgtgaga attactggct
16921 tgtacccaac actcaacatc tcagatgagt tttctagcaa tgttgcaaat tatcaaaagg
16981 tcggcatgca aaagtactct acactccaag gaccacctgg tactggtaag agtcattttg
17041 ccatcggact tgctctctat tacccatctg ctcgcatagt gtatacggca tgctctcatg
17101 cagctgttga tgccctatgt gaaaaggcat taaaatattt gcccatagat aaatgtagta
17161 gaatcatacc tgcgcgtgcg cgcgtagagt gttttgataa attcaaagtg aattcaacac
17221 tagaacagta tgttttctgc actgtaaatg cattgccaga aacaactgct gacattgtag
17281 tctttgatga aatctctatg gctactaatt atgacttgag tgttgtcaat gctagacttc
17341 gtgcaaaaca ctacgtctat attggcgatc ctgctcaatt accagcccec cgcacattgc
17401 tgactaaagg cacactagaa ccagaatatt ttaattcagt gtgcagactt atgaaaacaa
17461 taggtccaga catgttcctt ggaacttgtc gccgttgtcc tgctgaaatt gttgacactg
17521 tgagtgcttt agtttatgac aataagctaa aagcacacaa ggataagtca gctcaatgct
17581 tcaaaatgtt ctacaaaggt gttattacac atgatgtttc atctgcaatc aacagacctc

17641 aaataggcgt tgtaagagaa tttcttacac gcaatcctgc ttggagaaaa gctgttttta

17701 tctcacctta taattcacag aacgctgtag cttcaaaaat cttaggattg cctacgcaga

17761 ctgttgattc atcacagggt tctgaatatg actatgtcat attcacacaa actactgaaa

17821 cagcacactc ttgtaatgtc aaccgcttca atgtggctat cacaagggca aaaattggca

17881 ttttgtgcat aatgtctgat agagatcttt atgacaaact gcaatttaca agtctagaaa

17941 taccacgtcg caatgtggct acattacaag cagaaaatgt aactggactt tttaaggact

18001 gtagtaagat cattactggt cttcatccta cacaggcacc tacacacctc agcgttgata

18061 taaagttcaa gactgaagga ttatgtgttg acataccagg cataccaaag gacatgacct

18121 accgtagact catctctatg atgggtttca aaatgaatta ccaagtcaat ggttacccta

18181 atatgt**ttat cacccgcgaa gaagct**attc gtcacgt**tcg tgcgtggatt ggctttgatg**

                     F[1]   P[1]

18241 **tagagggctg tcatgcaact agag**atgctg tgggtactaa cctacctctc cagctaggat

                  R[1]

18301 tttctacagg tgttaactta gtagctgtac cgactggtta tgttgacact gaaaataaca

18361 cagaattcac cagagttaat gcaaaacctc caccaggtga ccagtttaaa catcttatc

18421 cactcatgta taaaggcttg ccctggaatg tagtgcgtat taagatagta caaatgctca

18481 gtgatacact gaaaggattg tcagacagag tcgtgttcgt cctttgggcg catggctttg

18541 agcttacatc aatgaagtac tttgtcaaga ttggacctga aagaacgtgt tgtctgtgtg

18601 acaaacgtgc aacttgcttt tctacttcat cagatactta tgcctgctgg aatcattctg

18661 tgggttttga ctatgtctat aacccattta tgattgatgt tcagcagtgg ggctttacgg

18721 gtaaccttca gagtaaccat gaccaacatt gccaggtaca tggaaatgca catgtggcta

18781 gttgtgatgc tatcatgact agatgtttag cagtccatga gtgctttgtt aagcgcgttg

18841 attggtctgt tgaataccct attataggag atgaactgag ggttaattct gcttgcagaa

18901 aagtacaaca catggttgtg aagtctgcat tgcttgctga taagtttcca gttcttcatg

18961 acattggaaa tccaaaggct atcaagtgtg tgcctcaggc tgaagtagaa tggaagttct

19021 acgatgctca gccatgtagt gacaaagctt acaaaaataga ggagctcttc tattcttatg

19081 ctacacatca cgataaattc actgatggtg tttgtttgtt ttggaattgt aacgttgatc

19141 gttacccagc caatgcaatt gtgtgtaggt ttgacacaag agtcttgtca aacttgaact

19201 taccaggctg tgatggtggt agtttgtatg tgaataagca tgcattccac actccagctt

19261 tcgataaaag tgcatttact aatttaaagc aattgccttt cttttactat tctgatagtc

19321 cttgtgagtc tcatggcaaa caagtagtgt cggatattga ttatgttcca ctcaaatctg

19381 ctacgtgtat tacacgatgc aatttaggtg gtgctgtttg cagacaccat gcaaatgagt

19441 accgacagta cttggatgca tataatatga tgatttctgc tggatttagc ctatggatt

19501 acaaacaatt tgatacttat aacctgtgga atacatttac caggttacag agtttagaaa

19561 atgtggctta taatgttgtt aataaaggac actttgatgg acacgccggc gaagcacctg

19621 tttccatcat taataatgct gtttacacaa aggtagatgg tattgatgtg gagatctttg

19681 aaaataagac aacacttcct gttaatgttg catttgagct ttgggctaag cgtaacatta

19741 aaccagtgcc agagattaag atactcaata atttgggtgt tgatatcgct gctaatactg

19801 taatctggga ctacaaaaga gaagcccag cacatgtatc tacaataggt gtctgcacaa

19861 tgactgacat tgccaagaaa cctactgaga gtgcttgttc ttcacttact gtcttgtttg

19921 atggtagagt ggaaggacag gtagaccttt ttagaaacgc ccgtaatggt gtttaataa

19981 cagaaggttc agtcaaaggt ctaacacctt caaagggacc agcacaagct agcgtcaatg

20041 gagtcacatt aattggagaa tcagtaaaaa cacagtttaa ctactttaag aaagtagacg

20101 gcattattca acagttgcct gaaacctact ttactcagag cagagactta gaggattta

20161 agcccagatc acaaatggaa actgactttc tcgagctcgc tatggatgaa ttcatacagc

20221 gatataagct cgagggctat gccttcgaac acatcgttta tggagatttc agtcatggac

20281 aacttggcgg tcttcattta atgatagct tagccaagcg ctcacaagat tcaccactta

20341 aattagagga ttttatccct atggacagca cagtgaaaaa ttacttcata acagatgcgc

20401 aaacaggttc atcaaatgt gtgtgttctg tgattgatct tttacttgat gactttgtcg

20461 agataataaa gtcacaagat ttgtcagtga tttcaaaagt ggtcaaggtt acaattgact

20521 atgctgaaat ttcattcatg ctttggtgta aggatggaca tgttgaaacc ttctacccaa

20581 aactacaagc aagtcaagcg tggcaaccag gtgttgcgat gcctaacttg tacaagatgc

20641 aaagaatgct tcttgaaaag tgtgaccttc agaattatgg tgaaaatgct gttataccaa

20701 aaggaataat gatgaatgtc gcaaagtata ctcaactgtg tcaatactta aatacactta

20761 ctttagctgt accctacaac atgagagtta ttcactttgg tgctggctct gataaaggag

20821 ttgcaccagg tacagctgtg ctcagacaat ggttgccaac tggcacacta cttgtcgatt

20881 cagatcttaa tgacttcgtc tccgacgcag attctacttt aattggagac tgtgcaacag

20941 tacatacggc taataaatgg gaccttatta ttagcgatat gtatgacect aggaccaaac

21001 atgtgacaaa agagaatgac tctaaagaag ggttttcac ttatctgtgt ggatttataa

21061 agcaaaaact agccctgggt ggttctatag ctgtaaagat aacagagcat cttggaatg

21121 ctgacctta caagcttatg ggccattct catggtggac agctttgtt acaaatgtaa

21181 atgcatcatc atcggaagca ttttaattg gggctaacta tcttggcaag ccgaaggaac

21241 aaattgatgg ctataccatg catgctaact acatttctg gaggaacaca aatcctatcc

21301 agttgtcttc ctattcactc tttgacatga gcaaatttcc tcttaaatta agaggaactg

21361 ctgtaatgtc tcttaaggag aatcaaatca atgatatgat ttattctctt ctggaaaag

21421 gtaggcttat cattagagaa aacaacagag ttgtggtttc aagtgatatt cttgttaaca

21481 actaaacgaa catgtttatt ttcttattat ttcttactct cactagtggt agtgaccttg

21541 accggtgcac cacttttgat gatgttcaag ctcctaatta cactcaacat acttcatcta

21601 tgaggggggt ttactatcct gatgaaattt ttagatcaga cactctttat ttaactcagg

21661 atttatttct tccattttat ctaatgtta cagggtttca tactattaat catacgtttg

21721 gcaaccctgt cataccctttt aaggatggta tttattttgc tgccacagag aaatcaaatg

21781 ttgtccgtgg ttgggttttt ggttctacca tgaacaacaa gtcacagtcg gtgattatta

21841 ttaacaattc tactaatgtt gttatacgag catgtaactt tgaattgtgt gacaacccctt

21901 tctttgctgt ttctaaaccc atgggtacac agacacatac tatgatatttc gataatgcat

21961 ttaattgcac tttcgagtac atatctgatg cctttttcgc tgatgtttca gaaaagtcag

22021 gtaattttaa acacttacga gagtttgtgt ttaaaaataa agatgggttt ctctatgtt

22081 ataagggcta tcaacctata gatgtagttc gtgatctacc ttctggtttt aacactttga

22141 aacctatttt taagttgcct cttggtatta acattacaaa ttttagagcc attcttacag

— 281 —

22201 ccttttcacc tgctcaagac atttgggggca cgtcagctgc agcctatttt gttggctatt

22261 taaagccaac tacatttatg ctcaagtatg atgaaaatgg tacaatcaca gatgctgttg

22321 attgttctca aaatccactt gctgaactca aatgctctgt taagagcttt gagattgaca

22381 aaggaattta ccagacctct aatttcaggg ttgttccctc aggagatgtt gtgagattcc

22441 ctaatattac aaacttgtgt ccttttggag aggttttttaa tgctactaaa ttcccttctg

22501 tctatgcatg ggagagaaaa aaaatttcta attgtgttgc tgattactct gtgctctaca

22561 actcaacatt tttttcaacc tttaagtgct atggcgtttc tgccactaag ttgaatgatc

22621 tttgcttctc caatgtctat gcagattctt ttgtagtcaa gggagatgat gtaagacaaa

22681 tagcgccagg acaaactggt gttattgctg attataatta taaattgcca gatgatttca

22741 tgggttgtgt ccttgcttgg aatactagga acattgatgc tacttcaact ggtaattata

22801 attataaata taggtatctt agacatggca agcttaggcc ctttgagaga gacatatcta

22861 atgtgccttt ctcccctgat ggcaaacctt gcaccccacc tgctcttaat tgttattggc

22921 cattaaatga ttatggtttt tacaccacta ctggcattgg ctaccaacct tacagagttg

22981 tagtactttc ttttgaactt ttaaatgcac cggccacggt ttgtggacca aaattatcca

23041 ctgaccttat taagaaccag tgtgtcaatt ttaattttaa tggactcact ggtactggtg

23101 tgttaactcc ttcttcaaag agatttcaac catttcaaca atttggccgt gatgtttctg

23161 atttcactga ttccgttcga gatcctaaaa catctgaaat attagacatt tcaccttgct

23221 cttttggggg tgtaagtgta attacacctg gaacaaatgc ttcatctgaa gttgctgttc

23281 tatatcaaga tgttaactgc actgatgttt ctacagcaat tcatgcagat caactcacac

23341 cagcttggcg catatattct actggaaaca atgtattcca gactcaagca ggctgtctta

23401 taggagctga gcatgtcgac acttcttatg agtgcgacat tcctattgga gctggcattt

23461 gtgctagtta ccatacagtt tctttattac gtagtactag ccaaaaatct attgtggctt

23521 atactatgtc tttaggtgct gatagttcaa ttgcttactc taataacacc attgctatac

23581 ctactaactt ttcaattagc attactacag aagtaatgcc tgtttctatg gctaaaacct

23641 ccgtagattg taatatgtac atctgcggag attctactga atgtgctaat ttgcttctcc

23701 aatatggtag cttttgcaca caactaaatc gtgcactctc aggtattgct gctgaacagg

23761 atcgcaacac acgtgaagtg ttcgctcaag tcaaacaaat gtacaaaacc ccaactttga

23821 aatattttgg tggttttaat ttttcacaaa tattacctga ccctctaaag ccaactaa**ga**

23881 **ggtctttat tgaggacttg ctc**tttaa**ta aggtgacact cgctgatgct ggctt**catga

          F[6]   P[6]

23941 **agcaatatgg cgaatgc**cta ggtgatatta atgctagaga tctcatttgt gcgcagaagt

         R[6]

24001 tcaatggact tacagtgttg ccacctctgc tcactgatga tatgattgct gcctacactg

24061 ctgctctagt tagtggtact gccactgctg gatggacatt tggtgctggc gctgctcttc

24121 aaataccttt tgctatgcaa atggcatata ggttcaatgg cattggagtt acccaaaatg

24181 ttctctatga gaaccaaaaa caaatcgcca accaatttaa caaggcgatt agtcaaattc

24241 aagaatcact tacaacaaca tcaactgcat tgggcaagct gcaagacgtt gttaaccaga

24301 atgctcaagc attaaacaca cttgttaaac aacttagctc taattttggt gcaatttcaa

24361 gtgtgctaaa tgatatcctt tcgcgacttg ataaagtcga ggcggaggta caaattgaca

24421　ggttaattac aggcagactt caaagccttc aaacctatgt aacacaacaa ctaatcaggg

24481　ctgctgaaat cagggcttct gctaatcttg ctgctactaa aatgtctgag tgtgttcttg

24541　gacaatcaaa aagagttgac ttttgtggaa agggctacca cctatgtcc ttcccacaag

24601　cagccccgca tggtgttgtc ttcctacatg tcacgtatgt gccatcccag gagaggaact

24661　tcaccacagc gccagcaatt tgtcatgaag gcaaagcata cttccctcgt gaaggtgttt

24721　ttgtgtttaa tggcacttct tggtttatta cacagaggaa cttcttttct ccacaaataa

24781　ttactacaga caatacattt gtctcaggaa attgtgatgt cgttattggc atcattaaca

24841　acacagttta tgatcctctg caacctgagc tcgactcatt caaagaagag ctggacaagt

24901　acttcaaaaa tcatacatca ccagatgttg atcttggcga catttcaggc attaacgctt

24961　ctgtcgtcaa cattcaaaaa gaaattgacc gcctcaatga ggtcgctaaa aatttaaatg

25021　aatcactcat tgaccttcaa gaattgggaa aatatgagca atatattaaa tggccttggt

25081　atgtttggct cggcttcatt gctggactaa ttgccatcgt catggttaca atcttgcttt

25141　gttgcatgac tagttgttgc agttgcctca agggtgcatg ctcttgtggt tcttgctgca

25201　agtttgatga ggatgactct gagccagttc tcaagggtgt caaattacat tacacataaa

25261　cgaacttatg gatttgttta tgagattttt tactcttgga tcaattactg cacagccagt

25321　aaaaattgac aatgct**tctc ctgcaagtac tgttcatgct** acag**caacga taccgctaca**

　　　　　　　　　　　　　　　F[3]　　　　　　　　　　　　　　P[3]

25381　**agcc**t**cactc cctttcggat ggc**ttgttat tggcgttgca tttcttgctg tttttcagag

　　　　　　R[3]

25441　cgctaccaaa ataattgcgc tcaataaaag atggcagcta gccctttata agggcttcca

25501　gttcatttgc aatttactgc tgctatttgt taccatctat tcacatcttt gcttgtcgc

25561　tgcaggtatg gaggcgcaat ttttgtacct ctatgccttg atatattttc tacaatgcat

25621　caacgcatgt agaattatta tgagatgttg gctttgttgg aagtgcaaat ccaagaaccc

25681　attactttat gatgccaact actttgtttg ctggcacaca cataactatg actactgtat

25741　accatataac agtgtcacag atacaattgt cgttactgaa ggtgacggca tttcaacacc

25801　aaaactcaaa gaagactacc aaattggtgg ttattctgag gataggcact caggtgttaa

25861　agactatgtc gttgtacatg gctatttcac cgaagtttac taccagcttg agtctacaca

25921　aattactaca gacactggta ttgaaaatgc tacattcttc atctttaaca gcttgttaa

25981　agacccaccg aatgtgcaaa tacacacaat cgacggctct tcaggagttg ctaatccagc

26041　aatggatcca atttatgatg agccgacgac gactactagc gtgcctttgt aagcacaaga

26101　aagtgagtac gaacttatgt actcattcgt ttcggaagaa acaggtacgt taatagttaa

26161　tagcgtactt ctttttcttg ctttcgtggt attcttgcta gtcacactag ccatccttac

26221　tgcgcttcga ttgtgtgcgt actgctgcaa tattgttaac gtgagtttag taaaaccaac

26281　ggtttacgtc tactcgcgtg ttaaaaatct gaactcttct gaaggagttc ctgatcttct

26341　ggtctaaacg aactaactat tattattatt ctgtttggaa ctttaacatt gcttatcatg

26401　gcagacaacg gtactattac cgttgaggag cttaaacaac tcctggaaca atggaaccta

26461　gtaataggtt tcctattcct agcctggatt atgttactac aatttgccta ttctaatcgg

26521　aacaggtttt tgtacataat aaagcttgtt ttcctctggc tcttgtggcc agtaacactt

26581　gcttgttttg tgcttgctgc tgtctacaga attaattggg tgactggcgg gattgcgatt

26641 gcaatggctt gtattgtagg cttgatgtgg cttagctact tcgttgcttc cttcaggctg

26701 tttgctcgta cccgctcaat gtggtcattc aacccagaaa caaacattct tctcaatgtg

26761 cctctccggg ggacaattgt gaccagaccg ctcatggaaa gtgaacttgt cattggtgct

26821 gtgatcattc gtggtcactt gcgaatggcc ggacaccccc tagggcgctg tgacattaag

26881 gacctgccaa aagagatcac tgtggctaca tcacgaacgc tttcttatta caaattagga

26941 gcgtcgcagc gtgtaggcac tgattcaggt tttgctgcat acaaccgcta ccgtattgga

27001 aactataaat taaatacaga ccacgccggt agcaacgaca atattgcttt gctagtacag

27061 taagtgacaa cagatgtttc atcttgttga cttccaggtt acaatagcag agatattgat

27121 tatcattatg aggactttca ggattgctat ttggaatctt gacgttataa taagttcaat

27181 agtgagacaa ttatttaagc ctctaactaa gaagaattat tcggagttag atgatgaaga

27241 acctatggag ttagattatc cataaaacga acatgaaaat tattctcttc ctgacattga

27301 ttgtatttac atcttgcgag ctatatcact atcaggagtg tgttagaggt acgactgt**ac**

27361 **tactaaaaga accttgccca tcaggaacat acgagggcaa ttcac̲cattt caccctcttg**
              F[3]   P[3]   R[3]

27421 **ctgacaata**a atttgcacta acttgcacta gcacacactt tgcttttgct tgtgctgacg

27481 gtactcgaca tacctatcag ctgcgtgcaa gatcagtttc accaaaactt ttcatcagac

27541 aagaggaggt tcaacaagag ctctactcgc cacttttct cattgttgct gctctagtat

27601 ttttaatact ttgcttcacc attaagagaa agacagaatg aatgagctca ctttaattga

27661 cttctatttg tgctttttag cctttctgct attccttgtt ttaataatgc ttattatatt

27721 ttggttttca ctcgaaatcc aggatctaga agaaccttgt accaaagtct aaacgaacat

27781 gaaacttctc attgttttga cttgtatttc tctatgcagt tgcatatgca ctgtagtaca

27841 gcgctgtgca tctaataaac ctcatgtgct tgaagatcct tgtaaggtac aacactaggg

27901 gtaatactta tagcactgct tggctttgtg ctctaggaaa ggttttacct tttcatagat

27961 ggcacactat ggttcaaaca tgcacaccta atgttactat caactgtcaa gatccagctg

28021 gtggtgcgct tatagctagg tgttggtacc ttcatgaagg tcaccaaact gctgcattta

28081 gagacgtact tgttgtttta aataaacgaa caaattaaaa tgtctgataa tggacccca

28141 tcaaaccaac gtagtgcccc ccgcattaca tttggtggac ccacagattc aactgacaat

28201 aaccagaatg gaggacgcaa tgggcaagg ccaaaacagc gccgacccca aggtttaccc

28261 aataatactg cgtcttggtt cacagctctc actcagcatg gcaaggagga acttagattc

28321 cctcgaggcc agggcgttcc aatcaacacc aatagtggtc cagatgacca aattggctac

28381 taccgaagag ctacccgacg agttcgtggt ggtgacggca aaatgaaaga gctcagcccc

28441 agatggtact tctattacct **aggaactggc ccagaagctt** c̲acttccta cggcgctaac
                             F[3]   P[3]

28501 **aaagaaggca tcgtatgggt t**gcaactgag **ggagccttga atacacccaa ag**accacatt
                R[3]   F[7]

28561 **ggcacccgca atcc**taataa **caatgctgcc accgtgc**tac aacttcctca aggaacaaca
                P[7]   R[7]

28621 ttgccaaaag gcttctacgc agagggaagc agaggcggca gtcaagcctc ttctcgctcc

28681 tcatcacgta gtcgcggtaa ttcaagaaat tcaactcctg gcagcagtag gggaaattct

28741 cctgctcgaa tggctagcgg aggtggtgaa actgccctcg cgctattgct gctagacaga

28801 ttgaaccagc ttgagagcaa agtttctggt aaaggccaac aacaacaagg ccaaactgtc

28861 actaagaaat ctgctgctga ggcatctaaa aagcctcgcc aaaaacgtac tgccacaaaa

28921 cagtacaacg tcactcaagc atttgggaga cgtggtccag aacaaaccca aggaaatttc

28981 ggggaccaag acctaatcag acaaggaact gattacaaac attggccgca aattgcacaa

29041 tttgctccaa gtgcctctgc attctttgga atgtcacgca ttggcatgga agtcacacct

29101 tcgggaacat ggctgactta tcatggagcc attaaattgg atgacaaaga tccacaattc

29161 aaagacaacg tcatactgct gaacaagcac attgacgcat acaaaacatt cccaccaaca

29221 gagcctaaaa aggacaaaaa gaaaaagact gatgaagctc agcctttgcc gcagagacaa

29281 aagaagcagc ccactgtgac tcttcttcct gcggctgaca tggatgattt ctccagacaa

29341 cttcaaaatt ccatgagtgg agcttctgct gattcaactc aggcataaac actcatgatg

29401 accacacaag gcagatgggc tatgtaaacg ttttcgcaat tccgtttacg atacatagtc

29461 tactcttgtg cagaatgaat tctcgtaact aaacagcaca agtaggttta gttaacttta

29521 atctcacata gcaatcttta atcaatgtgt aacattaggg aggacttgaa agagccacca

29581 cattttcatc gaggccacgc ggagtacgat cgagggtaca gtgaataatg ctagggagag

29641 ctgcctatat ggaagagccc taatgtgtaa aattaatttt agtagtgcta tccccatgtg

29701 attttaatag cttcttagga gaatgac

图 16-1　SARS-CoV 基因组序列及文献报道的引物和探针位置

［　］内为相关引物和探针的文献来源

3. 标本的采集、运送和保存　用于 SARS-CoV RT-PCR 检测的临床标本包括血液、上/下呼吸道分泌物、尿液、排泄物及组织等。一切取自 SARS 患者标本均应视为带病毒强传染性样品，依据传染病法处理。具体标本类型常用的有鼻咽拭子、尿、血液、粪便、含漱液等。

（1）标本的采集

1）血液：建议血液标本一律使用负压静脉采血，不使用末梢血。应使用密闭的一次性真空采血管采集标本，可采用 EDTA 或枸橼酸盐抗凝管或不含任何添加剂的管。采血量不少于 2ml。

2）尿液：将 2～5ml 尿液装入带盖无菌收集容器内，注意无泄漏污染它处，盖紧盖子，加注特别标识（建议红色 SARS 字样）。

3）上/下呼吸道分泌物：此类标本极具传染性，原则上尽量减少此类标本采集和检测。a. 咽拭子：用无菌湿棉签擦拭双侧咽扁桃体及咽后壁，再将棉签放入无菌试管中，加注特别标识。b. 鼻咽拭子：与上腭平行，将拭子插入鼻腔，放置一会吸收分泌物。两侧鼻腔均应采样。加注特别标识。c. 痰液：让患者直接将痰液咳入无菌平皿中，加注特别标识。

4）粪便：将粪便装入粪便杯或上述无菌的尿液收集容器内，盖紧盖子，加注特别标识，密封由专人送检。

（2）标本的运送：送检的标本，要求密封包装，放在专门为运输用的容器内，加盖，由专人运送。运送过程中严防遗撒。送入相关临床实验室，由专人签收。

（3）标本处理：标本的核酸提取如使用商品试剂盒，则直接按试剂盒说明书操作即可。否则，可根据本书第 4 章介绍的方法，选择合适的核酸提取方法。

（4）标本采集、处理中要注意的生物安全问题：因为 SARS-CoV 经呼吸道传播，具有很强的传染性,因此在标本的采集、运送和处理过程中,均必须注意生物安全问题。

医务人员对 SARS 患者或疑似患者采样时,应做好个人防护:戴口罩(高滤过性:符合 N,R,P95/99/100,FFP 2/3 标准),护目镜,手套和隔离衣。为避免外溢,试管等采样容器应予封口,并贴上生物危险标签。按照 WHO 的 SARS 标本采集实验室安全操作规范,每个标本均应编号和注明采样日期。①下列操作必须在生物安全 3 级(BSL3)或以上级实验室中进行:用细胞培养的方法分离病毒;收集或浓缩病毒或其培养产物;用活病毒或病毒的全基因接种动物;咽拭子标本的诊断检测。②下列操作必须在生物安全 2 级(BSL2)或以上级实验室或全排式生物安全柜中进行:含漱液、血清和血液等标本的诊断检测;溶解、固定或用其他方法处理灭活的病毒和(或)无传染性的病毒基因片断;可能产生气溶胶的样本处理;临床样本的包装、分装;离心管和离心机转头的封闭和开启。

任何有可能产生细颗粒气溶胶的操作步骤,标本处理原则上应在有合格证的生物安全柜内进行,普通平流超净台不适于 SARS-CoV 感染者标本的处理。处理标本应使用专用离心机,离心时应使用密闭的离心机转头或密闭样品杯。理想情况下,应在生物安全柜内取出离心机转头或样品杯。离心机使用完毕,立即进行表面消毒。

(5)标本的保存:标本采集后,应尽可能快地送至检测实验室,在运送之前,可短时间(数小时内)保存于 2～8℃冰箱。标本进入检测实验室后,一般保存(数月)可在 -20℃冰箱,长时间保存应放置于 -70℃冰箱。标本应避免反复冻融。标本应避免接触高 pH 的试剂或溶液,因为在高 pH 条件,病毒将发生降解。

三、SARS-CoV PCR 检测的临床意义

SARS-CoV RNA 的 RT-PCR 检测是目前 SARS-CoV 感染检测中最为特异灵敏的方法,是 SARS 实验室特异诊断的重要手段,采取有效的质量控制程序的 RT-PCR 检测的阳性结果,是 SARS 特异诊断的重要依据。

(李金明　汪　维)

参 考 文 献

[1] Drosten C,Günther S,Preiser W,et al.Identification of a novel coronavirus in patients with severe acute respiratory syndrome. N Engl J Med,2003,348(20):1967-1976

[2] Inoue M,Barkham T,Keong LK,et al.Performance of single-step gel-based reverse transcription-PCR (RT-PCR) assays equivalent to that of real-time RT-PCR assays for detection of the severe acute respiratory syndrome-associated coronavirus. J Clin Microbiol, 2005, 43(8):4262-4265

[3] Hu W,Bai B,Hu Z,et al.Development and evaluation of a multitarget real-time Taqman reverse transcription-PCR assay for detection of the severe acute respiratory syndrome-associated coronavirus and surveillance for an apparently related coronavirus found in masked palm civets. J Clin Microbiol, 2005, 43(5):2041-2046

[4] Wang WK,Chen SY,Liu IJ,et al.Detection of SARS-associated coronavirus in throat wash and saliva in early diagnosis.Emerg Infect Dis,2004,10(7):1213-1219

[5] Lin HH,Wang SJ,Liu YC,et al.Quantitation of severe acute respiratory syndrome coronavirus genome by real-time polymerase chain reaction assay using minor groove binder DNA probe technology.J Microbiol Immunol Infect,

2004,37(5):258-265

[6]　Nitsche A,Schweiger B,Ellerbrok H,et al. SARS coronavirus detection.Emerg Infect Dis, 2004,10(7):1300-1303

[7]　Emery SL,Erdman DD,Bowen MD,et al.Real-time reverse transcription-polymerase chain reaction assay for SARS-associated coronavirus.Emerg Infect Dis,2004,10(2):311-316

第 17 章　EB 病毒实时荧光 PCR 检测及临床意义

EB 病毒(Epstein-Barr virus,EBV)属于 γ 疱疹病毒亚科淋巴滤泡病毒属,1964 年由 Epstein 和 Barr 将非洲儿童伯基特淋巴瘤细胞通过体外悬浮培养而首次成功建株,并在建株细胞涂片中用电镜观察到疱疹病毒颗粒。EB 病毒即是以其二人名字的首字母命名的。

EB 病毒在人群中具有广泛的感染性,病毒的传播途径主要为唾液,也可经输血传染。大多数的初次感染发生在幼儿时期,且多数感染后无明显症状,或引起轻症咽炎和上呼吸道感染,但终生携带病毒。原发感染如发生青年期,则约有 50% 感染者会出现传染性单核细胞增多症。EB 病毒感染后,在口咽部和唾液腺的上皮细胞内增殖,然后感染 B 细胞,B 细胞大量进入血液循环而致全身性感染,并可终生潜伏在人体淋巴组织中。当机体免疫功能低下时,这些潜伏在淋巴组织中的 EB 病毒再度活跃而形成复发感染。由 EBV 感染引起或与 EBV 感染有关的疾病主要有传染性单核细胞增多症、伯基特淋巴瘤和鼻咽癌。

一、EB 病毒的特点

1. 形态结构特点　与其他疱疹病毒类似,EB 病毒呈圆形,直径 150~180nm,由核样物、核衣壳和囊膜三部分组成。致密的核样物直径为 45nm,主要含病毒基因组双股 DNA。核衣壳为由 162 个壳微粒组成的立体对称的 20 面体。囊膜来自于被感染细胞的核膜,但其上有病毒编码的膜糖蛋白。具有识别 B 细胞上的 EB 病毒受体和细胞融合等功能。

EB 病毒只能在 B 细胞中增殖。在体外,EB 病毒感染人 B 细胞,可使其永生化,能长期传代,建立传代细胞系。利用 EB 病毒的这个特点,研究人员常用其来建立含特定家系基因的 B 细胞系。EB 病毒感染细胞后,可产生各种病毒抗原,如 EBV 核抗原(nuclear antigen,NA)、潜伏期膜蛋白(latent membrane protein,LMP)、早期抗原(early antigen,EA)、膜抗原(membrane antigen,MA) 和衣壳抗原(viral capsid antigen,VCA)等。NA 和 LMP 为处于潜伏期感染细胞所合成,出现 NA 和 LMP,说明 EB 病毒基因组的存在。EA 为病毒的非结构蛋白,其表达提示病毒复制的开始,是 EB 病毒增殖的标志。MA 和 VCA 则为晚期抗原。MA 位于病毒感染的细胞膜上,病毒的囊膜上也有这种抗原,是病毒的结构抗原,也是 EBV 的中和抗原,其中的糖蛋白 gp340 能诱导出中和抗体。VCA 是病毒增殖后期合成的结构蛋白,存在于胞质和核内 VCA 与病毒 DNA 组成核衣壳,最后在核出芽时获得包膜装配完成完整的病毒体。上述抗原均刺激机体产生相应的 IgG 和 IgA 抗体。

2. 基因结构特点　EBV 基因组为双链 DNA,长 170 000~175 000bp,在细胞内可以线性整合和环状游离两种形式之一或同时存在。线性整合即是以线性分子的形式在一定部位整合入细胞染色体 DNA,环状游离则是以环状 DNA 形式游离在胞质中,病毒基因组两端有末端重复序列(TR),可相互连接形成环状游离体。一般来说,若细胞内出现有完整的病毒,则其基因组多为整合型;若病毒处于潜伏状态,则其基因组多为游离型。

病毒基因组包括 4 个内部重复序列（IR1～IR4)和 5 个独特区(U1～U5)。

二、EB 病毒实时荧光 PCR 测定

1. 引物和探针设计　EBV 实时荧光 PCR 引物和探针设计，一般选择的基因区域有 BamHIW、编码核抗原 1(NA1)和潜伏期膜蛋白 1(LMP1)和 2(LMP2)基因、Zebra 基因(BZLF1)，编码 DNA 多聚酶的第五个可读框(BALF5)、编码膜抗原(MA)gp350/220 的基因(BLLF1)和编码胸苷激酶基因（BX-LF1)等。BamHIW 基因在 EBV DNA 中有 10 多次重复，因此检测该基因片断可有较高的检测敏感性。

2. 文献报道的引物和探针举例　表 17-1 和图 17-1 为文献报道的 EB 病毒实时荧光 PCR 检测所用的引物和探针举例及其所在基因组中的位置。

表 17-1　文献报道的 EBV DNA 实时荧光 PCR 检测的引物和探针举例

测定技术		引物和探针	基因组内区域	文献
TaqMan 探针	引物	F:5′-GCAGCCGCCCAGTCTCT-3′（47257-47273)	BamH1W (47257-47340)	[1]
		R:5′-ACAGACAGTGCACAGGAGC(A)CT-3′（47340-47320)		
	探针	5′-(6FAM) AAAAGCTGGCGCCCTTGCCTG（TAMRA)-3′（47299-47279)		
TaqMan 探针	引物	F:5′-TACAGGACCTGGAAATGGCC-3′（107970-107989)	EBNA1 (107970-108048)	
		R:5′-TCTTTGAGGTCCACTGCCG-3′（108048-108030)		
	探针	5′-(6FAM)AGGGAGACACATCTGGACCAGAAGGC(TAMRA)-3′(107999-108024)		
TaqMan 探针	引物	F:5′-CAGTCAGGCAAGCCTATG A-3′（168113-168131)	LMP1 (168113-168221)	
		R:5′-CTGGTTCCGGTGGAGATGA-3′（168221-168203)		
	探针	5′-(6FAM) GTCATAGTAGCTTAGCTGAAC（TAMRA)-3′（168163-168183)		
TaqMan 探针	引物	F:5′-AGCTGTAACTGTGGTTTCCATGAC-3′（679-702)	LMP2 (679-748)	
		R:5′-GCCCCCTGGCGAAGAG-3′（748-733)		
	探针	5′-(6FAM)CTGCTGCTACTGGCTTTCGTCCTCTGG(TAMRA)-3′（704-730)		
TaqMan 探针	引物	F:5′-AAATTTAAGAGATCCTCGTGTAAAACATC-3′（102214-102242)	BZLF1 (102214-102305)	
		R:5′-CGCCTCCTGTTGAAGCAGAT-3′（102305-102286)		
	探针	5′-(6FAM) ATAATGGAGTCAACATCCAGGCTTGGGC（TAMRA)-3′（102256-102283)		

测定技术		引物和探针	基因组内区域	文献
TaqMan-MGB 探针	引物	F:5′-CCCAACACTCCACCACACC-3′(14649-14667)	BAMHIW (14649-14724)	[2]
		R:5′-TCTTAGGAGCTGTCCGAGGG-3′(14724-14705)		
	探针	LIR-1MGB2（FAM-ACACTACACACACCCACC-MGBNFQ）（14675-14692)		
TaqMan 探针	引物	F:5′-AGAATCTGGGCTGGGACGTT-3′(89585-89604)	gp350/220 (89585-89784)	[3]
		R:5′-ACATGGAGCCCGGACAAGT-3′(89784-89766)		
	探针	5′-(6-FAM）AGCCCACCACAGATTACGGCGGT（TAMRA）(Phosphate)-3′(89761-89739)		
TaqMan 探针	引物	F:5′-CCGGTGTGTTCGTATATGGAG-3′(109463-109483)	EBNA-1 gene (109463-109568)	[4]
		R:5′-GGGAGACGACTCAATGGTGTA-3′(109568-109548)		
	探针	5′-VIC-TGCCCTTGCTATTCCACAATGTCGTCTT-TAMRA-3′(109521-109548)		
TaqMan 探针	引物	F:5′-CGGAAGCCCTCTGGACTTC-3′(156483-156465)	Pol-1 gene (156483-156494)引物设计针对反向互补链	[5]
		R:5′-CCCTGTTTATCCGATGGAATG-3′(156494-156414)		
	探针	5′-FAM-TGTACACGCACGAGAAATGCGCC-TAMRA-3′（156439-156417)		
TaqMan 探针	引物	F:5′-CGGAAGCCCTCTGGACTTC-3′(156489-156471)	DNA polymerase gene（156400-156489)引物设计针对反向互补链	[6]
		R:5′-CCCTGTTTATCCGATGGAAT-3′(156400-156419)		
	探针	5′-TGTACACGCACGAGAAATGCGCC-3′(156445-156423)		
双杂交探针	引物	F:5′-GGGGCAAAATACTGTGTTAG-3′(143411-143430)	BXLF1 (143411-143579)	[7]
		R:5′-CGGGGGACACCATAGT-3′(143579-143564)		
	探针	供体荧光标记探针:(143503-143526) 5′-ATGTTTCCTCCCTCGCTTCTTCAG(FITC)-3′		
		受体荧光标记探针:(143528-143546) 5′-(LC-Red640)CGGCGCATGTTCTCCTCCAC(phosphate)-3′		
双杂交探针	引物	F:5′-CGCATAATGGCGGACCTAG-3′(14105-14123)	BamH1 C/W (14105-14225)	[8]
		R:5′-CAAACAAGCCCACTCCCC-3′(14225-14208)		
	探针	供体荧光标记探针:(14176-14157) 5′-AAAGATAGCAGCAGCGCAGC-fluorescein-3′		
		受体荧光标记探针:(14155-14146) 5′-LCRRed-AACCATAGACCCGCTTCCTG-phosphorylated-3′		

续表

测定技术	引物和探针		基因组内区域	文献
TaqMan 探针	引物	F:5′-GCTTAAACTTGGCCCGGC-3′ (102449-102466)	BZLF1 (102449-102528)	[9]
		R:5′-GGAGGAATGCGATTCTGAACTAG-3′ (102528-102506)		
	探针	5′-FAM-TTTTCTGGAAGCCACCCGATTCTTGTA-TAMRA-3′ (102468-102494)		
TaqMan 探针	引物	F:5′-AGGAGGGCTTCCCCACG-3′ (155842-155826)	BALF5 DNA polymerase (155772-155842) 引物设计针对反向互补链	
		R:5′-TGTCGACCAGAGGACGCAG-3′ (155772-155790)		
	探针	5′-FAM-CCACCAACGAGGCTGACCTGATCCT-TAMRA-3′ (155830-155806)		
TaqMan 探针	引物	F:5′-GAATTCTCACATCAACGAGTCCC-3′ (91426-91404)	gp350/220 (BLLF1) (91356-91426) 引物设计针对反向互补链	
		R:5′CAGACGCAGGCTGTATGCAT-3′ (91356-91375)		
	探针	5′-FAM-TGGCCACCCCAATACCTGGTACAGG-TAMRA-3′ (91402-91378)		
TaqMan 探针	引物	F:5′-CCTCTTTTCCAAGTCAGAATTTGAC-3′ (121646-121622)	BGLF5 (121571-121646) 引物设计针对反向互补链	
		R:5′-TGACCTCTTGCATGGCCTCT-3′ (121571-121590)		
	探针	5′-FAM-CCATCTACCCATCCTACACTGCGCTTTACA-TAMRA-3′ (121620-121591)		

V01555

172281 bp　DNA　circular

(一)··

(二)540..788

exon 4 terminal protein RNA

　661 gctgagtccc ctccttgg**ag ctgtaactgt ggtttccatg acgctgctgc tactggc**ttt

　　　　　　　　　　　　　　　　　　　F[1]　　　　　　　　　　P[1]

　721 **cgtcctctgg** ctctcttcgc cagggggcct aggtactctt ggtgcagccc ttttaacatt

　　　　　　　　　　R[1]

··

13215

BamH1 C/W

14101 cgcg**cgcata atggcggacc tag**gcctaaa acccc**cagga agcgggtcta tggttggctg**

　　　　　　　　　F[8]　　　　　　　　　　　　　　受体

14161 **cgctgctgct atcttt**agag gggaaaagag gaataagccc ccagaca**ggg gagtgggctt**

供体 R[8]

14221 **gtttg**tgact tcaccaaagg tcagggccca agggggttcg cgttgctagg ccaccttctc

---

14701..14832

part of LP gene

14641 ctgctaag**cc caacactcca ccacacc**cag gcac**acacta cacacaccca cc**cgtctcag

               F[2]   P[2]

14701 ggtc**ccctcg gacagctcct aaga**aggcac cggtcgccca gtcctaccag aggggggccaa

           R[2]

46333..47484

BWRF1

47221 cggagggacc ccggcggccc ggtgtcagtc ccccct**gcag ccgcccagtc tct**gcctcca

                                 F[1]

47281 **ggcaagggcg ccagctttt**c tcccccagc ctgaggccc**a gtctcctgtg cactgtctgt**

        P[1]   R[1]

47341 aaagtccagc ctcccacgcc cgtccacggc tcccgggccc agcctcgtcc acccctcccc

---

(89430..92153)

BLLF1b, late reading frame gp220 membrane antigen, spliced form of BLLF1a

BLLF1a, late reading frame, gp350 membrane antigen

89581 ttt**gagaatc tgggctggga cgtt**ggcggg actggcacgg tggcttgggc tgtggtaacc

                F[1]

89641 ggtgggctcg taaaagtcca gcggggccgc agtttgctag aagtgctggg aggtagatag

89701 gtggtcgcat tgtatctcgg tcttggcgta gttgaatc**ac cgccgtaatc tgtggtgggc**

                                     P[3]

89761 **t**ctgt**acttg tccgggctcc atgt**cctgtg gtgtgctttc caccggtggt agaattggcc

         R[3]

91321 ttattgccaa gaaatcgtga cactggacgt ggtgt**cagac gcaggctgta tgcat**accct

                                     R[9]

91381 **gtaccaggta ttggggtggc cac**gggactc gttgatgtga gaattccgcc gctgggaaca

          P[9]   F[9]

91441 tggctctcgt atccactgca ggtgatgtta aatttgttgt ctccgggcag aacttgtgaa

--- join （102210..102338, 102423..102530,

102655..103155)

BZLF1

102181 tgaagcaggc gtggtttcaa taacgggagt tag**aaattta agagatcctc gtgtaaaaca**

                        F[1]

102241 **tc**tggtgtcc gggg**gataat ggagtcaaca tccaggcttg ggc**acatctg **cttcaacagg**
　　　　　　　　　　　　　　　　P[1]　　　　　　　　　　R[1]

102301 **aggcg**cagcc tgtcattttc agatgatttg gcagcagcca cctgcggaca aaaatcaggc

102361 gtttagatgg ggcatttatg tttgggacgc tagccgcctg ggcattcgtg ttagtatata

102421 ctgacctcac ggtagtgctg cagcagtt**gc ttaaacttgg cccggcattt tctggaagcc**
　　　　　　　　　　　　　　　　F[9]　　　　　　　　P[9]

102481 **acccgattct tgta**tcgctt tatt**tctagt tcagaatcgc attcctcc**ag ctgcgagcaa
　　　　　　　　　　　　　　　R[9]

107950..109875

BKRF1 encodes EBNA-1 protein，latent cycle gene

107941 gtgtgaatca tgtctgacga ggggccagg**t acaggacctg gaaatggcc**t aggagagaa**g**
　　　　　　　　　　　　　　　　　　F[1]

108001 **ggagacacat ctggaccaga aggc**tccggc **ggcagtggac ctcaaaga**ag agggggtgat
　　　　　　　　P[1]　　　　　　　　R[1]

108061 aaccatggac gaggacgggg aagaggacga ggacgaggag gcggaagacc aggagccccg

----

109441 accgacgaag gaacttgggt cgc**ccggtgtg ttcgtatatg gagg**tagtaa gacctccctt
　　　　　　　　　　　　　　　　　　F[4]

109501 tacaacctaa ggcgaggaac **tgcccttgct attccacaat gtcgtcttac accattgagt**
　　　　　　　　　　　　　P[4]　　　　　　　　R[4]

109561 **cgtctccc**ct ttggaatggc ccctggaccc ggcccacaac ctggcccgct aagggagtcc

----

（120929..122341）

BGLF5 early reading frame，homologous to RF 48 VZV and alkaline exonuclease of HSV

121561 atctgataaa **tgacctcttg catggcctct tgtaaagcgc agtgtaggat gggtagatgg**
　　　　　　　　　　　　　R[9]　　　　　　　　　　P[9]

121621 **ggtcaaattc tgacttggaa aagagg**tact tgaagcggca cttaatctca taaatgcagc
　　　　　　　　　F[9]

121681 tccggtcggt gaacagtata aagtctccct gtgactccac attgacgcaa agatccagag

----

（143038..144861）

BXLF1 early reading frame，thymidine kinase

143401 aatgtcctcg **ggggcaaaat actgtgttag** gagccaggca cagtaaacgg cgtgatatgc
　　　　　　　　　　　　　F[7]

143461 atcgttgaca ctcttcaggt agccagcatc cagtcctgac tc**atgtttcc tccctcgctt**
　　　　　　　　　　　　　　　　　　　　　　　　　供体

143521 **cttcaggcgg cgcatgttct cctccacg**tt taacttcatc cag**actatgg tgtcccccgg**
　　　　　受体　　　　　　　　　　　　R[7]

(153699..156746)

BALF5 DNA polymerase

155761 gcctcctccc ct**gtcgacca gaggacgcag** gatatctgc**a ggatcaggtc agcctcgtt**g

　　　　　　　　　　　　R[9]　　　　　　　　　　　P[9]

155821 **gtggccgtgg ggaagccctc ct**cccccaga cactcgatat cgaaggccag ggcctggtag

　　　　　　　　　　F[9]

155881 gagggccagg agctgtcttc acgccggacc gagaggtcgc ccacctcaca gtcgtactcg

156361 agcttgatga cgatgccaca tggcaccaca tac**ccctgtt tatccgatgg aatg**acggcg

　　　　　　　　　　　　　　　　R[5]

156421 **catttctcgt gcgtgtaca**c cgtctcgagt atgtcgtaga catg**gaagtc cagagggctt**

　　　　　　　P[5]　　　　　　　　　　　　　　　　　F[5]

156481 **ccg**tgggtgt ctgcctccgg ccttgccgtg ccctcttggg cacgctggcg ccaccacatg

(168163..168965)

BNLF1 coding part of exon c of latent membrane protein(LMP1)

168061 tgtgccagtt aaggtgatta gctaaggcat tcccagtaaa tggagggaga gt**cagtcagg**

　　　　　　　　　　　　　　　　　　F[1]

168121 **caagcctatg a**catggtaat gcctagaagt aaagaaaggt ta**gtcatagt agcttagctg**

　　　　　　　　　　　　　　　　　P[1]

168181 **aac**tgggccg tgggggtcgt ca**tcatctcc accggaacca g**aagaacccca aaagcagcgt

　　　　　　　　　　　　　　R[1]

168241 aggaaggtgt ggatcaccgc cgccatggcc ggaatcatga ctatgaccgc cgcctccgtc

图 17-1　用于 EB 病毒实时荧光 PCR 检测的区域及文献报道引物和探针所在位置

[ ]内为相关引物和探针的文献来源

3. 标本的采集、运送和保存

(1)标本的采集:常用于 EB 病毒 PCR 检测的标本可有鼻咽分泌物、外周血、尿液的上皮脱落细胞,以及冰冻活检的淋巴结、腮腺、泪腺和皮肤等石蜡包埋的癌组织或可疑癌组织。

1)鼻咽部分泌物:鼻和咽拭子、鼻咽抽取物、鼻洗液和漱口液的采集可参考本书第 18 章有关标本采集的内容。

2)血液标本:采用加有 EDTA 或枸橼酸盐抗凝剂的真空采集管,采集血液标本 2ml 以上,梯度离心取外周血单个核细胞进行检测。

3)尿液标本:用无菌密闭容器收集尿液 3ml。

(2)标本运送和保存:上述标本运送与第 4 章所述的一般要求相同。标本一经采集,应尽可能快的送至检测实验室,临时保存可在 2~8℃冰箱,短期(数周)保存可在-20℃下冰箱,长期保存则须在-70℃下。

三、EB 病毒 PCR 检测的临床意义

1. EB 病毒急性感染的早期诊断　对于

EB 病毒急性感染如传染性单核细胞增多症，最早出现于临床标本中的是病原体本身，采用高灵敏高特异的实时荧光 PCR 方法进行检测，可以在感染的早期明确病因。

2. 鼻咽癌的治疗监测　鼻咽癌具有对放疗敏感、易复发和远处转移等特点。放疗是鼻咽癌的首选治疗方法，但治疗后完全缓解患者仍有 40%～50% 出现远处转移和局部复发而导致治疗失败。以前较为常用的临床监测鼻咽癌患者肿瘤转移、复发的手段主要是常规体检、间接鼻咽纤维镜、胸部 X 线片（或胸部 CT）、腹部 B 超（或腹部 CT）、全身骨 ECT 等物理和影像学检查，以及 VCA-IgA 抗体和 EA-IgA 抗体，但这些方法要么存在敏感性和特异性不够，检查费用昂贵，难以及时发现，不能区分原发和转移癌，要么因为在体内的长半衰期如抗体，而不能准确和及时反映体内 EB 病毒的清除情况。因此，采用实时荧光 PCR 直接定量测定血液中 EB 病毒 DNA，则可以准确及时地反映其在体内的消长，可作为鼻咽癌治疗后预后、转移和复发的监测指标。

（李金明　张　括　汪　维）

参 考 文 献

[1] Ryan JL, Fan H, Glaser SL, et al. Epstein-Barr virus quantitation by real-time PCR targeting multiple gene segments: a novel approach to screen for the virus in paraffin-embedded tissue and plasma. J Mol Diagn, 2004: 6378-6385

[2] Perkins RS, Sahm K, Marando C, et al. Analysis of Epstein-Barr virus reservoirs in paired blood and breast cancer primary biopsy specimens by real time PCR. Breast Cancer Res, 2006, 8(6): R70

[3] Germi R, Morand P, Brengel-Pesce K, et al. Quantification of gp350/220 Epstein-Barr virus (EBV) mRNA by real-time reverse transcription-PCR in EBV-associated diseases. Clin Chem, 2004, 50: 1814-1817

[4] Perandin F, Cariani E, Pollara CP, et al. Comparison of commercial and in-house Real-time PCR assays forquantification of Epstein-Barr virus (EBV) DNA in plasma. BMC Microbiology, 2007, 7: 22

[5] Le QT, Jones CD, Yau TK, et al. A comparison study of different PCR assays in measuring circulating plasma epstein-barr virus DNA levels in patients with nasopharyngeal carcinoma. Clin Cancer Res. 2005, 11: 5700-5707

[6] Kimura H, Morita M, Yabuta Y, et al. Quantitative analysis of Epstein-Barr virus load by using a real-time PCR assay. J Clin Microbiol, 1999, 37: 132-136

[7] Brengel-Pesce K, Morand P, Schmuck A, et al. Routine use of real-time quantitative PCR for laboratory diagnosis of Epstein-Barr virus infections. J Med Virol, 2002, 66: 360-369

[8] Hirano A, Yanai H, Shimizu N, et al. Evaluation of epstein-barr virus DNA load in gastric mucosa with chronic atrophic gastritis using a real-time quantitative PCR assay. Int J Gastrointest Cancer, 2003, 34: 87-94

[9] Weinberger B, Plentz A, Weinberger KM, et al. Quantitation of Epstein-Barr virus mRNA using reverse transcription and real-time PCR. J Med Virol, 2004, 74: 612-618

[10] Arrand JR, Rymo L, Walsh JE, et al. Molecular cloning of the complete Epstein-Barr virus genome as a set of overlapping restriction endonuclease fragments. Nucleic Acids Res, 1981, 9: 2999-3014

[11] 张卓然. 临床微生物学和微生物检验. 3 版. 北京: 人民卫生出版社, 2003: 442-444

第18章 流感病毒实时荧光 RT-PCR 检测及临床意义

流行性感冒病毒（influenza virus）简称流感病毒，根据核蛋白和基质蛋白的差异目前分为甲、乙、丙三型。1933年英国人威尔逊·史密斯（Wilson Smith）最早在实验室成功分离培养流感病毒，称为 Wilson-Smith 1933 H1N1。流感病毒经空气飞沫传播，引起临床上以急起高热、乏力、全身酸痛和轻度呼吸道症状为特征的流行性感冒（influenza，简称流感），多为自限性感染，病程短。但是也有凶险的流感病毒亚型使人体免疫系统过度反应，引起各种免疫调节物质大量产生的"免疫因子风暴"，病情严重者可致肺炎、心肌炎、心力衰竭甚至死亡。流感病毒变异速度很快，其中以甲型流感病毒变异速度最快，乙型次之，丙型变异速度最慢，其变异株往往造成暴发、流行或大流行。20世纪以来，世界性大流行就有5次，分别发生于1900年、1918年、1957年、1968年和1977年，其中最严重的是1918—1920年全世界范围内流行的西班牙流感，共造成约5000万到1亿人丧生。1953—1976年，我国发生过12次中等或中等以上的流行，均由甲型流感病毒所致。自20世纪80年代以后，在我国流感的疫情以散发与小暴发为主。在三型流感病毒中，以甲型最容易引起流行，乙型次之，丙型极少引起流行。禽流感病毒属于甲型流感病毒，来源于禽类，一些亚型也可感染猪、马、海豹和鲸等各种哺乳动物及人类；乙型和丙型流感病毒除了能感染人类之外，还可分别感染海豹和猪。依据甲型流感病毒外膜血凝素（HA）和神经氨酸酶（NA）蛋白抗原性的不同，目前可分为17个HA亚型（H1-H17）和10个NA亚型（N1-N10），其中目前为止可

感染人类的亚型有17个，分别是 H1N1、H1N2、H2N2、H3N2、H3N8、H5N1、H5N2、H5N6、H6N1、H7N2、H7N3、H7N7、H7N9、H9N2、H10N7、H10N8 和 H1N1-2009。依据乙型流感病毒外膜血凝素蛋白抗原性的不同，目前普遍认为可以分为 Yamagata 谱系和 Victoria 谱系。由于丙型流感病毒突变频率低，目前暂未对丙型流感病毒进行亚型或谱系的分类。

一、流感病毒的特点

1. 形态结构特点　流感病毒为有包膜的单股负链 RNA 病毒，属正黏病毒科。流感病毒呈球形或细长形丝状，直径 $80\sim120nm$，新分离的毒株则多呈丝状，长度可达 400nm。

（1）形态特点：流感病毒结构自内而外可分为核心、基质蛋白及包膜三部分。

1）病毒的核心：包含病毒基因组单链 RNA（ss-RNA）和病毒复制所需的酶。ss-RNA 与核蛋白（NP）缠绕形成密度极高的核糖核蛋白体（RNP）。除了核糖核蛋白体，还有负责 RNA 转录的 RNA 多聚酶。核蛋白质有特异性，可用补体结合实验将病毒区分为甲、乙、丙三型。

2）基质蛋白：病毒的外壳骨架主要由基质蛋白构成，此外还有膜蛋白（M2）。基质蛋白的作用是与病毒最外层的包膜紧密结合以保护病毒核心和维系病毒空间结构。

3）包膜：处于病毒颗粒的最外层，是包裹在病毒基质蛋白之外的一层磷脂双分子层膜，其来源于宿主的细胞膜和核膜。除了磷脂分子外，包膜中还有两种非常重要的病毒

糖蛋白,即血凝素(HA)和神经氨酸酶(NA)。包膜上的这两类蛋白突出于病毒外膜外,被称作刺突,长度 10~40nm。一个流感病毒表面通常会分布有 500 个 HA 刺突和 100 个 NA 刺突。甲型流感病毒 HA 和 NA 的抗原性是区分病毒毒株亚型的依据。

(2)生化特点

1)三聚体:HA 是由 3 条多肽分子以非共价形式聚合而成的三聚体,其 C 端有一疏水区插入病毒包膜的双层脂质膜中,N 端有一疏水区,具有细胞膜融合活性,在病毒导入宿主细胞的过程中具有关键性作用。HA 因其能与人、鸟、猪、豚鼠等动物红细胞表面的糖蛋白受体相结合引起凝集,而被称为血凝素。用于流感病毒感染检测的血凝抑制试验即是在病毒与细胞混合前先加入抗 HA 抗体,使该抗体首先与病毒包膜上的血凝素结合,当再加入红细胞时,由于病毒血凝素上结合的抗体的阻断作用,血凝素就不能在与红细胞上的受体结合,红细胞就不出现凝集,即为血凝抑制。HA 具有免疫原性,抗 HA 抗体属于中和抗体,可阻止病毒进入宿主细胞。

2)四聚体:NA 是一个由 4 条相同的糖基化多肽所组成的四聚体,呈蘑菇状,具有水解 N-乙酰神经氨酸(唾液酸)的活性,当增殖成熟的流感病毒以出芽的方式脱离宿主细胞时,由于病毒包膜为细胞膜的一部分,其与细胞膜的连接经由其表面的血凝素与细胞膜上的 N-乙酰神经氨酸,为使病毒脱离细胞膜,NA 同样具有免疫原性,但因其作用点在于细胞释放病毒,故抗 NA 抗体不能中和病毒,但能限制病毒释放,缩短感染过程。

2. 基因结构特点　流感病毒基因组为单股负链 RNA,总长度为 13 600nt,分子量为 $(5.9~6.3)×10^6$ 道尔顿,分为不同的片段。甲、乙型流感病毒基因组由 8 个单独的单链 RNA 片段组成,而流感病毒的基因组则为 7 个 RNA 片段。每一个片段就是一个基因,决定流感病毒的遗传特性,其基因组分

片段的特点使本病毒具有高频率基因重配,容易发生变异。每个 RNA 片段编码 1~2 个多肽,片段 1 长 2341bp,编码多肽为 PB2,其功能是识别并与宿主 RNA"帽"结合,与 PB1 和 PA 一起组成转录酶复合物;片段 2 长 2341bp,编码多肽为 PB1,为转录起始,转录复合物成员之一;片段 3 长 2233bp,编码多肽为 PA,同样为转录复合物成员之一;片段 4 长 1778bp,编码多肽为 HA,即血凝素;片段 5 长 1565bp,编码多肽为 NP,与 RNA 结合成核糖核蛋白复合体,RNA 转录酶成分;片段 6 长 1413bp,编码多肽为 NA,即神经氨酸酶;片段 7 长 1027bp,编码多肽为 M1 和 M2,M1 是病毒颗粒主要成分,位于双层类脂膜下,M2 是胞膜蛋白,具有离子通道功能;片段 8 长 890bp,编码多肽为 NS1 和 NS2,NS1 和 NS2 均为非结构蛋白,NS1 参与调节 mRNA 的合成,NS2 功能尚不清楚。乙型流感病毒基因编码与甲型的不同之处在于其 RNA 片段 6 编码 NA 和 NB 两种蛋白,而甲型病毒基因组第 6 片段仅编码 NA 一种蛋白质。丙型流感病毒基因组的第 4 片段编码该病毒唯一的一种包膜糖蛋白,因该蛋白质具有红细胞凝集、脂酶(easterase)及包膜融合 3 种活性,故称 HEF 蛋白。乙型流感病毒基因组 RNA 片段 8 为 1096 个核苷酸,丙型流感病毒基因组 RNA 片段 7 长 934 个核苷酸。两者均有两个编码区,分别编码 NS1 和 NS2 蛋白。

就单链 RNA 病毒而言,其基因组 RNA 与 mRNA 方向相同的称正链 RNA(＋RNA)病毒,而与 mRNA 方向互补的则呈负链 RNA(－RNA)病毒。流感病毒的基因组为单股负链 RNA,即是转录合成 mRNA 的模板,又是合成＋RNA 的模板。与其他负链 RNA 病毒一样,流感病毒本身具有依赖 RNA 的 RNA 多聚酶,其 mRNA 是在宿主细胞内依赖其本身的 RNA 多聚酶合成的。与其他 RNA 病毒不同之处是,RNA 的转录

和复制均在宿主细胞核内进行。此外,病毒基因组的第 7(M)和第 8(NS)两个基因片段可分别合成两种以上的 mRNA,进而分别合成 M1、M2 和 NS1、NS2 两种蛋白质。

病毒基因组的所有 RNA 片段 5′端的 13 个核苷酸及 3′端的 12 个核苷酸高度保守,各型病毒间该保守区的序列略有差异。甲型病毒各亚型间该保守区的序列基本一致,仅个别亚型的某些病毒株有变异。由于每一个 RNA 片段的 3′端和 5′端分别有部分序列互补,所以,每个 RNA 片段的 3′端和 5′端相互结合使病毒 RNA 环化形成锅柄样的结构。

3. 变异特点 在甲、乙、丙三种流感病毒中,甲型流感病毒有着极强的变异性,乙型次之,而丙型流感病毒的抗原性非常稳定。乙型流感病毒的变异会产生新的主流毒株,但是新毒株与旧毒株之间存在交叉免疫,即针对旧毒株的免疫反应对新毒株依然有效。

甲型流感病毒流行规模的大小,主要取决于病毒表面 HA 和 NA 抗原变异幅度大小。幅度小属于量变称抗原漂移(antigen drift),其原因是编码 HA 和(或)NA 的核酸序列发生了点突变,致使 HA 或 NA 抗原表位发生某些改变,并在免疫人群中被选择出来,可引起中小流行。若变异幅度大,新毒株的 HA 和(或)NA 完全与前次流行株不一样,形成新的亚型,则为质变,又称为抗原转变(antigenic shift),其原因是编码 HA 和(或)NA 核酸序列的突变不断积累或外来基因片断重组所致。这种抗原性的转变使人群原有的特异性免疫力失效,因此可以引起大规模甚至世界性的流感流行。

甲型流感病毒的基因组是由 8 条分开的 RNA 片段所组成的,当宿主细胞同时被两种不同的流感病毒感染时,新生的子代病毒有可能获得来自两个亲代病毒的基因片段,而形成新的重组病毒。同型病毒的不同亚型毒株间能够发生基因重配现象,但不同型病毒间不会出现基因重配。基因重配是产生甲型流感病毒抗原转变,并引起流感在世界大流行的一个重要原因。1957 年出现的 H2N2 亚型及 1968 年出现的 H3N2 亚型均是由禽流感病毒与人流感病毒重组而来。1989 — 1990 年在中国境内曾发生过 H1N2 重组病毒,由于后者是由当时正在人群中流行的 H3N2 和 H1N1 病毒重组而来的,故没有引起大流行。2009 年出现的 H1N1-2009 流感病毒被认为是整合了禽流感、猪流感和人流感病毒的基因组形成的新型流感病毒,近年不断有流行报道。2013 年在中国大陆出现的新型 H7N9 流感病毒是由多型流感病毒基因组进行基因重配而来的,其致病性强,病死率高,但是到目前为止还没有确切证据表明其可在人与人之间传播,也因此并没有引起大范围流行。流感病毒的 RNA 基因在复制过程中常常发生点突变,这是因为其 RNA 多聚酶缺少 DNA 多聚酶所具有的矫正功能,因此,不能识别和修复病毒基因组复制过程中出现的错误,子代病毒基因的复制不完全忠实于亲代病毒,结果导致产生抗原性变异株的概率大大升高。

二、流感病毒的实时荧光 RT-PCR 测定

1. 引物和探针设计 流感病毒 RT-PCR 测定的引物和探针所针对的区域可为编码病毒基质(M)蛋白、NP、HA、NA 的基因,以及 NS 基因。甲型流感病毒的检测通常根据 M 基因、NP 基因的保守序列设计通用引物和探针进行分型检测,少部分研究使用 NS 基因作为通用引物和探针的靶基因;通过检测 HA 基因和 NA 基因可以对甲型流感病毒进行亚型分型。乙型流感病毒的检测通常根据 M 基因、NS 基因、NP 基因、HA 基因和 NA 基因的保守序列设计通用引物和探针进行分型检测;对于谱系间的鉴别诊断则多是针对 HA 基因的相对保守区设计引物和探针进行检测。

2. 文献报道的引物和探针举例　表 18-1—表 18-9、图 18-1—图 18-17 分别为 WHO 2014 年 3 月发布的文件中推荐的甲型和乙型流感病毒实时荧光 RT-PCR 检测通用引物和探针举例及其在基因组的相应位置。鉴于流感病毒突变频率高,保守区突变会导致引物和探针敏感性降低,建议实验室根据 WHO 发布的文件及时更新流感病毒核酸检测的引物和探针。

表 18-1　A 型流感病毒实时荧光 RT-PCR 检测通用引物和探针

测定技术	引物和探针		基因组内区域
TaqMan 探针	引物	5′-AAGACCAATCCTGTCACCTCTGA-3′	基质蛋白基因(M) (144～238)
		5′-CAAAGCGTCTACGCTGCAGTCC-3′	
	探针	5′-FAM-TTTGTGTTCACGCTCACCGT-TAMRA-3′	
TaqMan 探针	引物	5′-CATTGGGATCTTGCACTTGATATT-3′	基质蛋白基因(M) (784～864)
		5′-AAACCGTATTTAAGGCGACGATAA-3′	
	探针	5′-FAM-TGGATTCTTGATCGTCTTTTCTTCAAATGCA-TAMRA-3′	
TaqMan 探针	引物	5′-CTTCTAACCGAGGTCGAAACGTA-3′	基质蛋白基因(M) (7～161)
		5′-GGTGACAGGATTGGTCTTGTCTTTA-3′	
	探针	5′-FAM-TCAGGCCCCCTCAAAGCCGAG-BHQ1-3′ 或 5′-YAK-TCAGGCCCCCTCAAAGCCGAG-BBQ-3′	
TaqMan-MGB 探针	引物	5′-CCMAGGTCGAAACGTAYGTTCTCTCTATC-3′	基质蛋白基因(M) (14～159)
		5′-TGACAGRATYGGTCTTGTCTTTAGCCAYTCCA-3′	
	探针	5′-FAM-ATYTCGGCTTTGAGGGGGCCTG-MGB-3′	
TaqMan 探针	引物	5′-GACCRATCCTGTCACCTCTGAC-3′	基质蛋白基因(M) (146～251)
		5′-AGGGCATTYTGGACAAAKCGTCTA-3′	
	探针	5′-FAM-TGCAGTCCTCGCTCACTGGGCACG-BHQ1-3′	

表 18-2　A 型流感病毒 H1N1-2009 亚型实时荧光 RT-PCR 检测引物和探针

测定技术	引物和探针		靶基因
TaqMan 探针	引物	5′-GACAAAATAACAAACGAAGCAACTGG-3′	血凝素基因(HA)(795～955)
		5′-GGGAGGCTGGTGTTTATAGCACC-3′	
	探针	5′-FAM-GCATTCGCAA"t"GGAAAGAAATGCTGG-BQH1-3′	
TaqMan 探针	引物	5′-GCATAACGGGAAACTATGCAA-3′	血凝素基因(HA)(191～305)
		5′-GCTTGCTGTGGAGAGTGATTC-3′	
	探针	5′-FAM-TTACCCAAATGCAATGGGGCTACCCC-BBQ-3′	

续表

测定技术		引物和探针	靶基因
TaqMan 探针	引物	5′-GAGCTAAGAGAGCAATTGA-3′	血凝素基因（HA）（381～604）
		5′-GTAGATGGATGGTGAATG-3′	
	探针	5′-FAM-TTGCTGAGCTTTGGGTATGA-BHQ1-3′	
TaqMan-MGB 探针	引物	5′-AGAAAAGAATGTAACAGTAACACACTCTGT-3′	血凝素基因（HA）（143～329）
		5′-TGTTTCCACAATGTARGACCAT-3′	
	探针	5′-FAM-CAGCCAGCAATRTTRCATTTACC-MGB-3′	
TaqMan 探针	引物	5′-TCCACGCCCTAATGATAA-3′	神经氨酸酶（NA）（995～1104）
		5′-TTCTCCCTATCCAAACAC-3′	
	探针	5′-FAM-ATCCTTTTACTCCATTTGCTCC-BHQ1-3′	

表 18-3　季节性 A 型流感病毒 H1N1 亚型实时荧光 RT-PCR 检测引物和探针

测定技术		引物和探针	基因组内区域
TaqMan 探针	引物	5′-CACCCCAGAAATAGCCAAAA-3′	血凝素基因（HA）（710～872）
		5′-TCCTGATCCAAAGCCTCTAC-3′	
	探针	5′-FAM-CAGGAAGGAAGAATCAACTA-BHQ1-3′	
TaqMan-MGB 探针	引物	5′-CCCAGGGYATTTCGCYGACTATGAG-3′	血凝素基因（HA）（356～487）
		5′-CATGATGCTGAYACTCCGGTTACG-3′	
	探针	5′-FAM-TCTCAAAYGAAGATACTGAACT-MGB-3′	
TaqMan 探针	引物	5′-TGGATGGACAGATACCGACA-3′	神经氨酸酶基因（NA）（1154～1295）
		5′-CTCAACCCAGAAGCAAGGTC-3′	
	探针	5′-FAM-CAGCGGAAGTTTCGTTCAACAT-BHQ1-3′	

表 18-4　季节性 A 型流感病毒 H3N2 亚型实时荧光 RT-PCR 检测引物和探针

测定技术		引物和探针	基因组内区域
TaqMan 探针	引物	5′-AGCAAAGCCTACAGCAA-3′	血凝素基因（HA）（347～405）
		5′-GACCTAAGGGAGGCATAA-3′	
	探针	5′-FAM-CCGGCACATCATAAGGGTAACA-BHQ1-3′	
TaqMan-MGB 探针	引物	5′-CTATTGGACAATAGTAAAACCGGGRGA-3′	血凝素基因（HA）（772～949）
		5′-GTCATTGGGRATGCTTCCATTTGG-3′	
	探针	5′-FAM-AAGTAACCCCKAGGAGCAATTAG-MGB-3′	

测定技术		引物和探针	基因组内区域
TaqMan 探针	引物	5′-ACCCTCAGTGTGATGGCTTCCAAA-3′	血凝素基因（HA）
		5′-TAAGGGAGGCATAATCCGGCACAT-3′	（294-401）
	探针	5′-FAM-ACGCAGCAAAGCCTACAGCAACTGTT-BHQ1-3′	
TaqMan 探针	引物	5′-GTCCAACCCTAAGTCCAA-3′	神经氨酸酶基因
		5′-GCCACAAAACACAACAATAC-3′	（NA）（1168-
	探针	5′-FAM-CTTCCCCTTATCAACTCCACA-BHQ1-3′	1353）

表 18-5　A 型流感病毒 H5N1 亚型实时荧光 RT-PCR 检测引物和探针

测定技术		引物和探针	基因组内区域
TaqMan 探针	引物	5′-CCGCAGTATTCAGAAGAAGC-3′	血凝素基因
		5′-AGACCAGCYAYCATGATTGC-3′	（HA）（1535-
	探针	5′-FAM-AGTGCTAGRGAACTCGCMACTGTAG-BHQ1-3′	1574）
TaqMan 探针	引物	5′-TTTATAGAGGGAGGATGG-3′	血凝素基因
		5′-GAGTGGATTCTTTGTCTG-3′	（HA）（1082-
	探针	5′-Hex-TGGTAGATGGTTGGTATGGG-BHQ1-3′	1181）
TaqMan-MGB 探针	引物	5′-CGATCTAGAYGGGGTGAARCCTC-3′或	血凝素基因
		5′-CGATCTAAATGGAGTGAAGCCTC-3′	（HA）（196-
		5′-CCTTCTCCACTATGTANGACCATTC-3′或	317）
		5′-CCTTCTCTACTATGTAAGACCATTC-3′	
	探针	5′-FAM-AGCCAYCCAGCTACRCTACA-MGB-3′或	
		5′-FAM-AGCCATCCCGCAACACTACA-MGB-3′	
TaqMan 探针	引物	5′-TGGGTACCACCATAGCAATGAGCA-3′	血凝素基因
		5′-AATTCCCTTCCAACGGCCTCAAAC-3′	（HA）（1123-
	探针	5′-FAM-TGGGTACGCTGCAGACAAAGAATCCA-BHQ1-3′	1266）
TaqMan 探针	引物	5′-GTTTGAGTCTGTTGCTTGGTC-3′	神经氨酸酶基因
		5′-GCCATTTACACATGCACATTCAG-3′	（NA）（475-
	探针	5′-FAM-CATGATGGCAYYAGTTGGTTGACAA-BHQ1-3′	664）

表 18-6　A 型流感病毒 H7N9 亚型实时荧光 RT-PCR 检测引物和探针

测定技术		引物和探针	基因组内区域
TaqMan 探针	引物	5′-TCACAGCAAATACAGGGAAGAG-3′	血凝素基因（HA）
		5′-CCCGAAGCTAAACCAGAGTATC-3′	（1491-1593）
	探针	5′-FAM-TGACCCAGTCAAACTAAGCAGCGG-BBQ-3′	

测定技术		引物和探针	基因组内区域
TaqMan 探针	引物	5′-AGAAATGAAATGGCTCCTGTCAA-3′	血凝素基因（HA）（468-550）
		5′-GGTTTTTTCTTGTATTTTTATATGACTTAG-3′	
	探针	5′-FAM-AGATAATGCTGCATTCCCGCAGATG-BHQ1-3′	
TaqMan 探针	引物	5′-TAGCAATGACACACACTAGTCAAT-3′	神经氨酸酶基因（NA）（914-1020）
		5′-ATTACCTGGATAAGGGTCATTACACT-3′	
	探针	5′-FAM-AGACAATCCCCGACCGAATGACCC-BHQ1-3′	

表 18-7　A 型流感病毒 H10N8 亚型实时荧光 RT-PCR 检测引物和探针

测定技术		引物和探针	基因组内区域
TaqMan 探针	引物	5′-GCAGAAGAAGATGGRAAAGGR-3′	血凝素基因（HA）（1408-1517）
		5′-GCTTCCTCTCTGTACTGTGWATG-3′	
	探针	5′-FAM-TGCATGGAGAGCATMAGAAACAACACCT-BHQ1-3′	
TaqMan 探针	引物	5′-AGCTCCATTGTGATGTGTGG-3′	神经氨酸酶基因（NA）（1321-1392）
		5′-AGGAAGAATAGCTCCATCGTG-3′	
	探针	5′-FAM-ACYATGAGATTGCCGACTGGTCA-BHQ1-3′	

表 18-8　B 型流感病毒实时荧光 RT-PCR 检测通用引物和探针

测定技术		引物和探针	基因组内区域
TaqMan 探针	引物	5′-ATTGCTGGTTTCTTAGAAGG-3′	血凝素基因（HA）（1134-1258）
		5′-TTGTTTATRGCTTCTTGMGT-3′	
	探针	5′FAM-ATGGGAAGGAATGATTGCAGGT-BHQ1-3′	
TaqMan 探针	引物	5′-AGGGGAGGTCAATGTGACTG-3′	血凝素基因（HA）（140-241）
		5′-GGGCATAGTTTCCCTCTGGT-3′	
	探针	5′-YAK-TTTTGCAAATCTCAAAGGAACA-BHQ1-3′	
TaqMan-MGB 探针	引物	5′-GGAGCAACCAATGCCAC-3′	非结构蛋白（NS）（43-147）
		5′-GTKTAGGCGGTCTTGACCAG-3′	
	探针	5′-FAM-ATAAACTTTGAAGCAGGAAT-MGB-3′	
TaqMan 探针	引物	5′-TACACAGCAAAAAGACCC-3′	神经氨酸酶基因（NA）（939-1091）
		5′-TCCACKCCCTTTRTCCCC-3′	
	探针	5′-FAM-ACACCCCCAGACCAGATGA-BHQ1-3′	

表 18-9 B 型流感病毒实时荧光 RT-PCR 检测谱系特异性引物和探针

测定技术	引物和探针（粗体为简并碱基）		基因组内区域
TaqMan 探针	引物	5′-AGACCAGAGGGAAACTATGCCC-3′	血凝素基因（*HA*） (220-356)
		5′-TCCGGATGTAACAGGTCTGACTT-3′	
	Victoria 谱系探针	5′-Yakima Yellow-CAGACCAAAATGCACG GGGAA**HA**T-ACC-BHQ-3′	
	Yamagata 谱系探针	5′-FAM-CAG**R**CCAATGTGTGTGGGGA**Y**CACACC-BHQ-3′	

Influenza A virus H7N9（A/Fujian/09273/2015）*M* 982bp

GISAID ACCESSION EPI566126

```
  1  atgagtc<ttc taa[ccgaggt cgaaacgta>c gttctctcta tc]attccat[<c aggcccctc
         F<3>              F[4]                              P<3>

 61  aaagccgag>a t]cgcgcagag acttgaggat gttttgcag ggaagaacgc agatctcgag
              P[4]

121  gctctca[tgg aatgga<taaa gac{aa(gacca atcctgtca]c c>tctga}ct)aa ggggatttta
              R[4]           R<3>F{1}     F(5)

181  ggg{tttgtgt tcacgctcac (cgtg}cccagt gagcga{ggac tgca)gcgt(ag acggtttg}tc
          P{1}            P(5)                    R{1}

241  caaaacgccc t)aaatgggaa tggagaccca acaacatgg acaaggcagt taaattatac
         R(5)

301  aagaaactga agagggaaat gacatttcat ggagcaaagg aagttgcact cagttactca

361  actggtgcgc ttgccagctg catgggtctc atatacaaca ggatggggac agtaactgca

421  gaaggggctc ttggattggt atgtgccact tgtgagcaga ttgctgacgc acaacatcgg

481  tcccacaggc agatggcaac tactaccaac ccactaatta ggcatgagaa tagaatggta

541  ctagccagta ctacggctaa ggctatggag cagatggctg gatcaagtga acaggcagcg

601  gaagccatgg aagtcgcaag ccaggctagg caaatggtgc aggctatgag aacagtcggg

661  actcaccta actccagtac aggtctaaag gatgatctta ttgaaaattt gcaggcctac

721  cagaaccgga tgggagtgca actgcagcgg ttcaagtgac ccactcgttg ttgcagctaa

781  cattattggg atattgcacc tgatactgtg gattcttgat cgtctttct tcaaatgcat
         F[2]                        P[2]

841  ttatcgtcgc tttaaatacg gtttgaaaag agggccttct acggaaggaa tgcctgagtc
         R[2]

901  tatgagggaa gaatatcggc aggaacagca gaatgctgtg gatgttgacg atggtcattt

961  tgtcaacata gagctgaagt aa
```

图 18-1 A 型流感病毒 *M* 基因通用引物和探针

Influenza A virus H1N1-2009（A/Yunnan-Chuxiong/SWL1283/2015）*HA* 1777bp

GISAID ACCESSION EPI586380

```
   1 agcaaaagca ggggaaaaca aaagcaacaa aaatgaaggc aatactagta gttctgctat
  61 atacatttgc aaccgcaaat gcagacacat tatgtatagg gtatcatgcg aacaattcaa
 121 cagatactgt agacacagta ctagaaaaga atgtaacagt aacacactct gttaaccttc
```
                        F<4>
```
 181 tagaagacaa gcataacggg aaactatgca aactaagag[g ggtagcccca ttgcatttg<g
```
                   F[2]   P[2]
```
 241 gtaa]atgtaa cattgctggc tg>gatcctgg gaaatccaga gtgtgaatca ctctccacag
```
      P<4>   R[2]
```
 301 caagttcatg gtcctacatt gtggaaacat ctagttcaga caatggaaca tgttacccag
```
           R<4>
```
 361 gagatttcat caattatgag gagctaagag agcaattgag ctcagtgtca tcatttgaaa
```
                   F[3]
```
 421 ggtttgagat attccccaag acgagttcat ggcccaatca tgactcgaac aaaggtgtaa
 481 cggcagcatg tcctcacgct ggagcaaaaa gcttctacaa aaatttaata tggctagtta
 541 aaaaaggaaa ttcataccca aagctcagcc aatcctacat taatgataaa gggaaagaag
```
                   P[3]
```
 601 tcctcgtgct gtggggcatt caccatccat ctactactgc tgaccaacaa agtctctatc
```
                   R[3]
```
 661 agaatgcaga tgcatatgtt tttgtgggga catcaagata cagcaagaag ttcaagccgg
 721 aaatagcaat aagacccaaa gtgagggatc aagaagggag aatgaactat tactggacac
 781 tagtagagcc gggagacaaa ataacattcg aagcaactgg aaatctagtg gtaccgagat
```
                   F[1]
```
 841 atgcattcac aatggaaaga aatgctggat ctggtattat catttcagat acaccagtcc
```
                   P[1]
```
 901 acgattgcaa tacaacttgt cagacacccg aaggtgctat aaacaccagc ctcccatttc
```
                                          R[1]
```
 961 agaatataca tccgatcaca attggaaaat gtccaaagta tgtaaaaagc acaaaattga
1021 gactggccac aggattgagg aatgtcccgt ctattcaatc tagaggccta ttcggggcca
1081 ttgccggctt cattgaaggg gggtggacag gaatggtaga tggatggtac ggttatcacc
1141 atcaaaatga gcaggggtca ggatatgcag ccgacctgaa gagcacacaa aatgccattg
1201 acaagattac taacaaagta aattctgtta ttgaaaagat gaatacacag ttcacagcag
1261 tgggtaaaga gttcaaccac ctggaaaaaa gaatagagaa tttaaataaa aaagttgatg
1321 atggtttcct ggacatttgg acttacaatg ccgaactgtt ggttctattg gaaaatgaaa
1381 gaactttgga ctaccacgat tcaaatgtga agaacttgta tgaaaaggta agaaaccagt
1441 taaaaaacaa tgccaaggaa attggaaacg gctgctttga attttaccac aaatgcgata
1501 acacgtgcat ggaaagtgtc aaaaatggga cttatgacta cccaaaatac tcagaggaag
1561 caaaattaaa cagagaaaaa atagatgggg taaagctgga atcaacaagg atttaccaga
```

```
1621 ttttggcgat ctattcaact gtcgccagtt cattggtact ggtagtctcc ctgggggcaa
1681 tcagcttctg gatgtgctct aatgggtctc tacagtgtag aatatgtatt taacattagg
1741 atttcagaag catgagaaaa acacccttgt ttctact
```

图 18-2　A 型流感病毒 H1N1-2009 亚型血凝素基因（HA）引物和探针

Influenza A virus H1N1-2009 (A/Yunnan-Chuxiong/SWL1283/2015) *NA* 1458bp
GISAID　ACCESSION　EPI586379

```
   1 agcaaaagca ggagtttaaa atgaatccaa accaaaagat aataaccatt ggttcggtct
  61 gtatgacaat tggaatggct aacttaatat tacaaattgg aaacataatc tcaatatggg
 121 ttagccactc aattcaactt gggaatcaaa gtcagattga aacatgcaat caaagcgtca
 181 ttacttatga aaacaacact tgggtaaatc agacatatgt taacatcagc aacaccaact
 241 ttgctgctgg acagtcagtg gtttccgtga aattagcggg caattcctct ctctgccctg
 301 ttagtggatg ggctatatac agtaaagaca acagtgtaag aatcggttcc aagggggatg
 361 tgtttgtcat aagggaacca ttcatatcat gctccccctt ggaatgcaga accttcttct
 421 tgactcaagg ggccttgcta aatgacaaac attccaatgg aaccattaaa gacaggagcc
 481 catatcgaac cctaatgagc tgtcccattg gtgaagttcc ctctccatac aactcaagat
 541 ttgagtcagt cgcttggtca gcaagtgctt gtcatgatgg catcaattgg ctaacaattg
 601 gaatttctgg cccagacagt ggggcagtgg ctgtgttaaa gtacaatggc ataataacag
 661 acactatcaa gagttggaga aacaatatat tgagaacaca agagtctgaa tgtgcatgtg
 721 taaatggttc ttgctttacc ataatgaccg atggaccaag tgatgaacag gcctcataca
 781 agatcttcag aatagaaaag ggaaagatag tcaaatcagt cgaaatgaat gcccctaatt
 841 atcactatga ggaatgctcc tgttatcctg attctagtga aatcacatgt gtgtgcaggg
 901 ataactggca tggctcaaat cgaccgtggg tgtctttcaa ccagaatctg gaatatcaga
 961 taggatacat atgcagtggg gttttcggag acaatccacg ccctaatgat aagacaggca
                                           F
1021 gttgtggtcc agtatcgtct aatggagcaa atggagtaaa aggattttca ttcaaatacg
                                 P
1081 gcaatggtgt ttggataggg agaactaaaa gcattagttc aagaaaaggt tttgagatga
                R
1141 tttgggatcc gaatggatgg actgggacag acaataaatt ctcaataaag caagatatcg
1201 taggaataaa tgagtggtca ggatatagcg ggagttttgt tcagcatcca gaactaacag
1261 ggctggattg tataagacct tgcttctggg ttgaactaat cagagggcga cccgaagaga
1321 acacaatctg gactagcggg agcagcatat ccttttgtgg tgtaaacagt gacactgtgg
1381 gttggtcttg gccagacggt gctgagttgc catttaccat tgacaagtaa tttgttcaaa
1441 aaactccttg tttctact
```

图 18-3　A 型流感病毒 H1N1-2009 亚型神经氨酸酶基因（NA）引物和探针

Influenza A virus H1N1（A/Liaoning-Zhenxing/1686/2010）*HA* 1775bp

GISAID　ACCESSION　EPI293784

```
   1 cggcggccag tgggaaaata aatgcaccca aaatgaaagt aaaactactg gtcctgttat
  61 gcacatttac agctacatat gcagacacaa tatgtatagg ctatcatgct aacaactcga
 121 ccgacactgt tgacacagta cttgaaaaga atgtgacagt gacacactct gtcaacctgc
 181 ttgagaacag tcacaatgga aaactatgtc tattaaaagg aatagcccca ctacaattgg
 241 gtaactgcag cgttgccggg tggatcttag gaaacccaga atgcgaatta ctgatttcca
 301 aggagtcatg gtcctacatt gtagaaaaac caaatcctga gaatggaaca tgttacccag
 361 ggcatttcgc tgactatgag gaactgaggg agcaattgag ttcagtatct tcatttgaga
       F[2]                                      P[2]
 421 ggttcgaaat attccccaaa gaaagctcat ggcccaatca caccgtaacc ggagtgtcag
                                                    R[2]
 481 catcatgctc ccataatggg gaaaacagtt tttacagaaa tttgctatgg ctgacgggga
 541 agaatggttt gtacccaaac ctgagcaagt cctatgcaaa caacaaagaa aaagaagtcc
 601 ttgtactatg gggtgttcat cacccgccaa acatagctaa ccaaaagacc ctctatcata
 661 cagaaaatgc ttatgtttct gtagtgtctt cacattatMg cagaaaattc accccagaaa
 721 tagccaaaag acccaaagta agagatcaag aaggaagaat caactactac tggactctgc
       F[1]                                     P[1]
 781 ttgaacccgg ggatacgata atatttgagg caaatggaaa tctaatagcg ccaagatatg
 841 ctttcgcact gagtagaggc tttggatcag gaatcatcaa ctcaaatgca ccaatggata
       R[1]
 901 aatgtgatgc gaagtgccaa acacctcaag gagctataaa cagcagtctt cctttccaga
 961 acgtacaccc agtcacaata ggagagtgtc caaagtatgt caggagtgca aaattaagga
1021 tggttacagg actaaggaac ataccatcca ttcaatccag aggtttgttt ggagccattg
1081 ccggtttcat tgaagggggg tggactggaa tggtagatgg ttggtatggt tatcatcatc
1141 agaatgagca aggatctggc tatgctgcag atcaaaaaag cacacaaaat gccattaatg
1201 ggattacaaa caaggtgaat tctgtaattg agaaaatgaa cactcaattc acagcagtgg
1261 gcaaagaatt caacaaattg gaaagaagga tggaaaactt gaataaaaaa gttgatgatg
1321 gatttataga catttggacg tataatgcag aactgttggt tctactggaa aatgaaagga
1381 ctttggattt ccatgactcc aatgtgaaga atctgtatga gaaagtaaaa agccagttaa
1441 agaataatgc taaagaaata ggaaatgggt gttttgaatt ctatcacaag tgtaacgatg
1501 aatgcatgga gagtgtaaag aatggaactt atgactatcc aaaaatattcc gaagaatcaa
1561 agttaaacag ggagaaaatt gatggagtga aattggaatc aatgggagtc tatcagattt
1621 tggcgatcta ctcaacagtc gccagttctc tggttctctt ggtctccctg ggggcaatca
1681 gcttctggat gtgttccaat gggtctttgc agtgtagaat atgcatctaa gaccagaatt
1741 tcagaaatat aaggaaaaac acccttgttt ctact
```

图 18-4　A 型流感病毒季节性 H1N1 亚型血凝素基因（HA）引物和探针

Influenza A virus H1N1（A/Liaoning-Zhenxing/1686/2010）*NA* 1463bp
GISAID　ACCESSION　EPI293783

```
   1 agcaaaagca ggagtttaaa atgaacccaa atcaaaagat aataaccatt ggatcaatca
  61 gtatagcaat cggaataatt agtctaatgt tgcaaatagg aaatattatt tcaatatggg
 121 ctagtcactc aatccaaact gggagtcaaa acaacactgg aatatgcaac caaagaatca
 181 tcacatatga aaacagcacc tgggtgaatc acacatatgt taatattaac aacactaatg
 241 ttgttgctgg agaggacaaa acatcagtga cattggccgg caattcatct ctttgttcta
 301 tcagtggatg ggctatatac acaaaagaca acagcataag aattggctcc aaaggagatg
 361 tttttgtcat aagagaacct ttcatatcat gttctcactt ggaatgcaga accttttttc
 421 tgacccaagg cgctctatta aatgacaaac attcaaatgg gaccgtaaag gacagaagtc
 481 cttatagggc cttaatgagc tgtcctctag gtgaagctcc gtccccatac aattcaaagt
 541 tcgaatcagt tgcatggtca gcaagcgcat gccatgatgg catgggctgg ttaacaatcg
 601 gaatttctgg tccagacaat ggagctgtgg ctgtactaaa atacaacgga ataataactg
 661 gaaccataaa aagttggaaa aagcaaatat taagaacaca agagtctgaa tgtgtctgta
 721 tgaacgggtc atgtttcacc ataatgaccg atggcccgag taataaggcc gcctcgtaca
 781 aaattttcaa gatcgaaaag gggaaggtta ctaaatcaat agagttgaat gcacccaatt
 841 tttattatga ggaatgctcc tgttacccag atactggcat agtgatgtgt gtatgcaggg
 901 acaactggca tggttcaaat cgaccttggg tgtctttaa  tcaaaacttg gattatcaaa
 961 taggatacat ctgcagtgga gtgtttggtg acaatccgcg tcccgaagat ggagagggca
1021 gctgcaatcc agtgactgtt gatggagcaa acggagtaaa agggtttca tacaaatatg
1081 gtaatggtgt ttggataggg aggaccaaaa gtaacagact tagaaagggg tttgagatga
1141 tttgggatcc taatggatgg acaaataccg acagtgattt ctcagtgaaa caggatgttg
                        F
1201 tagcaataac tgattggtca gggtacagcg gaagtttcgt ccaacatcct gagttaacag
                              P
1261 gattggactg tataagacct tgcttctggg ttgagttagt cagagggctg cctagagaaa
                    R
1321 atacaacaat ctggactagt gggagcagca tttctttttg tggcgttaat agtgatactg
1381 caaactggtc ttggccagac ggtgctgagt tgccgttcac cattgacaag tagttcgttg
1441 aaaaaaaaact ccttgtttct act
```

图 18-5　A 型流感病毒季节性 H1N1 亚型神经氨酸酶基因（*NA*）引物和探针

Influenza A virus H3N2（A/Tianjin-Hexi/195/2015）*HA* 1763bp

GISAID　　ACCESSION　　EPI586374

```
   1  gcaaaagcag gggataattc tattaaccat gaagactatc attgctttga gctacattct
  61  atgtctggtt ttcgctcaaa aacttcctgg aaatgacaat agcacggcaa cgctgtgcct
 121  tgggcaccat gcagtaccaa acggaacgat agtgaaaaca atcacgaatg accgaattga
 181  agttactaat gctactgagc tggttcagaa ttcctcaata ggtgaaatat gcgacagtcc
 241  tcatcagatc cttgatggag aaaactgcac actaatagat gctctattgg gagaccctca
 301  gtgtgatggc tttcaaaata agaaatggga cctttttgtt ga<acgaa[gca aagcctacag
                 F<3>                                     P<3>      F[1]
 361  caa]c[tgtt>ac ccttatg<atg tgccgg]a[tta tgcctccctc a>ggtc]actag ttgcctcatc
                   P[1]           R<3>           R[1]
 421  cggcacactg gagtttaata atgaaagctt caattgggct ggagtcactc aaaacgggac
 481  aagttcttct tgcataaggg gatctaatag tagtttcttt agtagattaa attggttgac
 541  ccacttaaac tccaaatacc cagcattaaa cgtgactatg ccaaacaatg aacaatttga
 601  caaattgtac atttgggggg ttcaccaccc gggtacggac aaggaccaaa tcttcctgta
 661  tgcacaatca tcaggaagaa tcacagtatc taccaaaaga agccaacaat ctgtaatccc
 721  gaatatcgga tctagaccca gaataaggga tatccctagc agaataagca tctattggac
 781  aatagtaaaa ccgggagaca tactttttgat taacagcaca gggaatctaa ttgctcctag
                 F[2]                                       P[2]
 841  gggttacttc aaaatacgaa gtgggaaaag ctcaataatg agatcagatg cacccattgg
 901  caaatgcaag tctgaatgca tcactccaaa tggaagcatt cccaatgaca aaccattcca
                                     R[2]
 961  aaatgtaaac aggatcacat acggggcctg tcccagatat gttaagcaaa gcactctgaa
1021  attggcaaca ggaatgcgaa atgtaccaga gagacaaact agaggcatat tggcgcaat
1081  agcgggttc atagaaaatg gttgggaggg aatggtggat ggttggtacg gcttcaggca
1141  tcaaaattct gagggaagag gacaagcagc agatctcaaa agcactcaag cagcaatcga
1201  tcaaatcaat gggaagctga atcgattgat cggaaaaacc aacgagaaat ccatcagat
1261  tgaaaaagaa ttctcagaag tagaagggag aattcaggac cttgagaaat atgttgagga
1321  cacaaaaata gatctctggt catacaacgc ggagcttctt gttgccctgg agaaccaaca
1381  tacaattgat ctaactgact cagaaatgaa caaactgttt gaaaaaacaa agaagcaact
1441  gagggaaaat gctgaggata tgggcaatgg ttgtttcaaa atataccaca aatgtgacaa
1501  tgcctgcata ggatcaatca gaaatggaac ttatgaccac gatgtataca gggatgaagc
1561  attaaacaac cggttccaga tcaagggagt tgagctgaag tcagggtaca agattggat
1621  cctatggatt tcctttgcca tatcatgttt tttgctttgt gttgctttgt tggggttcat
1681  catgtgggcc tgccaaaagg gcaacattag gtgcaacatt tgcatttgag tgcattaatt
1741  aaaaacaccc ttgtttctac tgg
```

图 18-6　A 型流感病毒季节性 H3N2 亚型血凝素基因（*HA*）引物和探针

Influenza A virus H3N2 (A/Tianjin-Hexi/195/2015) *NA* 1466bp
GISAID ACCESSION EPI586373

```
   1 agcagaagca ggagtaaaga tgaatccaaa tcaaaagata ataacgattg gctctgtttc
  61 cctcaccatt tccacaatat gcttttttcat gcaaattgcc attttgataa ctactgtaac
 121 attgcatttc aagcaatatg aattcaactc cccccccaaac aaccaagtga tgctatgtga
 181 accaacaata atagaaagaa acataacaga gatagtgtat ttaaccaaca ccaccataga
 241 gaaggaaata tgccccaaac cagcagaata cagaaattgg tcaaaccgc aatgtggcat
 301 tacaggattt gcacctttct ctaaggacaa ttcgattagg ctttccgctg gtggggacat
 361 ctgggtgaca agagaacctt atgtgtcatg cgatcctgac aagtgttatc aatttgccct
 421 tggacaagga acaacactaa acaacgtgca ttcaaataac acagtacgtg ataggacccc
 481 ttatcggact ctattgatga atgagttggg tgttccttttc catctgggga ccaagcaagt
 541 gtgcatagca tggtccagct caagttgtca cgatggaaaa gcatggctgc atgtttgtat
 601 aacggggggat gataaaaatg caactgctag cttcatttac aatgggaggc ttgtagatag
 661 tgttgtttca tggtccaaag atattctcag gacccaggag tcagaatgcg tttgtatcaa
 721 tggaacttgt acagtagtaa tgactgatgg aagtgcttca ggaaaagctg atactaaaat
 781 actattcatt gaggaggggga aaatcgttca tactagcaca ttgtcaggaa gtgctcagca
 841 tgtcgaagag tgctcttgct atcctcgata tcctggtgtc agatgtgtct gcagagacaa
 901 ctggaagggc tccaatcggc ccatcgtaga tataaacata aaggatcata gcattgtttc
 961 cagttatgtg tgttcaggac ttgttggaga cacacccaga aaaaacgaca gctccagcag
1021 tagccattgt ttggatccta acaatgaaga aggtggtcat ggagtgaaag gctgggcctt
1081 tgatgatgga aatgacgtgt ggatgggaag aacaatcaac gagacgtcac gcttagggta
1141 tgaaaccttc aaagtcattg aaggctggtc caatcccaag tccaaattgc agacaaatag
                        F
1201 gcaagtcata gttgacagag gtgataggtc cggttattct ggtattttct ctgttgaagg
1261 caaaagctgc ataaatcggt gcttttatgt ggagttgatt aggggaagaa aagaggaaac
                        P
1321 tgaagtcttg tggacctcaa acagtattgt tgtgttttgt ggcacctcag gtacatatgg
                        R
1381 aacaggctca tggcctgatg gggcggacct caatctcatg cctatataag ctttcgcaat
1441 tttagaaaaa actccttgtt tctact
```

图 18-7　A 型流感病毒季节性 H3N2 亚型神经氨酸酶基因（*NA*）引物和探针

Influenza A virus H5N1 (A/Guizhou/1/2013) *HA* 1751bp
GISAID ACCESSION EPI420386

```
   1 agcaggggtc caatctgtca aaatggagaa aatagtgctt cttcttgcaa tggtcagcct
  61 tgttagaagt gatcaacttt gcattggtta ccatgcaaac aactcaacag agcaggttga
 121 cacaataatg gaaaagaacg tcactgttac acatgcccaa gatatactgg aaaggacaca
 181 caacgggaag ctctgcgatc tagatggagt taagcctctg attttaagag attgtagtgt
                F[3]                                            P[3]
```

241 <u>agccggatgg</u> ctcctcggaa acccaatgtg tgacgaattc atcaatgtgc cggaatggtc

301 <u>ttacatagtg gagaaggcca</u> acccggctaa tgacctctgc tacccaggga atctcaacga
　　　　　　R[3]

361 ctatgaagaa ctgaaacacc tattgagcag aataaaccat tttgagaaaa ttcagatcat

421 ccccaaaagt tcttggaccg atcatgaagc ctcattggga gtgagcgcag catgtccata

481 cctgggggaca ccctcctttt tcagaaatgt ggtatggctt atcaagaaga acaatacata

541 cccaacaata aagataagct acaataacac caaccaggaa gatcttttga tactgtgggg

601 gattcatcat tctaatgatg agacagagca gataaagctc tatcaaaacc caatcaccta

661 tgtttccgtt gggacatcaa cactaaatca gagattagta ccaaaaatag ctaatagatc

721 caaagtaaac gggcaaagtg gaaggatgga tttcttctgg acaattctaa aaccggacga

781 tgcaatcaac ttcgagagta atggaaattt cattgctcca gaatatgcat acaaagttgt

841 caagaaagga gactcagcaa ttatgaaaag tgaagtggaa tatggtcact gcaacaccaa

901 gtgtcaaact ccaataggggg cgataaactc tagtatgcca ttccacaaca tacaccctct

961 cactatcggg gaatgcccca atatgtgaa atcaaacaaa ttattccttg cgactgggct

1021 cagaaatagt cctctaagag aaaaaagaag aaaaagagga ctatttggag ctatagcagg

1081 g[tttatagag ggaggatgg]c agggaa[tggt agatggttgg ta<tgga]tacc accatagcaa
　　　　　　　　F[2]　　　　　　　　　　P[2]　　　　　　　　　F<4>

1141 tgagca>gggg ag<tgggtacg ccg[caRacaa agaatcca>ct c]aaaaggcaa tagatggagt
　　　　　　　　P<4>　　　　　R[2]

1201 caccaataag gtcaactcga tcattgacaa aatgaacact cagtttgagg <u>ccgttggaag</u>
　　　　　　　　　　　　　　　　　　　　　　　　　　R<4>

1261 <u>ggagtttaat</u> aacttagaaa ggagaataga gaatttaaac aaaaaaatgg aagacggatt

1321 cctagatgtc tggacttata atgctgaact tctggttctc atggaaaatg agagaactct

1381 agactttcat gactcaaatg ttaagaacct ttacgacaag gtccgactac agcttaggga

1441 taatgcaaag gaactgggta acggttgttt cgagttctat cacaaatgtg ataatgaatg

1501 tatggaaagt gtaagaaacg gaacgtatga ctacc<u>cgcag tattcagaag aagcaagatt</u>
　　　　　　　　　　　　　　　　　　　　　　　　　F[1]

1561 aaaacgagag gaaataagtg gagtaaaatt ggaatcaata ggaacttacc aaatactgtc

1621 aatttattca <u>acagttgcga gttctctagc actggcaatc</u> atggtggctg gtctatcttt
　　　　　　　　P[1]　　　　　　　　　　　R[1]

1681 atggatgtgc tccaatgggt cgttacaatg cagaatttgc atttaaattt gtgagttcag

1741 attgtagtta a

图 18-8　A 型流感病毒 H5N1 亚型血凝素基因（*HA*）引物和探针

Influenza A virus H5N1 (A/Guizhou/1/2013) *NA* 1401bp
GISAID　ACCESSION　EPI420387

　　1 aaagcaggag tttaaaatga atccaaatca aaagataata accattgggt caatctgtat

　61 ggtaattgga atagttagct tgatgttaca gattgggaac ataatctcaa tatgggtcag

　121 tcattcaatt caaacaagga atcaacacca agctgaacca atcagaaata ctaattttct

181 tactgagaac gctgtggctt cagtaacatt agcgggcaat tcgtctcttt gccccattag

241 aggatgggct gtacacagta aagacaacag tataaggatt ggttccaaag gggatgtgtt

301 tgtaattaga gagccgttca tctcatgctc ccacttggaa tgcagaacct tcttttgac

361 ccaggggcc ttactgaatg acaagcactc caatgggact gttaaagaca gaagccctca

421 cagaacacta atgagttgcc ctgtgggtga ggctccctcc ccatataact caaggttttga

481 <u>gtctgttgct tggtcagcaa gtgcttgcca</u> tgatggcacc agttggctga caattggaat
　　　　　　F　　　　　　　　　　　　　　　P

541 ttctggtcca gacaatgggg cagtggctgt attgaaatac aacggcataa taacagacac

601 catcaagagt tggaggaaca acatactgag aactcaagag <u>tctgaatgtg catgtgtaaa</u>
　　　　　　　　　　　　　　　　　　　　　　　　　　　R

661 <u>tggctcttgc</u> tttactgtaa tgacagatgg accaagtgat ggtcaggcat catacaaaat

721 cttcaaaatg gaaaaaggga aagtagttaa atcagtcgaa ttgaatgctc ctaattatca

781 ctatgaggaa tgctcctgtt atcctgatgc tggagaaatc atatgtgtgt gcagggataa

841 ttggcatggc tcaaataggc catgggtatc tttcaatcag aatttggagt atcaaatagg

901 atatatatgc agtggggttt tcggagacaa tccacgcccc aatgatggaa caggtagttg

961 tggtccagtg tcccctaacg gggcatatgg gataaaaggg ttttcattta aatacggcaa

1021 tggtgtttgg atcgggagaa ccaaaggcac taattccagg agcggctttg aaatgatttg

1081 ggacccaaat gggtggactg gaacagacag tgactttttcg gtgaaacaag atatagtagc

1141 aacaactgat tggtcaggat atagcgggag ttttgtccag catccagaac tgacaggatt

1201 agattgcata agaccttgct tctgggttga gttgatcaga gggcggccca aagagagcac

1261 aatttggact agtgggagca gcatatcttt ttgtggtgta aatagtgaca ctgtgagttg

1321 gtcttggcca gacggtgctg agttgccatt caccattgac aagtagtttg ttcaaaaaac

1381 tccttgtttc tactggtcat a

图 18-9　A 型流感病毒 H5N1 亚型神经氨酸酶基因（NA）引物和探针

Influenza A virus H7N9（A/Fujian/09273/2015）*HA* 1683bp
GISAID　ACCESSION　EPI566131

　　1 atgaacactc aaatcctggt attcgctctg attgcgatca ttccaacaaa tgcagacaaa

　61 atctgcctcg gacatcatgc cgtgtcaaac ggaaccaaag taaacacatt aactgaaaga

121 gaagtggaag tcgtcaatgc aactgaaaca gtggaacgaa caaacatccc caggatctgc

181 tcaaaaggga aaggacagt tgacctcggt caatgtggac tcctggggac aatcactgga

241 ccacctcaat gtgaccaatt cctagaattt tcggccgatt taattattga gaggcgagaa

301 ggaagtgatg tctgttatcc tgggaaattc gtgaatgaag aagctctgag gcaaattctc

361 agagaatcag gcggaattga caaggaagca atgggattca catacaatgg aataagaact

421 aatggggtaa ccagtgcatg taggagatca ggatcttcat tctatgcaga <u>aatgaaatgg</u>

481 <u>ctcctgtcaa</u> acacagataa tgctgcattc ccgcagatga <u>ctaagtcata</u> taaaaataca
　　　　　F[2]　　　　　　　　P[2]　　　　　　　　R[2]

541 <u>agaaaaagcc</u> cagctataat agtatggggg atccatcatt ccgtttcaac tgcagaacaa

601 accaagctat atgggagtgg aaacaaactg gtgacagttg ggagttctaa ttatcaacaa

661 tctttcgtac cgagtccagg agcgagacca caagttaatg gtctatctgg aagaattgac

721 tttcattggc taatgctaaa tcccaatgat acagtcactt tcagtttcaa tggggctttc

781 atagctccag accgtgcaag cttcctgaga ggaaaatcta tgggaatcca gagtggagta

841 caggttgatg ccaattgtga aggggactgc tatcatagtg gagggacaat aataagtaac

901 ttgccatttc agaacataga tagcagggca gttggaaaat gtccgagata tgttaagcaa

961 aggagtcttc tgctggcaac agggatgaag aatgttcctg agattccaag gggaagaggc

1021 ctatttggtg ctatagcggg tttcattgaa aatggatggg aaggcctaat tgatggttgg

1081 tatggtttca gacaccagaa tgcacaggga gagggaactg ctgcagatta caaaagcaca

1141 caatcggcaa ttgatcaaat aacagggaaa ttaaaccggc ttatagcaaa aaccaaccaa

1201 caatttgagt tgatagacaa tgaattcaat gaggtagaga agcaaatcgg taatgtgata

1261 aattggacca gagattctat aacagaagtg tggtcataca atgctgaact cttggtagca

1321 atggagaacc agcatacaat tgatctggct gattcagaaa tggacaaact gtacgaacga

1381 gtgaaaagac agctgagaga gaatgctgaa gaagatggca ctggttgctt tgaaatattt

1441 cacaagtgtg atgatgactg tatggccagt attagaaata cacctatgat<u>cacagaaaa</u>

1501 <u>tacagggaag aggcaatgca aaatagaata cagatt</u>gacc cagtcaaact aagcagcggc

       F[1]   P[1]

1561 tacaaagatg <u>tgatactttg gtttagcttc ggggc</u>atcat gtttcatact tctagccatt

                      R[1]

1621 gtaatgggcc ttgtcttcat atgtgtaaag aatggaaaca tgcggtgcac tatttgtata

1681 taa

图 18-10　A 型流感病毒 H7N9 亚型血凝素基因（*HA*）引物和探针

Influenza A virus H7N9（A/Fujian/09273/2015）*NA* 1398bp

GISAID　ACCESSION　EPI566130

1 atgaatccaa atcagaagat tctatgcact tcagccactg ctatcacaat aggcgcaatc

61 gcagtactca ttggaatagc aaacctagga ttgaacatag gactgcatct aaaaccgggc

121 tgcaattgct cacgctcaca acctgaaaca accaacacaa gccaaacaat aataaacaac

181 tattataatg aaacaaacat caccaacatc caaatggaag aaagaacaag caggaatttc

241 aataacttaa ctaaagggct ctgtactata aattcatggc acatatatgg gaaagacaat

301 gcagtaagaa ttggagaaag ctcggatgtt ttagtcacaa gagaacccta tgtttcatgc

361 gacccagatg aatgcaggtt ctatgctctc agccaaggaa caacaatcag agggaaacac

421 tcaaacggaa caatacacga taggtcccag tatcgcgccc tgataagctg gccactatca

481 tcaccgccca cagtgtacaa cagcagggtg gaatgcattg ggtggtcaag tactagttgc

541 catgatggca atccaggat gtcaatatgt atatcaggac caaacaacaa tgcatctgca

601 gtagtatggt acaacagaag gcctgttgca gaaattaaca tgggcccg aaacatacta

661 agaacacagg atctgaatg tgtatgccac aacggcgtat gcccagtagt gttcaccgat

721 gggcctgcca ctggacctgc agacacaaga atatactatt ttaaagaggg gaaaatattg

781 aaatgggagt ctctgactgg aactgctaag catattgaag aatgctcatg ttacgggga

841 cgaacaggga ttacctgcac atgcagggac aattggcagg gctcaaatag accagtgatt

   — 312 —

```
 901  cagatagacc cagtagcaat gacacacact agtcaatata tatgcagtcc tgttcttaca
                         F
 961  gacagtcccc gaccgaatga cccaaacata ggtaagtgta atgacccta  tccaggtaat
       P                                    R
1021  aataacaatg gagtcaaggg attctcatac ctggatgggg ctaacacttg gctagggagg
1081  acaataagca cagcctcgag gtctggatac gagatgttaa aagtgccaaa tgcattgaca
1141  gatgatagat caaagcccat tcaaggtcag acaattgtat taaacgctga ctggagtggt
1201  tacagtgggt ctttcatgga ctattgggct gaaggggact gctatcgagc gtgtttttat
1261  gtggagttga tacgtggaag acccaaggag gataaagtgt ggtggaccag caatagtata
1321  gtatcgatgt gttccagtac agaattcctg ggacaatgga actggcctga cggggctaaa
1381  atagagtact tcctctaa
```

图 18-11　A 型流感病毒 H7N9 亚型神经氨酸酶基因（NA）引物和探针

Influenza A virus H10N8（A/Jiangxi/09037/2014）*HA* 1686bp
GISAID　ACCESSION　EPI530450

```
   1  atgtacaaaa tagtagtaat aatcgcgctc cttggagctg tgaaaggtct tgataaaatc
  61  tgtctaggac atcatgcagt ggctaatggg accatcgtaa agactctcac aaacgaacag
 121  gaagaggtaa ccaacgctac tgaaacagtg gagagtacag gcataaacag attatgtatg
 181  aaaggaagaa aacataaaga cctgggcaac tgccatccaa tagggatgct aatagggact
 241  ccagcttgtg atctgcacct tacagggacg tgggacactc tcattgaacg agagaatgct
 301  attgcttact gctaccctgg agctactgta aatgtagaag cactaaggca gaagataatg
 361  gagagcggag ggatcgacaa gataagcact ggcttcactt atggatcttc cataaactcg
 421  gccgggacca ctagagcgtg catgaggaat ggagggaata gctttatgc agagcttaag
 481  tggctggtat caaagagcaa aggacaagac tttcctcaga ccacgaacac ttacagaaat
 541  acagacacgg ctgaacacct cataatgtgg ggaattcatc acccttctag cattcaagag
 601  aagaatgatc tatatggaac acaatcactg tccatatcag tcgggagttc cacttaccgg
 661  aacaattttg ttccggttgt tggagctaga cctcaggtca atggacaaag tggcagaatt
 721  gattttcact ggacactagt acagccaggt gacaacatca ccttctcaca caatgggggc
 781  ctgatagcac cgagccgagt tagcaaatta attgggaggg gattgggaat ccaatcagac
 841  gcaccaatag acaataattg tgagtccaaa tgttttttgga gaggggggttc tataaataca
 901  aggcttccct ttcaaaattt gtcaccaaga acagtgggtc agtgtcctaa atatgtgaac
 961  agaagaagct tgatgcttgc aacaggaatg agaaacgtac cagaactaat acaagggaga
1021  ggtctatttg gtgcaatagc agggttttta gagaatgggt gggaaggaat ggtagatggc
1081  tggtatggtt tcagacatca aaatgctcag gcacaggcc aggccgctga ttacaagagt
1141  actcaggcag ctatagatca aatcactggg aaactgaata gacttgttga aaaaaccaat
1201  actgagttcg agtcaataga atctgagttc agtgagatcg aacaccaaat cggtaacgtc
1261  atcaattgga ctatggattc aataaccgac atttggactt atcaggctga gctgttggtg
1321  gcaatggaga accagcatac aatcgacatg gctgactcag agatgttgaa tctatatgaa
1381  agagtgagga aacaactaag gcagaatgca gaagaagatg ggaaaggatg ttttgagata
```

F

```
1441 tatcatgctt gtgatgattc atgcatggag agcataagaa acaacaccta tgaccattca
```

P   R

```
1501  cagtacagag aggaagctct tttgaacaga ttgaatatca acccagtgac actctcttct
1561 ggatataaag acatcattct ctggtttagc ttcggggcat catgtttttgt tcttctagcc
1621 gttgtcatgg gtcttgtctt tttctgtctg aagaatggaa acatgcgatg cacaatctgt
1681 atttag
```

图 18-12　A 型流感病毒 H10N8 亚型血凝素基因（HA）引物和探针

Influenza A virus H10N8（A/Jiangxi/09037/2014）*NA* 1413bp

GISAID　ACCESSION　EPI530449

```
   1 atgaatccaa atcagaaaat aataaccatt gggtcagtat ccttaggatt ggtaatcctt
  61 aatattctcc tacacatagt tagcattaca gtaacagtat tggttctccc agggaatgga
 121 aataatgaga gctgcaatga aacagtcatt agggaataca atgaaacagt aagggttgag
 181 aaggtaacac aatggcacaa taccaatgtt attgagtata tagagagacc ggagaatgat
 241 catttcatga acaatacaga agcattgtgt gatgctaagg gtttcgcacc cttttccaaa
 301 gacaacggaa taagaattgg atcgaggggt catgttttttg tcataaggga accgtttgtt
 361 tcttgctcgc caacagagtg caggacgttc ttccttactc aaggttccct actcaatgac
 421 aaacattcta atggcacagt taaagaccgg agcccctata gaactctaat gagtgtggaa
 481 atagggcaat cacccaatgt gtaccaggca aggtttgagg cagtagcgtg gtcagctact
 541 gcatgtcatg atgggaagaa atggatgaca attggagtaa cgggccctga tgccaaagcg
 601 gtggcagtgg tgcattatgg gggaattcct actgatgtaa ttaattcctg ggcgggagat
 661 attttaagaa ctcaggaatc atcatgcact tgcattcaag gtgaatgttt ttgggtaatg
 721 acagatggac cagcaaacag acaagcgcaa tacagggcgt tcaaagccaa acaggggaaa
 781 atagttgggc aagctgaaat cagtttcaat ggaggccata tagaagaatg ctcatgctac
 841 cccaatgaag gtaaagtgga atgtgtttgt agggacaatt ggaccggaac caacaggcca
 901 gtgttggtga tttctccaga tttgtcttac agagtcggat atttgtgtgc aggtctcccc
 961 agtgacaccc caagaggaga agatagtcag ttcacgggat catgcactag cccaatggga
1021 aatcagggat acggagttaa gggatttgga ttcaggcagg gcaatgatgt atggatggga
1081 aggaccatta gcagaacatc aagatcgggg tttgaaatcc tgaaagtcag aaatggctgg
1141 gtacaaaaca gtaaagagca gatcaagagg caagttgtgg tcgataactt gaattggtca
1201 ggatacagtg gttctttcac actaccagcg gagttaacaa agagaaattg tttggttcca
1261 tgtttttggg ttgagatgat aaggggggaat ccggaagaaa agacaatatg gacatcaagt
1321 agctccattg tgatgtgtgg agtagaccat gagattgccg actggtcatg gcacgatgga
```

F   P   R

```
1381 gctattcttc cttttgacat cgataagatg taa
```

图 18-13　A 型流感病毒 H10N8 亚型神经氨酸酶基因（NA）引物和探针

Influenza B virus(B/Guangdong-Liwan/1133/2014)（Yamagata）*NS* 1031bp
GISAID　ACCESSION　EPI38205

```
   1 atggcggaca atatgaccac aacacaaatt gaggtgggtc cgggagcaac caatgccacc
                                                        F
  61 ataaactttg aagcaggaat tctggagtgc tatgaaagac tttcatggca aagggccctt
               P
 121 gactaccctg gtcaagaccg tctaaacaga ctaaagagaa aattagagtc aagaataaag
               R
 181 actcacaaca aaagtgagcc tgaaagtaaa agaatgtctc ttgaagagag aaaagcaatt
 241 ggagtaaaaa tgatgaaagt acttctattt atgaatccgt ctgctggaat tgaagggttt
 301 gagccatact gtatgaaaag ttcctcaaag agcaactgtc cgaaatacag ttggattgat
 361 tacccttcaa ccccagggag gtgccttgat gacatagaag aagaaccaga tgatgttgat
 421 ggcccaactg aaatagtatt aagggacatg aacaacaaag atgcaaggca aaagataaag
 481 gaggaagtaa acactcagaa agaagggaag ttccgtttga caataaaaag ggatatgcgt
 541 aatgtattgt ccctgagagt gttagtaaac ggaacattcc tcaaacaccc caatggatac
 601 aagtccttat caactctgca tagattgaat gcatatgacc agagtggaag gcttgttgct
 661 aaacttgttg ctactgatga tcttacagtg gaggatgaag aagatggcca tcggatcctc
 721 aattcactct tcgagcgcct taatgaagga cattcaaagc caattcgagc agctgaaact
 781 gcggtgggag tcttatccca atttggtcaa gagcaccgat tatcaccaga agagggagac
 841 aattagactg gtcacggaag aactttatct tttaagtaaa agaattgatg ataacatatt
 901 gttccacaaa acagtaatag ctaacagctc cataatagct gacatggttg tatcattatc
 961 attattagaa acattgtatg aaatgaagga tgtggttgaa gtgtacagca ggcagtgctt
1021 gtgaatttaa a
```

图 18-14　B 型流感病毒非结构蛋白基因(*NS*)通用引物和探针

Influenza B virus(B/Jiangxi-Yushui/133/2015)（Victoria）*NA* 1556bp
GISAID　ACCESSION　EPI586445

```
   1 agcagaagca gagcatcttc tcaaaactga agcaaatagg ccaaaaatga acaatgctac
  61 cttcaactat acaaacgtta accctatttc tcacatcagg gggagtatta ttatcactat
 121 atgtgtcagc ttcattatca tacttactat attcggatat attgctaaaa ttctcaccaa
 181 cagaaataac tgcaccaaca atgccgttgg attgtgcaaa cgcatcaaat gttcaggctg
 241 tgaaccgttc tgcaacaaaa ggggtgacat ttcttctccc agaaccggag tggacatacc
 301 cgcgtttatc ttgcccgggc tcaacctttc agaaagcact cctaattagc cctcatagat
 361 tcggagaaac caatggaaac tcagctccct gataataag ggaacctttt attgcttgtg
 421 gaccaaatga atgcaaacac tttgctctaa cccattatgc agcccaacca gggggatact
 481 acaatggaac aagaggagac agaaacaagc tgaggcatct aatttcagtc aaattgggca
 541 aaatcccaac agtagaaaac tccattttcc acatggcagc atggagcggg tccgcgtgcc
 601 atgatggtaa ggaatggaca tatatcggag ttgatggccc tgacaataat gcattgctca
 661 aagtaaaata tggagaagca tatactgaca cataccattc ctatgcaaac aaaatcctaa
```

```
 721 gaacacaaga aagtgcctgc aattgcatcg ggggaaattg ttatctaatg ataactgatg
 781 gctcagcttc aggtgttagt gaatgcagat ttcttaaaat tcgagagggc cgaataataa
 841 aagaaatatt tccaacagga agagtaaaac acactgagga atgcacatgc ggatttgcca
 901 gcaataaaac catagaatgt gcctgtagag acaacaggta cacagcaaaa agacctttg
                                                F
 961 tcaaattaaa cgtggagact gatacagcag aaataagatt gatgtgcaca gatacttatt
1021 tggacacccc cagaccaaat gatggaagca taacaggccc ttgtgaatct gatggggacg
              P                                              R
1081  aagggagtgg aggcatcaag ggaggatttg ttcatcaaag aatgaaatcc aagattggaa
1141 ggtggtactc tcgaacgatg tctaaaactg aaaggatggg gatgggactg tatgtcaagt
1201 atgatggaga cccatgggcc gacagtgatg ccctagcttt tagtggagta atggtttcaa
1261 tgaaagaacc tggttggtac tcctttggtt tcgaaataaa agataagaaa tgcgatgtcc
1321 cttgtattgg gatagagatg gtacatgatg gtggaaaaga gacttggcac tcagcagcaa
1381 cagccattta ctgtttaatg ggctcaggac agctgctgtg ggacactgtc acaggtgttg
1441 acatggctct gtaatggagg aatggttaag tctgttctaa acctttgtt cctgttttgt
1501 ttgaacaatt gtccttacta aacttaattg tttctgaaaa atgctcttgttacttc
```

图 18-15 B 型流感病毒神经氨酸酶基因(*NA*)通用引物和探针

Influenza B virus(B/Jiangxi-Yushui/133/2015)(Victoria) *HA* 1877bp
GISAID   ACCESSION   EPI586446

```
   1 gcagaagcat tgcattttct aatatccaca aaatgaaggc aataattgta ctactcatgg
  61 tagtaacatc caatgcagat cgaatctgca ctgggataac atcgtcaaac tcaccacatg
 121 tcgtcaaaac tgctactca[a ggggaagtca atgtgaccg]g tgtaatacca ctgacaacaa
                         通用 F[2]
 181 cacccaccaa atctca[tttt gcaaatctca aaggaaca]g<a a[accaggggg aaactatgcc
                      通用 P[2]        Victoria F<1>   通用 R[2]
 241 c]>aaaatgcct caactgcaca gatctggacg tagccttggg<cagaccaaaa tgcacgggga
                                                      Victoria P<1>
 301 aaatacc>ctc ggcaagagtt tcaatactcc atg<aagtcag acctgttaca tctggg>tgct
                                             Victoria R<1>
 361 ttcctataat gcacgataga acaaaaatta gacagctgcc taaccttctc cgaggatacg
 421 aacatatcag gttatcaact cacaacgtta tcaatgcaga aaatgcacca ggaggaccct
 481 acaaaattgg aacctcaggg tcttgcccta cgttaccaa tggaaacgga ttcttcgcaa
 541 caatggcttg ggccgtccca aaaaacgaca aaaacaaaac agcaacaaat ccattaacaa
 601 tagaagtacc atacatttgt acagaaggag aagaccaaat taccgtttgg gggttccact
 661 ctgacaacga gacccaaatg gcaaagctct atggggactc aaatccccag aagttcacct
 721 catctgccaa cggagtgacc acacattacg tttcacagat tggtggcttc ccaaatcaaa
 781 cagaagacgg aggactacca caaagtggta gaattgttgt tgattacatg gtgcaaaaat
 841 ctgggaaaac aggaacaatt acctatcaaa gaggtatttt attgcctcaa aaggtgtggt
```

 901 gcgcaagtgg caggagcaag gtaataaaag gatccttgcc tttaattgga gaagcagatt

 961 gcctccacga aaaatacggt gggttaaaca aaagcaagcc ttactacaca ggggaacatg

1021 caaaggccat aggaaattgc ccaatatggg tgaaaacacc cttgaagctg gccaatggaa

1081 ccaaatatag acctcctgca aaactattaa aggaaagggg tttcttcgga gctattgctg

1141 gtttcttaga gggaggatgg gaaggaatga ttgcaggttg gcacggatac acatcccatg

　　　　　通用 F[1]　　　　　　通用 P[1]

1201 gggcacatgg agtagcggtg gcagctgacc ttaaaagcac tcaagaggcc ataaacaaga

　　　　　　　　　　　　　　　　　　通用 R[1]

1261 taacaaaaaa tctcaactct ttgagtgagc tggaagtaaa gaatcttcaa agactaagcg

1321 gtgccatgga tgaactccac aacgaaatac tagaactaga tgagaaagtg gatgatctca

1381 gagctgatac aataagctca caaatagaac tcgcagtcct gctttccaat gaaggaataa

1441 taaacagtga agatgaacat ctcttggcgc ttgaaagaaa gctgaagaaa atgctgggcc

1501 cctctgctgt agagataggg aatggatgct ttgaaaccaa acacaagtgc aaccagactt

1561 gtctcgacag aatagctgct ggtacctttg atgcaggaga attttctctc cccacttttg

1621 attcactgaa tattactgct gcatctttaa atgacgatgg attggataat catactatac

1681 tgctttacta ctcaactgct gcctccagtt tggctgtaac actgatgata gctatctttg

1741 ttgtttatat ggtctccaga gacaatgttt cttgctccat ctgtctataa gggaagttaa

1801 gccctgtatt ttcctttatt gtagtgcttg tttgcttgtt gtcattacaa agaaacgtta

1861 ttgaaaaatg ctcttgt

图 18-16　B 型流感病毒血凝素基因（HA）通用引物和探针及 Victoria 谱系特异性探针

Influenza B virus（B/Tianjin-Hexi/1100/2015）（Yamagata）HA 1871bp
GISAID　ACCESSION　EPI586467

   1 gcagaagcgt agcattttct aatatccaca aaatgaaggc aataattgta ctactcatgg

  61 tagtaacatc caatgcagat cgaatctgca ctgggataac atcttcaaac tcacctcatg

 121 tggtcaaaac agctactcaa ggggaggtca atgtgactgg cgtgatacca ctgacaacaa

 181 caccaacaaa atcttatttt gcaaatctca aggaacaag gaccagaggg aaactatgcc

　　　　　　　　　　　　　　　　　　Yamagata F

 241 cggactgtct caactgtaca gatctggatg tggccttggg caggccaatg tgtgtgggga

　　　　　　　　　　　　　　　　　　Yamagata P

 301 ccacaccttc tgctaaagct tcaatactcc atgaggtcag acctgttaca tccgggtgct

　　　　　　　　　　　　　　　　　Yamagata R

 361 ttcctataat gcacgacaga acaaaaatca ggcaactacc caatcttctc agaggatatg

 421 aaaagatcag gttatcaacc caaaacgtta tcgatgcaga aaaagcacca ggaggaccct

 481 acagacttgg aacctcagga tcttgcccta cgctaccag taaaatcgga ttttttgcaa

 541 caatggcttg ggctgtccca aaggacaact acaaaaatgc aacgaaccca caaacagtgg

 601 aagtaccata catttgtaca gaaggggaag accaaattac tgtttggggg ttccattcgg

 661 ataacaaaac ccaaatgaag agcctatatg gagactcaaa tcctcaaaag ttcacctcat

 721 ctgctaatgg agtaaccaca cattatgttt ctcagattgg cgacttccca gatcaaacag

```
 781  aagacggagg actaccacaa agcggcagaa ttgttgttga ttacatggtg caaaaacctg
 841  ggaaaacagg aacaattgtc tatcaaaggg gtgttctgtt gcctcaaaag gtgtggtgcg
 901  cgagtggcag gagcaaagta ataaaagggt cattgccttt aattggtgaa gcagattgcc
 961  ttcatgaaga atacggtgga ttaaacaaaa gcaagcctta ctacacagga aaacatgcaa
1021  aagccatagg aaattgccca atatgggtaa aaacacctttt gaagcttgcc aatggaacca
1081  aatatagacc tcctgcaaaa ctattgaagg aaagggggttt cttcggagct attgctggtt
1141  tcctagaagg aggatgggaa ggaatgattg caggttggca cggatacaca tctcacggag
1201  cacatggagt ggcagtggcg gcagacctta agagtacaca agaagctata aataagataa
1261  caaaaaatct caattctttg agtgaactag aagtaaagaa ccttcaaaga ctaagtggtg
1321  ccatggatga actccacaac gaaatactcg agctggatga aaaagtggat gatctcagag
1381  ctgacactat aagctcacaa atagaacttg cagtcttgct ttccaacgaa ggaataataa
1441  acagtgaaga cgagcatcta ttggcacttg agagaaaact aaagaaaatg ctgggtccct
1501  ctgctgtaga cataggaaac ggatgcttcg aaaccaaaca caaatgcaac cagacctgct
1561  tagacaggat agctgctggc accttttaatg caggagaatt ttctctcccc actttttgatt
1621  cattgaacat tactgctgca tctttaaatg atgatggatt ggataaccat actatactgc
1681  tctattactc aactgctgcc tctagttttgg ctgtaacatt aatgctagct attttttattg
1741  tttatatggt ctccagagac aacgtttcat gctccatctg tctataagga aggttaggcc
1801  ttgtatttttc ctttattgta gtgcttgttt gcttgtcatc attacaaaga aacgttattg
1861  aaaaatgctc t
```

图 18-17　B 型流感病毒血凝素基因(HA)Yamagata 谱系特异性引物和探针

{ }＜ ＞[ ]内为相关引物和探针的文献来源

　　3. 临床标本的采集、运送和保存

　　(1)标本采集

　　1)标本的种类及采集时间:可用来进行流感病毒分子检测的样本类型众多,首选标本为上下呼吸道标本和血清标本:a. 上呼吸道标本主要有咽拭子、鼻拭子、鼻咽拭子、鼻咽吸液、痰、鼻洗液及咽洗液;b. 下呼吸道标本主要适用于气管插管病人,可收集气管支气管抽吸物或支气管肺泡灌洗液;c. 血清标本一般要求在急性期和恢复期两次收集血清;备选标本主要有 EDTA 抗凝血浆、直肠拭子和脑脊髓液等。死亡病例有气管插管患者可直接收集其气管分泌物或尸检时根据影像学资料采集相应部位肺组织及其他脏器标本等。

　　标本采集时间对于流感病毒这种病程短的感染的检测非常重要。流感病毒标本应该在抗病毒治疗前进行采集。统计研究表明,在出现临床症状前后上下呼吸道样本流感病毒拷贝数较高,在出现临床症状的 6～7d 血清标本的流感病毒拷贝数较高。临床研究表明,在出现临床症状的 36～48h 内给予有效的治疗疗效最佳。咽、鼻拭子或含漱液、粪便在发病的头 3d 采集。急性期血清在发病后 7d 内采集,恢复期血清在发病后 2～4 周采集。除了流感暴发期,单份阳性血清样本不能作为诊断流感的可靠依据。死亡病例尸检标本应尽快采集。

　　2)标本的采集方法:医护人员应在有完善的保护措施的情况下采集标本。推荐对每位患者采集双份或多份标本。标本采集的容器均应为一次性无菌密闭装置。推荐合成纤维或涤纶头,塑料杆或铝杆;不推荐使用木杆棉签;禁用藻酸钙拭子,原因是这些物质中存在使病毒失活及 PCR 抑制物会影响检测。标本采集后应立即放入适当的采样液或将病毒运送培养液中低温保存,目前 WHO 推荐使用商业化的 COPAN 通用病毒运送培养液。除此之外还可以使用 DMEM 培养基或者自行配备:取 10g 小牛浸出液及 2g 牛血清白蛋白组分 V 混合后加入 400ml 蒸馏水混匀,在加入 50 mg/ml 的硫酸庆大霉素液 0.8ml 及 250μg/ml 的两性霉素 B 3.2ml 混匀后过滤使用。主要采集样本的方法有以下几种。

a. 鼻咽拭子:选取杆部较为柔软的拭子轻轻沿鼻道底部向听窝方向插入 5~6cm,停留片刻后缓慢转动退出。以同一方式采集两侧鼻孔样本并分别放入不同的收集器或直接浸入装有 2~3ml 运送培养液的 15ml 离心管中,并剪去杆部。

b. 鼻咽抽取液:尤其适用于婴幼儿,用与负压泵相连的导管从鼻咽部抽取鼻咽分泌物。先将导管头部平行置于一侧鼻腔中,接通负压,缓慢退出并旋转导管头部;用相同方式收集另一鼻腔分泌液。收集完成后用 3ml 运送培养液冲洗导管。

c. 咽拭子:首先使用压舌板压住舌部,用拭子在双侧咽扁桃体及咽后壁部位来回擦拭,嘱患者发"啊"以提升悬雍垂。该过程避免碰触软腭及舌根部。拭子头放入收集器或直接浸入装有 2~3ml 运送培养液的 15ml 离心管中,并剪去杆部。

d. 前鼻部拭子:选取杆部较为柔软的拭子轻轻沿鼻道底部插入 2~3cm 至鼻黏膜处,缓慢旋转拭子收集鼻甲骨及鼻中隔部黏膜分泌物。用相同方式收集另一鼻腔分泌液。

e. 鼻洗液:患者取坐姿,头微后仰,用移液管将 1~1.5ml 洗液注入一侧鼻孔,嘱患者同时发"K"音以关闭咽腔,然后让患者低头使洗液流出,用平皿或烧杯收集洗液,重复此过程数次。洗两侧鼻孔最多可用 10~15ml 洗液。

f. 漱口液:用 10ml 洗液漱口。漱时让患者头部微后仰,发"噢"声,让洗液咽部转动。用平皿或烧杯收集洗液后,按照洗液与运送培养液 1:2 对洗液进行稀释。取鼻洗液和漱口液时,需预先了解患者是否对抗生素有过敏史;如有,洗液和含漱液中不应含有抗生素。

g. 肺活检材料:肺活检组织在无菌条件下,用灭菌过的乳钵磨碎,用生理盐水配成 20% 悬液,2000r/min 离心 10min,取上清加入上述提到的抗生素。

h. 粪便标本:采集 10~20g 粪便(或用塑料杆人造纤维头的肛拭子两支)放入含有 10ml PBS 或生理盐水无菌的 50ml 有螺旋盖的塑料瓶内,密封,4℃条件下立即送至有关实验室。

i. 血清标本:血清标本应包括急性期和恢复期双份血清 5~10ml。急性期血样应尽早采集,一般不晚于发病后 7d。恢复期血样则在发病后 2~4 周采集。血液标本 2000~2500r/min 离心 15min。收集血清,血清可在 4℃ 存放 1 周,长期保存置−20℃。

(2)标本的运送:标本采集后,样本应放置于 2~8℃ 容器内尽快送检,该过程中不得冻融;如需异地远距离送检才可将样本进行冻存。除了从偏远地区收集的标本,所有标本收集后 72h 内必须放入病毒培养基和溶解缓冲液中。如果收到的标本为冻存样本或标本温度过高应进行标注。如果没有可用的运送培养液或者无法满足低温运输的要求,可将样本置于 1~2ml 的无水乙醇中运送,这种方式运送的样本只适合进行 PCR 检测。送检过程中标本应始终处于密闭的容器内,国家对禽流感检测标本的运送有特殊要求,这些要求同样符合流感病毒标本的运送。如下所述:①禽流感病例(包括疑似禽流感病例)标本必须放在大小适合的带螺旋盖内的有橡胶圈的塑料管里(一级容器),拧紧。②

将密闭后的标本放入大小适合的塑料袋内密封,每袋装一份标本。③直接在一级容器上用油性记号笔写明样本的种类、采样时间、编号、患者姓名,同时也将标本有关信息填在禽流感人体标本送检表,连同一级容器封于塑料袋内。④将装标本的密封袋放入二级带螺旋盖内有橡胶圈的塑料容器内,拧紧盖,在容器上标明有关信息。⑤将二级容器摆放在专用运输箱内(或疫苗运输箱),放入冰排,然后以柔软物质填充,并密封。a. 同一患者 2 份以上的密封标本,可以放在同一个二级容器内。b. 二级容器要承受不少于 95kPa 的压力,内衬具吸水和缓冲能力的物质。c. 若进行病毒分离,可将密封好的装有标本的一级容器直接放入液氮运输罐内运输。d. 所有容器必须印有生物危险标注。e. 标本需由专人(2 人)运送,不得邮寄,最好使用专车。

(3)标本的保存:采集的标本若不能在 24h 内送达,流感病毒在 -40℃ ~ -20℃ 时不稳定,只能短期保存,长期保存须在 -70℃ 以下。

三、流感病毒 RT-PCR 检测的临床意义

1. 流感病毒感染的早期诊断　采用实时荧光 RT-PCR 方法直接检测患者分泌物中病毒 RNA,不但简便、快速,而且较培养法及其他免疫测定方法测特异抗原和抗体要敏感得多。

2. 鉴别诊断　可用于与其他呼吸道病原体感染、流脑、军团病和支原体肺炎等的鉴别诊断,因其早期症状相似,实时荧光 RT-PCR 方法不失为一个早期鉴别诊断的最佳方法。

(张　栋　汪　维　李金明)

参 考 文 献

[1]　附 7 禽流感实验室检测技术方案(卫生部办公厅关于印发《人禽流感疫情预防控制技术指南(试行)》)的通知(卫发电〔2004〕15 号)

[2]　张卓然.临床微生物学和微生物检验.3 版.北京:人民卫生出版社,2003:351-356

[3]　WHO. A revision of the system of nomenclature for influenza vi-ruses:a WHO memorandum. Bull. World Health Organ,1980,58:585-591

[4]　Dowdle WR,Galphin JC,Coleman MT,et al. A simple double immunodiffusion test for typing influenza viruses. Bull World Health Organ,1974,51(3):213-215

[5]　Kuypers J,Wright N,Ferrenberg J,et al. Comparison of real-time PCR assays with fluorescent-antibody assays for diagnosis of respiratory virus infections in children. J Clin Microbiol,2006,44(7):2382-2388

[6]　WHO. Collecting, preserving and shipping specimens for the diagnosis of avian influenza A(H5N1) virus infection. World Health Organ, 2006 http://www.who.int/csr/resources/publications/surveillance/CDS_EPR_ARO_2006_1.pdf

[7]　WHO. Manual for the laboratory diagnosis and virological surveillance of influenza. World Health Organ. 2011 http://whqlibdoc.who.int/publications/2011/9789241548090_eng.pdf

[8]　WHO. WHO information for molecular diagnosis of influenza virus-update. World Health Organ. 2014 http://www.who.int/influenza/gisrs_laboratory/molecular_diagnosis/en/

第19章 风疹病毒实时荧光 RT-PCR 检测及临床意义

风疹病毒(rubella virus)经呼吸道传播，是风疹的致病因子，人类是其唯一宿主。风疹(rubella)又称为"德国麻疹"，1814年德国医学文献首先对这种疾病进行描述，在我国属丙类传染病，一般病情较轻，不会造成严重后果。1941年澳大利亚眼科医生 Norman Gregg 发现多例白内障婴儿，并证实为孕妇感染风疹病毒所致，风疹病毒逐渐引起人们的重视。风疹的潜伏期平均14～18d，一般为12～23d，儿童和青少年为风疹病毒易感人群。通常，风疹临床症状轻微，主要临床表现为淋巴结炎和斑丘疹，可伴随轻微卡他症状。出疹前5～7d至出疹后2d可见肿大淋巴结。与麻疹感染相比，风疹感染的淋巴结肿大持续时间长，可达数周。感染后14～18d皮肤出现散在粉红色斑丘疹，始于面部和颈部，随即向躯干和四肢扩散。斑丘疹1～3d内褪去，偶有瘙痒症。暂时的关节疼痛等关节炎症常见于成年患者尤其是女性患者居多。50%的风疹感染者为亚临床感染，同时麻疹等伴有出疹体征的疾病与风疹的临床表现相似，因此仅靠患者体征和临床症状诊断风疹并不准确，实验室检查可以协助诊断风疹。

一、风疹病毒的形态和基因组结构及功能特点

1. 形态结构特点 风疹病毒为披膜病毒科风疹病毒属的唯一成员，风疹病毒自内而外分为核心、衣壳和质膜三部分。

(1)核心：由单分子，具有感染性的风疹病毒基因组，单股正链 40S RNA 构成。

(2)衣壳：衣壳直径为 30～40nm，呈正二十面体立体结构，为磷酸化的衣壳蛋白通过二硫键连接形成同源多聚物及 C 蛋白形成。C 衣壳蛋白为非糖蛋白，分子量约33kDa，包括 299 个氨基酸残基，其中包含 E2 的信号肽序列。

(3)质膜：呈球状，是来源于宿主细胞膜并包裹于病毒衣壳蛋白之外的松散类脂囊膜，直径为 50～85nm。病毒包膜蛋白 E1 和 E2 形成异源二聚体并镶嵌其间，向质膜外部突出形成 6～8nm 大小的刺突，决定风疹病毒的血凝和溶血活性。

2. 基因组结构特点 风疹病毒基因组是一条单股正链 RNA，总长度 9762 个核苷酸，分子量 3.8×10^6 kDa，G＋C 碱基占比 69.24%～69.61%，其中包含约 30% 的 G 和 39% 的 C，是目前已知的 G＋C 含量最高的单链 RNA。其 5′端和 3′端分别有类似真核 RNA 结构中的帽状结构和多聚腺苷酸尾(Ploy A)。基因组中存在两个可读框(open reading frame，ORF)，被以长约 123 个核苷酸的非编码区相隔。5′端的 ORF 约占基因组序列的 2/3，编码与病毒 RNA 复制有关的多聚蛋白前体 p200，随后 p200 形成成熟的 2 种非结构多肽(p150 和 p90)；3′端的 ORF 约占基因组序列的 1/3，编码 3 种结构肽(C、E2 和 E1)。其基因组结构可见图 19-1。

3. 组成蛋白及其功能特点 风疹病毒蛋白主要包括非结构蛋白和三种结构蛋白 C 蛋白、E1 蛋白和 E2 蛋白，本节主要介绍风疹病毒的结构蛋白。

E1 和 E2 的 N 端分别有 20 个和 23 个疏水性氨基酸残基，作为信号肽将 2 种糖蛋白转运到内质网腔。衣壳蛋白 C 及 E1 和 E2 糖蛋白之间的切割都是由信号肽酶来完

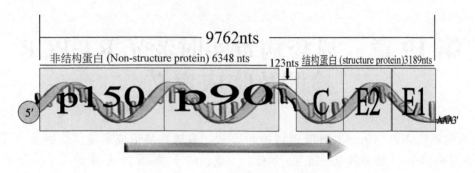

图 19-1 风疹病毒基因组结构模式

成的。

E1 包膜糖蛋白相对分子质量为 57 kDa，由 412～418 个氨基酸残基组成，富含脯氨酸和半胱氨酸，其不同株间氨基酸序列有差异，但抗原决定簇聚集区的氨基酸序列相同。E1 蛋白分为 3 个部分，即膜外区（E1～L446），跨膜区（G447～A468）和膜内区（K469～R481）。迄今已发现 E1 蛋白的 481 个氨基酸残基中只含有 3 个 Asn 连接的 Asn-X-Thr 形式的 N-糖基化位点，分别位于 Asn76、Asn177 和 Asn209。在 E1 中这 3 个糖基化位点都被糖基化，每个位点连接的糖链的相对分子质量约为 2000。尽管糖基化位点连接的寡糖并不与 E1 抗原表位结构直接相关，但对维持 E1 蛋白的正常折叠和形成稳定的 E1 免疫抗原表位有重要作用。E1 蛋白含有 4 个中和位点及血凝抑制（HI）位点，大多数抗原决定簇聚集区位于第 202－305 位氨基酸，并且这一抗原决定簇聚集区序列高度保守。其中 213－239 位氨基酸残基为中和反应决定簇；214－240 位氨基酸之间存在 3 个血凝和中和反应决定簇。E1 包膜糖蛋白包含了风疹病毒大部分的 TB 细胞抗原表位，为主要抗原决定簇，在风疹免疫中起主要作用，是宿主细胞免疫和体液免疫的主要靶抗原。研究表明，E1 蛋白基因序列的株间变异程度与全株基因序列变异程度相近，因此各国研究人员多将 E1 蛋白基因作为风疹病毒某一病毒株代表基因进行分析。

细胞信号肽酶水解多聚蛋白前体（p110）而形成 E2 蛋白，而 E2 的信号肽区与 C 蛋白的羧基端始终结合在一起。E2 糖蛋白相对分子质量为 48～52 kDa，编码 282 个氨基酸，存在 O- 及 N-糖基化位点，其 N-糖基化位点有 3 个。E2 蛋白的糖基化程度能显著地影响其功能，根据病毒成熟晚期修饰的不同而表现出两种形式 E2a 和 E2b，主要的区别在侧链寡糖的不同。其多肽部分由 262～281 个氨基酸组成，一级结构有四个糖基化位点富含脯氨酸和半胱氨酸。

E2 免疫原性较 E1 差，仅有一个抗原决定簇，相应抗体无中和和凝血活性。E2 蛋白信号肽在病毒复制组装过程中具有多重作用，如膜锚定作用，异源二聚体靶向输送到高尔基体的信号等。

C 蛋白含有 299 个氨基酸残基，不含糖基侧链，呈碱性，富含脯氨酸和精氨酸，这有利于其 40S 的 RNA 相连。

二、风疹病毒的复制特点

风疹病毒复制速度慢，潜伏期一般在8～12h，风疹病毒颗粒中含有依赖 RNA 的 RNA 聚合酶（RdRP），其复制过程在细胞质内完成，不需要宿主细胞核内的复制酶协助。

首先，病毒通过与人体细胞表面特异受体结合后形成内涵体而进入细胞内部。在人体内环境中，E2 蛋白包裹 E1 蛋白；而在形成内涵体进入细胞内部以后随着 pH 的大幅降低,E1 蛋白表面结构域暴露并导致病毒包膜与内涵体的融合。然后,病毒进入胞质并降解释放病毒基因组。风疹病毒感染的细胞内同时存在 40S 基因组 RNA、24S 亚基因组 RNA、21S 病毒复制中间体(RI)和 19～20S 病毒复制型(RF)4 种 RNA 类型,其中 RI 为部分双链 RNA,RF 为完全的双链 RNA。在病毒复制过程中,首先以 40S RNA 作为模板翻译合成相对分子质量较大的蛋白质 p200,然后这种蛋白质被酶切形成小的非结构蛋白质 p150 和 p90。同时正链 RNA 作为模板介导合成互补的负链 RNA,负链 RNA 再次作为模板介导合成较短的 mRNA,并以该 mRNA 为模板翻译合成结构蛋白质(110kDa)。该蛋白在细胞内蛋白酶的作用下酶切加工形成 E1 蛋白,E2 蛋白和衣壳蛋白。衣壳蛋白在胞质中通过与 40S RNA 相互作用形成新的病毒颗粒,E1 和 E2 蛋白在其 N 端的信号肽引导下进入内质网中,并形成异二聚体,而后在信号肽的作用下进一步被运送到高尔基体中完成病毒的包装。

三、风疹病毒的变异特点及基因型

风疹病毒只有一个血清型,但有多个基因型,与其他披膜病毒无抗原交叉。2004 年 9 月,WHO 讨论并确定了风疹野毒株的标准命名方法,同时建立了统一的基因特征分析的标准方法。研究表明,E1 膜蛋白基因能够代表风疹野毒株的基因特征,因此 WHO 推荐以 E1 蛋白编码区 739 个核苷酸(nt 8731～9469,E1 基因编码核苷酸 aa159～aa404)分析风疹野毒株的基因型划分和分子流行病学研究的标准靶核苷酸。根据核苷酸最小差异为 8%～10% 的基本原则,风疹病毒在遗传进化树上分为 2 个主要分支。每个主要分支中又分为不同的小分支,目前共有 7 个组,即 7 种基因型(1B,1C,1D,1E,1F,2A 和 2B),以及一个临时基因型(1a)(如果得到参考毒株,并且明确该基因型与其他基因型的遗传进化关系,则临时基因型就可以成为确定的基因型)。基因型 1a 进化支关系复杂,目前还没有完全研究清楚。

我国大陆地区已检测到 4 种基因型,分别是 1E、1F、2A 和 2B,其中 1E 基因型于 2001 年成功分离后一直被认为是中国大陆的优势流行株。

四、风疹病毒实时荧光 RT-PCR 测定及其临床意义

1. 引物和探针设计　据文献报道,风疹病毒 E1 膜蛋白基因能够代表风疹野毒株的基因特征,因此建议根据 E1 基因序列设计特异性高的引物和探针,同时,设计过程中应遵循引物和探针设计的一般原则。

2. 常用于风疹病毒 RNA 实时荧光 RT-PCR 检测的引物和探针　风疹病毒实时荧光 RT-PCR 检测所使用的荧光探针一般为 TaqMan 探针,表 19-1 和图 19-2 为文献报道的风疹病毒事实荧光 RT-PCR 检测引物和探针序列及其在基因组的相应位置。

表 19-1　文献报道的风疹病毒实时荧光 RT-PCR 检测引物和探针举例

测定技术	引物和探针		基因组内区域	文献
TaqMan 探针	引物	F:5′-ATGCGTCCGCTTTGAGTC-3′(8329-8346)	E1 膜蛋白 (8329-8831)	[1]
		R:5′-TATGTCCGTGCGGCGTGTTAG-3′(8831-8811)		
	探针	5′-FAM-GATTGTGGACGGCGGCT-Tamra-3′(8350-8366)		

测定技术		引物和探针	基因组内区域	文献
TaqMan 探针	引物	F:5′-GTCATCACCCACCGTTGT-3′(6435-6552)	衣壳蛋白 (6435-6554)	[2]
		R:5′-CCTTCTGGAGGTCCTCCAT-3′(6554-6536)		
	探针	5′-ROX-AGAGCCCCAGGGTGCCCGAAT-BHQ2-3′(6493-6513)		
TaqMan-MGB 探针	引物	F:5′-GGCTCAGCGCGTTCCT-3′(4803-4818)	依赖 RNA 的 RNA 聚合酶/磷酸酶/解旋酶 p90 (4803-4858)	[3]
		R:5′-GGCGGGAACCTCCTTGAG-3′(4820-4834)		
	探针	5′-FAM-GACGCCGGGGCACTG-MGB-3′(4858-4841)		
TaqMan-MGB 探针	引物	F:5′-CCTAHYCCCATGGAGAAACTCCT-3′(32-54)	蛋白酶 p150 (32-160)	[4]
		R:5′-AACATCGCGCACTTCCCA-3′(143-160)		
	探针	5′-FAM-CCGTCGGCAGTTGG-MGB-3′(93-106)		

Rubella virus strain RVI/DEZHOU. CHN/02/1E,complete genome
GenBankACCESSION:KF201674. 1 9762bp RNA linear

```
  1 caatgggagc tatcggacct cgcttaggac tcctaatccc atggagaaac tcctagatga
                                     F[4]
 61 ggttcttgcc cccggtgggc cttacaattt aaccgtcggc agttgggtaa gagaccacgt
                                     P[4]
121 ccgctcaatt gtcgagagcg cgtgggaagt gcgcgatgtt gttaccgctg cccaaaagcg
                                     R[4]
181 ggccatcgta ccgtgatac ccagacctgt gttcacgcag atgcaggtta gcgatcaccc
241 agcactccac gcaatttcgc ggtacacccg ccgccattgg atcgagtggg gccctaaaga
301 agccctacac gtcctcatcg acccaagccc gggcctgctc cgcgaggtcg ctcgcgttga
361 gcgccgctgg gtcgcactgt gcctccacag gacggcacgc aaactcgcca ccgccctggc
421 cgagacggcc agtgaggcgt ggcacgccga ctacgtgtgc gcgctgcgtg gcgcaccgag
481 cggcccctte tacgtccacc ctgaggacgt cccgcacgge ggccgcgccg tggcggacag
541 atgcctgctc tactacacac ccatgcagat gtgcgagctg atgcgcacca ttgacgccac
601 cttgctcgtg gcggttgact tgtggccggt cgcccttgcg gcccacgtcg gcgacgactg
661 ggacgacctg ggcatcgcct ggcatctcga ccatgacggc ggctgccccg ccgattgccg
721 cggggccggc gctgggccca cgcccggcta caccgcccc tgcaccacac gcatctacca
781 agtcttgccg gacaccgccc accccgggcg cctttaccga tgcggggccc gcctgtggac
841 gcgcgattgc gccgtggccg aactctcatg ggaggttgcc caacattgcg ggcaccaggc
901 gcgcgtgcgc gccgtgcgat gcaccctccc catccgccac gtgcgcagcc tccaacccag
961 cgcgcgggtc cgactcccgg accttgtcca tctcgccgag gtgggccggt ggcggtggtt
1021 tagcctcccc cgccccgtgt ccagcgcat gctgtcctac tgcaagaccc tgagccccga
1081 cgcgtactac agcgagcgtg tgttcaagtt taagaacgct ctgagccaca gcatcacgct
```

1141 cgcgggcaat gtgctgcaag aggggtggaa gggcacgtgc gccgaggaag acgcgctgtg

1201 cgcatatgta gccttccgcg cgtggcagtc caacgctagg ttggcgggga tcatgaaagg

1261 cgccaagcgc tgcgccgccg attctttgag cgtggccggc tggctggaca ccatttggga

1321 cgccattaag cggttcttcg gcagcgtgcc cctcgccgag cgcatggagg agtgggaaca

1381 ggacgccgcg gtcgccgcct tcgaccgcgg ccccctcgag gacggcgggc gccacctgga

1441 caccgtgcaa cccccaaaat cgccgccccg ccctgagatc gccgcgacct ggatcgtcca

1501 cgcagccagc gcggaccgcc attgcgcgtg cgctccccgc tgcgacgccc cgcgcgagcg

1561 cccttccgcg cctgccggcc cgcccgatga cgaggcgctc atcccgccgt ggctgttcgc

1621 cgagcgccgt gccctccgct gccgcgagtg ggacttcgag gctctccgcg cgcgcgccga

1681 tacggcggcc gcgcccgccc cgctggcccc acgccctgcg cggtacccca ctgtgctcta

1741 ccgccacccc gcccaccacg gcccgtggct caccccttgac gagccgggcg aggctgacgc

1801 ggccctggtc ttatgcgacc cgctcggcca gccgctccgg ggccccgaac gccatttcgc

1861 cgccggcgcg catatgtgcg cgcaggcgcg ggggctccag gcctttgtcc gtgtcgtgcc

1921 tccacccgag cgcccctggg ccgacggggg cgccagagcg tgggcaaagt tcttccgcgg

1981 ctgcgcctgg gcgcagcgct tgctcggcga gccggcagtc atgcacctcc catacaccga

2041 tggcgatgtg ccacagttga tcgcgctggc cttgcgcacg ctggcccaac aggggggccgc

2101 cttggcactc tcggtgcgtg acttgcccgg gggtacaacg ttcgacgcaa atgcggtcac

2161 tgccgctgtg cgcgctggcc ccggccagcc cgcggccacg tcaccgccac ctcgcgaccc

2221 cccgccgccg cgccgtgcac ggcgatcgca acggcactcg gacgcccgcg gcactccgcc

2281 ccccgcgcct gcgcccgacc cgccgccgcc cgctcccagc ccgcccgcgc caccccgcgc

2341 gggtgactcg gcccctccca cccctgcggg gccggcggat cgcgcgcgcg acgccgagct

2401 ggaggtcgcc tgcgaaccga gcggcccccc cgcggcagcc aaggcagacc cagacagcga

2461 catcgttgaa agttacgccc gcgccgccgg acccgtgcac ctccgagtcc gcgacatcat

2521 ggacccaccg cccggctgca aggttgtggt caacgccgcc aacgaggggc tgctggccgg

2581 ctctggcgtg tgtggcgcca tctttgccaa cgccacggcg gccctcgctg cagactgccg

2641 gcgcctcgcc ccatgcccca ccggcgaggc agtggcgaca cccggccatg ctgcggggta

2701 cacccacatc atccacgccg ttgcgccgcg gcgccctcgg gaccccgccg ccctcgagga

2761 gggcgaagca ctgctcgagc gcgcctaccg cagcatcgtc gcgctggccg ctgcgcgcgg

2821 gtgggcgtgt gtcgcgtgcc ccctcctcgg cgctggcgtc tacggctggt ctgctgcgga

2881 gtccctccga gccgcgcttg cggctacgcg cgccgagccc gctgagcgcg tgagcctgca

2941 catctgccac cccgaccgcg ccacgctgac gcacgcctcc gtgctcgtcg gcgcggggct

3001 cgctgccagg cgcgttagtc tcctccggc cgagcccctc gcaccttgcc ccgccggtgc

3061 cccgggccca ccggctcagc gcagctcgtc gcctccagcg acaccccttg gggatgccac

3121 cgcgctcgag cctcgcggat gccaggggtg cgaactctgc cggtacacgc gcgtcaccaa

3181 cgaccgcgcc tatgtcaacc tgtggctcga acgcgaccgc ggcgccacca gctgggctat

3241 gcgcattccc gaggtggtcg tctacggccc ggagcacctc gccacgcatt ttccattaaa

3301 ccactacagt gtgctcaagc ccgcggaggt caggcccccg cgaggcatgt gcgggagtga

3361 catgtggcgc tgccgcggct ggcagggcat gccgcaagtg cggtgcaccc cctctaacgc

3421 ccacgccgcc ctgtgccgca caggcgtgcc ccctcgagtg agcacgcgag gcagcgagct

3481 agacccaaac acctgctggc tccgcgccgc cgccaacgtt gcgcaggctg cgcgcgcctg

3541 cggcgcctac acgagtgccg ggtgccctaa gtgcgcctac ggccgcgccc tgagcgaagc

3601 ccgcactcat gaggactttg ccgccctgag ccagcggtgg agcgccagcc acgccgatgc

3661 ctcccctgac ggcaccggag atcccctcga cccccctgatg gagaccgtag gatgcgcctg

3721 ttcgcgcgtg tgggtcggct ccgagcacga ggccccgccc gaccacctct tggtgtccct

3781 ccaccgtgcc cctaacggtc cctggggcgt agtgctcgag gtgcgcgcgc gccccgaagg

3841 gggcaacccc accggccatt ttgtctgcgc ggttggcggt ggcccacgcc gcgtctcgga

3901 ccgcccccac ctttggctcg cggtccccct gtctcggggc ggcggcacct gtgccgcgac

3961 cgacgagggg ctggcccagg cgtactacga cgacctcgag gtgcgtcgcc tcggggatga

4021 cgccatggcc cgggcggccc tcgcatcagt ccaacgccct cgcaaaggcc cctacaacat

4081 cagagtatgg aacatggccg cgggcgctgg caagaccacc cgcattctcg ctgccttcac

4141 gcgcgaagac ctttacgtct gccccaccaa cgcgctcctg cacgagattc aggccaaact

4201 ccgcgcgcgc gacatcgaca tcaagaacgc cgccacctac gaacgcgcgc tgacgaaacc

4261 gctcgccgcc taccgccgca tctacatcga tgaggcgttc accctcggcg gtgagtactg

4321 tgcgttcgtt gccagtcaaa ccaccgcgga ggtgatctgc gtcggtgacc gagaccagtg

4381 cggcccacat tacgccaaca actgccgcac ccccgtccct gaccgctggc ctaccgagcg

4441 ctcacgacac acttggcgct tccccgactg ctgggccgcc cgcctgcgcg cggggctcga

4501 ttatgacatc gagggcgagc gcgccggcac cttcgcctgc aacctttggg acggccgcca

4561 ggtcgacctt cacctcgcct tctcgcgcga aaccgtgcgc cgccttcacg aagctggcat

4621 acgcgcgtac accgtgcgcg aggcccaggg tatgagcgtt ggcaccgcct gcatccatgt

4681 aggcagagac ggcacagacg ttgccctggc gctgacacgc gacctcgcca tcgtcagcct

4741 gacccgggcc tccgacgcac tctacctcca cgaactcgag gacggctcac tgcgcgctgc

4801 **gggggctcagc gcgttcctcg acgccggggc actggcggag ctcaaggagg ttcccgccgg**
        F[3]   P[3]   R[3]

4861 cgtcgaccgc gttgtcgccg tcgaacaggc accaccaccg ttgccgcccg ccgacggcat

4921 ccccgaggcc caagacgtgc cgcccttctg ccccccgcact ctggaggagc tcgtcttcgg

4981 ccgtgctggc cacccccact acgcggacct caaccgcgtg actgagggcg agcgggaagt

5041 gcggtatatg cgcatctcgc gtcacctgct caacaagaat cacaccgaga tgcccgggac

5101 ggaacgcgtc ctcagtgccg tttgcgccgt gcggcgctac cgcgcgggcg aggatgggtc

5161 gaccctccgc actgccgtgg cccgccagca cccgcgcccc ttcgccagatccccacccccc

5221 gcgcgtcacc gccggggtcg ctcaggagtg gcgcatgacg tacttgcggg aacggatcga

5281 cctcactgat gtctacacgc agatggggcgt ggccgcgcgg gagctgaccg accgctacgc

5341 gcgccgctac cccgagatct tcgccgggat gtgcaccgcc cagagcctga gcgtccccgc

5401 cttcctcaag gccaccctga agtgcgtaga cgccgccctc ggccccaggg acaccgagga

5461 ctgccacgcc gctcagggga aagccggcct tgagatccgg gcgtgggcca aggagtgggt

5521 gcaggtcatg tccccgcatt tccgtgcgat ccagaagatc atcatgcgcg ccctgcgccc

5581 gcaattcctt gtggccgctg gccatacgga gcccgaggtt gatgcgtggt ggcaggctca

5641 ctacaccacc aatgccatcg aagtcgactt caccgagttc gacatgaacc agacccctcgc

5701 cactcgggac gtcgagctcg agattagcgc cgctctcttg ggcctccccct gcgccgaaga

```
5761 ctaccgcgcg ctccgcgccg gcagctactg caccctgcgc gaactgggca ccactgagac
5821 cggctgcgag cgcacaagcg gcgagcccgc cacgctgctg cacaacacca ccgtggccat
5881 gtgcatggct atgcgcatgg ttcccaaagg cgtgcgctgg gctgggattt ccagggcga
5941 cgatatggtc atcttcctcc ctgagggcgc gcgcagcgcg gcactcaagt ggaccccccgc
6001 cgaggtgggc ttgttcggct tccacatccc ggtgaagcat gtgagcaccc ccacccccag
6061 tttctgcggg cacgtcggca ctgcggccgg cctcttccat gatgtcatgc accaggcgat
6121 taaggtgctt tgccgccgtt tcgacccgga cgtgcttgaa gaacagcagg tggccctcct
6181 cgaccgcctc cggggggtct acgcggccct gcctgacacc gttgccgcca atgctgcgta
6241 ctacgactac agtgcggagc gcgtcctcgc catcgtgcgc gaactcaccg cgtacgcgcg
6301 ggggcgcggc ctcgaccacc cggccaccat cggcgcgctc gaggagatcc agaccccta
6361 cgcgcgcgcc aacctccacg acgctgacta acgcccctgt gcgtggggcc tttaatctta
6421 cctactccaa ccag**gtcatc acccaccgtt gt**ttcgccgc atctggtggg taccgcactc
                              F[2]
6481 ttgccattcg gg**agagcccc agggtgcccg aa**tggcttct actaccccca tcacc**atgga**
                              P[2]
6541 **ggacctccag aagg**ccctcg aggcacaatc acgcgccctg cgcgcggaac tcgctgccgg
              R[2]
6601 cgcctcgcag acgcgccggc cgcggccgcc gcgacagcgc gactccagca cctccggaga
6661 tgactccggc cgtgactccg gagggccccg ccgccgccgc ggcaaccggg gccgtggcca
6721 gcgtagggac tggtccaggg ccccgccccc cccggaagag cagcaagaaa gccgctccca
6781 gactccggct ccgaagccac cgcgggcgcc gccacagcag ccccaacccc cgcgtatgca
6841 aaccgggcgt gggggctctg ccccgcgccc cgagctgggg ccgccgacca acccgttcca
6901 agcagccgtg gcgcgtggcc tgcgcccgcc gctccacgac cctgacaccg aggcacccac
6961 cgaggcctgc gtaacttcat ggctttggag cgaaggcgaa ggcgcggtct ctaccgcgt
7021 cgacctacac ttcaccaacc tgggcacccc ccccctcgac gaggacggcc gctgggaccc
7081 tgcgctcatg tacaacccct tgcgggcccga ccgcccgct cacgtcgtcc gcgcgtacaa
7141 ccaacccgcc ggcgacgtca gaggcgtttg gggtaaaggc gagcgcactt acgccgagca
7201 ggatttccgc gtcggcggca cgcgctggca ccgactgctg cgcatgccag tgcgcggcct
7261 cgacggcgac agcgcccccgc ttccccccca caccaccgag cgcattgaga cccgctcggc
7321 gcgccatcct tggcgcatcc gcttcggcgc tccccaggcc ttccttgccg ggctcttgct
7381 cgccgcggtc gccgttggca ccgcgcgcgc cgggctccag ccccgcgctg acatggcggc
7441 cccgcctgcg ccgccgcagc ccccccgtgc gcacgggcag cactacggcc atcaccacca
7501 ccagctgccc ttcctcgggc acgacggcca tcacggcggc accctgcgcg tcggccagca
7561 tcaccgcaac gccagcgacg tgctgcccgg ccactggctc caaggcggct ggggctgcta
7621 caacctgagc gactggcacc agggcactca tgtctgtcac accaagcaca tggacttctg
7681 gtgtgtggag cacgaccgac cgccgcctgc gaccccgacg cctctcacca ccgcggcgaa
7741 cgccacgacc gccgccaccc tcaccaccgc gccggccccc tgccacgccg gccttaatga
7801 cagctgcggc ggcttcttgt cagggtgcgg gccgatgcgc ctgcgccacg cgccgacac
7861 ccggtgcggt cggctgatct gcgggctgtc caccaccgcc cagtacccgc ctacccggtt
```

7921 cggctgcgtt atgcggtggg gccttccccc ttgggaactg gtcgtcctta ccgcccgccc

7981 cgaagacggc tggacttgcc gcggcgtgcc cgcccatcca ggtacccgct gccccgaact

8041 ggtgagcccc atgggacgcg cgacctgctc cccagcctcg gccctctggc tcgcgacagc

8101 gaatgcgctg tctcttgatc acgcccttgc ggccgttgtc ctgctggtcc cgtgggtcct

8161 gatattcatg gtgtgccgcc gcgcctgccg ccgccgcggc gccgccgccg cccttaccgc

8221 ggtcgtcctg cagggttaca accccccccgc ctatggcgag gaggccttta cctacctctg

8281 tactgcaccg gggtgcgcca cgcaaacacc tgtccccgtg cgcctcac**cg gcgtccgctt**

                                                                   F[1]

8341 **tgagtc**caa**g attgtggacg gcggct**gctt tgccccatgg gacctcgagg ccactggagc

                    P[1]

8401 ctgcatttgc gagatcccca ctgacgtctc gtgcgagggc ttggggggcct gggtacccac

8461 agcccccttgc gcgcgcattt ggaacggcac acagcgcgcg tgcacctttt gggctgtcaa

8521 cgcctactcc tctggtgggt acgcgcagct ggcctcttac ttcaacccccg gcggtagcta

8581 ctacaagcag taccacccta ccgcgtgcga ggttgagccc gcattcgggc acagcgacgc

8641 ggcctgctgg ggcttcccca ccgacactgt gatgagcgtg ttcgcccttg ctagctacgt

8701 ccagcaccct cacaagaccg tccgggtcaa gttccacaca gagaccagga ccgtctggca

8761 actctccgtt gccggcgtgt cgtgcaatgt caccactgaa cacccattct **gcaacacgcc**

                                                                   R[1]

8821 **gcacggacaa c**tcgaagtcc aggtcccgcc cgacccccggg gacctggttg aatacatcat

8881 gaattacacc ggcaatcagc agtcccggtg gggccttggg agcccgaatt gccacggccc

8941 cgattggggcc tccccggtttt gtcagcgcca ttccccctgac tgctcgcggc ttgtggggggc

9001 cacgccagag cgtcccccggc tccgcctggt cgacgccgac gacccccctgc tgcgcactgc

9061 ccctgggccc ggcgaggtgt gggtcacgcc tgtcataggc tctcaggcgc gcaagtgcgg

9121 gctccacata cgcgctggac cgtacggcca tgctaccgtt gaaatgcccg agtggatcca

9181 cgcccacacc accagcgacc cctggcaccc accgggcccc ttggggctga aattcaagac

9241 cgttcgcccg gttgcccctgc cacgcgcgtt cgcaccaccc cgcaatgtgc gtgtgaccgg

9301 gtgttaccag tgcggtaccc ccgcgctggt ggaaggcctt gcccccgggg ggggcaattg

9361 ccatctcact gtcaatggcg aggatgtcgg cgccttcccc cctgggaagt tcgtcaccgc

9421 cgccctcctc aacacccccc cgccctacca agtcagctgc gggggcgaga gcgatcgcgc

9481 gagcgcgcgg gttattgacc ccgccgcgca atcgtttacc ggcgtggtgt atggcacaca

9541 caccaccgcc gtgtcggaga cccggcagac ctgggcggag tgggctgctg cccattggtg

9601 gcagctcact ctgggcgcca tctgcaccct cctacttgct ggcctactcg cttgctgtgc

9661 caaatgcttg tactacttgc gcggcgctat agcgccgcgc tagtgggccc ccgcgcgaaa

9721 cccgcaccag cccactagat tcccgcacct gttgctgcat ag

图 19-2 风疹病毒全基因组序列及文献报道用于麻疹病毒实时荧光 RT-PCR 检测的引物和探针所在位置 [ ]内为相关引物和探针的文献来源

3. 风疹病毒日常检测常用临床标本及其处理的特点 目前 WHO 推荐可用于麻疹病毒及风疹病毒分离的样本采集后的 3～4d 内均可以用于 RT-PCR 检测,其主要类型包括:鼻咽标本、尿液标本、全血标本、干血标本和口腔含漱液。一般来讲,风疹出疹前的血液中病毒滴度最高,出疹 2d 后采集的血液标本病毒滴度极低;鼻咽标本中病毒滴度于出疹当日最高,滴度下降较血液慢,要求 5～7d 内采集样本。

(1)鼻咽标本应于出疹后尽快采集,此时病毒含量高。鼻咽标本主要包括以下三种。

1)鼻吸出物:用橡胶管的注射器向鼻腔中注入数毫升无菌生理盐水,然后收集液体至装有病毒运输液的螺口离心管中。

2)含漱液:嘱患者用少量无菌生理盐水漱口后收集于病毒运输液中。

3)鼻咽拭子或口咽拭子:使用无菌棉拭子在鼻咽部或咽后壁用力擦拭,获取局部上皮细胞。弃去杆部后将拭子置于装有病毒运输液的螺口离心管中。

鼻咽标本应于采集后冷藏条件下(4～8℃)在 48h 内送至检测实验室。如果条件所限不能及时送达,应摇动拭子使细胞洗脱于运输液中后丢弃拭子。收集的运输液及鼻吸出物应在 4℃ 条件下 500×g(约 1500r/min)离心 5min,吸取上清置无菌螺口离心管中后保存于 -70℃,使用细胞培养液重悬离心所得沉淀同样保存于 -70℃。所得样本应于 4～8℃ 条件下运送至实验室,如果条件允许可置于干冰中一起运送,要求应在 48h 内送达实验室。

口腔、鼻腔洗液和拭子标本量少(1～4ml),建议置于 -70℃ 冰箱或 -40℃ 冰箱保存,如果没有低温冰箱建议置于 4℃ 保存(由于冰晶会使病毒失活,所以标本应避免反复冻融或保存于 -20℃ 冰箱)。

如果实验室收到的样本为冷冻状态的 2～3ml 细胞培养基或 PBS 样本,建议检测之前保持冷冻状态。如果收到的是原始的拭子样本,应立即向管中加入 2ml DMEM,用涡旋振荡器震荡混匀后静置 1h 使病毒从拭子上洗脱下来。最后用力在管壁上挤压拭子以挤出液体。所得液体中若含有大量碎片,可通过离心去除。所得样本应置于 -70℃ 冰箱保存。

(2)尿液标本:应于出疹后 5d 内采集,以尽快采集为宜,此时病毒含量最高。建议采集晨尿。采集 10～50ml 尿液置于无菌容器中,并置于 4～8℃ 保存(切勿冷冻)。4℃ 条件下运输,24h 内离心(4℃,500×g,5～10min),弃上清,使用 2～3ml 的无菌运输液、组织培养液或高压的 PBS 重悬沉淀。样本应在 4℃ 条件下在 48h 内送至实验室进行检测。使用病毒运输液重悬的样本可先于 -70℃ 冰箱冷冻后在干冰中运输。

(3)全血标本:使用加有 EDTA 的无菌管采集出疹后 28d 内患者的静脉血至少 5ml,样本应于采集后 48h 内 4℃ 条件下运送至实验室进行处理,且处理前不可冷冻。实验室收到样本后应立即使用商品化产品(如:Organon Teknika LSM)分离 PMBC。首先使用 PBS 等比稀释样本,然后小心加入装有 2ml 淋巴细胞分离液的试管中。将试管于 20℃,2000r/min,水平离心 30min。使用移液器吸取 RBC 上方的白/灰条带,即 PBMC,置于新的离心管中并使用 10～15ml PBS 进行冲洗。然后将 PBMC 离心沉淀后用 1～2ml DMEM 重悬。建议每份样本分为两管保存 -70℃ 冰箱。

注:病毒运输液有商业成品可用。常用的病毒运输液包括:pH 7.4～7.6 的汉克斯(Hank)液:在 90ml 蒸馏水中加入 10ml 汉克斯液,然后加入 10ml 牛血清和 0.2ml 0.4% 酚红溶液,过滤消毒。加 1ml 青/链霉素溶液。分装到无菌管中,于 4℃ 储存备用。

组织培养液:DMEM 液加入青/链霉素使其终末浓度分别为 500～1000 国际单位

(U)/ml 和 500～1000μg/ml,加入胎牛血清使其终末浓度为 2%,加入谷氨酰胺至浓度为 1%;加入 7.5% 的 NaHCO₃ 调节 pH 至 7.4～7.6。

(4)干血标本:干血标本的采集,保存和运输要求较低。首先对出疹 7d 内的患者手指或婴幼儿的脚跟酒精消毒,然后使用一次性无菌微量采血针采血,收集 4 滴全血于滤纸上(图 19-3),滤纸格式可手写或用激光打印机或影印机打印。其中包括 14～15mm 用于收集血滴的区域。

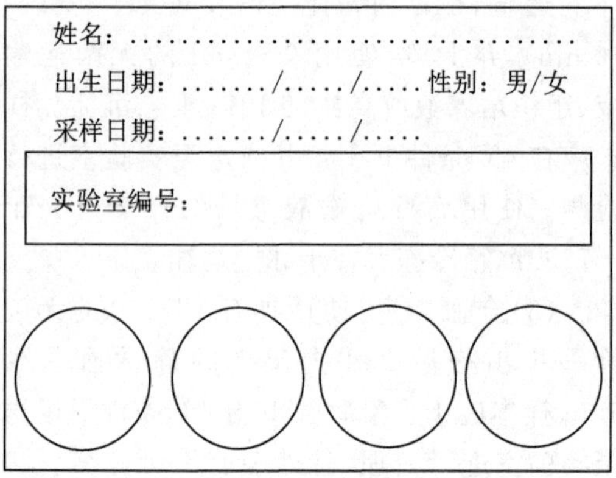

姓名:.........................
出生日期:......../...../..... 性别:男/女
采样日期:......../...../.....
实验室编号:

图 19-3 风疹病毒干血采集滤纸

样本采集完成后室温放置至少 60min 后使彻底干燥,之后放入可密闭的无菌塑料袋中,建议同时放入干燥剂防潮。尽管该类标本不需要在低温条件下运输,但是仍然建议在 4～8℃ 条件下运输至实验室。

干血标本在检测前应该放置于 4℃ 保存,长期保存应放置于 −20℃ 冷藏,并防止干燥剂。

(5)口腔含漱液标本:改进的 Oracol™ 和 OraSure™ 拭子收集装置可用于收集该类标本。这类拭子状似牙刷,使用时沿着牙龈擦拭约 1min,直至拭子完全湿润。将拭子放入含有病毒运输液的无菌运输管中 24h 内送至实验室(室温低于 22℃;如果室温较高应冰上运输)。实验室接收到标本后应尽快按照拭子说明书将含漱液从标本拭子中洗脱出来,标本应放置于 −20℃ 或更低温度条件下保存。

(注:添加了 IgM 抗体保护剂的口腔液采集方法不能用于 RT-PCR 标本的采集。)

4. 风疹病毒 RNA 检测的临床意义 风疹病毒实时荧光 RT-PCR 方法可以检测到灭活的病毒颗粒。相对于传统的血清 IgM 抗体检测和常规 RT-PCR 检测,风疹病毒实时荧光定量 RT-PCR 检测能提高风疹病毒的检出率,尤其对于出现风疹症状最初几天的血清检出率明显优于血清 IgM 抗体检测。

然而,由于风疹病毒为 RNA 病毒,其基因组突变频率高,引物和探针与基因结合能力会随着时间的推移而降低,导致 RT-PCR 方法的敏感性和重复性会降低,可能会出现假阴性结果,因此需要定期根据基因序列更新引物和探针序列。此外,实时荧光 RT-PCR 过程中的交叉污染也是需要密切关注的问题。

(张 栋)

参 考 文 献

[1] Zhao LH, Ma YY, Wang H, et al. Establishment and application of a TaqMan real-time quantitative reverse transcription-polymerase chain reaction assay for rubella virus RNA. Acta Biochim Biophys Sin (Shanghai), 2006, 38(10):731-736

[2] Ammour Y, Faizuloev E, Borisova T, et al. Quantification of measles, mumps and rubella viruses using real-time quantitative TaqMan-based RT-PCR assay. J Virol Methods, 2013, 187(1):57-64

[3] Jin L, Thomas B. Application of molecular and

serological assays to case based investigations of rubella and congenital rubella syndrome. J Med Virol,2007,79(7):1017-1024

[4] Okamoto K,Fujii K,Komase K.Development of a novel TaqMan real-time PCR assay for detecting rubella virus RNA.J Virol Methods, 2010,168(1-2):267-271

[5] Davis WJ,Larson HE,Simsarian JP,et al.A study of rubella immunity and resistance to infection.JAMA,1971,215(4):600-608

[6] Abernathy E,Cabezas C,Sun H,et al.Confirmation of rubella within 4 days of rash onset: comparison of rubella virus RNA detection in oral fluid with immunoglobulin M detection in serum or oral fluid.J Clin Microbiol,2009,47 (1):182-188

[7] Zhu Z,Cui A,Wang H,Emergence and continuous evolution of genotype 1E rubella viruses in China.J Clin Microbiol,2012,50(2):353-363

[8] World Health Organization Department of Immunization,Vaccines and Biologicals.Manual for the laboratory diagnosis of measles and rubella virus infection (Second edition).2007,Available on the Internet at:www.who.int/vaccines-documents/

[9] World Health Organization.Rubella virus nomenclature updated:2013,88(32):337-348 Available on the Internet at:http://www.who.int/wer/2013/wer8832.pdf

第 20 章　麻疹病毒实时荧光 RT-PCR 检测及临床意义

麻疹病毒(measles virus)是麻疹的致病因子,可以感染人类等灵长目动物。麻疹被认为是一种独立的临床疾病始于 1670 年,由英国医生 Sydenham 首先详细描述记录。麻疹患者以发热、呼吸道卡他症状和皮丘疹为主要临床表现,病情严重者可并发巨细胞肺炎、包涵体肺炎、亚急性硬化性全脑炎等,部分麻疹患者可伴综合性病毒血症及淋巴细胞减少症,此时机体 T 细胞反应受到抑制,从而抑制麻疹病毒的复制,但更易于感染其他疾病。在 1966 年麻疹疫苗研制成功之前,麻疹呈自然流行状态,为冬春季节流行病,约 99% 的儿童都会感染麻疹病毒其中约 10% 的人会发生如失明、耳聋和永久性脑损害等后遗症。随着麻疹疫苗的普遍应用,很多西方国家已经成功消除麻疹,近年来中国大陆地区麻疹发病率明显下降,以散发为主,局部地区时有爆发,流行周期不明显且延长,仍有明显季节性,但以春夏季节为主且峰值低平。2014 年中国大陆地区麻疹发病率为 3.77/10 万,距 1/100 万的麻疹消除发病率指标仍有很大差距。

一、麻疹病毒的形态和基因组结构及功能特点

1. **形态结构特点**　麻疹病毒属于副黏病毒科麻疹病毒属,成员之间有抗原交叉,根据核蛋白编码基因的序列分析,麻疹病毒最接近于牛疫病毒。麻疹病毒颗粒呈粗糙球状或丝状,直径 120~250nm,由包膜、衣壳和核酸组成。漂浮密度 1.23~1.23g/cm³。包膜很脆,易遭破坏,核衣壳经酶处理后由于蛋白变性而从柔软变僵硬,也易受损害。

(1)病毒的核心:麻疹病毒基因组单股负链 RNA 与核蛋白(N)相连共同包裹于核衣壳内部。

(2)核衣壳:麻疹病毒核衣壳呈螺旋对称,直径约 16nm。核衣壳借助磷酸蛋白(P)与 N 蛋白相连共同形成核蛋白复合物(RNP)。

(3)包膜:麻疹病毒包膜为磷脂双分子层囊膜,镶嵌有膜蛋白(M),血凝素蛋白(HA)和融合蛋白(F),其中 M 蛋白为非糖基化蛋白位于内层具有维持病毒颗粒完整的功能,H 蛋白和 F 蛋白为糖蛋白,突出囊膜外层形成刺突,呈放射状排列,共同决定麻疹病毒的致病性和免疫原性。

2. **基因组结构特点**　麻疹病毒基因组为单股负链 RNA,不分节段,全长 15 894 个核苷酸。含 6 个结构蛋白编码基因。基因组 3′端至 5′端依次为核蛋白基因 N(nt57~1744),磷酸蛋白基因 P(nt1748~3402),膜蛋白基因 M(nt3406~4872),融合蛋白基因 F(nt4876~7247),血凝素蛋白基因 HA(nt7251~9208)及依赖于 RNA 的 RNA 聚合酶基因 L(nt9212~15 854),另外的两个非结构蛋白 V 和蛋白 C 由 P 基因编码。麻疹病毒基因组结构模式见图 20-1。其中,HA 基因和 N 基因突变率高,F 基因、M 基因、P 基因和 L 基因相对比较保守。

N 基因 3′端有 56 nt 的前导序列,为 N 蛋白的结合部位,在该序列中有约 14 nt 长的序列可与宿主细胞质中的蛋白因子特异结合,形成抗核糖核酸酶的复合物。N 蛋白的羧基端 450 个核苷酸为麻疹病毒基因高变区,不同麻疹病毒该区域差异性可达 12%,

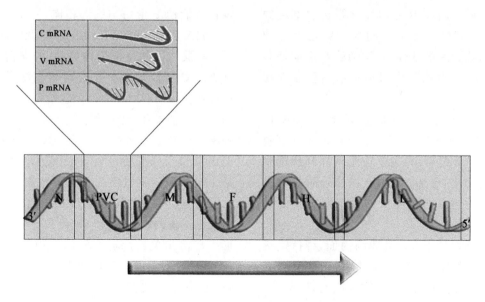

图 20-1　麻疹病毒基因组结构模式

该区域是分子流行病学的主要研究对象。但是体外培养条件下，N 基因序列十分稳定。

麻疹病毒 P 基因转录过程中，大约在 P 基因可读框的一半处时，一个或多个鸟嘌呤核苷酸可插入到 mRNA 特定的保守位点（编辑位点）。P 基因有两个起始位点，其中 V 蛋白在 P 基因共转录时插入一个额外的碱基 G 后编码，而 C 蛋白则由第二个开放阅读框编码，即 P 蛋白合成起始位点第 22 个核苷酸的下游。

3. 组成蛋白及其功能特点　麻疹病毒共有 6 个结构蛋白和 2 个非结构蛋白，基因组 3′端至 5′端依次编码核蛋白 N，磷酸蛋白 P，膜蛋白 M，溶血素（融合蛋白）F，血凝素蛋白 HA 及依赖于 RNA 的 RNA 聚合酶 L，另外的两个非结构蛋白 V、C 由 P 基因编码。麻疹病毒具有血凝活性、血溶活性及溶细胞活性，麻疹病毒无神经氨酸酶，因此不具备神经氨酸酶活性。

N 蛋白为磷酸化蛋白，是麻疹病毒在复制过程中第一个得到表达，含量最多。L 蛋白和 P 蛋白特定区域结合，并在基因组 3′端起始序列形成核蛋白复合物，起始复制和转录。N 蛋白 67～98、185～256、281～290、329～420 和 457～525 位氨基酸残基区域分别为辅助性 T 细胞表位，在细胞免疫和体液免疫中起免疫平衡作用。N 蛋白 457～476 位氨基酸残基为 B 细胞表位，相对保守。N 蛋白 4～188 位氨基酸残基和 303～373 位氨基酸残基是其与 P 蛋白结合的区域，这一区域核苷酸序列相对保守。

P 蛋白在麻疹病毒转录和复制过程中发挥重要作用。P 蛋白有两个功能结构域，其氨基端形成一个无固定结构的功能结构域（N-terminalmoiety，PNT），羧基端的功能结构域由一个无结构区和球形结构区共同组成（C-terminal moiety，PCT）。PNT 可与 N 蛋白结合形成 N-P 蛋白复合物，进而将 N 蛋白运送到病毒基因组 RNA 的部位。PCT 主要有三个特点：①存在一个螺旋卷曲区域而致低聚化；②C 端的三个 α 螺旋结构参与 P 蛋白与 N 蛋白的结合；③存在 L 蛋白的结合位点。

V 蛋白与 P 蛋白翻译起始位点相同，转录过程中 V 蛋白的 mRNA 编辑位点插入了一个鸟嘌呤核苷酸，最终在翻译过程中造成移码。因此 V 蛋白和 P 蛋白氨基端的 231 个氨基酸是完全相同的。V 蛋白可抑制病毒聚合酶的活性,还可通过与肿瘤抑制因子 p73 蛋白相互作用延缓细胞程序性死亡。

C 蛋白是一种小非结构蛋白,呈碱性(pH＝10),研究认为其是麻疹病毒体外繁殖所必需的蛋白质,其主要功能是抑制病毒聚合酶的活性、增加病毒组装效率,同时可以延缓宿主细胞的死亡来达到长期感染的目的。

M 蛋白位于病毒外膜的内面,维持病毒颗粒的完整性。研究表明,M 蛋白的变异会导致病毒无法从细胞中释放,长期感染宿主细胞,常导致中枢神经慢性感染,可进展成亚急性硬化性全脑炎(SSPE)。SSPE 常发生于两岁前幼儿,该阶段患儿自身免疫系统发育不完善,而体内残留的母体抗体不能有效的保护机体,此时在母体残留抗体的作用下麻疹病毒蛋白和 RNA 的合成受到抑制,麻疹病毒抗原下调而逃避免疫监视。

F 蛋白也是副黏病毒属成员的特征蛋白之一,位于麻疹病毒囊膜表面,是一种膜融合的 I 型糖蛋白。F 蛋白的主要作用是溶血和促进多核巨细胞形成。F 蛋白有 3 个 N-糖苷键链间的糖基化位点,分别位于 32、64 和 70 位氨基酸,其中 32 位和 64 位天冬氨酸改变会导致 F 蛋白转运裂解的融合能力下降。F 蛋白的单体结构为 NH_2-singnal peptide-F2-F1-COOH,非活性的 F 蛋白前体 F0 自 116 和 117 位氨基酸之间断开形成有活性的 F1 和 F2。F 蛋白 T 细胞抗原表位位于 197～341、381～451 位区域,而在 337～423、505～524 位区域为中和性和保护性抗体的靶点。F 蛋白存在三个疏水区:第一个疏水区是 N 端的信号肽;第二个疏水区是较为保守的 N 末端融合肽,穿入细胞膜而使 F 蛋白锚定在细胞膜上;第三个疏水区是 C 端的穿膜区,穿入病毒包膜而使 F 蛋白与病毒相连。

HA 蛋白为膜融合的 II 型糖蛋白,是副黏病毒属成员的特征蛋白之一,能与宿主细胞表面 CD150、CD46 分子和细胞黏附分子连接蛋白-4 受体相互识别,起始病毒与细胞的黏附融合过程。20 世纪 50～70 年代分离的麻疹病毒 HA 蛋白的分子量为 78 kDa,而 80 年代以后分离的为 80～82 kDa,分析认为是 416 位天冬氨酸突变为天冬酰胺,多出 1 个糖基化位点所致。目前识别出的 6 个 N-糖苷键链接的糖基化位点被认为与抗原性的形成密切相关,分别位于 168～170,187～189,200～202,215～217,238～240 和 416～419 位氨基酸残基区域。此外,HA 蛋白存在 13 个高度保守的半胱氨酸区域,大部分形成分子内二硫键,靠近穿膜区的半胱氨酸可形成分子间二硫键。HA 蛋白的 253～256 位氨基酸残基是保守的序列,具有维持三级结构作用;35～58 位氨基酸残基对应跨膜部位,高度保守且分子间可在该区域形成二硫键;236～256 位氨基酸残基为中和性抗原表位;386～400 位氨基酸残基为血凝素样抗原表位;367～396,195 和 200 位氨基酸残基是神经毒力功能区。

L 蛋白负责麻疹病毒基因组的复制,由于无错配矫正功能,随着病毒的复制的不断进行,基因变异将逐渐积累,最终造成相应蛋白质的变异。

二、麻疹病毒的复制特点

麻疹为一类传染病,主要经呼吸道传播,潜伏期为 9～12d,麻疹病毒经由呼吸道上皮组织侵入肺部淋巴结中并进行繁殖。麻疹病毒在宿主细胞中的复制特点与其他 RNA 病毒相似,首先释放基因组至细胞质中,合成相应的正链 RNA 及子代负链 RNA,同时以正链 RNA 为模板翻译病毒蛋白,随后在内质网及高尔基体中进行加工组装成为完整的病毒颗粒并分泌至细胞外,随后麻疹病毒转运至经由淋巴回流途径入血并形成第一次菌血症,麻疹病毒经血管扩散并感染全身各处淋巴组织及单核巨噬细胞系统,大量增殖后不断释放入血形成第二次菌血症,导致多脏器感染和损伤。

三、麻疹病毒的变异特点及基因型

麻疹病毒抗原性相对稳定,目前为止只有一个血清型,根据 N 基因羧基端 450 个核苷酸的高变区基因序列及 HA 基因序列的差异性,麻疹病毒分为 A、B、C、D、E、F、G、H 8 个基因群(genetic group),其中 A、E、F 基因群分别包括 1 个基因型,B 群分为 3 个型,C 群 2 个基因型,D 群 10 个型,G 群 3 个型,H 群 2 个型。同时,WHO 公布了各个基因型基因组的参考序列。

目前,H1 基因型是中国大陆地区优势本土基因型。H1 基因型是麻疹病毒 H 基因群中变异最大的基因型,因而被进一步分为 H1a、H1b 和 H1c 三个亚型,亚型间核苷酸序列存在 2%～4% 的差异。

四、麻疹病毒实时荧光 RT-PCR 测定及其临床意义

1. 引物和探针设计　麻疹病毒引物和探针的设计应遵循实时荧光定量 PCR 引物和探针设计的一般原则。麻疹病毒 N 基因为分子流行病学研究的主要靶基因,因此建议将引物和探针设计在该基因的保守区域。

由于麻疹病毒为 RNA 病毒,基因组突变率高,因此文献中报道的引物和探针会存在不同程度的敏感性和特异性不佳的情况,建议结合文献中报道的引物和探针设计的区域及国内或本地区麻疹病毒序列设计引物和探针。

2. 常用于麻疹病毒 RNA 实时荧光 RT-PCR 检测的引物和探针　经查阅文献,麻疹病毒实时荧光 RT-PCR 测定方法使用荧光探针通常为 TaqMan 探针,现将文献报道的引物和探针序列及其在基因组中的位置见表 20-1 和图 20-2。

表 20-1　文献报道的风疹病毒实时荧光 RT-PCR 检测引物和探针举例

测定技术	引物和探针		基因组内区域	文献
TaqMan-MGB 探针	引物	F:5′-CASRGTGATCAAARTGRRARYGAGCT-3′(1368-1393)	(1368-1616) N 基因	[1]
		R:5′-YCCTGCCATGGYYTGCA-3′(1616-1600)		
	探针	5′-FAM-TCYGATRCAGTRTCAAT-MGB-NQF-3′(1546-1530)		
TaqMan 探针	引物	F:5′-CGATGACCCTGACGTTAGCA-3′(383-402)	(383-457) N 基因	[2]
		R:5′-GCGAAGGTAAGGCCAGATTG-3′(457-438)		
	探针	F:5′-FAM-AGGCTGTTAGAGGTTGTCCAGAGTGACCAG-BHQ1-3′(405- 434)		
TaqMan 探针	引物	F:5′-GGGTACCATCCTAGCCCAAATT-3′(608-629)	(608-680) N 基因	[2]
		R:5′-CGAATCAGCTGCCGTGTCT-3′(680-662)		
	探针	5′-FAM-CTCGCAAAGGCGGTTACGGCC-BHQ1-3′(639-659)		

续表

测定技术		引物和探针	基因组内区域	文献
TaqMan 探针	引物	F:5'-TGGCATCTGAACTCGGTATCAC-3'(1246-1267)	(1246-1320) N 基因	[2]
		R:5'-TGTCCTCAGTAGTATGCATTGCAA-3'(1320-1297)		
	探针	5'-FAM-CCGAGGATGCAAGGCTTGTTTCAGA-BHQ1-3'(1270-1294)		
TaqMan 探针	引物	F:5'-GCGAGCCTGGAAACTACTAATCA-3'(5911-5933)	(5911-5987) F 基因	[2]
		R:5'-CCCTGAACAGCCAATATCATCTC-3'(5987-5965)		
	探针	5'-FAM-ATTGAGGCAATCAGACAAGCAGGGCA-BHQ1-3'(5938-5963)		
TaqMan 探针	引物	F:5'-CAGAGTCCTACTTCATTGTCCTCAGT-3'(6278-6303)	(6278-6357) F 基因	[2]
		R:5'-CTCTAGCCGGTGGACAATCAC-3'(6357-6337)		
	探针	5'-FAM-AGCCTATCCGACGCTGTCCGAGATTAAG-BHQ1-3'(6306-6333)		
TaqMan 探针	引物	F:5'-AACGGCGTGACCATCCAA-3'(6733-6750)	(6733-6803) F 基因	[2]
		R:5'-CCGAGGTCAATTCTGTGCAA-3'(6803-6784)		
	探针	5'-FAM-CGGGAGCAGGAGGTATCCAGACGC-BHQ1-3'(6753-6776)		
TaqMan 探针	引物	F:5'-CCCTACCTCTTCACTGTCCCAAT-3'(8708-8730)	(8708-8780) HA 基因	[2]
		R:5'-CCTCCGCAGGTAGGTATGTTG-3'(8780-8760)		
	探针	5'-FAM-AAGGAAGCAGGCGAAGACTGCCA-BHQ1-3'(8732-8754)		
TaqMan 探针	引物	F:5'-CAGATGACAAGTTGCGAATGGA-3'(8385-8406)	(8385-8455) HA 基因	[3]
		R:5'-CTCGCAGAGTGCTTGGATTTT-3'(8455-8435)		
	探针	5'-FAM-TGCTTCCAGCAGGCGTGTAAGG-BHQ1-3'(8411-8432)		

Measles virus strain MVi/Zhejiang. CHN/7. 05/4,complete genome

GenBank　ACCESSION　DQ211902. 1

```
  1 accaaacaaa gttgggtaag gatagatcaa taaatgatcg tattctagcg cacttaggat
 61 tcaagatcct attatcaggg acaagagcag gattagggta atccgagatg gccacacttt
121 taaggagctt agctttgttc aagagaaaca aggacaaacc acccattaca tcaggatccg
181 gtggagccat cagaggaatc aaacacatta ttatagtacc aatccctggg gattcctcaa
241 ttaccactcg atctagactt ctggaccgat tggttaggtt gattggaaac ccggatgtaa
301 gcgggcccaa actaacaggg gcactaatag gtatattgtc cttatttgtg gagtctccag
361 gccaattgat tcagaggatc ac cgatgacc cagatgttag cataaggcta ttagaggttg
```
                                        F[2]1   P[2]1

```
421 tccagagtga ccaatcacaa tccggcctta ccttcgcgtc aagaggtacc aacatggagg
```

R[2]1

```
 481  atgaggcaga ccaatacttt tcacatgacg atccaagcag tggtgatcaa tccaggttcg
 541  gatggttcga gaacaaggaa atctcagata ttgaagtgca agatcccgag ggattcaaca
 601  tgattctggg tactatccta gctcaaattt gggtcttgct cgcaaaggcg gttactgccc
```

F[2]2   P[2]2

```
 661  cagacacggc agctgattcg gagctaagaa ggtggataaa gtacacccaa caaagaaggg
```

R[2]2

```
 721  tagtcggtga atttagattg gagagaaaat ggttggatgt ggtgaggaat aggattgctg
 781  aggacctctc cttacgtcga ttcatggtcg ctctaatcct ggacatcaag agaacacctg
 841  ggaacaaacc caggattgct gaaatgatat gtgacattga cacatatatc gtagaagcag
 901  gattagccag ttttattctg actattaagt ttgggatag a aaccatgtat cctgctcttg
 961  gactgcatga atttgctggt gagttatcca cacttgagtc cctgatgaat ctttaccaac
1021  aaatggggga aactgcacct tacatggtaa ttctggagaa ctcaattcag aacaaattca
1081  gtgcaggatc gtaccctctg ctctggagct atgccatggg agtaggagtg gaacttgaaa
1141  actccatggg aggtttgaac tttggccgat cttactttga tccagcatat tttagattag
1201  gacaagagat ggttaggaga tcagctggaa aggtcagttc cacactggca tctgaactcg
```

F[2]3

```
1261  gtatcacagc cgaggatgca aggcttgttt cagagattgc aatgcatact actgaggaca
```

P[2]3   R[2]3

```
1321  ggaccagtag agcagttgga cccaggcaag cccaagtctc attttt acac agtgatcaaa
```

F[1]

```
1381  gtgagaatga gctaccggga ttggggggca aggaagatag aagggtcaaa cagagtcgag
1441  gggaaaccag ggagaactcc agagacaccg ggcccagcag agcaagtgat gcgagagctg
1501  cccatctccc aaccagcaca cccccagaca ttgacactgc atcggagtac agccaagaac
```

P[1]

```
1561  cacaggacag tcgaaggtca gctgacgccc tgctcaagct gcaagccatg gcagggatcc
```

R[1]

```
5881  ctgaattctc aagccattga cagtctgaga gtgagcctgg aaactactaa tcaggcaatt
```

F[2]4

```
5941  gagacaatca gacaagcagg gcaggagatg atattggctg ttcagggtgt ccaagactac
```

P[2]4   R[2]4

```
6001  atcaataatg agctgatacc gtctatgaac caactgtctt gtgatttaat cggccagaag
6061  ctcgggctca aattgctcag atattataca gaaatcctat cattatttgg ccccagctta
6121  cgggacccca tatctgcgga gatatctatc caggctttga gctatgcgct tggaggagat
6181  atcaataaag tgttagaaaa gctcggatac agtggaggtg atttactggg catcttagag
6241  agcagaggga taagggctcg gataactcac gtcgaca cag agtcctactt cattgtccta
```

F[2]5

```
6301  agtatagcct atccgacact gtccgagatt aaggggtca ttgtccaccg gctagagggg
```

P[2]5   R[2]5

6361 gtctcgtaca acataggctc tcaagagtgg tacaccactg tgcctaagta tgtagcaacc
6421 caagggtacc ttatctcaaa ttttgatgag tcatcgtgta ctttcatgcc agaggggact
6481 gtgtgcagcc aaaatgcctt gtacccgatg agtcctctgc ttcaagaatg cctccggggg
6541 tccaccaagt cctgtgctcg tacacttgta tccgggtcct ttgggaaccg gttcatttta
6601 tcacaaggga acctaatagc taattgtgca tcaatccttt gcaagtgtta cacaacagga
6661 acgatcatca atcaagaccc tgacaagatc ctgacataca ttgctgccga ctactgcccg
6721 gtagtcgagg tgaacggcgt gaccatccaa gtcgggagca ggaagtaccc agatgctgtg

        F[2]6   P[2]6

6781 tacttgcaca gaattgacct tggtcctccc atatcattgg agaagttgga cgtagggaca

           R[2]6

6841 aacttggggga atgcagttgc caagttggag gatgccaagg aattgttaga gtcatcggac
6901 cagatattga ggagtatgaa aggtttgtcg agcactaaca tagtctacat cctgattgca
6961 gtgtgtcttg gagggttgat agggattccc actttaatat gttgctgcag ggggcgttgt
7021 aacaaaaagg gaggacaggt tggtatgtca agaccaggcc taaagcctga tctgacagga
7081 acatcaaaat cctatgtaag gtcgctctga tcctccacaa ctcctgaaac acaaatgtcc
7141 cacaagtctt ctctttgtca tcaagcaacc actgcatcca gcatcaatcc cacctgaaat
7201 tatctctggc ttccttctgg ccgaatacga tcggtcatta acaaaaactt agggtgcaag
7261 atcatccaca atgtcaccgc aacgagaccg gataaatgcc ttctacaaag ataaccctca
7321 ttccaaagga agtaggatag ttattaacag agaacatctc atgattgata gaccttatgt
7381 tttgctggct gttctgttcg tcatgtttct gagcttgatc gggttgctgg ccattgcagg
7441 cattaggctc catcgggcag ctatctacac tgcagagatc cataaaagcc tcagcaccaa
7501 tctagatgta actaactcaa tcgagcatca ggtcaaggat gtgctgacac cgctcttcaa
7561 aatcatcggt gatgaagtgg gcctgagaac acctcagaga ttcactgacc tagtgaaatt
7621 catctctgac aagatcaaat tccttaatcc ggatagggag tatgacttca gagatctcac
7681 ttggtgtatc aacccgccag agagaatcaa attgaattat gatcaatact gtgcagatgt
7741 ggctgctgaa gagctcatga atgcattagt gaactcaact ctactggaga ccagaacaac
7801 caatcagttc ctagctgtct caaagggaaa ctgctcaggg cccactacca tcagaggtca
7861 attctcaaac atgtcgctgt ctctgttaga cttatattta agtcgaggtt acaatgtgtc
7921 atctatagtc actatgacgt cccagggaat gtatgggggga acttacctag ttgaaaagcc
7981 caatctgaac agcaaaggat cagaattatc acaactgagc atgtaccgag tgtttgaagt
8041 aggtgttata agaaatccag gcttggggggc tccggtgttc catatgacaa actattttga
8101 acaaccaatc agcaaggatc tcagcaactg catggtagct ttgggggagc tcaaactcgc
8161 agccctttgt cacgggggag attccatcac aattccctat cagggatcag ggaaaggtgt
8221 cagcttccaa ctcgtcaagc taggtgtctg gaaatcccca accgacatgc aatcctgggt
8281 cccctatca acggatgacc cagtgatag acaggctctac ctctcatctc acagaggtgt
8341 catcactgac aatcaagcaa attgggctgt cccgacaaca cgaacagatg ataagttgcg
8401 gatggagaca tgcttccagc aggcgtgcaa gggcaaaatc caagcactct gtgaaaatcc

        F[2]   P[3]   R[3]

8461 cgagtgggca ccgttgaagg acagcaggat tccttcatac ggggtcttgt ctgtcgacct

8521 gagtctggca gctgagccca aaatcaaaat tgcttcggga ttcggtccat tgatcactca

8581 cggttcaggg atggacctat acaaatccca ccacaacaat gtgtattggc tgactatccc

8641 gccaatgaag aacttagcct taggtgtaat caacacattg gagtggatac cgagactcaa

8701 ggttagt**ccc aacctcttca ctgtcccaat taaggaagct ggcgagaact gcca**tgcccc
　　　　　　　　　F[2]7　　　　　　　　　　　P[2]7

8761 **aacataccta cctgcggagg** tggatggtga tgtcaaactc agctccaatc tggtgatttt
　　　　　　R[2]7

图 20-2　麻疹病毒全基因组序列及文献报道用于麻疹病毒实时荧光 RT-PCR 检测的引物和探针所在位置
[　]内为相关引物和探针的文献来源

3. 麻疹病毒日常检测常用临床标本及其处理的特点　根据 WHO 相关指导文件，麻疹病毒标本采集与处理同风疹病毒标本采集与处理。请参照风疹病毒实时荧光 RT-PCR 检测章节相关内容。

4. 麻疹病毒 RNA 检测的临床意义　免疫学检测技术尤其是酶免疫分析（enzyme immunoassay，EIA）捕捉法测定 IgM 抗体仍然是麻疹鉴定和诊断的重要方法，对于出疹后三天内采集的样本，检测阳性率仅达 75%，同时免疫学检测方法只能检测血清样本，无法对唾液、尿液、鼻咽拭子等样本进行有效检测，因此，有必要联合应用 IgM 抗体检测与麻疹病毒核酸检测以降低漏检率。

同时，由于风疹病毒及麻疹病毒的临床症状相似，因此建议检测麻疹病毒的同时加入风疹病毒的引物和探针以进行鉴别诊断。

（张　栋）

参 考 文 献

[1]　Akiyama M，Kimura H，Tsukagoshi H，et al. Development of an assay for the detection and quantification of the measles virus nucleoprotein（N）gene using real-time reverse transcriptase PCR. J Med Microbiol，2009，58（Pt 5）：638-643

[2]　Hummel KB，Lowe L，Bellini WJ，et al. Development of quantitative gene-specific real-time RT-PCR assays for the detection of measles virus in clinical specimens. J Virol Methods，2006，132（1-2）：166-173

[3]　Ito M，Suga T，Akiyoshi K，et al. Detection of measles virus RNA on SYBR green real-time reverse transcription-polymerase chain reaction. Pediatr Int，2010，52（4）：611-615

[4]　Johansson K，Bourhis JM，Campanacci V，et al. Crystal structure of the measles virus phosphoprotein domain responsible for the induced folding of the C-terminal domain of the nucleoprotein. J Biol Chem，2003，278（45）：44567-44573

[5]　Mühlebach MD，Mateo M，Sinn PL，et al. Adherens junction protein nectin-4 is the epithelial receptor for measles virus. Nature，2011，480（7378）：530-533

[6]　WHO. Reported measles cases and incidence rates by WHO Member States 2013，2014 as of 11 February 2015. Available on the Internet at：http：// www. who. int/immunization/monitoring_ surveillance/burden/vpd/surveillance_ type/active/measlesreportedcasesbycountry. pdf

[7] Li J,Lu L,Pang X,et al. A 60-year review on the changing epidemiology of measles in capital Beijing, China, 1951-2011. BMC Public Health,2013,13:986

[8] Dardis MR. A review of measles.J Sch Nurs, 2012,28(1):9-12

[9] Brunel J,Chopy D,Dosnon M,et al. Sequence of Events in Measles Virus Replication:Role of Phosphoprotein-Nucleocapsid Interactions.J Virol,2014,88(18):10851-10863

[10] Katz RS, Premenko-Lanier M, McChesney MB,et al.Detection of Measles Virus RNA in Whole Blood Stored on Filter Paper. J Med Virol,2002,67(4):596-602

[11] Rota PA, Brown K, Mankertz A, et al. Global distribution of measles genotypes and measles molecular epidemiology.J Infect Dis,2011,204 (Suppl 1):S514-S523

[12] Schneider H1,Kaelin K,Billeter MA.Recombinant measles viruses defective for RNA editing and V protein synthesis are viable in cultured cells.Virology,1997,227(2):314-322

[13] Hashiguchi T,Ose T,Kubota M,et al. structure of the measles virus hemagglutinin bound to its cellular receptor SLAM.Nat Struct Mol Biol,2011,18(2):135-141

[14] Mühlebach MD,Mateo M,Sinn PL,et al. Adherens junction protein nectin-4 is the epithelial receptor for measles virus.Nature,2011,480 (7378):530-533

第21章 手足口病病原体实时荧光 RT-PCR 检测及临床意义

手足口综合征,简称"手足口病"。手足口病(hand,foot and mouth disease,HFMD)是由肠道病毒引起的一种常见传染病,传播快,多在夏秋季节流行,多发生于 5 岁以下的婴幼儿,可引起发热和手、足、口腔等部位的皮疹、溃疡,口腔内的疱疹破溃后即出现溃疡,患儿疼痛难忍,时时啼哭、烦躁、流口水,不能吃东西,尿黄,重者可伴发热、流涕、咳嗽等症状。手足口病一般一周内可康复,但如果此前疱疹破溃,极容易传染。个别患者可引起心肌炎、肺水肿、无菌性脑膜炎、脑膜脑炎等致命性并发症。引发手足口病的肠道病毒有 20 多种(型),其中以柯萨奇病毒 A16 型(CoxA16)和肠道病毒 71 型(EV71)最为常见。目前缺乏有效治疗药物,主要对症治疗。

一、手足口病病原体的形态和基因组结构特点

1. 形态结构特点 引起手足口病的病毒属于小 RNA 病毒科肠道病毒属,包括柯萨奇病毒 A 组(Coxasckievirus A,CVA)的 2、4、5、6、7、9、10、16 型等,B 组(Coxasckievirus B,CVB)的 1、2、3、4、5 型等;肠道病毒 71 型(Human Enterovirus 71,EV71);艾柯病毒(Echovirus,ECHO)等。肠道病毒呈球形,核衣壳呈二十面体立体外观,无包膜,直径 28～30nm。病毒衣壳由 60 个相同壳粒组成,排列为 12 个五聚体,每个壳粒由 VP1、VP2、VP3 和 VP4 四种多肽组成。

2. 基因组结构特点 基因组为单股正链 RNA,长 7.2～8.4kb,两端为保守的非编码区,在肠道病毒中同源性非常高,中间为连续开放读码框。此外,5′端共价结合一约 23 氨基酸的蛋白质 Vpg(genome-linked protein),3′端带有约 50 个核苷酸的 poly A 尾。病毒 RNA 编码病毒结构蛋白 VP1～VP4 和功能蛋白。VP1、VP2 和 VP3 均暴露在病毒衣壳的表面,带有中和抗原和型特异性抗原位点,VP4 位于衣壳内部,与病毒基因组脱壳有关。VP1 蛋白在病毒表面形成的峡谷样结构(canyon)是受体分子结合的位点。功能蛋白至少包括依赖 RNA 的 RNA 聚合酶和两种蛋白酶。

二、手足口病病原体复制特点

病毒与宿主细胞受体的特异性结合决定了肠道病毒感染的组织趋向性。不同种类和型别的肠道病毒,其特异性受体不完全相同。VP1 与宿主细胞受体结合后,病毒空间构型改变,VP4 即被释出,衣壳松动,病毒基因组脱壳穿入细胞质。病毒 RNA 为感染性核酸,进入细胞后,直接起 mRNA 作用,转译出一个约 2200 个氨基酸的多聚蛋白(polyprotein),多聚蛋白经酶切后形成病毒结构蛋白 VP1～VP4 和功能蛋白。病毒基因组的复制全部在细胞质中进行。以病毒 RNA 为模板转录成互补的负链 RNA,再以负链 RNA 为模板转录出多个子代病毒 RNA;部分子代病毒 RNA 作为模板翻译出大量子代病毒蛋白;各种衣壳蛋白经裂解成熟后组装成壳粒,进一步形成五聚体,12 个五聚体形成空衣壳;RNA 进入空衣壳后完成病毒体装配。最后,病毒经裂解细胞而释放。

三、手足口病病原体实时荧光 RT-PCR 测定及其临床意义

1. 引物和探针设计 序列分析表明,通常是以肠道病毒通用 EV 的 5′UTR(或称 NTR),EV71 的 VP1 区和 CA16 的 VP1, VP2 区设计引物和探针。图 21-1 为人肠道病毒的基因模式。

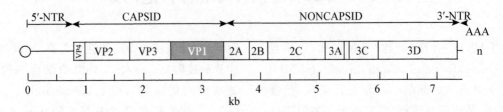

图 21-1 人肠道病毒的基因结构

2. 常用于手足口病病原体实时荧光 RT-PCR 检测的引物和探针 表 21-1、表 21-2、表 21-3 和图 21-2、图 21-3 为文献报道的 EV,EV71 和 CA16 检测所用的引物和探针举例及其在基因序列中的位置。

表 21-1 文献报道的肠道通用(EV)实时荧光 PCR 检测所用的引物和探针举例

测定技术		引物和探针	扩增区域	文献
TaqMan 探针	引物	F:5′-GTGTGAAGAGTCTATTGAGC-3′(418-437)	5′ UTR (418-583)	[1]
		R:5′-ATTGTCACCATAAGCAGCCA-3′(602-583)		
	探针	5′-FAM-TGTCGTAACGGGCAACTCTGCAGCGGAACCGACTACTT TGGGTGTCCGTGTTTCCTTTTA-TAMRA-3′(514-573)		
TaqMan 探针	引物	F:5′-TCC TCC GGC CCC TGA-3′(448-462)	5′ UTR (448-603)	[3]
		R:5′-GAT TGT CAC CAT AAG CAG CCA-3′(603-583)		
	探针	5′-TET-CGGAACCGACTACTTTGGGTGTCCGT--TAMRA3′ (537-562)		
TaqMan 探针	引物	F:5′-TCC TCC GGC CCC TGA-3′(448-462)	5′ UTR (448-603)	[5]
		R:5′-GAT TGT CAC CAT AAG CAG CCA-3′(603-583)		
	探针	5′-FAM-CANGGACACCCAAAGTAGTCGGTTCC-TAMRA-3′ (538-560)		
TaqMan 探针	引物	F:5′-GGCTGCGYTGGCGGCC-3′(358-373)	5′ UTR (358-533)	[7]
		R:5′-CCAAAGTAGT CGGTTCCGC-3′(533-551)		
	探针	5′-FAM-CTCCGGCCCCTGAATGCGG-TAMRA-3′(447-465bp)		

测定技术		引物和探针	扩增区域	文献
TaqMan 探针	引物	F:5′-GGTAGTGTGTCGTAATGGGCAACTCAC-3′(504-528)	5′ UTR (504-606)	[8]
		R:5′-TTCTATAATTGTCACCATAAGCAGTCA　-3′(606-583)		
	探针	5′-FAM-CGGAACCGACTACTTTGGGTGTCCGTGTTTCCTTT-TAMRA(540-574)		
TaqMan 探针	引物	F:5′-TCCTCCGGCCCCTGAATG-3′(451-465)	5′ UTR (451-603)	[11]
		R:5′-AATTGTCACCATAAGCAGCCA-3′(603-583)		
	探针	5′-FAM-AACCGACTACTTTGGGTGTCCGTGTTTCXT-PH-3′ (540-568)		
TaqMan 探针	引物	F:5′-TACTTTGGGTGTCCGTGTTT-3′(547-566)	5′ UTR (547-637)	[12]
		R:5′-TGGCCAATCCAATAGCTATATG-3′(637-618)		
	探针	5′-FAM-AYTGGCTGCTTATGGTGACRAT-BHQ1-3′(583-602)		

表 21-2　文献报道的 EV71 实时荧光 PCR 检测所用的引物和探针举例

测定技术		引物和探针	扩增区域	文献
双杂交探针	引物	F:5′-ACGAACCCCTCAGTTTTTGT-3′(2961-2980)	VP1 (2961-3385)	[1]
		R:5′-TTAACCACCCTAAAGTTGCC-3′(3385-3366)		
	探针	P1:5′-TCACCTGCGAGCGCCTATCAATGGTTTTATGACGGG TATCCCACATTCGGTGAACACAAA-3′(3024-3082)		
		P2:5′-ATCTATTCAAAGCCAACCCAAATTATGCTGGTAAT TCTATTAAACCAACTGGTGCCAGTC-3′(3255-3307)		
双杂交探针	引物	5′-GAGAGCTCTATAGGAGATAGTGTG-3′(2466-2489)	VP1 (2466-2669)	[2]
		5′-TGCCGTACTGTGTGAATTAAGAA-3′(2669-2647)		
	探针	P1:　FLc5′-GATGACTGCTCACCTGTGTGTTTGACC-FL-3′ (2553-2526)		
		P2:LC5′-Red　640-GCTGGCAGGGCCTGGGTAAGTGCC-P-3′ (2518-2496)		
TaqMan 探针	引物	F:5′-GAG AGT TCT ATA GGG GAC AGT-3′(2466-2489)	VP1 (2466-2669)	[4]
		5′-AGC TGT GCT ATG TGA ATT AGG AA-3′(2669-2647)		
	探针	5′-FAM-ACT TAC CCA GGC CCT GCC AGC TCC-TAMRA-3′ (2497-2521)		

续表

测定技术		引物和探针	扩增区域	文献
双杂交探针	引物	F:5′-GAGAGCTCTATAGGAGATAGTGTG-3′ (2466-2489)	VP1 (2466-2669)	[6]
		R:5′-TGCCGTACTGTGTGAATTAAGAA-3′ (2669-2647)		
	探针	P1:FL+ GAT GAC TGC TCA CCT GTG TGT TTT GAC C-FL (2550-2523)		
		P2:FAM-ATT GGA GCA TCA TCA AAT GCT AGT GA-TAMRA(2592-2617)		
TaqMan 探针	引物	F: 5′-TGATTGAGACACGC/GTGTGTT/CCTTA-3′ (2625-2648)	VP1 (2625-2700)	[7]
		R:5′-CCCGC TCTGCTGAAGAAACT-3′(2700-2681)		
	探针	5′-TET-TCGCACAGCACA GCTGAGACCACTC-TAMRA-3′ (2651-2675)		
TaqMan 探针	引物	F: 5′-AAAGGTGGAGCTGTTCACCTACATGCGCTTTGAC-3′ (2832-2800)	VP1 (2651-2832)	[8]
		R:5′-AATCTGGCTTGGGGGCCCCAGGTGGTACAA-3′ (2930-2901)		
	探针	5′-FAM-CCCACCGGGGAAGTTGTCCCACAATTGCTCC-TAMRA-3′ (2861-2891)		

表 21-3　文献报道的 CA16 实时荧光 PCR 检测所用的引物和探针举例

测定技术		引物和探针	扩增区域	文献
双杂交探针	引物	F:5′-ATGCGAGTAAATTCCACCAG-3′(1295-1314)	VP2 (1295-1778)	[1]
		R:5′-ACACCATCATCAGTAGTGAG-3′(1778-1759)		
	探针	P1:5′-CTGAGTATGTGCTCGGCACTATCGCAGGAGGGACCG GGAATGAGAATTCTCATCCTCCCT-3′(1340-1397)		
		P2:5′-CCTTTTGACTCAGCTCTCAACCACTGCAACTTTGGT CTACTGGTCGTCCCGGTAGTACCA-3′(1561-1620bp)		
TaqMan 探针	引物	F: 5′-GGGAATTTCTTTAGCCGTGC-3′ (2678-2697)	VP1 (2678-2781)	[7]
		R:5′-CCC ATC AAR TCAATG TCCC-3′(2781-2763bp)		
	探针	5′-FAM-ACAATGCCCACCACGGGTACACA -TAMRA-3′ (2720-2739)		
TaqMan 探针	引物	F:5′-CATGCAGCGCTTGTGCTT-3′ (1909-1926)	VP2 (1909-2011)	[8]
		R:5′-TGGTAGGAATGGACCGTGGCAGT-3′(2011-1989)		
	探针	5′-FAM-GTCTCGGTGCAGAGTAAGACG-TAMRA-3′ (1936-1957)		

Enterovirus A71

ACCESSION U22521 7408bp RNA linear

```
   1 ttaaaacagc tgtgggttgt cacccaccca cagggtccac tgggcgctag tacactggta
  61 tctcggtacc tttgtacgcc tgttttatac cccctccctg atttgcaact tagaagcaac
 121 gcaaaccaga tcaatagtag gtgtgacata ccagtcgcat cttgatcaag cacttctgta
 181 tccccggacc gagtatcaat agactgtgca cacggttgaa ggagaaaacg tccgttaccc
 241 ggctaactac ttcgagaagc ctagtaacgc cattgaagtt gcagagtgtt tcgctcagca
 301 ctcccccgt gtagatcagg tcgatgagtc accgcattcc ccacgggcga ccgtggcggt
 361 ggctgcgttg gcggcctgcc tatggggtaa cccataggac gctctaatac ggacatggcg
```
　　　　　　　EV-F[7]
```
 421 tgaagagtct attgagctag ttagtagtcc tccggcccct gaatgcggct aatcctaact
```
　　EV-F[1]　　　　　EV-F[3,5,11]
　　　　　　　　　　　EV-p[7]
```
 481 gcggagcaca tacccttaat ccaaagggca gtgtgtcgta acgggcaact ctgcagcgga
```
　　　　　　　　　　　EV-F[8]
```
 541 accgactact ttgggtgtcc gtgtttcttt ttattcttgt attggctgct tatggtgaca
```
　　　EV-P[1,8]　　　　　　EV-R[1,3,5,8,11]
　EV-P[3,5,11];EV-F[12]　　EV-P[12]
　　　EV-R[7]
```
 601 attaaagaat tgttaccata tagctattgg attggccatc cagtgtcaaa cagagctatt
```
　　　　　　　EV-R[12]
```
 661 gtatatctct ttgttggatt cacacctctc actcttgaaa cgttacacac cctcaattac
 721 attatactgc tgaacacgaa gcgatgggct cccaggtctc cacacagcga tccggctcgc
 781 atgagaattc caactcagcc acggaaggct ccactataaa ttacacaacc attaattact
…… …
2281 ccacaggttt ggttagtata tggtaccaaa caaattatgt agtccctatt ggagcaccta
2341 atactgccta tataatagcg ttggcagcag cccaaaagaa tttcactatg aaattgtgca
2401 aggacaccag tgacattttg gaaacggcca ctattcaagg ggacagagtg gcagatgtga
2461 ttgagagctc tataggagat agtgtgagta aggccctcac cccagcttta cctgcaccca
```
　　　　　EV71-F[2,4,6]　　　　　　　　　EV71-P2[2];EV71-P[4]
```
2521 caggcccaga cacccaagtg agcagtcatc gcttagacac tggaaaagta ccagcacttc
```
　　　　　EV71-P1[2];EV71-P1[6]
```
2581 aagccgccga aatcggagct tcgtcgaatg ctagtgatga gagtatgatt gagactcggt
```
　　　　　　　EV71-P2[6]　　　　　　　　EV71-F[7]
```
2641 gtgttcttaa ctcacatagc acagctgaaa ccacccttga tagtttcttc agcagagcag
```
　　　　　EV71-R[2,4,6]
　　　　　　EV71-P[7]　　　　EV71-R[7]
```
2701 gcttagttgg ggagatagat cttcctctaa agggcaccac caatccgaac gggtatgcca
2761 actgggacat agacataacc ggttatgcgc agatgcgcag aaaagtggaa ctattcacct
```

EV71-F[8]

2821 atatgcgctt tgacgcagag ttcacttttg tcgcgtgcac acctaccgga agggtcgttc

EV71-p[8]

2881 cacagctgct tcaatacatg tttgttccac ccggggcccc caaaccagac tccagagact

EV71-R[8]

2941 ctttggcttg gccaacggcc acgaacccct cagtttttgt caaatcatcc gacccaccag

EV71-F[1]

3001 cacaagtctc agtgccattt atgtcacctg caagcgcata ccaatggttt tatgacggat

EV71-P1[1]

3061 accctacatt tggagagcac aagcaagaga aggatctcga gtatggggca tgcccgaata

3121 acatgatggg cacattctca gtgcggactg tgggatcgtc aaagtcagaa tattccttag

3181 tcatcagaat atacatgaga atgaagcacg tcagagcgtg gatacctcgg ccgatgcgca

3241 atcagaacta tttgttcaaa tccaacccaa actatgctgg tgattccatt aaaccaactg

EV71-P2[1]

3301 gtaccagccg aacggcaatc actacgctcg ggaaattcgg tcagcagtct ggggctattt

3361 atgtgggcaa ctttagggta gtaaacagac acctagccac ccatactgac tgggccaact

EV71-R[1]

3421 tggtgtggga agacagctct agagacctcc tagtttcttc aactaccgct caagggtgtg

3481 acaccattgc tcgatgtaac tgccaaaccg gagtgtatta ctgtaactct cgcagaaaac

3541 actatccagt cagtttttcg aaacctagtt tggtgtttgt agaagctagt gagtattatc

......

7201 catggcataa tggaaaagag gagtatgaga aatttgtgag tacaattaga tcagtcccca

7261 ttggaagggc tttagcaatt ccaaatttgg agaacttgag aagaaattgg ctcgagttat

7321 tttaaactta cagctcaatg ctgaaccccca ccagaaatct ggtcgtgtca atgactggtg

7381 ggggtaaatt tgttataacc agaatagc

图 21-2 EV,EV71 基因序列及文献报道的引物和探针位置
[ ]内为相关引物和探针的文献来源

Coxsackievirus A16

ACCESSION U05876

1 ttaaaacagc ctgtgggttg tacccaccca cagggcccac tgggcgctag cactctgatt

61 ctacggaatc cttgtgcgcc tgttttatgt cccttcccccc aatcagtaac ttagaagcat

121 tgcacctctt tcgaccgtta gcaggcgtgg cgcaccagcc atgtcttggt caagcacttc

181 tgtttccccg gaccgagtat caatagactg ctcacgcggt tgagggagaa aacgtccgtt

241 acccggctaa ctacttcgag aagcctagta gcaccatgaa agttgcagag tgtttcgctc

301 agcacttccc ccgtgtagat caggtcgatg agtcactgcg atccccacgg gcgaccgtgg

361 cagtggctgc gttggcggcc tgcctgtggg gtaacccaca ggacgctcta atatggacat

421 ggtgcaaaga gtctattgag ctagttagta gtcctccggc ccctgaatgc ggctaatcct

481 aactgcggag cacatacccct cgacccaggg ggcagtgtgt cgtaacgggc aactctgcag

```
 541 cggaaccgac tactttgggt gtccgtgttt ccttttattc ttatactggc tgcttatggt
 601 gacaattgaa agattgttac catatagcta ttggattggc catccggtgt gcaacagagc
 661 tattatttac ctatttgttg ggtatatacc actcacatcc agaaaaaccc tcgacacact
 721 agtatacatt ctttacttga attctagaaa atgggggtcac aagtctcaac ccaacgatcg
 781 ggttcccacg aaaattcgaa ctcagcatca gaaggatcta ctataaacta caccaccatc
 841 aactattaca aggatgcata tgctgccagc gcgggtcgcc aagatatgtc tcaggaccct
 901 aagaaattta cagaccctgt gatggatgtc atacacgaga tggctcctcc cttgaaatca
 961 cccagtgctg aagcttgtgg ttatagtgat cgagttgccc aactcacaat tggaaactcc
1021 acaatcacta cacaagaagc tgcaaacatt ataatagcat atggggaatg gcccgagtat
1081 tgcaaggacg ctgatgccac agctgttgac aagccccacca gacccgatgt gtcggtaaat
1141 aggttcttca cccttgatac taaatcgtgg gctaaagact cgaagggatg gtactggaaa
1201 ttcccggacg ttttgacgga ggtgggcgtg tttgggcaga atgcgcaatt ccattatctg
1261 tatagatccg gattctgtgt gcacgtgcag tgcaatgcca gcaaattcca ccagggtgct
```
<u>CA16-F[1]</u>
```
1321 ctcttggttg ccatactgcc tgagtacgtg ctgggcacca ttgccggggg cgatggtaac
```
<u>CA16-P1[1]</u>
```
1381 gagaactcac atcccccgta cgtcaccacc cagccaggac aggtggggtgc tgtacttaca
1441 aatccttatg ttttggatgc tggggtaccc cttagtcaat tgacggtgtg tccgcatcag
1501 tggattaacc tacgaaccaa caactgtgcg accatcatag taccatacat gaatactgta
1561 ccattcgatt cggccctaaa ccattgcaac tttggcttaa ttgtagtgcc cgtagtacca
```
<u>CA16-p2[1]</u>
```
1621 ctcgacttta acgctggagc tacatcagaa ataccaataa ctgtcaccat cgcacccatg
1681 tgcgctgaat ttgcaggttt gcgacaggca atcaaacagg ggatacctac cgagttgaag
1741 cccggtacta atcagtttct cactactgat gatggtgtct cagctcccat tttgcccgga
```
<u>CA16-R[1]</u>
```
1801 ttccacccta ctccagccat acacatacct ggtgaagtgc gcaatctgtt ggagatttgc
1861 agggtagaga ccatattgga ggtgaacaat ctacagagta atgagacaac ccccatgcaa
```
<u>CA16-F[8]</u>
```
1921 cgactatgct tccctgtctc ggtgcagagt aagacggggg aattgtgtgc tgtttttagg
```
<u>CA16-P[8]</u>
```
1981 gccgaccctg gtaggaatgg accgtggcag tcgactattt taggacagtt gtgtaggtac
```
<u>CA16-R[8]</u>
```
2041 tatactcaat ggtctggatc tctggaagtc actttcatgt ttgctggatc gttcatggca
2101 acaggaaaga tgctaatcgc atacacacct ccgggggggtg gggtcccagc agatcggctc
2161 actgcaatgc tgggaaccca tgtgatatgg gattttggcc tccaatcctc agtcacgcta
2221 gttataccat ggataagcaa cacacactat agggcgcacg ccaaggacgg ttattttgat
2281 tattacacca ctggcacgat cactatatgg tatcagacaa attatgtcgt acctattgga
2341 gcccccacaa cagcctatat tgtggccctc gcagccgctc aggacaactt taccatgaaa
2401 ctgtgcaaag acactgagga tattgagcaa tctgcaaaca tccagggtga tggaattgca
```

2461 gacatgattg accaggctgt cacttcccga gttggtcgtg cgctgacatc cttacaggta

2521 gaacctaccg ccgccaacac caatgctagt gagcacagat tgggcaccgg gctcgtcccc

2581 gccttgcagg ctgcagagac cggcgcctct tctaatgcac aggatgagaa tcttatagaa

2641 acccggtgtg tgttgaacca tcactccact caagagacca cgattggcaa cttttttcagt

                                                             CA16-F[7]

2701 cgagcaggac tagtgagtat tattaccatg cccaccacag gtacccaaaa caccgatggg

                                    CA16-P[7]

2761 tatgtgaact gggatattga cttgatgggt tatgctcaaa tgaggcgtaa gtgtgagcta

         CA16-R[7]

2821 ttcacataca tgcgctttga tgcagagttt acatttgtag ctgccaaacc aaacggtgag

2881 ctagtaccac aattgttgca gtacatgtat gtgcctcccg gagctccaaa acctacgtcc

2941 cgggattcct ttgcctggca gactgctacc aatccttcca tcttcgtcaa gttgactgac

······

7201 cttttggcgt ggcacaatgg taagcaggag tatgaaaaat ttgtgagcac aattaggtct

7261 gtcccagtag gaaaagcttt ggctataccg aattatgaaa atctgagacg caattggctc

7321 gaattatttt agaggtcaga tatacctcaa ccccaccagg gatctggtcg tgaatatgac

7381 tggtgggggt aaatttgtta taaccagaat agc

图 21-3　CA16 基因序列及文献报道的引物和探针位置
[ ]内为相关引物和探针的文献来源

3. 手足口病病原体日常检测常用临床标本及其处理的特点　收集疱疹液、脑脊液、咽拭子、粪便或组织标本,制备标本悬液,将标本悬液接种于 RD 细胞或 Vero 细胞进行培养。当出现细胞病变时收获,用型特异性血清鉴定。病毒分离是确定肠道病毒感染的金标准。

(1)标本采集

1)粪便标本:采集患者发病 3d 内的粪便标本,用于病原检测。粪便标本采集量每份 5～8g,采集后立即放入无菌采便管内,外表贴上带有唯一识别号码的标签。

2)咽拭子标本:采集患者发病 3d 内的咽拭子标本,用于病原检测。用专用采样棉签,适度用力拭抹咽后壁和两侧扁桃体部位,应避免触及舌部;迅速将棉签放入装有 3～5ml 保存液(含 5％牛血清维持液或生理盐水,推荐使用维持液)的 15ml 外螺旋盖采样管中,在靠近顶端处折断棉签杆,旋紧管盖并密封,

以防干燥,外表贴上带有唯一识别号码的标签。

3)血清标本:采集急性期(发病 0～7d)和恢复期(发病 14～30d)双份配对血清。静脉采集 3～5ml 全血,置于真空无菌采血管中,自凝后,分离血清,将血清移到 2ml 外螺旋的血清保存管中,外表贴上带有唯一识别号码的标签。将血清置于－20℃以下冰箱中冷冻保存。

4)疱疹液:在手足口病的实验室诊断中,从疱疹液中分离到病毒即可确诊该病毒为病因,可同时采集多个疱疹作为一份标本。先用 75％的酒精对疱疹周围的皮肤进行消毒,然后用消毒针将疱疹挑破用棉签蘸取疱疹液,迅速将棉签放入内装有 3～5ml 保存液(含 5％牛血清维持液或生理盐水,推荐使用维持液)的采样管中,在靠近顶端处折断棉签杆,旋紧管盖并密封,采样管外表贴上带有唯一识别号码的标签。

5)肛拭子标本:采集患者发病 3d 内的肛拭子标本,用于病原检测。用专用采样棉签,从患儿肛门轻轻插入,适度用力弧型左右擦拭数下,拔出后,迅速将棉签放入装有 3～5ml 保存液(含 5％牛血清细胞维持液)的 15ml 外螺旋的采样管中,采样管外表贴上带有唯一识别号码的标签。在靠近顶端处折断棉签杆,旋紧管盖,并密封,以防干燥。

6)尸检标本:采集脑、肺和肠淋巴结等重要组织标本,每一采集部位分别使用单独的消毒器械。每种组织应多部位取材,每部位应取 2～3 份 5～10g 的组织,淋巴结 2 个,分别置于 15～50ml 无菌的有外螺旋盖的冻存管中,采样管外表贴上带有唯一识别号码的标签。

7)脑脊液标本:出现神经系统症状的病例,可采集脑脊液标本,进行病毒分离或核酸检测。采集时间为出现神经系统症状后 3d 内,采集量为 1.0～2.0ml。但 EV71 感染神经系统时,很难在脑脊液中检测到 EV71 病原。

(2)标本运送:临床标本在运输和贮存过程中要避免反复冻融。标本采集后要全程冷藏或冷冻保存和运输,12h 内送达实验室。

依照《人间传染的病原微生物名录》,肠道病毒或潜在含有肠道病毒的标本按 B 类包装,置于冷藏保存盒内运输,尽量缩短运输时间。可采用陆路或航空等多种运输方式,但在运输过程中应采取保护措施,避免强烈震动、重力挤压等现象。

(3)标本保存:采集后立即装入无菌带垫圈的冻存管中,4℃暂存立即(12h 内)送达实验室,-20℃以下低温冷冻保藏,需长期保存的标本存于-70℃冰箱。

四、手足口病病原体检测及其临床意义

儿童易感染手足口病,并可进展为重症导致死亡,快速确诊可为挽救患者生命赢得时间。在对手足口病的疱疹液、咽拭子、肛拭子、粪便、血液、脑脊液等标本的检测中,发现各种类型标本检测效果存在一定的差异,疱疹液标本肠道病毒核酸检出率最高,其次是咽拭子。在疾病感染的早期,应用实时 RT-PCR 法从核酸提取至完成检测,仅需 3h 左右,较血清学法检测特异性 IgM 抗体具有及时、准确等优点,适合于手足口病快速确诊。

(宋利琼)

参 考 文 献

[1] Tsan-Chi Chen,Guang-Wu Chen,Chao Agnes Hsiung, et al. Combining multiplex reverse transcription-PCR and a diagnostic microarray to detect and differentiate enterovirus 71 and coxsackievirus A16. J Clin Microbio, 2006, 44(6):2212-2219

[2] Tan EL, Chow VT, Kumarasinghe G, et al. Specific detection of enterovirus 71 directly from clinical specimens using real-time RT-PCR hybridization probe assay. Mol Cell Probes,2006,20(2):135-140

[3] Fujimoto T,Yoshida S,Munemura T,et al.Detection and quantification of enterovirus 71 ge-

nome from cerebrospinal fluid of an encephalitis patient by PCR applications. Jpn J Infect Dis,2008,61(6):497-499

[4] Tan EL, Yong LL, Quak SH, et al. Rapid detection of enterovirus 71 by real-time TaqMan RT-PCR.J Clin Virol,2008,42(2):203-206

[5] Ninove L1,Nougairede A,Gazin C,et al.Comparative detection of enterovirus RNA in cerebrospinal fluid:GeneXpert system vs.real-time RT-PCR assay. Clin Microbiol Infect,2011, 17(12):1890-1894

[6] Tan CY1,Gonfrier G,Ninove L,et al.Screening and detection of human enterovirus 71 in-

fection by real-time RT-PCR assay inMar-seille,France,2009-2011.Clin Microbiol Infec,2012,18(4):E77-80

[7] Ni H1,Yi B,Yin J,et al.Epidemiological and etiological characteristics of hand,foot,and mouth disease in Ningbo,China,2008-2011.J Clin Virol,2012,54(4):342-348

[8] He SJ1,Han JF,Ding XX,et al.Characterization of enterovirus 71 and coxsackievirus A16 isolated in hand,foot,and mouthdisease patients in Guangdong,2010.Int J Infect Dis,2013,17(11):e1025-1030

[9] Chen Q,Hu Z,Zhang Q,et al.Development and evaluation of a real-time method of simultaneous amplification and testing ofenterovirus 71 incorporating a RNA internal control system.J Virol Methods,2014,196:139-144

[10] Reid SM,Mioulet V,Knowles NJ,et al.Development of tailored real-time RT-PCR assays for the detection and differentiation ofserotype O,A and Asia-1 foot-and-mouth disease virus lineages circulating in the Middle East.J Virol Methods,2014,207:146-153

[11] Cheng HY,Huang YC,Yen TY,et al.The correlation between the presence of viremia and clinical severity in patients with enterovirus71 infection:a multi-center cohort study.BMC Infect Dis,2014,29(14):417

[12] Zhang S1,Wang J2,Yan Q2,et al.A one-step,triplex,real-time RT-PCR assay for the simultaneous detection of enterovirus 71,coxsackie A16 and pan-enterovirus in a single tube.PLoS One,2014,9(7):e102724

[13] Liu N,Xie J,Qiu X,et al.An atypical winter outbreak of hand,foot,and mouth disease associated with humanenterovirus 71,2010.BMC Infect Dis,2014,4(14):123

第22章 埃博拉病毒实时荧光定量 RT-PCR 检测及临床意义

埃博拉病毒(ebola virus,EBOV)是迄今发现的致死率最高的病毒之一(致死率60%~90%),属于生物安全4级防护病原体。EBOV是埃博拉出血热的致病因素。病毒存在于患者体液,可通过与患者皮肤、黏膜等密切接触传播。病毒感染后潜伏期为2~21d,大多数患者在感染8~9d后病情加重。埃博拉出血热临床表现早期为高热、头痛、关节疼痛等非特异症状,继而出现严重呕吐、腹泻等消化道症状。发病3~5d随着凝血功能障碍及血小板减少,临床表现为消化道出血、肾衰竭,并导致多器官功能衰竭及弥漫性血管内凝血,伴随体液大量丢失。

2013年12月,西非几内亚地区出现EBOV感染者报道,随后疫情蔓延至利比里亚、尼日利亚、塞拉利昂等多个国家。2014年8月世界卫生组织将此次疫情确定为"国际关注的突发公共卫生事件"(public healthy emergency of international concern)。截止到2015年2月,西非埃博拉病毒病疫情感染人数已超过2万,死亡病例数接近9000人,是历次埃博拉疫情中暴发规模最大的一次。

一、EBOV 的形态和基因组结构特点

EBOV 于 1976 年在苏丹南部及刚果的埃博拉河地区首次发现其存在,故由此得名"埃博拉病毒"。

1. 形态结构特点 与其他丝状病毒类似,EBOV 呈长丝状体。病毒颗粒长度差异较大(300~1500nm),直径差异较小,一般在80~100nm。而感染能力较强的病毒颗粒长度集中在 665~805nm,呈分枝形、环形、U形或6形,以分枝形多见。

成熟的埃博拉病毒颗粒由核衣壳及其外面的囊膜构成。两者之间的区域为基质空间,由病毒蛋白 VP40 及 VP24 组成。位于病毒颗粒中间的核衣壳由螺旋状缠绕的病毒基因组 RNA,以及病毒的 NP、VP35、VP30、L 蛋白组成。囊膜来源于病毒释放过程中携带的宿主细胞膜,其表面有 GP 蛋白形成的间隔(8~10nm)整齐排列的刺突。GP 蛋白为跨膜糖蛋白,形成三聚体结构,包含由二硫键连接的糖蛋白1和糖蛋白2两个碱性蛋白酶裂解片段。GP 与受体结合介导病毒进入细胞,是埃博拉病毒致病性的决定因素。

2. 基因组结构特点 EBOV 基因组为不分节段的单负链 RNA,长约 19kb,基因组 3′端无 Poly A 尾,5′端无 CAP 结构。病毒基因组编码七种蛋白,分别为包膜糖蛋白(glycoprotein,GP)、核衣壳蛋白(nucleoprotein,NP)、基质蛋白(matrixprotein)VP24、VP40、VP30、VP35,以及 RNA 依赖的 RNA 聚合酶 L (polymerase)。其基因组排列顺序为 3′-NP-VP35-VP40-GP-VP30-VP24-L-5′。因单负链 RNA 无法合成 RNA 依赖的 RNA 聚合酶,病毒基因组本身无感染性。图 22-1 为埃博拉病毒基因模式。

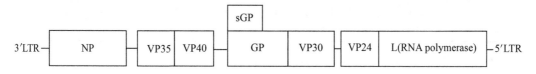

图 22-1 埃博拉病毒基因组结构示意

二、EBOV 的基因分型

目前已确认的埃博拉病毒分为以下五型:扎伊尔型(Zaire ebolavirus,ZEBOV)、苏丹型(Sudan ebolavirus,SUDV)、本迪布焦型(Bundibugyoe ebolavirus,BDBV,又称乌干达型)、塔伊森林型(Tai Forest ebolavirus,TAFV)和莱斯顿型(Reston ebolavirus,RESTV)。其中前四种埃博拉病毒感染人类并出现类似临床症状的案例均有报道。五型埃博拉病毒中,扎伊尔型对人类致病性最强、致死率最高,2014 年西非疫情的流行株即为此型。苏丹型其次,本迪布焦型、塔伊森林型对人类致病性较弱。莱斯顿型仅在动物中爆发过,至今尚无引起人类疾病或死亡的相关报道。本章后续涉及 EBOV 相关区段选择及引物探针设计仅针对五型中致病性较高的 ZEBOV 及 SUDV。

三、EBOV RNA 实时荧光 RT-PCR 测定及其临床意义

1. 引物和探针设计   埃博拉病毒实时荧光 PCR 引物及探针设计,一般选择的基因涉及病毒 NP、VP40、GP 及 L 蛋白等区域。上述基因区段,属于埃博拉病毒保守区段,一般常设计引物进行检测。

2. 常用于 EBOV RNA 实时荧光 RT-PCR 检测的引物和探针   表 22-1 和图 22-2 为文献报道的 EBOV 实时荧光 PCR 检测所用的引物和探针举例及所在基因组中的位置,包括暴发频率最高的 ZEBOV 及 SUDV 两型。埃博拉病毒自 1976 年首次暴发至今,存在多个突变株,本章仅以 ZEBOV 2014 年西非流行株(KJ660346),SUDV 马莱奥株(U23069.1)及博尼费斯株(AF173836)病毒序列为参考,文献中相关引物及探针存在个别位点碱基与所列序列不一致情况,以文献对应当次暴发 EBOV 序列为准。

表 22-1　文献报道的 EBOV 实时荧光 PCR 检测引物和探针举例

测定技术		引物和探针	基因组内区域	文献
TaqMan 探针	引物	F:5′-CGCCGAGTCTCACTGAATCTG-3′(501-521)	ZEBOV,NP Gene(501-633)	[1]
		R:5′-AGTTGGCAAATTTCTTCAAGATTGT-3′(609-633)		
	探针	5′-FAM-CGGCAAAGAGTCATCCCAGTGTATCAAGTA -BHQ-3′(578-607)		
TaqMan 探针	引物	F:5′-TGGAAAAAACATTAAGAGAACACTTGC-3′(847-873)	ZEBOV NP Gene(847~926)	[2]
		R:5′-AGGAGAGAAACTGACCGGCAT-3′(906-926)		
	探针	5′-FAM-CATGCCGGAAGAGGAGACAACTGAAGC-BHQ-3′(877-903)		
TaqMan 探针	引物	F:5′-GCAGAGCAAGGACTGATTCA-3′(1007-1026)	ZEBOV NP Gene(1007~1086)	[3]
		R:5′-GTTCGCATCAAACGGAAAAT-3′(1067-1086)		
	探针	5′-FAM-CAACAGCTTGGCAATCAGTTGGACA-TAMRA-3′(1032-1056)		

续表

测定技术		引物和探针	基因组内区域	文献
TaqMan 探针	引物	F:5′-GAGCATGGTCTTTTCCCTCA-3′ (1394-1413)	ZEBOV NP Gene(1394-1554)	[4]
		R:5′-TCGCGAGACTCTGCATATTG-3′ (1535-1554)		
	探针	5′-FAM-TCGCCACAGCACACGGGAGT-BHQ-3′ (1437-1456)		
TaqMan 探针	引物	F:5′-CCAAAACTTCGCCCCATTC-3′ (5109-5127)	VP40 Gene (5109-5166)	[5]
		R:5′-CGGCACTGTTCCCCTTCTT-3′ (5148-5166)		
	探针	5′-6FAM-TTTACCCAACAARAGTG-MGBNFQ-3′ (5129-5145)		
TaqMan 探针	引物	F:5′-TGGGCTGAAAAYTGCTACAATC-3′ (6348-6369)	ZEBOV GP Gene (6348-6459)	[1], [6]
		R:5′-CTTTGTGMACATASCGGCAC-3′ (6440-6459)		
	探针	5′-FAM-CTACCAGCAGCGCCAGACGG-BHQ-3′ (6402-6421)		
TaqMan 探针	引物	F:5′-AAGCATTTCCTAGCAATATGATGGT-3′ (13340-13364)	ZEBOV L Gene (13340-13632)	[7]
		R:5′-ATGTGGTGGGTTATAATAATCACTGACATG-3′ (13603-13632)		
	探针	5′-FAM-CCGAAATCATCACTIGTITGGTGCCA-BHQ1-3′ (13411-13436)		
TaqMan 探针	引物	F:5′-GCGCCGAAGACAATGCA-3′ (13871-13887)	ZEBOV L Gene (13871-13931)	[5]
		R:5′-CCACAGGCACTTGTAACTTTTGC-3′ (13909-13931)		
	探针	5′-6FAM-TGGCCGCCAGCCT-MGBNFQ-3′ (13895-13907)		
TaqMan 探针	引物	F:5′-TGGGCTGAAAAYTGCTACAATC-3′ (429-450)	SUDV,GP gene(429-540)	[6]
		R:5′-CTTTGTGMACATASCGGCAC-3′(521-540)		
	探针	5′-VIC-TTACCCCCACCGCCGGATG-TAMRA-3′ (483-501)		
TaqMan 探针	引物	F:5′-GAAAGAGCGGCTGGCCAAA-3′ (1576-1594)	SUDV,NP gene (1576-1643)	[8]
		R:5′-AACGATCTCCAACCTTGATCTTT-3′ (1621-1643)		
	探针	5′-FAM-TGACCGAAGCCATCACGACTGCAT-QSY7-3′ (1596-1619)		

Zaire ebolavirus isolate H. sapiens-wt/GIN/2014/Makona-Kissidougou-C15

GenBank:KJ660346.2

Part of NP gene   2400bp   RNA   linear

··

 61 agattaataa ttttcctctc attgaaattt atatcggaat ttaaattgaa attgttactg

121 taatcatacc tggtttgttt cagagccata tcaccaagat agagaacaac ctaggtctcc

181 ggaggggggca agggcatcag tgtgctcagt tgaaaatccc ttgtcaacat ctaggcctta

241 tcacatcaca agttccgcct taaactctgc agggtgatcc aacaacctta atagcaacat

301 tattgttaaa ggacagcatt agttcacagt caaacaagca agattgagaa ttaactttga

361 ttttgaacct gaacacccag aggactggag actcaacaac cctaaagcct ggggtaaaac

421 attagaaata gtttaaagac aaaattgctcg gaatcacaaa attccgagta tggattctcg

481 tcctcagaaa gtctggatga cgccgagtct cactgaatct gacatggatt accacaagat

                      F[1]

541 cttgacagca ggtctgtccg ttcaacaggg gattgttcgg caaagagtca tcccagtgta

                                   P[1]

601 tcaagtaaac aatcttgagg aaatttgcca acttatcata caggcctttg aagctggtgt

            R[1]

661 tgattttcaa gagagtgcgg acagtttcct tctcatgctt tgtcttcatc atgcgtacca

721 aggagattac aaacttttct tggaaagtgg cgcagtcaag tatttggaag ggcacgggtt

781 ccgttttgaa gtcaagaagc gtgatggagt gaagcgcctt gaggaattgc tgccagcagt

841 atctagtggg agaaacatta agagaacact tgctgccatg ccggaagagg agacgactga

            F[2]   P[2]

901 agctaatgcc ggtcagttcc tctcctttgc aagtctattc cttccgaaat tggtagtagg

            R[2]

961 agaaaaggct tgccttgaga aggttcaaag gcaaattcaa gtacatgcag agcaaggact

                                                     F[3]

1021 gatacaatat ccaacagctt ggcaatcagt aggacacatg atggtgattt ccgtttgat

            P[3]   R[3]

1081 gcgaacaaat tttttgatca aatttcttct aatacaccaa gggatgcaca tggttgccgg

1141 acatgatgcc aacgatgctg tgatttcaaa ttcagtggct caagctcgtt tttcaggtct

1201 attgattgtc aaaacagtac ttgatcatat cctacaaaag acagaacgag gagttcgtct

1261 ccatcctctt gcaaggaccg ccaaggtaaa aaatgaggtg aactccttca aggctgcact

1321 cagctccctg gccaagcatg gagagtatgc tcctttcgcc cgactttga accttctgg

1381 agtaaataat cttgagcatg gtcttttccc tcaactgtcg gcaattgcac tcggagtcgc

                      F[4]

1441 cacagcccac gggagcaccc tcgcaggagt aaatgttgga gaacagtatc aacagctcag

            P[4]

1501 agaggcagcc actgaggctg agaagcaact ccaacaatat gcggagtctc gtgaacttga

                                        R[4]

1561 ccatcttgga cttgatgatc aggaaaagaa aattcttatg aacttccatc agaaaaagaa

1621 cgaaatcagc ttccagcaaa caaacgcgat ggtaactcta agaaaagagc gcctggccaa

1681 gctgacagaa gctatcactg ctgcatcact gcccaaaaca agtggacatt acgatgatga

1741 tgacgacatt ccctttccag gacccatcaa tgatgacgac aatcctggcc atcaagatga

1801 tgatccgact gactcacagg atacgaccat tcccgatgtg gtagttgatc ccgatgatgg

1861 aggctacggc gaataccaaa gttactcgga aaacggcatg agtgcaccag atgacttggt

1921 cctattcgat ctagacgagg acgacgagga caccaagcca gtgcctaaca gatcgaccaa

1981 gggtggacaa cagaaaaaca gtcaaaaggg ccagcataca gagggcagac agacacaatc

2041 cacgccaact caaaacgtca caggccctcg cagaacaatc caccatgcca gtgctccact

2101　cacggacaat gacagaagaa acgaaccctc cggctcaacc agccctcgca tgctgacccc

2161　aatcaacgaa gaggcagacc cactggacga tgccgacgac gagacgtcta gccttccgcc

2221　cttagagtca gatgatgaag aacaggacag ggacggaact tctaaccgca cacccactgt

2281　cgccccaccg gctcccgtat acagagatca ctccgaaaag aaagaactcc cgcaagatga

2341　acaacaagat caggaccaca ttcaagaggc caggaaccaa gacagtgaca acacccagcc

2401　agaacattct tttgaggaga tgtatcgcca cattctaaga tcacaggggc catttgatgc

....

Part of VP24 gene　960bp　RNA　linear

4681　gtgtgtcatc agcattcatc ctcgaagcta tggtgaatgt catatcgggc cccaaagtgc

4741　taatgaagca aattccaatt tggcttcctc taggtgtcgc tgatcaaaag acctacagct

4801　ttgactcaac tacggccgcc atcatgcttg cttcatatac tatcacccat ttcggcaagg

4861　caaccaatcc gcttgtcaga gtcaatcggc tgggtcctgg aatcccggat cacccccctca

4921　ggctcctgcg aattggaaac caggctttcc tccaggagtt cgttcttcca ccagtccaac

4981　tacccccagta tttcacctttt gatttgacag cactcaaact gatcactcaa ccactgcctg

5041　ctgcaacatg gaccgatgac actccaactg gatcaaatgg agcgttgcgt ccaggaatttt

5101　catttcatcc aaaacttcgc cccattcttt tacccaacaa aagtgggaag aaggggaaca
　　　　　　　　 F[5]　　　　　　 P[5]　　　　　 R[5]

5161　gtgccgatct aacatctccg gagaaaatcc aagcaataat gacttcactc caggactttaa

5221　agatcgttcc aattgatcca accaaaaata tcatgggtat cgaagtgcca gaaactctgg

5281　tccacaagct gaccggtaag aaggtgactt ccaaaaatgg acaaccaatc atccctgttc

5341　ttttgccaaa gtacattggg ttggacccgg tggctccagg agacctcacc atggtaatca

5401　cacaggattg tgacacgtgt cattctcctg caagtcttcc agctgtggtt gagaagtaat

5461　tgcaataatt gactcagatc cagttttaca gaatcttctc agggatagtg ataacatctt

5521　tttaataatc cgtctactag aagagatact tctaattgat caatatacta aaggtgcttt

5581　acaccattgt ctcttttctc tcctaaatgt agagcttaac aaaagactca taatatacct

....

Part of GP gene　1020bp　RNA　linear

6001　taagcttcac tagaaggata ttgtgaggcg acaacacaat gggtgttaca ggaatattgc

6061　agttacctcg tgatcgattc aagaggacat cattctttct ttgggtaatt atccttttcc

6121　aaagaacatt ttccatcccg cttggagtta tccacaatag tacattacag gttagtgatg

6181　tcgacaaact agtttgtcgt dacaaactgt catccacaaa tcaattgaga tcagttggac

6241　tgaatctcga ggggaatgga gtggcaactg acgtgccatc tgcgactaaa agatggggct

6301　tcaggtccgg tgtcccacca aaggtggtca attatgaagc tggtgaatgg gg gctgaaaact
　　　　　　　　　　　　　　　　　　　　　　　　　　　　　 F[6]

6361　gctacaatct tgaaatcaaa aaacctgacg ggagtgagtg tctaccagca gcgccagacg
　　　　　　　　　　　　　　　　　　　　　　　　 P[6]

6421　ggattcgggg cttcccccgg tgccggtatg tgcacaaagt atcaggaacg ggaccatgtg
　　　　　　　　　　　　　　　　　　　 R[6]

6481　ccggagactt tgccttccac aaagagggtg ctttcttcct gtatgatcga cttgcttcca

6541 cagttatcta ccgaggaacg actttcgctg aaggtgtcgt tgcatttctg atactgcccc

6601 aagctaagaa ggacttcttc agctcacacc ccttgagaga gccggtcaat gcaacggagg

6661 acccgtcgag tggctattat tctaccacaa ttagatatca ggctaccggt tttggaacta

6721 atgagacaga gtacttgttc gaggttgaca atttgaccta cgtccaactt gaatcaagat

6781 tcacaccaca gtttctgctc cagctgaatg agacaatata tgcaagtggg aagaggagca

6841 acaccacggg aaaactaatt tggaaggtca accccgaaat tgatacaaca atcggggagt

6901 gggccttctg ggaaactaaa aaaacctcac tagaaaaatt cgcagtgaag agttgtcttt

6961 cacagctgta tcaaacggac ccaaaaacat cagtggtcag agtccggcgc gaacttcttc

....

Part of L gene   1260bp   RNA   linear

13021 tttataaaag acagagctac tgcagtagaa aggacatgct gggatgcagt attcgagcct

13081 aatgttctgg gatataatcc acctcacaaa ttcagtacca aacgtgtacc ggaacaattt

13141 ttagagcaag aaaacttttc tattgagaat gttctttcct acgcgcaaaa actcgagtat

13201 ctactaccac aatatcggaa ttttttcttc tcattgaaag agaaagagtt gaatgtaggt

13261 agaactttcg gaaaattgcc ttatccgact cgcaatgttc aaacactttg tgaagctctg

13321 ttagctgatg gtcttgctaa agcatttcct agcaatatga tggtagttac ggaacgtgaa
                                  _____
                                       F[7]

13381 caaaaagaaa gcttattgca tcaagcatca tggcaccaca caagtgatga tttcggtgag
                                   _____
                                        P[7]

13441 catgccacag ttagagggag tagctttgta actgatttag agaaatacaa tcttgcattt

13501 aggtatgagt ttacagcacc ttttatagaa tattgcaacc gttgctatgg tgttaagaat

13561 gttttttaatt ggatgcatta tacaatccca cagtgttata tgcatgtcag tgattattat
                                                     _____
                                                         R[7]

13621 aatccaccgc ataacctcac actggaaaat cgaaacaacc ccctgaagg gcctagttca
      _____

13681 tacagggggtc atatgggagg gattgaagga ctgcaacaaa aactctggac aagtatttca

13741 tgtgctcaaa tttcttagt tgaaattaag actggttta agttgcgctc agctgtgatg

13801 ggtgacaatc agtgcattac cgtttatca gtcttcccct tagagactga tgcaggcgag

13861 caggaacaga gcgccgagga caatgcagcg agggtggccg ccagcctagc aaaagttaca
                       _____   _____
                          F[8]   P[8]   R[8]

13921 agtgcctgtg gaatcttttt aaaacctgat gaaacatttg tacattcagg ttttatctat
      _____

13981 tttggaaaaa aacaatattt gaatggggtc caattgcctc agtcccttaa aacggctaca

14041 agaatggcac cattgtctga tgcaattttt gatgatcttc aagggaccct ggctagtata

14101 ggtactgctt ttgagcgatc catctctgag acacgacata tctttccttg cagaataacc

14161 gcagctttcc atacgttctt ttcggtgaga atcttgcaat atcatcacct cggatttaat

14221 aaaggttttg accttggaca gttaacactc ggcaaacctc tggatttcgg aacaatatca

Sudan Ebola virus Maleo strain glycoprotein (GP) gene,complete cds
GenBank:U23069. 1   2362bp   RNA   linear

    1 atttgatgaa gattaagcct gattaaggcc caaccttcat ctttttacca taatcttgtt

   61 ctcaatacca tttaatagggg gtatacttgc caaagcgccc ccatcttcag gatctcgcaa

```
 121 tggagggtct tagcctactc caattgccca gagataaatt tcgaaaaagc tctttctttg
 181 tttgggtcat catcttattt caaaaggcct tttccatgcc tttgggtgtt gtgaccaaca
 241 gcactttaga agtaacagag attgaccagc tagtctgcaa ggatcatctt gcatcaactg
 301 accagctgaa atcagttggt ctcaacctcg aggggagcgg agtatctact gatatcccat
 361 ctgcgacaaa gcgttggggc ttcagatctg gtgtgcctcc ccaagtggtc agctatgaag
 421 caggagaatg ggctgaaaat tgctacaatc ttgaaataaa gaaaccggac gggagcgaat
                       F[9]
 481 gcttaccccc accgccggat ggtgtcagag gctttccaag gtgccgctat gttcacaaag
               P[9]                                    R[9]
 541 cccaaggaac cgggccctgc ccgggtgact atgcctttca caaggatgga gctttcttcc
 601 tctatgacag gctggcttca actgtaattt acagaggagt caattttgct gagggggtaa
 661 tcgcattctt gatattggct aaaccaaagg aaacgttcct tcaatcaccc cccattcgag
 721 aggcagcaaa ctacactgaa aatacatcaa gttactatgc cacatcctac ttggagtacg
 781 aaatcgaaaa ttttggtgct caacactcca cgaccctttt caaaattaac aataatactt
 841 ttgttcttct ggacaggccc cacacgcctc agttcctttt ccagctgaat gataccattc
 901 aacttcacca acagttgagc aacacaactg ggaaactaat ttggacacta gatgctaata
 961 tcaatgctga tattggtgaa tgggcttttt gggaaaataa aaaaatctct ccgaacaact
1021 acgtggagaa gagctgtctt tcgaaacttt atcgctcaac gagacagaag acgatgatgc
1081 gacatcgtcg agaactacaa agggaagaat ctccgaccgg gccaccagga gtattcgga
1141 cctggttcca aaggattccc ctgggatggt ttcattgcac gtaccagaag gggaaacaac
1201 attgccgtct cagaattcga cagaaggtcg aagagtagat gtgaatactc aggaaactat
1261 cacagagaca actgcaacaa tcataggcac taacggtaac aacatgcaga tctccaccat
1321 cgggacagga ctgagctcca gccaaatcct gagttcctca ccgaccatgg caccaagccc
1381 tgagactcag acctccacaa cctacacacc aaaactacca gtgatgacca ccgaggaacc
1441 aacaacacca ccgagaaact ctcctggctc aacaacagaa gcacccactc tcaccacccc
1501 agagaatata acaacagcgg ttaaaactgt ttgggcacaa gagtccacaa gcaacggtct
1561 aataacttca acagtaacag gtattcttgg gagccttgga cttcgaaaac gcagcagaag
1621 acaagttaac accagggcca cgggtaaatg caatcccaac ttacactact ggactgcaca
1681 agaacaacat aatgctgctg ggattgcctg gatcccgtac tttggaccgg gtgcagaagg
1741 catatacact gaaggcctta tgcacaacca aaatgcctta gtctgtggac tcagacaact
1801 tgcaaatgaa acaactcaag ctctgcagct tttcttaagg gccacgacgg agctgcggac
1861 atataccata ctcaatagga aggccataga tttccttctg cgacgatggg gcgggacatg
1921 taggatcctg ggaccagatt gttgcattga gccacatgat tggaccaaaa acatcactga
1981 taaaatcaac caaatcatcc atgatttcat cgacaacccт ttacccaatc aggataatga
2041 tgataattgg tggacgggct ggagacagtg gatccctgca ggaataggca ttactggaat
2101 tattattgca atcattgctc ttctttgcgt ctgcaagctg ctttgttgaa tatcaacttg
2161 aatcattaat ttaaagttga tacatttcta acattataaa ttataatctg atattaatac
2221 ttgaaaataa ggctaatgcc aaattctgtg ccaaacttga aagtaggttt accaaaatcc
2281 tttgaactgg aatgctttaa tgctctttct caatactata taagttcctt cccaaaataa
```

2341 tattgatgaa gattaagaaa aa

Sudan Ebola virus strain Boniface subtype Sudan nucleocapsid protein（NP）mRNA，complete cds

GenBank：AF173836.1 2926bp mRNA linear

```
   1 ctcaaactca aactaatatt gacattgaga ttgatctcat catttaccaa ttggagacaa
  61 tttaactagt taatcccca tttgggggca ttcctaaagt gttgcgaagg tatgtgggtc
 121 gtattgcttg gccttttcct aacctggctc ctcctacaat tctaaccttc ttgataagtg
 181 tggttaccag agtaatagac taaatttgtc ctggtagtta gcattttcta gtaagaccga
 241 tactatccca agtctcaaga gagggtgaga ggagggcccc gaggtatccc tttagtccac
 301 aaaatctagc caattttagc taagtggact gattaccttc atcacgct atctactaag
 361 ggtttacctg agagcctaca acatggataa acgggtgaga ggttcatggg ccctgggagg
 421 acaatctgag gttgatcttg actaccacaa gatattaaca gccgggcttt cagtccaaca
 481 ggggattgtg cgacagagag tcatcccggt atatgtcgtg aatgatcttg agggtatttg
 541 tcaacatatc attcaggctt ttgaagcagg tgtagatttc caggataatg ctgatagctt
 601 cctttactt ttatgtttac atcatgccta ccaaggagat cataggctct tcctcaaaag
 661 tgatgcagtt caatatttag agggccatgg cttcaggttt gaggtccgag aaaaggagaa
 721 tgtgcaccgt ctggatgaat tgttgcccaa tgttaccggt ggaaaaaatc tcaggagaac
 781 attggctgct atgcccgaag aggagacaac ggaagctaat gctggtcagt ttctatcctt
 841 tgccagtttg tttctaccca aacttgtcgt tggggagaaa gcgtgcctgg aaaaagtaca
 901 aaggcaaatt caggtccatg cagaacaagg gctcattcaa tatccaactt cctggcaatc
 961 agttggacac atgatggtga tcttccgttt gatgaggaca aactttttaa tcaagtttct
1021 actaatacat caagggatgc acatggttgc aggtcatgat gcgaatgaca cagtaatatc
1081 taattctgtt gcccaggcaa ggttctctgg tcttctgatt gtaaagactg ttctggatca
1141 catcctacaa aaaacagatc tcggagtacg acttcatcca ctggccagga cagcaaaagt
1201 gaagaatgag gtcagttcat tcaaggcggc tcttggttca cttgccaagc atggagaata
1261 tgctccgttt gcacgtctcc ttaatctttc tggagtcaac aacttggaac atgggcttta
1321 tccacaactt tcagccatcg ctttgggtgt tgcaactgcc cacgggagta cgcttgctgg
1381 tgtgaatgta ggggagcaat atcagcaact gcgtgaggct gctactgagg ctgaaaagca
1441 actccaacaa tatgctgaaa cacgtgagtt ggataacctt gggcttgatg aacaggagaa
1501 gaagattctc atgagcttcc accagaagaa gaatgagatc agcttccagc agactaatgc
1561 aatggtaacc ttaaggaaag aacggctggc taaattgacc gaagccatca cgactgcatc
```

<u>   </u>   F[10]   P[10]

```
1621   gaagatcaag gttggagacc gttatcctga tgacaatgat attccatttc ccgggccgat
```
                   R[10]

```
1681 ctatgatgac actcaccca atccctctga tgacaatcct gatgattcac gtgatacaac
1741 tattccaggt ggtgttgttg acccgtatga tgatgagagt aataattatc ctgactacga
1801 ggattcggct gaaggcacca caggagatct tgatctcttc aatttggacg acgacgatga
1861 tgacagccga ccaggaccac cagacagggg gcagaacaag gagagggcgg cccggacata
1921 tggcctccaa gatccgacct ggacggagc gaaaaaggtg ccggagttga ccccaggttc
```

1981　ccatcaacca ggcaacctcc acatcaccaa gtcgggttca aacaccaacc aaccacaagg

2041　caatatgtca tctactctcc atagtatgac ccctatacag gaagaatcag agcccgatga

2101　tcaaaaagat aatgatgacg agagtctcac atcccttgac tctgaaggtg acgaagatgg

2161　tgagagcatc tctgaggaga acaccccaac tgtagctcca ccagcaccag tctacaaaga

2221　cactggagta gacactaatc agcagaatgg accaagcagt actgtagata gtcaaggttc

2281　tgaaagtgaa gctctcccaa tcaactctaa aaagagttcc gcactagaag aaacatatta

2341　tcatctccta aaaacacagg gtccatttga ggcaatcaat tattatcacc taatgagtga

2401　tgaacccatt gcttttagca ctgaaagtgg caaggaatat atctttccag actcccttga

2461　agaagcctac ccgccgtggt tgagtgagaa ggaggcctta gagaaggaaa atcgttatct

2521　ggtcattgat ggccagcaat tcctctggcc ggtaatgagc ctacgggaca agttccttgc

2581　cgttcttcaa catgactgag gacctatgat tggtggatct tgtttattcc gagcctgatt

2641　ataattgttc tgataattca agtataagca cctaccccga aatataaacc ctatcttagt

2701　tataaggaaa ttaaataaat aacctgtaag ttataggact acgaagagct gcttgtgtca

2761　atttatcatg ggttgatacc cgtaccgcaa gaatcattat ttagtagttt tggtcagctt

2821　ctgatatgta ccaataagaa aacattatag cattaaaaca taaggtatct ttcaatgagc

2881　ttaggaggat aatatcctga taaattctat agaacttaag attaag

*　*　*

图 22-2　EBOV 部分基因序列及文献报道用于 EBOV 实时荧光 RT-PCR 检测的引物和探针所在位置
[　]内为相关引物和探针的文献来源

　　3. 标本采集与处理

　　(1)采集对象:包括留观病例、疑似病例及确诊病例。其诊断依据主要包括流行病学史:①3 周内疫区接触史;②3 周内疫区发热者接触史;③3 周内接触过感染者,或其血液等分泌液或尸体等。同时结合临床表现:①早期,起病急,发热并迅速发展至高热,伴乏力、肌痛、头痛等,可出现恶心、呕吐、腹痛、腹泻等症状;②极期,多于病程第三至四天出现,持续高热、感染中毒症状及消化道症状加重,出现不同程度的出血,如黏膜出血、便血、咯血等;严重者出现意识障碍、多器官受累、休克等,感染者多于起病两周内死于出血、多器官功能障碍。

　　(2)样本采集:埃博拉出血热病患及疑似病例主要以采集血液标本为主。用无菌真空促凝管采集静脉血,每管 3ml,标记后 4℃ 保存。留观病例、疑似病例采集发病 3d 后静脉血 2 管,送具备埃博拉出血热检测资质的实验室进行病毒检测。确诊病例采集恢复期血标本送检。

　　(3)样本保存、运送:未分离血清的全血标本 4℃ 保存,并尽快送至具备埃博拉出血热检测资质的实验室分离血清并检测。血清标本长期保存应置于 -70℃ 或以下冰箱,1 周内可置 -20℃ 保存。

　　标本运输应按照相关生物安全规定,低温冷藏运输,避免反复冻融。

　　(4)生物安全问题:凡涉及埃博拉病毒分离、培养及动物实验,应在生物安全 4 级 (BSL-4)实验室内进行。涉及未经培养有感染性材料的实验,应在 BSL-3 实验室内进行。血清学检测在 BSL-3 实验室进行。标本应首先 60℃ 加热 1h 灭活,再进行后续实验。核酸检测时应在 BSL-3 实验室生物安全柜内裂解病毒,提取 RNA。扩增反应可在 BSL-3 实验室以外进行。对装有病毒 RNA 样本管外表面进行彻底消毒,且每次检测标本份数不宜过多,每份标本量不宜过大。

实验室工作人员进行埃博拉病毒检测时,应穿着遮蔽全身的个人防护装置。进行感染性样本离心、处理较大量样本(≥10ml)分装处理时应着正压头盔防护。有体表开放性伤口的工作人员不宜进行埃博拉病毒相关的实验操作。

4. EBOV RNA 检测的临床意义

(1)早期诊断:鉴于埃博拉病毒具有极高的致死率,及时确诊对于有效隔离病患、降低传染率、及时治疗、提高感染者生存率具有重要价值。目前,采用实时荧光 PCR 方法可很好的解决埃博拉病原学快速检测,为疫区首选的检测方法之一。该方法特别是对于埃博拉病毒感染的早期诊断及无症状携带者的诊断具有重要意义。

(2)鉴别诊断:可用于与马尔堡出血热、克里米亚刚果出血热、沙拉热,以及恶性疟疾的鉴别诊断。因其临床症状相似,实时荧光 PCR 方法不失为快速鉴别诊断的最佳方法。

(王国婧)

参 考 文 献

[1] 中国疾控中心:埃博拉出血热实验室检测方案(3 版). http://www.chinacdc.cn/jkzt/crb/ablcxr/jszl_2273/

[2] Towner JS,Sealy TK,Ksiazek TG,et al.High-throughput molecular detection of hemorrhagic fever virus threats with applications for outbreak settings. J Infect Dis, 2007, 196 (Suppl 2):S205-212

[3] Huang Y,Wei H,Wang Y,et al.Rapid detection of filoviruses by real-time Taqman Polymerase chain reaction assays. Virol Sin, 2012, 27(5):273-277

[4] Liu L,Sun Y,Kargbo B,et al.Detection of Zaire Ebola virus by real-time reverse transcription-polymerase chain reaction, Sierra Leone, 2014.J Virol Methods,2015,15(222):62-65

[5] Grolla A,Jones S,Kobinger G,et al.Flexibility of mobile laboratory unit in support of patient management during the 2007 Ebola-Zaire outbreak in the democratic republic of Congo.Zoo-noses Public Health,2012,59 (Suppl 2):151-157

[6] Gibb TR,Norwood DA Jr,Woollen N,et al. Development and evaluation of a fluorogenic 5′ Nuclease assay to detect and differentiate between Ebola virus subtypes Zaire and Sudan.J Clin Microbiol,2001,39(11):4125-4130

[7] Panning M,Laue T,Olschlager S,et al.Diagnostic reverse-transcription polymerase chain reaction kit for filoviruses based on the strain collections of all European biosafety level 4 laboratories. J Infect Dis, 2007, 196 (Suppl 2):S199-204

[8] Towner JS,Rollin PE,Bausch DG,et al.Towner JS,Rollin PE,Bausch DG,et al.Rapid diagnosis of Ebola hemorrhagic fever by reverse transcription-PCR in an outbreak setting and assessment of patient viral load as a predictor of outcome.J Virol,2004,78(8):4330-4341

第 23 章　中东呼吸综合征冠状病毒实时荧光 RT-PCR 检测及临床意义

中东呼吸综合征冠状病毒（Middle East respiratory syndrome-Coronavirus，MERS-CoV），属于冠状病毒 β 属，与 SARS-CoV、HCoV-HKU1 等同属。MERS-CoV 是 2012 年 9 月于沙特阿拉伯首次发现的一种新型高致病性冠状病毒，可引起严重的急性呼吸道感染，症状包括发热、咳嗽和呼吸急促，并伴有较高比率的急性肾衰竭和死亡。因其临床症状和 2003 年暴发的 SARS-CoV 很相似，故初期曾将其称为"类 SARS 病毒"。多数研究数据显示，单峰骆驼可能是其主要的来源宿主。截至 2016 年 2 月 14 日，世界卫生组织（WHO）累计统计结果显示全球 MERS-CoV 感染病例已达 1638 例，其中 587 例死亡，病死率约为 35.8%，远高于 SARS-CoV 流行期间 10% 的病死率。MERS-CoV 主要在中东地区（沙特阿拉伯、阿联酋、卡塔尔和约旦）流行，但在欧洲、亚洲和北美等地均先后出现感染病例及传播，且病例均和中东有直接或间接的联系，如来自中东或有过中东旅行史等。中国地区一直没有相关感染病例报告。

2015 年 5 月 26 日，韩国一名 MERS 可疑病例进入中国，表现发热等临床症状。5 月 28 日，广东省疾病预防控制中心采集该病例样本进行初筛，结果显示为 MERS-CoV 阳性；5 月 29 日，中国疾病预防控制中心病毒预防控制所通过对该疑似病例多个样本的实验室检测分析，最终确认该患者为中国首例输入性 MERS 病例。因此，对 MERS-CoV 感染或疑似感染患者样本中病毒 RNA 的实时荧光 RT-PCR 检测，是实验室筛查的重要方法，为 MERS 的特异性诊断提供了依据。

一、MERS-CoV 的形态和基因组结构特点

在初期报道中，MERS-CoV 被称为 Human Coronavirus Erasmus Medical Center/2012（HCoV-EMC/2012）、新型冠状病毒（Novel Coronavirus，nCoV）、类 SARS 病毒或沙特 SARS 病毒等。为便于相互交流及报道，2013 年 5 月 15 日，国际病毒分类委员会冠状病毒研究小组决定将此新型冠状病毒统一命名为 Middle East Respiratory Syndrome-Coronavirus，即 MERS-CoV。冠状病毒科主要有 α、β、γ 和 δ 四种类型，其中 β 属冠状病毒又分为 A、B、C 和 D 四个谱系。迄今，有 6 个冠状病毒能引起人类疾病，包括：α 类 CoV-220E 及 CoV-NL63、β 类 A 谱系 CoV-OC43 和 CoV-HKU1，B 谱系 SARS-CoV，以及当前的 MERS-CoV。MERS-CoV 遗传及系统进化分析结果显示，它属于 β 类冠状病毒属 C 谱系的一个新种。与 SARS-CoV 相比，MERS-CoV 和同属 β 类 C 谱系的扁颅蝠冠状病毒 HKU4 和伏翼蝙蝠冠状病毒 HKU5 的亲缘关系更为相近。

1. 形态特点　MERS-CoV 属于网巢病毒目冠状病毒科中的冠状病毒属，主要感染哺乳动物的呼吸道和胃肠道系统，因其衣壳外覆盖有糖蛋白组成的刺突样结构而使整个病毒粒子在电镜下如皇冠样形状而得名冠状病毒。与其他已知的冠状病毒类似，MERS-CoV 形态结构为圆形或卵圆形，病毒颗粒直径 100～160nm，表面具有三种膜蛋白：外膜蛋白（membrane protein，M）、刺突糖蛋白（spike protein，S）、小包膜蛋白（envelope

protein,E)。

2. 基因组结构特点 与大多数冠状病毒类似，MERS-CoV 的基因组为长度约 30.1kb 的单链正义 RNA，5′端具有帽子结构，3′端被多聚腺苷酸化修饰，正义的 RNA 具有信使 RNA（mRNA）的功能。MERS-CoV 的 RNA 基因组可编码出长多聚蛋白，后者经自身蛋白酶剪切后，可形成 RNA 依赖的 RNA 聚合酶，以及病毒核酸转录复制所需要的各种非结构蛋白。MERS-CoV 基因至少包含有 10 个可读框（open reading frame，ORF），分别编码一个大的复制酶多聚蛋白（ORF 1a/ORF 1b）、核衣壳蛋白（nucleocapsid，N）、外膜蛋白（membrane，M）、小包膜蛋白（envelope，E）、表面刺突糖蛋白（spike，S）及 5 个非结构蛋白（ORF 3、4a、4b、5 和 8b）等。其中，由 ORF 1a/ORF 1b 编码的复制酶多聚蛋白包含两个多聚蛋白 PP1a 和 PP1ab，然后由蛋白酶剪切为 15 或 16 个非结构蛋白（nonstructural protein，NSP）产物 NSP1-NSP16，而 NSP12 即为 RNA 依赖的 RNA 聚合酶（RNA-dependent RNA polymerase，RdRp）；N 蛋白与 RNA 基因组结合形成柔性螺旋状的核衣壳，从病毒颗粒中释放后伸展成 14～16nm 的管状结构；蛋白 M 和核衣壳相接，促进病毒颗粒的组装；包膜蛋白 E 位于病毒颗粒表面，同样保证病毒组装和释放；S 蛋白与细胞受体相互作用介导病毒包膜与细胞膜之间的融合，是重要的药物靶点。

二、MERS-CoV 的感染过程

MERS-CoV 感染细胞所经历的几个阶段包括：病毒与细胞的结合、膜融合并脱衣壳、病毒基因组的转录、翻译和复制、病毒蛋白组装和病毒颗粒的释放。

1. 病毒与细胞的结合 此过程依赖于细胞表面受体的选择，MERS-CoV 的受体是人的二肽基肽酶 4（Human dipeptidyl peptidase 4，hDPP4），又称 CD26，该分子主要分布在下呼吸道，如肺组织，因此病毒感染首先引起下呼吸道症状。

2. 病毒进入细胞及脱衣壳 MERS-CoV 颗粒表面的 S 蛋白与 hDPP4 结合后引起 S 蛋白的空间结构发生改变，促进了膜融合过程。病毒与细胞膜融合后会将核衣壳释放到细胞质当中，以供基因组后续的转录和翻译。

3. 病毒基因组的转录、翻译和复制 基因组 RNA 具有两个可读框 ORF 1a 和 ORF 1b，这两组蛋白形成 RNA 复制酶和转录酶复合体，将基因组 RNA 进一步复制并转录。转录出的 mRNA 进而翻译成上述的病毒结构蛋白和多种非结构蛋白。

4. 病毒蛋白组装和病毒颗粒的释放 病毒的基因组和各种蛋白在细胞质中合成完之后，在内质网-高尔基体区域组装成病毒颗粒，并移动到细胞膜内侧，与细胞膜再次发生融合、出芽、释放。在此过程中，MERS-CoV 表面最基本的两种结构蛋白 M 和 E 蛋白之间的相互作用促进了病毒的出芽和释放。

病毒感染细胞后会引起一系列的宿主反应，如 SARS-CoV 引起的细胞因子风暴。细胞因子是人体免疫系统保护机体时产生的一系列小分子，其中炎症因子可以直接招募免疫细胞对病毒进行攻击，同时也可以启动细胞中其他信号通路抑制或杀伤病毒。但过量的炎症因子对机体是极大的负担，并可能造成组织和器官的严重损伤。虽然 MERS-CoV 所致高致病性和高死亡率的机制尚未完全清楚，但依据冠状病毒的特征和 MERS-CoV 引起的临床现象可推测，细胞因子风暴很有可能参与了此发病过程。

动物感染模型可以使我们对病毒感染机体的过程有更深入的了解，在药物和疫苗研发等方面也具有不可替代的作用。灵长类动物，如手指猴和恒河猴能够感染 MERS-CoV 病毒，但成本高昂，MERS-CoV 病毒还有待建立有效的小动物感染模型。

三、MERS-CoV RNA 实时荧光 RT-PCR 测定及其临床意义

1. 引物和探针设计 MERS-CoV 感染的常规检测方法是通过实时荧光 RT-PCR 反应和测序鉴定,必须在适当条件的实验室由经过相关技术安全培训的人员进行操作。有相关经验和生物安全条件的实验室可以尝试用细胞分离病毒检测,但不属于常规检测。

目前,MERS-CoV RNA 的检测方法主要有检测 E 蛋白上游基因(upE)、ORF 1b 基因和 ORF 1a 基因三种。这些方法均高度敏感,检测 ORF1b 基因的方法不如针对 ORF 1a 的方法敏感,但比其更加特异。为了同时保证核酸检测的灵敏度和特异度,upE 和 ORF 1a/ORF 1b 被 WHO 推荐为核酸检测的靶基因,分别用于检测的筛查和确认实验。另外,美国 CDC 推荐 MERS-CoV 基因组中位于 RNA 依赖的 RNA 聚合酶(RdRp)和衣壳蛋白(N)基因的几个适合测序验证的靶序列,用于补充确认实验。因此,在实验室要确认一个样本为阳性,需要满足以下两个条件的其中一个:至少两种 MERS-CoV 特异性 PCR 结果阳性;一种 PCR 结果为阳性,另外一种 PCR 产物序列测序与已知序列相符。

自 WHO 和美国 CDC 公布了可对 MERS-CoV 进行实时荧光 RT-PCR 检测的引物和探针以来,我国已有大量关于 MERS-CoV 实时荧光 RT-PCR 检测的商品化试剂盒问世,引物和探针的设计基本为国际上推荐的区域,即均为上述病毒基因组最为保守的区域,包括 upE、ORF 1b、ORF 1a、RdRp 和 N 基因。

2. 常用于 MERS-CoV RNA 实时荧光 RT-PCR 检测的引物和探针 表 23-1 和图 23-1 为文献报道的 MERS-CoV RNA 实时荧光 RT-PCR 检测引物和探针举例及在病毒全基因组中的相应位置。

表 23-1 文献报道的 MERS-CoV RNA 实时荧光 RT-PCR 检测引物和探针举例

测定技术	引物和探针		基因组内区域	文献
TaqMan 探针	引物	F:5′-GCAACGCGCGATTCAGTT-3′(27458-27475)	upE (27458-27549)	[1]
		R:5′-GCCTCTACACGGGACCCATA-3′(27549-27530)		
	探针	5′-FAM-CTCTTCACATAATCGCCCCGAGCTCG-TAMR-3′ (27477-27502)		
TaqMan 探针	引物	F:5′-TTCGATGTTGAGGGTGCTCAT-3′(18266-18286)	ORF 1b (18266-18347)	[1]
		R:5′-TCACACCAGTTGAAAATCCTAATT -3′(18347-18323)		
	探针	5′-FAM-CCCGTAATGCATGTGGCACCAATGT -TAMRA-3′ (18291-18315)		
TaqMan 探针	引物	F:5′-CCACTACTCCCATTTCGTCAG-3′(11197-11217)	ORF 1a (11197-11280)	[2]
		R:5′-CAGTATGTGTAGTGCGCATATAAGCA -3′(11280-11255)		
	探针	5′-FAM-TTGCAAATTGGCTTGCCCCCACT-TAMRA-3′ (11230-11252)		

测定技术		引物和探针	基因组内区域	文献
TaqMan 探针	引物	F:5′-GGCACTGAGGACCCACGTT-3′(29424-29442)	N2 (29424-29498)	[3]
		R:5′-TTGCGACATACCCATAAAAGCA-3′(29498-29477)		
	探针	5′-FAM-CCCCAAATTGCTGAGCTTGCTCCTACA-TAMRA-3′(29445-29471)		
TaqMan 探针	引物	F:5′-GGGTGTACCTCTTAATGCCAATTC-3′(28748-28771)	N3 (28748-28814)	[3]
		R:5′-TCTGTCCTGTCTCCGCCAAT-3′(28814-28795)		
	探针	5′-FAM-ACCCCTGCGCAAAATGCTGGG-TAMRA-3′(28773-28793)		
巢式 RT-PCR (sequencing)	引物	F:5′-TGCTATWAGTGCTAAGAATAGRGC-3′(15049-15072)	RdRp Seq (15049-15290)	[2]
		R:5′-GCATWGCNCWGTCACACTTAGG-3′(15290-15269)		
	Rnest	5′-CACTTAGGRTARTCCCAWCCCA-3′(15276-15255)		
巢式 RT-PCR (sequencing)	引物	F:5′-CCTTCGGTACAGTGGAGCCA-3′(29549-29568)	N seq (29549-29860)	[2]
		R:5′-GATGGGGTTGCCAAACACAAAC-3′(29860-29839)		
	Fnest	5′-TGACCCAAAGAATCCCAACTAC-3′(29576-29597)		

Human betacoronavirus 2c EMC/2012，complete genome

ACCESSION   JX869059   30119bp   RNA   linear

```
   1 gatttaagtg aatagcttgg ctatctcact tcccctcgtt ctcttgcaga actttgattt
  61 taacgaactt aaataaaagc cctgttgttt agcgtatcgt tgcacttgtc tggtgggatt
 121 gtggcattaa tttgcctgct catctaggca gtggacatat gctcaacact gggtataatt
 181 ctaattgaat actattttc agttagagcg tcgtgtctct tgtacgtctc ggtcacaata
 241 cacggtttcg tccggtgcgt ggcaattcgg ggcacatcat gtctttcgtg gctggtgtga
 301 ccgcgcaagg tgcgcgcggt acgtatcgag cagcgctcaa ctctgaaaaa catcaagacc
 361 atgtgtctct aactgtgcca ctctgtggtt caggaaacct ggttgaaaaa cttttcaccat
 421 ggttcatgga tggcgaaaat gcctatgaag tggtgaaggc catgttactt aaaaaggagc
 481 cacttctcta tgtgcccatc cggctggctg acacactag acacctccca ggtcctcgtg
 541 tgtacctggt tgagaggctc attgcttgtg aaaatccatt catggttaac caattggctt
 601 atagctctag tgcaaatggc agcctggttg gcacaacttt gcagggcaag cctattggta
 661 tgttcttccc ttatgacatc gaacttgtca caggaaagca aaatattctc ctgcgcaagt
 721 atggccgtgg tggttatcac tacacccat tccactatga gcgagacaac acctcttgcc
 781 ctgagtggat ggacgatttt gaggcggatc ctaaaggcaa atatgcccag aatctgctta
 841 agaagttgat tggcggtgat gtcactccag ttgaccaata catgtgtggc gttgatggaa
 901 aacccattag tgcctacgca ttttaatgg ccaaggatgg aataaccaaa ctggctgatg
 961 ttgaagcgga cgtcgcagca cgtgctgatg acgaaggctt catcacatta agaacaatc
1021 tatatagatt ggtttggcat gttgagcgta aagacgttcc atatcctaag caatctatttt
```

1081　ttactattaa tagtgtggtc caaaaggatg gtgttgaaaa cactcctcct cactatttta

1141　ctcttggatg caaaatttta acgctcaccc cacgcaacaa gtggagtggc gtttctgact

1201　tgtccctcaa acaaaaactc ctttacacct tctatggtaa ggagtcactt gagaacccaa

1261　cctacattta ccactccgca ttcattgagt gtggaagttg tggtaatgat tcctggctta

1321　cagggaatgc tatccaaggg tttgcctgtg gatgtggggc atcatataca gctaatgatg

1381　tcgaagtcca atcatctggc atgattaagc caaatgctct tctttgtgct acttgcccct

1441　ttgctaaggg tgatagctgt tcttctaatt gcaaacattc agttgctcag ttggttagtt

1501　acctttctga acgctgtaat gttattgctg attctaagtc cttcacactt atctttggtg

1561　gcgtagctta cgcctacttt ggatgtgagg aaggtactat gtactttgtg cctagagcta

1621　agtctgttgt ctcaaggatt ggagactcca tctttacagg ctgtactggc tcttggaaca

1681　aggtcactca aattgctaac atgttcttgg aacagactca gcattccctt aactttgtgg

1741　gagagttcgt tgtcaacgat gttgtcctcg caattctctc tggaaccaca actaatgttg

1801　acaaaatacg ccagcttctc aaaggtgtca cccttgacaa gttgcgtgat tatttagctg

1861　actatgacgt agcagtcact gccggcccat tcatggataa tgctattaat gttggtggta

1921　caggattaca gtatgccgcc attactgcac cttatgtagt tctcactggc ttaggtgagt

1981　cctttaagaa agttgcaacc ataccgtata aggtttgcaa ctctgttaag gatactctgg

2041　cttattatgc tcacagcgtg ttgtacagag tttttcctta tgacatggat tctggtgtgt

2101　catcctttag tgaactactt tttgattgcg ttgatctttc agtagcttct acctatttt

2161　tagtccgcat cttgcaagat aagactggcg actttatgtc tacaattatt acttcctgcc

2221　aaactgctgt tagtaagctt ctagatacat gttttgaagc tacagaagca acatttaact

2281　tcttgttaga tttggcagga ttgttcagaa tctttctccg caatgcctat gtgtacactt

2341　cacaagggtt tgtggtggtc aatggcaaag tttctacact tgtcaaacaa gtgttagact

2401　tgcttaataa gggtatgcaa cttttgcata caaaggtctc ctgggctggt tctaaaatca

2461　ttgctgttat ctacagcggc agggagtctc taatattccc atcgggaacc tattactgtg

2521　tcaccactaa ggctaagtcc gttcaacaag atcttgacgt tattttgcct ggtgagtttt

2581　ccaagaagca gttaggactg ctccaaccta ctgacaattc tacaactgtt agtgttactg

2641　tatccagtaa catggttgaa actgttgtgg gtcaacttga gcaaactaat atgcatagtc

2701　ctgatgttat agtaggtgac tatgtcatta ttagtgaaaa attgtttgtg cgtagtaagg

2761　aagaagacgg atttgccttc taccctgctt gcactaatgg tcatgctgta ccgactctct

2821　ttagacttaa gggaggtgca cctgtaaaaa agtagccctt ggcggtgat caagtacatg

2881　aggttgctgc tgtaagaagt gttactgtcg agtacaacat tcatgctgta ttagacacac

2941　tacttgcttc ttctagtctt agaacctttg ttgtagataa gtctttgtca attgaggagt

3001　ttgctgacgt agtaaaggaa caagtctcag acttgcttgt taaattactg cgtggaatgc

3061　cgattccaga ttttgattta gacgatttta ttgacgcacc atgctattgc ttaacgctg

3121　agggtgatgc atcctggtct tctactatga tcttctctct tcacccgtc gagtgtgacg

3181　aggagtgttc tgaagtagag gcttcagatt tagaagaagg tgaatcagag tgcatttctg

3241　agacttcaac tgaacaagtt gacgtttctc atgagacttc tgacgacgag tgggctgctg

3301　cagttgatga agcgttccct ctcgatgaag cagaagatgt tactgaatct gtgcaagaag

3361　aagcacaacc agtagaagta cctgttgaag atattgcgca ggttgtcata gctgacacct

3421 tacaggaaac tcctgttgtg cctgatactg ttgaagtccc accgcaagtg gtgaaacttc

3481 cgtctgcacc tcagactatc cagcccgagg taaaagaagt tgcacctgtc tatgaggctg

3541 ataccgaaca gacacagaat gttactgtta aacctaagag gttacgcaaa aagcgtaatg

3601 ttgaccctt gtccaatttt gaacataagg ttattacaga gtgcgttacc atagtttag

3661 gtgacgcaat tcaagtagcc aagtgctatg gggagtctgt gttagttaat gctgctaaca

3721 cacatcttaa gcatggcggt ggtatcgctg gtgctattaa tgcggcttca aaaggggctg

3781 tccaaaaaga gtcagatgag tatattctgg ctaaagggcc gttacaagta ggagattcag

3841 ttctcttgca aggccattct ctagctaaga atatcctgca tgtcgtaggc ccagatgccc

3901 gcgctaaaca ggatgtttct ctccttagta agtgctataa ggctatgaat gcatatcctc

3961 ttgtagtcac tcctcttgtt tcagcaggca tatttggtgt aaaaccagct gtgtcttttg

4021 attatcttat tagggaggct aagactagag ttttagtcgt cgttaattcc caagatgtct

4081 ataagagtct taccatagtt gacattccac agagtttgac tttttcatat gatgggttac

4141 gtggcgcaat acgtaaagct aaagattatg gttttactgt ttttgtgtgc acagacaact

4201 ctgctaacac taaagttctt aggaacaagg gtgttgatta tactaagaag tttcttacag

4261 ttgacggtgt gcaatattat tgctacacgt ctaaggacac tttagatgat atcttacaac

4321 aggctaataa gtctgttggt attatatcta tgcctttggg atatgtgtct catggtttag

4381 acttaatgca agcagggagt gtcgtgcgta gagttaacgt gccctacgtg tgtctcctag

4441 ctaataaaga gcaagaagct attttgatgt ctgaagacgt taagttaaac ccttcagaag

4501 attttataaa gcacgtccgc actaatggtg gttacaattc ttggcattta gtcgagggtg

4561 aactattggt gcaagactta cgcttaaata agctcctgca ttggtctgat caaaccatat

4621 gctacaagga tagtgtgttt tatgttgtaa agaatagtac agctttttcca tttgaaacac

4681 tttcagcatg tcgtgcgtat ttggattcac gcacgacaca gcagttaaca atcgaagtct

4741 tagtgactgt cgatggtgta aatttttagaa cagtcgttct aaataataag aacacttata

4801 gatcacagct tggatgcgtt ttctttaatg gtgctgatat ttctgacacc attcctgatg

4861 agaaacagaa tggtcacagt ttatatctag cagacaattt gactgctgat gaaacaaagg

4921 cgcttaaaga gttatatggc cccgttgatc ctactttctt acacagattc tattcactta

4981 aggctgcagt ccatgggtgg aagatggttg tgtgtgataa ggtacgttct ctcaaattga

5041 gtgataataa ttgttatctt aatgcagtta ttatgacact tgatttattg aaggacatta

5101 aatttgttat acctgctcta cagcatgcat ttatgaaaca taagggcggt gattcaactg

5161 acttcatagc cctcattatg gcttatggca attgcacatt tggtgctcca gatgatgcct

5221 ctcggttact tcataccgtg cttgcaaagg ctgagttatg ctgttctgca cgcatggttt

5281 ggagagagtg gtgcaatgtc tgtggcataa aagatgttgt tctacaaggc ttaaaagctt

5341 gttgttacgt gggtgtgcaa actgttgaag atcgcgtgc tcgcatgaca tatgtatgcc

5401 agtgtggtgg tgaacgtcat cggcaattag tcgaacacac caccccctgg ttgctgctct

5461 caggcacacc aaatgaaaaa ttggtgacaa cctccacggc gcctgatttt gtagcattta

5521 atgtctttca gggcattgaa acggctgttg gccattatgt tcatgctcgc ctgaagggtg

5581 gtcttatttt aaagtttgac tctggcaccg ttagcaagac ttcagactgg aagtgcaagg

5641 tgacagatgt actttccccc ggccaaaaat acagtagcga ttgtaatgtc gtacggtatt

5701 ctttggacgg taatttcaga acagaggttg atcccgacct atctgctttc tatgttaagg

5761 atggtaaata ctttacaagt gaaccacccg taacatattc accagctaca attttagctg

5821 gtagtgtcta cactaatagc tgccttgtat cgtctgatgg acaacctggc ggtgatgcta

5881 ttagtttgag ttttaataac cttttagggt ttgattctag taaaccagtc actaagaaat

5941 acacttactc cttcttgcct aaagaagacg gcgatgtgtt gttggctgag tttgacactt

6001 atgaccctat ttataagaat ggtgccatgt ataaaggcaa accaattctt tgggtcaata

6061 aagcatctta tgatactaat cttaataagt tcaatagagc tagtttgcgt caaattttg

6121 acgtagcccc cattgaactc gaaaataaat tcacaccttt gagtgtggag tctacaccag

6181 ttgaacctcc aactgtagat gtggtagcac ttcaacagga aatgacaatt gtcaaatgta

6241 agggtttaaa taaacctttc gtgaaggaca atgtcagttt cgttgctgat gattcaggta

6301 ctcccgttgt tgagtatctg tctaaagaag acctacatac attgtatgta gaccctaagt

6361 atcaagtcat tgtcttaaaa gacaatgtac tttcttctat gcttagattg cacaccgttg

6421 agtcaggtga tattaacgtt gttgcagctt ccggatcttt gacacgtaaa gtgaagttac

6481 tatttagggc ttcattttat ttcaaagaat ttgctacccg cactttcact gctaccactg

6541 ctgtaggtag ttgtataaag agtgtagtgc ggcatctagg tgttactaaa ggcatattga

6601 caggctgttt tagttttgcc aagatgttat ttatgcttcc actagcttac tttagtgatt

6661 caaaactcgg caccacagag gttaaagtga gtgctttgaa aacagccggc gttgtgacag

6721 gtaatgttgt aaaacagtgt tgcactgctg ctgttgattt aagtatggat aagttgcgcc

6781 gtgtggattg gaaatcaacc ctacggttgt tacttatgtt atgcacaact atggtattgt

6841 tgtcttctgt gtatcacttg tatgtcttca atcaggtctt atcaagtgat gttatgtttg

6901 aagatgccca aggtttgaaa aagttctaca agaagttag agcttaccta ggaatctctt

6961 ctgcttgtga cggtcttgct tcagcttata gggcgaattc ctttgatgta cctacattct

7021 gcgcaaaccg ttctgcaatg tgtaattggt gcttgattag ccaagattcc ataactcact

7081 acccagctct taagatggtt caaacacatc ttagccacta tgttcttaac atagattggt

7141 tgtggtttgc atttgagact ggtttggcat acatgctcta tacctcggcc ttcaactggt

7201 tgttgttggc aggtacattg cattatttct ttgcacagac ttccatattt gtagactggc

7261 ggtcatacaa ttatgctgtg tctagtgcct tctggttatt cacccacatt ccaatggcgg

7321 gtttggtacg aatgtataat ttgttagcat gcctttggct tttacgcaag ttttatcagc

7381 atgtaatcaa tggttgcaaa gatacggcat gcttgctctg ctataagagg aaccgactta

7441 ctagagttga agcttctacc gttgtctgtg gtggaaaacg tacgttttat atcacagcaa

7501 atggcggtat ttcattctgt cgtaggcata attggaattg tgtggattgt gacactgcag

7561 gtgtggggaa taccttcatc tgtgaagaag tcgcaaatga cctcactacc gccctacgca

7621 ggcctattaa cgctacggat agatcacatt attatgtgga ttccgttaca gttaaagaga

7681 ctgttgttca gtttaattat cgtagagacg gtcaaccatt ctacgagcgg tttcccctct

7741 gcgctttac aaatctagat aagttgaagt tcaaagaggt ctgtaaaact actactggta

7801 tacctgaata caacttatc atctacgact catcagatcg tggccaggaa agtttagcta

7861 ggtctgcatg tgtttattat tctcaagtct tgtgtaaatc aattctttg gttgactcaa

7921 gtttggttac ttctgttggt gattctagtg aaatcgccac taaaatgttt gattcctttg

7981 ttaatagttt cgtctcgctg tataatgtca cacgcgataa gttggaaaaa cttatctcta

8041 ctgctcgtga tggcgtaagg cgaggcgata acttccatag tgtcttaaca acattcattg

8101 acgcagcacg aggccccgca ggtgtggagt ctgatgttga gaccaatgaa attgttgact

8161 ctgtgcagta tgctcataaa catgacatac aaattactaa tgagagctac aataattatg

8221 taccctcata tgttaaacct gatagtgtgt ctaccagcga tttaggtagt ctcattgatt

8281 gtaatgcggc ttcagttaac caaattgtct tgcgtaattc taatggtgct tgcatttgga

8341 acgctgctgc atatatgaaa ctctcggatg cacttaaacg acagattcgc attgcatgcc

8401 gtaagtgtaa tttagctttc cggttaacca cctcaaagct acgcgctaat gataatatct

8461 tatcagttag attcactgct aacaaaattg ttggtggtgc tcctacatgg tttaatgcgt

8521 tgcgtgactt tacgttaaag ggttatgttc ttgctaccat tattgtgttt ctgtgtgctg

8581 tactgatgta tttgtgttta cctacatttt ctatggcacc tgttgaattt tatgaagacc

8641 gcatcttgga ctttaaagtt cttgataatg gtatcattag ggatgtaaat cctgatgata

8701 agtgctttgc taataagcac cggtccttca cacaatggta tcatgagcat gttggtggtg

8761 tctatgacaa ctctatcaca tgcccattga cagttgcagt aattgctgga gttgctggtg

8821 ctcgcattcc agacgtacct actacattgg cttgggtgaa caatcagata attttctttg

8881 tttctcgagt ctttgctaat acaggcagtg tttgctacac tcctatagat gagataccct

8941 ataagagttt ctctgatagt ggttgcattc ttccatctga gtgcactatg tttagggatg

9001 cagagggccg tatgacacca tactgccatg atccctactgt tttgcctggg gctttgcgt

9061 acagtcagat gaggcctcat gttcgttacg acttgtatga tggtaacatg tttattaaat

9121 ttcctgaagt agtatttgaa agtacactta ggattactag aactctgtca actcagtact

9181 gccggttcgg tagttgtgag tatgcacaag agggtgtttg tattaccaca aatggctcgt

9241 gggccatttt taatgaccac catcttaata gacctggtgt ctattgtggc tctgattta

9301 ttgacattgt caggcggtta gcagtatcac tgttccagcc tattacttat ttccaattga

9361 ctacctcatt ggtcttgggt ataggtttgt gtgcgttcct gactttgctc ttctattata

9421 ttaataaagt aaaacgtgct tttgcagatt acacccagtg tgctgtaatt gctgttgttg

9481 ctgctgttct taatagcttg tgcatctgct ttgttacctc tataccattg tgtatagtac

9541 cttacactgc attgtactat tatgctacat tctattttac taatgagcct gcatttatta

9601 tgcatgtttc ttggtacatt atgttcgggc ctatcgttcc catatggatg acctgcgtct

9661 atacagttgc aatgtgcttt agacacttct tctgggtttt agcttatttt agtaagaaac

9721 atgtagaagt ttttactgat ggtaagctta attgtagttt ccaggacgct gcctctaata

9781 tctttgttat taacaaggac acttatgcag ctcttagaaa ctctttaact aatgatgcct

9841 attcacgatt tttgggggttg tttaacaagt ataagtactt ctctggtgct atggaaacag

9901 ccgcttatcg tgaagctgca gcatgtcatc ttgctaaagc cttacaaaca tacagcgaga

9961 ctggtagtga tcttctttac caaccaccca actgtagcat aacctctggc gtgttgcaaa

10021 gcggtttggt gaaaatgtca catcccagtg gagatgttga ggcttgtatg gttcaggtta

10081 cctgcggtag catgactctt aatggtcttt ggcttgacaa cacagtctgg tgcccacgac

10141 acgtaatgtg cccggctgac cagttgtctg atcctaatta tgatgccttg ttgatttcta

10201 tgactaatca tagtttcagt gtgcaaaaac acattggcgc tccagcaaac ttgcgtgttg

10261 ttggtcatgc catgcaaggc actcttttga gttgactgt cgatgttgct aaccctagca

10321 ctccagccta cactttaca acagtgaaac ctggcgcagc atttagtgtgt ttagcatgct

10381 ataatggtcg tccgactggt acattcactg ttgtaatgcg ccctaactac acaattaagg

10441 gttcctttct gtgtggttct tgtggtagtg ttggttacac caaggagggt agtgtgatca

10501 atttctgtta catgcatcaa atggaacttg ctaatggtac acataccggt tcagcatttg

10561 atggtactat gtatggtgcc tttatggata aacaagtgca ccaagttcag ttaacagaca

10621 aatactgcag tgttaatgta gtagcttggc tttacgcagc aatacttaat ggttgcgctt

10681 ggtttgtaaa acctaatcgc actagtgttg tttcttttaa tgaatgggct cttgccaacc

10741 aattcactga atttgttggc actcaatccg ttgacatgtt agctgtcaaa acaggcgttg

10801 ctattgaaca gctgctttat gcgatccaac aactgtatac tgggttccag ggaaagcaaa

10861 tccttggcag taccatgttg gaagatgaat tcacacctga ggatgttaat atgcagatta

10921 tgggtgtggt tatgcagagt ggtgtgagaa aagttacata tggtactgcg cattggttgt

10981 ttgcgaccct tgtctcaacc tatgtgataa tcttacaagc cactaaattt actttgtgga

11041 actacttgtt tgagactatt cccacacagt tgttcccact cttatttgtg actatggcct

11101 tcgttatgtt gttggttaaa cacaaacaca ccttttttgac acttttcttg ttgcctgtgg

11161 ctatttgttt gacttatgca aacatagtct acgagcccac tactcccatt tcgtcagcgc
<u>　　　　　　　　　　　　　　　　　　　　　F [2]-ORF 1a</u>

11221 tgattgcagt tgcaaattgg cttgcccccca ctaatgctta tatgcgcact acacatactg
<u>　　　　　　　P[2]-ORF 1a　　　　　　　　　　　R [2]-ORF 1a</u>

11281 atattggtgt ctacattagt atgtcacttg tattagtcat tgtagtgaag agattgtaca

11341 acccatcact ttctaacttt gcgttagcat tgtgcagtgg tgtaatgtgg ttgtacactt

11401 atagcattgg agaagcctca agccccattg cctatctggt ttttgtcact acactcacta

11461 gtgattatac gattacagtc tttgttactg tcaaccttgc aaaagtttgc acttatgcca

11521 tctttgctta ctcaccacag cttacacttg tgtttccgga agtgaagatg atactttttat

11581 tatacacatg tttaggtttc atgtgtactt gctattttgg tgtcttctct cttttgaacc

11641 ttaagcttag agcacctatg ggtgtctatg actttaaggt ctcaacacaa gagttcagat

11701 tcatgactgc taacaatcta actgcaccta gaaattcttg ggaggctatg gctctgaact

11761 ttaagttaat aggtattggc ggtacacctt gtataaaggt tgctgctatg cagtctaaac

11821 ttacagatct taaatgcaca tctgtggttc tcctctctgt gctccaacag ttacacttag

11881 aggctaatag tagggcctgg gctttctgtg ttaaatgcca taatgatata ttggcagcaa

11941 cagaccccag tgaggctttc gagaaattcg taagtctctt tgctacttta atgacttttt

12001 ctggtaatgt agatcttgat gcgttagcta gtgatatttt tgacactcct agcgtacttc

12061 aagctactct ttctgagttt tcacacttag ctacctttgc tgagttggaa gctgcgcaga

12121 aagcctatca ggaagctatg gactctggtg acacctcacc acaagttctt aaggctttgc

12181 agaaggctgt taatatagct aaaaacgcct atgagaagga taaggcagtg gcccgtaagt

12241 tagaacgtat ggctgatcag gctatgactt ctatgtataa gcaagcacgt gctgaagaca

12301 agaaagcaaa aattgtcagt gctatgcaaa ctatgttgtt tggtatgatt aagaagctcg

12361 acaacgatgt tcttaatggt atcatttcta cgctaggaa tggttgtata cctcttagtg

12421 tcatcccact gtgtgcttca aataaacttc gcgttgtaat tcctgacttc accgtctgga

12481 atcaggtagt cacatatccc tcgcttaact acgctggggc tttgtgggac attacagtta

12541 taaacaatgt ggacaatgaa attgttaagt cttcagatgt tgtagacagc aatgaaaatt

12601 taacatggcc acttgtttta gaatgcacta gggcatccac ttctgccgtt aagttgcaaa

12661 ataatgagat caaaccttca ggtctaaaaa ccatggttgt gtctgcgggt caagagcaaa

12721 ctaactgtaa tactagttcc ttagcttatt acgaacctgt gcagggtcgt aaaatgctga

12781 tggctcttct ttctgataat gcctatctca aatgggcgcg tgttgaaggt aaggacggat

12841 ttgtcagtgt agagctacaa cctccttgca aattcttgat tgcgggacca aaaggacctg

12901 aaatccgata tctctatttt gttaaaaatc ttaacaacct tcatcgcggg caagtgttag

12961 ggcacattgc tgcgactgtt agattgcaag ctggttctaa caccgagttt gcctctaatt

13021 cctcggtgtt gtcacttgtt aacttcaccg ttgatcctca aaaagcttat ctcgatttcg

13081 tcaatgcggg aggtgcccca ttgacaaatt gtgttaagat gcttactcct aaaactggta

13141 caggtatagc tatatctgtt aaaccagaga gtacagctga tcaagagact tatggtggag

13201 cttcagtgtg tctctattgc cgtgcgcata tagaacatcc tgatgtctct ggtgtttgta

13261 aatataaggg taagtttgtc caaatccctg ctcagtgtgt ccgtgaccct gtgggatttt

13321 gtttgtcaaa taccccctgt aatgtctgtc aatattggat tggatatggg tgcaattgtg

13381 actcgcttag gcaagcagca ctgccccaat ctaaagattc caatttttta aacgagtccg

13441 gggttctatt gtaaatgccc gaatagaacc ctgttcaagt ggtttgtcca ctgatgtcgt

13501 ctttagggca tttgacatct gcaactataa ggctaaggtt gctggtattg gaaaatacta

13561 caagactaat acttgtaggt ttgtagaatt agatgaccaa gggcatcatt tagactccta

13621 ttttgtcgtt aagaggcata ctatggagaa ttatgaacta gagaagcact gttacgactt

13681 gttacgtgac tgtgatgctg tagctcccca tgatttcttc atctttgatg tagacaaagt

13741 taaaacacct catattgtac gtcagcgttt aactgagtac actatgatgg atcttgtata

13801 tgccctgagg cactttgatc aaaatagcga agtgcttaag gctatcttag tgaagtatgg

13861 ttgctgtgat gttacctact ttgaaaataa actctggttt gattttgttg aaaatcccag

13921 tgttattggt gtttatcata aacttggaga acgtgtacgc caagctatct taaacactgt

13981 taaattttgt gaccacatgg tcaaggctgg tttagtcggt gtgctcacac tagacaacca

14041 ggaccttaat ggcaagtggt atgattttgg tgacttcgta atcactcaac ctggttcagg

14101 agtagctata gttgatagct actattctta tttgatgcct gtgctctcaa tgaccgattg

14161 tctggccgct gagacacata gggattgtga ttttaataaa ccactcattg agtggccact

14221 tactgagtat gatttactg attataaggt acaactcttt gagaagtact ttaaatattg

14281 ggatcagacg tatcacgcaa attgcgttaa ttgtactgat gaccgttgtg tgttacattg

14341 tgctaatttc aatgtattgt ttgctatgac catgcctaag acttgtttcg gacccatagt

14401 ccgaaagatc tttgttgatg gcgtgccatt tgtagtatct tgtggttatc actacaaaga

14461 attaggttta gtcatgaata tggatgttag tctccataga cataggctct ctcttaagga

14521 gttgatgatg tatgccgctg atccagccat gcacattgcc tcctctaacg ctttcttga

14581 tttgaggaca tcatgtttta gtgtcgctgc acttacaact ggtttgactt tcaaactgt

14641 gcggcctggc aattttaacc aagacttcta tgatttcgtg gtatctaaag gtttctttaa

14701 ggaggctct tcagtgacgc tcaaacattt tttctttgct caagatggta atgctgctat

14761 tacagattat aattactatt cttataatct gcctactatg tgtgacatca aacaaatgtt

14821 gttctgcatg gaagttgtaa acaagtactt cgaaatctat gacggtggtt gtcttaatgc

14881 ttctgaagtg gttgttaata atttagacaa gagtgctggc catcctttta ataagtttgg

14941 caaagctcgt gtctattatg agagcatgtc ttaccaggag caagatgaac tttttgccat

15001 gacaaagcgt aacgtcattc ctaccatgac tcaaatgaat ctaaaatatg ctattagtgc
　　　　　　　　　　　　　　　　　　　　　　　　　　　　　　　　F［2］-RdRp

15061 taagaataga gctcgcactg ttgcaggcgt gtccatactt agcacaatga ctaatcgcca
15121 gtaccatcag aaaatgctta agtccatggc tgcaactcgt ggagcgactt gcgtcattgg
15181 tactacaaag ttctacggtg gctgggattt catgcttaaa acattgtaca aagatgttga
15241 taatccgcat cttatggggtt gggattac cc taagtgtgat agagctatgc ctaatatgtg
　　　　　　　　　　Rnest［2］-RdRp　　　　　R［2］-RdRp

15301 tagaatcttc gcttcactca tattagctcg taaacatggc acttgttgta ctacaaggga
15361 cagattttat cgcttggcaa atgagtgtgc tcaggtgcta agcgaatatg ttctatgtgg
15421 tggtggttac tacgtcaaac ctggaggtac cagtagcgga gatgccacca ctgcatatgc
15481 caatagtgtc tttaacattt tgcaggcgac aactgctaat gtcagtgcac ttatgggtgc
15541 taatggcaac aagattgttg acaaagaagt taaagacatg cagtttgatt tgtatgtcaa
15601 tgtttacagg agcactagcc cagaccccaa atttgttgat aaatacatg cttttcttaa
15661 taagcacttt tctatgatga tactgtctga tgacggtgtc gtttgctata atagtgatta
15721 tgcagctaag ggttacattg ctggaataca gaattttaag gaaacgctgt attatcagaa
15781 caatgtcttt atgtctgaag ctaaatgctg ggtggaaacc gatctgaaga aagggccaca
15841 tgaattctgt tcacagcata cgctttatat taaggatggc gacgatggtt acttccttcc
15901 ttatccagac ccttcaagaa ttttgtctgc cggttgcttt gtagatgata tcgttaagac
15961 tgacggtaca ctcatggtag agcggtttgt gtctttggct atagatgctt accctctcac
16021 aaagcatgaa gatatagaat accagaatgt attctgggtc tacttacagt atatagaaaa
16081 actgtataaa gaccttacag gacacatgct tgacagttat tctgtcatgc tatgtggtga
16141 taattctgct aagttttggg aagaggcatt ctatagagat ctctatagtt cgcctaccac
16201 tttgcaggct gtcggttcat gcgttgtatg ccattcacag acttccctac gctgtgggac
16261 atgcatccgt agaccatttc tctgctgtaa atgctgctat gatcatgtta tagcaactcc
16321 acataagatg gtttttgtctg tttctcctta cgtttgtaat gcccctggtt gtggcgtttc
16381 agacgttact aagctatatt taggtggtat gagctacttt tgtgtagatc atagacctgt
16441 gtgtagtttt ccactttgcg ctaatggtct tgtattcggc ttatacaaga atatgtgcac
16501 aggtagtcct tctatagttg aatttaatag gttggctacc tgtgactgga ctgaaagtgg
16561 tgattacacc cttgccaata ctacaacaga accactcaaa cttttgctgc ctgagacttt
16621 acgtgccact gaagaggcgt ctaagcagtc ttatgctatt gccaccatca aagaaattgt
16681 tggtgagcgc caactattac ttgtgtggga ggctggcaag tccaaaccac cactcaatcg
16741 taattatgtt tttactggtt atcatataac caaaaatagt aaagtgcagc tcggtgagta
16801 cattttcgag cgcattgatt atagtgatgc tgtatcctac aagtctagta caacgtataa
16861 actgactgta ggtgacatct cgtacttac ctctcactct gtggctacct gacggcgcc
16921 cacaattgtg aatcaagaga ggtatgttaa aattactggg ttgtacccaa ccattacggt
16981 acctgaagag ttcgcaagtc atgttgccaa cttccaaaaa tcaggttata gtaaatatgt
17041 cactgttcag ggaccacctg gcactggcaa aagtcatttt gctatagggt tagcgattta
17101 ctaccctaca gcacgtgttg tttatacagc atgttcacac gcagctgttg atgctttgtg
17161 tgaaaaagct tttaaatatt tgaacattgc taaatgttcc cgtatcattc ctgcaaaggc

— 371 —

17221 acgtgttgag tgctatgaca ggtttaaagt taatgagaca aattctcaat atttgtttag

17281 tactattaat gctctaccag aaacttctgc cgatattctg gtggttgatg aggttagtat

17341 gtgcactaat tatgatcttt caattattaa tgcacgtatt aaagctaagc acattgtcta

17401 tgtaggagat ccagcacagt tgccagctcc taggactttg ttgactagag gcacattgga

17461 accagaaaat ttcaatagtg tcactagatt gatgtgtaac ttaggtcctg acatattttt

17521 aagtatgtgc tacaggtgtc ctaaggaaat agtaagcact gtgagcgctc ttgtctacaa

17581 taataaattg ttagccaaga aggagctttc aggccagtgc tttaaaatac tctataaggg

17641 caatgtgacg catgatgcta gctctgccat taatagacca caactcacat ttgtgaagaa

17701 ttttattact gccaatccgg catggagtaa ggcagtcttt atttcgcctt acaattcaca

17761 gaatgctgtg tctcgttcaa tgctgggtct taccactcag actgttgatt cctcacaggg

17821 ttcagaatac cagtacgtta tcttctgtca aacagcagat acggcacatg ctaacaacat

17881 taacagattt aatgttgcaa tcactcgtgc ccaaaaaggt attctttgtg ttatgacatc

17941 tcaggcactc tttgagtcct tagagtttac tgaattgtct tttactaatt acaagctcca

18001 gtctcagatt gtaactggcc tttttaaaga ttgctctaga gaaacttctg gcctctcacc

18061 tgcttatgca ccaacatatg ttagtgttga tgacaagtat aagacgagtg atgagctttg

18121 cgtgaatctt aatttacccg caaatgtccc atactctcgt gttatttcca ggatgggctt

18181 taaactcgat gcaacagttc ctggatatcc taagctttttc attactcgtg aagaggctgt

18241 aaggcaagtt cgaagctgga taggcttcga tgttgagggt gctcatgctt cccgtaatgc

F [1]-ORF 1b   P [1]-ORF 1b

18301 atgtggcacc aatgtgcctc tacaattagg attttcaact ggtgtgaact ttgttgttca

R[1]-ORF 1b

18361 gccagttggt gttgtagaca ctgagtgggg taacatgtta acgggcattg ctgcacgtcc

18421 tccaccaggt gaacagttta agcacctcgt gcctcttatg cataagggg g ctgcgtggcc

18481 tattgttaga cgacgtatg tgcaaatgtt gtcagacact ttagacaaat tgtctgatta

18541 ctgtacgttt gtttgttggg ctcatggctt tgaattaacg tctgcatcat acttttgcaa

18601 gataggtaag gaacagaagt gttgcatgtg caatagacgc gctgcagcgt actcttcacc

18661 tctgcaatct tatgcctgct ggactcattc ctgcggttat gattatgtct acaacccttt

18721 ctttgtcgat gttcaacagt ggggttatgt aggcaatctt gctactaatc acgatcgtta

18781 ttgctctgtc catcaaggag ctcatgtggc ttctaatgat gcaataatga ctcgttgttt

18841 agctattcat tcttgttttta tagaacgtgt ggattgggat atagagtatc cttatatctc

18901 acatgaaaag aaattgaatt cctgttgtag aatcgttgag cgcaacgtcg tacgtgctgc

18961 tcttcttgcc ggttcatttg acaaagtcta tgatattggc aatcctaaag gaattcctat

19021 tgttgatgac cctgtggttg attggcatta ttttgatgca cagcccttga ccaggaaggt

19081 acaacagctt ttctatacag aggacatggc ctcaagattt gctgatgggc tctgcttatt

19141 ttggaactgt aatgtaccaa aatatcctaa taatgcaatt gtatgcaggt ttgacacacg

19201 tgtgcattct gagttcaatt gccaggttg tgatggcggt agtttgtatg ttaacaagca

19261 cgcttttcat acaccagcat atgatgtgag tgcattccgt gatctgaaac ctttaccatt

19321 cttttattat tctactacac catgtgaagt gcatggtaat ggtagtatga tagaggatat

19381 tgattatgta cccctaaaaat ctgcagtctg tattacagct tgtaatttag ggggcgctgt

```
19441  ttgtaggaag catgctacag agtacagaga gtatatggaa gcatataatc ttgtctctgc
19501  atcaggtttc cgcctttggt gttataagac ctttgatatt tataatctct ggtctacttt
19561  tacaaaagtt caaggtttgg aaaacattgc ttttaatgtt gttaaacaag gccattttat
19621  tggtgttgag ggtgaactac ctgtagctgt agtcaatgat aagatcttca ccaagagtgg
19681  cgttaatgac atttgtatgt ttgagaataa aaccactttg cctactaata tagctttga
19741  actctatgct aagcgtgctg tacgctcgca tcccgatttc aaattgctac acaatttaca
19801  agcagacatt tgctacaagt tcgtcctttg ggattatgaa cgtagcaata tttatggtac
19861  tgctactatt ggtgtatgta agtacactga tattgatgtt aattcagctt tgaatatatg
19921  ttttgacata cgcgataatt gttcattgga gaagttcatg tctactccca atgccatctt
19981  tatttctgat agaaaaatca agaaataccc ttgtatggta ggtcctgatt atgcttactt
20041  caatggtgct atcatccgtg atagtgatgt tgttaaacaa ccagtgaagt tctacttgta
20101  taagaaagtc aataatgagt ttattgatcc tactgagtgt atttacactc agagtcgctc
20161  ttgtagtgac ttcctacccc tttctgacat ggagaaagac tttctatctt ttgatagtga
20221  tgttttcatt aagaagtatg gcttggaaaa ctatgctttt gagcacgtag tctatggaga
20281  cttctctcat actacgttag gcggtcttca cttgcttatt ggtttataca agaagcaaca
20341  ggaaggtcat attattatgg aagaaatgct aaaaggtagc tcaactattc ataactattt
20401  tattactgag actaacacag cggctttaa ggcggtgtgt tctgttatag atttaaagct
20461  tgacgacttt gttatgattt aaagagtca agaccttggc gtagtatcca aggttgtcaa
20521  ggttcctatt gacttaacaa tgattgagtt tatgttatgg tgtaaggatg gacaggttca
20581  aaccttctac cctcgactcc aggcttctgc agattggaaa cctggtcatg caatgccatc
20641  cctctttaaa gttcaaaatg taaaccttga acgttgtgag cttgctaatt acaagcaatc
20701  tattcctatg cctcgcggtg tgcacatgaa catcgctaaa tatatgcaat gtgtgccagta
20761  tttaaatact tgcacattag ccgtgcctgc caatatgcgt gttatacatt ttggcgctgg
20821  ttctgataaa ggtatcgctc ctggtacctc agttttacga cagtggcttc ctacagatgc
20881  cattattata gataatgatt taaatgagtt cgtgtcagat gctgacataa ctttatttgg
20941  agattgtgta actgtacgtg tcggccaaca agtggatctt gttatttccg acatgtatga
21001  tcctactact aagaatgtaa caggtagtaa tgagtcaaag gcttattctt ttacttacct
21061  gtgtaacctc attaataata atcttgctct tggtgggtct gttgctatta aaataacaga
21121  acactcttgg agcgttgaac tttatgaact tatgggaaaa tttgcttggt ggactgtttt
21181  ctgcaccaat gcaaatgcat cctcatctga aggattcctc ttaggtatta attacttggg
21241  tactattaaa gaaaatatag atggtggtgc tatgcacgcc aactatatat tttggagaaa
21301  ttccactcct atgaatctga gtacttactc acttttgat ttatccaagt ttcaattaaa
21361  attaaaagga acaccagttc ttcaattaaa ggagagtcaa attaacgaac tcgtaatatc
21421  tctcctgtcg cagggtaagt tacttatccg tgacaatgat acactcagtt tttctactga
21481  tgttcttgtt aacacctaca gaaagttacg ttgatgtagg gccagattct gttaagtctg
21541  cttgtattga ggttgatata caacagactt tctttgataa aacttggcct aggccaattg
21601  atgtttctaa ggctgacggt attatatacc ctcaaggccg tacatattct aacataacta
21661  tcacttatca aggtcttttt ccctatcagg gagaccatgg tgatatgtat gtttactctg
21721  caggacatgc tacaggcaca actccacaaa agttgtttgt agctaactat tctcaggacg
```

21781 tcaaacagtt tgctaatggg tttgtcgtcc gtataggagc agctgccaat tccactggca
21841 ctgttattat tagcccatct accagcgcta ctatacgaaa aatttaccct gctttatgc
21901 tgggttcttc agttggtaat ttctcagatg gtaaaatggg ccgcttcttc aatcatactc
21961 tagttctttt gcccgatgga tgtggcactt tacttagagc tttttattgt attctagagc
22021 ctcgctctgg aaatcattgt cctgctggca attcctatac ttcttttgcc acttatcaca
22081 ctcctgcaac agattgttct gatggcaatt acaatcgtaa tgccagtctg aactctttta
22141 aggagtattt taatttacgt aactgcacct ttatgtacac ttataacatt accgaagatg
22201 agatttttaga gtggtttggc attacacaaa ctgctcaagg tgttcacctc ttctcatctc
22261 ggtatgttga tttgtacggc ggcaatatgt ttcaatttgc caccttgcct gtttatgata
22321 ctattaagta ttattctatc attcctcaca gtattcgttc tatccaaagt gatagaaaag
22381 cttgggctgc cttctacgta tataaacttc aaccgttaac tttcctgttg gattttctg
22441 ttgatggtta tatacgcaga gctatagact gtggtttttaa tgatttgtca caactccact
22501 gctcatatga atccttcgat gttgaatctg gagtttattc agtttcgtct ttcgaagcaa
22561 aaccttctgg ctcagttgtg gaacaggctg aaggtgttga atgtgatttt tcacctcttc
22621 tgtctggcac acctcctcag gtttataatt tcaagcgttt ggttttttacc aattgcaatt
22681 ataatcttac caaattgctt tcacttttttt ctgtgaatga ttttacttgt agtcaaatat
22741 ctccagcagc aattgctagc aactgttatt cttcactgat tttggattac ttttcatacc
22801 cacttagtat gaaatccgat ctcagtgtta gttctgctgg tccaatatcc cagtttaatt
22861 ataaacagtc cttttctaat cccacatgtt tgatttttagc gactgttcct cataacctta
22921 ctactattac taagcctctt aagtacagct atattaacaa gtgctctcgt cttctttctg
22981 atgatcgtac tgaagtacct cagttagtga acgctaatca atactcacc tgtgtatcca
23041 ttgtcccatc cactgtgtgg gaagacggtg attattatag gaaacaacta tctccacttg
23101 aaggtggtgg ctggcttgtt gctagtggct caactgttgc catgactgag caattacaga
23161 tgggctttgg tattacagtt caatatggta cagacaccaa tagtgtttgc cccaagcttg
23221 aatttgctaa tgacacaaaa attgcctctc aattaggcaa ttgcgtggaa tattccctct
23281 atggtgtttc gggccgtggt gttttttcaga attgcacagc tgtaggtgtt cgacagcagc
23341 gctttgttta tgatgcgtac cagaatttag ttggctatta ttctgatgat ggcaactact
23401 actgtttgcg tgcttgtgtt agtgttcctg tttctgtcat ctatgataaa gaaactaaaa
23461 cccacgctac tctatttggt agtgttgcat gtgaacacat ttcttctacc atgtctcaat
23521 actcccgttc tacgcgatca atgcttaaac ggcgagattc tacatatggc cccccttcaga
23581 cacctgttgg ttgtgtccta ggacttgtta attcctcttt gttcgtagag gactgcaagt
23641 tgcctcttgg tcaatctctc tgtgctcttc ctgacacacc tagtactctc acacctcgca
23701 gtgtgcgctc tgttccaggt gaaatgcgct tggcatccat tgctttaat catcctattc
23761 aggttgatca acttaatagt agtattttta aattaagtat acccactaat ttttcctttg
23821 gtgtgactca ggagtacatt cagacaacca ttcagaaagt tactgttgat tgtaaacagt
23881 acgtttgcaa tggtttccag aagtgtgagc aattactgcg cgagtatggc cagtttttgtt
23941 ccaaaataaa ccaggctctc catggtgcca atttacgcca ggatgattct gtacgtaatt
24001 tgtttgcgag cgtgaaaagc tctcaatcat ctcctatcat accaggtttt ggaggtgact
24061 ttaatttgac acttctagaa cctgtttcta tatctactgg cagtcgtagt gcacgtagtg

24121　ctattgagga tttgctattt gacaaagtca ctatagctga tcctggttat atgcaaggtt

24181　acgatgattg catgcagcaa ggtccagcat cagctcgtga tcttatttgt gctcaatatg

24241　tggctggtta caaagtatta cctcctctta tggatgttaa tatggaagcc gcgtatactt

24301　catctttgct tggcagcata gcaggtgttg gctggactgc tggcttatcc tcctttgctg

24361　ctattccatt tgcacagagt atctttata ggttaaacgg tgttggcatt actcaacagg

24421　ttctttcaga gaaccaaaag cttattgcca ataagtttaa tcaggctctg ggagctatgc

24481　aaacaggctt cactacaact aatgaagctt ttcagaaggt tcaggatgct gtgaacaaca

24541　atgcacaggc tctatccaaa ttagctagcg agctatctaa tacttttggt gctatttccg

24601　cctctattgg agacatcata caacgtcttg atgttctcga acaggacgcc caaatagaca

24661　gacttattaa tggccgtttg acaacactaa atgcttttgt tgcacagcag cttgttcgtt

24721　ccgaatcagc tgctctttcc gctcaattgg ctaaagataa agtcaatgag tgtgtcaagg

24781　cacaatccaa gcgttctgga ttttgcggtc aaggcacaca tatagtgtcc tttgttgtaa

24841　atgcccctaa tggcctttac ttcatgcatg ttggttatta ccctagcaac cacattgagg

24901　ttgtttctgc ttatggtctt tgcgatgcag ctaaccctac taattgtata gcccctgtta

24961　atggctactt tattaaaaact aataacacta ggattgttga tgagtggtca tatactggct

25021　cgtccttcta tgcacctgag cccattacct cccttaatac taagtatgtt gcaccacagg

25081　tgacatacca aaacatttct actaacctcc ctcctcctct tctcggcaat tccaccggga

25141　ttgacttcca agatgagttg gatgagtttt tcaaaaatgt tagcaccagt atacctaatt

25201　ttggttccct aacacagatt aatactacat tactcgatct tacctacgag atgttgtctc

25261　ttcaacaagt tgttaaagcc cttaatgagt cttacataga ccttaaagag cttggcaatt

25321　atacttatta caacaaatgg ccgtggtaca tttggcttgg tttcattgct gggcttgttg

25381　ccttagctct atgcgtcttc ttcatactgt gctgcactgg ttgtggcaca aactgtatgg

25441　gaaaacttaa gtgtaatcgt tgttgtgata gatacgagga atacgacctc gagccgcata

25501　aggttcatgt tcactaatta acgaactatt aatgagagtt caaagaccac ccactctctt

25561　gttagtgttt tcactctctc ttttggtcac tgcatcctca aaacctctct atgtacctga

25621　gcattgtcag aattattctg gttgcatgct tagggcttgt attaaaactg cccaagctga

25681　tacagctggt ctttatacaa attttcgaat tgacgtccca tctgcagaat caactggtac

25741　tcaatcagtt tctgtcgatc ttgagtcaac ttcaactcat gatggtccta ccgaacatgt

25801　tactagtgtg aatctttttg acgttggtta ctcagttaat taacgaactc tatggattac

25861　gtgtctctgc ttaatcaaat ttggcagaag taccttaact caccgtatac tacttgtttg

25921　tacatcccta aacccacagc taagtataca cctttagttg gcacttcatt gcaccctgtg

25981　ctgtggaact gtcagctatc ctttgctggt tatactgaat ctgctgttaa ttctacaaaa

26041　gctttggcca aacaggacgc agctcagcga atcgcttggt tgctacataa ggatggagga

26101　atccctgatg gatgttccct ctacctccgg cactcaagtt tattcgcgca aagcgaggaa

26161　gaggagccat tctccaacta agaaactgcg ctacgttaag cgtagatttt ctcttctgcg

26221　ccatgaagac cttagtgtta ttgtccaacc aacacactat gtcagggtta cattttcaga

26281　ccccaacatg tggtatctac gttcgggtca tcatttacac tcagttcaca attggcttaa

26341　acctatggc ggccaacctg tttctgagta ccatattact ctagctttgc taaatctcac

26401　tgatgaagat ttagctagag attttttcacc cattgcgctc tttttgcgca atgtcagatt

26461 tgagctacat gagttcgcct tgctgcgcaa aactcttgtt cttaatgcat cagagatcta

26521 ctgtgctaac atacatagat ttaagcctgt gtatagagtt aacacggcaa tccctactat

26581 taaggattgg cttctcgttc agggattttc cctttaccat agtggcctcc ctttacatat

26641 gtcaatctct aaattgcatg cactggatga tgttactcgc aattacatca ttacaatgcc

26701 atgctttaga acttaccctc aacaaatgtt tgttactcct ttggccgtag atgttgtctc

26761 catacggtct tccaatcagg gtaataaaca aattgttcat tcttatccca ttttacatca

26821 tccaggattt taacgaacta tggcttctctc ggcgtcttta tttaaacccg tccagctagt

26881 cccagtttct cctgcatttc atcgcattga gtctactgac tctattgttt tcacatacat

26941 tcctgctagc ggctatgtag ctgctttagc tgtcaatgtg tgtctcattc ccctattatt

27001 actgctacgt caagatactt gtcgtcgcag cattatcaga actatggttc tctatttcct

27061 tgttctgtat aacttttat tagccattgt actagtcaat ggtgtacatt atccaactgg

27121 aagttgcctg atagccttct tagttatcct cataatactt tggtttgtag atagaattcg

27181 tttctgtctc atgctgaatt cctacattcc actgtttgac atgcgttccc acttattcg

27241 tgttagtaca gtttcttctc atggtatggt ccctgtaata cacaccaaac cattatttat

27301 tagaaacttc gatcagcgtt gcagctgttc tcgttgtttt tatttgcact cttccactta

27361 tatagagtgc acttatatta gccgtttttag taagattagc ctagtttctg taactgactt

27421 ctccttaaac ggcaatgttt ccactgtttt cgtgcctgca <u>acgcgcgatt cagttcctct</u>

                                                     F [1]-upE

27481 <u>tcacataatc gccccgagct</u> cgcttatcgt ttaagcagct <u>ctgcgctact atgggtcccg</u>

         P[1]-upE   R [1]-upE

27541 <u>tgtagaggct</u> aatccattag tctctctttg gacatatgga aaacgaacta tgttaccctt

27601 tgtccaagaa cgaatagggt tgttcatagt aaactttttc attttttaccg tagtatgtgc

27661 tataacactc ttggtgtgta tggctttcct tacggctact agattatgtg tgcaatgtat

27721 gacaggcttc aatacccgt tagttcagcc cgcattatac ttgtataata ctggacgttc

27781 agtctatgta aaattccagat atagtaaacc ccctctacca cctgacgagt gggtttaacg

27841 aactccttca taatgtctaa tatgacgcaa ctcactgagg cgcagattat tgccattatt

27901 aaagactgga actttgcatg gtccctgatc tttctcttaa ttactatcgt actacagtat

27961 ggatacccat cccgtagtat gactgtctat gtctttaaaa tgtttgtttt atggctccta

28021 tggccatctt ccatggcgct atcaatattt agcgccgttt atccaattga tctagcttcc

28081 cagataatct ctggcattgt agcagctgtt tcagctatga tgtggatttc ctactttgtg

28141 cagagtatcc ggctgtttat gagaactgga tcatggtggt cattcaatcc tgagactaat

28201 tgcctttga acgttccatt tggtggtaca actgtcgtac gtccactcgt agaggactct

28261 accagtgtaa ctgctgttgt aaccaatggc cacctcaaaa tggctggcat gcatttcggt

28321 gcttgtgact acgacagact tcctaatgaa gtcaccgtgg ccaaacccaa tgtgctgatt

28381 gctttaaaaa tggtgaagcg gcaaagctac ggaactaatt ccggcgttgc catttaccat

28441 agatataagg caggtaatta caggagtccg cctattacgg cggatattga acttgcattg

28501 cttcgagctt aggctcttta gtaagagtat cttaattgat tttaacgaat ctcaatttca

28561 ttgttatggc atcccctgct gcacctcgtg ctgtttcctt tgccgataac aatgatataa

28621 caaatacaaa cctatctcga ggtagaggac gtaatccaaa accacgagct gcaccaaata

28681 acactgtctc ttggtacact gggcttaccc aacacgggaa agtccctctt acctttccac
28741 ctgggcaggg tgtacctctt aatgccaatt ctacccctgc gcaaaatgct gggtattggc
　　　　　　　　　　F［3］-N3　　　　　　　　P［3］-N3
28801 　ggagacagga cagaaaaatt aataccggga atggaattaa gcaactggct cccaggtggt
　　　　　R［3］-N3
28861 acttctacta cactggaact ggacccgaag cagcactccc attccgggct gttaaggatg
28921 gcatcgtttg ggtccatgaa gatggcgcca ctgatgctcc ttcaactttt gggacgcgga
28981 accctaacaa tgattcagct attgttacac aattcgcgcc cggtactaag cttcctaaaa
29041 acttccacat tgagggggact ggaggcaata gtcaatcatc ttcaagagcc tctagcttaa
29101 gcagaaactc ttccagatct agttcacaag gttcaagatc aggaaactct acccgcggca
29161 cttctccagg tccatctgga atcggagcag taggaggtga tctactttac cttgatcttc
29221 tgaacagact acaagcccct gagtctggca aagtaaagca atcgcagcca aaagtaatca
29281 ctaagaaaga tgctgctgct gctaaaaata agatgcgcca caagcgcact tccaccaaaa
29341 gtttcaacat ggtgcaagct tttggtcttc gcggaccagg agacctccag ggaaactttg
29401 gtgatcttca attgaataaa ctcggcactg aggacccacg ttggccccaa attgctgagc
　　　　　　　　　　F［3］-N2　　　　　　　　P［3］-N2
29461 　ttgctcctac agccagtgct tttatgggta tgtcgcaatt taaacttacc catcagaaca
　　　　　　　　　　R［3］-N2
29521 atgatgatca tggcaaccct gtgtacttcc ttcggtacag tggagccatt aaacttgacc
　　　　　　　　　　　　　　　　F［2］-N
29581 　caaagaatcc caactacaat aagtggttgg agcttcttga gcaaaatatt gatgcctaca
　　　　　Fnest［2］-N
29641 aaaccttccc taagaaggaa aagaaacaaa aggcaccaaa agaagaatca acagaccaaa
29701 tgtctgaacc tccaaaggag cagcgtgtgc aaggtagcat cactcagcgc actcgcaccc
29761 gtccaagtgt tcagcctggt ccaatgattg atgttaacac tgattagtgt cactcaaagt
29821 aacaagatcg cggcaatcgt ttgtgtttgg caaccccatc tcaccatcgc ttgtccactc
　　　　　　　　　　　R［2］-N
29881 ttgcacagaa tggaatcatg ttgtaattac agtgcaataa ggtaattata acccatttaa
29941 ttgatagcta tgctttatta aagtgtgtag ctgtagagag aatgttaaag actgtcacct
30001 ctgcttgatt gcaagtgaac agtgcccccc gggaagagct ctacagtgtg aaatgtaaat
30061 aaaaaatagc tattattcaa ttagattagg ctaattagat gatttgcaaa aaaaaaaaa

图 23-1 MERS-CoV 基因组序列及文献报道的引物和探针位置
［ ］内为相关引物和探针的文献来源

3. MERS-CoV RNA 日常检测常用临床标本及其处理的特点　标本采集对象为 MERS-CoV 感染疑似病例、临床诊断病例及需要进一步研究的确诊病例；其他需要进行 MERS-CoV 感染诊断或鉴别诊断者。

（1）标本采集种类：每个病例应尽可能同时采集上、下呼吸道标本；应优先采集下呼吸道标本，可根据临床表现与采集样本的时间间隔决定采集鼻拭子、咽拭子;粪便、血清也应该采集。死亡病例依据《传染病病人或疑似传染病病人尸体解剖查验规定》(中华人民共和国卫生部第 43 号令)中人感染高致病性禽流感的相关规定采集尸体标本,没有条件进行尸体解剖的,可采集呼吸道灌洗液或经皮穿刺采集肺组织标本。

1)上呼吸道标本:包括咽拭子、鼻拭子、鼻咽抽取物、咽漱液、深咳痰液。

2)下呼吸道标本:包括呼吸道抽取物、支气管灌洗液、肺组织活检标本。

3)尸检标本:患者死亡后应依法尽早进行解剖,在严格按照生物安全防护的条件下,进行尸检,主要采集肺、气管组织标本,条件允许下也可采集肾脏的组织标本。

4)血清标本:每一病例都必须采集急性期、恢复期双份血清。第一份血清应尽早(最好在发病后 7d 内)采集,第二份血清应在发病后第 3—4 周采集。采集量要求 5ml,以空腹血为佳,建议使用真空采血管。

(2)标本采集方法

1)咽拭子:用 2 根聚丙烯纤维头的塑料杆拭子同时擦拭双侧咽扁桃体及咽后壁,将拭子头浸入含 3ml 采样液的管中,尾部弃去,旋紧管盖。

2)鼻拭子:将 1 根聚丙烯纤维头的塑料杆拭子轻轻插入鼻道内鼻腭处,停留片刻后缓慢转动退出。取另一根聚丙烯纤维头的塑料杆拭子以同样的方法采集另一侧鼻孔。上述两根拭子浸入同一含 3ml 采样液的管中,尾部弃去,旋紧管盖。

3)鼻咽抽取物或呼吸道抽取物:用与负压泵相连的收集器从鼻咽部抽取黏液或从气管抽取呼吸道分泌物。将收集器头部插入鼻腔或气管,接通负压,旋转收集器头部并缓慢退出,收集抽取的黏液,并用 3ml 采样液冲洗收集器 1 次(亦可用小儿导尿管接在 50ml 注射器上来替代收集器)。

4)咽漱液:用 10ml 不含抗生素的采样液漱口。漱口时让患者头部微后仰,发"噢"声,让洗液在咽部转动。然后将咽漱液收集于 50ml 无菌的螺口塑料管中。无条件的可用平皿或烧杯收集咽漱液并转入 10ml 螺口采样管中。

5)深咳痰液:要求患者深咳后,将咳出的痰液收集于含 3ml 采样液的 50ml 螺口塑料管中。

6)呼吸道灌洗液:将收集器头部从鼻孔或气管插口处插入气管(约 30cm 深处),注入 5ml 生理盐水,接通负压,旋转收集器头部并缓慢退出。收集抽取的黏液,并用采样液冲洗收集器 1 次(亦可用小儿导尿管接在 50ml 注射器上来替代收集)。

7)胸腔积液:在 B 超定位下进行胸腔穿刺,抽取胸腔积液 5ml,置于无菌的塑料螺口管中。

8)肺组织活检标本:在超声或 X 线定位下,经皮穿刺取肺组织活检标本,置于含 3ml 采样液的塑料螺口管中。

9)尸检标本:每一采集部位分别使用不同消毒器械,以防交叉污染;每种组织应多部位取材,各部位应取 20～50g,淋巴结取 2 个。

10)血清标本:用真空负压采血管采集血液标本 5ml,室温静置 30min,1500～2000r/min 离心 10min,收集血清于无菌螺口塑料管中。

(3)标本包装:标本采集后在生物安全二级实验室生物安全柜内分装成三份。一份当地省级疾控中心检测用,一份送中国疾病预防控制中心检测,一份保存以备复核。

1)所有标本应放在大小适合的带螺旋盖内有垫圈、耐冷冻的样本采集管里,拧紧。容器外注明样本编号、种类、姓名及采样日期。

2)将密闭后的标本放入大小合适的塑料袋内密封,每袋装一份标本。

(4)标本保存:用于病毒分离和核酸检测的标本应尽快进行检测,24h 内能检测的标本可置于 4℃ 保存;24h 内无法检测的标本则应置于 −70℃ 或以下保存(如无 −70℃ 保存条件,则于 −20℃ 冰箱暂存)。血清可在 4℃ 存放 3d,可在 −20℃ 以下长期保存。标本运送期间应避免反复冻融,并应设立专库或专柜单独保存标本。

(5)标本送检:样本采集后应尽快送往实验室,当呼吸道样本或血清运往实验室的运输中出现耽搁时,适当低温保存处理是非常重要的,建议在能获得干冰的地方采用干冰保藏运输样本。

1)上送标本:检测结果阳性或可疑的原始标本或分离物应及时送中国疾病预防控制中心复核和进一步检测;省级疾病预防控制机构实验室检测阴性,但有明确流行病学证据的病例标本应送中国疾病预防控制中心进一步检测。

2)标本运送的生物安全要求:按照《病原微生物实验室生物安全管理条例》(国务院 424 号令)和《可感染人类的高致病性病原微生物菌(毒)种或样本运输管理规定》(中华人民共和国卫生部第 45 号令)等有关规定执行。

3)标本送检的程序:各省(区、市)需要向中国疾病预防控制中心送检标本的具体要求见《可感染人类的高致病性病原微生物菌(毒)种或样本运输管理规定》(中华人民共和国卫生部第 45 号令),具体程序可参考《疑似人感染高致病性禽流感/不明原因肺炎病例标本送检、接收、检测和结果报告反馈工作流程》(中疾控疾发〔2005〕526 号)。

4)MERS-CoV 样本在国际间运输应当遵守相应的国际法规,具体法规见 WHO 传染性物品运输指导规则(2011—2012),具体见网址 http:∥ www. who. int/ihr/publications/who_hse_ihr_ 20100801/en/index.html。

(6)实验室生物安全:从事 MERS-CoV 检测的技术人员应经过生物安全培训,并取得相应资格和具备相应的实验技能,在检测过程中根据风险评估要求采取生物安全防护。不同标本检测的生物安全级别要求如下。

1)下列操作必须在生物安全三级(BSL-3)或以上实验室的生物安全柜内进行:病毒培养物的核酸提取;采用微量中和试验进行血清抗体检测;MERS-CoV 的分离、鉴定和中和实验;可疑感染样本接种动物进行病毒分离;动物接种研究病毒性状的研究。

2)下列操作必须在生物安全二级(BSL-2)或以上实验室的生物安全柜内进行:标本分装和核酸提取;标本的抗原快速检测,以及采用灭活抗原进行 ELISA 检测血清抗体;稀释样本;接种细菌或霉菌培养基;进行不涉及病毒繁殖的检测性操作;对可疑感染样本进行核酸提取;对涂片进行化学固定或热固定处理,然后进行显微镜观察。

3)阳性标本和分离物的保存及销毁应按照《病原微生物实验室生物安全管理条例》(国务院第 424 号令)执行。

4. MERS-CoV RNA 检测的临床意义 MERS-CoV RNA 的实时荧光 RT-PCR 检测,是目前 MERS-CoV 感染或疑似感染病例检测中最为灵敏快速的方法,不仅是实验室筛查的重要方法,而且为 MERS 的特异性诊断提供了重要依据。

(张　蕾)

参 考 文 献

[1] Corman VM,Eckerle I,Bleicker T,et al.Detection of a novel humancoronavirus by real-time reverse-transcription polymerase chain reaction.Euro Surveill,2012,17(39):20285

[2] Corman VM,Muller MA,Costabel U,et al. Assays for laboratory confirmation of novel

human coronavirus （hCoV-EMC） infections. Euro Surveill,2012,17(49):20334

[3] Lu X,Whitaker B,Sakthivel SK,et al.Real-time reverse transcription-PCR assay panel for Middle East respiratory syndrome coronavirus. J Clin Microbiol,2014,52(1):67-75

[4] WHO. Laboratory testing for Middle East respiratory syndrome Coronavirus—— interim guidance (revised),2015

[5] Centers for Disease Control and Prevention. Middle East respiratory syndrome （MERS）. http:// www. cdc. gov/coronavirus/mers/index.html

[6] van Boheemen S,de Graaf M,Lauber C,et al. Genomic characterization of a newly discovered coronavirus associated with acute respiratory distress syndrome in humans. MBio, 2012, 3(6):e00473-12

[7] Zaki AM,van Boheemen S,Bestebroer TM,et al.Isolation of a novel coronavirus from a man with pneumonia in Saudi Arabia. N Engl J Med,2012,367(19):1814-1820

[8] Su S,Wong G,Liu Y,et al. MERS in South Korea and China:a potential outbreak threat? Lancet,2015,385(9985):2349-2350

[9] Al-Tawfiq JA,Memish ZA. Middle East respiratory syndrome coronavirus:transmission and phylogenetic evolution. Trends Microbiol, 2014,22(10):573-579

[10] Chan JF,Lau SK,To KK,et al.Middle East respiratory syndrome coronavirus:another zoonotic betacoronavirus causing SARS-like disease.Clin Microbiol Rev,2015,28(2):465-522

[11] Drosten C,Seilmaier M,Corman VM,et al. Clinical features and virological analysis of a case of Middle East respiratory syndrome coronavirus infection.Lancet,2013,13(9):745-751

[12] Memish Z,Al-Tawfiq JA,Makhdoom HQ,et al. Respiratory tract samples, viral load, and genome fraction yield in patients with Middle

East respiratory syndrome.J Infect Dis,2014, 210(10):1590-1594

[13] Kraaij-Dirkzwager M,Timen A,Dirksen K,et al. Middle East respiratory syndrome coronavirus （MERS-CoV） infections in two returning travellers in the Netherlands,May 2014. Euro surveill,2014,19(21):20817

[14] Abroug F,Slim A,Ouanes-Besbes L,et al. Family Cluster of Middle East Respiratory Syndrome Coronavirus Infections,Tunisia, 2013. Emerg Infect Dis, 2014, 20 (9): 1527-1530

[15] Buchholz U,Müller MA,Nitsche A,et al.Contact investigation of a case of human coronavirus infection treated in a German hospital, October-November 2012. Euro surveill, 2013, 18(8):20406

[16] Drosten C,Meyer B,Müller MA,et al.Transmission of MERS-coronavirus in household contacts.N Engl J Med,2014,371(9):828-835

[17] Müller M,Meyer B,Corman VM,et al.Presence of Middle East respiratory syndrome coronavirus antibodies in Saudi Arabia:a nationwide, cross-sectional, serological study. Lancet Infect Dis,2015,15(6):629

[18] Guery B,Poissy J,el Mansouf L,et al.Clinical features and viral diagnosis of two cases of infection with Middle East Respi-ratory Syndrome coronavirus:a report of nosocomial transmission. Lancet, 2013, 381 (9885): 2265-2272

[19] Cotten M,Watson SJ,Kellam P,et al.Transmission and evolution of the Middle East respiratory syn-drome coronavirus in Saudi Arabia:a descriptive genomic study.Lancet,2013, 382(9909):1993-2002

[20] Lu L,Liu Q,Zhu Y,et al.Structure-based discovery of Middle East respiratory syndrome coronavirus fusion inhibitor. Nat Commun, 2014,5:3067

第24章 沙眼衣原体实时荧光 PCR 检测及临床意义

沙眼衣原体(chlamydia trachomatis,CT)为革兰阴性病原体,没有合成高能化合物 ATP 的能力,必须由宿主细胞提供,因而是能量寄生物。衣原体是一类能通过细胞滤器,有独特发育周期、严格细胞内寄生的原核细胞型微生物,比病毒大,比细菌小,呈球形,直径只有 0.3～0.5mm。CT 是重要的性传播疾病的病原体之一,它不仅会导致阴道、尿道感染;上行的生殖道感染还可能累及子宫内膜、输卵管和邻近的盆腔结构,导致盆腔炎、输卵管损伤直至不孕。此外,此种病原体还与人乳头瘤病毒(HPV)和人类免疫缺陷病毒(HIV)的感染有关。

一、沙眼衣原体的形态和 基因组结构特点

CT 的基因组为长 1.5kb 左右的双链 DNA,属于基因组最小的原核生物之一,仅为大肠埃希菌的 1/3。其 RNA 的主要成分是 21、16、4S rRNA。所有的 CT 都含有 7.5kb 的隐蔽性质粒,并且发现这种质粒与其他生物间没有同源序列。约 1.2kb 的外膜主蛋白(major outer membrane protein,MOMP)基因(omp1),为染色体基因组的一部分,包括 5 个保守区和 4 个可变区 Ⅰ-Ⅳ (VDI-VDIV)。

沙眼衣原体有独特发育周期,它的生长发育周期分两个阶段:① 原体(elementary body),是发育周期的感染阶段,外有包壁,具感染力;② 始体,又称网状体(initial body),是在感染细胞内的繁殖阶段,无包壁,无感染性,具增殖力。原体(约 0.3μm)与易感细胞接触后通过吞饮作用进入细胞,

形成空泡称为包涵体,包涵体外膜来自于感染细胞时的浆细胞膜。此时结构致密的原体逐渐发育成结构疏松的始体(约 1μm),开始了 RNA 与 DNA 的合成并以二分裂方式开始增殖,经过 24～72h 增殖始体重新形成原体,包涵体溶解,细胞释放出原体。

沙眼衣原体有三个生物变种,即沙眼生物变种、性病淋巴肉芽肿(LGV)生物变种和鼠生物变种。沙眼生物变种还有 A～K 14 个血清型(包括 Ba、Da、Ia)。LGV 生物变种还有 4 个血清型,即 L1、L2、L2a 和 L3。

二、沙眼衣原体的实时荧光 PCR 测定

1. 引物和探针设计 CT 核酸 PCR 引物和探针设计的一般原则是:① 选择 CT 核酸的高保守区域,以保证检测的特异性。在 CT PCR 检测中,主要扩增的靶序列包括外膜主蛋白(major outer membrane protein,MOMP)基因(omp1)、隐蔽性质粒(cryptic plasmid)和 rRNA 基因。② 灵敏度:针对不同区域的引物的灵敏度不同。a. omp1 基因含有约 1.2kb,为染色体基因组的一部分,包括 5 个保守区和 4 个可变区 Ⅰ-Ⅳ(VDI-VDIV)。由于每一个沙眼衣原体只有一个 MOMP 基因,故用其进行检测特异性极好,但是敏感性稍差。b. 衣原体基因组含有 7～10 个 7.5kb 左右的隐蔽性质粒。由于是多拷贝基因,所以其敏感性要优于以 omp1 为靶片段所做的扩增、是 omp1 的 10～1000 倍。c. rRNA 基因:还有学者曾以 rRNA 为靶序列进行 PCR 扩增。

2. 不同靶检测区域的比较 在沙眼衣原体 PCR 检测中,主要扩增的靶序列包括外

膜主蛋白（major outer membrane protein，MOMP）基因（omp1）、隐蔽性质粒（plasmid）和 rRNA 基因。

（1）外膜主蛋白（major outer membrane protein，MOMP）基因：omp1 基因含有约 1.2kb，为染色体基因组的一部分，包括 5 个保守区和 4 个可变区 Ⅰ-Ⅳ（VDI-VDIV）。由于每一个沙眼衣原体只有一个 MOMP 基因，即为单拷贝基因，故用其进行检测特异性极好，但是敏感性稍差。

（2）隐蔽性质粒（cryptic plasmid）：衣原体基因组除了含有一个 15kb 左右的染色体基因组外，还含有 7～10 个 7.5kb 左右的隐蔽性质粒。由于是多拷贝基因，所以其敏感性要优于以 omp1 为靶片段所做的扩增。有研究证实，以质粒序列为靶位点进行扩增时，其敏感性高于以染色体基因组序列为靶位点进行 PCR 扩增时的敏感性。Mathony 等研究发现对前者进行扩增的敏感性是后两者的 10～1000 倍，这种现象可能是由于衣原体内隐蔽性质粒的高拷贝性造成的。Keegan 等分别用不同的核酸提取方法处理的样本进行对隐蔽性质控和 MOMP 基因两个不同序列的扩增，同样证实了以质粒为靶序列的扩增敏感性最高。对以沙眼衣原体隐蔽性质粒为靶序列的文献进行统计后发现，对其进行扩增检测的序列较为分散，在文献中出现过的引物范围可以大概分为 5 个区域，分别是

202-943、1206-1965、2539-3222、5308-5802 和 6787-7499。以上位点均以 NCBI/BLAST 中 C. trachomatis plasmid DNA for growth within mammalian cells 位点为准进行证实（GeneBank X07547）。

（3）rRNA 基因：还有学者曾以 rRNA 为靶序列进行 PCR 扩增，并将其检测敏感性和特异性与前两者进行比较后发现，以质粒为靶序列进行 PCR 扩增后效率最高、而以 rRNA 为靶序列扩增时效率最低、omp1 位于两者之间。

除此以外，还有以编码 60kDa 的热休克蛋白的 Hsp 60 基为靶位点进行检测的报道，经过 Keegen 等的研究证实，以质粒为靶序列进行的检测最成功，其次是对 Hsp 60 的检测，最后是对 MOMP。同时，为了加强检测的特异性他也建议把对质粒为靶序列进行的检测和对 Hsp 60 为靶序列进行的检测同时应用。

3. 文献报道的常用引物和探针举例

（1）针对 CT 16S and 23S rRNA 的全基因序列的扩增检测引物和探针：表 24-1 为文献报道的基于 CT 16S and 23S rRNA 的全基因序列而设计的 CT 实时荧光 PCR 测定中使用的引物和探针举例。图 24-1 为 CT 16S and 23S rRNA 的全基因序列（GeneBank U68443）及文献报道的引物和探针所在位置。

表 24-1 文献报道的根据 CT 16S and 23S rRNA 的全基因序列设计的实时荧光 PCR 引物和探针举例

测定技术		引物和探针	扩增区域	文献
TaqMan 探针	引物	F:5′-TCGAGAATCTTTCGCAATGGAC-3′（369-390）	16S rRNA（369-590）	[4]
		R:5′-CGCCCTTTACGCCCAATAAA-3′（590-571）		
	探针	5′-FAM-AAGTCTGACGAAGCGACGCCGC-TAMRA-3′（393-414）		

续表

测定技术		引物和探针	扩增区域	文献
TaqMan 探针	引物	F:5′-GAAAAGAACCCTTGTTAAGGGAG-3′(2317-2339)	23S rRNA (2317-2444)	[6]
		R:5′-CTTAACTCCCTGGCTCATCATG-3′(2444-2423)		
	探针	5′-FAM-CAAAAGGCACGCCGTCAAC-TAMRA-3′ (2422-2404)		
荧 光 染 料 SYBR® Green Ⅰ	引物	F:5′-GGAGAAAAGGGAATTTCACG-3″(675-694)	16S rRNA (675-847)	[1]-[3]
		R:5′-TCCACATCAAGTATGCATCG-3′(847-828)		
荧 光 染 料 SYBR® Green Ⅰ	引物	F:5′-GATGCCTTGGCATTGATAGGCGATGAAGGA-3′ (1830-1859)	23S rRNA (1830-2434)	[5]
		R:5′-TGGCTCATCATGCAAAAGGCA-3′(2434-2414)		

```
   1 tttttctga gaatttgatc ttggttcaga ttgaacgctg gcggcgtgga tgaggcatgc
  61 aagtcgaacg gagcaattgt ttcggcaatt gtttagtggc ggaagggtta gtaatgcata
 121 gataatttgt ccttaacttg gggataacgg ttggaaacgg ccgctaatac cgaatgtggc
 181 gatatttggg catccgagta acgttaaaga aggggatctt aggaccttC ggttaaggga
 241 gagtctatgt gatatcagct agttggtggg gtaaaggcct accaaggcta tgacgtctag
 301 gcggattgag agattggccg ccaacactgg gactgagaca ctgcccagac tcctacggga
 361 ggctgcagtc gagaatcttt cgcaatggac ggaagtctga cgaagcgacg ccgcgtgtgt
                    F[4]                        P[4]
 421 gatgaaggct ctagggttgt aaagcacttt cgcttgggaa taagagaagg cggttaatac
 481 ccgctggatt tgagcgtacc aggtaaagaa gcaccggcta actccgtgcc agcagctgcg
 541 gtaatacgga gggtgctagc gttaatcgga tttattgggc gtaaagggcg tgtaggcgga
                                          R[4]
 601 aaggtaagtt agttgtcaaa gatcggggct caaccccgag tcggcatcta atactatttt
 661 tctagagggt agatggagaa aagggaattt cacgtgtagc ggtgaaatgc gtagatatgt
                     F[1-3]
 721 ggaagaacac cagtggcgaa ggcgctttt taatttatac ctgacgctaa ggcgcgaaag
 781 caaggggagc aaacaggatt agataccctg gtagtccttg ccgtaaacga tgcatacttg
                                                      R[1-3]
 841 atgtggatgg tctcaacccc atccgtgtcg gagctaacgc gttaagtatg ccgcctgagg
 901 agtacactcg caagggtgaa actcaaaaga attgacgggg gcccgcacaa gcagtggagc
 961 atgtggttta attcgatgca acgcgaagga ccttacctgg gtttgacatg tatatgaccg
1021 cggcagaaat gtcgtttc gcaaggacat atacacaggt gctgcatggc tgtcgtcagc
1081 tcgtgccgtg aggtgttggg ttaagtcccg caacgagcgc aacccttatc gttagttgcc
1141 agcacttagg gtgggaactc taacgagact gcctgggtta accaggagga aggcgaggat
1201 gacgtcaagt cagcatggcc cttatgccca gggcgacaca cgtgctacaa tggccagtac
```

1261 agaaggtagc aagatcgtga gatggagcaa atcctcaaag ctggccccag ttcggattgt

1321 agtctgcaac tcgactacat gaagtcggaa ttgctagtaa tggcgtgtca gccataacgc

1381 cgtgaatacg ttcccgggcc ttgtacacac cgcccgtcac atcatgggag ttggttttac

1441 cttaagtcgt tgactcaacc cgcaagggag agaggcgccc aaggtgaggc tgatgactag

1501 gatgaagtcg taacaaggta gccctaccgg aaggtggggc tggatcacct ccttttaagg

1561 ataaggaaga agcctgagaa ggtttctgac taggttgggc aagcatttat atgtaagagc

1621 aagcattcta tttcatttgt gttgttaaga gtagcgtggt gaggacgaga catatagttt

1681 gtgatcaagt atgttattgt aaagaaataa tcatggtaac aagtatattt cacgcataat

1741 aatagacgtt taagagtatt tgtctttttag gtgaagtgct tgcatggatc tatagaaatt

1801 acagaccaag ttaataagag ctattggtgg atgccttggc attgacaggc gaagaaggac

1861 gcgaatacct cgcgaaaagct ccggcgagct ggtgataagc aaagacccgg aggtatccga

1921 atggggaaac ccggtagagt aatagactac cattgcatgc tgaatacata ggtatgcaga

1981 gcgacacctg ccgaactgaa acatcttagt aggcagagga aaagaaatcg aagagattcc

2041 ctgtgtagcg gcgagcgaaa ggggaatagc ctaaaccgag ctgataaggc tcggggttgt

2101 aggattgagg ataaaggatc aggactccta gttgaacaca tctggaaaga tggatgatac

2161 agggtgatag tcccgtagac gaaaggagag aaagaccgac ctcaacacct gagtaggact

2221 agacacgtga aacctagtct gaatctgggg agaccactct ccaaggctaa atactagtca

2281 atgaccgata gtgaaccagt actgtgaagg aaaggc**gaaa agaacccttg ttaagggagt**

F[6]

2341 gaaatagaac ctgaaaccag tagcttacaa gcggtcggag accaatggcc cgtaagggtc

2401 aag**gttgacg gcgtgccttt tgcatgatga gccagggagt taag**ctaaac ggcgaggtta

P[6]   R[6]

2461 agggatatac attccggagc cggagcgaaa gcgagtttta aaagagcgaa gagtcgtttg

2521 gtttagacac gaaaccaagt gagctctttta tgaccaggtt gaagcatggg taaaactatg

2581 tggaggaccg aactagtacc tgttgaaaaa ggtttggatg agttgtgaat aggggtgaaa

2641 ggccaatcaa acttggagat atcttgttct ctccgaaata actttagggt tagcctcgga

2701 taatgagctt ttgggggtag agcactgaat tctagcgggg gcctaccggc ttaccaacgg

2761 aaatcaaact ccgaatacca gaagcgagtc cgggagatag acagcggggg ctaagcttcg

2821 ttgtcgagag gggaacagcc cagaccgccg attaaggtcc ctaattttat gctaagtggg

2881 taaggaagtg atgattcgaa gacagttgga atgttggctt agaggcagca atcatttaaa

2941 gagtgcgtaa cagctcacca atcgagaatc attgcgccga taataaacgg gactaagcat

3001 aaaaccgaca tcgcgggtgt gtcgataaga cacgcggtag gagagcgtag tattcagcag

3061 agaaggtgta ccggaaggag ggctggagcg gatactagtg aagatccatg gcataagtaa

3121 cgataaaggg agtgaaaatc tccctcgccg taagcccaag gtttccaggg tcaagctcgt

3181 cttccctggg ttagtcggcc cctaagttga ggcgtaactg cgtagacgat ggagcagcag

3241 gttaaatatt cctgcaccac ctaaaactat agcgaaggaa tgacggagta agttaagcac

3301 gcggacgatt ggaagagtcc gtagagcgat gagaacggtt agtaggcaaa tccgctaaca

3361 taagatcagg tcgcgatcaa ggggaatctt cggaggaacc gatggtgtgg agcgaggctt

3421 tcaagaaata atttctagct gttgatggtg accgtaccaa aaccgacaca ggtgggcgag

```
3481  atgaatattc taaggcgcgc gagataactt tcgttaagga actcggcaaa ttatccccgt
3541  aacttcggaa taaggggagc cttttagggt gactatggaa cgataggagc cccgggggggc
3601  cgcagagaaa tggcccaggc gactgtttag caaaaacaca gcactatgca aacctctaag
3661  gggaagtata tggtgtgacg cctgcccaat gccaaaaggt taaagggata tgtcagctgt
3721  aaagcgaagc attgaaccta agccctggtg aatggccgcc gtaactataa cggtgctaag
3781  gtagcgaaat tccttgtcgg gtaagttccg acctgcacga atggtgtaac gatctgggca
3841  ctgtctcaac gaaagactcg gtgaaattgt agtagcagtg aagatgctgt ttacccgcga
3901  aaggacgaaa agaccccgtg aacctttact gtactttggt attggttttt ggtttgttat
3961  gtgtaggata gccaggagac taagaacact cttcttcagg agagtgggag tcaacgttga
4021  aatactggtc ttaacaagct gggaatctaa cattattcca tgaatctgga agatggacat
4081  tgccagacgg gcagttttac tggggcggta tcctcctaaa agtaacgga ggagcccaaa
4141  gcttatttca tcgtggttgg caatcacgag tagagcgtaa aggtataaga taggttgact
4201  gcaagaccaa caagtcgagc agagacgaaa gtcgggctta gtgatccggc ggtggaaagt
4261  ggaatcgccg tcgcttaacg gataaaaggt actccgggga taacaggctg atcgccacca
4321  agagttcata tcgacgtggc ggtttggcac ctcgatgtcg gctcatcgca tcctggggct
4381  ggagaaggtc ccaagggttt ggctgttcgc caattaaagc ggtacgcgag ctgggttcaa
4441  aacgtcgtga gacagtttgg tctctatcct tcgtgggcgc aggatacttg agaggagctg
4501  ttcctagtac gagaggaccg gaatggacga accaatggtg tatcggttgt tttgccaaga
4561  gcatagccga gtagctacgt tcggaaagga taagcattga aagcatctaa atgccaagcc
4621  tccctcaaga taaggtatcc caatgagact ccatgtagac tacgtggttg ataggttgga
4681  ggtgtaagca cagtaatgtg ttcagctaac caatactaat aagtccaaag acttggtctt
4741  tttatgattg gaagagccga aaggcaaaga caataagaaa aagagtagag agtgcaagtg
4801  cgtagaagac aagcttttaa gcgtctatta gtatacgtga gaaacgatac caggattagc
4861  ttggtgataa tagagagagg a
```

图 24-1　CT 16S and 23S rRNA 的全基因序列（GeneBank U68443）（3～1556"16S ribosomal RNA"；1800～4739 "23S ribosomal RNA"）及文献报道的引物和探针所在位置

［　］内为相关引物和探针的文献来源

（2）针对 CT 隐蔽性质粒的全基因序列的扩增检测引物和探针：表 24-2 为文献报道根据 CT 隐蔽性质粒的全基因序列设计的实时荧光 PCR 引物和探针举例。图 24-2 为 CT 隐蔽性质粒的全基因序列，共 7499bp（GeneBank X07547）及文献报道根据 CT 隐蔽性质粒的全基因序列设计的实时荧光 PCR 引物和探针所在位置。

表 24-2　文献报道根据 CT 隐蔽性质粒的全基因序列设计的实时荧光 PCR 引物和探针

测定技术		引物和探针	扩增区域	文献
TaqMan 探针	引物	F：5′-CAGCTTGTAGTCCTGCTTGAGAGA-3′（270-293）	隐蔽性质粒（270-378）	[7]
		R：5′-CAAGAGTACATCGGTCAACGAAGA-3′（378-355）		
	探针	5′-FAM-CCCCACCATTTTTCCGGAGCGA-TAM-3′（316-337）		

续表

测定技术		引物和探针	扩增区域	文献
TaqMan 探针	引物	F:5′-CAGCTTGTAGTCCTGCTTGAGAGA-3′（270-293）	隐蔽性质粒 （270-378）	[10]
		R:5′-CAAGAGTACATCGGTCAACGAAGA-3′（378-355）		
	探针	5′-FAM-CCCCACCATTTTTCCGGAGCGA-TAMRA-3′ （316-337）		
TaqMan-MGB 探针	引物	F:5′-AACCAAGGTCGATGTGATAG-3′（6133-6152）	隐蔽性质粒 （6133-6282）	[9]
		R:5′-TCAGATAATTGGCGATTCTT-3′（6282-6263）		
	探针	5′-CGAACTCATCGGCGATAAGG-3′ ROX/BHQ2（6171-6190）		
分子信标	引物	F:5′-TCTTTTCTCTCTGACGGTTC-3′（420-439）	隐蔽性质粒 （420-498）	[8]
		R:5′-AGGTTGGAGATTAGTCAGAT-3′（498-479）		
	探针	5′-CCGTCACTGGGAGAAAGAAATGGTAGGTTGTTGG AATGACGG-3′（445-474）		

```
   1 ggtaagtcct ctagtacaaa cacccccaat attgtgatat aattaaaatt atattcatat
  61 tctgttgcca gaaaaaacac ttttaggcta tattagagcc atcttctttg aagcgttgtc
 121 ttctcgagaa gatttatcgt acgcaaatat catctttgcg gttgcgtgtc ctgtgacctt
 181 cattatgtcg gagtctgagc accctaggcg tttgtactcc gtcacagcgg ttgctcgaag
 241 cacgtgcggg gttatcttaa aagggattgc agcttgtagt cctgcttgag agaacgtgcg
                                     F[7]
 301 ggcgatttgc cttaacccca ccatttttcc ggagcgagtt acgaagacaa aacctcttcg
                       P[7]
 361 ttgaccgatg tactcttgta gaaagtgcat aaacttctga ggataagtta taataatcct
             R[7]
 421 cttttctgtc tgacggttct taagctggga gaaagaaatg gtagcttgtt ggaaacaaat
             F[8]                          P[8]
 481 ctgactaatc tccaagctta agacttcaga ggagcgttta cctccttgga gcattgtctg
             R[8]
 541 ggcgatcaac caatcccggg cattgatttt ttttagctct tttaggaagg acgctgtttg
 601 caaactgttc atcgcatctg tttttactat ttccctggtt ttaaaaaatg ttcgactatt
 661 ttcttgttta gaaggttgcg ctatagcgac tattccttga gtcatcctgt ttaggaatct
 721 tgttaaggaa atatagcttg ctgctcgaac ttgtttagta ccttcggtcc aagaagtctt
 781 ggcagaggaa actttttaa tcgcatctag aattagatta tgatttaaaa gggaaaactc
 841 ttgcagattc atatccaagg acaatagacc aatcttttct aaagacaaaa aagatcctcg
 901 atatgatcta caagtatgtt tgttgagtga tgcggtccaa tgcataataa cttcgaataa
 961 ggagaagctt ttcatgcgtt tccaatagga ttcttggcga attttttaaa cttcctgata
1021 agactttcg ctatattcta acgacatttc ttgctgcaaa gataaaatcc ctttacccat
```

```
1081 gaaatccctc gtgatataac ctatccgtaa aatgtcctga ttagtgaaat aatcaggttg
1141 ttaacaggat agcacgctcg gtattttttt atataaacat gaaaactcgt tccgaaatag
1201 aaaatcgcat gcaagatatc gagtatgcgt tgttaggtaa agctctgata tttgaagact
1261 ctactgagta tattctgagg cagcttgcta attatgagtt taagtgttct catcataaaa
1321 acatattcat agtatttaaa tacttaaaag acaatggatt acctataact gtagactcgg
1381 cttgggaaga gcttttgcgg cgtcgtatca aagatatgga caaatcgtat ctcgggttaa
1441 tgttgcatga tgctttatca aatgacaagc ttagatccgt ttctcatacg gttttcctcg
1501 atgatttgag cgtgtgtagc gctgaagaaa atttgagtaa tttcattttc cgctcgttta
1561 atgagtacaa tgaaaatcca ttgcgtagat ctccgtttct attgcttgag cgtataaagg
1621 gaaggcttga cagtgctata gcaaagactt tttctattcg cagcgctaga ggccggtcta
1681 tttatgatat attctcacag tcagaaattg gagtgctggc tcgtataaaa aaaagacgag
1741 caacgttctc tgagaatcaa aattctttct ttgatgcctt cccaacagga tacaaggata
1801 ttgatgataa aggagttatc ttagctaaag gtaatttcgt gattatagca gctaggccat
1861 ctatagggaa aactgcttta gctatagaca tggcgataaa tcttgcggtt actcaacagc
1921 gtagagttgg tttcctatct ctagaaatga gcgcaggtca aattgttgag cggattattg
1981 ctaatttaac aggaatatct ggtgaaaaat tacaaagagg ggatctctct aaagaagaat
2041 tattccgagt agaagaagct ggagaaacag ttagagaatc acatttttat atctgcagtg
2101 atagtcagta taagcttaat ttaatcgcga atcagatccg gttgctgaga aaagaagatc
2161 gagtagacgt aatatttatc gattacttgc agttgatcaa ctcatcggtt ggagaaaatc
2221 gtcaaaatga aatagcagat atatctagaa ccttaagagg tttagcctca gagctaaaca
2281 ttcctatagt ttgtttatcc caactatcta gaaaagttga ggatagagca aataaagttc
2341 ccatgctttc agatttgcga gacagcggtc aaatagagca agacgcagat gtgatttgt
2401 ttatcaatag gaaggaatcg tcttctaatt gtgagataac tgttgggaaa aatagacatg
2461 gatcggtttt ctcttcggta ttacatttcg atccaaaaat tagtaaattc tccgctatta
2521 aaaaagtatg gtaaattata gtaactgcca cttcatcaaa agtcctatcc accttgaaaa
2581 tcagaagttt ggaagaagac ctggtcaatc tattaagata tctcccaaat tggctcaaaa
2641 tgggatggta gaagttatag gtcttgattt tctttcatct cattaccatg cattagcagc
2701 tatccaaaga ttgctgactg caacgaatta caaggggaac acaaagggg ttgttttatc
2761 cagagaatca aatagttttc aatttgaagg atggatacca agaatccgtt ttacaaaaac
2821 tgaattctta gaggcttatg gagttaagcg gtataaaaca tccagaaata agtatgagtt
2881 tagtggaaaa gaagctgaaa ctgctttaga agccttatac catttaggac atcaaccgtt
2941 tttaatagtg gcaactagaa ctcgatggac taatggaaca caaatagtag accgttacca
3001 aactctttct ccgatcatta ggatttacga aggatgggaa ggtttaactg acgaagaaaa
3061 tatagatata gacttaacac cttttaattc accatctaca cggaaacata aagggttcgt
3121 tgtagagcca gtgcctatct tggtagatca aatagaatcc tactttgtaa tcaagcctgc
3181 aaatgtatac caagaaataa aaatgcgctt cccaaatgca tcaaagtatg cttacacatt
3241 tatcgactgg gtgattacag cagctgcgaa aaagagacga aaattaacta aggataattc
3301 ttggccagaa aacttgttct taaacgttaa cgttaaaagt cttgcatata ttttaaggat
3361 gaatcggtac atttgtacaa ggaactggaa aaaaatcgag ttagctatcg ataaatgtat
```

3421 agaaatcgcc attcagcttg gttggttatc tagaagaaaa cgcattgaat ttctggattc

3481 ttctaaactc tctaaaaaag aaattctata tctaaataaa gagcgttttg aagaaataac

3541 taagaaatct aaagaacaaa tggaacaatt agaacaagaa tctattaatt aatagcaaac

3601 ttgaaactaa aaacctaatt tatttaaagc tcaaaataaa aaagagtttt aaaatgggaa

3661 attctggttt ttatttgtat aacactcaaa actgcgtctt tgctgataat atcaaagttg

3721 ggcaaatgac agagccgctc aaggaccagc aaataatcct tgggacaaca tcaacacctg

3781 tcgcagccaa aatgacagct tctgatggaa tatctttaac agtctccaat aatccatcaa

3841 ccaatgcttc tattacaatt ggtttggatg cggaaaaagc ttaccagctt attctagaaa

3901 agttgggaga tcaaattctt ggtggaattg ctgatactat tgttgatagt acagtccaag

3961 atattttaga caaaatcaca acagaccctt ctctaggttt gttgaaagct tttaacaact

4021 ttccaatcac taataaaatt caatgcaacg ggttattcac tcccaggaac attgaaactt

4081 tattaggagg aactgaaata ggaaaattca cagtcacacc caaaagctct gggagcatgt

4141 tcttagtctc agcagatatt attgcatcaa gaatggaagg cggcgttgtt ctagctttgg

4201 tacgagaagg tgattctaag ccctacgcga ttagttatgg atactcatca ggcgttccta

4261 atttatgtag tctaagaacc agaattatta atacaggatt gactccgaca acgtattcat

4321 tacgtgtagg cggtttagaa agcggtgtgg tatgggttaa tgcccttct aatggcaatg

4381 atattttagg aataacaaat acttctaatg tatcttttt ggaggtaata cctcaaacaa

4441 acgcttaaac aattttatt ggattttct tataggtttt atatttagag aaaaaagttc

4501 gaattacggg gtttgttatg caaaataaaa gcaaagtgag ggacgatttt attaaaattg

4561 ttaaagatgt gaaaaaagat ttccccgaat tagacctaaa aatacgagta aacaaggaaa

4621 aagtaacttt cttaaattct cccttagaac tctaccataa aagtgtctca ctaattctag

4681 gactgcttca acaaatagaa aactctttag gattattccc agactctcct gttcttgaaa

4741 aattagagga taacagttta aagctaaaaa aggctttgat tatgcttatc ttgtctagaa

4801 aagacatgtt ttccaaggct gaatagataa cttactctaa cgttggagtt gatttgcaca

4861 ccttagtttt ttgctctttt aagggaggaa ctggaaaaac aacactttct ctaaacgtgg

4921 gatgcaactt ggcccaattt ttagggaaaa aagtgttact tgctgaccta gacccgcaat

4981 ccaatttatc ttctggattg ggggctagtg tcagaagtaa ccaaaaaggc ttacacgaca

5041 tagtatacac atcaaacgat ttaaaatcaa tcatttgcga aacaaaaaaa gatagtgtgg

5101 acctaattcc tgcatcattt ttatccgaac agtttagaga attggatatt catagaggac

5161 ctagtaacaa cttaaagtta tttctgaatg agtactgcgc tcctttttat gacatctgca

5221 taatagacac tccacctagc ctaggagggt taacgaaaga agcttttgtt gcaggagaca

5281 aattaattgc ttgtttaact ccagaacctt tttctattct agggttacaa aagatacgtg

5341 aattcttaag ttcggtcgga aaacctgaag aagaacacat tcttggaata gctttgtctt

5401 tttgggatga tcgtaactcg actaaccaaa tgtatataga cattatcgag tctatttaca

5461 aaaacaagct tttttcaaca aaaattcgtc gagatatttc tctcagccgt tctcttctta

5521 aagaagattc tgtagctaat gtctatccaa attctagggc cgcagaagat attctgaagt

5581 taacgcatga aatagcaaat attttgcata tcgaatatga acgagattac tctcagagga

5641 caacgtgaac aaactaaaaa aagaagcgaa tgtctttttt aaaaaaaatc aaactgccgc

5701 ttctttagat tttaagaaga cgcttccttc cattgaacta ttctcagcaa ctttgaattc

5761　tgaggaaagt cagagtttgg atcaattatt tttatcagag tcccaaaact attcggatga

5821　agaattttat caagaagaca tcctagcggt aaaactgctt actggtcaga taaaatccat

5881　acagaagcaa cacgtacttc ttttaggaga aaaaatctat aatgctagaa aaatcctgag

5941　taaggatcac ttctcctcaa caacttttc atcttggata gagttagttt ttagaactaa

6001　gtcttctgct tacaatgctc ttgcatatta cgagcttttt ataaacctcc ccaaccaaac

6061　tctacaaaaa gagtttcaat cgatcccta taaatccgca tatatttggg ccgctagaaa

6121　aggcgattta aa**aaccaagg tcgatgtgat ag**ggaaagta tgtggaatgt **cgaactcatc**
　　　　　　　　　　　　　　F[9]

6181　**ggcgataagg** gtgttggatc aatttcttcc ttcatctaga aacaaagacg ttagagaaac
　　　　　　　　P[9]

6241　gatagataag tctgattcag ag**aagaatcg ccaattatct ga**tttcttaa tagagatact
　　　　　　　　　　　　　　R[9]

6301　tcgcatcatg tgttccggag tttctttgtc ctcctataac gaaaatcttc tacaacagct

6361　ttttgaactt tttaagcaaa agagctgatc ctccgtcagc tcatatatat atctattata

6421　tatatatatt tagggatttg attttacgag agagatttgc aactcttggt ggtagacttt

6481　gcaactcttg gtggtagact ttgcaactct tggtggtaga ctttgcaact cttggtggta

6541　gacttggtca taatggactt ttgttgaaaa atttcttaaa atcttagagc tccgattttg

6601　aatagctttg gttaagaaaa tgggctcgat ggctttccat aaaagtaggt tgttcttaac

6661　ttttggggac gcgtcggaaa tttggttatc tactttatct catctaacta gaaaaaatta

6721　tgcgtctggg attaacttc ttgtttcttt agagattctg gatttatcgg aaaccttgat

6781　aaaggctatt tctcttgacc acagcgaatc tttgtttaaa atcaagtctc tagatgtttt

6841　taatggaaaa gtcgtttcag aggcctctaa acaggctaga gcggcatgct acatatcttt

6901　cacaaagttt ttgtatagat tgaccaaggg atatattaaa cccgctattc cattgaaaga

6961　ttttggaaac actacatttt ttaaaatccg agacaaaatc aaaacagaat cgatttctaa

7021　gcaggaatgg acagtttttt ttgaagcgct ccggatagtg aattatagag actatttaat

7081　cggtaaattg attgtacaag ggatccgtaa gttagacgaa attttgtctt tgcgcacaga

7141　cgatctattt tttgcatcca atcagatttc ctttcgcatt aaaaaaagac agaataaaga

7201　aaccaaaatt ctaatcacat ttcctatcag cttaatggag gagttgcaaa aatacacttg

7261　tgggagaaat gggagagtat ttgtttctaa aatagggatt cctgtaacaa caagtcaggt

7321　tgcgcataat tttaggcttg cagagttcta tagtgctatg aaaaaaaaat tactcctaga

7381　gtacttcgtg caagcgcttt gattcattta aagcaaatag gattaaaaga tgaggaaatc

7441　atgcgtattt cctgtcttc atcgagacaa agtgtgtgtt cttattgttc tggggaaga

图 24-2　CT 隐蔽性质粒的全基因序列，共 7499bp（GeneBank X07547）及文献报道根据 CT 隐蔽性质粒的全基
　　　因序列设计的实时荧光 PCR 引物和探针所在位置
　　　　　　　[ ]内为相关引物和探针的文献来源

　　（3）针对 CT 外膜主蛋白的全基因序列的扩增检测引物和探针：表 24-3 为文献报道的针对 CT 外膜主蛋白的全基因序列的扩增检测引物和探针举例。图 24-3 为 CT 外膜主蛋白的全基因序列（GeneBank DQ064299）及文献报道的针对 CT 外膜主蛋白的全基因序列的扩增检测引物和探针所在位置。

表 24-3 文献报道的根据 CT 外膜主蛋白的全基因序列设计的实时荧光 PCR 引物和探针

测定技术		引物和探针	扩增区域	文献
TaqMan-MGB 探针	引物	F:5′-GACTTTGTTTTCGACCGTGTT-3′(199-219)	MOMP (199-414)	[9]
		R:5′-ACARAATACATCAAARCGATCCCA-3′(414-391)		
	探针	MGB probeb 5′-ATGTTTACVAAYGCYGCTT-3′VIC/NFQ (355-373)		
荧光染料 SYBR® Green I(检测沙眼衣原体几种亚型)	引物	F:OmpA-9 5′-TGCCGCTTTGAGTTCTGCTT-3′(33-52)	MOMP (33-108)	[12]
		R:OmpA-10 5′-GTCGATCATAAGGCTTGGTTCAG-3′ (108-86)		

```
  1  atgaaaaaac tcttgaaatc ggtattagta ttttgccgctt tgagttctgc ttcctccttg
                                          F[12]
 61  caagctctgc ctgtgggaa tcctgctgaa ccaagcctta tgatcgacgg aattctgtgg
 62                                   R[12]
121  gaaggtttcg gcggagatcc ttgcgatcct tgcaccactt ggtgtgacgc tatcagcatg
181  cgtatgggtt actacggaga ctttgtttc gaccgtgtt tgaaaactga tgtgaataaa
                                          F[9]
241  gagtttgaaa tgggcgaggc tttagccgga gcttctggga atacgacctc tactctttca
301  aaaattggtag aacgaacgaa ccctgcatat ggcaagcata tgcaagacgc agagatgttt
361  accaatgccg cttgcatggc attgaatatt tgggatcgtt ttgatgtatt ctgtacatta
         P[9]                                      R[9]
421  ggagccacca gtggatatct tagaggaaat tcagcatctt tcaacttagt tgggttattc
481  ggcgatggtg aaaacgccac gcagcctgct gcaacaagta ttcctaacgt gcagttaaat
541  cagtctgtgg tggaactgta tacagatact gcttttgctt ggagtgttgg agctcgtgca
601  gctttgtggg aatgtggatg cgcgacttta ggcgcttctt tccaatacgc tcaatctaaa
661  cctaaagtcg aagaattaaa cgttctctgt aacgcagctg agtttactat caataagcct
721  aaaggatatg tagggcaaga attccctctt gcactcacag caggaactga tgcagcgacg
781  ggcactaaag atgcctctat tgattaccat gagtggcaag caagtttatc tctttcttac
841  agactcaata tgttcactcc ctacattgga gttaaatggt ctcgtgcaag ctttgattct
901  aatacaattc gtatagccca gccgaagttg gcaaaacctg ttgtagatat tacaacccct
961  aacccaacta ttgcaggatg cggcagtgta gtcgcagcta actcggaagg acagatatct
1021 gatacaatgc aaatcgtttc cttgcaatta aacaagatga aatctagaaa atcttgcggt
1081 attgcagtag gaacaactat tgtggatgca gacaaatacg cagttacagt tgagactcgc
1141 ttgatcgatg agagagctgc tcacgtaaat gcacaattcc gcttctaa
```

图 24-3 CT 外膜主蛋白的全基因序列(GeneBank DQ064299)及文献报道的针对 CT 外膜主蛋白的全基因序列的扩增检测引物和探针所在位置

[ ]内为相关引物和探针的文献来源

4. 临床标本的采集、运送、保存和处理

（1）标本的采集

1）阴道或宫颈分泌物：细胞标本应在患处采用拭子或刮片的方法获取。①由于沙眼衣原体易感染柱状上皮细胞，所以宫颈标本的采集应在宫颈口或移行处进行，操作时，应先用1个拭子将宫颈口揩干净，然后再用一个拭子伸到宫颈管内转动或用一个刮勺取细胞。②由于此种病原体还可以感染尿道，男性尿道炎患者，拭子应深入尿道 2～4cm，并转动，以获取细胞。③阴道标本不适用于此项检查。④对于女性的输卵管炎的样本采集，需要在输卵管处进行针刺吸取。⑤此外，子宫内膜标本也可用于衣原体的检测。⑥脓性排出物由于其缺少感染的上皮细胞而不适用于此项检测，应该在对患处进行清洗后采取标本。

2）尿液标本的采集：上述样本采集方法不仅需要操作者拥有较高的技术水平，还会使受检者感到尴尬和不适，因此不易被接受。研究表明，在 CT 的 PCR 检测中，使用尿液标本替代拭子标本具有同样的高特异性和敏感性，对有关 PCR 方法检测沙眼衣原体的文献进行统计分析后发现，对于女性采用尿液标本检测的敏感性和特异性分别为 83.3% 和 99.5%，而检测宫颈标本的敏感性和特异性分别为 85.5% 和 99.6%；对于男性，尿液标本的敏感性和特异性分别为 84.0% 和 99.3%；尿道拭子标分别为 87.5% 和 99.2%。由于尿液标本其病原体的含量要低于宫颈标本，而且若近一段时间内曾经排尿，或采样前曾经过擦拭患处都可能影响到检测的准确性，因此，应采集前 10～30ml 尿液，并与上次排尿间隔至少 2h，不必采集清晨首次尿。

以上样本均须采用无菌试管保存。

（2）标本的运送和保存：对于此类标本可以在室温情况下运送或者在 -20℃ 长期保存，使检测更加简单易行。

三、沙眼衣原体 PCR 检测的临床意义

当检测结果呈现阳性时，表示存在 CT 相关基因，在排除以下几种因素后可确诊为 CT 感染：①在 CT 的诸多检测手段中，由于 PCR 方法所检测靶物质为核酸，所以不受标本生物活性的限制，对于已经死亡的病原体仍可检测出来，即感染后药物治疗有效的情况下，患处仍会有少量已死亡的病原体存在。应在停药 2 周后进行检测，若在用药期间进行病情的监测，则应与临床症状相结合，必要时应用培养方法进行确诊。②假阳性结果的出现。PCR 反应检测的靶物质为核酸，如果操作不慎造成样本之间的污染，则可能出现假阳性的情况。因此，需要样本的运送和操作都要严格按照规程进行。

当检测结果呈现阴性时，表示无 CT 感染，但仍需要排除以下几种因素：①排除 PCR 抑制物导致的假阴性现象，因此在结果的认定上需要注意。②耐药引起的基因突变也会导致扩增的失败，出现假阴性结果。在临床体征和症状很明显而多次 PCR 检测均阴性的情况下，要考虑到这种情况。

（李金明　霍　虹　汪　维）

参 考 文 献

[1] Burton MJ,Bailey RL,Jeffries D,et al.Cytokine and fibrogenic gene expression in the conjunctivas of subjects from a Gambian community where trachoma is endemic.Infect Immun,2004,72(12):7352-7356

[2] Faal N,Bailey RL,Jeffries D,et al.Conjunctival FOXP3 expression in trachoma:do regulatory T cells have a role in human ocular Chlamydia

trachomatis infection? PLoS Med,2006,3(8):
266

[3] Faal N,Bailey RL,Sarr I,et al.Temporal cyto-
kine gene expression patterns in subjects with
trachoma identify distinct conjunctival respon-
ses associated with infection.Clin Exp Immu-
nol,2005,142(2):347-353

[4] Goldschmidt P,Rostane H,Sow M,et al.De-
tection by broad-range real-time PCR assay of
Chlamydia species infecting human and ani-
mals. Br J Ophthalmol, 2006, 90 (11): 1425-
1429

[5] Yang JM,Liu HX,Hao YX,et al.Development
of a rapid real-time PCR assay for detection
and quantification of four familiar species of
Chlamydiaceae.J Clin Virol,2006,36(1):79-
81

[6] Everett KD,Hornung LJ,Andersen AA.Rapid
detection of the Chlamydiaceae and other fam-
ilies in the order Chlamydiales:three PCR
tests.J Clin Microbiol,1999,37(3):575-580

[7] Kowalski RP,Thompson PP,Kinchington PR,
et al.Evaluation of the SmartCycler II system
for real-time detection of viruses and
Chlamydia from ocular specimens.Arch Oph-
thalmol,2006,124(8):1135-1139

[8] Zhang W,Cohenford M,Lentrichia B,et al.De-
tection of Chlamydia trachomatis by isother-
mal ramification amplification method:a feasi-
bility study. J Clin Microbiol, 2002, 40 (1):
128-132

[9] Jalal H,Stephen H,Curran MD,et al.Develop-
ment and validation of a rotor-gene real-time
PCR assay for detection, identification, and
quantification of Chlamydia trachomatis in a
single reaction.J Clin Microbiol,2006,44(1):
206-213

[10] Pickett MA,Everson JS,Pead PJ,et al. The
plasmids of Chlamydia trachomatis and
Chlamydophila pneumoniae (N16): accurate
determination of copy number and the para-
doxical effect of plasmid-curing agents.Micro-
biology,2005,151(Pt 3):893-903

[11] Burton MJ,Holland MJ,Faal N,et al.Which
members of a community need antibiotics to
control trachoma? Conjunctival Chlamydia
trachomatis infection load in Gambian villa-
ges.Invest Ophthalmol Vis Sci,2003,44(10):
4215-4222

[12] Gomes JP,Borrego MJ,Atik B,et al.Correla-
ting Chlamydia trachomatis infectious load
with urogenital ecological success and disease
pathogenesis.Microbes Infect,2006,8(1):16-
26

[13] Morre SA,Spaargaren J,Fennema JS,et al.
Molecular diagnosis of lymphogranuloma ve-
nereum: PCR-based restriction fragment
length polymorphism and real-time PCR. J
Clin Microbiol,2005,43(10):5412-5413

[14] Zhang YX,Morrison SG,Caldwell HD. The
nucleotide sequence of major outer membrane
protein gene of Chlamydia trachomatis serovar
F.Nucleic Acids Res,1990,18:1061

[15] Tam JE,Davis CH,Thresher RJ,et al.Loca-
tion of the origin of replication for the 7.5-kb
Chlamydia trachomatis plasmid. Plasmid,
1992,27:231-236

[16] Mahony JB,Luinstra KE,Sellors JW,et al.
Comparison of Plasmid-and Chromosome-
Based Ploymease Chain Reaction Assays for
Detecting Chlamydia trachomatis Nucleic
Acids.J Clin Microbiol,1993,31:1753-1758

[17] Morre SA, van Valkengoed IG, de Jong A, et
al. Mailed, home-obtained urine specimens: a
reliable screening approach for detecting a-
symptomatic Chlamydia trachomatis infec-
tions.J Clin Microbiol,1999,37:976-980

[18] Keegan H,Boland C,Malkin A,et al.Compari-
son of DNA extraction from cervical cells col-
lected in PreservCyt solution for the amplifi-
cation of Chlamydia trachomatis.Cytopatholo-
gy,2005,16:82-87

[19] Jensen JS,Bjornelius E,Dohn B,et al.Compar-
ison of first void urine and urogenital swab
specimens for detection of mycoplasma geni-
talium and Chlamydia trachomatis by poly-

merase chain reaction in patients attending a sexually transmitted disease clinic. Sex Transm Dis,2004,31(8):499-507

[20] Mahony JB, Luinstra KE, Sellors JW, et al. Confirmatory polymerase chain reaction testing for Chlamydia trachomatis in first-void urine from asymptomatic and symptomatic men.J Clin Microbiol,1992,30:2241-2245

[21] Mahony JB, Luinstra KE, Sellors JW, et al. Comparison of plasmid-and chromosome-based polymerase chain reaction assays for detecting Chlamydia trachomatis nucleic acids.J Clin Microbiol,1993,30(7):1753-1758

第 25 章 结核杆菌实时荧光 PCR 检测及临床意义

结核杆菌（Mycobacterium tuberculosis）是由德国科学家科赫于 1887 年发现的，是人及动物结核病（tuberculosis）的病原菌，属于放线菌目分枝杆菌科分枝杆菌属，可分为人型、牛型、鸟型、鼠型和冷血动物型等，对人类致病的主要为人型，牛型菌感染较少见，鸟型感染更少见，非典型分枝杆菌也可引起类似结核样病变，但少见。结核杆菌的感染途径以呼吸道为主，还可以通过消化道和破损皮肤黏膜等多种途径进入机体，侵犯多种组织器官，引起相应的结核病，其中以肺结核最为多见。

一、结核杆菌的特点

1. 结核杆菌的形态和生物学特性　结核杆菌细长略弯曲，端极钝圆，大小为（1～4）$\mu m \times 0.4 \mu m$，呈单个或分枝状排列，无荚膜、无鞭毛、无芽胞。在陈旧的病灶和培养物中，形态常不典型，可呈颗粒状、串球状、短棒状、长丝形等。

结核杆菌为专性需氧菌。营养要求高，在含有蛋黄、马铃薯、甘油和天冬酰胺等营养物质的固体培养基上才能生长。最适 pH 6.5～6.8，最适温度为 37℃。结核杆菌生长缓慢，人工培养最快要经 2～4 周才能在培养基表面看到菌落生长，菌落干燥、坚硬、表面呈颗粒状、乳酪色或黄色，形似菜花样。在液体培养内呈粗糙皱纹状菌膜生长，若在液体培养基内加入水溶性脂肪酸，如 Tween-80，可降低结核杆菌表面的疏水性，使呈均匀分散生长，此有利于作药物敏感试验等；抗结核治疗后菌活力衰退，培养时需 6～8 周甚至 20 周后才出现菌落。涂片染色具有抗酸性，即对苯胺染料、特别是苯酚复红具有独特亲和力，一经染色，再用酸性酒精冲洗无法使之脱色，故又称为抗酸杆菌。结核杆菌一般常用萋尼（Ziehl-Neelsen）抗酸性染色法染色，结核杆菌染成红色，其他非抗酸性细菌及细胞质等呈蓝色。结核杆菌的抗酸性取决于胞壁内所含分枝菌酸残基和胞壁固有层的完整性。

结核杆菌对链霉素、利福平、异烟肼等抗结核药较易产生耐药性。耐药菌菌株常伴随活力和毒力减弱，如异烟肼耐药菌株对豚鼠的毒力消失，但对人们仍有一定的致病性。

2. 结核杆菌的基因结构特点　结核杆菌（H37Rv）全基因组序列长 4 411 532bp，G％＋C％含量为 65％。包括约 4000 个编码蛋白质的基因和 50 个编码稳定 RNA 的基因。40％编码蛋白质基因功能清楚，44％编码蛋白基因功能部分清楚，但是剩余 16％编码蛋白基因功能不清楚，可能是分枝杆菌特有的功能基因。结核杆菌基因组的特征之一是 9％基因组编码 2 个富含甘氨酸蛋白质新家族，即富含甘氨酸、丙氨酸新的蛋白家族和富含甘氨酸天冬氨酸的新的蛋白家族。这些蛋白的功能与结核杆菌抗原变异、逃避免疫有关。另一个特征是有大量编码脂肪酸代谢酶的基因，大肠埃希菌仅有 50 个，而结核杆菌有 250 多个编码脂肪酸代谢酶的基因。结核杆菌有 FAS I 和 FAS II 两种脂肪酸合成酶系统。FAS II 型系统可合成蜡样的结核菌醇二分枝菌酸，它是一种致病分枝杆菌细胞壁上含量丰富的特有成分。

二、结核杆菌实时荧光 PCR 检测

1. 引物和探针设计　与其他病原体的 PCR 测定一样,结核杆菌 PCR 检测引物和探针的设计首先要考虑的是,必须针对的是其基因组序列中的保守区域。

(1)编码结核杆菌抗原的基因序列

1)编码 65kDa 蛋白抗原的基因序列:结核杆菌 65kDa 蛋白抗原为存在于所有分枝杆菌细胞壁中的热休克蛋白,也是一种交叉反应蛋白。所以依据编码该蛋白抗原的基因序列设计合成的引物,PCR 能扩增出所有分枝杆菌的靶 DNA 片段,没有属内特异性。这种 PCR 较适用于结核病高发区大规模筛选和流行病普查。此外,对 65kDa 蛋白基因的 PCR 扩增产物进行限制性酶切分析(RFLP),也可以准确地检测出结核杆菌的属内归属。

2)编码 MPB64 蛋白的基因序列:MPB64 蛋白为结核杆菌复合群(MTBC,包括人型结核杆菌、牛型结核杆菌、卡介苗、非洲分枝杆菌、田鼠分枝杆菌)所特有。根据该蛋白的基因序列设计的引物进行 PCR,对 MTBC 模板 DNA 显示出高的特异性。

(2)结核杆菌基因组重复序列:结核杆菌的插入序列主要有 IS6110 和 IS986,它们仅见于 MTBC。这两种插入序列在基因组中的拷贝数为 1～20 个,选择插入序列作为扩增的靶序列,可以得到较高的敏感性和特异性。尤其是 IS6110,是目前进行结核杆菌临床 PCR 检测的首选区段。

(3)人型结核杆菌特异序列 mtp40:mtp40 是人型结核杆菌特异性 DNA 片段,选择 mtp40 作为靶序列,用 PCR 检测结核杆菌,只能扩增人型结核杆菌 DNA。

(4)16S rRNA 序列:用"通用"引物在逆转录酶作用下,将 16S rRNA 逆转录合成 cDNA,然后对 cDNA 进行 PCR 扩增。

此外,对于结核杆菌耐药性机制的研究表明和 RNA 聚合酶基因 rpoB 的突变具有密切的关系。因此在研究结核杆菌耐药性时经常检测 RNA 聚合酶基因 rpoB 的突变情况。

2. 文献报道的常用引物和探针举例常用于结核杆菌实时荧光 PCR 检测的引物和探针的一些例子及其在基因组中的位置见表 25-1 和图 25-1。

表 25-1　文献报道的结核杆菌实时荧光 PCR 检测常用引物和探针举例

测定技术		引物和探针	基因组内区域	文献
TaqMan 探针 (Quantitative Nested Real-Time PCR)	引物	F:5′-GTGAACTGAGCAAGCAGACCG-3′(491-511)	MPT64 (491-567)	[2]
		R:5′-GTTCTGATAATTCACCGGGTCC-3′(567-550)		
	探针	TaqMan probe-wild-VIC:5′-VIC-TATCGATAGCGCCGAAT-GCCGG-TAMRA-3′(521-542)		
		TaqMan probe-mutation-FAM:5′-FAM-ATGGGACGGCTA GCAATCCGTC-TAMRA-3′		
TaqMan 探针	引物	F:5′-CTCGGCAGCTTCCTCGAT-3′	Beijing strains	[3]
		R:5′-CGAACTCGAGGCTGCCTACTAC-3′		
	探针	5′-YAK-AACGCCAGAGACCAGCCGCCGGCT-DB-3′		

续表

测定技术		引物和探针	基因组内区域	文献
	引物	F:5′-AAGCATTCCCTTGACAGTCGAA-3′	Non-Beijing strains	
		R:5′-GGCGCATGACTCGAAAGAAG-3′		
	探针	5′-6FAM-TCCAAGGTCTTTG-MGB-NFQ-3′		
TaqMan 探针	引物	F:5′-ggAAACTgT TgTCCCATTTCG-3′(1227-1247)	katG (1227-1330)	[5]
		R:5′-gggCTggAAg AgCTCgTATg-3′		
	探针	wild probes:5′-CgACCTCgATg CCgCTggTgAT-3′(1266-1287) Mutated probes: 5′-CgACCTCgATgCCggTggTgAT-3′ (1266-1287)		
	引物	F:5′-CACgTTACgCT CgTggACAT-3′	inhA,RBS	
		R:5′-CAggACTgAACgggATACgAA-3′		
	探针	wild probes:5′-AACCTATCgTCTCgCCgCggC-3′ Mutated probes:5′-ACCTATCATCTCgCCgCggCC-3′		
TaqMan 探针	引物	F:5′-AGGCGAACCCTGCCCAG--3′(522-538)	IS6110 multicopy element (522-643)	[10]
		R:5′-GATCGCTGATCCGGCCA-3′(643-627)		
	探针	5′-VIC-TGTGGGTAGCAGACCTCACCTATGTGTCGA-TAMRA-3′(540-569)		
TaqMan 探针	引物	F:5′-GTAGCGATGAGGAGGAGTGG-3′	senX3-regX3	[10]
		R:5′-ACTCGGCGAGAGCTGCC-3′		
	探针	5′-FAM-ACGAGGAGTCGCTGGCCGATCC-TAMRA-3′		
TaqMan MGB 探针	引物	F:5′-CTAACCGGCTGTGGGTA-3′(801-817)	IS6110 (801-884)	[6]
		R:5′-CGTAGGCGTCGGTGACAAA-3′(884-866)		
	探针	5′-MGB-NFQ-AGACCTCA∗CCTAT∗GT-FAM-3′(820-834)		
TaqMan MGB 探针	引物	F:5′-ACACCGCAGACGTTGATCA-3′(1219-1237)	RpoB (1219-1589)	[8]
		R:5′-CTAGTGATGGCGGTCAGGTAC-3′(1589-1569)		
	探针	rpo520/524:5′-VIC-TCAACCCCGACAGC-MGB-3′(1317-1330) rpo510/514：5′-FAM-CCATGAATTGGCTCAGC-MGB-3′（1287-1303） rpo514/520： 5′-VIC-TTCATGGACCAGAACAA-MGB-3′（1297-1313） rpo529/533:5′-FAM-CAGCGCCGACAGT-MGB-3′(1344-1356) rpo524/529:5′-VIC-TGACCCACAAGCGC-MGB-3′(1328-1341)		

续表

测定技术		引物和探针	基因组内区域	文献
TaqMan MGB 探针	引物	F:5′-TGGGCTGGAAGAGCTCGTAT-3′(1331-1312)	KatG(1227-1331) 引物和探针是根据所列出链的反向互补链而进行设计的	[8]
		R:5′-GGAAACTGTTGTCCCATTTCG-3′(1227-1247)		
	探针	kat315:5′-VIC-CACCAGCGGCATC-MGB-3′(1273-1285)		
	引物	F:5′-GGGCTTGGGCTGGAAGAG-3′(1319-1336)	KatG(1215-1336) 引物和探针是根据所列出链的反向互补链而进行设计的	[9]
		R:5′-ACAGGATCTCGAGGAAACTGTTGT-3′(1238-1215)		
	探针	Wild-type probe：5′-VIC-GATCACCAGCGGCAMGB-TAM-RA-3′(1275-1288) Mutant probe:5′-FAM-GATCACCACCGGCATMGB-TAMRA-3′		
TaqMan MGB 探针	引物	F:5′-CGTGGTGATATTCGGCTTCCT-3′(843-863)	EmbB (843-972)	[8]
		R:5′-GCCGAACCAGCGGAAATAG-3′(972-954)		
	探针	emb306:5′-FAM-CTCGGGCCATGCC-MGB-3′(913-925)		
双杂交探针结合融点曲线分析	引物	F:5′-CAGACG TTG ATC AAC ATC CG-3′(1225-1244)	rpoBgene Tm 下降值及突变 (6.03℃,531: Ser → Leu; 4.75℃,526: His → Glu; 3.23℃,513: Gly → Leu; 3.75℃,516: Asp → Val) (1225-1529)	[4]
		R:5′-TAC GGC GTT TCG ATGAAC-3′(1529-1512)		
	探针	Set1:anchor probe:5′-CAC GCT CAC GTGACA GAC CGC CGG GC-3′-fluorescein(1359-1384) sensor probe:Light-Cycler Red 640-5′-CCA GCG CCG ACA GTCTGC GCT TGT GGG TC-3′-phosphate(1329-1357) Set2:anchor probe:5′-TCG CCG CGA TCA AGG AGT TCT TCG GCA CCA-3′-fluorescein(1253-1282) sensor probe:LightCycler Red 705-5′-CAG CTG AGC CAA TTC ATG GAC CAGAAC-3′-phosphate(1285-1311)		
双杂交探针结合融点曲线分析	引物	F:5′-ACGGAAAGGTCTCTTCG-3′(69-85)	16S rRNA gene (69-274)	[7]
		R:5′-CTTGGTAGGCCGTCAC-3′(274-259)		
	探针	MTB-FL probe:5′-GGATGCATGTCTTGTGGTGGAAA-(FL)-3′(186-208) MTB-LC probe:5′-(LC Red 640)-CGCTTTAGCGGTGTGG-GATGAG-(Ph)-3′(210-231)		
FRET 探针	引物	F:KY18 5′-cacatgcaagtcgaacggaaagg-3′(55-77)	16S rRNA (55-638)	[11]
		R:KY75 5′-gcccgtatcgcccgcacgctcaca-3′(638-615)		
	探针	MTBP5:5′-accggataggaccacgggatgcatgtctt-FAM-3′(170-198) MTBP3:5′-LCred640-ggtggaaagcgctttagcggtgt-ph-3′(201-223)		

测定技术	引物和探针		基因组内区域	文献
SYBR Green I dye 荧光杂交探针	引物	F:5′-ACCTCCTTTCTAAGGAGCACC-3′(126-146)	ITSsequence (126-346)	[12]
		R:5′-GATGCTCGCAACCACTATCCA-3′(346-326)		
	探针	5′ anchor probe:5′-GTGGGGCGTAGGCCGTGAGGGGTTC-FAM-3′(165-189)		
		3′ detection probe:5′-LC640-GTCTGTAGTGGGCGAGAGC-CGGGTGC-ph-3′(192-217)		

Mycobacterium tuberculosis H37Rv

Gene:MPT64　基因组位置:2223343-2224029

```
  1 gtgcgcatca agatcttcat gctggtcacg gctgtcgttt tgctctgttg ttcgggtgtg
 61 gccacggccg cgcccaagac ctactgcgag gagttgaaag gcaccgatac cggccaggcg
121 tgccagattc aaatgtccga cccggcctac aacatcaaca tcagcctgcc cagttactac
181 cccgaccaga agtcgctgga aaattacatc gcccagacgc gcgacaagtt cctcagcgcg
241 gccacatcgt ccactccacg cgaagccccc tacgaattga atatcacctc ggccacatac
301 cagtccgcga taccgccgcg tggtacgcag gccgtggtgc tcaaggtcta ccagaacgcc
361 ggcggcacgc acccaacgac cacgtacaag gccttcgatt gggaccaggc ctatcgcaag
421 ccaatcacct atgacacgct gtggcaggct gacaccgatc cgctgccagt cgtcttcccc
481 attgtgcaag gtgaactgag caagcagacc ggacaacagg tatcgatagc gccgaatgcc
                    F[2]                      P[2]
541 ggcttggacc cggtgaatta tcagaacttc gcagtcacga acgacggggt gattttcttc
                  R[2]
601 ttcaacccgg gggagttgct gcccgaagca gccggcccaa cccaggtatt ggtcccacgt
661 tccgcgatcg actcgatgct ggcctag
```

Mycobacterium tuberculosis H37Rv

Gene:katG　基因组位置:2153889-2156111

```
  1 tcagcgcacg tcgaacctgt cgaggttcat caccttgtcc caggcagcga cgaagtcctg
 61 cacgaacttc ggctgcgcgt catcggcgcc atagacctcg acaagcgccc gcaactccga
121 gttggacccg aagaccaggt ccacgcggct gccggtccac ttcaccttgc cactgccatc
181 cttgccctgg taggtcccgt catctgctgg cgagggctcc caggtgatac ccatgtcgag
241 caggttcacg aagaagtcgt tggtcagtga ctcggaggcc tcggtgaaca cgcccagcgg
301 taagcgcttg tagtttgcgc cgaggacgcg caggccacct accagcaccg tcatctcagg
361 ggcactgagc gtaagcaggt tcgccttgtc gagcagcatg tactcggccg gcaacgggtt
421 gccctttccg aggtagtttc ggaagccatc tgccttgggc tccagcacgg caaaggattc
481 cacgtcggtt tgttcctgcg acgcatccgt gcggcccggg gtgaagggca ccgtgatgtt
541 gtggccagcc gcctttgctg ctttctctat ggcggcacag ccaccgagca cgacgaggtc
601 ggcgaaggac actttgatgt tccccggcgc cgcggagttg aatgactcct ggatctcttc
```

661 cagggtgcga atgaccttgc gcagatcccc gtcggggtcg ttgacctccc acccgacttg

721 tggctgcagg cggatgcgac caccgttggc gccgccgcgc ttgtcgctac cacggaacga

781 cgacgccgcc gcccatgcgg tcgaaactag ctgtgagaca gtcaatcccg atgcccggat

841 ctggctctta aggctggcaa tctcggcttc gccgacgagg tcgtggctga ccgcagggac

901 cggatcctgc cacagcaggg tctgcttggg gaccagcggc ccaaggtatc tcgcaacggg

961 acccatgtct cggtggatca gcttgtacca ggccttggcg aactcgtcgg ccaattcctc

1021 ggggtgttcc agccagcgac gcgtgatccg ctcatagatc ggatccaccc gcagcgagag

1081 gtcagtggcc agcatcgtcg gggagcgccc tggcccgccg aacgggtccg ggatggtgcc

1141 ggcaccggcg ccgtccttgg cggtgtattg ccaagcgcca gcagggctct tcgtcagctc

1201 ccactcgtag ccgtacagga tctcga**ggaa actgttgtcc catttcg**tcg gggtgttcgt

　　　　　　　　　　　　　　　　　　　　　F[5]

1261 ccata**cgacc tcgatgccgc tggtgat**cgc gtccttaccg gttccggtgc **catacgagct**

　　　　probe[5]　　　　　　　　　　　　　　　　　　R[5]

1321 **cttccagccc** aagcccatct gctccagcgg agcagcctcg ggttcggggc cgaccagatc

1381 ggccgggccg gcgccatggg tcttaccgaa agtgtgaccg ccgacgatca gcgccgctgt

1441 ttcgacgtcg ttcatggcca tgcgccgaaa cgtctcgcga atgtcgaccg ccgcggccat

1501 ggggtccggg ttgccgttcg gcccctccgg gttcacgtag atcagcccca tctgcaccgc

1561 ggccagcggg ttctccagat cccgcttacc gctgtaacgc tcatcgccga gccaggtggc

1621 ttccttgccc caatagacct catcgggctc ccactggtcg acccggccga agccgaaccc

1681 gaacgtcttg aagcccatcg attccagcgc gcagttgccg gcgaaaacaa tcaggtccgc

1741 ccatgagagc ttcttgccgt acttcttctt gaccggccac agcagccggc gcgccttgtc

1801 caagctggcg ttgtcgggcc agctgttaag cggcgcgaac cgctgcatgc cgcccccggc

1861 gccgccgcgg ccgtcgtgga tgcggtaggt gccggcagcg tgccacgcca tccggataaa

1921 cagcggcccg tagtggccgt agtcggcggg ccaccacggc tgcgaggtgg tcatcacttc

1981 ctcgatgtcc cgcgtcaggg cgtcaacgtc gatggtcgcg acctccgcgg catagtcgaa

2041 cgccgcaccc atcgggtcag cgacggccgg gttttggtgc agtaccttca gattgagccg

2101 gttgggccac cagtcctggt ttccgccgcc ctcgacgggg tatttcatat gacccacgac

2161 gggacagccg ttgctagcgg ctccggtggt ggtttctgta atgggtgggt gttgctcggg

2221 cac

M. tuberculosis insertion sequence IS986

ACCESSION　X52471

反向互补链

　　1 accatcgggg cctgaaccgc cccggtgagt ccggagactc tctgatctga gacctcagcc

　61 ggcggctggt ctctggcgtt gagcgtagta ggcagcctcg agttcgaccg gcgggacgtc

　121 gccgcagtac tggtagaggc ggcgatggtt gaaccagtcg acccagcgcg cggtggccaa

　181 ctcgacatcc tcgatggacc gccagggctt gccgggtttg atcagctcgg tcttgtatag

　241 gccgttgatc gtctcggcta gtgcattgtc ataggagctt ccgaccgctc cgaccgacgg

　301 ttggatgcct gcctcggcga gccgctcgct gaaccggatc gatgtgtact gagatcccct

　361 atccgtatgg tggataacgt ctttcaggtc gagtacgcct tcttgttggc gggtccagat

421 ggcttgctcg atcgcgtcga ggaccatgga ggtggccatc gtggaagcga cccgccagcc

481 caggatcctg cgagcgtagg cgtcggtgac aaaggccacg **taggcgaacc ctgcccaggt**

                                                                    F[10]

541 **cgacacatag gtgaggtctg ctacccaca**g ccggttaggt gctggtggtc cgaagcggcg

                     P[10]

601 ctggacgaga tcggcgggac gggctg**tggc cggatcagcg atc**gtggtcc tgcgggcttt

                            R[10]

661 gccgcgggtg gtcccggaca ggccgagttt ggtcatcagc cgttcgacgg tgcatctggc

721 cacctcgatg ccctcacggt tcagggttag ccacactttg cgggcaccgt aaacaccgta

781 gttggcggcg tggacgcggc tgatgtgctc cttgagttcg ccatcgcgca gctcgcggcg

841 gctgggctcc cggttgatgt ggtcgtagta ggtcgatggg gcgatcggca cacccagctc

901 ggtcagctgt gtgcagatcg actcgacacc ccaccgcaaa ccatcggggc cctcgcggtg

961 gccctgatga tcggcgatga accgggtaat tagcgtgctg gccggtcgag ctcggccgcg

1021 aagaaagccg acgcggtctt taaaatcgcg ttcgcccttc gcaattcggc gttgtcccgc

1081 cgcaagcgct ttatctcagc ggattcttcg gtcgtggtcc cgggccgtgc gccggcatcg

1141 acctgcgcct ggcgcaccca cttacgcacc gtctccgcgc agcaacacca agtagacggg

1201 cgatctcact gatcgctgcc cactccgaat cgtgctgacc gcggatctct gcgaccatcc

1261 gcaccgcccg ctcacgcagc tccggcgggt acctcctcga tgaaccacct gacatgaccc

1321 catcctttcc aagaactgga gtctccggac atgccggggc ggttcaggtt gccgacct

M. tuberculosis insertion sequence IS986

ACCESSION X52471 1378bp DNA linear

  1 aggtcggcaa cctgaaccgc cccggcatgt ccggagactc cagttcttgg aaaggatggg

 61 gtcatgtcag gtggttcatc gaggaggtac ccgccggagc tgcgtgagcg ggcggtgcgg

121 atggtcgcag agatccgcgg tcagcacgat tcggagtggg cagcgatcag tgagatcgcc

181 cgtctacttg gtgttgctgc gcggagacgg tgcgtaagtg ggtgcgccag gcgcaggtcg

241 atgccggcgc acggcccggg accacgaccg aagaatccgc tgagataaag cgcttgcggc

301 gggacaacgc cgaattgcga agggcgaacg cgattttaaa gaccgcgtcg gctttcttcg

361 cggccgagct cgaccggcca gcacgctaat tacccggttc atcgccgatc atcagggcca

421 ccgcgagggc cccgatggtt tgcggtgggg tgtcgagtcg atctgcacac agctgaccga

481 gctgggtgtg ccgatcgccc catcgaccta ctacgaccac atcaaccggg agcccagccg

541 ccgcgagctg cgcgatggcg aactcaagga gcacatcagc cgcgtccacg ccgccaacta

601 cggtgtttac ggtgcccgca aagtgtggct aaccctgaac cgtgagggca tcgaggtggc

661 cagatgcacc gtcgaacggc tgatgaccaa actcggcctg tccgggacca cccgcggcaa

721 agcccgcagg accacgatcg ctgatccggc cacagcccgt cccgccgatc tcgtccagcg

781 ccgcttcgga ccaccagcac **ctaaccggct gtgggtagca gacctcacct atgt**gtcgac

                                    F[4]   F[4]

841 ctgggcaggg ttcgcctacg tggcc**tttgt caccgacgcc tacg**ctcgca ggatcctggg

                                          R[4]

901 ctggcgggtc gcttccacga tggccacctc catggtcctc gacgcgatcg agcaagccat

961 ctggacccgc caacaagaag gcgtactcga cctgaaagac gttatccacc atacggatag

1021 gggatctcag tacacatcga tccggttcag cgagcggctc gccgaggcag gcatccaacc

1081 gtcggtcgga gcggtcggaa gctcctatga caatgcacta gccgagacga tcaacggcct

1141 atacaagacc gagctgatca aacccggcaa gccctggcgg tccatcgagg atgtcgagtt

1201 ggccaccgcg cgctgggtcg actggttcaa ccatcgccgc ctctaccagt actgcggcga

1261 cgtcccgccg gtcgaactcg aggctgccta ctacgctcaa cgccagagac cagccgccgg

1321 ctgaggtctc agatcagaga gtctccggac tcaccggggc ggttcaggcc ccgatggt

Mycobacterium tuberculosis H37Rv

Gene：rpoB　基因组位置：759807-763325

   1 ttggcagatt cccgccagag caaaacagcc gctagtccta gtccgagtcg cccgcaaagt

  61 tcctcgaata actccgtacc cggagcgcca aaccgggtct ccttcgctaa gctgcgcgaa

 121 ccacttgagg ttccgggact ccttgacgtc cagaccgatt cgttcgagtg gctgatcggt

 181 tcgccgcgct ggcgcgaatc cgccgccgag cggggtgatg tcaacccagt gggtggcctg

 241 gaagaggtgc tctacgagct gtctccgatc gaggacttct ccgggtcgat gtcgttgtcg

 301 ttctctgacc ctcgtttcga cgatgtcaag gcacccgtcg acgagtgcaa agacaaggac

 361 atgacgtacg cggctccact gttcgtcacc gccgagttca tcaacaacaa caccggtgag

 421 atcaagagtc agacggtgtt catgggtgac ttcccgatga tgaccgagaa gggcacgttc

 481 atcatcaacg gaccgagcg tgtggtggtc agccagctgg tgcggtcgcc cggggtgtac

 541 ttcgacgaga ccattgacaa gtccaccgac aagacgctgc acagcgtcaa ggtgatcccg

 601 agccgcggcg cgtggctcga gtttgacgtc gacaagcgcg acaccgtcgg cgtgcgcatc

 661 gaccgcaaac gccggcaacc ggtcaccgtg ctgctcaagg cgctgggctg gaccagcgag

 721 cagattgtcg agcggttcgg gttctccgag atcatgcgat cgacgctgga gaaggacaac

 781 accgtcggca ccgacgaggc gctgttggac atctaccgca agctgcgtcc gggcgagccc

 841 ccgaccaaag agtcagcgca gacgctgttg gaaaacttgt tcttcaagga gaagcgctac

 901 gacctggccc gcgtcggtcg ctataaggtc aacaagaagc tcgggctgca tgtcggcgag

 961 cccatcacgt cgtcgacgct gaccgaagaa gacgtcgtgg ccaccatcga atatctggtc

1021 cgcttgcacg agggtcagac cacgatgacc gttccgggcg gcgtcgaggt gccggtggaa

1081 accgacgaca tcgaccactt cggcaaccgc cgcctgcgta cggtcggcga gctgatccaa

1141 aaccagatcc gggtcggcat gtcgcggatg gagcgcgtgg tccgggagcg gatgaccacc

1201 caggacgtgg aggcgatc**ac accgcagacg ttgatca**aca tccggccggt ggtcgccgcg

                                    F[8]

1261 atcaaggagt tcttcggcac cagcca**gctg agccaattca tggaccagaa caa**ccc**gctg**

1321 **tcggggttga cccacaagcg** cc**gactgtcg gcgctg**gggc cggcggtct gtcacgtgag

1381 cgtgccgggc tggaggtccg cgacgtgcac cgtcgcact acggccggat gtgcccgatc

1441 gaaacccctg aggggcccaa catcggtctg atcggctcgc tgtcggtgta cgcgcgggtc

1501 aacccgttcg ggttcatcga aacgccgtac cgcaaggtgg tcgacggcgt ggttagcgac

1561 gagatcgt**gt acctgaccgc cgacgaggag** gaccgccacg tggtggcaca ggccaattcg

                        R[8]

1621 ccgatcgatg cggacggtcg cttcgtcgag ccgcgcgtgc tggtccgccg caaggcgggc

1681 gaggtggagt acgtgccctc gtctgaggtg gactacatgg acgtctcgcc ccgccagatg

1741 gtgtcggtgg ccaccgcgat gattcccttc ctggagcacg acgacgccaa ccgtgccctc

1801 atgggggcaa acatgcagcg ccaggcggtg ccgctggtcc gtagcgaggc cccgctggtg

1861 ggcaccggga tggagctgcg cgcggcgatc gacgccggcg acgtcgtcgt cgccgaagaa

1921 agcggcgtca tcgaggaggt gtcggccgac tacatcactg tgatgcacga caacggcacc

1981 cggcgtacct accggatgcg caagtttgcc cggtccaacc acggcacttg cgccaaccag

2041 tgccccatcg tggacgcggg cgaccgagtc gaggccggtc aggtgatcgc cgacggtccc

2101 tgtactgacg acggcgagat ggcgctgggc aagaacctgc tggtggccat catgccgtgg

2161 gagggccaca actacgagga cgcgatcatc ctgtccaacc gcctggtcga agaggacgtg

2221 ctcacctcga tccacatcga ggagcatgag atcgatgctc gcgacaccaa gctgggtgcg

2281 gaggagatca cccgcgacat cccgaacatc tccgacgagg tgctcgccga cctggatgag

2341 cggggcatcg tgcgcatcgg tgccgaggtt cgcgacgggg acatcctggt cggcaaggtc

2401 accccgaagg gtgagaccga gctgacgccg gaggagcggc tgctgcgtgc catcttcggt

2461 gagaaggccc gcgaggtgcg cgacacttcg ctgaaggtgc cgcacggcga atccggcaag

2521 gtgatcggca ttcgggtgtt ttcccgcgag gacgaggacg agttgccggc cggtgtcaac

2581 gagctggtgc gtgtgtatgt ggctcagaaa cgcaagatct ccgacggtga caagctggcc

2641 ggccggcacg gcaacaaggg cgtgatcggc aagatcctgc cggttgagga catgccgttc

2701 cttgccgacg gcaccccggt ggacattatt ttgaacaccc acggcgtgcc gcgacggatg

2761 aacatcggcc agattttgga gacccacctg ggttggtgtg cccacagcgg ctggaaggtc

2821 gacgccgcca ggggggttcc ggactgggcc gccaggctgc ccgacgaact gctcgaggcg

2881 cagccgaacg ccattgtgtc gacgccggtg ttcgacggcg cccaggaggc cgagctgcag

2941 ggcctgttgt cgtgcacgct gcccaaccgc gacggtgacg tgctggtcga cgccgacggc

3001 aaggccatgc tcttcgacgg gcgcagcggc gagccgttcc cgtacccggt cacggttggc

3061 tacatgtaca tcatgaagct gcaccacctg gtggacgaca agatccacgc ccgctccacc

3121 gggccgtact cgatgatcac ccagcagccg ctgggcggta aggcgcagtt cggtggccag

3181 cggttcgggg agatggagtg ctgggccatg caggcctacg gtgctgccta caccctgcag

3241 gagctgttga ccatcaagtc cgatgacacc gtcggccgcg tcaaggtgta cgaggcgatc

3301 gtcaagggtg agaacatccc ggagccgggc atccccgagt cgttcaaggt gctgctcaaa

3361 gaactgcagt cgctgtgcct caacgtcgag gtgctatcga gtgacggtgc ggcgatcgaa

3421 ctgcgcgaag gtgaggacga ggacctggag cgggccgcgg ccaacctggg aatcaatctg

3481 tcccgcaacg aatccgcaag tgtcgaggat cttgcgtaa

Mycobacterium tuberculosis H37Rv

Gene：embB　基因组位置：4246514-4249810

   1 atgacacagt gcgcgagcag acgcaaaagc accccaaatc gggcgatttt ggggggctttt

  61 gcgtctgctc gcgggacgcg ctgggtggcc accatcgccg ggctgattgg ctttgtgttg

 121 tcggtggcga cgccgctgct gcccgtcgtg cagaccaccg cgatgctcga ctggccacag

 181 cggggggcaac tgggcagcgt gaccgccccg ctgatctcgc tgacgccggt cgactttacc

 241 gccaccgtgc cgtgcgacgt ggtgcgcgcc atgccacccg cgggcggggg ggtgctgggc

 301 accgcaccca gcaaggcaa ggacgccaat ttgcaggcgt tgttcgtcgt cgtcagcgcc

```
 361 cagcgcgtgg acgtcaccga ccgcaacgtg gtgatcttgt ccgtgccgcg cgagcaggtg
 421 acgtcccccgc agtgtcaacg catcgaggtc acctctaccc acgccggcac cttcgccaac
 481 ttcgtcgggc tcaaggaccc gtcgggcgcg ccgctgcgca gcggcttccc cgaccccaac
 541 ctgcgcccgc agattgtcgg ggtgttcacc gacctgaccg ggcccgcgcc gcccgggctg
 601 gcggtctcgg cgaccatcga cacccggttc tccacccggc cgaccacgct gaaactgctg
 661 gcgatcatcg gggcgatcgt ggccaccgtc gtcgcactga tcgcgttgtg gcgcctggac
 721 cagttggacg ggcggggctc aattgcccag ctcctcctca ggccgttccg gcctgcatcg
 781 tcgccgggcg gcatgcgccg gctgattccg gcaagctggc gcaccttcac cctgaccgac
```

841 gc**cgtggtga tattcggctt cct**gctctgg catgtcatcg gcgcgaattc gtcggacgac

        F[8]

901 ggctacatcc tg**ggcatggc ccgag**tcgcc gaccacgccg gctacatgtc caa**ctatttc**

        P[8]

961 **cgctggttcg gc**agcccgga ggatcccttc ggctggtatt acaacctgct ggcgctgatg

  R[8]

```
1021 acccatgtca gcgacgccag tctgtggatg cgcctgccag acctggccgc cgggctagtg
1081 tgctggctgc tgctgtcgcg tgaggtgctg ccccgcctcg ggccggcggt ggaggccagc
1141 aaacccgcct actgggcggc ggccatggtc ttgctgaccg cgtggatgcc gttcaacaac
1201 ggcctgcggc cggagggcat catcgcgctc ggctcgctgg tcacctatgt gctgatcgag
1261 cggtccatgc ggtacagccg gctcacaccg gcggcgctgg ccgtcgttac cgccgcattc
1321 acactgggtg tgcagcccac cggcctgatc gcggtggccg cgctggtggc cggcggccgc
1381 ccgatgctgc ggatcttggt gcgccgtcat cgcctggtcg gcacgttgcc gttggtgtcg
1441 ccgatgctgg ccgccggcac cgtcatcctg accgtggtgt tcgccgacca gaccctgtca
1501 acggtgttgg aagccaccag ggttcgcgcc aaaatcgggc cgagccaggc gtggtatacc
1561 gagaacctgc gttactacta cctcatcctg cccaccgtcg acggttcgct gtcgcggcgc
1621 ttcggctttt tgatcaccgc gctatgcctg ttcaccgcgg tgttcatcat gttgcggcgc
1681 aagcgaattc ccagcgtggc ccgcggaccg gcgtggcggc tgatgggcgt catcttcggc
1741 accatgttct tcctgatgtt cacgcccacc aagtgggtgc accacttcgg gctgttcgcc
1801 gccgtagggg cggcgatggc cgcgctgacg acggtgttgg tatccccatc ggtgctgcgc
1861 tggtcgcgca accggatggc gttcctggcg gcgttattct tcctgctggc gttgtgttgg
1921 gccaccacca acggctggtg gtatgtctcc agctacggtg tgccgttcaa cagcgcgatg
1981 ccgaagatcg acgggatcac agtcagcaca atcttttttcg ccctgtttgc gatcgccgcc
2041 ggctatgcgc cctggctgca cttcgcgccc cgcggcgccg gcgaagggcg gctgatccgc
2101 gcgctgacga cagcccccggt accgatcgtg gccggtttca tggcggcggt gttcgtcgcg
2161 tccatggtgg ccgggatcgt gcgacagtac ccgacctact ccaacggctg gtccaacgtg
2221 cgggcgtttg tcggcggctg cggactggcc gacgacgtac tcgtcgagcc tgataccaat
2281 gcgggtttca tgaagccgct ggacggcgat tcgggttctt ggggccccctt gggcccgctg
2341 ggtggagtca acccggtcgg cttcacgccc aacggcgtac cggaacacac ggtggccgag
2401 gcgatcgtga tgaaacccaa ccagcccggc accgactacg actgggatgc cgcgaccaag
2461 ctgacgagtc ctggcatcaa tggttctacg gtgccgctgc cctatgggct cgatcccgcc
```

2521 cgggtaccgt tggcaggcac ctacaccacc ggcgcacagc aacagagcac actcgtctcg

2581 gcgtggtatc tcctgcctaa gccggacgac gggcatccgc tggtcgtggt gaccgccgcg

2641 ggcaagatcg ccggcaacag cgtgctgcac gggtacaccc ccgggcagac tgtggtgctc

2701 gaatacgcca tgccgggacc cggagcgctg gtacccgccg gcgggatggt gcccgacgac

2761 ctatacggag agcagcccaa ggcgtggcgc aacctgcgct cgcccgagc aaagatgccc

2821 gccgatgccg tcgcggtccg ggtggtggcc gaggatctgt cgctgacacc ggaggactgg

2881 atcgcggtga ccccgccgcg ggtaccggac ctgcgctcac tgcaggaata tgtgggctcg

2941 acgcagccgg tgctgctgga ctgggcggtc ggtttggcct tcccgtgcca gcagccgatg

3001 ctgcacgcca atggcatcgc cgaaatcccg aagttccgca tcacaccgga ctactcggct

3061 aagaagctgg acaccgacac gtgggaagac ggcactaacg gcggcctgct cgggatcacc

3121 gacctgttgc tgcgggccca cgtcatggcc acctacctgt cccgcgactg ggcccgcgat

3181 tggggttccc tgcgcaagtt cgacaccctg gtcgatgccc ctcccgccca gctcgagttg

3241 ggcaccgcga cccgcagcgg cctgtggtca ccgggcaaga tccgaattgg tccatag

Mycobacterium tuberculosis H37Rv

ACCESSION   NC_000962

Gene：16S rRNA   基因组位置：1471846-1473382

   1 ttttgtttgg agagtttgat cctggctcag gacgaacgct ggcggcgtgc ttaa**cacatg**

                                                       F[11]

  61 **caagtcgaac ggaaagg**tct cttcggagat actcgagtgg cgaacgggtg agtaacacgt

121 gggtgatctg ccctgcactt cgggataagc ctgggaaact gggtctaat**a ccggatagga**

                                                   MTBP5[11]

181 **ccacgggatg catgtctt**gt **ggtggaaagc gctttagcgg tgt**gggatga gcccgcggcc

                         MTBP3[11]

241 tatcagcttg ttggtggggt gacggcctac caaggcgacg acgggtagcc ggcctgagag

301 ggtgtccggc cacactggga ctgagatacg gcccagactc ctacgggagg cagcagtggg

361 gaatattgca caatgggcgc aagcctgatg cagcgacgcc gcgtggggga tgacggcctt

421 cgggttgtaa acctctttca ccatcgacga aggtccgggt tctctcggat tgacggtagg

481 tggagaagaa gcaccggcca actacgtgcc agcagccgcg gtaatacgta gggtgcgagc

541 gttgtccgga attactgggc gtaaagagct cgtaggtggt ttgtcgcgtt gttcgtgaaa

601 tctcacggct taac**tgtgag cgtgcgggcg atacgggc**ag actagagtac tgcaggggag

                         R[11]

661 actggaattc ctggtgtagc ggtggaatgc gcagatatca ggaggaacac cggtggcgaa

721 ggcgggtctc tgggcagtaa ctgacgctga ggagcgaaag cgtggggagc gaacaggatt

781 agataccctg gtagtccacg ccgtaaacgg tgggtactag gtgtgggttt ccttccttgg

841 gatccgtgcc gtagctaacg cattaagtac cccgcctggg gagtacggcc gcaaggctaa

901 aactcaaagg aattgacggg ggcccgcaca agcggcggag catgtggatt aattcgatgc

961 aacgcgaaga accttacctg ggtttgacat gcacaggacg cgtctagaga taggcgttcc

1021 cttgtggcct gtgtgcaggt ggtgcatggc tgtcgtcagc tcgtgtcgtg agatgttggg

1081 ttaagtcccg caacgagcgc aacccttgtc tcatgttgcc agcacgtaat ggtggggact

1141 cgtgagagac tgccggggtc aactcggagg aaggtgggga tgacgtcaag tcatcatgcc
1201 ccttatgtcc agggcttcac acatgctaca atggccggta caaagggctg cgatgccgcg
1261 aggttaagcg aatccttaaa agccggtctc agttcggatc ggggtctgca actcgacccc
1321 gtgaagtcgg agtcgctagt aatcgcagat cagcaacgct gcggtgaata cgttcccggg
1381 ccttgtacac accgcccgtc acgtcatgaa agtcggtaac acccgaagcc agtggcctaa
1441 ccctcgggag ggagctgtcg aaggtgggat cggcgattgg gacgaagtcg taacaaggta
1501 gccgtaccgg aaggtgcggc tggatcacct cctttct

Mycobacterium tuberculosis 16S ribosomal RNA and 23S ribosomal RNA genes
EMBL accession number L15623　基因组位置:1473247-1473679

1 cgtcatgaaa gtcggtaaca cccgaagcca gtggcctaac cctcgggagg gagctgtcga
61 aggtgggatc ggcgattggg acgaagtcgt aacaaggtag ccgtaccgga aggtgcggct
121 ggatc**acctc ctttctaagg agcacc**acga aaacgcccca actg**gtgggg cgtaggccgt**
　　　　　　　　　F[12]
181 **gagggttc**t t**gtctgtagt gggcgagagc cgggtgc**atg acaacaaagt tggccaccaa
241 cacactgttg ggtcctgagg caacactcgg acttgttcca ggtgttgtcc caccgccttg
301 gtggtggggt gtggtgtttg agaac**tggat agtggttgcg agcat**caatg gatacgctgc
　　　　　　　　　　　R[12]
361 cggctagcgg tggcgtgttc tttgtgcaat attctttggt ttktgttgtg tttgtaagtg
421 tctaagggcg cat

图 25-1　常扩增的 MPT64、katG gene、Insertion sequence、rpoB gene 和 16S rRNA 等区域的序列及文献报道的引物和探针所在位置
〔　〕内为相关引物和探针的文献来源

3. 标本采集、运送、保存和处理　可用于结核杆菌 PCR 检测的临床标本很多,包括痰液、活检组织、结核分枝杆菌培养物、脑脊液等,最常用的是痰液。标本采集、运送、保存和处理的一般原则详见第 4 章所述。

三、结核杆菌 PCR 检测的临床意义

结核杆菌为难培养的微生物,PCR 方法对结核杆菌感染的快速检测有重要应用价值。

1. 结核杆菌感染的快速诊断　结核杆菌因其培养周期长,临床很难采用培养方法进行结核杆菌感染的快速检测,而采用 PCR 方法,则可以做到这一点。如通过对痰、血液、淋巴液、脑脊液、胸腔积液、腹水等标本中结核杆菌的 PCR 检测,可快速诊断肺结核、结核杆菌菌血症、淋巴结核、结核性脑膜炎、结核性胸腹膜炎等。

2. 抗结核治疗的监测　在抗结核治疗中,采用 PCR 方法定期检测,可评价抗结核药物的疗效。

3. 要注意临床"假阳性"问题　PCR 检测的是病原体核酸,不管结核杆菌是否为活的细菌,PCR 均能检出,因此,在经抗生素治疗一个疗程后,必须两周后才能做 PCR 检测,以避免临床假阳性。

(李金明　汪　维)

参 考 文 献

[1] Tell LA, Leutenegger CM, Larsen RS, et al. Real-time polymerase chain reaction testing for the detection of Mycobacterium genavense and Mycobacterium avium complex species in avian samples. Avian Dis, 2003, 47(4): 1406-1415

[2] Takahashi T, Nakayama T. Novel technique of quantitative nested real-time PCR assay for Mycobacterium tuberculosis DNA. J Clin Microbiol, 2006, 44(3): 1029-1039

[3] Hillemann D, Warren R, Kubica T, et al. Rapid detection of Mycobacterium tuberculosis Beijing genotype strains by real-time PCR. J Clin Microbiol, 2006; 44(2): 302-306. Erratum in: J Clin Microbiol, 2006, 44(9): 3472

[4] Kocagoz T, Saribas Z, Alp A. Rapid determination of rifampin resistance in clinical isolates of Mycobacterium tuberculosis by real-time PCR. J Clin Microbiol, 2005, 43(12): 6015-6019

[5] Espasa M, Gonzalez-Martın J, Alcaide F, et al. Direct detection in clinical samples of multiple gene mutations causing resistance of Mycobacterium tuberculosis to isoniazid and rifampicin using fluorogenic probes. J Antimicrob Chemother, 2005, 55(6): 860-865

[6] Aldous WK, Pounder JI, Cloud JL, Woods GL. Comparison of six methods of extracting Mycobacterium tuberculosis DNA from processed sputum for testing by quantitative real-time PCR. J Clin Microbiol, 2005, 43(5): 2471-2473

[7] Burggraf S, Reischl U, Malik N, et al. Comparison of an internally controlled, large-volume LightCycler assay for detection of Mycobacterium tuberculosis in clinical samples with the COBAS AMPLICOR assay. J Clin Microbiol, 2005, 43(4): 1564-1569

[8] Wada T, Maeda S, Tamaru A, et al. Dual-probe assay for rapid detection of drug-resistant Mycobacterium tuberculosis by real-time PCR. J Clin Microbiol, 2004, 42(11): 5277-5285

[9] van Doorn HR, Claas EC, Templeton KE, et al. Detection of a point mutation associated with high-level isoniazid resistance in Mycobacterium tuberculosis by using real-time PCR technology with 3′-minor groove binder-DNA probes. J Clin Microbiol, 2003, 41(10): 4630-4635

[10] Broccolo F, Scarpellini P, Locatelli G, et al. Rapid diagnosis of mycobacterial infections and quantitation of Mycobacterium tuberculosis load by two real-time calibrated PCR assays. J Clin Microbiol, 2003, 41(10): 4565-4572

[11] Drosten C, Panning M, Kramme S. Detection of Mycobacterium tuberculosis by real-time PCR using pan-mycobacterial primers and a pair of fluorescence resonance energy transfer probes specific for the M. tuberculosis complex. Clin Chem, 2003, 49(10): 1659-1661

[12] Miller N, Cleary T, Kraus G, et al. Rapid and specific detection of Mycobacterium tuberculosis from acid-fast bacillus smear-positive respiratory specimens and BacT/ALERT MP culture bottles by using fluorogenic probes and real-time PCR. J Clin Microbiol, 2002, 40(11): 4143-4147

第26章　淋病奈瑟菌实时荧光 PCR 检测及临床意义

淋病奈瑟菌（Niesseria gonorrhoeae，NG）1879 年由 Neisser 发现，简称为淋球菌，是引起淋病的病原体，属奈瑟菌属。此菌属有脑膜炎奈瑟菌、淋病奈瑟菌、干燥奈瑟菌、微黄奈瑟菌、浅黄奈瑟菌、黏液奈瑟菌等，人类是奈瑟菌属细菌的唯一自然宿主。对人致病的只有脑膜炎奈瑟菌和淋病奈瑟菌，它们在遗传学上密切相关。淋病奈瑟菌寄居在尿道内膜，一般认为脑膜炎奈瑟菌不会引起性传播疾病，但在同性恋者的肛门区域内的黏膜也发现有。其他的均存在于鼻咽腔黏膜。在急性淋病患者泌尿生殖道的分泌物和脓性分泌物中，大多数淋病奈瑟菌位于脓细胞内，慢性淋病则多在细胞外。

一、淋病奈瑟菌的特点

1. 形态和生物学特点　淋病奈瑟菌为革兰阴性双球菌，常成双排列，邻近面扁平或稍凹，呈咖啡豆样，无鞭毛或芽胞，有菌毛和荚膜，需氧，具有氧化酶和触酶。急性炎症期细菌多在患者分泌物的少部分中性粒细胞的胞质中，慢性期则多在细胞外，且有些可呈单个球形或四联状。可在巧克力培养基上生长。人工培养后形态亦常呈球形、单个、成双或四联排列。致病因素有菌毛、荚膜、外膜蛋白、IgA 蛋白酶和脂多糖（LPS）等。细菌对低温和干燥敏感。

2. 基因结构特点　淋病奈瑟菌基因组为环状，长达 2.154Mb。PCR 检测的靶基因可为其隐蔽性质粒、染色体基因、抗淋球菌胞嘧啶 DNA 甲基转移酶基因、透明蛋白（opa）基因、菌毛 DNA、rRNA 基因和 porA 假基因。

隐蔽性质粒序列长 4207bp，包含 2 个重复序列，重复序列间相隔 54bp，这 54bp 及任何一组序列同时缺失，都不会影响可读框（open reading frame，ORF）。隐蔽性质粒中有 10 个编码区，它们分别编码 cppA，cppB，cppC 和 ORF1~7。隐蔽质粒 *cppB* 基因主要存在于 4.2kb 隐蔽质粒中，但其在细菌染色体也有一个拷贝存在，同时在 96% 的淋球菌中都有该隐蔽质粒，因此很多 PCR 引物设计在 *cppB* 基因区。使用 *cppB* 基因作为 PCR 检测靶基因的一个可能的问题是，其拷贝数低，并且少量存在于脑膜炎奈瑟菌中，而脑膜炎奈瑟菌有时也少量存在于泌尿生殖道。此外，有些淋球菌可能缺乏 *cppB* 基因，会出现假阴性结果。

opa 基因相对保守。DNA 甲基转移酶（DNMT）位于细胞核内，为一含有 5000 个氨基酸的多肽，可以催化 DNA 中的胞嘧啶发生甲基化。Roche 公司的 COBAS AMPLICOR PCR 试剂盒所用引物即为抗淋球菌胞嘧啶 DNA 甲基转移酶基因。rRNA 是一种进化过程中极其保守的分子，细菌的扩增及杂交检测常以其作为靶分子。市场上使用最广泛的 GENE Probe PAC2 系统扩增靶核酸为 16S rRNA。

1998 年 Feavers 等发现，在奈瑟菌属（包括人类脑膜炎双球菌和淋病奈瑟菌），每一个家族都至少表达一个家族相关膜孔蛋白，而脑膜炎双球菌是唯一一种表达双膜孔蛋白的细菌。PorA 是脑膜炎双球菌的血清型抗原，也是该家族中最多变的抗原，在淋球菌中也发现了 PorA 基因的存在。虽然脑膜炎双球菌中 PorA 的 IS1106 元件下游在淋球菌中缺乏,但是脑膜炎双球菌和淋球菌的 *PorA* 转座子和大肠埃希菌的 *greA* 基因有一定的同源性。在收集到的淋病患者体内,几乎同样的 *PorA* 转座子在 4 株不相关淋球菌菌株中均存在。*PorA* 假基因也可作为 PCR 检测的靶核酸。

二、淋病奈瑟菌实时荧光 PCR 测定

1. 引物和探针设计　淋病奈瑟菌 PCR 检测引物和探针设计的一般原则是:①选择淋病奈瑟菌基因组的高保守区域,以保证检测的特异性。在淋病奈瑟菌基因组中,可为其隐蔽性质粒、染色体基因、抗淋球菌胞嘧啶

DNA 甲基转移酶基因、透明蛋白(*opa*)基因、菌毛 DNA、16S rRNA 基因和 *porA* 假基因等。②灵敏度高。针对不同区域的引物的检测灵敏度有可能不同,因此,在设计引物时,可同时设计多对引物,筛选检测灵敏度最高的引物作为检测用。

2. 文献报道的常用引物和探针举例　淋病奈瑟菌实时荧光 PCR 测定方法依其所使用的荧光探针可分为 TaqMan 探针、MGB 探针、双杂交探针、分子信标和双链 DNA 交联荧光染料(SYBR® Green Ⅰ)等,其所使用的引物、探针等举例详见表 26-1,图 26-1 为其对应的序列。

表 26-1　文献报道的淋病奈瑟菌实时荧光 PCR 检测的引物和探针举例

测定技术		引物和探针	基因组内区域	文献
SYBR Green Master Mix	引物	F:5′-AAACCCGCATACGAGGTATGA-3′(962-982)	Lst(962-1062)	[1]
		R:5′-AAGCCGGTTTCAATGCGTAA-3′(1062-1043)		
TaqMan 探针	引物	F:5′-TGAGCCATGCGCACCAT-3′(2015-2031)	parC(2015-2085)	[4]
		R:5′-GGCGAGATTTTGGGTAAATACCA-3′(2085-2063)		
	探针	5′-CGGAACTGTCGCCGT-3′(2043-2057) Fluorophore:TET		
	引物	F:5′-TTGCGCCATACGGACGAT-3′(2446-2463)	gyrA (2446-2516)	
		R:5′-GCGACGTCATCGGTAAATACCA-3′(2516-2495)		
	探针	5′-TGTCGTAAACTGCGGAA-3′(2466-2482) Fluorophore:6-FAM		
TaqMan 探针 (real time RT-PCR)	引物	F:5′-CCG ATC CGC TTT CAT ACG A-3′(1124-1141)	tbpA(102bp) (1124-1226)	[5]
		R:5′-TGT TGC GTG CGT TCG AGT A-3′(1226-1208)		
	探针	5′-FAM-AAGCGGC ACT ACA TCG GCG GCA-TAMRA-3′ (1186-1207)		

续表

测定技术		引物和探针	基因组内区域	文献
TaqMan 探针 (real time RT-PCR)	引物	F:5′-GAT GGA AAA GTT GCC GTT GTC-3′ (1125-1145)	tbpB （87bp） (1125-1212)	
		R:5′-CAC CTG GGC CGC TTG A-3′(1212-1197)		
	探针	5′-FAM-CAG CAC CGC AAA TGG CAA TGC TC-TAMRA-3′ (1166-1188)		
TaqMan MGB 探针	引物	F:5′-GTT GAA ACA CCG CCC GG-3′ (2-18)	opagenes （5′-UTR)(2-76)	[2]
		R:5′-CGG TTT GAC CGG TTA AAA AAA GAT-3′(76-54)		
	探针	Probeopa-1:5′-FAM-CCC TTC AAC ATC AGT GAA A-TAMRA--MGB-3′(35-53) Probeopa-2:5′-FAM-CTT TGA ACC ATC AGT GAA A-TAMRA--MGB-3′		
FRET 探针	引物	F:5′-GCT ACG CAT ACC CGC GTT GC-3′(3141-3160)	CppB(3141-3531)	[3]
		R:5′-CGA AGA CCT TCG AGC AGA CA-3′ (3531-3512)		
	探针	NG-LC1 probe:(3271-3298) 5′-CGT TCT TGA CGC TCC ATA TCG CTA TGA A-3′ NG-LC2 probe:(3300-3326) 5′-AGC CCT GCT ATG ACT ATC AAC CCT GCC-3′		
	引物	F:5′-TAT CGG AAC GTA CCG GGT AG-3′(124-143)	16S rRNA(124-502)	
		R:5′-GCT TAT TCT TCA GGT ACC GTC AT-3′(502-480)		
	探针	NG16SFL probe:(423-450) 5′-CGG GTT GTA AAG GAC TTT TGT CAG GGA A-3′ NG16SLC probe:(454-476) 5′-AAG GCT GTT GCC AAT ATC GGC GG-3′		

Neisseria gonorrhoeae strain FA1090 Lst (lst) gene　1335bp
GeneBank　ACCESSION　AY953447

```
  1 tatgttcaat ttgtcggaat ggagttttta gggatatggg gttgaaaaaa gtctgtttga
 61 ccgtgttgtg cctgattgtt ttttgcttcg ggatatttta tacgtttgac cgggtaaatc
121 agggggaaag gaacgcggtt tccctgctga aggacaaact cttcaatgaa gaggggaaac
181 ccgtcaatct gattttctgc tataccatat tgcagatgaa ggtggcagaa aggattatgg
241 cgcagcatcc gggggagcgg ttttatgtgg tgctgatgtc tgaaaacagg aatgaaaat
301 acgattatta tttcaatcag ataaaggata aggcggagcg gcgtatttt ttctacctgc
361 cctacggttt gaacaaatcg tttaatttca ttccgacgat ggcggagctg aaggtgaagt
421 cgatgctgct gccgaaggtc aagcggattt atttggcgag tttggaaaaa gtcagtattg
481 ccgccttttt gagcacttac ccggatgcgg aaatcaaaac ctttgacgac ggcacaaaca
541 acctgatacg ggagagcagc tatttgggcg gcgagtttgc cgtaaacggg gcgattaagc
```

601 ggaattttgc ccgaatgatg gtcgggggatt ggagcatcgc caaaacccgc aatgcttccg

661 acgagcatta cacgatattc aagggtttga aaaacattat ggatgacggc cgccgcaaga

721 tgacttacct gccgctgttc gatgcgtccg aactgaaggc ggggggacgaa acgggcggca

781 cggtgcggat acttttgggt tcgcccgaca aagagatgaa ggaaatttcg gaaaaggcgg

841 caaaaaattt caacatacaa tatgtcgcgc cgcatccccg ccagacctac gggctttccg

901 gcgtaaccgc gttaaattcg ccctatgtca tcgaagacta tattttgcgc gaaattaaga

961 **aaaacccgca tacgaggtat ga**aatttata cctttttcag cggtgcggcg ttgacgatga

            F[1]

1021 aggatttttcc caatgtgcac gt**ttacgcat tgaaaccggc tt**cccttccg gaagattatt

                   R[1]

1081 ggctcaagcc cgtttatgcg ctgttccgtc aggccgacat tccgattttg gcatttgacg

1141 ataaaaatca atcgcatggt aaatcaaaat agaaatggc ggagtaagta aggcaaaaat

1201 caggatatgg cgtatttttt gaattgaaga taatttccga ttgctttgcg cgtggcgaaa

1261 tgacaaagaa aatgccgtct gaaggattca gacggcattg ttctgtttcg gatgttattc

1321 gggcgcgcgg aactg

Neisseria gonorrhoeae topoisomerase IV subunit A（parC）gene　2307bp

GeneBank　ACCESSION　U08907

   1 ttatttgggg gaagaaagct gtttcaggct gcccgatatg ggcaacagtc tgcctttttt

  61 gccgcgtttt gcctcaatca gggcgacggg gaggcggtct ttgtgcgccg cgccgcgcct

121 gccttcgctt tcaatcagga tttccggctc ggaagaaacg gcggtatgcg tcatcgattc

181 gccggcgttt aatccgatga tttgcagtcc tttgcctttc gccataattt tcaattcgcc

241 gatgggggaag gcgaggggcgc ggttttgact ggtggctgca atgattttgc agtcgggggtt

301 gatgaacgag gaggcataga cggcaaccgg cggcaggacg gtttcgccgc tgtctgcggt

361 catcaccact ttgcccgctt tcacgcgtcc gaccatatcg cccagcttgg cgataaagcc

421 gtagccgccg ctgcttgata ataaataatg ttgttccggc aatcctgtca acatcgcgac

481 gggtttcgcg ccgttttgca actcgattaa ggaggaaacc ggtacgccgt cgccgcgtcc

541 gccggggatt tcggcggcat cgatcgagta ggttctgccg cggatgaatc gaggatgacg

601 acgggtaaaa cagtgcggtc cttcaagggt ttgtttgagg cggtcgcctt ctttgaacgc

661 ggtttggctc aaatcgagat tatgtccggc acggctgcgt atccagcctt tttccgacaa

721 aatcagcgtg atgggttcgt cggcggcggt ttgtgtcagc acggcgcgtc cggcctcttc

781 caccagcgtg cggcgcgcgt cgccgaactg cttcatgtcc gcctgcatct ctttgataat

841 cagcttgcgt ttttcgtttt cgtcgcccaa aaagatattc agacggcctt gttcttcgcg

901 caattcgttc aattctttt cgagtttgaa accttccaaa cgcgccaact gacgcaggcg

961 gatttccaaa atgtcttcgg cctggatttc ggtcagcccg aacaccgcca tcaaatcggc

1021 tttcgggtcg tccgattcgc ggatgacttt aatcacttcg tcgatgtgca gaaagacttt

1081 cagacggcct tcgaggatgt gcagccgttt ttccacttgg tttaaacgga atttcagacg

1141 gcgtgttacg gtaacgatgc ggaaatccag ccattcctgc aaaatcgttt tcaggttttt

1201 ctgcgcgggg cggttgtcca aacccatcat caccaagttc atggacacat tgccttccag

1261 cgaagtttgc gccatcagcg tgttgatgaa ggtatcggta tcgatgcggc tggatttcgg

1321　ttcaaataca aggcgcacgg gatgttcgcc gtcggactcg tcgcgcacgc ggtcgattaa

1381　atccagcatc agcttttttgg tattaagccg gtcttggttg agctgcttct tgcccgcttt

1441　cggtttcggg ttggtttgct cttcgatttc ggcaaggatt ttggcggaat tggcgttcgg

1501　cggcagttcg gttacgatga cgcgccactg tccgcgcgcc aatttctcga tttcataacg

1561　cgcacgcacg cgcacgctgc ccttgccggt ttcgtaaata cggcgcaatt cgtccgccgg

1621　cgtgatgatt tgaccgccgc cggcaaaatc gggagcagga atatattgca tcaggtcggc

1681　ggtttccagc gtcggtttct tcaacagtgc aatcgccgcc tgcgtgactt cgttcaaatt

1741　gtgcgacgga atctcggtcg ccatacccac cgcgatgccc gacgcgccgt tgagcaacac

1801　cataggcaag cgggcgggaa ggtgcagcgg ctcgtcaaac gcgccgtcgt agttcggcat

1861　aaaatccacc gtcccctgat tgatttcgga caacagcaat tccgcaatcg gcgtgagccg

1921　cgcttcggtg taacgcatcg ccgccgcccc gtcgccgtcg cgcgaaccga agttgccgat

1981　gccgtcgatt aagggatagc gcaaggtaaa atcc**tgagcc atgcgcacca tc**gcctcata

　　　　　　　　　　　　　　　　　　　　　　　　　　　　　　　F[4]

2041　gg**cggaactg tcgccgt**gcg ga**tggtattt acccaaaatc tcgcc**gacca cgcgcgccga

　　　　　P[4]　　　　　　　　　　　　R[4]

2101　tttcaccggc ttcgcccccg ccgtcaaacc catatcgcgc atggcaaaca aaatgcgccg

2161　ctgcacgggc ttttggccgt ctgaaacttc aggcagcgcg cggcctttga ccacgctcat

2221　ggcgtattcg agataggcgc gttcggcgta tcggccgagc atcagcgtgt tggaatcggt

2281　atgggaagcg tgcggttgcg tattcat

Neisseria gonorrhoeae DNA gyrase subunit A (gyrA) gene　2751bp

GeneBank　ACCESSION　U08817

　　1　tcagttctcg gcttccggtt cggttacatt ggaaattaca gaagcgccgg agagttcgga

　　61　ttcgtcttcg gcaacacgtt ccagcgatac caaggtttcg ccttcgtcca agttaatcag

　124　tttcacgcct gctgcggcgc ggccggtttc gcggatttgt tcgactttgg tacggataag

　181　cacgccgccg ctggtaatca gcatcaaatc gtcggtttcg ccgaccaagg ttgcggcgac

　241　caaatcgccg ttgcgctcgc cggtgttaat ggcaatactg ccttgcccgc ctttgttttt

　301　gcggctgtaa tcggcaatcg gggtgcgttt tccgtatccg ttggcggtgg cggttaaaac

　361　ttgcaaaccg ctttcttcgg tttcaggggc gaaggtaatc aggctgacga ttttgccgtc

　421　ggcaggcagg cgcataccgc gcaaaccgcc gctgccgcga ccggacggac gcacgccgtt

　481　tttgccgctt ggcagggtgt tttcgttgtc ggcggtttcg tcttcgaggt cgtctgaaat

　541　ctcggtttcg atgtcggcat cttccgcttc gtcgttgccg gattttttccc agtattcgtt

　601　gaagcggatg gctttgccca agttggagaa caacataatg tcgtccgcac cgcctgtttg

　661　cgcagcgccg acgaggtagt cgccttcttt gagtgcgatg gctttaatgc cttgggcgcg

　721　gacgttttta aaggcggaaa gttggacttt tttcaccatt ccctgcgcgg tggcgaagaa

　781　gacgtattgg tcttcgggaa actcgcgtac tgccagaatc gcgctgactt tttcgccttc

　841　ttccagctgg atgacgttgt taatcggacg gccgcggctg ttgcgtccgc cttcgggcag

　901　tttgtaaacc ttaatccagt ggcacttgcc gaggttggta aaacacatca aatagtcatg

　961　cgtgttggca acaaacaggg tttcgataaa gtcttcgtct ttggtggcag ccgcctgttt

1021　gccgcgcccg ccgcgacgct gagcctgata gtcggtggtc ggctgggttt ttatatagcc

1081 gccgtgggtc agggtcacga ccatttcgcg ttgcggaatc aggtcttcat cggcaatgtc

1141 gccgccgaac gggttgattt cgctgcggcg ttcgtcgcca tagttggttt tgatttcttc

1201 cagttcgtca cggatgattt gggtaatgcg ttcgggtttg gagaggatat ccacaaagtc

1261 gatgatttta cccatcaggt ttttgtagct ttcgataatt tctttctgat cgaggccggt

1321 caggtttcg aggctcatgc gtaaaatagc atctgcctga atctcgctca ggtaataacc

1381 ttgtttttc agaccaatgt ttgcgaccaa tccttccgga cgcatcattt ccaaatccag

1441 accggaacgc gtcagcattt cttcaacgag gctgctggcc caagggcgcg caagcagttt

1501 ttctttggcc tcggccgcgt tgggcgattc tttgatgagc ttgatgattt catcgatatt

1561 ggacagtgcg acggctttcc gttcggcgat atgcccttca tggcgtgcct tcttcagccg

1621 gaaaagcgta cgtcgggtaa cgacttcgcg gcggtggcgc aggaattcgg agagaatctg

1681 tttcaggttt aacaggcgcg gttgtccgtc gaccaaaacc accatattga tgccgaaact

1741 gtcttgcagc ggagtcagtt tgtagagttg gtttaagacg acttcggcat tttcgttgcg

1801 tttcagctcg ataacgacgc gcataccgga tttgtcggat cgtcgcgga gctcggaaat

1861 gccttccagt gttttttccc gaaccaaatc gccgattttc tcgaccaact tggctttgtt

1921 gacctgatag gggatttcgt cgataacgat gcgttcgcgt tcgccgtttt tgcctatggg

1981 ttcgatatgg gtcttaccgc gcataacaac gcggccgcgg cctgttttat agccttcgcg

2041 cacgccgccc aagccgtaga tggttgcccc ggtcgggaag tcggggggctt ggataatgtc

2101 gatcagttcg tcgatttcgg ttttgggttc gtccaaaaga cgcagacagg cgttgatggt

2161 gtcggtgagg ttgtgcggcg ggatgttggt cgccataccg acggcgatac cggacgagcc

2221 gttgacgagc agtgtgggga aacgggtcgg cagtacaagc ggctcgtgtt cgctaccgtc

2281 gtagttcggg ccgaaattaa cggtttcttc ctcaatgtct gccagcattt catgtgagat

2341 tttcgccatg cggatttcgg tatagcgcat ggctgcggcg gcaagcccgt ccaccgatcc

2401 gaagttgccc tgtccgtcta tcagcacata acgcatagcg aaatt**ttgcg ccatacggac**

                                                                      F[4]

2461 **gat**gg**tgtcg taaactgcgg aa**tcgccgtg gggg**tggtat ttaccgatga cgtcgc**cgac

                           P[4]   R[4]

2521 gatgcgcgcc gatttttgt aggcggcatt ccagttattt ttcagctcgt gcatcgcgta

2581 cagtacgcgc cggtgcaccg gctttaggcc gtcgcgaacg tccggcagcg cgcgcccgac

2641 aatgacgctc atggcgtagt cgagatagct tttgcgcatt cgtcttcaa ggctgacggg

2701 cagggtttcg agggcgaatt tgtggtcgtg cggatggtt gcgtcggtca t

Neisseria gonorrhoeae transferrin-binding protein A（tbpA）gene 3035bp

GeneBank ACCESSION AF241227

    1 cgaagagttg gcggatggt ttgcctatcc gggcaatgaa caaacgaaaa atgcgcaagc

   61 ttcatccggc aatggaaatt cagcaggcag cgcgaccgtg gtattcggtg cgaaacgcca

  121 aaagcttgtg caataagcac ggctgccgaa caatcgagaa taaggcttca gacggcatcg

  181 ttcctgccga ttccgtctga aagcgaagat tagggaaaca ctatgcaaca gcaacatttg

  241 ttccgattca atattttatg cctgtctta atgactgcgc tgcccgctta tgcagaaaat

  301 gtgcaagccg acaagcaca ggaaaaacag ttggacacca tacaggtaaa agccaaaaaa

  361 cagaaaaccc gccgcgataa cgaagtaacc ggtttgggca aattggtcaa aaccgccgac

```
 421 acactcagca aagaacaggt actcgacatc cgcgacctga cgcgttacga ccccggcatc
 481 gccgtcgtcg aacaggggcg cggcgcaagc tcgggctact cgatacgcgg tatggacaaa
 541 aaccgcgtct ccttgacggt ggacggcttg gcgcaaatac agtcctacac cgcgcaggcg
 601 gcattgggcg ggacgaggac ggcgggcagc agcggcgcaa tcaatgaaat cgagtatgaa
 661 aacgttaagg ctgtcgaaat cagcaaaggc tcaaactcgg tcgaacaagg cagcggcgca
 721 ttggcgggtt cggtcgcatt tcaaaccaaa accgcagacg atgttatcgg ggaaggcagg
 781 cagtggggca ttcagagtaa aaccgcctat tccggcaaaa accggggggct tacccaatcc
 841 atcgcgctgg cggggcgcat cggcggtgcg gaggctttgc tgatccgcac cggccggcac
 901 gcggggggaaa tccgcgccca cgaagccgcc ggacgcggcg ttcagagctt taacaggctg
 961 gcgccggttg aagacggcag tgactatgcc tattttgtgg tcgaaggaga atgccctgat
1021 ggatatgcgg cttgtaaaga caaaccgaaa aaagatgttg tcggcgaaga caaacgtcaa
1081 acggtttcca cccgagacta cacgggcccc aaccgcttcc ttg**ccgatcc gctttcatac**
                                                      F[5]
1141 **g**aaagccggt cgtggctgtt ccgcccgggt tttcgttttg agaat**aagcg gcactacatc**
                                                              P[5]
1201 **ggcggcatac tcgaacgcac gcaaca**aact ttcgacacgc gcgatatgac ggttccggca
        R[5]
1261 ttcctgacca aggcggtttt tgatgcaaat tcaaaacagg cgggttcttt gcgcggcaac
1321 ggcaaatacg cgggcaacca caaatacggc gggctgttta ccaacggcga aaacaatgcg
1381 ccggtgggcg cggaatacgg tacgggcgtg ttttacgacg agacgcacac caaaagccgc
1441 tacggtttgg aatatgtcta taccaatgcc gataaagaca cttgggcgga ttatgcccgc
1501 ctctcttacg accggcaggg catcggtttg gacaaccatt tcagcagac gcactgttct
1561 gccgacggtt cggacaaata ttgccgcccg agtgccgaca gccgtttttc ctattacaaa
1621 tccgaccgcg tgatttacgg ggaaagccac aggctcttgc aggcggcatt caaaaaatcc
1681 ttcgataccg ccaaaatccg ccacaacctg agcgtgaatc tcggttacga ccgcttcggc
1741 tctaatctgc gccatcagga ttattattat caaagtgcca accgcgccta ttcgttgaaa
1801 acgcccccctc aaaacaacgg caaaaaaacc agcccctatt gggtcagcat aggcagggga
1861 aatgtcgtta cggggcaaat ctgccgctcg ggcaacaata cttatacgga ctgcacgccg
1921 cgcagcatca acggcaaaag ctattacgcg gcggtccggg acaatgtccg tttgggcagg
1981 tgggcggatg tcggcgcggg cttgcgctac gactaccgca gcacgcattc ggacgacggc
2041 agcgtttcca ccggcacgca ccgcaccctg tcctggaaca ccggcatcgt cctcaaacct
2101 gccgactggc tggatttgac ttaccgcact tcaaccggct tccgcctgcc ctcgtttgcg
2161 gaaatgtacg gctggcggtc gggcgataaa ataaaagccg tcaaaatcga tccggaaaaa
2221 tcgttcaaca aagaagccgg catcgtgttt aaaggcgatt tcggcaactt ggaggcaagt
2281 tggttcgaca tgcctaccg cgatttgatt gtccggggtt atgaagcgga aattaaaaac
2341 ggcaaagaac aagccaaagg cgccccggct tacctcaatg cccaaagcgc gcggattacc
2401 ggcatcaata ttttgggcaa aatcgattgg aacggcgtat gggataaatt gcccgaaggt
2461 tggtattcta catttgccta taatcgtgtc cgtgtccgcg acatcaaaaa acgcgcagac
2521 cgcaccgata ttcaatcaca cctgtttgat gccatccaac cctcgcgcta tgtcgtcggc
```

2581 tcgggctatg accaaccgga aggcaaatgg ggcgtgaacg gtatgctgac ttattccaaa

2641 gccaaggaaa tcacagagtt gttgggcagc cgggctttgc tcaacggcaa cagccgcaat

2701 acaaaagcca ccgcgcgccg tacccgcccct tggtatattg tggatgtgtc cggttattac

2761 acggttaaaa aacacttcac cctccgtgcg ggcgtgtaca acctcctcaa ccaccgctat

2821 gttacttggg aaaatgtgcg gcaaactgcc gccggcgcag tcaaccaaca caaaaatgtc

2881 ggcgtttaca accgatatgc cgcccccggc cgcaactaca catttagctt ggaaatgaag

2941 ttctaaacgt ccgaacgccg caaatgccgt ctgaaaggct tcagacggcg ttttttacac

3001 aatccccacc gtttcccatc cttcccgata caccg

Neisseria gonorrhoeae FA19 transferrin binding protein 2（tbpB）gene　2254bp

GeneBank　ACCESSION　U05205

　　 1 tttaaaaata aataaaataa taatccttat cattctttaa ttgaatcggg tttgttatga

　 61 acaatccatt ggtgaatcag gctgctatgg tgctgcccgt gttttttgttg agcgcttgtc

　121 tgggcggagg cggcagtttc gatcttgatt ctgtcgatac cgaagccccg cgtcccgcgc

　181 caaagtatca agatgttcct tccaaaaaac cggaagcccg aaaagaccaa ggcggatacg

　241 gttttgcaat gcgcttcaag cggcggaatt ggcatccgag tgcgaatcct aaagaagatg

　301 aggttaaatt aaagaatgat gattgggagg cgacaggatt gccgacagaa cccaagaaac

　361 tgccattaaa acaacaatcc gtcatttcag aagtagaaac caacggtaat tctaaaatgt

　421 acacttcacc ttatctcagt caagatgcag atagtagtca tgcaaatggt gcaaaccaac

　481 caaaaaacga agtaacagat tacaaaaaat tcaaatatgt ttattccggc tggttttaca

　541 aacacgcgaa aagcgaagtc aaaaacgaaa acggattagt aagtgcaaaa agaggcgatg

　601 acggctatat cttttatcac ggcgacaaac cttcccgaca acttcccgct tctgaagcag

　661 ttacctaaa aggtgtgtgg cattttgtaa ccgatacgaa acagggacaa aaatttaacg

　721 atattcttga aacctcaaaa gggcaaggcg acaaatacag cggattttcg ggcgatgaag

　781 gcgaacaac ttccaataga actgattcca accttaatga taagcacgag ggttatggtt

　841 ttacctcaaa ttttaaagtg gatttcaata ataaaaaatt gacgggcaaa ctgattcgca

　901 acaataaagt tataaacact gctgctagcg acggatatac caccgaatat tacagtctcg

　961 atgcgacgct tagggaaac cgcttcagcg gcaaggcgat agcgaccgac aaacccaaca

1021 ctggaggaac caaactacat cccttttgttt tcgactcgtc ttctttgagc ggcggctttt

1081 tcggcccgca gggtgaggaa ttgggtttcc gcttttttgag cgac**gatgga aaagttgccg**

$\qquad\qquad\qquad\qquad\qquad\qquad\qquad\qquad\qquad\qquad$ F[5]

1141 **ttgtc**ggcag cgcgaaaacc aaaga**cagca ccgcaaatgg caatgctc**cg gcggct**tcaa**

$\qquad\qquad\qquad\qquad\qquad\qquad$ P[5]

1201 **gcggcccagg tg**cggcaact atgccgtctg aaaccaggct gaccacggtt ttggatgcgg

$\quad$ R[5]

1261 ttgaattgac accagacggc aaggaaatca aaaatctcga caacttcagc aacgctaccc

1321 gactggttgt cgacggcatt atgattccgc tcctgcccac cgaaagcggg aacggtcagg

1381 cagataaagg taaaaacggc ggaacagact ttacctacga acaacctac acgccggaaa

1441 gtgataaaaa agacaccaaa gcccaaacag cgcgcggcgg catgcaaacc gcttcgggta

1501 cggcgggcgt taacggcggg caggtaggaa caaaaaccta taagtccaa gtctgctgtt

1561　ccaacctcaa ttatctgaaa tacgggctgc tgacacgtga aaacaacaat tccgtgatgc

1621　aggcagtcaa aaacagtagt caagctgatg ctaaaacgaa acaaattgaa caaagtatgt

1681　tcctccaagg cgagcgcacc gatgaaaaca agattccaca agagcaaggc atcgtttatc

1741　tggggttttg gtacgggcgt attgccaacg gcacaagctg gagcggcaag gcttccaatg

1801　caacggatgg caacagggcg aaatttaccg tgaatttcga taggaaagaa attaccggca

1861　cgttaaccgc tgaaaacagg tcggaggcaa cctttaccat tgacgccatg attgagggca

1921　acggctttaa aggtacggcg aaaaccggta atgacggatt tgcgccggat caaaacaata

1981　gcaccgttac acataaagtg cacatcgcaa atgccgaagt gcagggcggt ttttacgggc

2041　ctaacgccga agagttgggc ggatggtttg cctatccggg caatgaacaa acgaaaaatg

2101　caacagttga atccggcaat ggaaattcag caagcagtgc aactgtcgta ttcggtgcga

2161　aacgccaaaa gcttgtgaaa taagcacggc tgccgaacaa tcgagaataa ggcttcagac

2221　ggcatcgttc cttccgattc cgtctgaaag cgaa

opaC=outer membrane ′opacity′ protein 〔5′ region,H-DNA formation,promoter〕〔Neisseria gonorrhoeae,strain JS3,Genomic,196 nt〕.

GeneBank　ACCESSION　S84598

　1　**tgttgaaaca ccgcccgg**aa cccgatataa tccg**cccttc aacatcagtg aaaatctttt**

　　　　　F〔2〕　　　　　　　　　　　　　　　　　P〔2〕

　61　**ttaaccggtc aaaccg**aata aggagccgaa aatgaatcca gcccgcaaaa aaccttctct

　　　　　R〔2〕

121　tctcttctct tctcttctct tctcttctct tctcttctct tccgcagcgc gggcggcaag

181　tgaagacggc ggccgc

Plasmid pJD1 from Neisseria gonorrheae DNA　4207bp

GeneBank　ACCESSION　M10316　M13764

　　1　ggaccactcc cgccgccttt cccctattg aaaaactgca caatcattgg gactgccatc

　61　cgttcttttc tttggctaaa aaatcccgta gggaatttaa ggaacgttcc aacgctgcca

121　gctcggtcgt cgccttgagt gcttccacat tgcccaacgt gccgaccttt gcggcggtgt

181　tcagggcctt ggctatttgg ttcaggttgt tacccatgcc tgcaaggacg cgcacgactt

241　cgggcgggaa ttggaatttg acggtttttt tgtcggatgc tttgccatct tccaaaaccc

301　gctcccgaat gtagcgggct aaattcggat gggtcttctg tcgggtcaaa gtctcaaact

361　cggtcgggct gactcggatg atgagttgct ttgttcgctt ttcggcggca ctcgaacctg

421　tcaaaagggc aaaataccc tgttttgac tgctttctgc tcaaaaaaac ggcatttcat

481　cacggcattt cgccgatact ccatgaagaa ctccgggaag aacacgcacg ccgccctgtc

541　ggaactggtt tcatgtttcc cccaaaacgc cgccctgctg ccggcttag gtcgcgctgc

601　tgcgctccaa gctttaccgc ttcgcctgct ggcttcgcta aattgcggat tggaaaattt

661　tgaaataaga accctatcg ggctgttatc tgattatggt tattttgaca tagttgtatc

721　atcttaaaaa caagcataca atctgcaat cttagacaaa gcaaaacccc cgccaaacgc

781　caatctgcac gggggtttcg agatacaaca tgagccaatt atacacccaa cccgacctct

841　tcttgcaaga acgtatccca cacaagccat actgcaaaga tttcaaagaa gcgcctatgc

901　tggtgcgctc ttacgctgcc gccatcaaac gtcgctacat ccaagtcaat ccgtcgcatc

 961 tgcgtgtgtt tatgctcttt gacttggatt acgaaggggc ggggttggct tgggaagaca

1021 ataatctgcc tatgcctgct tgggcggcaa tcaacaggga aaacggcggc gcacaccttg

1081 cctatgcgct ttccgcgcct gtgctgacgg cggaatacgg tgggagacaa aaagccctgc

1141 gctatcttgc tgcacttgaa gcagcatata aggcgaaatt gcgcggtgat gtgggctttg

1201 tatcgctgat tacgaaaaat cccgaacatc cgcattggct gacgctgcgc ggcgttcctg

1261 acgcaatcag gggctacgat ttggagtatc ttgcggattt cgtggattta gacaagttta

1321 agccctatat cggtcgctct aacgtggaag cggtcggatt aagcagaaat tgcacggtgt

1381 ttaaccttgt gagccgttgg gcgcacaaaa acgtgttggc gttcaaacag cagggctaca

1441 cggtgcaagg ctggctgaaa gaagtgcatt accagtgtat gcgggtaaat ggggatttcc

1501 ctgtcccgat gtgggaaaaa gaagtgaaat gtatctccaa atcaatcgct aactgggttt

1561 ggtacaagtt tgatattgca gccagcaatc gacggttttc ggaattgcag gctcatcgga

1621 atagtttgcg gaaaacaacc atcaatgcag gcagaacaaa aatcatcacg gagctttgaa

1681 atatggccta tccaaaactg aaaaccacca agcgagacgt tacggctaaa gaactggcaa

1741 aacgcttcgg ctgttccaca agaaccgttt ttcgggcatg gtcgcaatcc cgcgccgact

1801 acctagccga aaactctatc agccgcgata aaccgtggga acacttcggc atttcccgcg

1861 ccacttggta caggcgcggc aagcctatgc cgtctgaaac tgacaaccaa agcgaaacag

1921 catgacaaga tacgcaataa accgcgatgc tctgtactcg gcattcaaag attttctgta

1981 ttcggaaatt aacgcaaatc ctgctttgaa aagcgcaacg gttgatgatc ttgcagatat

2041 agttctagcc aaaaaatgga gaatttttct gcctgacggc atcaaacgca caacagccga

2101 aaaagctgcc caacgggttt tgtacatgac aaaccagcct gaaaaccaaa cccaacagga

2161 gaactaacca tgcaaaccac tatccccacc ggttcaatcc gcacctttgg cgattacggc

2221 gtgatgtaca tcgtcggcac gcctgccgaa cagcttccgg acggcgattg gctcgtaaat

2281 attgaactgc cggaaagcgg cgaacacacg caatacaaac tgtcccacat cgttcaagac

2341 ccaaaggctg cctaatgtac gcgatttctt ttgatttggt ggttgccgat accgctcaaa

2401 accatccgaa aggcatttcc caagcctacg cggatattgg atacaccctg cggaaattcg

2461 gctttacccg cattcaggga agtttgtaca cctgccaaaa cgaagatatg gctaacctgt

2521 tttcagccat caacgagcta aaagctctgc cttggttttcc gtcttctgtc cgcgatattc

2581 gggcgttccg cattgagcag tggtctgatt tcacaagtct tgtgaagtct taactgcctt

2641 accgtccaac atccgccgca gccctgccag ttttggcgc gctgcggcgt tttctgtgcg

2701 ttttagggct tcgggtaggc tagcccccaa tactttggcg atattgctcg gatagggctt

2761 tctcgcgccc gcaatgcggg tttctgcttc cgctacggct tctgccccgt aggtctctat

2821 cagccatgcg gctgttcgcc tgtcgcgttc gttctcggta atcatcggct cattccccat

2881 cccctgcttt gggttcgttt gtatcgttgg cttatcgttt ggctggttga ttcaagattt

2941 cgctctgccg ttgccgtatt tcgctctgcc gctctaactc ggctgccaag ctcgctagct

3001 gctgcgctaa actcgtgttt tcctgctcta gctctgccaa cctttcgccc aagtgcgtta

3061 aggctttcat cattcgctgc tcgattgctg cgtgattgct ctctaattcc gctaacgcgt

3121 ccagcattcg cttctcggtc **gctacgcata cccgcgttgc** tttgctgttc tcgactgggc

F[3]

3181 aattttccag tgtcaaacct ttggtcttgg tttccaacag gtctagggtg cgctctgctt

3241 cggctctctg ctgtttcaag tcgtccagct **cgttcttgac gctccatatc gctatgaaca**
　　　　　　　　　　　　　　　　　　　NG-LC1 probe

3301 **gccctgctat gactatcaac cctgcc**gccg atatacctag caagctccac agatagggct
　　 NG-LC2 probe

3361 tgaatactgc cttgctcatg cgtaactgcc gggcgtttat atcggcggtt attttctgct

3421 cgctttgctt caatgcctcg ttgatatttt tccgtaacgt ctctaagtct gctttcgttt

3481 gttgctctat gctggcggct tcggtgcgtg a**tgtctgctc gaaggtcttc g**ccaaatcgg
　　　　　　　　　　　　　　　　　　　　R[3]

3541 aaatcttgct catacagtgc gcctttcagt cggatgttgc gcccttttgg gtccgggttc

3601 ttgatgctga tgctgctgat ggtcgctcgt gatatttcaa aacctacctt ttccagcgtt

3661 tccagcacgt ctgcgcggct ttttagcttg cctgataggg ctagggcttc taagccgtct

3721 gtgatgctct gtgatgctct gtgcggcttc ctgcgtgttt ctcggcaggt ctttggcttg

3781 ggtcatgctc tgccgtttgg cggggtcgtc tgggtcgctg tatccgtgcg tcaggttctg

3841 catggtgcgc catgcgtcca ctcttcctct gtcggcggcg tagtagtagg gctgtaaccg

3901 ctttccgctc aaaagctcga tgttcggtat cacgaagttg agttccaaac gccctttgtc

3961 tcggtgttct acccataggc agttgtattg gtctttgtcc aagcctgcaa aaatacactc

4021 ttcgaagctg tccatcaggg cgtgtttctg ttcggcgggg atgttgcttt cttcaaagct

4081 caggcagccg gcggtgtatt tcttggcgta atcgctgctg tttatcaggg cggcggtttc

4141 ttcggggtcg ccgcgtaata atctggcttc ttctcggtcg cggtctttgc ctagaagata

4201 gtctatc

Neisseria gonorrhoeae gene for 16S ribosomal RNA　1544bp

GeneBank　ACCESSION　X07714

　　1 tgaacataag agtttgatcc tggctcagat tgaacgctgg cggcatgctt tacacatgca

　 61 agtcggacgg cagcacaggg aagcttgctt ctcgggtggc gagtggcgaa cgggtgagta

　121 aca**tatcgga acgtaccggg tag**cggggga taactgatcg aaagatcagc taataccgca
　　　　　　　　　　　F[3]

　181 tacgtcttga gagggaaagc aggggacctt cgggccttgc gctatccgag cggccgatat

　241 ctgattagct ggttggcggg gtaaaggccc accaaggcga cgatcagtag cgggtctgag

　301 aggatgatcc gccacactgg gactgagaca cggcccagac tcctacggga ggcagcagtg

　361 gggaattttg gacaatgggc gcaagcctga tccagccatg ccgcgtgtct gaagaaggcc

　421 tt**cgggttgt aaaggacttt tgtcagggaa** gaa**aaggctg ttgccaatat cggcgg**ccga
　　　　　NG16SFL probe　　　　　　　　　NG16SLC probe

　481 **tgacggtacc tgaagaataa gc**accggcta actacgtgcc agcagccgcg gtaatacgta
　　　　　　R[3]

　541 gggtgcgagc gttaatcgga attactgggc gtaaagcggg cgcagacggt tacttaagca

　601 ggatgtgaaa tccccgggct caacccggga actgcgttct gaactgggtg actcgagtgt

　661 gtcagaggga ggtggaattc cacgtgtagc agtgaaatgc gtagagatgt ggaggaatac

　721 cgatggcgaa ggcagcctcc tgggataaca ctgacgttca gtccgaaag cgtgggtagc

　781 aaacaggatt agataccctg gtagtccacg ccctaaacga tgtcaattag ctgttgggca

```
 841  acttgattgc ttggtagcgt agctaacgcg tgaaattgac cgcctggggga gtacggtcgc
 901  aagattaaaa ctcaaaggaa ttgacggggga cccgcacaag cggtggatga tgtggattaa
 961  ttcgatgcaa cgcgaagaac cttacctggt tttgacatgt gcggaatcct ccggagacgg
1021  aggagtgcct tcgggagccg taacacaggt gctgcatggc tgtcgtcagc tcgtgtcgtg
1081  agatgttggg ttaagtcccg caacgagcgc aacccttgtc attagttgcc atcattcggt
1141  tgggcactct aatgagactg ccggtgacaa gccggaggaa ggtggggatg acgtcaagtc
1201  ctcatggccc ttatgaccag gcttcacac gtcatacaat ggtcggtaca gagggtagcc
1261  aagccgcgag gcggagccaa tctcacaaaa ccgatcgtag tccggattgc actctgcaac
1321  tcgagtgcat gaagtcggaa tcgctagtaa tcgcaggtca gcatactgcg gtgaatacgt
1381  tcccgggtct tgtacacacc gcccgtcaca ccatgggagt gggggatacc agaagtaggt
1441  agggtaaccg caaggagtcc gcttaccacg gtatgcttca tgactggggt gaagtcgtaa
1501  caaggtagcc gtaggggaac ctgcggctgg atcacctcct ttct
```

図 26-1　淋病奈瑟菌实时荧光 PCR 测定的引物和探针所对应的序列及位置
[　]内为相关引物和探针的文献来源

3. 临床标本的采集、运送、处理和保存

(1)标本的采集、运送和保存:用于淋病奈瑟菌 PCR 检测的临床标本主要有泌尿生殖道分泌物及拭子等,要注意的是,所有采样容器必须为密闭的一次性无菌装置。

1)分泌物标本:如为男性患者,先用无菌盐水清洁冲洗尿道口,然后取脓性分泌物,或用接种环或棉拭子取脓液。如为女性患者,则可由医生从病人宫颈内采取脓性分泌物。新生儿眼结膜炎患者,则取结膜分泌物。以上分泌物标本采集后,置于一次性无菌容器中,拧好盖子后即送检。

2)拭子:采样时,将无菌藻酸钙或棉拭子伸入男性尿道及女性宫颈口 2～3cm,较用力转动一周并停留约 30s 以获得上皮细胞。将取样后的拭子放入预先准备好的装有 10ml 无菌生理盐水的容器中,漂洗片刻,在管壁上挤干后丢弃。然后拧好容器盖子送检。

3)前列腺液:如果男性患者尿道口分泌物过少,则取前列腺液 2～3 滴。

采样中,要注意的是淋病奈瑟菌有自溶的特性,因此,标本采集后,应立即送检,否则应于－20℃冻存。长期保存应于－70℃冻存。

(2)标本的处理:取所采集的分泌物、拭子等标本,加入生理盐水,振荡洗涤,离心,去掉上清,在沉淀中加入 150μl 裂解液(1×PCR 缓冲液、0.45% NP-40、0.45% Tween20、200μg/ml 蛋白酶 K),置 55℃水浴 1h 后,95℃水浴 10min,以灭活蛋白酶 K。8000r/min 离心 1min,取上清备用。其他常用的核酸提取方法包括采用经典的酚-氯仿抽提、碱裂解法、PEG 沉淀结合碱裂解法和二氧化硅提取法等。

三、淋病奈瑟菌 PCR 检测的临床意义

淋病的早期诊断对于其及时治疗、防止慢性感染有重要价值。而细菌培养尽管是"金标准",但烦琐费时,因此,临床采用实时荧光 PCR 方法可很好的解决淋病奈瑟菌感染快速诊断的问题,尤其适用于泌尿生殖道感染的早期诊断及无症状的携带者的检测。此外,实时荧光 PCR 方法还可用于分离培养的菌株的进一步鉴定分析、抗生素治疗的疗效监测、淋病奈瑟菌的分子流行病学研究,以及对疑为淋球菌感染的鉴别诊断。

(李金明　汪　维)

参 考 文 献

[1] Packiam M，Shell DM，Liu SV，et al.Differential expression and transcriptional analysis of the alpha-2，3-sialyltransferase gene in pathogenic Neisseria spp. Infect Immun，2006，74 (5)：2637-2650

[2] Geraats-Peters CM，Brouwers M，Schneeberger PM，et al. Specific and sensitive detection of Neisseria gonorrhoeae in clinical specimens by real-time PCR.J Clin Microbiol，2005，43(11)：5653-5659

[3] Boel CH，van Herk CM，Berretty PJ，et al.Evaluation of conventional and real-time PCR assays using two targets for confirmation of results of the COBAS AMPLICOR Chlamydia trachomatis/Neisseria gonorrhoeae test for detection of Neisseria gonorrhoeae in clinical samples.J Clin Microbiol，2005，43(5)：2231-2235

[4] Giles J，Hardick J，Yuenger J，et al.Use of applied biosystems 7900HT sequence detection system and Taqman assay for detection of quinolone-resistant Neisseria gonorrhoeae. J Clin Microbiol，2004，42(7)：3281-3283.Erratum in：J Clin Microbiol，2004，42(10)：4916

[5] Ronprin C，Jerse AE，Cornelissen CN.Gonococcal genes encoding transferrin-binding proteins A and B are arranged in a bicistronic operon but are subject to differential expression.Infect Immun，2001，69(10)：6336-6347

[6] Hagbolm，P，Korch，C，Jonsson，A，et al. Intragemc variation by site-specific recombmation m the cryptic plasmid of Nezsseria gonorrhoeae.J Bacteriol，1986，167：231-237

[7] Ho，B.S.W，Feng，W G.，Wong，B.K C.，et al. Polymerase chain reaction for the detection of Nezsseria gonorrhoeae in clinical samples. J Clin Pathol，1992，45：439-442

[8] Wong，K C，Ho，B S W，Egglestone，S I.，et al. Duplex PCR system for simultaneous detection of Nezsserzag onorrhoeae and Chlamydza trachomatzsm clinical specimens. J Clin Pathol，1995，48：101-104

[9] Whiley DM，Tapsall JW and Sloots TP.Nucleic acid amplification testing for Neisseria gonorrhoeae.An ongoing challenge.J Mol Diagnostics，2006，8(1)：3-15

第 27 章　幽门螺杆菌实时荧光 PCR 检测及临床意义

幽门螺杆菌（Helicobacter pylori，Hp）是 1979 年由澳大利亚珀斯皇家医院（Royal Perth Hospital）病理学医生 Warren 在慢性胃炎患者的胃窦黏膜组织切片上首先观察到，这些微小的、弯曲状的细菌附生在约 50% 的患者的胃腔下半部分。进一步分析发现这种细菌邻近的胃黏膜总是有炎症存在，于是他意识到这种细菌和慢性胃炎可能有密切关系。1981 年，与 Warren 同在一家医院的消化科医生 Marshall 与其合作，对 100 例接受胃镜检查及活检的胃病患者进行了研究，证明胃炎确实与这种细菌的存在相关。此外，他们在所有十二指肠溃疡患者、大多数胃溃疡患者和约一半胃癌患者的胃黏膜中也发现了这种细菌的存在。经过反复试验，1982 年 4 月，Marshall 终于从患者的 11 个胃黏膜活检样本中，成功培养和分离到了这种革兰阴性、有鞭毛、微需氧的细菌。1984 年 6 月，Marshall 和 Warren 将他们的研究成果发表于世界权威医学期刊《柳叶刀》（lancet）上，提出幽门螺杆菌可能是胃炎和消化性溃疡的病因。2005 年 10 月 3 日，瑞典卡罗林斯卡研究院宣布，2005 年度诺贝尔生理学或医学奖授予这两位科学家以表彰他们发现了幽门螺杆菌，以及这种细菌在胃炎和胃溃疡等疾病中的作用，诺贝尔奖评审委员会说："幽门螺杆菌的发现加深了人类对慢性感染、炎症和癌症之间关系的认识。"

一、幽门螺杆菌的特点

1. 形态和生物学特点　幽门螺杆菌（Hp）是螺旋形弯曲的革兰阴性杆菌，两端钝圆，菌体表面光滑。在固体培养基上生长时，幽门螺杆菌大多以典型的球菌体形式存在，杆状、螺旋形较少见。在电子显微镜下，菌体是两端为膜结构的 U 形杆菌，长 $2.5 \sim 5.0 \mu m$，宽 $0.5 \sim 1.0 \mu m$，在菌体的一端有 2～6 条带鞘的鞭毛，每条鞭毛大概有 $30 \mu m$ 长，2.5nm 粗，并且有一个特征性的球形末端，这是鞭毛鞘的延伸。鞭毛鞘是典型的双层膜结构。用鞣酸作为媒染剂观察幽门螺杆菌的超微结构发现其外膜被一层多糖样结构包被，单个菌体通过多糖结构的线样延伸连接到胃上皮微绒毛。在琼脂平板上生长的幽门螺杆菌细胞的表面包被有环状的尿素酶和 HspB 的聚集物，以及 GroEL 热休克蛋白的同系物。

幽门螺杆菌为微需氧菌，要求环境氧浓度在 5%～8%，在大气或绝对厌氧环境下不能生长。幽门螺杆菌分离培养的基础培养基可为多种固体培养基，以布氏琼脂使用较多，但需加用适量全血或胎牛血清作为补充物方能生长。为防止杂菌生长，常在培养基中加入万古霉素、甲氧苄啶、两性霉素 B 等。

幽门螺杆菌的生化鉴定可进行氧化酶、触酶、尿素酶、碱性磷酸酶、γ-谷氨酰转肽酶、亮氨酸肽酶试验等。

2. 基因结构特点　幽门螺杆菌全基因组的大小为 $1.6 \sim 1.73 Mb$，平均 1.67Mb。G＋C 的含量 34.1%～37.5%，平均 35.2%，大约 40% 的幽门螺杆菌包含 1.5～23.3kb 大小不等的质粒，但这些质粒没有毒力因子。幽门螺杆菌全基因组中尿素酶基因有四个可读框，分别是 *UreA*、*UreB*、*UreC* 和 *UreD*。*UreA* 和 *UreB* 编码的多肽与尿素酶结构的两个亚单位结构差不多。其他还有

VacA 基因和 *CagA* 基因,分别编码空泡毒素和细胞毒素相关蛋白。根据这两种基因的存在情况,可将幽门螺杆菌分成两种类型:Ⅰ型含有 *CagA* 和 *VacA* 基因并表达两种蛋白,Ⅱ型不含 *CagA* 基因,不表达两种蛋白,还有只表达其中一种毒力因子的中间型。现在多认为Ⅰ型与胃疾病关系较为密切。幽门螺杆菌基因组包含的 16S 和 23S rRNA,平均至少有两个拷贝。多重基因在基因图上位置的变化,表明幽门螺杆菌的基因组发生了广泛的重排。幽门螺杆菌在多重基因图上的序列多样性包括编码尿素酶结构蛋白及其附属蛋白、鞭毛蛋白、空泡细胞毒素和 *CagA* 基因的多样性。

二、幽门螺杆菌实时荧光 PCR 测定

1. 引物和探针的设计　用于幽门螺杆菌实时荧光 PCR 检测引物和探针设计的一般原则如下:①扩增区域的选择。一般可选择尿素酶编码基因(*UreA*、*UreB*、*UreC* 和 *UreD*)、16S rRNA 编码基因、黏附素基因、*VacA* 及 *CagA* 基因中的高度保守区域。一般来说,16S rRNA 基因变异较小,在细菌基因组中拷贝数多,加之引物选择过程中已排除了与其他菌相应序列重复的可能性,因此可以选用引物对 16S rRNA 基因进行扩增。但最近有人用这种方法以人体基因为模板,同样能扩增出相应长度的片段。因此这种方法可能会出现假阳性结果。所以现多用尿素酶基因的保守区域。②基因型的检测。根据 CagA 蛋白的有无通常将幽门螺杆菌分成两型:Ⅰ型含 *CagA* 基因,表达 CagA 蛋白,具有空泡毒素活性;Ⅱ型不表达 CagA 蛋白,无空泡毒素活性。可根据幽门螺杆菌 *Cag A* 基因设计引物和探针进行基因分型。③耐药突变的检测。23S rRNA 最常见的突变是位于 2142 和 2143 上的腺嘌呤转变为鸟嘌呤,以及 2142 上的腺嘌呤转变为胞嘧啶,这些突变可致幽门螺杆菌对克拉霉素的耐药,采用 PCR 方法检测这些突变可不经过培养而直接利用胃液或病理组织快速检测幽门螺杆菌对克拉霉素的药敏情况。

2. 文献报道的常用引物和探针举例
表 27-1 和图 27-1 为幽门螺杆菌实时荧光 PCR 检测引物和探针的举例及其在基因组序列中对应位置。

表 27-1　文献报道的幽门螺杆菌实时荧光 PCR 检测引物和探针举例

测定技术		引物和探针	基因组内区域	文献
iQ SYBR Supermix	引物	F:5′-ATGCGGCGGCGTCTATGG-3′(92-109)	*nixA* HP1077 (92-197)	[1]
		R:5′-TTGCCTTGTTGGGTGAGCTTTC-3′(197-176)		
SYBR Green PCR Master Mix	引物	F:5′GATAACAGGCAAGCTTTTGAGG-3′(157-178)	*cagA* gene (157-505)	[2]
		R:5′CTGCAAAAGATTGTTTGGCAG-3′(505-485)		
双杂交探针结合熔解曲线分析	引物	F:5′-ATAGACGGGGACCCGCACAAG-3′(882-902)	16S rRNA (882-1001)	[3]
		R:5′-TGGCAAGCCAGACACTCCA-3′(1001-983)		
	探针	Anchor probe:5′-TCTAGCGGATTCTCTCAATGTCA AGC-CTAG-3′-fluorescein(977-948)		
		Mutation probe: LC-Red-640-5′-AAGGTTCTTCGTGTAT CTTCG-phosphorylate-3′(945-925)		

续表

测定技术		引物和探针	基因组内区域	文献
杂交探针	引物	F:5′ GGAGCTGTCTCAACCAGAGATTC-3′(2442-2464)	23S rRNA (2442-2568)	[6]
		R:5′-CGCATGATATTCCC[AG]TTAGCAG-3′ (2568-2547)		
	探针	Probe1:5′-GGAGCTGTCTCAACCAGAGA[Red640]TTC-3′ (2442-2464) Probe2:5′-GGAATTTTCACCTCCACTACAATTTCACTG [Fluo]-3′(2493-2467)		
SYBR Green I	引物	F:5′ CGGTCGCAAGATTAAAAC-3′(856-873)	16S rDNA (856-973)	[4]
		R:5′ GCGGATTCTCTCAATGTC-3′(973-956)		
	探针	5′ LCRed705-GCATGTGGTTTAATTCGAAGATACAC -phos-3′ (910-935)		
SYBR Green I	引物	F:5′ TTATCGGTAAAGACACCAGAAA-3′(636-658)	ureC gene (636-782)	[7]
		R:5′ATCACAGCGCATGTCTTC-3′(782-765)		
biprobe(SYBR Green I	引物	F:5′AGATGGGAGCTGTCTCAACCAG-3′(2437-2458)	23S rRNA (2437-2573)	[5]
		R:5′ TCCTGCGCATGATATTCCC-3′(2573-2555)		
	探针	5′ Cy5-AAGACGGAAAGACCCCGT-biotin-3′(2507-2524)		
TaqMan 探针	引物	F:5′-CTCATTGCGAAGGCGACCT-3′(680-698)	16S rRNA (680-754)	[8]
		R:5′-TCTAATCCTGTTTGCTCCCCA-3′(754-734)		
	探针	5′ FAM-ATTACTGACGCTGATTGCGCGAAAGC-TAMRA-3′(707-732)		
TaqMan 探针	引物	F:5′ CGTGGCAAGCATGATCCAT-3′(2877-2895)	UreA (2877-2953)	[5]
		R:5′ GGGTATGCACGGTTACGAGTTT-3′(2953-2932)		
	探针	5′FAM-TCAGGAAACATCGCTTCAATA CCCACTT-TAMRA-3′(2924-2897)		

Helicobacter pylori 26695　ACCESSION　NC_000915
Gene:nixA　基因组位置:1135905-1136900

```
  1 gtgaaattgt ggtttcctta ttttttagcg attgtgttct tgcatgcatt gggtttagcg

 61 ttgctcttta tggccaataa cgcttcgttt tatgcggcgg cgtctctatggc ctacatgcta
                                        F[1]

121 ggggcaaagc atgcgtttga tgcggatcac atcgcttgca tagataacac cattagaaag

181 ctcacccaac aaggcaaaaa cgcctatggt gtggggtttt acttttctat ggggcattca
            R[1]

241 agcgtggtga ttttaatgac catcatcagc gcgtttgcga tcgcttgggc taaagaacac

301 acgccgatgc tagaagaaat aggggggggta gtggggactt tagtttctgg gctttttttg
```

361　ctcattatag ggctattgaa tgcgattatt ctcttggatt tattaaaaat attcaaaaaa

421　tcgcactcta atgaaagcct aagccagcaa caaaatgaag agatcgagcg gctcttaacg

481　agtaggggct tgctcaaccg cttttttaaa cccttgttta attttgtctc caagtcgtgg

541　catatttatc ctatcggttt tcttttttggg ctgggttttg ataccgctag tgaaatcgcg

601　cttttggccc tctctagcag cgcgattaaa gtgagtatgg tgggcatgct ctctttaccc

661　attctttttg ccgctggcat gagtttgttt gacactttag atgggggcgtt catgctcaag

721　gcgtatgact gggcgttcaa aacccctttta agaaaaatct attacaatat ctctatcacg

781　gccttaagcg tgtttatcgc gctctttatt ggcttgattg agctttttca agtcgttagc

841　gagaaactcc atttaaaatt tgaaaaccgc ctttttaagag ccttacaaag cctggaattt

901　acagacttgg gctattactt ggtgggctta tttgtaatag cgtttctagg atcgttcttt

961　ttatggaaaa tcaaattttc taaactagag agctga

Helicobacter pylori J99　ACCESSION　NC_000921

Gene:CagA　3504bp　基因组位置:543605-547108

　1　atgactaacg aagccattaa ccaacaacca caaaccgaag cggctttttaa cccgcagcaa

　61　tttatcaata atcttcaagt ggcttttatt aaagttgata atgttgtcgc ttcatttgat

121　cctaatcaaa aaccaatcgt tgataagaat gatagg**gata ataggcaagc ttttgaga**aa

　　　　　　　　　　　　　　　　　　　　　F[2]

181　atctcgcagc taagggagga attcgctaat aaagcgatca aaaatcctac caaaaagaat

241　cagtattttt caagctttat cagtaagagc aatgatttaa tcgacaaaga caatctcatt

301　gatacaggtt cttccataaa gagctttcag aaatttggga ctcagcgtta ccaaattttt

361　atgaattggg tgtcccatca aaacgatccg tctaaaatca cacccaaaa aatccgaggt

421　tttatggaaa atatcataca accccctatc tctgatgata aagagaaagc ggagttttttg

481　aggt**ctgcca aacaagcttt tgcag**gaatt atcataggaa accaaatccg atcggatcaa

　　　　　　　　　R[2]

541　aaattcatgg gcgtgtttga tgaatctttg aaagagaggc aagaagcaga aaaaaatgga

601　gagcctaatg gagatcctac tggtggggat tggcttgata ttttttttatc atttgtgttt

661　aacaaaaaac aatcttccga tctcaaagaa acgctcaatc aagaaccagt tcctcatgtc

721　caaccagatg tagccactac caccactgac atacaaagct taccgcctga agctagggat

781　ttgcttgatg aaaggggtaa ttttttctaaa ttcactcttg gcgatatgaa catgttagat

841　gttgagggag tcgctgacat tgatcctaat tacaagttca accaattatt gatccacaat

901　aacgctctgt cttctgtgtt aatggggagt cataatggca tagaacctga aaaagtttca

961　ttgttgtatg gaaacaatgg tggtcctgaa gctaggcatg attggaacgc caccgttggt

1021　tataaaaacc aacgaggcga caatgtggct acactcatta atgtgcatat gaaaaatggc

1081　agtggggttag tcatagcagg tggtgagaaa gggattaaca accctagttt ttatctctac

1141　aaagaagacc aactcacagg ctcacaacga gcattgagtc aagaagagat ccaaaacaaa

1201　gtggatttca tggaatttct tgcacaaaat aatgctaaat tagacaactt gagcaagaaa

1261　gagaaagaaa aattccaaaa tgagattgaa gattttcaaa aagactctaa ggcttatttta

1321　gacgccctag ggaatgatca cattgctttt gtttctaaaa aagacaaaaa acatttagct

1381　ttagttgctg agtttggtaa tggggaattg agctacactc tcaaagatta tgggaaaaaa

1441 gcagataaag ctttagatag ggaggcaaaa accactcttc aaggtagcct aaaacatgat
1501 ggcgtgatgt ttgttgatta ttctaatttc aaatacacca acgcctccaa gagtcctgat
1561 aagggtgtgg gtgctacgaa tggcgtttcc catttagaag caggctttag caaggtagct
1621 gtctttaatt tgcctaattt aaataatctc gctatcacta gtgtcgtaag gcaggattta
1681 gaggataaac taatcgctaa aggattgtcc ccacaagaag ctaataagct tgtcaaagat
1741 tttttgagca gcaacaaaga attggttgga aaagctttaa acttcaataa agctgtagct
1801 gaagctaaaa acacaggcaa ctatgacgag gtgaaacaag ctcagaaaga tcttgaaaaa
1861 tctctaaaga aacgagagcg tttggagaaa gatgtagcga aaaatttgga gagcaaaagc
1921 ggcaacaaaa ataaaatgga agcaaaatct caagctaaca gccaaaaaga tgagattttt
1981 gcgttgatca ataaagaggc taataggggat gcaagagcaa tcgcttacgc tcagaatctt
2041 aaaggcatca aaagggaatt gtctgataaa cttgaaaata tcaacaagga tttgaaagac
2101 tttagtaaat cttttgatga attcaaaaat ggcaaaaata aggatttcag caaggcagaa
2161 gaaacactaa aagcccttaa aggctcggtg aaagatttag gtatcaatcc agaatggatt
2221 tcaaaagttg aaaaccttaa tgcagctttg aatgaattca aaaatggcaa aaataaggat
2281 ttcagcaagg taacgcaagc aaaaagcgac cttgaaaatt ccattaaaga tgtgatcatc
2341 aatcaaaaga taacggataa agttgataat ctcaatcaag cggtatcagt ggctaaagca
2401 acgggtgatt tcagtggggt agagcaagcg ttagccgatc tcaaaaattt ctcaaaggag
2461 caattggctc aacaagctca aaaaaatgaa gatttcaata ctggaaaaaa ttctgcacta
2521 taccaatccg ttaagaatgg tgtaaacgga accctagtcg gtaatgggtt atctaaagca
2581 gaagccacaa ctctttctaa aaactttttcg gacatcaaga aagagttgaa tgcaaaactt
2641 ggaaatttca ataacaataa caataatgga ctcgaaaaca gcacagaacc catttatact
2701 caagttgcta aaaaggtaaa agcaaaaatt gaccgactcg atcaaatagc aagtggtttg
2761 ggtgatgtag ggcaagcagc gagcttcctt ttgaaaaggc atgataaagt tgatgatctc
2821 agtaaggtag ggctttcagc taaccatgaa cccatttacg ctacgattga tgatctcggc
2881 ggacctttcc ctttgaaaag gcatgataaa gttgatgatc tcagtaaggt agggctttca
2941 agggagcaaa aattgactca gaaaattgac aatctcaacc aggcggtatc agaagctaaa
3001 gcaagtcatt ttgacaacct agatcaaatg atagacaagc tcaaagattc tacaaaaaag
3061 aatgttgtga atctatatgt tgaaagtgca aaaaaagtgc ctactagttt gtcagcgaaa
3121 ttggacaatt acgctactaa cagccacaca cgcattaata gcaatgtcaa aaatggaaca
3181 atcaatgaaa aagcgaccgg catgctaacg caaaaaaatt ctgagtggct caagctcgtg
3241 aatgataaga tagttgcgca taatgtggga agtgctcctt tgtcagcgta tgataaaatt
3301 ggattcaacc aaaagaatat gaaagattat tctgattcgt tcaagttttc caccaggttg
3361 agcaatgccg taaaagacat taagtctggc tttgtgcaat ttttaaccaa tatattttct
3421 atgggatctt acagcttgat gaaagcaagt gtggaacatg gagtcaaaaa tactaataca
3481 aaaggtgggtt tccaaaaaatc ttaa
Helicobacter pylori isolate 181 16S ribosomal RNA gene
ACCESSION   AF512997
   1 tttatggaga gtttgatcct ggctcagagt gaacgctggc ggcgtgccta atacatgcaa
  61 gtcgaacgat gaagcttcta gcttgctaga aggctgatta gtggcgcacg ggtgagtaac

```
 121 gcataggtca tgtgcctctt agtttgggat agccattgga aacgatgatt aataccagat
 181 actccctacg ggggaaagat ttatcgctaa gagatcagcc tatgtcctat cagcttgttg
 241 gtaaggtaat ggcttaccaa ggctatgacg ggtatccggc ctgagagggt gaacggacac
 301 actggaactg agacacggtc cagactccta cgggaggcag cagtagggaa tattgctcaa
 361 tgggggaaac cctgaagcag caacgccgcg tggaggatga aggttttagg attgtaaact
 421 ccttttgtta gagaagataa tgacggtatc taacgaataa gcaccggcta actccgtgcc
 481 agcagccgcg gtaatacgga gggtgcaagc gttactcgga atcactgggc gtaaagagcg
 541 cgtaggcggg atagtcagtc aggtgtgaaa tcctatggct taaccataga actgcatttg
 601 aaactactat tctagagtgt gggagaggta ggtggaattc ttggtgtagg ggtaaaatcc
 661 gtagagatca agaggaatac tcattgcgaa ggcgacctgc tggaacatta ctgacgctga
                          F[8]                      P[8]
 721 ttgcgcgaaa gcgtggggag caaacaggat tagataccct ggtagtccac gccctaaacg
                 R[8]
 781 atggatgcta gttgttggag ggcttagtct ctccagtaat gcagctaacg cattaagcat
 841 cccgcctggg gagtacggtc gcaagattaa aactcaaagg aatagacggg gacccgcaca
                                                             F[3]
 901 agcggtggag catgtggttt aattcgattc tacacgaaga accttaccta ggcttgacat
                              Mutation probe(AGA)
 961 tgagagaatc cgctagaaat agtggagtgt ctggcttgcc agaccttgaa aacaggtgct
      Anchor probe              R[3]
1021 gcacggctgt cgtcagctcg tgtcgtgaga tgttgggtta agtcccgcaa cgagcgcaac
1081 cccctttctt agttgctaac aggttatgct gagaactcta aggatactgc ctccgtaagg
1141 aggaggaagg tggggacgac gttaagtcat catggccctt acgcctaggg ctacacacgt
1201 gctacaatgg ggtgcacaaa gagaagcaat actgcgaagt ggagccaatc ttcaaaacac
1261 ctctcagttc ggattgtagg ctgcaactcg cctgcatgaa gctggaatcg ctagtaatcg
1321 caaatcagcc atgttgcggt gaatacgttc ccgggtcttg tactcaccgc ccgtcacacc
1381 atgggagttg tgtttgcctt aagtcaggat gctaaattgg ctactgccca cggcacacac
1441 agcgactggg gtgaagtcgt aacaaggtaa ccgtagtgaa cctgcggttg gatcacctcc
1501 t
```

H. pylori urease（ureA,ureB,ureC,ureD）genes　5100bp

ACCESSION　M60398　X57132

```
   1 aagctttca gctagaatag acatgcaaaa ctacctatta aaaagatgtg aataaaaaga
  61 tgcaacaatc taaaaaacac aaaacttaaa aagaagccca ataataaaaa cccattactg
 121 agcttaaaga agttaaaaac gccccaaaac taagcgagac ggatttttt cactgaagcg
 181 ttaagtcttg agactttcct agaagcggtg tttttcttta aaatcccttt gctgacaaat
 241 ttatgcaact ctttattagc gattttcaaa cgactcttga gctcttgcta catcattgac
 301 agcgacggct tcacgcacgg ccttaatgat atttttaatt ttagtttat aaaacctgtt
 361 gcgttcggtt cttttaatgg tctgtctgat tcgcttttct gcggacttat gatttgccat
 421 agccttgttt taatcccttt gtaatgtaaa atttggcata attctatcta aaaattgatt
```

481 aaaaatagtt taaaaggtat tttataacga tgaaaatttt tgggactgat ggcgtgaggg

541 gtaaagcagg ggtgaaactc acccccatgt ttgtgatgcg tttaggcatt gctgccgggt

601 tgtattttaa aaaacattct caaacgaata aaatt**ttaat cggtaaagac accagaaa**aa

                                                       F[7]

661 gcggctatat ggtagaaaac gctttagtga gcgctctcac ttccataggc tataatgtca

721 ttcaaatagg gcctatgcct acccctgcga tcgctttttt aacc**gaagac atgcgctgtg**

                                                       R[7]

781 **at**gcgggtat tatgataagc gcgagccaca acccttttga agacaatggc attaagtttt

841 tcaattctta tggttataaa ctcaaagaag aagaagaaag agcgattgaa gaaatctttc

901 atgatgaagg attactgcat tccagttata aagtgggcga gagcgtcggt agcgctaaaa

961 ggatagacga tgtgataggg cgttatatcg cgcatttgaa gcactctttc cccaaacatt

1021 tgaatttaca gagtttaagg atcgtgctag ataccgctaa tggcgcgggct tataaggtgg

1081 ctccggtcgt ttttagcgag cttggggctg atgtgttagt gattaatgat gagcctaacg

1141 ggtgtaacat taatgagcaa tgcgggggctt tacaccctaa ccaattgagc caagaagtga

1201 aaaaataccg cgcggatctg ggctttgctt ttgatggcga tgcggatagg ctagtggtgg

1261 tggataattt agggaatatc gtgcatgggg ataagctttt aggggtgtta ggggtttatc

1321 aaaaatctaa aaacgccctt tcttctcaag caattgtcgc tacaaacatg agcaatttag

1381 cccttaaaga atacttaaaa tcccaagatt tagaattgaa gcattgcgcg attggggata

1441 agtttgtgag cgaatgcatg cgattgaaca aagccaattt tggaggcgag caaagcgggc

1501 atatcatttt tagcgattac gctaaaaccg gcgatggctt ggtgtgcgct ttgcaagtga

1561 gcgcgttagt gttagaaagt aagcttgtaa gctctgttcg gttaaacccc tttgaattat

1621 accctcaaaa cctggtgaat ttgaatgtcc aaaaaaagcc cccttagaa agcctgaaag

1681 gttataacgc tctttttaaaa gaattagaca agctagaaat ccgccatttg atccgttata

1741 gcggcactga aaacaaatta cgaatccttt tagaagctaa agatgaaaaa cttttagaat

1801 ccaaaatgca agaattaaaa gagttttttg aagggcattt gtgctaaaaa ccactaaaaa

1861 aagcctgttg gtttttatag gggtttttttt tcttattttt ggcgtggatc aagcgattaa

1921 atacgctatt ttagagggggt ttcgctatga aagtttggtt atagatattg ttttggtgtt

1981 caataaaggc gtggcgtttt ccttgctcag tttttttagag ggggggtttga aatacttgca

2041 aatccttttg attttagggc ttttttatctt tttaatgcgc caaaggggagc tttttaaaaa

2101 ccatgcgata gagtttggca tggtgtttgg tgctgggggtt tctaatgttt tagaccggtt

2161 tgtgcatggg ggcgtagtgg attatgtgta ttatcattat gggtttgatt tgccattttt

2221 aacttcgctg atgtcatgat agatgtgggt gtgggcgttt tattgttaag acaattcttt

2281 tttaagcaaa aacaaaacaa aattaaggca taattgccct ttttaaaata aaaggtcgcg

2341 tacgtcagtt ggtagagcac taccttgaca tggtagtggc cgctggttca agtccagtcg

2401 tggccaccat tatcactcca attttaattc tcatttttttt gcgagttttt gatctttata

2461 aattctaaag gggtattaaa tgcactccca ataacgcttt tatagcgctt caaaaacata

2521 acactaattc attttaaata ataattagtt aatgaacgct tctgttaatc ttagtaaatc

2581 aaaacattgc tacaatcaca tccaaccttg attgcgttat gtcttcaagg aaaaacactt

2641 taagaatagg agaatgagat gaaactcacc ccaaaagagt tagataagtt gatgctccac

2701 tacgctggag aattggctaa aaaacgcaaa gaaaaaggca ttaagcttaa ctatgtagaa

2761 gcagtagctt tgattagtgc ccatattatg gaagaagcga gagctggtaa aaagactgcg

2821 gctgaattga tgcaagaagg gcgcactctt ttaaaaccag atgatgtgat ggatggcgtg

2881 **gcaagcatga tccatgaagt gggtattgaa gcgatgtttc ctga**tgggac t**aaactcgta**
      F[5]   P[5]

2941 **accgtgcata** cccctattga ggccaatggt aaattagttc ctggtgagtt gttcttaaaa
      R[5]

3001 aatgaagaca tcactatcaa cgaaggcaaa aaagccgtta gcgtgaaagt taaaaatgtt

3061 ggcgacagac cggttcaaat cggctcacac ttccatttct ttgaagtgaa tagatgccta

3121 gactttgaca gagaaaaaac tttcggtaaa cgcttagaca ttgcgagcgg gacagcggta

3181 agatttgagc ctggcgaaga aaaatccgta gaattgattg acattggcgg taacagaaga

3241 atctttggat ttaacgcatt ggttgataga caagcagaca acgaaagcaa aaaaattgct

3301 ttacacagag ctaaagagcg tggttttcat ggcgctaaaa gcgatgacaa ctatgtaaaa

3361 acaattaagg agtaagaaat gaaaaagatt agcagaaaag aatatgtttc tatgtatggt

3421 cctactacag gcgataaagt gagattgggc gatacagact tgatcgctga agtagaacat

3481 gactacacca tttatggcga gagcttaaa ttcggtggcg gtaaaaccct aagagaaggc

3541 atgagccaat ctaacaaccc tagcaaagaa gagttggatt taattatcac taacgcttta

3601 atcgtggatt acaccggtat ttataaagcg gatattggta ttaaagatgg caaaatcgct

3661 ggcattggta aaggcggtaa caaagacatg caagatggcg ttaaaaacaa tcttagcgta

3721 ggtcctgcta ctgaagcctt agccggtgaa ggtttgatcg taacggctgg tggtattgac

3781 acacacatcc acttcatttc accccaacaa atccctacag cttttgcaag cggtgtaaca

3841 accatgattg gtggtggaac cggtcctgct gatggcacta atgcgactac tatcactcca

3901 ggcagaagaa atttaaaatg gatgctcaga gcggctgaag aatattctat gaatttaggt

3961 ttcttggcta aaggtaacgc ttctaacgat gcgagcttag ccgatcaaat tgaagccggt

4021 gcgattggct ttaaaattca cgaagactgg ggcaccactc cttctgcaat caatcatgcg

4081 ttagatgttg cggacaaata cgatgtgcaa gtcgctatcc acacagacac tttgaatgaa

4141 gccggttgtg tagaagacac tatggctgct attgctggac gcactatgca cactttccac

4201 actgaaggcg ctggcggcgg acacgctcct gatattatta agtagccgg tgaacacaac

4261 attcttcccg cttccactaa ccccaccatc cctttcaccg tgaatacaga agcagagcac

4321 atggacatgc ttatggtgtg ccaccacttg gataaaagca ttaaagaaga tgttcagttc

4381 gctgattcaa ggatccgccc tcaaaccatt gcggctgaag acactttgca tgacatgggg

4441 attttctcaa tcaccagttc tgactctcaa gcgatgggcc gtgtgggtga agttatcact

4501 agaacttggc aaacagctga caaaaacaag aaagaatttg ccgcttgaa agaagaaaaa

4561 ggcgataacg acaacttcag gatcaaacgc tacttgtcta aatacaccat taacccagcg

4621 atcgctcatg ggattagcga gtatgtaggt tcagtagaag tgggcaaagt ggctgacttg

4681 gtattgtgga gtccagcatt cttttggcgtg aaacccaaca tgatcatcaa aggcggattc

4741 attgcgttaa gccaaatggg cgatgcgaac gcttctatcc ctaccccaca accggtttat

4801 tacagagaaa tgttcgctca tcatggtaaa gctaaatacg atgcaaacat cactttttgtg

4861 tctcaagcgg cttatgacaa aggcattaaa gaagaattag gacttgaaag acaagtgttg

4921 ccggtaaaaa attgcagaaa tatcactaaa aaagacatgc aattcaacga cactactgct

4981 cacattgaag tcaatcctga aacttaccat gtgttcgtgg atggcaaaga agtaacttct

5041 aaaccagcca ataaagtgag cttggcgcaa ctctttagca ttttctagga ttttttagag

Helicobacter pylori 23S and 5S ribosomal RNA genes

ACCESSION   U27270

   1 aaagcttcat ccaccccccc catcccatca tttccaatca cttttatcca tttctttcaa

  61 acccaaaaac tttaagcaaa ctttaagcat gtctataatt acatttcgtt ttaaagacaa

 121 gctttaaaag tctttaattg aaccactcaa acaagttcta caagctaaag ctttaaataa

 181 aacccaccag ctggtaaaac ttgagtgtta taaaaagatt agggatcaag cattttttagt

 241 cttctttaag ggtttaacat taagagtgat tatagcaagt ttttaaagaa aaacgaagtt

 301 atttgattta acattgttaa tagcctatgt aaaagtaaag taaaactaca ataactctgt

 361 cttatattca ttaaggcagt ggtagcgctg aagaatgttc gtgcaattgt cgttattcat

 421 tataaagggg cgggttttaa aggatatttt aaaatttaaa acaagctttt aagagcagat

 481 ggcggatgcc ttgccaaaga gaggcgatga aggacgtact agactgcgat aagctatgcg

 541 gagctgtcaa ggagctttga tgcgtagatg tccgaatggg gcaacccaac taatagagat

 601 attagttact ctaacagaga gcgaacctag tgaagtgaaa catctcagta actagaggaa

 661 aagaaatcaa cgagattccc taagtagtgg cgagcgaacg gggaaaaggg caaaccgagt

 721 gcttgcattc ggggttgagg actgcaacat ccaagagaac gctttagcag agttacctgg

 781 aaaggtaagc catagaaagt gatagccttg tatgcgacaa ggcgtttttta ggtagcagta

 841 tccagagtag gccaggacac gaggaatcca ggttgaagcc ggggagacca ctctccaact

 901 ctaaatacta ctctttgagc gatagcgaac aagtaccgtg agggaaaggt gaaaagaacc

 961 gcagtgagcg gagtgaaata gaacctgaaa ccatctgctt acaatcattc agagccctat

1021 gatttatcag ggtgatggac tgccttttgc ataatgatcc tgcgagttgt ggtatctggc

1081 aaggttaagc gaatgcgaag ccgtagcgaa acgagttctt aatagggcga acaagtcaga

1141 tgctgcagac ccgaagctaa gtgatctatc catggccaag ttgaaacgcg tgtaatagcg

1201 cgtggaggac tgaactccta cccattgaaa cggggttggga tgagctgtgg ataggggtga

1261 aaggccaaac aaacttagtg atagctggtt ctcttcgaaa tatatttagg tatagcctca

1321 agtgataata aaaggggggta gagcgctgat tgggctaggg ctgctcgccg cggtaccaaa

1381 ccctatcaaa cttcgaatac cttttatcgt atcttgggag tcaggcggtg ggtgataaaa

1441 tcaatcgtca aaaggggaac aacccagact accaaataag gtccctaagt ctattctga

1501 gtggaaaaag atgtgtggct actaaaacaa ccaggaggtt ggcttagaag cagccatcct

1561 ttaaagaaag cgtaacagct cactggtcta gtggtcatgc gctgaaaata taacggggct

1621 aagatagaca ccgaatttgt agattgtgtt aaacacagtg gtagaagagc gttcatacca

1681 gcgttgaagg tataccggta aggagtgctg gagcggtatg aagtgagcat gcaggaatga

1741 gtaacgataa gatatatgag aattgtatcc gccgtaaatc taaggtttcc tacgcgatgg

1801 tcgtcatcgt agggttagtc gggtcctaag ccgagtccga aaggggtagg tgatggcaaa

1861 ttggttaata ttccaatacc gactgtggag cgtgatgggg ggacgcatag ggttaagcga

1921 gctagctgat ggaagcgcta gtctaagggc gtagattgga gggaaggcaa atccacctct

1981 gtatttgaaa cccaaacagg ctctttgagt ccttttagga caaagggaga atcgctgata

2041 ccgtcgtgcc aagaaaagcc tctaagcata tccatagtcg tccgtaccgc aaaccgacac

2101 aggtagatga gatgagtatt ctaaggcgcg tgaaagaact ctggttaagg aactctgcaa

2161 actagcaccg taagttcgcg ataaggtgtg ccacagcgat gtggtctcag caaagagtcc

2221 ctcccgactg tttaccaaaa acacagcact ttgccaactc gtaagaggaa gtataaggtg

2281 tgacgcctgc ccggtgctcg aaggttaaga ggatgcgtca gtcgcaagat gaagcgttga

2341 attgaagccc gagtaaacgg cggccgtaac tataacggtc ctaaggtagc gaaattcctt

2401 gtcggttaaa taccgacctg catgaatggc gtaacg**agat gggagctgtc tcaaccag**ag

　　　　　　　　　　　　　　　　　　　　　　　　　　　　F[5]

2461 attcagtgaa attgtagtgg aggtgaaaat tcctcctacc cgcggc**aaga cggaaagacc**

　　　　　　　　　　　　　　　　　　　　　　　　　　　　P[5]

2521 **ccgt**ggacct ttactacaac ttagcactgc taat**gggaat atcatgcgca gga**taggtgg

　　　　　　　　　　　　　　　　　　　　　　　　　　　　R[5]

2581 gaggctttga agtaagggct ttggctctta tggagtcatc cttgagatac cacccttgat

2641 gtttctgtta gctaactggc ctgtgttatc cacaggcagg acaatgcttg gtgggtagtt

2701 tgactggggc ggtcgctcct aaaaagtaac ggaggcttgc aaaggttggc tcattgcggt

2761 tggaaatcgc aagttgagtg taatggcaca agccagcctg actgtaagac atacaagtca

2821 agcagagacg aaagtcggtc atagtgatcc ggtggttctg tgtggaaggg ccatcgctca

2881 aaggataaaa ggtaccccgg ggataacagg ctgatctccc ccaagagctc acatcgacgg

2941 ggaggtttgg cacctcgatg tcggctcatc gcatcctggg gctggagcag gtcccaaggg

3001 tatggctgtt cgccatttaa agcggtacgc gagctgggtt cagaacgtcg tgagacagtt

3061 cggtccctat ctgccgtggg cgtaggaaag ttgaggagag ctgtccctag tacgagagga

3121 ccgggatgga cgtgtcactg gtgcaccagt tgtctgccaa gagcatcgct gggtagcaca

3181 cacggatgtg ataactgctg aaagcatcta agcaggaacc aactccaaga taaactttcc

3241 ctgaagctcg cacaaagact atgtgcttga tagggtagat gtgtgagcgc agtaatgcgt

3301 ttagctgact actactaata gagcgtttgg cttgttttt gcttttgat aagataacgg

3361 caataagcgc gaatgggtta ccactgcctt actgagtgta agagagttgg agtttatga

3421 agactttat aagattaaac tttaatgagg aatgagatac catctcaatg gttaaagtt

3481 aaaggctatt aacgatcttc tttgttaaaa acagctcccc tataaagaga aaggggagtt

3541 aagggtaaat gcgtttttat ctttagctcc cttttccttg tgcctttaga gaagaggaac

3601 tacccagtta accattccga acctggaagt caagctcttc atcgctgata atactgctct

3661 tttcaagagt gggaatgtag gtcggtgcag ggatagggaa atgttttttt agtcttgctt

3721 ttttatttga tttcattatt gactcattgt tttgtttgtt taggtggttt attggggttt

3781 ggttgttttg ttgatttagt tttcatgctc taaaccgatg aaaggttgtt tgaagtcttc

3841 tctgttcata aacttgc

图 27-1　幽门螺杆菌实时荧光 PCR 检测常用的 *nixA*、*CagA*、16S rRNA、*ureA*，*ureB*，*ureC*，*ureD*、23S 和 5S rRNA 编码基因区域

　　　　标示处为引物和探针例举的对应位置，[ ]内为相关引物和探针的文献来源

3. 标本的采集和处理

（1）标本的采集：可用于幽门螺杆菌 PCR 测定的临床标本很多，包括胃黏膜、胃液、唾液、牙菌斑、粪便、水源等。最常用的是胃黏膜和唾液，这两者的检出率分别是 100% 和 71.7%。胃镜检查时在胃窦部距幽门约 5cm 以内钳取胃黏膜标本 3 块。取材采取一人使用一根活检钳钳取标本的方式。唾液及牙菌斑标本于检查当日清晨空腹收集。采用一次性无菌牙科刮治器在患者牙面及牙龈内取牙菌斑，并留取唾液标本 1ml。

（2）标本的处理：目前，市场上的很多试剂盒都对提取方法做了改进，常用的方法主要有蛋白酶 K 消化，酚抽提的方法和煮沸法。

三、幽门螺杆菌 PCR 检测的临床意义

1. 幽门螺杆菌感染的临床诊断　目前检测幽门螺杆菌的手段都依据活菌的存在，在幽门螺杆菌变为球形，数量少或死亡时难以检出。PCR 技术灵敏度高，特异性好，且具有快速、简便、价廉及自动化等优点，有望成为幽门螺杆菌的常规检测手段，并在幽门螺杆菌药物治疗效果的评价中有应用前景。

2. 幽门螺杆菌感染的流行病学调查幽门螺杆菌的来源及传播途径一直是幽门螺杆菌研究中亟待解决的问题。动物来源及粪口传播理论提出已久，却缺乏直接证据，已经有人从牙斑及唾液中培养出幽门螺杆菌，并从人粪便中检出幽门螺杆菌 DNA，但检出率很低，应用 PCR 方法，可以提高检测灵敏度

和检出率。有人用幽门螺杆菌引物扩增了猪、狒狒及绿猴胃内分离的螺旋样菌的 16S rRNA 基因，序列分析提示在 275 个可读碱基中，猪胃分离株与幽门螺杆菌仅有一个碱基（第 761 位核苷酸）的差异，而狒狒和绿猴胃内分离株与幽门螺杆菌序列完全一致，强烈提示这些动物胃内分离的细菌就是幽门螺杆菌，从而支持动物是人幽门螺杆菌来源的理论。

3. 抗幽门螺杆菌药物的筛选和评价抗菌药物筛选是根据患者服药后是否仍能检测到病原菌，但由于幽门螺杆菌培养条件要求高，且易变性，用常规法很难检测到服药后仍残留的少量幽门螺杆菌，造成假阴性，从而忽视治疗而导致残留菌的再次感染。PCR 检测的高度敏感性有助于解决此问题，并且 PCR 可能检测到非可培养球形存在的幽门螺杆菌，这无疑为抗幽门螺杆菌药物的筛选和评价提供了重要指标。此外，由于患者口腔中也检测到幽门螺杆菌，这提示我们在研制抗胃中幽门螺杆菌药物的同时，也要致力于开发针对口腔微生态环境而防治口腔中幽门螺杆菌的药物。

4. 幽门螺杆菌的分子遗传学研究 PCR 还可用于细菌的基因分离、克隆及特定基因的序列分析研究，如利用细菌通用引物和螺杆菌属特异，幽门螺杆菌种特异引物配对扩增动物胃内螺旋样菌 DNA，以进行序列分析和细菌分类鉴定。

（李金明　汪　维）

参 考 文 献

[1] Wolfram L, Haas E, Bauerfeind P. Nickel represses the synthesis of the nickel permease NixA of Helicobacter pylori. J Bacteriol, 2006, 188(4):1245-1250

[2] Liu YC, Shen CY, Wu SH, et al. Helicobacter pylori infection in relation to E-cadherin gene promoter polymorphism and hypermethylation in sporadic gastric carcinomas. World J Gastroenterol, 2005, 11(33):5174-5179

[3] Glocker E, Berning M, Gerrits MM, et al. Real-

time PCR screening for 16S rRNA mutations associated with resistance to tetracycline in Helicobacter pylori. Antimicrob Agents Chemother,2005,49(8):3166-3170

[4]　Lawson AJ,Elviss NC,Owen RJ. Real-time PCR detection and frequency of 16S rDNA mutations associated with resistance and reduced susceptibility to tetracycline in Helicobacter pylori from England and Wales.J Antimicrob Chemother,2005,56(2):282-286

[5]　Schabereiter-Gurtner C,Hirschl AM,Dragosics B,et al. Novel real-time PCR assay for detection of Helicobacter pylori infection and simultaneous clarithromycin susceptibility testing of stool and biopsy specimens.J Clin Microbiol,2004,42(10):4512-4518

[6]　Lascols C,Lamarque D,Costa JM,et al. Fast and accurate quantitative detection of Helicobacter pylori and identification of clarithromycin resistance mutations in H. pylori isolates from gastric biopsy specimens by real-time PCR.J Clin Microbiol,2003,41(10):4573-4577

[7]　He Q,Wang JP,Osato M,et al. Real-Time Quantitative PCR for Detection of Helicobacter pylori.J Clin Microbiol,2002,40(10):3720-3728

[8]　Kobayashi D,Eishi Y,Ohkusa T,et al. Gastric mucosal density of Helicobacter pylori estimated by real-time PCR compared with results of urea breath test and histological grading.J Med Microbiol,2002,51(4):305-311

[9]　Marshall BJ. The Lasker Awards:celebrating scientific discovery. JAMA,2005,294(11):1420-1421

[10]　Marshall BJ,Warren JR. Unidentified curved bacilli in the stomach of patients with gastritis and peptic ulceration. Lancet,1984,1(8390):1311-1315

第28章 肺炎支原体实时荧光 PCR 检测及临床意义

肺炎支原体(Mycolasma pneumoniae, MP)是介于细菌与病毒之间的一种病原体微生物,在已发现的 8 种类型对动物致病的支原体中,只有肺炎支原体肯定对人致病,主要引起呼吸系统疾病,由口、鼻分泌物经空气传播,常为散发,也有小流行,主要见于儿童和青少年,也可见于成人,秋冬季较多。呼吸道感染表现为咽炎和支气管炎,少数累及肺。

一、肺炎支原体的结构特点

1. 形态结构特点 肺炎支原体是一类缺乏细胞壁的、呈高度多形、能独立生活的最小原核细胞型微生物,大小为 200nm。肺炎支原体可在无细胞的培养基上生长与分裂繁殖,出现的菌落常与细菌的 L 型的菌落相似,易产生混淆,这主要是因为肺炎支原体无细胞壁,细胞膜仅由 3 层膜组成。肺炎支原体既含有 DNA,也含有 RNA,对抗生素敏感。支原体可在鸡胚绒毛尿囊膜上或细胞培养中生长,营养要求比细菌高。肺炎支原体在含 20% 马血清和酵母的琼脂培养基上生长良好,初次培养物于显微镜下,可见典型的圆屋顶形桑椹状菌落,多次传代后转呈煎蛋形状。支原体用普通染色法不易着色,用姬姆萨染色很浅,革兰染色为阴性。支原体发酵葡萄糖,具有血吸附(hemadsorption)作用,溶解豚鼠、羊的红细胞,对亚甲蓝、醋酸铊、青霉素等具抵抗力。

2. 基因结构特点 肺炎支原体基因组为双股环状 DNA,序列全长 816 394bp,分子量 $511×10^8$ 道尔顿,为大肠埃希菌基因组的 1/5,是原核细胞中最小者。据计算,如此大小的基因组最多编码 700 个蛋白。多数支原体属基因组中的(G+C)‰ 均低于 30‰,而肺炎支原体则达 40‰。对其所表达的蛋白产物用免疫学方法验证时,证明有分子量分别为 $168×10^3$、$170×10^3$、$130×10^3$、$90×10^3$、$45×10^3$、$35×10^3$ 的多种蛋白,有些株还有 $110×10^3$、$90×10^3$ 的蛋白质。研究最为明确的是分子量为 $170×10^3$ 的蛋白,该蛋白是位于突起部的 P1 黏附蛋白,介导肺炎支原体对人类呼吸道上皮细胞的黏附作用,有关的基因序列已全部阐明。DNA 多聚酶的分子量为 $130×10^3$。编码肽链延伸因子-Tu(EF-Tu)基因的氨基酸序列共 1203 个,核苷酸已测定。与其他细菌的核糖体一样,肺炎支原体核糖体的大小约为 70S,内含 5S、16S 及 23S 三种 rRNA,并有 50 种左右的蛋白质,其中 16S rRNA 有较保守的重复序列,且有种属特异性,常被用于探针杂交分型及 PCR 分型。

二、肺炎支原体的实时荧光 PCR 检测

1. 引物和探针设计 肺炎支原体实时荧光 PCR 检测引物和探针设计的一般原则是:①选择肺炎支原体基因组的高保守区域,以保证检测的特异性。在肺炎支原体基因组中,P1、16S rRNA 编码区基因均有高度的保守性。②灵敏度高。针对不同区域的引物的检测灵敏度有可能不同,因此,在设计引物时,可同时设计多对引物,筛选检测灵敏度最高的引物作为检测用。③已报道应用于肺炎支原体 PCR 检测的靶基因组共有 4 个,即 Bernet 的未知基因、P1 蛋白基因、tuf 蛋白基因及 16S rRNA 基因。

2. 文献报道的常用引物和探针举例

肺炎支原体实时荧光 PCR 测定方法依其所使用的荧光探针可分为 TaqMan 探针、双杂交探针和分子信标探针，其所使用的引物、探针等举例详见表 28-1。图 28-1 为肺炎支原体进行实时荧光 PCR 检测的常用引物和探针序列（NC-000912）所在基因组中的位置。

表 28-1 文献报道的肺炎支原体实时荧光 PCR 检测的常用引物和探针举例

测定技术	引物和探针		基因组内区域	文献
TaqMan 探针	引物	F:5′CCAACCAAACAACAACGTTCA-3′(185306-185326)	P1 基因区 (185306- 185381)	[4]
		R:5′ACCTTGACTGGAGGCCGTTA-3′(185381-185362)		
	探针	5′-FAM-TCAATCCGAATAACGGTGACTTCTTACCACTG-TAMRA-3′(185329-185360)		
双杂交探针	引物	F:5′CACCCTCGGGGGCAGTCAG-3′(183458-183476)	P1 基因区 (183458- 183660)	[1]
		R:5′CGGGATTCCCCGCGGAGG-3′(183660-183643)		
	探针	供体 5′GCCTTATCATTCCTTCACCCCGCCCC-3′FITC (183565-183540)		
		受体 5′LCRed640-TTCAGAGCTGGAGGTTGGCTTGGTCGAG-3′Ph(183537-183510)		
双杂交探针	引物	F:5′TCTTCAGGCTCAGGTCAA-3′(184800-184817)	P1 基因区 (184800- 184939)	[3]
		R:5′TTCCCCGTATTAGTATTAGGC-3′(184939-184919)		
	探针	供体 5′CAGTTACCAAGCACGAGTGAC-FITC(184869-184889)		
		受体 5′Red 640-AAACACCTCCTCCACCAACA-3′PO4 (184892-184911)		
分子信标探针	引物	F:5′GTAATACTTTAGAGGCGAACG-3′(118388-118408)	16S rRNA 基因区 （118388-118612)	[2]
		R:5′TACTTCTCAGCATAGCTACAC-3′(118612-118592)		
	探针	5′FAM-CGCGATACCAACTAGCTGATATGGCGCAATCGCG-BHQ1(118564-118543)		

16SrRNA 基因区

118261 caactctgtc gacgccgaaa atgttctttc aaaactggat gcaatctgtc aatttttctg

118321 agagtttgat cctggctcag gattaacgct ggcggcatgc ctaatacatg caagtcgatc

118381 gaaagta**gta atactttaga ggcgaacg**gg tgagtaacac gtatccaatc taccttataa
　　　　　　　　　　F[2]

118441 tggggggataa ctagttgaaa gactagctaa taccgcataa gaactttggt tcgcatgaat

118501 caaagttgaa aggacctgca agggttcgtt atttgatgag gg**tgcgccat atcagctagt**
　　　　　　　　　　　　　　　　　　　　　　P[2]

118561 **tggt**gggggta acggcctacc aaggcaatga c**gtgtagcta tgctgagaag ta**gaatagcc
　　　　　　　　　　　　R[2]

118621 acaatgggac tgagacacgg cccatactcc tacgggaggc agcagtaggg aatttttcac

118681 aatgagcgaa agcttgatgg agcaatgccg cgtgaacgat gaaggtcttt aagattgtaa

118741 agttctttta tttgggaaga atgactttag caggtaatgg ctagagtttg actgtaccat

118801 tttgaataag tgacgactaa ctatgtgcca gcagtcgcgg taatacatag gtcgcaagcg

118861 ttatccggat ttattgggcg taaagcaagc gcaggcggat tgaaaagtct ggtgttaaag

118921 gcagctgctt aacagttgta tgcattggaa actattaatc tagagtgtgg tagggagttt

118981 tggaatttca tgtggagcgg tgaaatgcgt agatatatga aggaacacca gtggcgaagg

119041 cgaaaactta ggccattact gacgcttagg cttgaaagtg tggggagcaa ataggattag

119101 ataccctagt agtccacacc gtaaacgata gatactagct gtcggggcga tccctcggt

119161 agtgaagtta acacattaag tatctcgcct gggtagtaca ttcgcaagaa tgaaactcaa

119221 acggaattga cggggacccg cacaagtggt ggagcatgtt gcttaattcg acggtacacg

119281 aaaaacctta cctagacttg acatccttgg caaagttatg gaaacataat ggaggttaac

119341 cgagtgacag gtggtgcatg gttgtcgtca gctcgtgtcg tgagatgttg ggttaagtcc

119401 cgcaacgagc gcaacccctta tcgttagtta cattgtctag cgagactgct aatgcaaatt

119461 ggaggaagga agggatgacg tcaaatcatc atgcccctta tgtctagggc tgcaaacgtg

119521 ctacaatggc caatacaaac agtcgccagc ttgtaaaagt gagcaaatct gtaaagttgg

119581 tctcagttcg gattgagggc tgcaattcgt cctcatgaag tcggaatcac tagtaatcgc

119641 gaatcagcta tgtcgcggtg aatacgttct cgggtcttgt acacaccgcc cgtcaaacta

119701 tgaaagctgg taatatttaa aaacgtgttg ctaaccatta ggaagcgcat gtcaaggata

119761 gcaccggtga ttggagttaa gtcgtaacaa ggtacccta cgagaacgtg ggggtggatc

119821 acctcctttc taatggagtt ttttactttt tcttttcatc tttaataaag ataaatacta

119881 ··

P1 基因

180841 tataattttt aacaactatg caccaaacca aaaaaactgc cttgtccaag tccacttgga

180901 ttctcatcct caccgccacc gcctccctcg cgacgggact caccgtagtg ggacacttca

180961 caagtaccac cacgacgctc aagcgccagc aatttagcta cacccgccct gacgaggtcg

181021 cgctgcgcca caccaatgcc atcaacccgc gcttaacccc gtgaacgtat cgtaacacga

181081 gctttttcctc cctcccccctc acgggtgaaa atcccggggc gtgggcctta gtgcgcgaca

181141 acagcgctaa gggcatcact gccggcagtg gcagtcaaca aaccacgtat gatcccaccc

181201 gaaccgaagc ggctttgacc gcatcaacca cctttgcgtt acgccggtat gacctcgccg

181261 ggcgcgcctt atacgacctc gatttttcga agttaaaccc gcaaacgccc acgcgcgacc

181321 aaaccgggca gatcaccttt aaccccttttg gcggctttgg tttgagtggg gctgcacccc

181381 aacagtgaaa cgaggtcaaa aacaaggtcc ccgtcgaggt ggcgcaagac ccctccaatc

181441 cctaccggtt tgccgttta ctcgtgccgc gcagcgtggt gtactatgag cagttgcaaa

181501 ggggggttggg cttaccacag cagcgaaccg agagtggtca aaatacttcc accaccgggg

181561 caatgtttgg cttgaaggtg aagaacgccg aggcggacac cgcgaagagc aatgaaaaac

181621 tccagggcgc tgaggccact ggttcttcaa ccacatctgg atctggccaa tccacccaac

181681 gtgggggttc gtcaggggac accaaagtca aggctttaaa aatagaggtg aaaaagaaat

181741 cggactcgga ggacaatggt cagctgcagt tagaaaaaaa tgatctcgcc aacgctccca

181801　ttaagcggag cgaggagtcg ggtcagtccg tccaactcaa ggcggacgat tttggtactg

181861　cccttttccag ttcgggatca ggcggcaact ccaatcccgg ttcccccacc ccctgaaggc

181921　cgtggcttgc gactgagcaa attcacaagg acctccccaa atgatccgcc tcgatcctga

181981　ttctgtacga tgcgccttat gcgcgcaacc gtaccgccat tgaccgcgtt gatcacttgg

182041　atcccaaggc catgaccgcg aactatccgc ccagttgaag aacgcccaag tgaaaccacc

182101　acggtttgtg ggactgaaag gcgcgcgatg ttttgctcca aaccaccggg ttcttcaacc

182161　cgcgccgcca ccccgagtgg tttgatggcg ggcagacggt cgcggataac gaaaagaccg

182221　ggtttgatgt ggataactct gaaaacacca agcagggctt tcaaaaggaa gctgactccg

182281　acaagtcggc cccgatcgcc ctcccgtttg aagcgtactt cgccaacatt ggcaacctca

182341　cctggttcgg gcaagcgctt ttggtgtttg gtggcaatgg ccatgttacc aagtcggccc

182401　acaccgcgcc tttgagtata ggtgtcttta gggtgcgcta taatgcaact ggtaccagtg

182461　ctactgtaac tggttgacca tatgccttac tgttctcagg catggtcaac aaacaaactg

182521　acgggttaaa ggatctaccc tttaacaata accgctggtt tgaatatgta ccacggatgg

182581　cagttgctgg cgctaagttc gttggtaggg aactcgtttt agcgggtacc attaccatgg

182641　gtgataccgc taccgtacct cgcttactgt acgatgaact tgaaagcaac ctgaacttag

182701　tagcgcaagg ccaaggtctt ttacgcgaag acttgcaact cttcacaccc tacggatgag

182761　ccaatcgtcc ggatttacca atcggggctt gaagtagtag tagtagtagt agtcacaacg

182821　caccctacta cttccacaat aaccccgatt gacaagaccg tccaatccaa aatgtggttg

182881　atgcctttat taagccctga gaggacaaga acggtaagga tgatgccaaa tacatctacc

182941　cttaccgtta cagtggcatg tgagcttgac aggtatacaa ctggtccaat aagctcactg

183001　accaaccatt aagtgctgac tttgtcaatg agaatgctta ccaaccaaac tccttgtttg

183061　ctgctattct caatccggaa ttgttagcag ctcttcccga caaggttaaa tacggtaagg

183121　aaaacgagtt tgctgctaac gagtacgagc gctttaacca gaagttaacg gtagctccta

183181　cccaaggaac aaactgatcc cacttctccc ccacgctttc ccgtttctcc accgggttca

183241　accttgtggg gtcggtgctc gaccaggtgt tggattatgt gccctggatt gggaatgggt

183301　acaggtatgg caataaccac cggggcgtgg atgatataac cgcgcctcaa accagcgcgg

183361　ggtcgtccag cggaattagt acgaacacaa gtggttcgcg ttcctttctc ccgacgtttt

183421　ccaacatcgg cgtcggcctc aaagcgaatg tccaagc**cac cctcgggggc agtcag**acga
　　　　　　　　　　　　　　　　　　　　　　　　　　　　　　F[1]

183481　tgattacagg cggttcgcct cgaagaaccc **tcgaccaagc caacctccag ctctgaa**cgg
　　　　　　　　　　　　　　　　　　　　　　　　　　　　受体

183541　**gggcggggtg aaggaatgat aaggc**ttcaa gtggacaaag tgacgaaaac cacaccaagt
　　　　　供体

183601　tcacgagcgc tacggggatg gaccagcagg gacaatcagg ta**cctccgcg gggaatcccg**
　　　　　　　　　　　　　　　　　　　　　　　　　　　　　　R[1]

183661　actcgttaaa gcaggataat attagtaaga gtggggatag tttaaccacg caggacggca

183721　atgcgatcga tcaacaagag gccaccaact acaccaacct cccccccaac ctcaccccca

183781　ccgctgattg accgaacgcg ctgtcattca ccaacaagaa caacgcgcag cgcgcccagc

183841　tcttcctccg cggcttgttg ggcagcatcc cggtgttggt gaatcgaagt gggtccgatt

183901 ccaacaaatt ccaagccacc gaccaaaaat ggtcctacac cgacttacat tcggaccaaa

183961 ccaaactgaa cctcccccgct tacggtgagg tgaatgggtt gttgaatccg gcgttggtgg

184021 aaacctattt tgggaacacg cgagcgggtg gttcggggtc caacacgacc agttcacccg

184081 gtatcggttt taaaattccc gaacaaaata atgattccaa agccaccctg atcacccccg

184141 ggttggcttg aacgccccag gacgtcggta acctcgttgt cagtggcacc acggtgagct

184201 tccagctcgg cgggtggctg gtcaccttca cggactttgt caaaccccgc gcgggttacc

184261 tcggtctcca gttaacgggc ttggatgcaa gtgatgcgac gcagcgcgcc ctcatttggg

184321 cccccggcc ctgagcggcc tttcgtggca gttgggtcaa ccggttgggc cgcgtggaga

184381 gtgtgtggga tttgaagggg gtgtgggcgg atcaagctca gtccgactcg caaggatcta

184441 ccaccaccgc aacaaggaac gccttaccgg agcacccgaa tgctttggcc tttcaggtga

184501 gtgtggtgga agcgagtgct tacaagccaa acacgagctc cggccaaacc caatccacta

184561 acagttcccc ctacctgcac ttggtgaagc ctaagaaagt tacccaatcc gacaagttag

184621 acgacgatct taaaaacctg ttggacccca accaggttcg caccaagctg cgccaaagct

184681 ttggtacaga ccattccacc cagccccagc cccaatcgct caaaacaacg acaccggtat

184741 ttgggacgag tagtggtaac ctcagtagtg tgcttagtgg tgggggtgct ggaggggggtt

184801 **cttcaggctc aggtcaa**tct ggcgtggatc tctcccccgt tgaaaaagtg agtgggtggc
       F[3]

184861 ttgtggggca **gttaccaagc acgagtgacg gaaacacctc ctccaccaac a**acctcgc**gc**
        供体   受体

184921 **ctaatactaa tacgggggaa**t gatgtggtgg gggttggtcg actttctgaa agcaacgccg
        R[3]

184981 caaagatgaa tgacgatgtt gatggtattg tacgcacccc actcgctgaa ctgttagatg

185041 gggaaggaca aacagctgac actggtccac aaagcgtgaa gttcaagtct cctgaccaaa

185101 ttgacttcaa ccgcttgttt acccacccag tcaccgatct gtttgatccg gtaactatgt

185161 tggtgtatga ccagtacata ccgctgttta ttgatatccc agcaagtgtg aaccctaaaa

185221 tggttcgttt aaaggtcttg agctttgaca ccaacgaaca gagcttaggt ctccgcttag

185281 agttctttaa acctgatcaa gatac**ccaac caaacaacaa cgttcaggtc aatccgaata**
                              F[4]

185341 **acggtgactt cttaccactg t**taacggcct ccagtcaagg t**ccccaaacc ttgtttagtc**
       P[4]   R[4]

185401 cgtttaacca gtgacctgat tacgtgttgc cgttagcgat cactgtacct attgttgtga

185461 ttgtgctcag tgttaccttta ggacttgcca ttggaatccc aatgcacaag aacaaacagg

185521 ccttgaaggc tgggtttgcg ctatcaaacc aaaaggttga tgtgttgacc aaagcggttg

185581 gtagtgtctt taaggaaatc attaaccgca caggtatcag tcaagcgcca aaacgcttga

185641 aacaaaccag tgcggctaaa ccaggagcac ccgccccacc agtaccacca aagccagggg

185701 ctcctaagcc accagtgcaa ccacctaaaa aacccgctta gtatttatga aatcgaagct

图 28-1　肺炎支原体进行实时荧光 PCR 检测的常用序列(NC-000912)所在的区域
[ ]内为相关引物和探针的文献来源

3. 临床标本的采集、运送和保存　用于肺炎支原体 PCR 检测的临床标本主要为肺炎或有咳嗽、发热症状的其他呼吸道感染患者的咽拭子或肺泡灌洗液。咽拭子用 1ml 肉汤或 SP 培养液（0.02mol/L 磷酸盐缓冲液含 0.2mol/L 蔗糖、500U 青霉素）浸洗。此咽拭子洗液或肺泡灌洗液经 15 000r/min 离心 10min，弃上清，加入 400μl 15mmol/L EDTA 和 0.1mol/L NaCl 溶液混匀，再加入 50μl pH 8.0 的 0.1mol/L NaCl、0.1mol/L Tris-HCl 和 8% SDS，冻存。待检样本在 −20℃ 保存不超过 24h；−80℃ 保存不超过 3 个月。样本须冷藏运送。

三、肺炎支原体 PCR 检测的临床意义

肺炎支原体是原发性非典型肺炎和急性呼吸道感染的重要病原体，尤其是常见于儿童和青少年呼吸道感染。感染后除引起继往认为的原发性非典型肺炎外，还可引起肺外各系统改变，肺炎支原体常在军营和中小学生中流行。每隔 3～5 年流行一次。许多患者症状较轻，只有头疼、发热、咳嗽等呼吸道症状，且有个别引起死亡的报道。有时合并中耳炎、心血管、神经症状和皮疹。肺炎支原体感染在治疗上与其他微生物感染是治疗不尽相同，采用 PCR 方法检测 DNA，可早期、快速、准确、敏感地诊断肺炎支原体感染，从而避免滥用抗生素。

（李金明　张　括　汪　维）

参 考 文 献

[1] Ryoichi S, Yoshiki M, Kyoji M, et al. Development and evaluation of a loop-mediated isothermal amplification assay for rapid detection of Mycoplasma pneumoniae. J Med Microbiol, 2005, 54: 1034-1041

[2] Miyuki M, Eiichi N, Satoshi I, et al. Simultaneous detection of pathogens in clinical samples from patients with community-acquired pneumonia by real-time PCR with pathogen-specific molecular beacon probes. J Clin Microbiol, 2006, 44: 1440-1446

[3] David P, Victoria JC, Carmen S, et al. Real-time detection of Mycoplasma pneumoniae in respiratory samples with an internal processing control. J Med Microbiol, 2006, 55: 149-155

[4] Martine W, Katia J, Martin A, et al. Development of a multiplex real time quantitative PCR assay to detect Chlamydia pneumoniae, Legionella pneumophila and Mycoplasma pneumoniae in respiratory tract secretions. Diagn Microbiol Infect Dis, 2003, 45: 85-95

第29章 刚地弓形虫实时荧光 PCR 检测及临床意义

刚地弓形虫(Toxoplasma gondii Toxo)是猫科动物的肠道球虫,简称弓形虫,属真球虫目、弓形虫科。1908 年由法国学者 Nicolle 及 Manceaux 在北非突尼斯的一种啮齿动物刚地梳趾鼠(Ctenodactylus gondii)的脾单核细胞中发现。1957 年钟惠澜从一例患者的肝穿刺涂片中发现我国首例弓形虫感染。弓形虫的生活史有五种形态,即滋养体、包囊、裂殖体、配子体和囊合子。人被弓形虫感染有先天及后天获得两种。因其滋养体呈弓形,故命名为刚地弓形虫。该虫呈世界性分布,在温血动物中广泛存在,猫科动物为其终宿主和重要的传染源。中间宿主包括哺乳类动物和人等。目前多数学者认为全世界只有刚地弓形虫一个种,一个血清类型。弓形虫寄生在除红细胞外的几乎所有有核细胞中,可引起人畜共患的弓形虫病(toxoplasmosis),是一种重要的机会致病原虫(opportunistic protozoan)。弓形虫是一种专性细胞内寄生原虫,孕妇感染后可以通过宫内感染影响胚胎和胎儿的发育,导致流产死胎或胎儿生长迟缓、畸形,甚至新生儿感染或青春期发育障碍等严重后果。

一、刚地弓形虫的特点

1. 形态结构特点　刚地弓形虫发育的全过程有 5 种不同形态的阶段:滋养体、包囊、裂殖体、配子体和卵囊。其中滋养体、包囊和卵囊与传播和致病有关。

(1)滋养体:指在中间宿主细胞内进行分裂繁殖的虫体,包括速殖子(tachyzoite)和缓殖子(bradyzoite)。游离的速殖子呈香蕉形或半月形,一端较尖,一端钝圆;一边扁平,另一边较膨隆。速殖子长 $4\sim7\mu m$,最宽处 $2\sim4\mu m$。经姬氏染剂染色后可见胞质呈蓝色、胞核呈紫红色、位于虫体中央;在核与尖端之间有染成浅红色的颗粒,称副核体。细胞内寄生的虫体呈纺锤形或椭圆形,以内二芽殖法不断繁殖,一般含数个至 20 多个虫体,这个由宿主细胞膜包绕的虫体集合体称假包囊(pseudocyst),内含的虫体称速殖子。

(2)包囊:圆形或椭圆形,直径 $5\sim100\mu m$,具有一层富有弹性的坚韧囊壁。囊内含数个至数千个滋养体,囊内的滋养体称缓殖子,可不断增殖,其形态与速殖子相似,但虫体较小,核稍偏后。包囊可长期在组织内生存。

(3)卵囊(oocyst):圆形或椭圆形,大小为 $10\sim12\mu m$,具两层光滑透明的囊壁,其内充满均匀小颗粒。成熟卵囊内含 2 个孢子囊,分别含有 4 个新月形的子孢子。

(4)裂殖体:在猫科动物小肠绒毛上皮细胞内发育增殖,成熟的裂殖体为长椭圆形,内含 $4\sim29$ 个裂殖子,一般为 $10\sim15$ 个,呈扇状排列,裂殖子形如新月状,前尖后钝,较滋养体为小。

(5)配子体:游离的裂殖子侵入另外的肠上皮细胞发育形成配子母细胞,进而发育为配子体。配子体有雌雄之分,雌配子体积可达 $10\sim20\mu m$,核染成深红色,较大,胞质深蓝色;雄配子体量较少,成熟后形成 $12\sim32$ 个雄配子,其两端尖细,长约 $3\mu m$。雌雄配子受精结合发育为合子(zygote),而后发育成卵囊。

2. 蛋白和基因结构特点　弓形虫生活史有无性繁殖与有性繁殖两个世代。除有性生殖期间及无性二分裂之前的虫体外,弓形虫的核是单倍体型的。单倍体核含染色体数目尚未完全弄清,经脉冲场凝胶电泳确定的染色体数目有 8 条,估计总数不超过 12 条,分子量范围在 2～10Mbp 以上,弓形虫各分离株之间分子量大小变异在 20% 以下。单倍体核 DNA 大约为 8×10^7 bp,其 GC 含量约为 55%。包含有表膜抗原基因、B1 基因、α-和 β-管蛋白基因、致密颗粒抗原基因和促穿因子基因等。现在已知弓形虫速殖子有 5 种主要表膜蛋白,根据分子量大小分别谓之 P22、P23、P30、P35 和 P43,均借糖化磷脂酰肌醇锚定在表膜上。虽然 B1 基因产物的生物学功能还不清楚,但该基因是目前被公认为弓形虫高度保守的基因之一。此外,还包含有一些非编码序列如 529bp 重复序列片段,该片段在弓形虫基因组中拷贝数相当大,可达 300 个拷贝,对不同弓形虫株的 529bp 重复序列片段测序分析,证实该片段在不同分离株中具有高度保守性。

二、刚地弓形虫的实时荧光 PCR 检测

1. 引物和探针设计　刚地弓形虫 PCR 检测引物和探针设计的一般原则是:①选择刚地弓形虫基因组的高保守区域,以保证检测的特异性。在基因组中,B1、529bp repeat element(RE)及 P30 编码区基因均有高度保守的区域。大多采用高度保守的 B1 基因和高度重复的非编码 529bp 序列区域,针对高度重复的非编码 529bp 序列区域检测的敏感性要好于针对 B1 基因的检测。②灵敏度高。针对不同区域的引物的检测灵敏度有可能不同,因此,在设计引物时,可同时设计多对引物,筛选检测灵敏度最高的引物作为检测用。

2. 文献报道的常用引物和探针举例　刚地弓形虫实时荧光 PCR 测定方法依其所使用的荧光探针可分为 TaqMan 探针、双杂交探针和荧光染料 SYBR Green Ⅰ,其所使用的引物、探针等举例及在基因组序列中的位置详见表 29-1 和图 29-1。

表 29-1　文献报道的刚地弓形虫实时荧光 PCR 检测的引物和探针举例

测定技术	引物和探针		基因组内区域	文献
TaqMan 探针	引物	F:5′-CCTTGGCCGATAGGTCTAGG-3′(1471-1490)	18S rDNA (1471-1558)	[6]
		R:5′-GGCATTCCTCGTTGAAGATT-3′(1558-1539)		
	探针	5′-FAM-TGCAATAATCTATCCCCATCACGATGCATACTCAC-TAMRA-3′(1532-1498)		
TaqMan 探针	引物	F:5′TCCCCTCTGCTGGCGAAAAGT-3′(783-803)	B1 区 (783-880)	[9]
		R:5′AGCGTTCGTGGTCAACTATCGATTG-3′(880-856)		
	探针	5′ FAM-TCTGTGCAACTTTGGTGTATTCGCAG-TAMRA-3′(818-843)		
双杂交探针	引物	F:5′-GGAGGACTGGCAACCTGGTGTCG-3′(1723-1745)	B1 区 (1723-1848)	[1],[3],[4]
		R:5′-TTGTTTCACCCGGACCGTTTAGCAG-3′(1848-1824)		

测定技术		引物和探针	基因组内区域	文献
	探针	供体荧光标记探针 5′-CGGAAATAGAAAGCCATGAGGCACTCC-F1(1766-1792)		[5],[8]
		受体 5′-LCRed-ACGGGCGAGTAGCACCTGAGGAGAT-ph (1794-1818)		
双杂交探针	引物	F：5′AGGCGAGGGTGAGGATGA-3′(269-286)	RE 区 (269-402)	[1]
		R：5′TCGTCTCGTCTGGATCG**A(C)**AT-3′(402-383)		
	探针	供体 5′GCCGGAAACATCTTCTCCCTCTCC-F1(342-319)		
		受体 5′-LCRed-CTCTCGTCGTCGCTTCCCAACCACG-Ph(316-295)		
双杂交探针	引物	F：5′AGGAGAGATATCAGGACTGTAG-3′(243-264)	529bp 重复序列(243-405)	[2],[3]
		R：5′GCGTCGTCTCGTCT**A(G)**GATCG-3′(405-386)		
	探针	供体 5′GAGTCGGAGAGGGAGAAGATGTT-FL(314-336)		
		受体 Red640-CCGGCTTGGCTGCTTTTCCTG-Ph(338-358)		
双杂交探针	引物	F：5′CGCGCCCACACTGATG-3′(258-273)	P30 基因区 (258-873)	[11]
		R：5′GCAACCAGTCAGCGTCGT-3′(873-856)		
	探针	供体 5′AGCCAGAGCCTCATCGGTCGTC-3′FL(690-711)		
		受体 5′ Red640-ATAATGTCGCAAGGTGCTCCTACGGT-3′ (713-738)		
荧光染料 SYBR Green I	引物	F：5′CGTCCGTCGTAATATCAG 3′(190-207)	B1 区 (190-287)	[7]
		R：5′GACTTCATGGGACGATATG 3′(287-269)		
荧光染料 SYBR Green I	引物	F：5′CACAGAAGGGACAGAAGT 3′(181-198)	529bp 重复序列(181-274)	[7]
		R：5′TCGCCTTCATCTACAGTC 3′(274-257)		
荧光染料 SYBR Green I	引物	F：5′ TGAAGAGAGGAAACAGGT**A(G)A(G)TCA(G)**-3′ (309-287)	B1 区(180-309) 引物设计针对反向互补链	[10]
		R：5′CCGCCTCCTTCGTCCGTCGTA-3′(180-200)		
荧光染料 SYBR Green I	引物	F：5′AACGGGCGAGTAGCACCTGAGGAGA-3′(1793-1817)	B1 区 (1793-1907)	[12]
		R：5′TGGGTCTACGTCGATGGCATGACAAC -3′(1907-1882)		
荧光染料 SYBR Green I	引物	F：5′CGACAGCCGCGGTCATTCTC-3′(353-372)	P30 区 (353-873)	[12]
		R：5′GCAACCAGTCAGCGTCGTCC-3′(873-854)		

注：以上粗斜体标注是比对出来错配的碱基，括号中为正确的碱基。

B1 gene　GeneBank　ACCESSION　AF179871

```
   1 gaattcgttc gacagaaagg gagcaagagt tgggactaaa tcgaagctga gatgctcaaa
  61 gtcgaccgcg agatgcaccc gcagaagaag ggctgactcg aaccagatgt gctaaaggcg
 121 tcattgctgt tctgtcctat cgcaacggag ttcttcccag acgtggattt ccgttggttc
 181 cgcctccttc gtccgtcgta atatcaggcc ttctgttctg ttcgctgtct gtctagggca
```
                         F[7]
```
 241 cccttactgc aagagaagta tttgaggtca tatcgtccca tgaagtcgac cacctgtttc
```
                          R[7]
```
 301 ctctcttcac tgtcacgtac gacatcgcat tcaagggaag agatccagca gatctcgttc
 361 gtgtattcga dacaagagag gtccgccccc acaagacggc tgaagaatgc aacattcttg
 421 tgctgcctcc tctcatggca aatgccagaa gaagggtacg tgttgcatca taacaagagc
 481 tgtatttccc gctggcaaat acaggtgaaa tgtacctcca gaaaagccac ctagtatcgt
 541 gcggcaatgt gccacctcgc ctcttgggag aaaaagagga agagacgctg ccgctgtttt
 601 gcaaatgaaa aggattcatt ttcgcagtac accaggagtt ggattttgta gagcgtctct
 661 cttcaagcag cgtattgtcg agtagatcag aaaggaactg catccgttca tgagtataag
 721 aaaaaaatgt gggaatgaaa gagacgctaa tgtgtttgca taggttgcag tcactgacga
 781 gctcccctct gctggcgaaa agtgaaattc atgagtatct gtgcaacttt ggtgtattcg
```
     F[9]   P[9]
```
 841 cagattggtc gcctgcaatc gatagttgac cacgaacgct ttaaagaaca ggagaagaag
```
                          R[9]
```
 901 atcgtgaaag aatacgagaa gaggtacaca gagatagaag tcgctgcgga gacagcgaag
 961 actgcggatg acttcactcc cgtcgcacca gcagcagagg agtgccgggc aagaaaatga
1021 gatgcctaga ggagacacag cgtgttatga caaatctat tgaggtttcg cgaagaggag
1081 ggaacatatt atatacagaa gaagaacaag agacgtgccg catgtcgcta agccatcgga
1141 agggatgctc agaaaatggc acagtatcac attacagttc cgttgattcg tctgatggtg
1201 acgaaagggg aagaatagtt gtcgcaccaa aactggctag ttgttatttt gaagaagacg
1261 agagatggag tgaaccacca aaaatcggag aaaatcgatg gtgtcacgtt ttttgtcaga
1321 cttcactttg tgcagaagca ttgcccgtcc aaactgcaac aactgctcta gcgtgttcgt
1381 ctccattccg tacagtcttc aaaaatacaa aagagaacat tccagcaact tctgcctttg
1441 ttcttttagc ctcaatagca ggatgacgcc tccctcctat ctttcagcca acccagcaaa
1501 caccgacgaa ctctctgtag agtaacaaag agaaggcaaa acgcgccatc acgaacactc
1561 gcagagatga tacagagacg tgtcatcagg acaaggttgg tcgcttaatt ttctgtatat
1621 agcattttta gaatgcacct ttcggacctc aacaaccgtg caaaaggatc gccacctggt
1681 gtctcttcaa gcgtcaaaac gaactatctg tatatctctc aaggaggact ggcaacctgg
```
                         F[1,3,4]
```
1741 tgtcgacaac agaacagctg cagtccggaa atagaaagcc atgaggcact ccaacgggcg
```
                         供体
```
1801 agtagcacct gaggagatac aaactgctaa acggtccggg tgaaacaata gagagtactg
```
      受体   R[1,3,4]

1861 gaacgtcgcc gctactgccc agttgtcatg ccatcgacgt agacccagaa atgaggcgag

1921 aaattaatat tgttagtaaa gcattcaaaa agttccggtc gagaggctaa accacaaaag

1981 tgcaaaccat gcgcagccat cagcttaaca aaagcagttg gtgatggttg cctcgagttc

2041 cttctgaaaa tggattactt catcaacgag cccaccacgc agaatcatgc tttcccagtg

2101 ctaaagcgtt tctaaagtag ccgcacaatg cggaatgcta aggggatcgc ctacgtagca

2161 catgttgtgc ctcacccccc agctcgtgcg ctcattctcc tttcgtgcgc ggct

529bp 重复序列　GeneBank　ACCESSION　AF146527

　　1 ctgcagggag gaagacgaaa gttgtttttt tatttttttt tcttttttgtt tttctgattt

　61 ttgttttttt tgactcgggc ccagctgcgt ctgtcgggat gagaccgcgg agccgaagtg

　121 cgtttctttt ttttgacttt tttttgtttt ttcacaggca agctcgcctg tgcttggagc

　181 **cacagaaggg acagaagt**cg aaggggacta cagacgcgat gccgctcctc cagccgtctt
　　　　　　　　F[7]

　241 ggaggagaga tatcag**gact gtagatgaag gcga**gggtga ggatgagggg gtggcgtggt
　　　　　　　　　　　　R[7]

　301 tgggaagcga cgagagtcgg agaggggaaa gatgtttccg gcttggctgc ttttcctgga

　361 gggtggaaaa agagacaccg gaatgcgatc cagacgagac gacgctttcc tcgtggtgat

　421 ggcggagaga attgaagagt ggagaagagg gcgagggaga cagagtcgga ggcttggacg

　481 aagggaggag gaggggtagg agaggaatcc agatgcactg tgtctgcag

P30 gene　GeneBank　ACCESSION　S85174

　　1 caatgtgcac ctgtaggaag ctgtagtcac tgctgattct cgctgttctc ggcaagggct

　61 gacgaccgga gtacagtttt tgtgggcaga gccgctgtgc agctttccgt tgttctcggt

　121 tgtgtcacat gtgtcattgt cgtgtaaaca cacggttgta tgtcggtttc gctgcaccac

　181 ttcattattt cttctggttt tttgacgagt atgtttccga aggcagtgag acgcgccgtc

　241 acggcagggg tgtttgc**cgc gcccacactg atg**tcgttct tgcgatgtgg cgctatggca
　　　　　　　　　　F[11]

　301 tcggatcccc ctcttgttgc caatcaagtt gtcacctgcc cagataaaaa atcgacagcc

　361 gcggtcattc tcacaccgac ggagaaccac ttcactctca agtgccctaa aacagcgctc

　421 acagagcctc ccactcttgc gtactcaccc aacaggcaaa tctgcccagc gggtactaca

　481 agtagctgta catcaaaggc tgtaacattg agctccttga ttcctgaagc agaagatagc

　541 tggtggacgg gggattctgc tagtctcgac acggcaggca tcaaactcac agttccaatc

　601 gagaagttcc ccgtgacaac gcagacgttt gtggtcggtt gcatcaaggg agacgacgca

　661 cagagttgta tggtcacagt gacagtaca**a gccagagcct catcggtcgt caataatgtc**
　　　　　　　　　　　供体[11]

　721 **gcaaggtgct cctacggt**gc aaacagcact cttggtcctg tcaagttgtc tgcggaagga
　　　　受体[11]

　781 cccactacaa tgaccctcgt gtgcgggaaa gatggagtca aagttcctca agacaacaat

　841 cagtactgtt ccggg**acgac gctgactggt tg**caacgaga atcgttcaa agatattttg
　　　　　　　　　　　R[11]

　901 ccaaaattaa gtgagaaccc gtggcagggt aacgcttcga gtgataatgg tgccacgcta

961 acgatcaaca aggaagcatt tccagccgag tcaaaaagcg tcattattgg atgcacaggg

1021 ggatcgcctg agaagcatca ctgtaccgtg caactggagt ttgccggggc tgcagggtca

1081 gcaaaatcgt ctgcgggaac agccagtcac gtttccattt tcgccatggt gaccggactt

1141 attggctcta tcgcagcttg tgtcgcgtga gtgattaccg ttg

18S ribosomal RNA gene GeneBank ACCESSION L37415

1 tcatatgctt gtcttaaaga ttaagccatg catgtctaag tataagcttt tatacggcta

61 aactgcgaat ggctcattaa aacagttata gtttatttga tggtctttac tacatggata

121 accgtggtaa ttctatggct aatacatgcg cacatgcctc ttcccctgga agggcagtgt

181 ttattagata cagaaccaac ccaccttccg gtggtcctca ggtgattcat agtaaccgaa

241 cggatcgcgt tgacttcggt ctgcgacgga tcattcaagt ttctgaccta tcagctttcg

301 acggtactgt attggactac cgtggcagtg acgggtaacg gggaattagg gttcgattcc

361 ggagagggag cctgagaaac ggctaccaca tctaaggaag gcagcaggcg cgcaaattac

421 ccaatcctga ttcagggagg tagtgacaag aaataacaac actggaaatt tcatttctag

481 tgattggaat gataggaatc caaacccctt tcagagtaac aattggaggg caagtctggt

541 gccagcagcc gcggtaattc cagctccaat agcgtatatt aaagttgttg cagttaaaaa

601 gctcgtagtt ggatttctgc tggaagcagc cagtccgccc tcaggggtgt gcacttggtg

661 aattctagca tccttctgga tttctccaca cttcattgtg tggagttttt tccaggactt

721 ttactttgag aaaattagag tgtttcaagc agcttgtcgc cttgaatact gcagcatgga

781 ataataagat aggatttcgg ccctattttg ttggtttcta ggactgaagt aatgattaat

841 agggacggtt gggggcattc gtatttaact gtcagaggtg aaattcttag atttgttaaa

901 gacgaactac tgcgaaagca tttgccaaag atgttttcat taatcaagaa cgaaagttag

961 gggctcgaag acgatcagat accgtcgtag tcttaaccat aaactatgcc gactagagat

1021 aggaaaacgt catgcttgac ttctcctgca ccttatgaga aatcaaagtc tttgggttct

1081 ggggggagta tggtcgcaag gctgaaactt aaaggaattg acggaagggc accaccaggc

1141 gtggagcctg cggcttaatt tgactcaaca cggggaaact caccaggtcc agacatagga

1201 aggattgaca gattgatagc tctttcttga ttctatgggt ggtggtgcat ggccgttctt

1261 agttggtgga gtgatttgtc tggttaattc cgttaacgaa cgagacctta acctgctaaa

1321 taggatcagg aacttcgtgt cttgtatca cttcttagag ggactttgcg tgtctaacgc

1381 aaggaagttt gaggcaataa caggtctgtg atgcccttag atgttctggg ctgcacgcgc

1441 gctacactga tgcatccaac gagtttataa **ccttggccga taggtctagg** taatctt**gtg**

F[6]

1501 **agtatgcatc gtgatgggga tagattattg ca**attatt**aa tcttcaacga ggaatgcc**ta

P[6]   R[6]

1561 gtagcgcaag tcagcacgtt gcgccgatta cgtccctgcc ctttgtacac accgcccgtc

1621 gctcctaccg attgagtgtt ccggtgaatt attcggaccg ttttgtggcg cgttcgtgcc

1681 cgaaatggga agttttgtga accttaacac ttagaggaag gagaagtcgt aacaaggt

图 29-1　刚地弓形虫进行实时荧光 PCR 检测的常用基因组序列及表 29-1 中文献报道序列所在位置

　　[ ]内为相关引物和探针的文献来源;扩增区域重叠者只标出其中之一

3. 临床标本的采集、运送和保存

（1）标本的采集：可用于弓形虫 DNA PCR 检测的临床标本很多，包括血细胞、活检组织、羊水、脑脊液等。最常用的是血细胞标本，取材较为方便。标本采集时应注意以下几点：①采用无菌的真空采血管或无菌试管。②使用抗凝剂时可以使用 EDTA 或枸橼酸钠，不能使用肝素。③采集羊水和脑脊液时一定要按照操作程序注意受试者的安全。

（2）标本的运送和保存：基本原则同第 4 章。

三、刚地弓形虫 PCR 检测的临床意义

弓形虫感染通常是无症状的，但先天性感染和免疫功能低下者的获得性感染常引起严重的弓形虫病。

1. 对阻断母婴传播的监测 感染弓形虫的初孕妇女，可经胎盘血流将弓形虫传播给胎儿，从而影响胚胎和胎儿的发育，在孕前 3 个月内感染，可导致流产死胎或胎儿生长迟缓、畸形，如无脑儿、小头畸形、小眼畸形、脊柱裂等。受染胎儿或婴儿多数表现为隐性感染，有的出生后数月甚至数年才出现症状。婴儿出生时出现症状或发生畸形者病死率为 12%，而存活者中 90% 有神经发育障碍，典型临床表现为脑积水、大脑钙化灶、脑膜脑炎和运动障碍；其次表现为弓形虫眼病，如视网膜脉络膜炎。此外，还可伴有发热、皮疹、呕吐、腹泻、黄疸、肝脾大、贫血、心肌炎、癫痫等。新生儿感染可导致青春期发育障碍等严重后果。通过对羊水中弓形虫的 PCR 检测可以判断婴儿的感染状况。

2. 对弓形虫近期或远期感染的判定弓形虫可以在人或动物细胞内持久的寄生，通过 PCR 方法可以检测不同生活周期的病原体核酸，判断感染的时间。

3. 对免疫抑制和免疫缺陷患者和新生儿的检测 在免疫抑制和免疫缺陷病人和新生儿中，采用酶免疫的方法检测比较困难，采用 PCR 方法很好地解决了弓形虫的检测问题。

（李金明　张　括　汪　维）

参 考 文 献

[1] Cassaing S, Bessieres MH, Berry A, et al. Comparison between two amplification sets for molecular diagnosis of toxoplasmosis by real time PCR. J Clin Microbiol, 2006, 44:720-724

[2] Reischl U, Bretagne S, Kruger D, et al. Comparison of two DNA targets for the diagnosis of Toxoplasmosis by real-time PCR using fluorescence resonance energy transfer hybridization probes. BMC Infect Dis, 2003, 3:1-9

[3] Hierl T, Reischl U, Lang P, et al. Preliminary evaluation of one conventional nested and two real-time PCR assays for the detection of Toxoplasma gondii in immunocompromosed patients. J Med Microbiol, 2004, 53:629-632

[4] Simon A, Labalette P, Ordinaire I, et al. Use of fluorescence resonance energy transfer hybridization probes to evaluate quantitative real-time PCR for diagnosis of ocular toxoplasmosis. J Clin Microbiol, 2004, 42:3681-3685

[5] Costa JM, Ernault P, Gautier E, et al. Prenatal diagnosis of congenital toxoplasmosis by duplex real-time PCR using fluorescence resonance energy transfer hybridization probes. Prenat Diagn, 2001, 21:85-88

[6] Kupferschmidt O, Kruger D, Held TK, et al. Quantitative detection of toxoplasma gondii DNA in human body fluids by TaqMan polymerase chain reaction. Clin Microbiol Infect, 2001, 7:120-124

[7] Edvinsson B, Lappalainen M, Evengard B, et al.

Real-time PCR targeting a 529bp repeat element for diagnosis of toxoplasmosis. Clin Microbiol Infect, 2006, 12: 131-136

[8] Costa JM, Pautas C, Ernault P, et al. Real-time PCR for diagnosis and follow-up of toxoplasma reactivation after allogeneic stem cell transplantation using fluorescence resonance energy transfer Hybridization probes. J Clin Microbiol, 2000, 38: 2929-2932

[9] Lin MH, Chen TC, Kuo TT, et al. Real-time PCR for quantitative detection of toxoplasma gondii. J Clin Microbiol, 2000, 38: 4121-4125

[10] Flori P, Hafid J, Bourlet T, et al. Experimental model of congenital toxoplasmosis in guinea-pigs: use of quantitative and qualitative PCR for the study of maternofetal transmission. J Med Microbiol, 2002, 51: 871-878

[11] Buchbinder S, Blatz R, Rodloff AC. Comparison of real-time PCR detection methods for B1 and P30 genes of Toxoplasma gondii. Diagn Microbiol Infect Dis, 2003, 45: 269-271

[12] Contini C, Seraceni S, Cultrera R, et al. Evaluation of a real time PCR based assay using the lightcycler system for detection of Toxoplasma gondii bradyzoite genes in blood specimens from patients with toxoplasmic retinochoroiditis. Int J Parasitol, 2005, 35: 275-283

[13] Wong SY, Remington JS. Toxoplasmosis in pregnancy. Clin Infect Dis, 1994, 18 (6): 853-861

[14] Guerina NG. Congenital infection with Toxoplasma gondii. Pediatr Ann, 1994, 23 (3): 138-142, 147-151

[15] Swisher CN, Boyer K, McLeod R. Congenital toxoplasmosis. The Toxoplasmosis Study Group. Semin Pediatr Neurol, 1994, 1 (1): 4-25

[16] Sibley LD, Howe DK. Genetic basis of pathogenicity in toxoplasmosis. Curr Top Microbiol Immunol, 1996; 219: 3-15

[17] Smith JE. A ubiquitous intracellular parasite: the cellular biology of Toxoplasma gondii. Int J Parasitol, 1995, 25 (11): 1301-1309

[18] Soldati D. Molecular genetic strategies in Toxoplasma gondii: close in on a successful invader. FEBS Lett, 1996, 389 (1): 80-83

第 30 章　解脲支原体实时荧光 PCR 检测及临床意义

解脲支原体（Ureaplasma urealyticum，UU）又称解脲脲原体，是一种原核微生物，为脲原体属中唯一的一个种，因生长需要尿素而得名。解脲支原体可引起泌尿生殖道感染，与女性生殖健康关系最为密切，被认为是非淋球菌性尿道炎中仅次于衣原体（占50%）的重要病原体。80% 孕妇的生殖道内带有解脲支原体，其可通过胎盘感染胎儿而导致早产、死胎，或在分娩时感染新生儿，引起呼吸道感染。此外，解脲支原体还可引起不孕症。解脲支原体感染主要通过性生活传播。

一、解脲支原体的特点

1. 形态结构特点　解脲支原体基本为球形，亦可呈球杆状或丝状，因其在培养基上的菌落呈针尖大小，菌体大小为 $0.2 \sim 0.3\mu m$，须在低倍显微镜下观察，故又称为微小（tiny strain）支原体，分子量 4.5×10^8，高度多形性，无细胞壁及前体，由三层蛋白质和脂质组成的膜样结构及一层类似毛发结构组成，细胞器极少。在培养基上的菌落表面有粗糙颗粒，合适条件下可转成典型的"荷包蛋"样菌落。解脲支原体生长需要尿素和胆固醇，分解尿素为其典型的代谢特征，尿素分解后产生氨氮，使培养基 pH 上升。

2. 基因结构特点　解脲支原体基因组亦为环状双股 DNA，全长为 200 万～300 万 bp，G＋C 含量为 25.5%。几乎所有 ATP 合成都是尿素水解的结果，产生一个产能的电化学梯度。解脲支原体不编码某些高度保守的 eubacterial 酶，包括细胞分裂蛋白 FtsZ、Chaperonins GroES 及 GroEL 和核糖核苷二磷酸还原酶，解脲支原体有 6 个密切相关的铁转运体，其是通过基因复制产生，提示其有一种在其他小基因组细菌所没有的呼吸系统。

目前解脲支原体的 1-14 标准血清型可被划分成为两大生物群，其一包括血清型 1、3、6 和 14，称为生物群 1 或 Parvo，另一个则由其余 10 个血清型组成，称为生物群 2 或 T960。解脲支原体菌株的分群有助于阐明生物群或血清型与疾病之间的可能联系。

二、解脲支原体实时荧光 PCR 检测

1. 引物和探针设计　应选用解脲支原体最保守的区域来设计扩增引物。区分解脲支原体和其他支原体的一个重要实验就是尿素分解试验，解脲支原体含有脲酶，故能分解尿素显色，其他支原体则没有脲酶。因此，针对解脲支原体的编码脲酶的基因序列设计引物和探针，最具有特异性。此外，解脲支原体的 PCR 检测引物和探针也可选择基因组中保守的编码 16S rRNA 的区域。

2. 文献报道的引物和探针序列举例　表 30-1、图 30-1 和图 30-2 分别为文献报道的解脲支原体实时荧光 PCR 检测引物和探针的举例及其在相应基因序列（16S rRNA 基因和脲酶基因）中的位置。

表 30-1　文献报道的解脲支原体实时荧光 PCR 检测引物和探针的举例

测定技术		引物和探针	基因组内区域	文献
TaqMan 探针	引物	F:5′-CTAGATGCTTAACGTCTAGCTGTATCAA-3′(608-635)	16S rRNAgene	[1]
		R:5′-GCCGACATTTAATGATGATCGT-3′(833-812)		
	探针	5′-(FAM)-AAGGCGCCAACTTGGACTATCACTGAC-(TAMRA)p-3′(724-750)		
SYBR Green Ⅰ	引物	F:5′-ACTCCTACGGGAGGCAGCAGTA-3′(334-355)	16S rRNA gene	[2]
		R:5′-TGCACCATCTGTCACTCTGTTAACCTC-3′(1045-1019)		
TaqMan 探针	引物	UU-1613F: 5′-AAGGTCAAGGTATGGAAGATCCAA-3′(1515-1538)	urease gene (1515-1604)	[3]
		UU-1524R:5′-TTCCTGTTGCCCCTCAGTCT-3′(1604-1585)		
	探针	UU-T960:5′-VIC-ACCACAAGCACCTGCTACGATTTGTTC-TAMRA-3′(1570-1544)		
TaqMan MGB 探针	引物	F:5′-GATCACATTTCCACTTATTTGAAACA-3′(640-665)	Urease B gene (640-739)	[4]
		R:5′-AAACGACGTCCATAAGCAACTTTA-3′(739-716)		
	探针	:5′-6-FAM-AAACGAAGACAAAGAAC-MGB-3′(698-714)		
TaqMan MGB 探针	引物	F:5′-ATCGACGTTGCCCAAGGGGA-3′(4360-4379)	urease gene (4360-4469)	[5]
		R:5′-TTAGCACCAACATAAGGAGCTAAATC-3′(4469-4444)		
	探针	5′-6-FAM-TTGTCCGCCTTTACGAG-MGB-3′(4404-4388)		

U. urealyticum 16S ribosomal RNA small subunit

GeneBank ACCESSION　M23935　1464bp

Sequence:

```
  1 nnaattttaa agagtttgat cctggctcag gattaacgct ggcggcatgc ctaatacatg
 61 caaatcgaac gaagcctttt aggcttagtg gtgaacgggt gagtaacacg tatccaacct
121 acccttaagt tggggataac tagtcgaaag attagctaat accgaataat aacatcaata
181 tcgcatgaga agatgtagaa agtcgcgttt gcgacgcttt tggatggggg tgcgacgtat
241 cagatagttg gtgaggtaat ggctcaccaa gtcaatgacg cgtagctgta ctgagaggta
301 gaacagccac aatgggactg agacacggcc cat**actccta cgggaggcag cagta**gggaa
                                                F[2]
361 tttttcacaa tgggcgcaag ccttatgaag caatgccgcg tgaacgatga aggtcttata
421 gattgtaaag ttcttttata tgggaagaaa cgctaagata ggaaatgatt ttagtttgac
481 tgtaccattt gaataagtat cggctaacta tgtgccagca gccncggtaa tacataggat
541 gcaagcgtta tccggattta ctgggcgtaa aacgagcgca ggcgggtttg taagtttggt
601 attaaat**cta gatgcttaac gtctagctgt atcaa**aaact gtaaacctag agtgtagtag
                         F[1]
661 ggagttgggg aactccatgt ggagcggtaa aatgcgtaga tatatggaag aacaccggtg
```

721 gcg**aaggcgc caacttggac tatcactgac** gcttaggctc gnaagtgtgg gnagcaaata
                P[1]

781 ggattagata ccctagtagt ccacaccgta a**acgatcatc attaaatgtc ggc**tcgaacg
                                        R[1]

841 agtcggtgtt gtagctaacg cattaaatga tgtgcctggg tagtacattc gcaagaatga

901 aactcaaacg gaattgacgg ggacccgcac aagtggtgga gcatgttgct taatttgaca

961 atacacgtag aaccttacct aggtttgaca tctattgcga cgctatagaa atatagtt**ga**

1021 **ggttaacaat atgacaggtg gtgca**tggtt gtcgtcagct cgtgtcgtga gatgttgggt
           R[2]

1081 taagtcccgc aacgagcgca acccctttcg ttagttgctt ttctagcgat actgctaccg

1141 caaggtagag gaaggtgggg atgacgtcaa atcatcatgc cccttatatc tagggctgca

1201 aacgtgctac aatggctaat acaaactgct gcaaaatcgt aagatgaagc gaaacagaaa

1261 aagttagtct cagttcggat agagggctgc aattcgccct cttgaagttg gaatcactag

1321 taatcgcgaa tcagacatgt cgcggtgaat acgttctcgg gtcttgtaca caccgcccgt

1381 caaactatgg gagctggtaa tatctaaaac cgcaaagcta accttttgga ggyatgcgtc

1441 tagggtagga tcggtgactg gagt

图 30-1　解脲支原体编码 16S rRNA 基因序列及文献报道的引物和探针所在位置

Ureaplasma urealyticum urease gene（UreA，UreB，UreC，UreE，UreF，UreG，UreD）
GeneBank ACCESSION　AF085724

  1 cacatttttt tatcacagat gtccttgatg tacccaaaaa agcaattttt cttattttaa

 61 tgcaactttt tgctttaaaa gcgttaaaat aaaattgcat tattacttaa tatacagaat

121 atattagagg taaataaatg aatctatcat taagagaaat ccaaaagtta ttggtaacag

181 tagctgctga cgttgcaaga agacgtttag ctagaggttt aaaattaaac tactcagaag

241 ctgtcgcttt aattactgac cacgtagtgg aaggggcaag agatggtaag ttagttgctg

301 acttaatgca atctgctcgt gaagtattac gtgttgatca agttatggaa ggtgtagata

361 caatggttgg tataatccaa gttgaagtta ctttcccaga tggtactaaa ctagtttctg

421 tacacagccc aatttacaaa taatttttac aattcgtaaa atcaattta atttataag

481 gagataatga ttatatgtca ggatcatcaa atcaattcac tccaggtaaa ttagtaccag

541 gagcaattaa cttcgctgaa ggcgaaattg tgatgaacga aggtagagaa gcaaaagtaa

601 tcagcattaa aaatactggt gaccgtccta tccaagtt**gg atcacatttc cacttatttg**
                                      F[4]

661 **aaaca**aatag tgcattagta ttctttgatg aaaaagg**aaa cgaagacaaa gaacgtaaag**
                                        P[4]

721 **ttgcttatgg acgtcgttt**c gatattccat caggtactgc tattcgtttt gaaccaggag
           R[4]

781 acaaaaaaga agtttcagtt attgatttag tcggaacacg tgaagtttga ggtgtaaacg

841 gcttagttaa cggaaaactt aaaaaataat ctatttacaa gtttctatat agacgaaggg

901 gaacattatg tttaaaattt caagaaaaaa ttactcagat ctatatggta tcacaactgg

```
 961 tgatagcgtt agattaggag acacaaatct ttgagttaaa gttgaaaaag acttaactac
1021 ttatggtgaa gagtctgtct tcggtggtgg taaaactcta cgtgaaggta tggggatgaa
1081 ctctactatg aagttagacg acaagttagg gaatgctgaa gtaatggact tagttattac
1141 aaacgcatta attcttgact acacaggtat ctacaaagct gatatcggta ttaaaaacgg
1201 aaaaattgca tctattggta aatcaggtaa ccctcattta actgatggag tagacatggt
1261 tgttggtatt tcaactgaag tttcagctgg tgaaggtaaa atttatacag ctggtggttt
1321 agatactcac gttcactgat tagaaccaga aattgttcca gtagcattag atggtggtat
1381 tacaactgtt attgctggtg gtacaggtat gaacgatggt acaaaagcta caactgtttc
1441 acctggtaaa ttctgagtta aatctgcttt acaagcagct gatggattac caattaacgc
1501 aggtttctta gctaaaggtc aaggtatgga agatccaatc tttgaacaaa tcgtagcagg
                       F[3]                            P[3]
1561 tgcttgtggt cttaagattc acgaagactg aggggcaaca ggaaacgcta ttgacttagc
                       R[3]
1621 attaacagtt gctgaaaaaa ctgatgtagc tgttgctatc catacagata cattaaacga
1681 agcaggattt gttgaacata caattgctgc aatgaaagga cgtacaatcc acgcttacca
1741 tacagaaggt gctggtggtg gacatgctcc agatattcta gaatctgtta aatatgcaca
1801 tattttacca gcttctacaa acccaactat tccatataca gtaaacacaa ttgcagaaca
1861 cttagatatg ttaatggtat gtcaccactt aaatcctaag gttccagaag acgttgcttt
1921 tgctgactca cgtattcgta gccaaacaat tgcagctgaa gacttactac acgatatggg
1981 tgcaatctca attatgtcat cagatacatt agctatggga cgtattggtg aagttgtaac
2041 tcgttcatga caaatggctc acaaaatgaa agctcaattt ggtgcattaa aaggggatag
2101 cgaatttaac gataacaacc gtgtaaaacg ttatgttgct aaatatacaa ttaacccagc
2161 tattgctcat ggtattgact catacgttgg atcaatcgaa gtaggaaaat tagctgatat
2221 tgttgcatga gaacctaaat tctttggtgc aaaaccttac tatgttgtaa aaatgggtgt
2281 aattgctcgt tgtgtagcag gggatccaaa cgcttcaatt ccaacatgtg aaccagtaat
2341 tatgcgtgat caatttggaa catatggacg ttcattaact agcacatcag taagctttgt
2401 ttcaaaaatt ggtctagaaa atggaattaa agaagaatac aaaactagaa aagaattatt
2461 accagttaag aattgccgtt caatcaacaa gaagagcatg aaatgaaact cagcaactcc
2521 aaatctagaa gttgatcctc aaacatttga tgctgctgtt gactacaacg acttagaaaa
2581 ctgattagaa caaccagctg ctgaattagc taagaaatta agaaaactg caaacggtaa
2641 atacgtactt gatgcagaac tctaacagaa gctccatta gcacaaagat acttcttatt
2701 ctaattcttg aattattttg atttagtaat tcaatttcca actacattta aaagaagcga
2761 ggtataaatc ttgactgtat ttaagaaat tttaggtaac attactgaca tcgaaaatgt
2821 tgaaagttac caaattgaga acattcattt aacaagcgac gacgttttaa aacgtgtgat
2881 tatcatttca tcagatcaaa atgttgaata tggtattcgt ttagaagagg acaaaaaatt
2941 aagagatggc gacatcttgt ataaagacga ttataaatta gttgttatta gattagaact
3001 atcagatgtg cttatcatta cagcacgtac aattggtgaa atggcacaga ttgcgcataa
3061 tttaggtaat cgtcatatgc ctgctcaatt tactgaaaca caaatgatcg ttccatacga
3121 ttatttagta gaacaatacc ttcaagataa taaagctcta tatgaaagag aaaaagattaa
```

```
3181 acttaaagaa gcatttagac actgtagtga tgctaaatag tgactattta aatttactag
3241 acttgatgca gattactaac gcaaactttc caattgggac ttttagtcat tcttttggaa
3301 ttgaaacata cattagaaaa gatattgttt ttgatggtga ttcattaatt agagcgttac
3361 ttctgtatat gaatgagcaa ttgttacatg gtgatttatt agcaatttat caaatcttta
3421 aattattacc taagcaaaaa ataaatgcta tttgagaaat tgatcaaatg ataaactttc
3481 aaggtttagc aagagagact cgtgaaggcc aacgtcgaat tggccaacaa atggtaaaga
3541 tatataatga gcttttttgat tgtgaacttt tagttgaata tgcccaaaga ataaaagatc
3601 gaaaatctta tggtaatcca gctgttgcgt ttgctttatt agctatgcat ttaaagatcg
3661 acttaaaaac tgctttatat actcatcttt actctacagt tgctgcgcta acgcaaaact
3721 gtgtacgtgc aattccgcta ggacaagtta agggacaaaa aatcattcat aaactaaaac
3781 atgtttattt cgatgacatt atcgataaag tctttagttt agattttaaa acagatttt
3841 gtaagaatat tcctggtctt gaaattgcac aaatggaaca tgaggacaca cctgttcgct
3901 tgttcatgtc ataattaaag ttttagtaaa tcttaatcgt aaaaatatca attcaatatt
3961 ttaaaaaaag caagagaaag aggattaatt atgaaaagac cattaattat tggtgtaggt
4021 gggcctgttg gtgctggaaa gacaatgtta attgaaagat taacaagata cctttcaaca
4081 aaagggtata gcatggcagc gattactaat gatatctaca ctaaagaaga tgctagaatt
4141 ttattaaata cttctgtttt accagctgat cgtattgctg gtgttgaaac tgggggatgt
4201 ccacatacag cgattcgtga agatgcttca atgaactttg ctgcaatcga tgaaatgtgt
4261 gataaacacc ctgattaca attattattt ttagaatctg gtggagataa tttatcagca
4321 acatttagtc cagatttagt agatttttca atttacatca tcgacgttgc ccaagggga
```
                                                    F[5]
```
4381 aaaattcctc gtaaaggcgg acaaggaatg attaaatcag atttattcat catcaataaa
```
          P[5]
```
4441 gttgatttag ctccttatgt tggtgctaat gtggaagtaa tgaaagctga tacattaaaa
```
          R[5]
```
4501 tcacgtggta ataaagattt ctttgtaaca aatttaaaaa cagatgaagg tctaaaatct
4561 gttgctgatt gagttgaaaa acgtttacaa ttagctttac ttgaagaata agactaacaa
4621 atgatttaa gtaaagaaaa aattaacaat tatgctgctt atttatacat taaagtagca
4681 tatgatgaag cacacaacaa aatggcgcat actgtgtatt tcactaattt ctatcgttca
4741 tcaaaaccac tatttttaga tgaagaagac ccaattaatc cctgttttca aactattagt
4801 atgggcgggg gttatgtatc tggtgaagtg tatcgttctg attttgaagt tgaagcaaat
4861 gcacgttgca ttattactac gcaatcatca gccaaagctt ataaagcagt tgatggtaaa
4921 acttcagaac aacacacaaa tattcatta ggaaaaaata gtatttttaga atacataagt
4981 gataatgtaa ttgtgtatga agatggaaaa tttgcccaat ttaacaattt taaaatggat
5041 tcaactgcta cactaatta cacagaatgt tttggtcctg gttgatcgcc acatggatct
5101 gcttatcaat acgaaaaaat gtatttaaat actaaaatat attatgacaa taaattggtt
5161 ttatttgata atttaaaatt tcaaccacgt aaaaatgatg aatcagcatt tggtattatg
5221 gatggttatc actattgtgg aacaatgatt gtaattaacc aagaagttgt tgaagaagat
5281 gtgattaaaa ttcgtgattt agttaaggaa aaatatcccg atatggatat gatatttggg
```

5341 gtatcacgaa tggatattcc tggattagga ttacgagttt tagccaatac ttattaccat

5401 gttgaaaaaa ttaatgctgt tgcacatgat tactttagaa gaaaattatt caataaaaaa

5461 ccattaattt tacgaaaacc atagaagatt taaaaacctt aaaaacgtac ttgtttttaa

5521 ggttttttgt tactaaaaaa ttcttaataa atttataaaa tatttatata atatatatga

5581 atttaaacca caaggaggat gattttatgg ttaaatctca aaaagtaatt gatgtttttaa

5641 atgcacatta taacttaaat ttagaattag gaagtgtgta tgctcaatat gctcat

图 30-2　解脲支原体脲酶基因序列及文献报道的针对该区域引物和探针的所在位置
[ ]内为相关引物和探针的文献来源

3. 临床标本的采集、运送、保存及处理

用于解脲支原体 PCR 检测的标本一般有泌尿生殖道拭子、尿液、前列腺液和精液等。

(1)标本采集

1)拭子:取材部位女性为子宫颈管,男性为尿道。将灭菌白金耳或无菌拭子深入宫颈管或尿道 1cm 左右,转动数圈,停留约 30s,取出后置于含 1.5ml 无菌生理盐水无菌管中,充分挤压、振荡后弃去,保存含有样本的洗液即可。

2)精液、前列腺液:事先准备好带有密封盖的无菌管,清洗会阴部之后,精液标本直接留取。前列腺液可在医师的按摩帮助下进行留取。

3)尿液:收集一次全尿后,2000r/min 离心 20min,收集沉渣 0.2ml 进行下一步试验。

(2)标本的运送和保存

1)标本运送:将含有样本的生理盐水放入一密闭无菌容器中,冷藏运送。若是长距离运输,要使用液氮保存,否则极易造成假阴性结果。

2)标本保存:标本采集后应立即送检,室温保存不超过 2h,2~8℃保存不超过 5h。含有样本的生理盐水或精液,前列腺液,−20℃保存 1 个月。−80℃可长期保存。

(3)标本的处理:将宫颈管内或尿道内刮取物或其他收集到的样本,置于含 0.5% NP-40、0.5%Tween 20、1% SDS 和 2mg/ml 蛋白酶 K 的 TES 缓冲液(50mmol/L Tris-HCl,50mmol/L NaCl,100mmol/L EDTA,

pH 8.0)中。37℃裂解 60min,然后 100℃下 5min,酚/氯仿抽提,DNA 乙醇沉淀。沉淀物溶于 20μl TE 缓冲液中。(TE 缓冲液:100mmol/L Tris-HCl,1mmol/L EDTA,pH 8.0)。

三、解脲支原体 PCR 检测的临床意义

1. 解脲支原体的致病性　解脲支原体是人类泌尿生殖道常见的共生微生物,为致病性比较弱的条件致病病原体。在成人主要通过性接触传播,新生儿则由母亲生殖道分娩时感染。成人男性的感染部位在尿道黏膜,女性感染部位在宫颈。妇女妊娠后,由于孕激素的增加,抑制了细胞免疫,机体抵抗力下降,更易受到解脲支原体的感染。主要引起非淋菌性尿道炎(宫颈炎)、子宫内膜炎、绒毛膜羊膜炎、自然流产、早产、前列腺炎、附睾炎、不育症、低体重新生儿、新生儿肺炎、脑膜炎,以及败血症等。解脲支原体感染造成的女性生殖器官病理性改变,是不孕不育的重要原因。解脲支原体感染孕妇容易造成其流产,因此,对不明原因的流产,尤其是多次流产者,应考虑有解脲支原体感染的可能。解脲支原体感染造成的不完全梗阻的输卵管炎性粘连,可使管腔狭窄,通而不畅,还是发生宫外孕的重要原因。解脲支原体可以经胎盘垂直传播或由孕妇下生殖道感染上行扩散,引起宫内感染,两者均可导致流产、早产、胎儿宫内发育迟缓、低体重儿、胎膜早破,甚至造成胎死宫内等一系列不良后果。

在临床标本中检测到解脲支原体,并不能确定是携带状态还是感染状态,具体须结合患者临床症状及其他相关性病原体的检测来综合判断,临床实验室应对 PCR 检测结果做出适当的解释。

2. 解脲支原体分型检测的意义 解脲支原体分为 14 个血清型,根据分子学特征分成两群:生物一群(parvumbiovar)和生物二群(urealyticumbiovar)。生物一群包括 1、3、6、14 基因组较小的血清型(0.75～0.76Mbp);生物二群包括其余 10 个基因组较大的血清型(0.88～1.2Mbp)。有研究表明,在正常人群中以生物一群为主,而且是以生物一群中的血清 1、3、6 型的单纯感染为主。因此,像解脲支原体这种致病性比较弱的条件致病病原体,进一步分群分型是判断感染与携带的关键,而单纯从宫颈分离出解脲支原体并不意味着致病。

(李金明 张 括 汪 维)

参 考 文 献

[1] Yoshida T, Deguchi T, Meda SI, et al. Quantitative Detection of Ureaplasma parvum (biovar 1) and Ureaplasma urealyticum (biovar 2) in Urine Specimens from Men With and Without Urethritis by Real-Time Polymerase Chain Reaction. Sex Transm Dis, 2007, 34(6):416-419

[2] Hashimoto O, Yoshida T, Ishiko H, et al. Quantitative detection and phylogeny-based identification of mycoplasmas and ureaplasmas from human immunodeficiency virus type 1-positive patients. J Infect Chemother, 2006, 12(1):25-30

[3] Yi J, Yoon BH, Kim EC. Detection and biovar discrimination of Ureaplasma urealyticum by real-time PCR. Mol Cell Probes, 2005, 19(4):255-260

[4] Mallard K, Schopfer K, Bodmer T. Development of real-time PCR for the differential detection and quantification of Ureaplasma urealyticum and Ureaplasma parvum. J Microbiol Methods, 2005, 60(1):13-19

[5] Cao X, Wang Y, Hu X, et al. Real-time TaqMan polymerase chain reaction assays for quantitative detection and differentiation of Ureaplasma urealyticum and Ureaplasma parvum. Diaqn Microbiol Infect Dis, 2007, 57(4):373-378

[6] 张卓然. 临床微生物学和微生物检验. 3 版. 北京:人民卫生出版社, 2003:292-294

第31章 EGFR 基因实时荧光 PCR 检测及临床意义

基于个体化检测的个体化诊疗是后基因组时代研究的热点，它充分利用个体基因型和基因表达谱的差异，在分子水平上做出诊断，为"因人制宜"地制定个体化诊疗方案提供更加可靠的科学依据。表皮生长因子受体（epidermal growth factor receptor，EGFR）是 ErBB 受体超家族的一员，广泛分布于哺乳动物上皮细胞、成纤维细胞、胶质细胞、角质细胞等细胞表面。EGFR 基因扩增、基因突变在乳腺癌、胃癌、结直肠癌、胰腺癌、宫颈癌、神经胶质瘤、肾癌、前列腺癌、胆道癌、非小细胞肺癌等肿瘤中频发，因此 EGFR 成为肿瘤个体化诊疗的重要靶点之一。美国食品药品监督局（Food and Drug Administration，FDA）于 2003 年批准 EGFR 酪氨酸激酶抑制药（EGFR-tyrosine kinase inhibitor，EGFR-TKI）吉非替尼（Gefitinib）上市，为进展期非小细胞肺癌（non-small cell lung cancer，NSCLC）治疗带来年分水岭的意义。2004 年 Kris 等研究人员首次揭示了 EGFR-TKI 选择性发挥治疗作用的机制——携带 EGFR 激活突变的患者经 EGFR-TKI 治疗收益显著，由此揭开了基于分子诊断的肿瘤个体化诊疗的新篇章。因此，EGFR 基因突变状态的检测和监测对临床一线用药方案的制定、药物疗效及肿瘤转归与预后的监测具有至关重要的作用。

一、EGFR 基因特点及常见突变类型

1. 基因结构　EGFR 基因位于 7 号染色体短臂（7p11.2），全长 200kb，包含 28 个外显子，编码 170kD 的跨膜受体蛋白。该蛋白由胞外区受体结合结构域、跨膜区亲脂结构域及胞内区酪氨酸激酶结构域组成。其中酪氨酸激酶结构域由 18～24 号外显子编码，包含 3 个重要结构：①氨基端小叶（N-terminal lobe），包含 ATP γ-磷酸基团主要结合位点；②αC 螺旋（αC-Helix），包含 α-和 β-磷酸基团主要结合位点，当 αC 螺旋与 ATP 结合后会引发受体自身磷酸化；③羧基端小叶（C-terminal lobe），包含酪氨酸激酶活性中心。

EGFR 与其配体（EGF 或 TGF-α）结合后，发生同源或异源二聚化，使 TK 结构域的关键酪氨酸残基 Y1068 等发生自身磷酸化，从而激活下游信号转导通路。EGFR/Ras/Raf/MAPK 及 EGFR/PI3K/Akt/mTOR 作为重要的信号转导通路，调节着肿瘤细胞相关的增值、分化、凋亡及血管生成。

2. 突变类型　EGFR 基因突变与 NSCLC 靶向治疗关系最为密切。NSCLC 中 EGFR 基因突变频率为 5%～40%，在高加索人群中突变频率为 5%～15%，在亚裔人群中突变频率相对较高为 20%～40%，尤其是不吸烟腺癌女性亚裔 NSCLC 患者。EGFR 基因突变多为短序列缺失突变、插入突变及点突变，这些突变主要集中在 ATP 小沟结合区的酪氨酸激酶结构域，18～21 号外显子上。依据其与 EGFR-TKI 疗效的关系将其分为激活突变和耐药突变（图 31-1）。

（1）激活突变：EGFR 激活突变主要集中在 18、19、21 号外显子上，其中 19 号外显子缺失突变和 21 号外显子 L858R 点突变约占已知激活突变的 80%～90%。最常见的激活突变为 19 号外显子缺失突变，目前，文献报道过的 19 号外显子缺失突变已超过 20 种，其中以 delE746-A750、delL747-T751insS

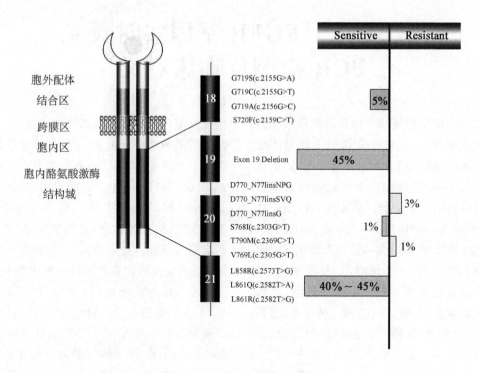

图 31-1　EGFR 基因突变类型及频率

和 delL747-P753insS 最为常见。21 号外显子 L858R 突变位居常见激活突变的第二位。除此之外，18 号外显子 G719C、G719S、G719A、S720F 点突变，20 号外显子 S768I 点突变，21 号外显子 L861Q 和 L861R 点突变也均为文献报道过的激活突变类型。

当 EGFR 发生激活突变后，导致酪氨酸激酶结构域侧翼氨基酸残基蛋氨酸（M769）、胱氨酸（C751）与 ATP 和 EGFR-TKI 均能形成更加稳定的氢键。因此，当表皮性因子配体与突变受体结合后，呈现出比野生型受体高 2~3 倍的活性，且激活时间大幅延长。由此在分子水平揭示了携带 EGFR 激活突变的患者经 EGFR-TKI 治疗疗效显著的原因。

（2）耐药突变：EGFR 耐药突变主要集中在 20 号外显子上，多为点突变（T790M、V769L、N771T）和插入突变（D770-

N771insNPG、D770-N771insSVQ、D770-N771insG）。其中 T790M 点突变作为 EGFR 二次突变占一代 EGFR-TKI（吉非替尼和厄洛替尼）获得性耐药突变的 50% 以上。T790M 突变通过改变 ATP 小沟结合区的构象，影响 EGFR-TKI 与受体结合的亲和力。

二、相关靶向治疗药物

在以前的很长一段时间里，以铂类为基础的化疗是进展期肿瘤的首选治疗方案，诸多临床研究显示化疗在延长肿瘤患者无病生存期（progression-free survival，PFS）上发挥着微乎其微的作用，但引发的包括骨髓造血细胞减少及消化系统不良反应等在内的多种严重不良反应却不容小觑。而靶向治疗药物针对肿瘤细胞特异性地发挥靶向治疗作用，对肿瘤周围正常组织细胞伤害小。目前，已有确切的动物实验和临床研究证实,EGFR 靶向药物对机体的不良反应很小。

目前,针对 EGFR 位点已经开发两种靶向治疗药物。①EGFR 单克隆抗体(Anti-EGFR):如西妥昔单抗(Cetuximab)、帕尼单抗(Panitumumab)、扎鲁木单抗(Zalutumumab)等,直接作用于 EGFR 胞外区的配体结合部位,通过阻断配体与受体的结合,抑制下游信号转导通路;②EGFR 酪氨酸激酶抑制药(EGFR-TKI):如吉非替尼(Gefitnib)、厄洛替尼(Erlotinib)、阿法替尼(Afatinib)等,与 ATP 竞争结合于酪氨酸激酶结构域,抑制酪氨酸激酶活性,通过抑制受体自身磷酸化,抑制下游信号转导通路,最终抑制肿瘤细胞的增殖分化等活动。EGFR 基因突变主要与 EGFR-TKI 疗效关系密切——携带 EGFR 激活突变的患者经 EGFR-TKI 治疗疗效显著。但是大多数患者经一代、二代 EGFR-TKI 治疗一年后会发生耐药,三代 EGFR-TKI(AZD9291、CO-1686、HM61713)在 T790M 突变存在的情况下也可以不可逆的结合在 ATP 小沟结合区,作用于携带 EGFR 敏感突变和耐药突变的肿瘤细胞中发挥靶向治疗作用且疗效显著。

三、EGFR 基因突变实时荧光 PCR 测定及其临床意义

1. 引物和探针　测序法曾被认为是基因突变检测的"金标准",但其灵敏度低、检测流程烦琐、分析时间长、成本高。为了克服测序法的诸多缺点,包括高分辨溶解曲线分析(high resolution melting analysis,HRMA)、扩增阻滞突变系统法(amplification refractory mutation system,ARMS)、肽核酸-锁核酸阻滞法(peptide nucleic acid-locked nucleic acid clamp,PNA-LNA clamp)、数字 PCR(droplet PCR)等在内的很多以实时荧光 PCR 为基础的方法被开发用于 EGFR 基因突变检测。

高效的实时荧光 PCR 检测取决于引物和探针的分子序列、长度、浓度及 G+C 含量。在设计 EGFR 基因突变检测的引物和探针时需要考虑以下几方面因素:①遵循引物探针一般设计原则(详见第 2 章　第三节);②要求引物和探针的灵敏度高,这样才能在大的野生型等位基因背景中识别突变等位基因,进而避免假阴性结果;③要求引物和探针的特异度高,这是由于 EGFR 基因突变分布在 18~21 号外显子上,目前发现的突变类型已达 30 多种,存在突变区域重叠及复合突变的现象(尤其是 19 外显子常常出现缺失突变合并点突变或插入突变),当探针和引物的特异度高时才能避免非特异序列扩增,降低假阳性结果和交叉反应发生的可能性;④等位基因由于 GC 含量不同,不同的引物和探针可以产生不同的扩增效率,所以要择优选择。

EGFR 基因与靶向药物治疗相关的激活突变和耐药突变主要集中在 18~21 号外显子,图 31-2 为 EGFR 基因 cDNA 序列,图 31-3、图 31-4、图 31-5、图 31-6 分别为 19 外显子最常见的缺失突变Ⅰ型、Ⅱ型、21 号外显子 L858R 突变及 20 号外显子 T790M 突变野生型序列和突变序列比对结果。

EGFR cDNA 序列:Alignment of NM_005228

```
  1 ccccggcgca gcgcggccgc agcagcctcc gcccccccgca cggtgtgagc
 51 gcccgacgcg gccgaggcgg ccggagtccc gagctagccc cggcggccgc
* * *                                          启动子
201 ccagtattga tcgggagagc cggagcgagc tcttcgggga gcagcatgc
251 gaccctccgg gacggccggg gcagcgctcc tggcgctgct ggctgcgctc
```

301 tgcccggcga gtcgggctct ggaggaaaag aaagaaagtt tgcctttgcc aaggcacgag

＊＊＊　　　　18 号外显子

2301 gagggag[ctt gtggagcctc ttacacccag tggagaagct cccaaccaag

2351 ctctcttgag gatcttgaag gaaactgaat tcaaaaagat caaagtgctg

19 号外显子

2401 ggctccggtg cgttcggcac ggtgtataag] [ggactctgga tcccagaagg

2451 tgagaaagtt aaaattcccg tcgctatcaa ggaattaaga gaagcaacat

20 号外显子

2501 ctccgaaagc caacaaggaa atcctcgat] [g aagcctacgt gatggccagc

2551 gtggavaacc cccacgtgtg ccgcctgctg ggcatctgcc tcacctccac

2601 cgtgcagctc atcacgcagc tcatgccctt cggctgcctc ctggactatg

2651 tccgggaaca caaagacaat attggctccc agtacctgct caactggtgt

21 号外显子

2701 gtgcagatcg caaag] [ggcat gaactacttg gaggaccgtc gcttggtgca

2751 ccgcgacctg gcagccagga acgtactggt gaaaacaccg cagcatgtca

2801 agatacaga ttttgggctg gccaaactgc tgggtgcgga agagaaagaa

2851 taccatgcag aaggaggcaa a]gtgcctatc aagtggatgg cattggaatc

＊＊＊

图 31-2　EGFR 基因 18～21 号外显子 cDNA 序列

（NCBI Genbank）

EGFR Exon-19缺失I型：c.2235_2249del15 p.E746_A750del（query突变型；sbjct野生型）

Query 3 TCTTCTCTCTCTGTCATAGGGACTCTGGATCCCAGAAGGTGAGAAAGTTAAAATTCCCGT 62

　　　　　 ||||||||||||||||||||||||||||||||||||||||||||||||||||||||||||

Sbjct 4 TCTTC-CTCTCTGTCATAGGGACTCTGGATCCCAGAAGGTGAGAAAGTTAAAATTCCCGT 62

Query 63 CGCTATCAA------------AACATCTCCAAAAGCCAACAAGGAAATCCTCGATGT 107

　　　　　 ||||||||||　　　　　　　　　||||||||| ||||||||||||||||||||||||

Sbjct 63 CGCTATCAAGGAATTAAGAGAAGCAACATCTCCGAAAGCCAACAAGGAAATCCTCGATGT 122

Query 108 GAGTTTCTGCTTTGCTGTGTGGGGGTCCATGGCTCTGAACCTCATGCCCACCTTTTCTCA 167

　　　　　　 |||||||||||||||||||||||||||||||||||||||||||||||||| |||||||||

Sbjct 123 GAGTTTCTGCTTTGCTGTGTGGGGGTCCATGGCTCTGAACCTCAGGCCCACCTTTTCTCA 182

Query 168 TGTCTGGCATCTGCTCTGCTGTAGACCCTGC 198

　　　　　　 ||||||||| ||||||||| |||||||||||

Sbjct 183 TGTCTGGCAGCTGCTCTGCC-TAGACCCTGC 212

图 31-3　EGFR19 号外显子缺失Ⅰ型与 19 号外显子野生型序列比对结果

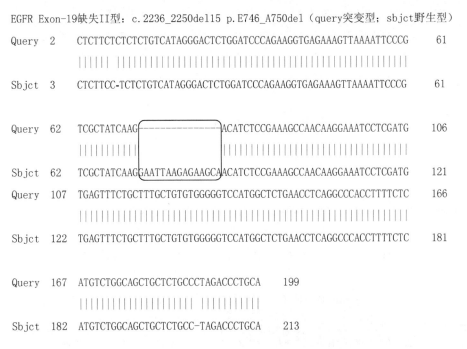

EGFR Exon-19缺失II型：c.2236_2250del15 p.E746_A750del（query突变型；sbjct野生型）

```
Query    2   CTCTTCTCTCTCTGTCATAGGGACTCTGGATCCCAGAAGGTGAGAAAGTTAAAATTCCCG    61
             ||||| |||||||||||||||||||||||||||||||||||||||||||||||||||||||
Sbjct    3   CTCTTCC-TCTCTGTCATAGGGACTCTGGATCCCAGAAGGTGAGAAAGTTAAAATTCCCG    61

Query   62   TCGCTATCAAG---------------ACATCTCCGAAAGCCAACAAGGAAATCCTCGATG   106
             |||||||||||                ||||||||||||||||||||||||||||||||||
Sbjct   62   TCGCTATCAAGGAATTAAGAGAAGCAACATCTCCGAAAGCCAACAAGGAAATCCTCGATG   121

Query  107   TGAGTTTCTGCTTTGCTGTGTGGGGGTCCATGGCTCTGAACCTCAGGCCCACCTTTTCTC   166
             ||||||||||||||||||||||||||||||||||||||||||||||||||||||||||||
Sbjct  122   TGAGTTTCTGCTTTGCTGTGTGGGGGTCCATGGCTCTGAACCTCAGGCCCACCTTTTCTC   181

Query  167   ATGTCTGGCAGCTGCTCTGCCCTAGACCCTGCA    199
             |||||||||||||||||||||| |||||||||||
Sbjct  182   ATGTCTGGCAGCTGCTCTGCC-TAGACCCTGCA    213
```

图 31-4　EGFR19 号外显子缺失 II 型与 19 号外显子野生型序列比对结果

2. 常用 EGFR 基因突变实时荧光 PCR 检测的引物和探针　EGFR 基因突变实时荧光 PCR 测定方法所使用的荧光检测体系主要有 DNA 结合染料（SYBR® Green I）、Taqman 荧光探针、蝎形探针及分子信标。现将文献中报道的引物和探针序列举见表 31-1，在基因组中的位置如图 31-7。

3. EGFR 基因突变日常检测常用临床标本及其处理特点　随着基因突变检测技术的不断发展，可用于基因突变检测的样本类型日益多元化。文献报道过可用于 EGFR 基因突变检测的样本类型有术中新鲜冰冻样本、甲醛固定石蜡包埋的组织样本、胸腔积液细胞学样本、支气管洗涤液细胞学样本、经支气管刷及支气管穿刺针吸细胞学样本和血液样本。目前，临床上使用最多的样本为甲醛固定石蜡包埋的组织学样本。随着肿瘤异质性研究的深入及实时监测对连续取样的需

求，液体活检被认为是未来可以替代组织学样本进行基因突变检测的前景可观的样本类型，但其在临床上的应用受限于血液中的低含量，仍处于科研阶段。上述标本的采集、运送和保存的基本方法可参考本书第 4 章有关内容。

（1）甲醛固定石蜡包埋（formaldehyde fixed paraffin embedded，FFPE）的组织学样本：手术切除的组织样本是最为理想的基因突变检测样本，但超过 70% 的 NSCLC 患者确诊时即为晚期，已丧失手术机会，样本多为内镜或经皮穿刺获得的小活检样本。取材时要避免钙化或坏死组织。组织处理需经 4% 中性甲醛室温固定 12～24h，忌固定时间过长，否则甲醛会造成 DNA 片段化并与之发生交联反应。然后，进行乙醇梯度脱水，一般情况下经 70%—80%—90%—95%—无水乙醇的脱水程序，即可达到完全脱水的目的，

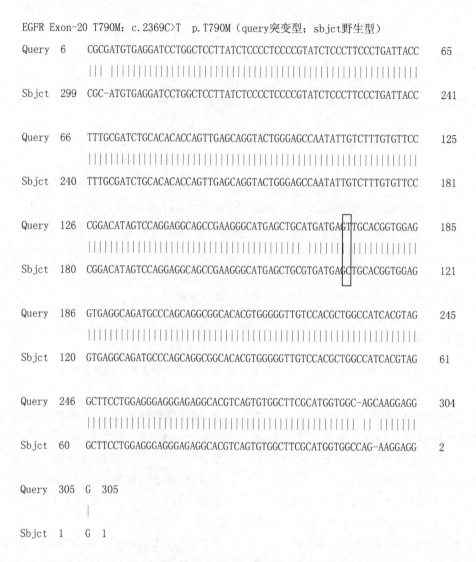

EGFR Exon-20 T790M：c.2369C>T　p.T790M（query突变型；sbjct野生型）

Query　6　　CGCGATGTGAGGATCCTGGCTCCTTATCTCCCCTCCCCGTATCTCCCTTCCCTGATTACC　65
　　　　　　　||| |||||||||||||||||||||||||||||||||||||||||||||||||||||||||
Sbjct　299　CGC-ATGTGAGGATCCTGGCTCCTTATCTCCCCTCCCCGTATCTCCCTTCCCTGATTACC　241

Query　66　　TTTGCGATCTGCACACACCAGTTGAGCAGGTACTGGGAGCCAATATTGTCTTTGTGTTCC　125
　　　　　　　||||||||||||||||||||||||||||||||||||||||||||||||||||||||||||
Sbjct　240　TTTGCGATCTGCACACACCAGTTGAGCAGGTACTGGGAGCCAATATTGTCTTTGTGTTCC　181

Query　126　CGGACATAGTCCAGGAGGCAGCCGAAGGGCATGAGCTGCATGATGA︱GTTGCACGGTGGAG　185
　　　　　　　||||||||||||||||||||||||||||||||||||||||||||||︱||||||||||||||
Sbjct　180　CGGACATAGTCCAGGAGGCAGCCGAAGGGCATGAGCTGCGTGATGA︱GCTGCACGGTGGAG　121

Query　186　GTGAGGCAGATGCCCAGCAGGCGGCACACGTGGGGGTTGTCCACGCTGGCCATCACGTAG　245
　　　　　　　||||||||||||||||||||||||||||||||||||||||||||||||||||||||||||
Sbjct　120　GTGAGGCAGATGCCCAGCAGGCGGCACACGTGGGGGTTGTCCACGCTGGCCATCACGTAG　61

Query　246　GCTTCCTGGAGGGAGGGAGAGGCACGTCAGTGTGGCTTCGCATGGTGGC-AGCAAGGAGG　304
　　　　　　　|||||||||||||||||||||||||||||||||||||||||||||||| ||||||||
Sbjct　60　　GCTTCCTGGAGGGAGGGAGAGGCACGTCAGTGTGGCTTCGCATGGTGGCAG-AAGGAGG　2

Query　305　G　305
　　　　　　　|
Sbjct　1　　　G　1

图 31-5　EGFR 20 号外显子 T790M 突变型与野生型序列比对结果

脱水时间应视组织大小、薄厚和类型不同而异。脱水之后要进行二甲苯透明处理,目的是除去无水乙醇,使石蜡充分渗透到组织样本中,透明实质上仅为一个过程而非目的。最后,进行浸蜡处理及包埋,需要根据石蜡的熔点,在 54～60℃恒温箱中进行。

将包埋好的蜡块进行连续切片,其中 1 张用于 HE 染色评价肿瘤细胞含量(灵敏度较低的检测要求肿瘤细胞含量≥30%,灵敏度较高的方法要求肿瘤细胞含量≥10%),3～4 张白片用于 DNA 提取和下游的基因突变检测。

(2)支气管洗涤液、胸腔积液细胞学样本及经支气管刷、支气管针吸和淋巴结穿刺针吸细胞学样本:支气管洗涤液、胸腔积液细胞学样本收集后一半用于细胞学检测,一半经离心处理后悬浮于蛋白质变性剂(95%乙醇、Qiagen 公司 AL 缓冲液)中,用于 DNA 提取

EGFR Exon-21 L858R：c. 2573T>G p. L858R（query突变型；sbjct野生型）

```
Query   5    CCTCACAGCAGGGTCTTCTCTGTTTCAGGGCATGAACTACTTGGAGGACCGTCGCTTGGT    64
             ||||||||||||||||||||||||||||||||||||||||||||||||||||||||||||
Sbjct   41   CCTCACAGCAGGGTCTTCTCTGTTTCAGGGCATGAACTACTTGGAGGACCGTCGCTTGGT    100


Query   65   GCACCGCGACCTGGCAGCCAGGAACGTACTGGTGAAAACACCGCAGCATGTCAAGATCAC    124
             ||||||||||||||||||||||||||||||||||||||||||||||||||||||||||||
Sbjct   101  GCACCGCGACCTGGCAGCCAGGAACGTACTGGTGAAAACACCGCAGCATGTCAAGATCAC    160


Query   125  AGATTTTGGGCGGGCCAAACTGCTGGGTGCGGAAGAGAAAGAATACCATGCAGAAGGAGG    184
             ||||||||||| |||||||||||||||||||||||||||||||||||||||||||||||||
Sbjct   161  AGATTTTGGGCTGGCCAAACTGCTGGGTGCGGAAGAGAAAGAATACCATGCAGAAGGAGG    220


Query   185  CAAAGTAAGGAGGTGGCTTTAGGTCAGCCAGCATTTTCCTGACACCAGGGACCAGGCTG    243
             |||||||||||||||||||||||||||||||||||||||||||||||||||||||||||
Sbjct   221  CAAAGTAAGGAGGTGGCTTTAGGTCAGCCAGCATTTTCCTGACACCAGGGACCAGGCTG    279
```

图 31-6　EGFR 21 号外显子 L858R 突变型与野生型序列比对结果

Alignment of NM_005228

Genomic chr7 Exon19～21

```
55174482  aggctttaca agcttgagat tcttttatct aaataatcag tgtgattcgt
55174532  ggagcccaac agctgcaggg ctgcgggggc gtcacagccc ccagcaatat
55174582  cagccttagg tgcggctcca cagccccagt gtccctcacc ttcggggtgc
                                                             F19[34]
55174632  atcgctggta acatccaccc agatacactgg gcagcatgtg gcaccatctc
55174682  acaattgcca gttaacgtct tccttctctc tctgtcatag ggactctgga
55174732  tcccagaagg tgagaaagtt aaaattcccg tcgctatcaa ggaattaaga
                F19[36]                        P19[36]
55174782  gaagcaacat ctccgaaagc caacaagga atcctcgatg tgagtttctg
                                                        R19[36]
55174832  ctttgctgtg tgggggtcca tggctctgaa cctcaggccc acctttctc
                R19[34]
55174882  atgtctggca gctgctctgc tctagaccct gctcatctcc acatcctaaa
55174932  tgttcacttt ctatgtcttt cccttctag ctctagtggg tataactccc
55174982  tccccttaga dacagcactg gcctctccca tgctggtatc caccccaaaa
55175032  ggctggaaac aggcaattac tggcatctac ccagcactag tttcttgaca
55175082  cgcatgatga gtgagtgctc ttggtgagcc tggagcatgg gtattgtttt
```

* * *

55181082 caggaggggc cctctcccac tgcatctgtc acttcacagc cctgcgtaaa

55181132 cgtccctgtg ctaggtcttt tgcaggcaca gcttttcctc catgagtacg

55181182 tattttgaaa ctcaagatcg **cattcatgcg tcttcacctg** gaaggggtcc

                               F20[35]

55181232 atgtgcccct ccttctggcc accatgcgaa gccacactga cgtgcctctc

55181282 cctccctcca ggaagcctac gtgatggcca gcgtggacaa cccccacgtg

55181332 tgc**gcctgc tgggcatctg** cctcacctcc accgtcagc **tcatcacgca**

             F20[36]   P20[36]

55181382 **gctcat**gccc ttcggctgcc tcctgga**cta tgtccgggaa cacaaaga**ca

                            R20[35]/R20[36]

55181432 atattggctc ccagtacctg ctcaactggt gtgtgcagat cgcaaaggta

55181482 atcagggaag ggagatacgg ggaggggaga taaggagcca ggatcctcac

55181532 atgcggtctg cgctcctggg atagcaagag tttgccatgg ggatatgtgt

55181582 gtgcgtgcat gcagcacaca cacattcctt tattttggat tcaatcaagt

55181632 tgatcttctt gtgcacaaat cagtgcctgt cccatctgca tgtggaaact

55181682 ctcatcaatc agctacccttt gaagaatttt ctctttattg agtgctcagt

* * *

55191532 cagcagcggg ttacatcttc tttcatgcgc ctttccattc tttggatcag

55191582 tagtcactaa cgttcgccag ccataagtcc tcgacgtgga gaggctcaga

55191632 gcctggcatg aacatgaccc tgaattcgga tgcagagctt cttcccatga

55191682 tgatctgtc**c ctcacagcag ggtcttctct g**tttcagggc atgaactact

               F21[34]

55191732 tggaggaccg tcgcttggtg caccgcgacc tggcagccag gaacgtactg

55191782 gtgaaaacac c**gcagcatgt caagatcaca gattttgggc tggccaaact**

                F21[36]   P21[36]

55191832 gctgggtgcg gaag**agaaag aataccatgc agaaggagg**c aaagtaag**ga**

              R21[36]

55191882 **ggtggcttta ggtcagccag** catttttcctg acaccaggga ccaggctgcc

       R21[34]

55191932 ttcccactag ctgtattgtt taacacatgc aggggaggat gctctccaga

55191982 cattctgggt gagctcgcag cagctgctgc tggcagctgg gtccagccag

55192032 ggtctcctgg tagtgtgagc cagagctgct ttgggaacag tacttgctgg

55192082 gacagtgaat gaggatgtta tccccaggtg atcattagca aatgttaggt

55192132 ttcagtctct ccctgcagga tatataagtc cccttcaata gcgcaattgg

* * *

图 31-7　EGFR 部分基因组序列(NM_005228)及文献报道用于 EGFR 基因突变实时荧光 PCR 检测的引物和探
        针所在位置

〔 〕内为相关引物和探针的文献来源

表 31-1　文献报道的 EGFR 基因突变实时荧光 PCR 检测引物和探针举例

测定技术	分型		引物和探针	基因组内区域	文献
SYBR Green I		引物	F：5'-GTGCATCGCTGGTAACATCCA-3'（55174628-55174641）	Exon 19 55174628- 55174877	[34]
			R：5'-AAAGGTGGGCCTGAGGTTCA-3'（55174877-55174858）		
SYBR Green I		引物	F：5'-CCTCACAGCAGGGTCTTCTCTG-3'（55191691-55191712）	Exon21 55191691- 55191900	
			R：5'-TGGCTGACCTAAAGCCACCTC-3'（55191900-55191880）		
SYBR Green I		引物	F：5'-CATTCATGCGTCTTCACCTG-3'（55181202-55181221）	Exon20 55181202- 55181429	[35]
			R：5'-TCTTTGTGTTCCCGGACATAG-3'（55181429-55181399）		
TaqMan-MGB 探针		引物	F：5'-GTGAGAAAGTTAAAATTCCCGTC -3'（55174741-55174763）	Exon 19 55174741- 55174843	[36]
			R：5'-CACACAGCAAAGCAGAAAC-3'（55174843-55174825）		
	野生型	探针	5'-VIC-ATCGAGGATTTCCTTGTTG-MGB-NFQ-3'（55174792-55174771）		
	突变型		5'-FAM-AGGAATTAAGAGAAGCAACATC-MGB-NFQ-3'（55174792-55174771）		
TaqMan-MGB 探针		引物	F：5'-GCCTGCTGGGCATCTG-3'（55181336-55181351）	Exon20 55181336- 55181429	
			R：5'-TCTTTGTGTTCCCGGACATAGTC -3'（55181429-55181397）		
	野生型	探针	5'-VIC-ATGAGCTGCGTGATGAG-MGB-NFQ-3'（55181388-55181371）		
	突变型		5'-FAM-ATGAGCTGCATGATGAG-MGB-NFQ-3'（55181388-55181371）		
TaqMan-MGB 探针		引物	F：5'-GCAGCATGTCAAGATCACAGATT -3'（55191793-55191815）	Exon21 55191793- 55191870	
			R：5'-CCTCCTTCTGCATGGTATTCTTTCT -3'（55191870-55191846）		
	野生型	探针	5'-VICAGTTTGGCCAGCCCAA-MGB-NFQ-3'（55191831-55191816）		
	突变型		5'-FAM-AGTTTGGCCCGCCCAA-MGB-NFQ-3'（55191831-55191816）		

和下游的基因突变检测。

经支气管刷、支气管针吸和淋巴结穿刺针吸获得的细胞学样本首先悬浮于生理盐水或磷酸盐缓冲液中，一半用于细胞学检测，一半经离心处理后悬浮于蛋白质变性剂（95% 乙醇、Qiagen 公司 AL 缓冲液）中，用于 DNA 提取和下游的基因突变检测。

（3）液体活检样本：液体活检样本分离自外周血，主要包括循环肿瘤细胞（circulating tumor cells，CTCs）和循环肿瘤 DNA（circulating tumor DNA，Ct-DNA）两大类。

1）循环肿瘤细胞：利用循环肿瘤细胞进行 EGFR 基因突变检测的难点在于在 10^7 白细胞背景下识别出特异的肿瘤细胞。目前美国 FDA 唯一批准用于循环肿瘤细胞检测的平台是强生公司的 CellSearch 系统。该方法需要采集 7.5ml 血液于 CellSave 试管中，利用抗 EpCAM 特异性抗体结合免疫磁珠富集循环肿瘤细胞，并用 CK、CD45 及 DAPI 荧光染色试剂对富集细胞进行染色，最终 EpCAM（+）、CK（+）、DAPI（+）、CD45（−）的循环肿瘤细胞在 MagNest 磁场的作用下进入 CellTracks® 分析仪进行计数和分析。

2）循环肿瘤 DNA：收集 7.2ml 血液样本于 EDTA 抗凝的采血管中，并快速进行离心处理分离血浆。第一次 4℃ 1200g 10min 离心，取上清至 1.5ml 离心管中，第二次 4℃ 16 000g 10min 离心，有条件的实验室可经 0.2μm 滤器过滤后再进行第三次离心 4℃ 16 000g 10min，最终，将获得的血浆样本分装后用于 DNA 提取和下游的基因突变检测或于−80℃保存待用。

4. EGFR 基因突变检测的临床意义及展望

（1）临床意义

1）指导选择一线治疗药物：大规模临床试验证实 EGFR 基因突变状态是指导临床选择一线用药和预测 PFS 的重要生物标志物。携带 EGFR 激活突变的患者经 EGFR-

TKI 治疗较常规化疗具有更高的有效应答率（携带 EGFR 突变的 NSCLC 患者经 EGFR-TKI 治疗有效率为 60%～72%，而 EGFR 野生型患者有效率仅为 1.1%）和更长的无病生存期，其中携带 EGFR 19 外显子缺失的患者无病生存期延长的最为明显。因此，对于 EGFR 突变型患者应将 EGFR-TKI 作为一线治疗药物。而 EGFR 野生型患者应优先考虑铂类为基础的化疗或检测 ALK 基因和（或）KRAS 基因状态，进而选择 ALK-TKI（克唑替尼或色瑞替尼）或 EGFR 单抗（西妥昔单抗或帕尼单抗）进行治疗。携带 EGFR 激活突变的患者在进行 EGFR-TKI 治疗前若接受过常规化疗，则可能导致 EGFR 基因突变状态改变，从而大大削弱 EGFR-TKI 的疗效。由此可见 EGFR 基因突变检测对 NSCLC 患者一线治疗药物选择至关重要。

2）预测和监测靶向药物治疗疗效：携带不同 EGFR 基因突变患者对于 EGFR-TKI 治疗的反应效率不尽相同，经细胞学实验和大量临床试验证实携带 19 号外显子缺失突变的患者经 EGFR-TKI 反应效率最高（81%），其次为 21 号外显子 L858R 突变（71%），18 号外显子 G719X 突变经 EGFR-TKI 治疗有效率约为 56%。由此，临床医生需要依据 EGFR 基因不同突变类型在用药方案的选择上区别对待。

尽管 EGFR-TKI 为进展期非小细胞肺癌的治疗带来了里程碑的意义，但是携带 EGFR 激活突变的患者经 EGFR-TKI 治疗一年以后绝大多数患者会出现继发性耐药现象。目前，继发性耐药的可能机制主要有：EGFR 基因 T790M 突变；激活 EGFR 信号转导通路旁路途径；出现 cMET 扩增；NSCLC 向 SCLC 转化。其中 EGFR T790M 占耐药突变的 50% 以上。临床医生需要实时监测 EGFR 基因突变状态，及时调整用药方案，以期达到最优的临床疗效。

（2）展望

1）血浆循环肿瘤 DNA（circulating tumor DNA，ct-DNA）在临床应用前景：ct-DNA 存在于血液循环中，来自肿瘤细胞的分泌、凋亡和坏死。ct-DNA 可以通过采血获取样本，取材侵袭性较组织取材小，可以多次取样。大量文献证实在 EGFR-TKI 治疗前和治疗过程中均可以在 ct-DNA 中检测到 EGFR 基因状态的改变。血浆 ct-DNA 均质性好，能反应肿瘤中 EGFR 基因突变的全貌。此外 ct-DNA 半衰期短，使动态监测靶向治疗药物的疗效和肿瘤的进展成为可能。在最近的十几年中，随着基因突变检测技术的发展，血浆 ct-DNA 成为最有潜质的肿瘤标志物，有望替代组织样本应用于临床基因突变检测。

2）绝对定量检测的必要性：有研究发现携带相同 EGFR 基因突变的患者经 EGFR-TIK 治疗疗效差异显著。除耐药相关因素出现的情况，对 EGFR 基因突变丰度进行检测，携带 EGFR 突变高丰度的患者经 EGFR-TKI 治疗疗效显著优于 EGFR 突变低丰度患者，两者的无病生存期分别为 11.3 个月（95%CI，7.4～15.2）和 6.9 个月（95%CI，5.5～8.4），具有统计学差异（$P=0.014$）。并且 EGFR 基因突变多为突变型等位基因和野生型等位基因共存的杂合突变，遵循显性致癌基因效应原则。由此 EGFR 突变基因的拷贝数也与疗效息息相关，EGFR 基因突变检测逐步由定性检测向定量检测转变。

（韩彦熙）

参 考 文 献

［1］ Cheng，L. et al. Molecular pathology of lung cancer：key to personalized medicine. Mod Pathol，2012，25（3）：347-369

［2］ Jorissen RN，et al. Epidermal growth factor receptor：mechanisms of activation and signalling. Exp Cell Res，2003，284（1）：31-53

［3］ Lynch TJ，et al. Activating mutations in the epidermal growth factor receptor underlying responsiveness of non-small-cell lung cancer to gefitinib. N Engl J Med，2004，350（21）：2129-2139

［4］ Pirker R，et al. Consensus for EGFR mutation testing in non-small cell lung cancer：results from a European workshop. J Thorac Oncol，2010，5（10）：1706-1713

［5］ Kobayashi S，et al. EGFR mutation and resistance of non-small-cell lung cancer to gefitinib. N Engl J Med，2005，353（2）：207-208

［6］ Kwak EL，et al. Irreversible inhibitors of the EGF receptor may circumvent acquired resistance to gefitinib. Proc Natl Acad Sci U S A，2005，102（21）：7665-7670

［7］ Pao W，et al. Acquired resistance of lung adenocarcinomas to gefitinib or erlotinib is associated with a second mutation in the EGFR kinase domain. PLoS Med，2005，2（3）：e73

［8］ Luetteke NC，et al. The mouse waved-2 phenotype results from a point mutation in the EGF receptor tyrosine kinase. Genes Dev，1994，8（4）：399-413

［9］ Threadgill DW，et al. Targeted disruption of mouse EGF receptor：effect of genetic background on mutant phenotype. Science，1995，269（5221）：230-234

［10］ Baselga J，et al. Phase I safety，pharmacokinetic，and pharmacodynamic trial of ZD1839，a selective oral epidermal growth factor receptor tyrosine kinase inhibitor，in patients with five selected solid tumor types. J Clin Oncol，2002，20（21）：4292-4302

［11］ Herbst RS，et al. Selective oral epidermal growth factor receptor tyrosine kinase inhibitor ZD1839 is generally well-tolerated and has activity in non-small-cell lung cancer and other solid tumors：results of a phase I trial. J Clin

Oncol,2002,20(18):3815-3825

[12] Ranson M,et al.ZD1839,a selective oral epidermal growth factor receptor-tyrosine kinase inhibitor,is well tolerated and active in patients with solid,malignant tumors:results of a phase I trial. J Clin Oncol,2002,20(9):2240-2250

[13] Vallee A,et al.Rapid clearance of circulating tumor DNA during treatment with AZD9291 of a lung cancer patient presenting the resistance EGFR T790M mutation.Lung Cancer, 2016,91:73-74

[14] Do H,Wong SQ,Li J,et al.Reducing sequence artifacts in amplicon-based massively parallel sequencing of formalin-fixed paraffin-embedded DNA by enzymatic depletion of uracil-containing templates.Clin Chem,2013,59(9): 1376-1383

[15] Cristofanilli M,et al.Circulating tumor cells, disease progression,and survival in metastatic breast cancer.N Engl J Med,2004,351(8): 781-791

[16] Mouliere F,El Messaoudi S,Pang D,et al. Multi-marker analysis of circulating cell-free DNA toward personalized medicine for colorectal cancer.Mol Oncol,2014,8(5):927-941

[17] Thierry AR,et al.Clinical validation of the detection of KRAS and BRAF mutations from circulating tumor DNA. Nat Med, 2014, 20 (4):430-435

[18] Keedy VL,et al.American Society of Clinical Oncology provisional clinical opinion:epidermal growth factor receptor (EGFR) Mutation testing for patients with advanced non-small-cell lung cancer considering first-line EGFR tyrosine kinase inhibitor therapy.J Clin Oncol,2011,29(15):2121-2127

[19] Mok TS,et al.Gefitinib or carboplatin-paclitaxel in pulmonary adenocarcinoma. N Engl J Med,2009,361(10):947-957

[20] Fukuoka M,et al.Biomarker analyses and final overall survival results from a phase III,randomized, open-label, first-line study of gefitinib versus carboplatin/paclitaxel in clinical-

ly selected patients with advanced non-small-cell lung cancer in Asia (IPASS).J Clin Oncol,2011,29(21):2866-2874

[21] Maemondo M,et al.Gefitinib or chemotherapy for non-small-cell lung cancer with mutated EGFR. N Engl J Med,2010,362(25):2380-2388

[22] Lee SM,et al.First-line erlotinib in patients with advanced non-small-cell lung cancer unsuitable for chemotherapy (TOPICAL): a double-blind,placebo-controlled,phase 3 trial. Lancet Oncol,2012,13(11):1161-1170

[23] National Comprehensive Cancer Network.NCCN Clinical Practice Guidelines in Oncology. Non-Small Cell Lung Cancer Version2. 2015 Available at http://www.nccn.org/professionals/physician_gls/pdf/nscl.pdf

[24] Amann J,et al.Aberrant epidermal growth factor receptor signaling and enhanced sensitivity to EGFR inhibitors in lung cancer. Cancer Res,2005,65(1):226-235

[25] Wang H,et al.Different efficacy of EGFR tyrosine kinase inhibitors and prognosis in patients with subtypes of EGFR-mutated advanced non-small cell lung cancer:a meta-analysis. J Cancer Res Clin Oncol, 2014, 140 (11):1901-1909

[26] Chiu CH,et al.Epidermal Growth Factor Receptor Tyrosine Kinase Inhibitor Treatment Response in Advanced Lung Adenocarcinomas with G719X/L861Q/S768I Mutations.J Thorac Oncol,2015,10(5):793-799

[27] Yang JC,et al.Afatinib versus cisplatin-based chemotherapy for EGFR mutation-positive lung adenocarcinoma (LUX-Lung 3 and LUX-Lung 6):analysis of overall survival data from two randomised,phase 3 trials.Lancet Oncol, 2015,16(2):141-151

[28] Eisenstein M.Personalized medicine:Special treatment.Nature,2014,513(7517):S8-9

[29] Schwarzenbach H,Hoon DS,Pantel K.Cell-free nucleic acids as biomarkers in cancer patients.Nature reviews.Nat Rev Cancer,2011, 11(6):426-437

[30] Luo J, Shen L, Zheng D. Diagnostic value of circulating free DNA for the detection of EGFR mutation status in NSCLC: a systematic review and meta-analysis. Sci Rep, 2014, 4: 6269

[31] Douillard JY, et al. Gefitinib treatment in EGFR mutated caucasian NSCLC: circulating-free tumor DNA as a surrogate for determination of EGFR status. J Thorac Oncol, 2014, 9(9): 1345-1353

[32] Marcq M, Vallee A, Bizieux A, et al. Detection of EGFR mutations in the plasma of patients with lung adenocarcinoma for real-time monitoring of therapeutic response to tyrosine kinase inhibitors? J Thorac Oncol, 2014, 9(7): e49-50

[33] Zhou Q, et al. Relative abundance of EGFR mutations predicts benefit from gefitinib treatment for advanced non-small-cell lung cancer. J Clin Oncol, 2011, 29(24): 3316-3321

[34] Borras E, et al. Clinical pharmacogenomic testing of KRAS, BRAF and EGFR mutations by high resolution melting analysis and ultra-deep pyrosequencing. BMC Cancer, 2011, 11: 406

[35] Hu C, et al. Direct serum and tissue assay for EGFR mutation in non-small cell lung cancer by high-resolution melting analysis. Oncol Rep, 2012, 28(5): 1815-21

[36] Oxnard GR, et al. Noninvasive detection of response and resistance in EGFR-mutant lung cancer using quantitative next-generation genotyping of cell-free plasma DNA. Clin Cancer Res, 2014, 20(6): 1698-1705

第32章 KRAS基因实时荧光 PCR 检测及临床意义

鼠类肉瘤病毒癌基因（Kirsten rat sarcoma viral oncogene, KRAS）作为 EGFR 信号通路的重要组成部分，调节着肿瘤细胞相关的增殖、分化、凋亡及血管生成。当其发生突变后会导致下游的 RAF-MAPK 信号转导通路持续激活，不受 EGF 受体和配体结合的调控，致使 EGFR 靶向药物不能发挥应有的治疗作用。大约 30% 的人类恶性肿瘤含有 KRAS 基因突变，其单点突变足以引发恶性转化。KRAS 基因突变常见于结直肠癌、非小细胞肺癌、胰腺癌、胃癌、头颈癌及某些类型的白血病。Lievre 于 2006 年首次报道 KRAS 基因突变为西妥昔单抗耐药的预测性指标，之后的一系列临床研究也表明西妥昔单抗和帕尼单抗选择性地作用于 KRAS 基因野生型的患者。目前，KRAS 基因突变状态检测在美国、欧洲及亚洲已经成为个体化靶向药物治疗的常规检测项目。

一、KRAS 基因特点及常见突变类型

1. 基因特点　KRAS 基因是 RAS 基因家族的一员，定位于人 12 号染色体短臂（12p12.1），长约 35kb，其 mRNA 由 6 个外显子组成，其中第四外显子有 A、B 两种变异体。

RAS 基因编码的 RAS 蛋白分子量为 21kD，主要位于细胞膜内侧，是具有 GTPase 活性的信号转导蛋白。RAS 蛋白存在 4 种异构体即 HRAS、NRAS 和 KRAS4A、KRAS4B，其中 KRAS4A、KRAS4B 是 KRAS 基因剪接的不同结果。RAS 蛋白的第一个结构域为含有 85 个氨基酸残基的高度保守序列，第二个含有 80 个氨基酸残基的

结构域中，除 KRAS 末端 25 个氨基酸由于不同的外显子而分为 A 型和 B 型外，其余 RAS 家族成员最后四个氨基酸均为 Cys186-A-A—X-COOH 序列。

一般情况下 RAS 蛋白与 GDP 结合处于非激活状态，当胞外信号传递至胞内（如 EGF 配体和受体结合）RAS 则以与 GTP 结合的形式存在，激活丝-苏氨酸激酶级联放大效应，从而进一步激活下游的信号转导通路。RAS 蛋白具有分子开关作用，在信号转导通路中发挥至关重要的作用。当 KRAS 基因发生突变后，表达的 RAS 蛋白为 GAP 非敏感型即抑制 RAS 与 GAP 反应，引起 RAS 的持续活化不断地与 GTP 结合使下游的 RAF-MEK-ERK 通路持续激活。

2. 突变类型　KRAS 基因突变常见于 90% 的胰腺癌、35%～40% 的结直肠癌及 20% 的非小细胞肺癌患，以非亚裔、腺癌患者居多。KRAS 基因突变多为点突变，主要集中在 2 号外显子第 12、13、59、61 密码子和 4 号外显子的 117、146 密码子。其中 12 密码子 G12D、G12V、G12C、G12S、G12A、G12R 和 13 密码子 G13D 这 7 种热点突变占 KRAS 基因突变的 90% 以上。依据 Cosmic 数据库将 KRAS 基因突变种类及频率总结见图 32-1。

二、KRAS 基因突变实时荧光 PCR 测定及其临床意义

1. 引物和探针　高效的实时荧光 PCR 检测取决于引物和探针的分子序列、长度、浓度及 G-C 含量。在设计 KRAS 基因突变检测的引物和探针时需要考虑以下几方面因

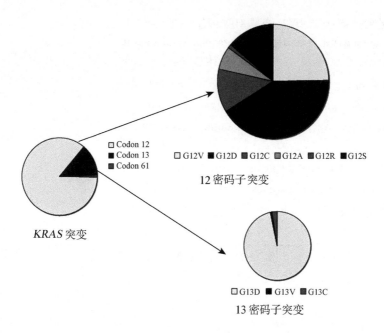

图 32-1 KRAS 基因突变种类及频率

素:①遵循引物探针一般设计原则(详见第 2 章 第三节);②要求引物和探针的灵敏度高,这样才能在大的野生型等位基因背景中识别突变等位基因,进而避免假阴性结果;③要求设计引物和探针时避免交叉反应的发生,由于 KRAS 热点突变主要集中在 2 号外显子 12、13 密码子相邻的 6 个碱基上,某一突变位点产生的阳性信号很容易对邻近碱基的检测造成干扰信号,即交叉反应现象,所以要通过优化引物和探针最终避免交叉反应的

发生;④等位基因由于 GC 含量不同,不同的引物和探针可以产生不同的扩增效率,要充分利用引物设计软件择优选择。

KRAS 基因的热点突变 90% 以上主要集中在 2 号外显子 12、13 密码子上,图 31-2 为 KRAS 基因 cDNA 序列,图 32-3、图 32-4、图 32-5、图 32-6、图 32-7、图 32-8、图 32-9 分别为 G12A、G12V、G12S、G12R、G12C、G12D 及 G13D 突变序列与野生型序列比对的结果。

KRAS cDNA 序列:Alignment of NM_004985

1 tcctaggcgg cggcgcggc ggcggaggca gcagcggcgg cggcagtggc

51 ggvggvgaag gtggcggcgg ctcggccagt actcccggcc cccgccattt

101 cggactggga gcgagcgcgg cgcaggcact gaaggcggcg gcggggccag

151 aggctcagcg gctcccaggt gcgggagaga g[gcctgctga aaatgactga

2 号外显子

201 atataaactt gtggtagttg gagctggtgg cgtaggcaag agtgccttga

251 cgatacagct aattcagaat cattttgtgg acgaatatga tccaacaata

301 gag]gattcct acaggaagca agtagtaatt gatggagaaa cctgtctctt

351 ggatattctc gacacagcag gctaagagga gtacagtgca atgagggacc

401 agtacatgag gactggggag ggctttcttt gtgtatttgc cataaataat

451 actaaatcat ttgaagatat tcaccattat ag[agaacaaa ttaaaagagt

4 号外显子

501 taaggactct gaagatgtac ctatggtcct agtaggaaat aaatgtgatt

551 tgccttctag aacagtagac acaaaacagg ctcaggactt agcaagaagt

601 taggaattc ctttattga aacatcagca aagacaagac ag]ggtgttga

* * *

5601 cttggtttta ggcccaaagg tagcagcagc aacattaata atggaaataa

5651 ttgaatagtt agttatgata gttaatgcca gtcaccagca ggctatttca

5701 aggtcagaag taatgactcc atacatatta tttatttcta taactacatt

5751 taaatcatta ccagg

图 32-2　KRAS 基因 cDNA 序列

（NCBI Genbank）

KRAS Exon 2 G12A: c. 35G>C　p. Gly12Ala（query突变型；sbjct野生型）

```
Query   1    GTTCTAATATAGTCACATTTTCATTATTTTTATTATAAGGCCTGCTGAAAATGACTGAAT    60
             ||||||||||||||||||||||||||||||||||||||||||||||||||||||||||||
Sbjct   50   GTTCTAATATAGTCACATTTTCATTATTTTTATTATAAGGCCTGCTGAAAATGACTGAAT    109


Query   61   ATAAACTTGTGGTAGTTGGAGCTGCTGGCGTAGGCAAGAGTGCCTTGACGATACAGCTAA    120
             ||||||||||||||||||||||||||||| |||||||||||||||||||||||||||||||
Sbjct   110  ATAAACTTGTGGTAGTTGGAGCTGGTGGCGTAGGCAAGAGTGCCTTGACGATACAGCTAA    169


Query   121  TTCAGAATCATTTTGTGGACGAATATGATCCAACAATAGAGGTAAATCTTGTTTTAATAT    180
             ||||||||||||||||||||||||||||||||||||||||||||||||||||||||||||
Sbjct   170  TTCAGAATCATTTTGTGGACGAATATGATCCAACAATAGAGGTAAATCTTGTTTTAATAT    229


Query   181  GCATATTACTGGTGCAGGACCATTCTTTGATACAGATAAAGGTTTCTCTGACCATTTTCA    240
             ||||||||||||||||||||||||||||||||||||||||||||||||||||||||||||
Sbjct   230  GCATATTACTGGTGCAGGACCATTCTTTGATACAGATAAAGGTTTCTCTGACCATTTTCA    289


Query   241  TGA    243
             |||
Sbjct   290  TGA    292
```

图 32-3　KRAS 12 密码子 G12A 突变与野生型序列比对结果

KRAS Exon-2 G12V：c.35G>T　p.Gly12Val（query突变型；sbjct野生型）

```
Query    4   GTTCT-ATATAGTCACATTTTCATTATTTTTATTATAAGGCCTGCTGAAAATGACTGAAT    62
             ||||| |||||||||||||||||||||||||||||||||||||||||||||||||||||
Sbjct   50   GTTCTAATATAGTCACATTTTCATTATTTTTATTATAAGGCCTGCTGAAAATGACTGAAT   109

Query   63   ATAAACTTGTGGTAGTTGGAGCTGTTGGCGTAGGCAAGAGTGCCTTGACGATACAGCTAA   122
             ||||||||||||||||||||||||| |||||||||||||||||||||||||||||||||
Sbjct  110   ATAAACTTGTGGTAGTTGGAGCTGGTGGCGTAGGCAAGAGTGCCTTGACGATACAGCTAA   169

Query  123   TTCAGAATCATTTTGTGGACGAATATGATCCAACAATAGAGGTAAATCTTGTTTTAATAT   182
             ||||||||||||||||||||||||||||||||||||||||||||||||||||||||||||
Sbjct  170   TTCAGAATCATTTTGTGGACGAATATGATCCAACAATAGAGGTAAATCTTGTTTTAATAT   229

Query  183   GCATATTACTGGTGCAGGACCATTCTTTGATACAGATAAAGGTTTCTCTGAC-ATTTTCA   241
             ||||||||||||||||||||||||||||||||||||||||||||||||||| |||||||
Sbjct  230   GCATATTACTGGTGCAGGACCATTCTTTGATACAGATAAAGGTTTCTCTGACCATTTTCA   289

Query  242   TGA          244
             |||
Sbjct  290   TGA          292
```

图 32-4　KRAS 12 密码子 G12V 突变与野生型序列比对结果

KRAS Exon-2 G12S：c 34G>A　p Gly12Ser（query突变型；sbjct野生型）

Query　6　　CTTATGTGTGACATGTTCTAATATAGTCACATTTTCATTATTTTTATTATAAGGCCTGCT　　65

　　　　　　 ||||||||||||||||||||||||||||||||||||||||||||||||||||||||||||

Sbjct　36　 CTTATGTGTGACATGTTCTAATATAGTCACATTTTCATTATTTTTATTATAAGGCCTGCT　　95

Query　66　 GAAAATGACTGAATATAAACTTGTGGTAGTTGGAGCT<u>A</u>GTGGCGTAGGCAAGAGTGCCTT　125

　　　　　　 |||||||||||||||||||||||||||||||||||||　|||||||||||||||||||||||

Sbjct　96　 GAAAATGACTGAATATAAACTTGTGGTAGTTGGAGCT<u>G</u>GTGGCGTAGGCAAGAGTGCCTT　155

Query　126　GACGATACAGCTAATTCAGAATCATTTTGTGGACGAATATGATCCAACAATAGAGGTAAA　185

　　　　　　 ||||||||||||||||||||||||||||||||||||||||||||||||||||||||||||

Sbjct　156　GACGATACAGCTAATTCAGAATCATTTTGTGGACGAATATGATCCAACAATAGAGGTAAA　215

Query　186　TCTTGTTTTAATATGCATATTACTGGTGCAGGACCATTCTTTGATACAGATAAAGGTTTC　245

　　　　　　 ||||||||||||||||||||||||||||||||||||||||||||||||||||||||||||

Sbjct　216　TCTTGTTTTAATATGCATATTACTGGTGCAGGACCATTCTTTGATACAGATAAAGGTTTC　275

Query　246　TCTG-C-ATTTTCATGA　　　260

　　　　　　 |||| | |||||||||||

Sbjct　276　TCTGACCATTTTCATGA　　　292

图 32-5　KRAS 12 密码子 G12S 突变与野生型序列比对结果

KRAS Exon-2 G12R：c.34G>C　p.Gly12Arg（query突变型；sbjct野生型）

```
Query   1    GTGTGA-ATGTTCTAATATAGTCACATTTTCATTATTTTTATTATAAGGCCTGCTGAAAA    59
             |||||| |||||||||||||||||||||||||||||||||||||||||||||||||||||
Sbjct   41   GTGTGACATGTTCTAATATAGTCACATTTTCATTATTTTTATTATAAGGCCTGCTGAAAA    100


Query   60   TGACTG-ATATAAACTTGTGGTAGTTGGAGCTCGTGGCGTAGGCAAGAGTGCCTTGACGA    118
             |||||| ||||||||||||||||||||||||||| |||||||||||||||||||||||||
Sbjct   101  TGACTGAATATAAACTTGTGGTAGTTGGAGCTGGTGGCGTAGGCAAGAGTGCCTTGACGA    160


Query   119  TACAGCTAATTCAGAATCATTTTGTGGACGAATATGATCCAACAATAGAGGTAAATCTTG    178
             ||||||||||||||||||||||||||||||||||||||||||||||||||||||||||||
Sbjct   161  TACAGCTAATTCAGAATCATTTTGTGGACGAATATGATCCAACAATAGAGGTAAATCTTG    220


Query   179  TTTTAATATGCATATTACTGGTGCAGGACCATTCTTTGATACAGATAAAGGTTTCTCTGA    238
             ||||||||||||||||||||||||||||||||||||||||||||||||||||||||||||
Sbjct   221  TTTTAATATGCATATTACTGGTGCAGGACCATTCTTTGATACAGATAAAGGTTTCTCTGA    280


Query   239  CCATTTTCATGA    250
             ||||||||||||
Sbjct   281  CCATTTTCATGA    292
```

图 32-6　KRAS 12 密码子 G12R 突变与野生型序列比对结果

KRAS Exon-2 G12C：c.34G>T p.Gly12Cys（query突变型；sbjct野生型）

Query 1   TTA-GTGTGA-ATGTTCTAATATAGTCACATTTTCATTATTTTTATTATAAGGCCTGCTG   58

          ||| |||||| ||||||||||||||||||||||||||||||||||||||||||||||||

Sbjct 37 TTATGTGTGACATGTTCTAATATAGTCACATTTTCATTATTTTTATTATAAGGCCTGCTG   96

Query 59 AAAATGACTGAATATAAACTTGTGGTAGTTGGAGCTTGTGGCGTAGGCAAGAGTGCCTTG   118

          ||||||||||||||||||||||||||||||||||||| ||||||||||||||||||||||

Sbjct 97 AAAATGACTGAATATAAACTTGTGGTAGTTGGAGCTGGTGGCGTAGGCAAGAGTGCCTTG   156

Query 119 ACGATACAGCTAATTCAGAATCATTTTGTGGACGAATATGATCCAACAATAGAGGTAAAT   178

          ||||||||||||||||||||||||||||||||||||||||||||||||||||||||||||

Sbjct 157 ACGATACAGCTAATTCAGAATCATTTTGTGGACGAATATGATCCAACAATAGAGGTAAAT   216

Query 179 CTTGTTTTAATATGCATATTACTGGTGCAGGACCATTCTTTGATACAGATAAAGGTTTCT   238

          ||||||||||||||||||||||||||||||||||||||||||||||||||||||||||||

Sbjct 217 CTTGTTTTAATATGCATATTACTGGTGCAGGACCATTCTTTGATACAGATAAAGGTTTCT   276

Query 239 CTGACCATTTTCATGA   254

          ||||||||||||||||

Sbjct 277 CTGACCATTTTCATGA   292

图 32-7 KRAS 12 密码子 G12C 突变与野生型序列比对结果

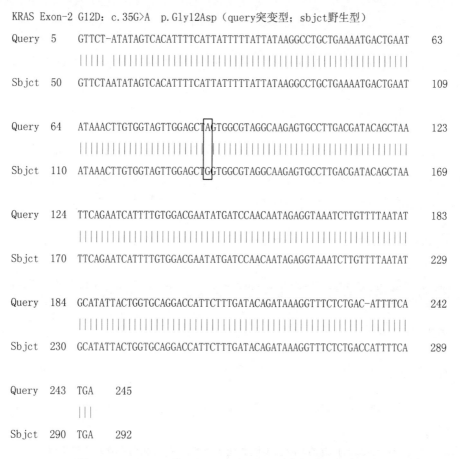

KRAS Exon-2 G12D：c.35G>A　p.Gly12Asp（query突变型；sbjct野生型）

Query 5　GTTCT-ATATAGTCACATTTTCATTATTTTTATTATAAGGCCTGCTGAAAATGACTGAAT　63

Sbjct 50　GTTCTAATATAGTCACATTTTCATTATTTTTATTATAAGGCCTGCTGAAAATGACTGAAT　109

Query 64　ATAAACTTGTGGTAGTTGGAGCTAGTGGCGTAGGCAAGAGTGCCTTGACGATACAGCTAA　123

Sbjct 110　ATAAACTTGTGGTAGTTGGAGCTGGTGGCGTAGGCAAGAGTGCCTTGACGATACAGCTAA　169

Query 124　TTCAGAATCATTTTGTGGACGAATATGATCCAACAATAGAGGTAAATCTTGTTTTAATAT　183

Sbjct 170　TTCAGAATCATTTTGTGGACGAATATGATCCAACAATAGAGGTAAATCTTGTTTTAATAT　229

Query 184　GCATATTACTGGTGCAGGACCATTCTTTGATACAGATAAAGGTTTCTCTGAC-ATTTTCA　242

Sbjct 230　GCATATTACTGGTGCAGGACCATTCTTTGATACAGATAAAGGTTTCTCTGACCATTTTCA　289

Query 243　TGA　245

Sbjct 290　TGA　292

图 32-8　KRAS 12 密码子 G12D 突变与野生型序列比对结果

2. 常用 KRAS 基因突变实时荧光 PCR 检测的引物和探针　KRAS 基因突变实时荧光 PCR 测定方法所使用的荧光检测体系主要有 DNA 结合染料（SYBR® Green Ⅰ）、TaqMan 荧光探针、蝎形探针及分子信标。现将文献中报道的引物和探针序列举例见表 32-1，在基因组中的位置见图 32-10。

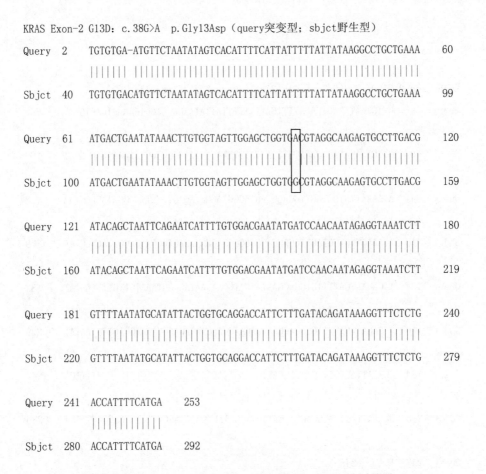

KRAS Exon-2 G13D: c.38G>A p.Gly13Asp（query突变型；sbjct野生型）

```
Query    2   TGTGTGA-ATGTTCTAATATAGTCACATTTTCATTATTTTTATTATAAGGCCTGCTGAAA   60
             |||||||  |||||||||||||||||||||||||||||||||||||||||||||||||||
Sbjct   40   TGTGTGACATGTTCTAATATAGTCACATTTTCATTATTTTTATTATAAGGCCTGCTGAAA   99

Query   61   ATGACTGAATATAAACTTGTGGTAGTTGGAGCTGGTGACGTAGGCAAGAGTGCCTTGACG   120
             ||||||||||||||||||||||||||||||||||||||| |||||||||||||||||||||
Sbjct  100   ATGACTGAATATAAACTTGTGGTAGTTGGAGCTGGTGGCGTAGGCAAGAGTGCCTTGACG   159

Query  121   ATACAGCTAATTCAGAATCATTTTGTGGACGAATATGATCCAACAATAGAGGTAAATCTT   180
             ||||||||||||||||||||||||||||||||||||||||||||||||||||||||||||
Sbjct  160   ATACAGCTAATTCAGAATCATTTTGTGGACGAATATGATCCAACAATAGAGGTAAATCTT   219

Query  181   GTTTTAATATGCATATTACTGGTGCAGGACCATTCTTTGATACAGATAAAGGTTTCTCTG   240
             ||||||||||||||||||||||||||||||||||||||||||||||||||||||||||||
Sbjct  220   GTTTTAATATGCATATTACTGGTGCAGGACCATTCTTTGATACAGATAAAGGTTTCTCTG   279

Query  241   ACCATTTTCATGA   253
             |||||||||||||
Sbjct  280   ACCATTTTCATGA   292
```

图 32-9　KRAS 13 密码子 G13D 突变与野生型序列比对结果

表 32-1　文献报道的 KRAS 基因突变实时荧光 PCR 检测引物和探针举例

测定技术	分型	引物和探针	基因组内区域	文献
SYBR Green I	引物	F:5′-TTATAAGGCCTGCTGAAAATGACTGAA-3′ （25245402-25245388）	Exon2 （25245313-25245402）	[13]
		R:5′-TGAATTAGCTGTATCGTCAAGGCACT-3′ （25245338-25245313）		
SYBR Green I	引物	F：5′-GTGACATGTTCTAATATAGTCACATTTTC-3′ （25245441-25245415）	Exon2 （25245235-25245441）	[14]
		R:5′-GGTCCTGCACCAGTAATATG-3′ （2524555-25245235）		
TaqMan-MGB 探针	引物	F:5′-AGGCCTGCTGAAAATGACTGAATAT-3′ （25245373-25245397）	Exon2 （25245318-25245397）	[15]
		R:5′-GCTGTATCGTCAAGGCACTCTT-3′ （25245341-25245318）		

续表

测定技术	分型			引物和探针	基因组内区域	文献
	G12R	探针	野生型	5′-VIC-TTGGAGCTGGTGGCGT-MGB-NFQ-3′(25245340-25245361)		
			突变型	5′-FAM-TTGGAGCTCGTGGCGT-MGB-NFQ-3′(25245340-25245361)		
	G12D	探针	野生型	5′-VIC-TTGGAGCTGGTGGCGT-MGB-NFQ-3′(25245340-25245361)		
			突变型	5′-FAM-TGGAGCTGATGGCGT-MGB-NFQ-3′(25245340-25245361)		
	G12C	探针	野生型	5′-VIC-CCTACGCCACCAGCT-MGB-NFQ-3′(25245340-25245361)		
			突变型	5′-FAM-CTACGCCACAAGCT-MGB-NFQ-3′(25245340-25245361)		
	G12A	探针	野生型	5′-VIC-CCTACGCCACCAGCT-MGB-NFQ-3′(25245340-25245361)		
			突变型	5′-FAM-CTACGCCAGCAGCT-MGB-NFQ-3′(25245340-25245361)		
	G12S	探针	野生型	5′-VIC-CTACGCCACCAGCTC-MGB-NFQ-3′(25245340-25245361)		
			突变型	5′-FAM-CTACGCCACTAGCTC-MGB-NFQ-3′(25245340-25245361)		
	G12V	探针	野生型	5′-VIC-CTACGCCACCAGCTC-MGB-NFQ-3′(25245340-25245361)		
			突变型	5′-FAM-ACGCCAACAGCTC-MGB-NFQ-3′(25245340-25245361)		
	G13D	探针	野生型	5′-VIC-TGGTGGCGTAGGCA-MGB-NFQ-3′(25245340-25245361)		
			突变型	5′-FAM-CTGGTGACGTAGGCA-MGB-NFQ-3′(25245340-25245361)		

Alignment ofNM_004985

Genomic chr12 Exon2

* * *

25245683　tttagataga acaacttgat tttaagataa aagaactgtc tatgtagcat

25245633　ttatgcattt ttcttaagcg tcgatggagg agtttgtaaa tgaagtacag

25245583　ttcattacga tacacgtctg cagtcaactg gaattttcat gattgaattt

25245533　tgtaaggtat tttgaaataa tttttcatat aaaggtgagt ttgtattaaa

25245483　aggtactggt ggagtatttg atagtgtatt aaccttatgt **gtgacatgtt**
　　　　　　　　　　　　　　　　　　　　　　　　　F[14]

25245433　**ctaatatagt cacattttc**a ttatttttat **tataaggcct gctgaaaatg**
　　　　　　　　　　　　F[13]　　　　F[15]

25245383　**actgaa**tata aacttgtggt agttggagct ggtggcgtag gcaag**agtgc**
　　　　　　　　　　P[15]　　　　　　　　　　R[12] R[13]

25245333　**cttgacgata cagctaattc a**gaatcattt tgtggacgaa tatgatccaa

25245283　caatagaggt aaatcttgtt ttaatatg**ca tattactggt gcaggacc**at
　　　　　　　　　　　　　　　R[15]

25245233　tctttgatac agataaaggt ttctctgacc attttcatga gtacttatta

25245183　caagataatt atgctgaaag ttaagttatc tgaaatgtac cttgggtttc

25245133　aagttatatg taaccattaa tatgggaact ttactttcct tgggagtatg

25245083　tcagggtcca tgatgttcac tctctgtgca ttttgattgg aagtgtattt

＊　＊　＊

图 32-10　KRAS 部分基因组序列(NM_005228)及文献报道用于 EGFR 基因突变实时荧光 PCR 检测的引物和探针所在位置

［ ］内为相关引物和探针的文献来源

3. KRAS 基因突变日常检测常用临床标本及其处理特点　随着基因突变检测技术的不断发展,可用于基因突变检测的样本类型日益多元化。文献报道过可用于 KRAS 基因突变检测的样本类型有手术切除样本［新鲜组织样本和(或)石蜡包埋样本］、肠镜等活检样本和血液样本。上述标本的采集、运送和保存的基本方法可参考本书第 4 章有关内容。

(1)组织样本:手术切除的组织样本是最为理想的基因突变检测样本,取材时要避免钙化或坏死组织。新鲜的组织样本一般可以直接进行 DNA 的提取和下游突变的检测。石蜡包埋组织样本需经 4% 中性甲醛室温固定,固定液体积应为组织体积的 10 倍。一般手术标本固定 12～48h,活检标本固定 6～12h,忌固定时间过长,否则甲醛会造成 DNA 片段化并与之发生交联反应。然后,进行乙醇梯度脱水,脱水时间应视组织大小、薄厚和类型不同而异。脱水之后要进行二甲苯透明处理,目的是除去无水乙醇,使石蜡充分渗透

到组织样本中。最后,进行浸蜡处理及包埋,需要根据石蜡的熔点,在 54～60℃恒温箱中进行。

将包埋好的蜡块进行连续切片,其中 1 张用于 HE 染色评价肿瘤细胞含量(灵敏度较低的检测要求肿瘤细胞含量≥30%,灵敏度较高的方法要求肿瘤细胞含量≥10%),3～4 张白片用于 DNA 提取和下游的基因突变检测。

(2)液体活检样本:随着肿瘤异质性研究的深入及实时监测对连续取样的需求,液体活检被认为是未来可以替代组织学样本进行基因突变检测的前景可观的样本类型,但其在临床上的应用受限于血液中的低含量,仍处于科研阶段。液体活检样本分离自外周血,主要包括循环肿瘤细胞(circulating tumor cell,CTC)和循环肿瘤 DNA(circulating tumor DNA,Ct-DNA)两大类。

1)循环肿瘤细胞:利用循环肿瘤细胞进行 EGFR 基因突变检测的难点在于在 10^7 白细胞背景下识别出特异的肿瘤细胞。目前美

国 FDA 唯一批准用于循环肿瘤细胞检测的平台是强生公司的 CellSearch 系统。该方法需要采集 7.5ml 血液于 CellSave 试管中,利用抗 EpCAM 特异性抗体结合免疫磁珠富集循环肿瘤细胞,并用 CK、CD45 及 DAPI 荧光染色试剂对富集细胞进行染色,最终 EpCAM(+)、CK(+)、DAPI(+)、CD45(−)的循环肿瘤细胞在 MagNest 磁场的作用下进入 CellTracks® 分析仪进行技术和分析。

2)循环肿瘤 DNA:收集 7.2ml 血液样本于 EDTA 抗凝的采血管中,并快速进行离心处理分离血浆。第一次 4℃ 1200g 10min 离心,取上清至 1.5ml 离心管中,第二次 4℃ 16 000g 10min 离心,有条件的实验室可经 0.2μm 滤器过滤后再进行第三次离心 4℃ 16 000g 10min,最终,将获得的血浆样本分装后用于 DNA 提取和下游的基因突变检测或于−80℃ 保存待用。

4. KRAS 基因突变检测的临床意义

(1)肿瘤预后不良的指标:对结直肠癌而言,KRAS 基因突变发生的时间顺序至关重要。早期 KRAS 基因突变一般导致自限性肿瘤增生或临界病变,但是如果该基因突变发生在腺瘤样结肠息肉易感基因(adenomatous polyposis coli,APC)突变之后,这种突变常会导致癌症。此外,KRAS 基因突变还可作为非小细胞肺癌无进展生存期重要的不良预后因子。

(2)靶向药物治疗疗效的预测性指标:KRAS 基因突变与 EGFR 单克隆抗体治疗转移性结直肠癌的疗效关系密切,携带 KRAS 基因突变的结直肠癌患者对帕尼单抗或西妥昔单抗的反应不良。研究表明西妥昔单抗对携带 KRAS 基因野生型的转移性结直肠癌患者疗效显著。因此,KRAS 基因突变的检测可用于预测结直肠癌靶向药物——EGFR 单克隆抗体的治疗效果。为此,《美国国立癌症综合网络(NCCN)结直肠癌临床实践指南》(2015 版)明确指出:所有转移性结直肠癌患者都应检测 KRAS 基因状态;建议 KRAS 野生型患者接受 EGFR 单克隆治疗。另有证据表明 KRAS 基因突变与 EGFR-TKI 治疗非小细胞肺癌的疗效有关。具有 KRAS 基因突变的肺癌患者对特罗凯(Tarceva)的应答效果较差,低于 5%。《NCCN 非小细胞肺癌临床实践指南》(2015 版)明确指出:不建议 KRAS 基因突变患者使用特罗凯进行分子靶向治疗。

(韩彦熙)

参 考 文 献

[1] Bos JL, ras oncogenes in human cancer: a review. Cancer Res, 1989, 49: 4682-4689

[2] Ahmad EI, et al. The prognostic impact of K-RAS mutations in adult acute myeloid leukemia patients treated with high-dose cytarabine. Onco Targets Ther, 2011, 4: 115-121

[3] Lievre A, et al. KRAS mutation status is predictive of response to cetuximab therapy in colorectal cancer. Cancer Res, 2006, 66: 3992-3995

[4] Lievre A, et al. KRAS mutations as an independent prognostic factor in patients with advanced colorectal cancer treated with cetuximab. J Clin Oncol, 2008, 26: 374-379

[5] Normanno N, et al. Implications for KRAS status and EGFR-targeted therapies in metastatic CRC. Nat Rev Clin Oncol, 2009, 6: 519-527

[6] Lamy A, et al. Metastatic colorectal cancer KRAS genotyping in routine practice: results and pitfalls. Mod Pathol, 2011, 24: 1090-1100

[7] Asati V, et al. PI3K/Akt/mTOR and Ras/Raf/MEK/ERK signaling pathways inhibitors as anticancer agents: Structural and pharmacological perspectives. Eur J Med Chem, 2016,

109:314-341

[8] Roberts PJ, et al. Targeting the Raf-MEK-ERK mitogen-activated protein kinase cascade for the treatment of cancer. Oncogene, 2007, 26: 3291-3310

[9] Malapelle U, et al. KRAS testing in metastatic colorectal carcinoma: challenges, controversies, breakthroughs and beyond. J Clin Pathol, 2014, 67:1-9

[10] Martin P, et al. KRAS mutations as prognostic and predictive markers in non-small cell lung cancer. J Thorac Oncol, 2013, 8:530-542

[11] Bournet B, et al. Targeting KRAS for diagnosis, prognosis, and treatment of pancreatic cancer: Hopes and realities. Eur J Cancer, 2016, 54:75-83

[12] Rouleau E, et al. KRAS mutation status in colorectal cancer to predict response to EGFR targeted therapies: the need for a more precise definition. Br J Cancer, 2008, 99:2100

[13] Krypuy M, et al. High resolution melting analysis for the rapid and sensitive detection of mutations in clinical samples: KRAS codon 12 and 13 mutations in non-small cell lung cancer. BMC Cancer, 2006, 6:295

[14] Gonzalez-Bosquet J, et al. Detection of somatic mutations by high-resolution DNA melting (HRM) analysis in multiple cancers. PLoS One, 2011, 6:e14522

[15] Taly V, et al. Multiplex picodroplet digital PCR to detect KRAS mutations in circulating DNA from the plasma of colorectal cancer patients. Clin Chem, 2013, 59:1722-1731

[16] Vogelstein B, et al. Cancer genes and the pathways they control. Nat Med, 2004, 10:789-799

[17] Brugger W, et al. Prospective molecular marker analyses of EGFR and KRAS from a randomized, placebo-controlled study of erlotinib maintenance therapy in advanced non-small-cell lung cancer. J Clin Oncol, 2011, 29:4113-4120

[18] Niihori T, et al. Germline KRAS and BRAF mutations in cardio-facio-cutaneous syndrome. Nat Genet, 2006, 38:294-296

[19] Bokemeyer C, et al. Fluorouracil, leucovorin, and oxaliplatin with and without cetuximab in the first-line treatment of metastatic colorectal cancer. J Clin Oncol, 2009, 27:663-671

[20] Van Cutsem E, et al. Cetuximab and chemotherapy as initial treatment for metastatic colorectal cancer. N Engl J Med, 2009, 360: 1408-1417

第 33 章　BRAF 基因突变的实时荧光 PCR 检测及临床意义

BRAF 基因突变在多种肿瘤的发生发展及临床最终结果中起重要作用，它是目前研究恶性肿瘤的一个新的相关基因及基因治疗靶点。BRAF 基因全名为鼠类肉瘤滤过性毒菌致癌同源体 B1，它位于人类染色体 7q34 上，编码丝氨酸/苏氨酸特异性激酶，这种蛋白激酶在 RAS/RAF/MEK/ERK/MAPK 信号通路中作为信号转导因子，参与调控细胞内多种生理过程，在细胞的增殖分化凋亡中起作用。1988 年，首次确定这种基因突变能诱导细胞增殖和转化，确定其为一种癌基因。2002 年，Davies 等通过研究发现 BRAF 突变存在于 66% 黑色素瘤和 15% 结肠癌患者中。目前，研究人员在多种肿瘤疾病中发现存在 BRAF 突变，包括结直肠癌、胰腺癌、胆管癌、黑色素瘤、甲状腺癌等。随着 BRAF 突变在临床肿瘤学方面变得越来越受重视，对于 BRAF 基因突变的检测显得尤为重要，目前对于 BRAF 突变的检测方法，主要是基于 PCR 方法的检测方法。

一、BRAF 的基因组结构特点

1. 基因结构　BRAF 基因是一种原癌基因，是 RAF 家族的成员之一，位于人染色体 7q34，长 199.622kb，由 18 个外显子和 17 个内含子组成，转录的 mRNA 长约 2.5kb，共编码 783 个氨基酸，组成相对分子量在 94 000～95 000 的蛋白质 BRAF 蛋白。该蛋白在功能上从 N 端到 C 端依次为 RAS 结合区、富半胱氨酸区（Cys）、甘氨酸环（G-loop）以及激活区。它主要由 3 个保守区组成：CR1、CR2 和 CR3，CR1 区位于 N 端，包括了 RAS 结合区和富半胱氨酸区；CR2 区也位于 N 端；CR3 区靠近 C 端，包括了甘氨酸环，作为激酶结构域，是 ATP 结合和激活的位点。BRAF 蛋白的主要磷酸化位点包括 S364、S428、T439、T598 及 S601。其中位于 CR3 区的 T598 和 S601 位点的磷酸化特别关键，它关乎于激酶是否被持续性激活。BRAF 蛋白是 MEK/ERK 信号通路及细胞生长发育过程的重要激活因子，可以将信号从 RAS 转导到 MEK1/2，参与到调控多种细胞内生物学活动。

2. BRAF 突变的类型　BRAF 突变包括至少 30 种类型，研究发现可能与癌症发生相关，这些突变包括 V600E、R461I、I462S、G463E、G463V、G465A、G465E、G465V、G468A、G468E、N580S、E585K、D593V、F594L、G595R、1596V、T598I、V599D、V599E、V599K、V599R、K600E、A727 等，这些突变大多集中 N 端富含甘氨酸的 P 环和侧翼区的激活片段中，能使活性片段从无活性状态进入活性状态。其中，最主要的突变类型主要有两类：一类是位于外显子 11 上的甘氨酸环发生的突变，约占 11%，如 G463E、G465A、G468A 等点突变；另一类则是发生在外显子 15 上激活区的突变，约占整个突变比例的 89%，而在这类突变中，第 1799 位核苷酸上的胸腺嘧啶核苷酸突变为腺嘌呤核苷酸的突变为最主要的突变，约占这类的 92%，它导致其编码的谷氨酸被缬氨酸取代（V600E），从而模拟了 T598 和 S601 两个位点的磷酸化作用，使得 BRAF 蛋白酶活性被激活。

3. BRAF 突变引起的生物学反应　BRAF 突变主要通过激活 MEK/ERK 信号

通路发生生物学反应,从而影响肿瘤的进展。在细胞质内,ERK 磷酸化并激活 p90^{RSK},之后通过凋亡诱导因子 BRD 和转录因子 CREB 影响细胞凋亡。同时,它还能影响肌球蛋白轻链激酶的活性,影响肿瘤的转移和浸润侵袭。在 ERK 转位到细胞核后,它又能影响肿瘤相关基因的表达,导致 Cyline D、原凋亡蛋白 Bim 家族、VEGF、c-myc 和 β3 整合素表达发生变化,另外,ERK 还能影响 mdm2 表达,进而抑制 P53 蛋白活性。以在黑色素瘤中为例,BRAF 突变激活了 MEK 和 ERK,导致肿瘤细胞增殖和侵袭,改变整合素的表达、降低 E-钙黏素表达,以及增加基质金属蛋白酶分泌,有研究利用 RNA 干扰技术抑制了 BRAF V600E 基因突变的表达,能够有效抑制肿瘤细胞生长和促进肿瘤细胞凋亡,证实了对于 BRAF 突变导致的下游信号激活,可以使用特异性 MEK 激酶抑制剂来阻断这种信号通路,有效地抑制黑色素瘤的转移。表明 BRAF 突变特别是 V600E 类型的突变对于肿瘤的发生发展具有重要作用,是潜在的诊断和治疗的靶点。

最常见的突变类型即 15 号外显子上的 T1799A(V600E)突变,故主要针对 BRAF 基因 15 号外显子 V600E 突变位点进行引物设计,通常根据突变位点的位置和基因型设计基因特异性的上下游扩增引物,同时需要针对野生型及突变型 BRAF 基因来设计带有荧光素标记的探针。针对人 BRAF 基因 V600E 位点设计 3′末尾碱基错配的引物,它需要与 BRAF 野生型模板 15 号外显子 1799 位碱基错配,同时设计与 V600E 突变匹配而达到选择性扩增的目的的引物。

BRAF 突变的检测多是以 PCR 技术为基础,最基本的方法是通过实时荧光 PCR 检测,另外还可以通过其他技术检测突变存在与否,常用的检测方法有直接测序法、转移终止引物延伸法、SSCP、焦磷酸测序法、低变性共扩增 PCR 方法、RFLP、变性高效液相色谱荧光技术和基因芯片技术。

图 33-1 为 BRAF 野生型基因 15 号外显子序列,图 33-2 是野生型和 V600E 突变型的序列比对。

二、BRAF 基因突变实时荧光 PCR 测定及其临床意义

1. 引物和探针设计　由于 BRAF 突变

BRAF　HM459603.1　1-529bp exon 15 and partial cds

```
  1 aatcttaaaa gcaggttata taggctaaat agaactaatc attgttttag acatacttat
 61 tgactctaag aggaaagatg aagtactatg ttttaaagaa tattatatta cagaattata
121 gaaattagat ctcttaccta aactcttcat aatgcttgct ctgataggaa aatgagatct
181 actgttttcc tttacttact acacctcaga tatatttctt catgaagacc tcacagtaaa
241 aataggtgat tttggtctag ctacagtgaa atctcgatgg agtgggtccc atcagtttga
301 acagttgtct ggatccattt tgtggatggt aagaattgag ctattttc cactgattaa
361 attttttggcc ctgagatgct gctgagttac tagaaagtca ttgaaggtct caactatagt
421 attttcatag ttcccagtat tcacaaaaat cagtgttctt atttttatg taaatagatt
481 ttttaacttt tttctttacc cttaaaacga atattttgaa accagtttc
```

图 33-1　BRAF 野生型基因的 15 号外显子部分序列

（NCBI Genbank）

BRAF V600E 突变型和野生型比对（query 突变；sbjct 野生）

```
Query  1    TTTTGGTCTAGCTACAGAGAAATCTCGATGGAGTGGGTCCCATCAGTTTGAACAGT    56
            |||||||||||||||||||  ||||||| |||||||||||||||||||||||||||||
Sbjct  250  TTTTGGTCTAGCTACAGTGAAATCTCGATGGAGTGGGTCCCATCAGTTTGAACAGT    305
```

图 33-2　BRAF 突变型和野生型的部分序列比对

2. 常用于 BRAF 实时荧光 PCR 检测的引物和探针　BRAF 基因实时荧光 PCR 测定方法依其所使用的荧光探针可分为 TaqMan 探针、阻断探针、Sensor 探针、dual-la-belled LNA 探针及用于直接测序、PCR-RFLP、Droplet digital PCR 和 WTB-PCR 等方法中的探针，文献报道的引物和探针见表 33-1，在基因组中所处的位置见图 33-3。

表 33-1　文献报道的几种 BRAF V600E 基因突变实时荧光 PCR 检测常用引物和探针举例

测定技术	分型		引物和探针	基因组区域	文献
TaqMan 探针	野生型	引物	F：5′TAGGTGATTTTGGTCTAGCTACAGT3′	Exon 15 176405- 176487	[9]
			R：5′CCACAAAATGGATCCAGACA3′		
	突变型	引物	F：5′TAGGTGATTTTGGTCTAGCTACAGA3′		
			R：5′CCACAAAATGGATCCAGACA3′		
		探针	5′TCGATGGAGTGGGTCCCATCA3′		
TaqMan 探针	野生型	探针	5′VIC-CTAGCTACAGtGAAATC-BHQ3′	Exon 15 176341- 176476	[10]
	突变型	引物	F：5′CTACTGTTTTCCTTTACTTACTACACCTCAGA 3′		
			R：5′ATCCAGACAACTGTTCAAACTGATG3′		
		探针	5′FAM-TAGCTACAGaGAAATC-BHQ3′		
TaqMan 探针	野生型	引物	F：5′TGTTTTCCTTTACTTACTACACCTCAGA3′	Exon 15 176345- 176451	[11]
			R：5′GGACCCACTCCATCGAGATT3′		
	突变型	引物	F：5′TGTTTTCCTTTACTTACTACACCTCAGA3′		
			R：5′CCCACTCCATCGAGATTCCT3′		
		探针	5′FAM-ATGAAGACC（dT-BHQ1）CACAGTAAAAAT-AGGTGATTTTGG3′		
TaqMan 探针	野生型	引物	F：5′TCACAGTAAAAATAGGTGATTTTGG3′	Exon 15 176393- 176488	
			R：5′ TCCACAAAATGGATCCAGAC3′		
	突变型	引物	F：5′GTGATTTTGGTCTAGCTACGGA3′		
			R：5′TCCACAAAATGGATCCAGAC3′		
		探针	5′FAM-ACTGATGGGACCCACTCCATCGA-BHQ13′		

续表

测定技术	分型		引物和探针	基因组区域	文献
阻断探针	野生型/突变型	引物	F:5′CCTTTACTTACTACACCTCAGATA3′	Exon 15 176351-176471	[12]
			R:5′Biotin-GACAACTGTTCAAACTGATGGGA3′		
		探针	5′ATGGGACCCACTCCATCGAGATTT+C+A+CTG-TAGCTAGACCAAAATCACCTATTTTTACTGTG-AGG-Phosphate3′		
阻断探针		引物	F:5′GTGATTTTGGTCTAGCTACAGA3′	Exon 15 176408-176518	[13]
			R:5′ TCAGTGGAAAAATAGCCTCAATTC3′		
		引物	F:5′ TGTTTTCCTTTACTTACTACACCTCAG3′	Exon 15 176345-176518	
			R:5′ TCAGTGGAAAAATAGCCTCAATTC3′		
		探针	5′ TCTAGCTACAGTGAAATCTCGATG-P3′		
直接测序		引物	F:5′TCATAATGCTTGCTCTGATAGGA3′	Exon 15 176309-176532	[14]
			R:5′GGCCAAAAATTTAATCAGTGGA3′		
PCR-RFLP		引物	F:5′TCATAATGCTTGCTCTGATAGGA3′	Exon 15 176309-176532	[15]
			R:5′GGCCAAAAATTTAATCAGTGGA3′		
Droplet digital PCR		引物	F:5′CTACTGTTTTCCTTTACTTACTACTACACCTCAGA 3′	Exon 15 176341-136476	[16]
			R:5′ATCCAGACAACTGTTCAAACTGATG3′		
	野生型	探针	5′VIC-CTAGCTACAGTGAAATC-MGBNFQ3′		
	突变型	探针	5′6FAM-TAGCTACAAAGAAATC-MGBNFQ3′		
Sensor 探针		引物	F:5′CTCTTCATAATGCTTGCTCTGATAGG3′	Exon 15 176305-176554	[17]
			R:5′TAGTAACTCAGCAGCATCTCAGG3′		
	野生型	探针	5′AGCTACAGTGAAATCTCGATGGAG-fluoroscein3′		
	突变型	探针	5′LCRed640-GGTCCCATCAGTTTGAACAGTTGTCT-GGA-phosphate3′		
WTB-PCR		引物	F:5′CCTTTACTTACTACACCTCAG3′	Exon 15 176351-176447	[18]
			R:5′CCACTCCATCGAGATTTC3′		
		探针	5′GA<u>TTTCACTGTAG</u>-3′;下划线代表 LNA		
dual-labelled LNA probe		引物	F:5′AAAATAGGTGATTTTGGTCTAGCTACAGA3′	Exon 15 176401-176471	[19]
			R:5′GACAACTGTTCAAACTGATGG3′		
		探针	5′FAM-T[+C]GAGA[+T]TT[+C][+T][+C]TG[+T]AG[+C]TBHQ13′		

Homo sapiens B-Raf proto-oncogene,serine/threonine kinase（BRAF）,RefSeqGene（LRG_299）on chromosome 7;212438bp

GeneBank ACCESSION NG_007873

Exon 15;176372-176490

176281　tagaaattag atctcttacc taaactct tc ataatgcttg ctctgatagg a aaatgagat
　　　　　　　　　　　　　　　　　F[15]

176341　ctactgtttt cctttactta ctacacctca ga tatatttc ttcatgaaga cctcacagta
　　　　　　　　　　F[17]

176401　aaaa taggtg attttggtct agctacagt g aaatc tcgat ggagtgggtc ccatca gttt
　　　　　F[9]　　　　　　　　P[10]　　　　　　　P[9]

176461　gaacagt tgt ctggatccat tttgtgg atg gtaa gaattg aggctatttt tccactga tt
　　　　　　　R[9]　　　　　　　　　　R[19]

176521　aaatttttgg c cctgagatg ctgctgagtt acta gaaagt cattgaaggt ctcaactata
　　　　　　R[14]

图 33-3　人类 BRAF 基因相关基因组序列及文献报道的引物和探针举例在其中的位置

[ ]内为相关引物和探针的文献来源;扩增区域重叠者只标出其中之一

3.BRAF 基因日常检测常用临床标本及其处理的特点　BRAF 突变基因检测日常最常使用的临床标本是组织学标本,即经过甲醛固定,石蜡包埋的组织标本(FFPE),肿瘤细胞的数目应该大于 70%。具体该标本的采集与处理方法同之前章节介绍。

目前,除了对于检测 FFPE 外,还可采集细针吸取细胞学样本检测突变和游离外周血样本检测游离 DNA 突变。对于细针吸取细胞学标本,穿刺采集后对采集的穿刺液进行 DNA 提取,之后再行 PCR 检测。对于游离外周血循环肿瘤细胞中 BRAF 突变的检测,通常采集患者未经手术、放疗、化疗前的静脉血,使用 EDTA 抗凝管采集抗凝血。之后收集单个核细胞并通过免疫磁珠法富集癌细胞,之后对于外周血总 RNA 进行提取并反转录为 cDNA,再进行 PCR 检测。

4. BRAF 基因突变检测的临床意义 BRAF 突变与多种肿瘤关系密切,现在日渐受到人们的关注。BRAF 突变最主要存在于消化道肿瘤(结直肠癌)和黑色素瘤中,与这两种疾病关系密切,在其他肿瘤中也有发现,如非霍奇金淋巴瘤、甲状腺乳头状癌、非小细胞肺癌、肺腺癌等。在这些疾病的 BRAF 突变中,90%的突变发生在 1799 碱基位,即 A 取代了 T,造成蛋白质 600 位缬氨酸被谷氨酸取代。

在结直肠癌中,BRAF 突变的概率约为 15%,90%以上为 V600E 突变,并且发现它与 KRAS 突变呈负相关的关系。BARF 突变可以作为晚期及复发性结直肠癌的预后指标之一,与患者生存期不良有密切联系。另外,BRAF 突变与结直肠癌的分期也显著相关,具有统计学差异,BRAF 突变型可能是转移性结直肠癌预后较差的重要指标,但是与性别、年龄、肿瘤分化的状态及发生的部位无关。研究显示,结肠上皮细胞发生 BRAF 突变可能会导致细胞对凋亡的抵抗,同时参与到结肠上皮细胞转化及肿瘤入侵的过程当中。在结直肠癌中,BRAF 突变也可以作为针对 MAPK 通路药物的靶点用于治疗,目前的研究发现,通过检测 BRAF 基因突变选择相应的肿瘤患者,对其进行合适的 MEK1/2 抑制剂的治疗可能会取得令人满意的疗效。另外,检测 BRAF 突变可以用于筛选合适的药物,避免使用由于 BRAF 突变存在导致抗肿瘤药物治疗失败的发生,研究发现,BRAF 基因野生型与西妥昔单抗和帕尼单抗对于结直肠癌的治疗效果呈正相关。

在黑色素瘤中,75%~82%的 BRAF 基因突变为 V600E 突变,在黑色素瘤中检测 V600E 突变有助于指导临床用药,携带 V600E 突变的黑色素瘤患者对于选择性 BRAF 蛋白激酶抑制药(PKI)特别敏感,目前已经被审批通过了包括威罗非尼、达拉菲尼等药物。通过这些药物的治疗能够使携带 BRAF 基因突变的黑色素瘤患者的生存期延长。

准确地检测 BRAF 突变是提供有效治疗方案的前提,基于 PCR 基础进行的 BRAF 突变的检测可以灵敏准确的检测 BRAF 突变的存在,随着技术的发展,检测 BRAF 突变的方法的灵敏度和特异性也不断提高,检测手段的发展不断趋向于结果稳定、重复性好、灵敏度高、省时省钱、方便快捷及高通量方面发展。目前仍认为测序方法是常用和主要的检测方法,其自动化水平的大幅度提高,使得操作更加简便,大大节省了人力和时间。

(李禹龙　张　瑞)

参 考 文 献

[1] Ikawa S, Fukui M, Ueyama Y, et al. B-raf, a new member of the raf family, is activated by DNA rearrangement. Mol Cell Biol, 1988, 8 (6):2651-2654

[2] Davies H, Bignell. Mutations of the BRAF gene in human cancer. Nature, 2002, 417(6892): 949-954

[3] Wellbrock C, Ogilvie L, Hedley D, et al. V599EB-RAF is an oncogene in melanocytes. Cancer Res, 2004, 64(7):2338-2342

[4] Tiacci E, Trifonov V, Schiavoni G, et al. BRAF mutations in hairy-cell leukemia. N Engl J Med, 2011, 364(24):2305-2315

[5] Ziai J, Hui P. BRAF mutation testing in clinical practice. Expert Rev Mol Diagn, 2012, 12(2): 127-138

[6] Yokota T, Ura T, Shibata N, et al. BRAF mutation is a powerful prognostic factor in advanced and recurrent colorectal cancer. Br J Cancer, 2011, 104(5):856-862

[7] Moon HJ, Kim EK, Chung WY, et al. BRAF mutation in fine-needle aspiration specimens as a potential predictor for persistence/recurrence in patients with classical papillary thy-roid carcinoma larger than 10 mm at a BRAF mutation prevalent area. Head Neck, 2015, 37: 1432-1438

[8] Thierry AR, Mouliere F, El Messaoudi S, et al. Clinical validation of the detection of KRAS and BRAF mutations from circulating tumor DNA. Nat Med, 2014, 20(4):430-435

[9] Rustad EH, Dai HY, Hov H, et al. BRAF V600E mutation in early-stage multiple myeloma: good response to broad acting drugs and no relation to prognosis. Blood Cancer J, 2015, 5:e299

[10] Walts AE, Mirocha JM, Bose S. Follicular variant of papillary thyroid carcinoma (FVPTC): histological features, BRAF V600E mutation, and lymph node status. J Cancer Res Clin Oncol, 2015, 141:1749-1756

[11] Pisareva E, Gutkina N, Kovalenko S, et al. Sensitive allele-specific real-time PCR test for mutations in BRAF codon V600 in skin melanoma. Melanoma Res, 2014, 24(4):322-331

[12] How-Kit A, Lebbé C, Bousard A, et al. Ultra-sensitive detection and identification of BRAF V600 mutations in fresh frozen, FFPE, and

plasma samples of melanoma patients by E-ice-COLD-PCR.Anal Bioanal Chem,2014,406 (22):5513-5520

[13] Smith GD,Zhou L,Rowe LR,et al.Allele-specific PCR with competitive probe blocking for sensitive and specific detection of BRAF V600E in thyroid fine-needle aspiration specimens.Acta Cytol,2011,55(6):576-583

[14] Rossi ED,Schmitt F. Pre-analytic steps for molecular testing on thyroid fine-needle aspirations:The goal of good results.Cytojournal, 2013,10:24

[15] Daliri M,Abbaszadegan MR,Bahar MM,et al. The role of BRAF V600E mutation as a potential marker for prognostic stratification of papillary thyroid carcinoma:a long-term follow-up study. Endocr Res,2014,39(4):189-193

[16] Reid AL,Freeman JB,Millward M,et al.Detection of BRAF-V600E and V600K in mela-noma circulating tumour cells by droplet digital PCR. Clin Biochem, 2014, pii:S0009-9120 (14)00790-5

[17] Rowe LR,Bentz BG,Bentz JS. Detection of BRAF V600E activating mutation in papillary thyroid carcinoma using PCR with allele-specific fluorescent probe melting curve analysis.J Clin Pathol,2007,60(11):1211-1215

[18] Chen D,Huang JF,Xia H,et al.High-sensitivity PCR method for detecting BRAF V600E mutations in metastatic colorectal cancer using LNA/DNA chimeras to block wild-type alleles. Anal Bioanal Chem, 2014, 406 (9-10): 2477-2487

[19] Pinzani P,Salvianti F,Cascella R,et al.Allele specific Taqman-based real-time PCR assay to quantify circulating BRAFV600E mutated DNA in plasma of melanoma patients. Clin Chim Acta,2010,411(17-18):1319-1324

第34章 PIK3CA 基因突变实时荧光 PCR 检测及临床意义

磷脂酰肌醇-4-5-二磷酸盐-3-激酶催化亚基 α（phosphatidylinositol-4,5-bisphos-phate-3-kinase catalytic subunit alpha, PIK3CA）是位于表皮生长因子受体（EGFR）下游级联信号通路上的一个重要激酶分子，在肿瘤的发生中扮演原癌基因的角色。1994 年由英国研究者 Volinia 利用原位杂交技术最先检测出。当 PIK3CA 基因外显子发生突变时，肿瘤患者对酪氨酸激酶抑制药（TKI）治疗产生耐药性。携带 PIK3CA 突变基因的这部分患者使用帕替尼、曲妥珠单克隆抗体等 TKI 无效。TKI 均通过直接抑制 EGFR 从而发挥抗肿瘤作用，可显著提高肿瘤患者生存率和生活质量。因此，在使用 TKI 前检测 PIK3CA 基因突变状态已成为肿瘤患者个体化治疗及疗效监测的重要手段。

一、PIK3CA 的基因结构特点

1. 基因结构

（1）PIK3CA 基因生理结构：PIK3CA 基因是逆转录病毒 V-p3k 癌基因在细胞内的同系物，定位于人 3q26.3，由一个 85kD 的调节亚基和一个 110kD 的催化亚基组成，全长 34kb，编码 1068 个氨基酸，产生一组长 124kD 的蛋白。其 mRNA 由 21 个外显子组成，编码 IA 类磷脂酰肌醇 3 激酶（phosphatidylinositol-3-kinase，PI3K）的 p110α 催化亚基。

（2）PIK3CA 基因突变特点：正常情况下，PIK3CA 基因在脑、肺、胃肠、乳腺、卵巢等组织中均有表达，具有调节体细胞增殖、分化和凋亡等重要生理功能，但多以非激活的

形式存在，通常不易检出。而其突变后基因及蛋白均可过度表达。超过 30％ 的人类肿瘤中存在 PIK3CA 基因的突变，尤其是结直肠癌、乳腺癌、胃癌、肝细胞癌和神经胶质瘤，使其成为突变频率最高的癌基因之一。

2. 突变类型　PIK3CA 基因突变主要表现为点突变，在多个外显子中都已有发现，且 80％ 以上的突变主要发生在外显子 9 编码的"激酶"结构域和外显子 20 编码的"螺旋"结构域。常见突变形式有 9 号外显子的 E542K、E545K、E545D 和 20 号外显子的 H1047R、H1047L 突变。E542K 为 PIK3CA 基因第 542 号密码子第一位碱基 G＞A，氨基酸 Glu 突变为 Lys；E545K 为 PIK3CA 基因第 545 号密码子第一位碱基 G＞A，氨基酸 Glu 突变为 Lys；E545D 为 PIK3CA 基因第 545 号密码子第三位碱基 G＞T，氨基酸 Glu 突变为 Asp；H1047R 为 PIK3CA 基因第 1047 号密码子第二位碱基 A＞G，氨基酸 His 突变为 Arg；H1047L 为 PIK3CA 基因 1047 号密码子第二位碱基 A＞T，氨基酸 His 突变为 Leu。不同区域的突变，分别通过与 PI3K 的调节亚单位 p85 和 RAS-GTP 相互作用导致 PI3K 的活化。同时 PIK3CA 基因在 EGFR、HER2 信号通路中担任细胞内部的一个信号传递者，如果 PIK3CA 基因发生突变，这条信号通路就会进入自我持续活化状态，造成细胞持续生长和增殖，并导致作用于 EGFR、HER2 的药物失效。

3. 编码蛋白的功能特点　PIK3CA 编码蛋白即 PI3Kp110α。PI3K 家族包含八个催化亚基并根据其结构和底物特异性不同分为三型：Ⅰ、Ⅱ、Ⅲ型。Ⅰ型 PI3K 因能被细

胞表面受体激活而研究最为广泛,通常所说的 PI3K 即指Ⅰ型 PI3K。Ⅰ型 PI3K 根据调节亚基和活化方式不同分为两个亚型:ⅠA 型和ⅠB 型。ⅠA 型 PI3K 包含 p110α、p110β 和 p110δ 催化亚基,而ⅠB 型 PI3K 仅包含 p110γ。p110α 和 p110β 分布于人体各处组织,而 p110γ 和 p110δ 主要分布于人体白细胞。Ⅰ型 PI3K 活性严格受上游各种生长因子酪氨酸激酶(RTK)包括表皮生长因子(EGFR)、胰岛素受体和 G 蛋白偶联受体(GPCR)的控制。其中 PI3K(p110α)在肿瘤发生中起重要作用,由 PIK3CA 基因编码,具类脂激酶和蛋白激酶的双重活性,主要调节细胞内酪氨酸激酶下游传导信号,是由催化亚基 p110 和调节亚基 p85 组成的二聚体蛋白。

多数 PI3K 成员的催化亚基 p110 拥有类似的四个结构域,即催化激酶区、螺旋区、C2 区和 Ras 结合区(Ras binding domain,RDB),其 N 端与调节亚基结合。调节亚基 p85 具有 2 个同源 SH2 结构域,一个与上游具有 SH2 结构的酪氨酸酶受体等信号蛋白结合,另一个则可以与催化亚基结合,激活 PI3K。PI3K 激活方式主要有两种:①调节亚基 p85 直接与不同受体酪氨酸酶结合,激活 p110 亚基;②p110 亚基与 Ras 的直接结合从而活化 PI3K。p110α 激活后聚集到细胞膜上,催化包膜上的 4,5-二磷酸磷脂酰肌醇(PIP2)转变为 3,4,5-三磷酸磷脂酰肌醇(PIP3)。PIP3 作为第二信使可以结合并激活含有 PH 结构域的信号蛋白 AKT 和 PDK1 等多种细胞内靶蛋白。PI3K 通过 PDK 使 AKT 第 308 位苏氨酸和第 473 位丝氨酸位点磷酸化,使磷酸化的 AKT 由细胞内转位于细胞膜,并获得催化活性,参与调节细胞的增殖、运动、黏附侵袭、转移、凋亡和自噬等有关信号通路。PIK3CA 主要通过 PI3K/AKT/mTOR 信号通路调节肿瘤细胞的增殖、分化、凋亡及血管生成等。

二、PIK3CA 基因突变实时荧光 PCR 测定及其临床意义

1. 引物和探针设计　PIK3CA 基因突变检测引物和探针设计的主要原则为:①确定 PIK3CA 基因热点突变在基因序列中的位置,根据突变位点及两侧的序列设计引物和探针。②选择的引物要尽量处于 PIK3CA 基因组的高保守序列,以保证检测的特异性。③遵循引物间不形成二聚体,引物自身不形成发夹结构,以及引物与模板不发生错配的原则。

2. 常用于 PIK3CA 实时荧光 PCR 检测的引物和探针　文献报道的 PIK3CA 基因突变及拷贝数实时荧光 RT-PCR 检测的引物和探针举例及在全基因组序列中的相应位置见表 34-1 和图 34-1。

表 34-1　文献报道的 PIK3CA 基因突变及拷贝数实时荧光 RT-PCR 检测引物和探针举例

测定技术	引物和探针		扩增区域	文献
TaqMan MGB 探针	引物	F: 5′-AGCTCAAAGCAATTTCTACACGAGAT-3′(74737-74762)	74737-74811	[1]
		R: 5′-GCACTTACCTGTGACTCCATAGAAA-3′(74811-74796)		
	探针	5′-FAM-CCTCTCTCTAAAATCA-MGB-3′(74763-74778)		

续表

测定技术		引物和探针	扩增区域	文献
	引物	F：5'-TCAAAGCAATTTCTACACGAGATCCT-3'（74740-74765）	74740-74811	
		R：5'-GCACTTACCTGTGACTCCATAGAAA-3'（74811-74796）		
	探针	5'-FAM-CTCTGAAATCACTAAGCAG-MGB-3'（74768-74786）		
	引物	F：5'-GCAAGAGGCTTTGGAGTATTTCATG-3'（90731-90755）	90731-90828	
		R：5'-GCTGTTTAATTGTGTGGAAGATCCAA-3'（90828-90803）		
	探针	5'-FAM-CACCATGACGTGCATC-MGB-3'（90768-90783）	90731-90828	
TaqMan 探针	引物	F：5'-AAATGAAAGCTCACTCTGGATTCC-3'（90857-90881）	90857-90937	[2]，[3]
		R：5'-TGTGCAATTCCTATGCAATCG-3'（90937-90917）		
	探针	5'-6-carboxyfluorescein-CACTGCACTGTTAATAACTCTCAG-CAGGCAAA -tetramethylrhodamine-3'（90882-90913）		
TaqMan 探针	引物	F：5'-AAATGAAAGCTCACTCTGGATTCC-3'（90857-90881）	90938-90857	[4]
		R：5'-TTGTGCAATTCCTATGCAATCG -3'（90938-90917）		
	探针	5'-JOE-CACTGCACTGTTAATAACTCTCAGCAGGCAAA -TAMRA-3'（90882-90913）		
SYBR Green I	引物	F：5'-GGAGGATGCCCAATTTGATG-3'（60047-60066）	60047-60112	[5]
		R：5'-AACAGTCCATTGGCAGTTGAGA-3'（60112-60091）		
SYBR Green I	引物	F：5'-GGCCACTGTGGTTGAATTGGGA-3'（81213-81234）	81213-85863	[6]
		R：5'-AGTGCACCTTTCAAGCCGCC-3'（85863-85844）		
SYBR Green-Master Mix	引物	F：5'-AGATAACTGAGAAAATGAAAGCTCACTCT -3'（90845-90873）	90845-90948	[7]
		R：5'-TGTTCATGGATTGTGCAATTCC-3'（90948-90927）		

PIK3CA complete genome：98571bp

Genbank Accession NG_012113.2

  1　tttcgccctg ttgcccaggt tggtctcaaa ctgctgggct caagtgatcc acccacctca

 61　gcctcccaaa gtgctgggat tacaggcgtg agccaacaca cctggctgaa aatagtcttt

121　tacgaatttc aaagctttga tttctccata agtgcactcc tggtaacttg agaacattac

181　acatttgtct cctttctgtg gccagaattg tttttgtattt caagtatgga aaggagcttt

```
 241 gccagaatcc tcccgtgcta agtgtaagta gagcagttag actttaacat ggttgtgtga
 301 tagtaatgac attcatatct gactctaggc aaggcatggc tggaatgaaa aacattgact
 361 gttaagtgtt ttaaggtgaa cttctcagat actagatctc ttagctcaca tagtggaatt
 421 ttgaggaaag tacagggttt gctcttcatc tcctaagaaa tgcaatgatg attctttaaa
 481 gtactgatgg gtcagggagg ggagaaaacc attaaccgag aattgtataa tcagctaaaa
 541 tattttgcag aaatgaaggc aaaagtaaaa tattctcaaa tgaaggaaaa tgaagggaat
 601 ttgtcacaag cagactttct ctaaaaagaa tgttaaaatt cttcaggata aagggaaatt
 661 ataccagaag gaaaaatgga ttttcaggaa tgaagcaaaa cataaatgta aatggatacg
 721 taaatataaa agattatttt tcctcttgag ttctatatga ctgttgaaag caaaaattat
 781 aaaaacatct gatggggctt ccatatatat aaatgtaata catatgccaa ctaatgacat
 841 aaaggtcagg gagtggggta ggagacagtg gtaaatctac acggttgcaa ggcttctttc
 901 tacattttac ttgaagtggt gtaatagtaa tactaagtag accgcaaaac tttaggtatg
 961 tatattataa tccatagaat taccaaaaaa ttaccaagaa atatattaaa actacaatat
1021 agaaattaaa atggaatatt aaaaattttt caaataatcc acaagaaagc aggaaagtag
1081 aaacataaaa acaaagtat agaggaaaaa cagaaaacaa ataataaaat ggcaagccta
1141 aatccatata attacattaa atgtaaatta aacacagcaa ttaaaacaca gaaattgtca
1201 gattggaatt tttaaaaaga gatctaatac gtgttgtcta cgagtaactc actttaaata
1261 taaaaataga tataaaaaag atgggaaaaa ataccatgga aaaattaatc aaaaaaagct
1321 ggactggctg tattaatatc agacaaagta gatttcagaa caaagatatt actaggaata
1381 aagagagata gtacagattg attaaaaaga gtcaatgtat caaaacacaa gagttctaaa
1441 tgtgtataca tctaacaaca aagcttcaaa acacacaaag taaaaataca cagaagtgaa
1501 atgagaaata aagaaatcca caattatatt ttgaaacatc aatgctaaca aaatcatcaa
1561 cttggtaaga aactacattc tgcccaacaa tagcaaacaa aatattcttt cataagtgca
1621 catgggacat tcaccaagat attctggggc aacacaaatc ttaacttgaa aagaactgaa
1681 atcttaaaag tacgtgtgtg tatgtgtgtg tgggtgtatg gttttttttt ttttaagatg
1741 gagtctcggt caggcgtggt ggctcacacc tgtaatctca gcactttggg aggccaaggc
1801 gggcggatca tgaggtcagg agttcaagac cagcctgacc aatatggtga accccgtct
1861 ctactaaaaa tacaaaaatt agccgggcgt ggtggcacgt gcctgtagtc ccagctactc
1921 ggaaggctga ggcaggagaa tcacttgaac ctgggaggca gaggttgcag tgagccaaga
1981 tcgcgccact gcactccagc ctgggtgaca gagcgagact ccatctcaaa aaaaaaaaaa
2041 aaaaaaaaaa aacagtgcta catggtaact catatcgtta tctcttggtg tgtttttatt
2101 gtttgacttg gcaattttat acatctaaag tatactgcta cataatcaac ttgactctta
2161 tttacaaagg acttcaaagc ttagtagtga cttaagcgct attagagaat gtttcggtgc
2221 atatttgagt atcagttatg attttcaatg gaaataaacc caaaaggcaa gtaactgtca
2281 ttataattct gattattaga atagaacaat agctacatac tggacatttc acctcccgtc
2341 tttagaaccc ttaggatgca attatttaat tttgaagtat accattttt gtttcattta
2401 cagcctgaga atcattattt ttttaaaacc ttctttcagc tcctaatcct tgagtgatga
2461 gtttggtcat atagatgctt atatcataca gatattttta tatcatatag atatttttaaa
2521 cactgaataa cattgcaaaa acctttgaaa gcaagatgac acctaagacc aatggcttac
```

2581 atataaggca aacattatca accgtgaatt gaatagtaaa tgctactcct gtaccaatga

2641 atggtgtcat gcattcaagt accaggtatg gcttttttctg ctatgacaca caacttctta

2701 ggggcagata atcacataac aaaaaacata ttatgtaatt agcattttct tattaaaaaa

2761 taaattttag gctgggcatg tcggctgaag tctgtaatcc caacactttg ggaggccgag

2821 gtagatgaat ctcttgagcc caggagttgg agaccagtct gggcaacgaa gcaagaccct

2881 gtctttacaa aaaataaaac attttttaaaa atcacaaata ggccaggtgc ggtggcttac

2941 gcctgtaatc ctagcactct gggaagtcga gggggggtgga tcacctgaag tcagaagttt

3001 gagaccagcc tgaccaacat ggtgaaaccc cgtctctact aagaaataca aaaattagct

3061 ggcatgttgg ctggtgcctg taatcccagc tactcgggag gctgaggcag aagaatcgct

3121 tgaacccggg aggcagaggc tgcagtgagc cgagactgca ccgctgaact ccagcctggg

3181 ctacagagtg agactctggc tcaaaaaaat aataataata aataataat aaattttata

3241 aggaaaaata tccctagtat attttttcccc accaaggtct acctattaat atctcatata

3301 actctgtgct tgaaacacaa tttgggatat attgccttaa aatttacttt gactagcaat

3361 tcagtgttcc ttttttaaaa aaatctgtac tctggagtaa cagtgttcta aaactgttga

3421 agaacattgg ttcgagaaaa acatttagaa acacaaaccc ctggaatgtg agatgaaaat

3481 ccgagctaaa gggagaaaaa ggacgaaaga aagaaaacac agaaaagaaa gaaatacagt

3541 caagtgaaac tacgaccaca aagaggaaca gatccatctc atttaccatt ggggtatgga

3601 cggacgtgcg gtgttcgaga agactgttat tggtcagagt tttgctctag aggacaagta

3661 ggactgtaac atctctagga tgggtcactt cccaagccct ctattactta aaaattcaag

3721 gaggaaccga tgctggagta cttgtatctc agacttctaa tcactgctcc tacgctttttc

3781 caatattaca acaaaagacc agtaggggga gaaaaacgca cagtaccgaa cccttatcag

3841 tagtaatctc aaaagtcaac agattgattt actctcaagc aaacagactt ctaaggtacg

3901 cagcaccaag acactacctt gaatcaaatc tatagcctat atgacatttc tgaagtctct

3961 gttggcatta cgcgaaaaat cccccacgtc ttctgaatag ttagaattga atcctacaag

4021 ctgcttcgaa tcagaattcg atttaaaaaa aaaaatgagg gcatagcaaa aggtctccac

4081 gaagtgagtc aaaggactgc agagggctgt gacagtgcat tccgccttcg ggatggtata

4141 caacttaaac catgtcggca gaagaacgca cagcaacgct ttgtaaaaag cattctttct

4201 attatagaat ccataaccac gctggttagc cactgacagc ggcggttagc caccgcacct

4261 cctctcaccc ccgaactaat ctcgtttcct ctatgggtgt aaaagtgaaa taacccactt

4321 gctcccaata ttcctttcta tatctctacc ccagctcgcc tgctgctcgt agaaacaaat

4381 atactcacg tacgctgtcc taggatgaca caacaccctc actactgcag aagacggatc

4441 attaaacaaa cgtcagaaga gcagccccaa ctgtacataa acttcgggcg gaaaagcaag

4501 acgcaggcgc agtagcacat attgttaccc tatttgccca ctccctgctc ctcctcgcct

4561 caatttcgct tccgcttctt tgcgcatctg cttccgggggg attgtaggct ctgcccctcc

4621 tcagctctta ccctcttctg ccggaggagg ggggggggccg aggggggtggg gaagagttcg

4681 ttgtttgttt acacgatgtg agcggaaaaa gagaccaata aagtttattc tggaaacaaa

4741 aggaaaaaaa aacaggggcg acggagaaag gagtcgggggg cggggggcgtg tggcgggggc

4801 tagcgaggag agggagcgag aagtagaaag cggcagttcc ggtgccgccg ctgcggccgc

4861 tgaggtgtcg ggctgctgct gccgcggccg ctgggactgg ggctgggggcc gccggcgagg

```
4921  cagggctcgg gcccggccgg gcagctccgg agcggcgggg gagaggggcc gggaggcggg
4981  ggccgtgccg cccgctctcc tctccctcgg cgccgccgcc gccgcccgcg gggctgggac
5041  ccgatgcggt tagagccgcg gagcctggaa gagccccgag cgtgagtaga gcgcggactg
```

```
55201  aacatatgtt ttccttcttt gatttaggtt tctgctttgg gacaaccata catctaattc
55261  cttaaagtag ttttatatgt aaaacttgca aagaatcaga acaatgcctc cacgaccatc
55321  atcaggtgaa ctgtggggca tccacttgat gcccccaaga atcctagtag aatgtttact
55381  accaaatgga atgatagtga ctttagaatg cctccgtgag gctacattaa taaccataaa
55441  gcatgaacta tttaaagaag caagaaaata ccccctccat caacttcttc aagatgaatc
55501  ttcttacatt ttcgtaagtg ttactcaaga agcagaaagg gaagaatttt ttgatgaaac
55561  aagacgactt tgtgaccttc ggcttttttca acccttttta aaagtaattg aaccagtagg
55621  caaccgtgaa gaaaagatcc tcaatcgaga aattggtatg atacaatatc ctattctaaa
55681  atgcaaataa ccataaagct taactgttgt ccctttctaa aatatttctg tctaaaccaa
55741  taccttcgta atcttaaata gctttctaaa taaaaatcat aaatctaaag tatgtttttac
55801  tatcgaacta tggaactatt tttaacacct tgatattatt ccataaggtt ttatttaaga
55861  aatgtcattt gtgggatgac ttagatttgt tatatctcag tgttgttatt cttttaaaaa
55921  tgattgatag gaatgtttgc tgcctttgct ctaaattgct gaatatatta tttttttatat
55981  attaaaaata ttcaggactg tcaacttttta atatatatgc attcatcaaa aatttgtttt
56041  aacctagcgg tactttttttt actttattgt gatcttccaa atctacagag ttccctgttt
56101  gcaaaaaaaa catgttcatg ctgtgtatgt aatagaatgt tatattcttt atgtaatttt
56161  attaaaggtt ttgctatcgg catgccagtg tgtgaatttg atatggttaa agatccagaa
56221  gtacaggact tccgaagaaa tattctgaac gtttgtaaag aagctgtgga tcttagggac
56281  ctcaattcac ctcatagtag agcaatgtat gtctatcctc caaatgtaga atcttcacca
56341  gaattgccaa agcacatata taataaatta gataaaggta agaaaatgac taatctactc
56401  taatcattac tatagtgcag tcttctacct gtgtctatat ctttgtatag tctttttttt
56461  ttttttccagc tagatagtaa gcttcttgaa ggcagggact gcttatactg acaagatata
56521  gttgagtgct aaatagaaat tatgtacaat caatatttat tggttgaatt tttgtgtgaa
56581  tatgatactg atttcttggt aaattgtcta taaaacggaa gaagtatgag tttgaaattt
56641  actattttttt aggattcaga attagagctg attatctttt cataaataaa aactataaat
56701  agaaacattt tatgaaattt tgggaaaact ttatacattc ttgttattat atatcataaa
56761  tacaccagaa aaaaataagt aattttctta agtattaaat gcagtaattc tgatcatggg
56821  tgataatata tagggagatt tttgatattt aatatattag tttctaga taagggaaca
56881  agaaactaaa ctatattgtt ttcaaaatgc atgtcattgt atcagataaa tatctatatt
56941  tttcagggta acagtaaaat tatcaatttg agttaactct cacacactat taaatatcaa
57001  attctgttag tagaataagt taagacatct tattactatt cgtattttttc aaagtagttt
57061  aatgcaacat aagatcttttc aaaattctttt tctattctag catatatttt aatgctcttt
57121  tcattttccc gaacattctt tgtgaaaaat tttcaacata tagacaactt gaaagaaatg
57181  tactgtgaac aaccaaacct ctctaaatag tttgtcttcc cgtttttcttc atctttctct
57241  tttcttcttt tttggactcc tggcttaatc ttaaaaggag aaaattagac aatgcatttc
```

57301 ctctcccctc gtaattttct tacctttcct ccctcacatt ttctgtcatt ctaattgaac

57361 atctttaaac ctccattggt tctttcttta cttcccatag ttaccaaaaa cttccacctt

57421 aggcactgtc aaacctttga gaccatcatg aatcactatt cataggggca gtacccatga

57481 agtatgtcat acagtttaga atggaaatta gcttggtctc aggtacttgt gacccacata

57541 tcacagtttt gtgtgcttgt cataaaacat gagatttggg aatgatctgg cagcccgctc

57601 agatataaac attttctgtt tctacctgat atttacctag ttttaattgg gctgattaaa

57661 aagcatttct gatatggata aagtaatgat agtgaatact tgttgaaatt tctcccttga

57721 aaaatgaaag agagatggtg attgcatcta atgtttttcct gttatagggc aaataatagt

57781 ggtgatctgg gtaatagttt ctccaaataa tgacaagcag aagtatactc tgaaaatcaa

57841 ccatgactgt gtaccagaac aagtaattgc tgaagcaatc aggaaaaaaa ctcgaagtat

57901 gttgctatcc tctgaacaac taaaactctg tgttttagaa tatcagggca agtatatttt

57961 aaaagtgtgt ggatgtgatg aatacttcct agaaaaatat cctctgagtc agtataaggt

58021 gagtaacaag tttcaaaata ttaatttta atttaaaaag taatcacatt gaggatgagt

58081 atctgtattt tttttttttt tttgagacgg aatctcactc tcgcccaggc tggagtgcag

58141 tggcgcgatc tcggctcact gcaggctctg cctcctgggt tcatgccatt ctcctgcctc

58201 agcctcccga gcagctggga ctacaggcgc ccgccaccac acctggctaa ttttttgtat

58261 ttttagtaga gacaggtttt gcaccatgtt atctaggata gtcttgatct cctgacctcg

58321 tgatccactc tccgtggctt cccaaagtgc tgggattaca gacgtgagcc accacgccca

58381 gccaagtatc tatttttagg atatacttct tgataagtaa tattagtaaa tagcgtttgt

58441 aagcttattc ttttaattct gtgattaatt cgagaggctg aaaatgttgg cagttactcc

58501 agctcccaaa tatagatatt ccatggggtt gttgttttttg ttgttgtttg tttgttttttc

58561 gagacagggt ctcgctttgt ctctcaggct ggaatgcagt ggtatgatca tggcttactg

58621 cagcatcagc ctcccaggct caagcagtcc tctcacctca gcctcctaag tggctgggac

58681 cacatgcgtg tgccaccatg cccagctaat ttttgtttgt ttgtttgttt gtttagagac

58741 agagtctcat attgtccagg ttggtctcga attctgggca caaacaatcc tcctgccttg

58801 gcctcccaca gtgctgggat tacaggcgtg agccattgcg cccagcctat ttcgtgattt

58861 ttatccctc caaccagtgg ctgtggaatg gaattgaaat agacatttca aaaaatccat

58921 gacctactgt taagatatac tattgatact ttcctactct cttttttctgt ttattaaata

58981 aatacctata agaagcaact acgtttgtgc caagcatatg tcgagtacta atttacataa

59041 ccaagtaaaa cctgggcctg gccttcaggt tgcttatttt ctagtgggggc ttatgggtaa

59101 gaaaataatg tgtatatagt aacatttata ttaaaaatct cgtcttaact accatttcaa

59161 aattcagacc agtatatttt aacatttttt gtaaatatcc ataatgttac tggtctccac

59221 tatttgtggt tttttgtttt aattttagca aaaactaatgt ttctcaggaa atgtttggac

59281 aaaaaagcaa gtgaacagca gcctttggat gggacatcag tatgacttaa tagattgaat

59341 gacagaggcg tcctaagtga tattactttt ctgttatcat atacaatgtt ttcataatga

59401 gtatcctgtg atccttgttt tttttttttt tttttgaga cggagtcttg ctctgtcgcc

59461 caggctggag tgcagtggca ggatctcggc tcactgcaag ctccgcctcc cgggttcacg

59521 ccattctcct gcctcagcct cccaagtagc tgggactaca ggcgcccgcc actacgcccg

59581 gctaattttt tgtattttta gtagagacgg ggtttcaccg ttttagccag gatggtctcg

59641 atctcctgac ctcgtgatcc gcccgcctcg gcctcccaaa gtgctgggat tacaggcgtg

59701 agccaccacg cccggccgtg atccttgttt ttaattcctt tttttgcctc cagttaaggg

59761 tagaactaca gtttcaaaag ttgaccttaa ttttttttctt tcgtgcaatt tatattcaga

59821 agtgtttgat tgatcttgtg cttcaacgta aatcctaaat gttagtattt taaatgttat

59881 aggaactact agtaaatgtg gtctataatg tttaattttt tatcacctttt gcagattaat

59941 atgtagtcat aatactctga catgttactt ttaaaatgaa aaaccttaca ggaaatggct

60001 cgcccccctta atctcttaca gtatataaga agctgtataa tgcttgggag gatgcccaat

60061　ttgatgttga tggctaaaga aagcctttat tctcaactgc caatggactg ttttacaatg
　　　　　F[5]　　　　　　　　　　　　　　　　　　R[5]

60121 ccatcttatt ccagacgcat ttccacagct acaccatata tgaatggaga aacatctaca

60181 aaatcccttt gggttataaa tagtgcactc agaataaaaa ttctttgtgc aacctacgtg

60241 aatgtaaata ttcgagacat tgataaggta aagtcaaatg ctgatgctta ttatttttata

60301 gaaattattt tagataacct ttttcttgca ctatacagta atctgttgac ctgtagtatg

60361 ttttcagatg gttaggagaa catccaaatc tccgaatgta aaaatatatc aagaattttta

60421 cttgagcttc catctacctt agctattata cagctcacag tcctttgtta ataattctaa

60481 tattcacaat tctagctctt aaaaatcaaaa gttttacaga attcgtttgg cagaaagacc

60541 tgggccaacc ttaagtgagg gttttttataa tctttattaa ccccacttag tataaaattc

60601 cggtatctta ttaaagaaat attaatgtct ttatgaggta ctgcttcacc agctaaggaa

60661 gtagtattta gtaagtacgt gtaccaattt agctttctaa aatatggaaa aactctgaat

60721 tacatacctc ccttaagggg attgtgggcc tatatttatg ttttagtagt ctgatgtctc

60781 cattgttatt agtggatgaa ggcagcaact aattttggtg aagactctac atcagtatta

60841 acgtgttaca tatgtgaaaa aaaggagaac caagctatat ctgaacaaaa attccgtggt

60901 tttatatttg agtctatcga gtgtgtgcat atgtgtatgt tgagtgtata cattagtata

60961 tacctacttt tttctttttag atctatgttc gaacaggtat ctaccatgga ggagaaccct

61021 tatgtgacaa tgtgaacact caaagagtac cttgttccaa tcccaggtaa ggaagtatat

- -

66061 aattttacat aggtggaatg aatggctgaa ttatgatata tacattcctg atcttcctcg

66121 tgctgctcga ctttgccttt ccatttgctc tgttaaaggc cgaaagggtg ctaaagaggt

66181 aaagtatttc agaaggaaca attatgttta cctttaaaaa ctcctgatta taccgctgat

66241 tgaattttttt cacaaattgg atgttatttt atatttaaga aaataataat aaacctatttt

66301 ttaaaatttt aataaatgta tcatggaaga ataccttggg agagcttcag gaatttatga

66361 tgaatatgtt ttgagttctt attgatacca ttttttaaaaa tgcaaagtga ctatataaca

66421 gggattgcat gcaaatatct catgcttgct ttggttcata ttttctatttt ataattaaaa

66481 tacatgtaat ttcaaatggg gaaaaaggaa agaatgggct taaaccttga aaaatcaatt

66541 tttttttttt agatattccc attattatag agatgattgt tgaattttcc ttttgggggaa

66601 gaaaagtgtt ttgaaatgtg ttttataatt tagactagtg aatattttttc tttgtttttt

66661 aaggaacact gtccattggc atggggaaat ataaacttgt ttgattacac agacactcta

66721 gtatctggaa aaatggcttt gaatctttgg ccagtacctc atggattaga agatttgctg

66781 aaccctattg gtgttactgg atcaaatcca aataaagtaa ggtttttatt gtcataaatt

66841 agatattttt tatggcagtc aaaccttctc tcttatgtat atataatagc ttttcttcca

66901 tctcttagga aactccatgc ttagagttgg agtttgactg gttcagcagt gtggtaaagt

66961 tcccagatat gtcagtgatt gaagagcatg ccaattggtc tgtatcccga gaagcaggat

67021 ttagctattc ccacgcagga ctggtaaggc aaatcactga gtttattaag tatcaattat

74641 aaaaatatga caaagaaagc tatataagat attattttat tttacagagt aacagactag

74701 ctagagacaa tgaattaagg gaaaatgaca agaacagct caaagcaatt tctacacgag

E542K   E545K E545D

74761 atcctctctc tGaaatcactG aGcaggaga aagatttct atggagtcac aggtaagtgc

F₁[1]   A P₁[1] A T   R₁[1]

74821 taaaatggag attctctgtt tctttttctt tattacagaa aaaataactg aatttggctg

74881 atctcagcat gttttacca tacctattgg aataaataaa gcagaattta catgattttt

74941 aaactataaa cattgccttt ttaaaaacaa tggttgtaaa ttgatatttg tggaaaatca

75001 tactacattg gtagttggca cattaaatgc ttttttcttac tctgaattcc tgatatgact

75061 ttctttagga ttgtttaaaa tattctagta gttttaggtc aatttagatg tgatttagtt

75121 ggtctagata ttataatttt taggggttcc ctttcatttt tctttttttct tacgtttctt

75181 caaatagtat aatgccttat tttcatttat gaagaaatta ccctgctgtt ggtgatacgg

75241 gtatatttaa ataaaccagt tgcagtgcat ttctgcagaa agtccattaa gacataaatt

75301 ttgtccagta actacagtag aagtggtgac tctatgattc attcatgttg cataagtagg

75361 tgaaaaatat gagctatatg aagagtggta taacatatat tcataatttt tcttaactgt

75421 taactaaatg taagtactta taatccattt gcatttttcct tttgtgttct ttgccattat

75481 aactgtgcct aagtatatat gtaaatatat ttccaactat agtgttaaac actgatgtct

75541 tttgaatttt aaaaaagcta gtaatgtaag aagtttggga cttcttaaga gattcatat

75601 ggagaagtta gacatgtcaa ccttttgaac agcatgcaag aatgttatg tttattttgt

75661 ttctcccaca cagacactat tgtgtaacta tccccgaaat tctacccaaa ttgcttctgt

75721 ctgttaaatg gaattctaga gatgaagtag cccaggtaaa tgtatgtttg agattactag

75781 ataactgttg tacaaattgg tatgtcactt aaattgtttt ctctcagaaa gtccacataa

75841 ataaatgaaa tagactaata gtaatatagt gtagaaaaaa acacccttaa cattatttcc

75901 atagataaaa ctaattagaa ctgtaaattc taaggagatt atttatctaa actaatttta

75961 aaatcagaag ttaaggcagt gttttagatg gctcattcac aactatcttt cccctttaaa

76021 tatgatttat tgtctttctc atacacagat gtattgcttg gtaaaagatt ggcctccaat

76081 caaacctgaa caggctatgg aacttctgga ctgtaattac ccagatccta tggttcgagg

76141 ttttgctgtt cggtgcttgg aaaaatattt aacagatgac aaactttctc agtatttaat

76201 tcagctagta caggtaaaat aatgtaaaat agtaaataat gtttaattac aataataatt

76261 tattctagat ccatacaact tccttttaaa aaacctactg cactaactag ttttatgctt

76321 aaaaaaaaaa attattacca gtaatatcca ctttctttct gaaaaaattt tctttagatc

76381 ggccatgcag aaactgaccc tgatttgttt ttttggaatc acctaggtcc taaaatatga

76441 acaatatttg gataacttgc ttgtgagatt tttactgaag aaagcattga ctaatcaaag

76501 gattgggcac tttttctttt ggcatttaaa gtaagtctaa ttattttccc attaaattct

76561　taaggtacat attacttgct ttcttaatag atttataaat atgtattact tatatacttt

76621　tgtttatgtt tggctggaag agttttccat actaaaagta ttttgtacca gtgatgagct

76681　tctcaacttt tgctctttga aatttaaaaa gcagtaaatt caaaactaaa ttttagtcat

76741　gaatgagagc ttaaatattt ttaaagattt ttgttctact taagtcaaat tttctaggtc

76801　cagatgaata ttgctgtagg tttcactgtg tgtatggatt acaatatccc caaacaaaga

76861　aaaaaatgtt ttaccttgaa attcagaaca atgtcaaact cccgtggttc ttactgaaaa

76921　acaagctaat taagaataaa aaatgttttg tagaatgtga tatatgtagt actcaaaagt

76981　tacaggtcat aaaccatata acttttcata aatttagaag cagatttata tctaatatga

77041　tattttaagt gttaaaattt aataatggaa cccagaagtt aagttgaaaa caagaagcat

77101　aggcgtgtgt cagaagagtc aaacagcatt cactgagcgc tttgttccct ccctcttcat

77161　ttgattattt ttgtgctcaa tttcctttt tcatgttttt atatcttgta ctgagattag

77221　tcaatgaaaa ctagttgaaa taaacctaaa aactagatgt ttatttaatc acatattcag

77281　gaactacctg aaactcatgg tggtttttgtt ctaaattac aggtttttgaa taattttatt

77341　attagtatga ttgtaacatt tattggattt caaaaatgag tgtttaaatt gtttagcaaa

77401　gattatttgt atactgattt aagactatat atatatattt ttaattttgc acgattcttt

77461　tagatctgag atgcacaata aaacagttag ccagaggttt ggcctgcttt tggagtccta

77521　ttgtcgtgca tgtgggatgt atttgaagca cctgaatagg caagtcgagg caatggaaaa

77581　gctcattaac ttaactgaca ttctcaaaca ggagaagaag gatgaaacac aaaaggtgtg

- -

80521　tcagtttctt actgtgacta tccttttttt ttaatcaggt acagatgaag tttttagttg

80581　agcaaatgag gcgaccagat ttcatggatg ctctacaggg ctttctgtct cctctaaacc

80641　ctgctcatca actaggaaac ctcaggtact ttcttggggg tttcattgat atatttaaat

80701　aaataccttt tctggataaa atcttgagaa aagtaaaaat gtctgttata attagaatgt

80761　tcaataattt atgcttctct ctctcattct cctaccctca aaataagagt agtatatctt

80821　aagttcagta ctgcctttat tcagaatgag tttttactac ttaaataata cagtttaaaa

80881　ccttctatgg ccagaatttc tgttaccata ggataagaaa tggaaatgta atatctgtaa

80941　aactaatgat atatctctat atatttgttg gaaattcata tgcaattata taacttttaa

81001　aacttttagt tttttttata ctcttttagga atggattcct aaataaaaat tgaggtgaaa

81061　gttgtaaatc tttgtaacac ttcaaaaagc tatattgtat ttatatttta aaataaattt

81121　cagggtaaaa taataataaa gcaaaggtac ctagtaaagt ttttaactat tttaaaggct

81181　tgaagagtgt cgaattatgt cctctgcaaa aa<u>ggccactg tggttgaatt gggagaaccc</u>
　　　　　　　　　　　　　　　　　　　　F[6]

81241　agacatcatg tcagagttac tgtttcagaa caatgagatc atctttaaaa atggggatgg

- -

85741　ctctttcaga atgttacctt atggttgtct gtcaatcggt gactgtgtgg gacttattga

85801　ggtggtgcga aattctcaca ctattatgca aattcagtgc aaa<u>ggcggct tgaaaggtgc</u>

85861　<u>actgcagttc</u> aacagccaca cactacatca gtggctcaaa gacaagaacaaaggagaaat
　　　　　R[6]

85921　gtgagttgta ttattctttc ttcctatgtt aatctaagtt tttgttagat gagtctgtcg

85981 gtgtttgtgt attcctctga gttagaacag agaaaacaat tgtactttct atggaaaaaa

86041 atatgctcaa cctttgaaat atttgatgtt aatggattta aatgattata attactttta

86101 atttggtaaa atcttaaaca ttcatcttat gtattatcta aaatgtattg ttattgctta

86161 ttcttttaa aacaaatgaa tattgcacat tcaaaatttt atttctaatt cattgttaaa

86221 atgattagaa aaaataatt ttaatgacat gctaagtatt ttttcacatg aagaattatg

86281 ctttggtcag ggaacatctg gaaatttcct tagaaacccaa tgaaaacttc acaatctcaa

86341 aatctttgga cataatttcc ttattcgttg tcagtgattg ttttcattgt ttaaatggaa

86401 acttgcaccc tgttttcttt tctcaagttg gcctgaatca ctatatttcc atactactca

86461 tgaggtgttt attctttgta gatatgatgc agccattgac ctgtttacac gttcatgtgc

86521 tggatactgt gtagctacct tcattttggg aattggagat cgtcacaata gtaacatcat

86581 ggtgaaagac gatggacaag taatggtttt ctctgtttaa aatgttttgg tgttcttaat

86641 ttattcaaga cattttgtat ctgcatatat caaactataa cataatttct tattttttgaa

86701 agctgtttca tatagatttt ggacacttt tggatcacaa gaagaaaaaa tttggttata

86761 aacgagaacg tgtgccattt gttttgacac aggatttctt aatagtgatt agtaaaggag

86821 cccaagaatg cacaaagaca agagaatttg agaggtgagc tcgagcaatt aaaaacacaa

- -

90541 aaactgacca aactgttctt attacttata ggtttcagga gatgtgttac aaggcttatc

90601 tagctattcg acagcatgcc aatctcttca taaatctttt ctcaatgatg cttggctctg

90661 gaatgccaga actacaatct tttgatgaca ttgcatacat tcgaaagacc ctagccttag

（左）H1047R　H1047L（右）

90721 ataaaactga <u>gcaagaggct</u> ttggagtatt tcatgaaaca aatgaatgat gcac A tcatg

　　　　　　　　　　F₃[1]　　　　　　　　　　　　　　　　　　　　G　　　T

90781 <u>gtggctggac</u> aacaaaaatg gatt<u>ggatct tccacacaat taaacagcat</u> gcattgaact

　　　　P₃[1]　　　　　　　　　　　　　　　　R₃[1]

90841 gaaaagataa ctgagaaaat <u>gaaagctcac tctggattcc acactgcact</u> gttaataact

　　　　　　　　　　　　　　　　F[2,3]

90901 <u>ctcagcaggc aaagaccg</u>at <u>tgcataggaa ttgcacaatc</u> catgaacagc attagaattt

　　　　　　P[2,3]　　　　　　　　　　R[2,3]

90961 acagcaagaa cagaaataaa atactatata atttaaataa tgtaaacgca aacagggttt

91021 gatagcactt aaactagttc atttcaaaat taagctttag aataatgcgc aatttcatgt

91081 tatgccttaa gtccaaaaag gtaaactttg aagattgttt gtatcttttt ttaaaaaaca

91141 aaacaaaaca aaaatcccca aaatatatag aaatgatgga gaaggaaaaa gtgatggttt

- -

图 34-1　文献报道的 PIK3CA 基因突变及拷贝数实时荧光 PCR 引物和探针在 PIK3CA 基因组中的相应位置
　　　□内为常见突变位点；[ ]内为相关引物和探针的文献来源；扩增区域重叠者只标出其中之一

3. 临床意义　PIK3CA 基因编码在 PI3K/AKT 通路起作用的 PI3K p110α 来调节细胞增殖、代谢、蛋白合成、血管生成和细胞凋亡。PIK3CA 突变已广泛存在于人体多种肿瘤组织，被认为可以作为一种肿瘤标志物来辅助诊断疾病、监测疗效及判断预后等。

（1）肿瘤辅助诊断：目前研究报道显示 PIK3CA 在结直肠癌、乳腺癌、脑癌、肺癌、肝癌等肿瘤中均存在突变，其中在头颈部鳞状细胞癌（HNSCC）、结直肠癌（CRC）和乳腺癌中突变率较高。HNSCC 中 PIK3CA 突变检出率 21%，且主要以 PI3K 途径形成。CRC 中突变范围为 15%～20%，PIK3CA 能够作为肿瘤标志物提示 CRC 患者局部复发及预后不良的风险。PIK3CA 在乳腺癌中的突变率高达 40%。在乳腺浸润性导管癌患者中 PIK3CA 激酶区（exon20）普遍存在着基因突变，是乳腺癌预后不良的一个独立危险因素。然而，最近也有报道 PIK3CA 突变的乳腺癌患者预后良好，生存期也较长。

（2）肿瘤患者抗肿瘤药物治疗监测及疗效判断：由于 PIK3CA 突变激活 PI3K/AKT 信号通路，降低了酪氨酸激酶抑制药肿瘤靶向治疗药物的疗效。研究证实，拉帕替尼、曲妥珠单克隆抗体等酪氨酸激酶抑制药对 PIK3CA 基因突变的乳腺癌人群疗效欠佳；西妥昔单抗对 PIK3CA 突变的结直肠癌疗效差。因此，在使用酪氨酸激酶抑制药前，进行 PIK3CA 基因突变检测，以便为肿瘤患者合理用药提供参考依据。目前，关于 PI3K 通路活化剂在 PIK3CA 突变的肿瘤靶向治疗中的应用研究正在多种肿瘤中开展，NVP-BYL719 等特异性 PIK3CA 抑制剂也已处于临床试验阶段且取得了可观的疗效。

此外，用于 PI3KCA 突变检测的方法多种多样，包括 Sanger 测序、焦磷酸测序、高分辨溶解曲线（HRM）分析、变性高效液相色谱技术（dHPLC）、限制性片段长度多态性（RFLP）分析、扩增阻滞突变系统法（ARMS）和肽核酸-锁核酸（PNA-LNA）技术等。每种方法的优缺点各异，尚未确定 PI3KCA 突变检测的金标准。采用 RT-PCR 技术检测肿瘤组织 DNA 中 PIK3CA 基因突变状态是一种高灵敏度、高特异度、快速、可靠的检测方法，可准确检测出患者 PIK3CA 基因突变状态，从而为肿瘤个体化治疗提供可靠依据。

（李建英　张　瑞）

参 考 文 献

［1］　van Eijk R，Licht J，Schrumpf M，et al. Rapid KRAS，EGFR，BRAF and PIK3CA mutation analysis of fine needle aspirates from non-small-cell lung cancer using allele-specific qPCR. PLoS One，2011，8，6（3）：e17791

［2］　Guojun W，Elizabeth M，Zhongmin G，et al. Uncommon Mutation，but Common Amplifications，of the PIK3CA Gene in Thyroid Tumors. J Clin Endocrinol Metab，2005，90（8）：4688-4693

［3］　Mohammad F，Mohammad Z，Soheil Z，et al. PIK3CA Gene Amplification and PI3K p110α Protein Expression in Breast Carcinoma. 2014，11（6）：620-625

［4］　Bertelsen BI，Steine SJ，Sandvei R. Molecular analysis of the PI3K-AKT pathway in uterine cervical neoplasia：Frequent PIK3CA amplification and AKT phosphorylation，2006，15，118（8）：1877-1883

［5］　Yen CC，Chen YJ，Lu KH，et al. Genotypic analysis of esophageal squamous cell carcinomaby molecular cytogenetics and real-time quantitative polymerase chain reaction. Int J Oncol，2003，23（4）：871-881

［6］　Palimaru I，Brügmann A，Wium-Andersen MK，et al. Expression of PIK3CA，PTEN mR-

NA and PIK3CA mutations in primary brea20,st cancer：association with lymph node metastases.Springerplus,2013,16(2)：464

[7] Psyrri A，Papageorgiou S，Liakata E，et al.Phosphatidylinositol 3'-kinase catalytic subunit α gene amplification contributes to the pathogenesis of mantle cell lymphoma.Clin Cancer Res,2009,15(18)：5724-32

[8] Nandini Dey，Brian Leyland-Jones，Pradip De.MYC-xing it up with PIK3CA mutation and resistance toPI3K inhibitors：summit of two giants in breast cancers.Am J Cancer Res,2015,5(1)：1-19

[9] Pedrero JM，Carracedo DG，Pinto CM，Frequent genetic and biochemical alterations of the PI 3-K/AKT/PTEN pathway in head and neck squamous cell carcinoma.Int J Cancer,2005,114(2)：242-248

[10] Elisabeth W，Maria B，Camilla K，et al.Lack of Estrogen Receptor-a Is Associated with Epithelial-Mesenchymal Transition and PI3K Alterations in Endometrial Carcinoma.Clin Cancer Res,2013,19(5)：1094-1105

[11] Yardena S，Zhenghe W，Alberto B，et al.High Frequency of Mutations of the PIK3CA Gene in Human Cancers.Science,2004,304(5670)：554

[12] Hyunsu L，Jae-H，Dae-Kwang K，et al.PIK3CA Amplification Is Common in Left Side-Tubular Adenomas but Uncommon Sessile Serrated Adenomas Exclusively with KRAS Mutation.Int J Med Sci,2015,12(4)：349-353

[13] Adel K，Gilbert J，Jeffrey N，et al.Phosphatidylinositol 3-kinase/akt and Ras/Rafmitogen-activated protein kinase pathway mutations in anaplastic thyroid cancer.J Clin Endocrinol Metab,2008,93(1)：278-284